Automobiltechnische Bibliothek, Bd. VI.

---

# Lutz-von Loewe, Das Fahrgestell von Gaskraftwagen

II. Teil.

# Automobiltechnische Bibliothek

## Die Automobiltechnik in Einzeldarstellungen




Berlin W.

Verlag von M. Krayn

# Das Fahrgestell
## von Gaskraftwagen

Von

**Dr. Ing. R. Lutz**

Professor der Techn. Hochschule Trondhjem in Norwegen.

II. Teil

# Lenkung, Räder, Bereifung, Achsen und Abfederung

von

**Dipl.-Ing. A. G. von Loewe**

Mit 395 Abbildungen

Berlin W.

Verlag von M. Krayn

1918

Rosenthal & Co., Berlin NW 21

# Vorwort.

Herr Professor Dr. Lutz, welcher im Jahre 1911 den ersten Teil dieses Werkes verfaßt und herausgegeben hat, war durch inanspruchnehmende wissenschaftliche Tätigkeit im Auslande verhindert, das angefangene Werk fortzusetzen und hat mir die ehrenvolle Aufgabe, die weiteren Teile des Buches zu verfassen, übertragen.

Von gegenwärtigem II. Band ist ein Teil des Kapitels „Lenkungen" (1 und 2 — bis „Lenkungsantrieb") von Professor Lutz ausgearbeitet und hat hier mit geringen Aenderungen Aufnahme gefunden.

Der Umfang des zu bearbeitenden Stoffes hat mich veranlaßt, den ursprünglich vorgesehenen II. Band des Werkes nochmals in zwei Bände einzuteilen.

Der vorliegende Band II enthält demnach die Kapitel:

I. Lenkungen.
II. Räder und Bereifungen.
III. Achsen.
IV. Abfederung.

In dem nachfolgenden Band III werden die übrigen Teile des Fahrgestells behandelt. Auch die allgemeinen Bewegungsverhältnisse des Kraftwagens sollen darin besprochen werden. Somit sind für den letzten Band folgende Kapitel in Aussicht genommen:

I. Rahmen.
II. Bremsen.
III. Bedienungsvorrichtungen.
IV. Bewegungsverhältnisse.

Unter der zahlreichen und zum Teil sehr wertvollen Automobiltechnischen Literatur befinden sich Werke, welche die vorhandenen Ausführungen beschreiben oder kritisch behandeln.

*Der Zweck des vorliegenden Bandes ist, die aus theoretischen Erwägungen und praktischen Betriebserfahrungen abzuleitenden Forderungen an die Teile des Fahrgestells festzustellen und die Mittel zu deren Erfüllung zu besprechen. Deshalb ist der Hauptwert auf die bei Neukonstruktionen zu beachtenden Gesichtspunkte und deren Begründung gelegt worden.*

Beschreibungen von Einzelausführungen werden nur da geboten, wo dieses zum Verständnis der Gesichtspunkte *unumgänglich* erschien. Ich war dagegen bestrebt, *jeden dieser Gesichtspunkte durch eine Ausführungszeichnung zu erläutern*; wo keine Ausführungen vorlagen, habe ich versucht, Vorschläge in Form von *Konstruktionsskizzen* zu geben.

*Es erschien mir nicht berechtigt, mich zugunsten einer rein äußerlichen Einheitlichkeit des illustrativen Teiles ausschließlich auf selbstverfertigte prinzipielle Darstellungen zu beschränken und auf die Wiedergabe von Konstruktionszeichnungen zu verzichten.*

Der Fachmann, und solchen ist dieses Buch zugedacht, kann gerade aus Ausführungsbeispielen einen Nutzen ziehen und nicht selten Aufschluß über Fragen finden, welche im Text aus prinzipiellen Gründen nicht erörtert werden.

Wo dieses möglich war, habe ich der Besprechung der Gesichtspunkte die für den praktischen Fachmann nützlichen Berechnungen hinzugefügt. Dabei erschien mir berechtigt, auch die für die Praxis wichtigen *Annäherungsmethoden* zu berücksichtigen und durch Zahlenbeispiele zu erläutern.

Wo der Entstehungsgang von Einfluß auf die baulichen Gesichtspunkte erschien, insbesondere, wo Rudimentärerscheinungen vorliegen, habe ich dieses betont, ohne die Entwicklungsgeschichte eingehender zu behandeln.

Ich war bestrebt, den Weg zur Weiterentwicklung zu suchen und auf Mittel hinzuweisen, welche einen Fortschritt herbeizuführen vermögen.

In der vorhandenen Literatur ist mir kein Werk bekannt, welches den vorliegenden Stoff von dem dargelegten Gesichtspunkt aus behandelt, und deshalb glaube ich eine Lücke ausgefüllt zu haben.

Berlin-Steglitz.

**A. G. von Loewe.**

# Inhalts-Verzeichnis

In Vorbereitung befindet sich:

# Das Fahrgestell von Gaskraftwagen

Von

Dr. Ing. R. Lutz

Professor der Techn. Hochschule Trondhjem in Norwegen

III. Teil

## Rahmen · Bremsen Bedienungs-Vorrichtungen Bewegungs-Verhältnisse

Von

Dipl.-Ing. A. G. von Loewe

Mit zahlreichen Abbildungen

# I. Lenkung.

## 1. Entwicklung. Grundsätzliches.

Fahrzeuge, deren Fahrbahn eine beliebig krumme Linie beschreiben soll, bedürfen einer Lenkvorrichtung, welche ihnen ein Abweichen von der geradlinigen Fahrbahn gestattet. Ein- und zweirädrige, durch tierische oder Menschenkraft gezogene, bzw. geschobene Fahrzeuge werden durch den Richtungswechsel der Antriebskraft in beliebig krummliniger Fahrbahn gelenkt.

Zwei auf einer Drehachse angeordnete Räder beschreiben bei Abweichungen von der geraden Linie Kreissegmente von ungleichem Halbmesser und ungleicher Länge, während der Winkel, um welchen sich die Drehachse der Räder radial verschiebt, für beide Räder gleich bleibt. Daraus folgt die erste Bedingung für die Lenkfähigkeit der Fahrzeuge:

Eine auf zwei Rädern angeordnete Achse ist lenkfähig, wenn sich die Räder auf ihren Zapfen unabhängig voneinander drehen können.

Dreiradrige Fahrzeuge mit zwei auf einer Achse angeordneten Rädern bedürfen, um lenkfähig zu sein, einer Vorrichtung, welche einen Richtungswechsel der Drehachse des dritten Rades gestattet.

Bei vier, auf zwei Achsen angeordneten Rädern, müssen beim Befahren einer krummlinigen Bahn alle vier Räder konzentrische Kreisbögen beschreiben. Es gibt diverse Wege, um dieses Ziel zu erreichen.

Tierisch betriebene vierrädrige Fahrzeuge werden mittels einer um einen vertikalen Zapfen drehbaren Vorderachse gelenkt. (Abb. 1.) Dabei bewegt sich das Gefährt um eine von beiden Wagenachsmitten geschnittene, senkrecht zur Fahrbahn stehende Gerade *A*. Die Räder beschreiben konzentrische Kreisbögen von verschieden großen Halbmessern $R_1$, $R_2$, $R_3$, $R_4$ und drehen sich unabhängig voneinander um ihre Zapfen.

Zu dem der geradlinigen Fortbewegung entsprechenden Bewegungswiderstande tritt ein zusatzlicher (Kurven-) Widerstand hinzu,

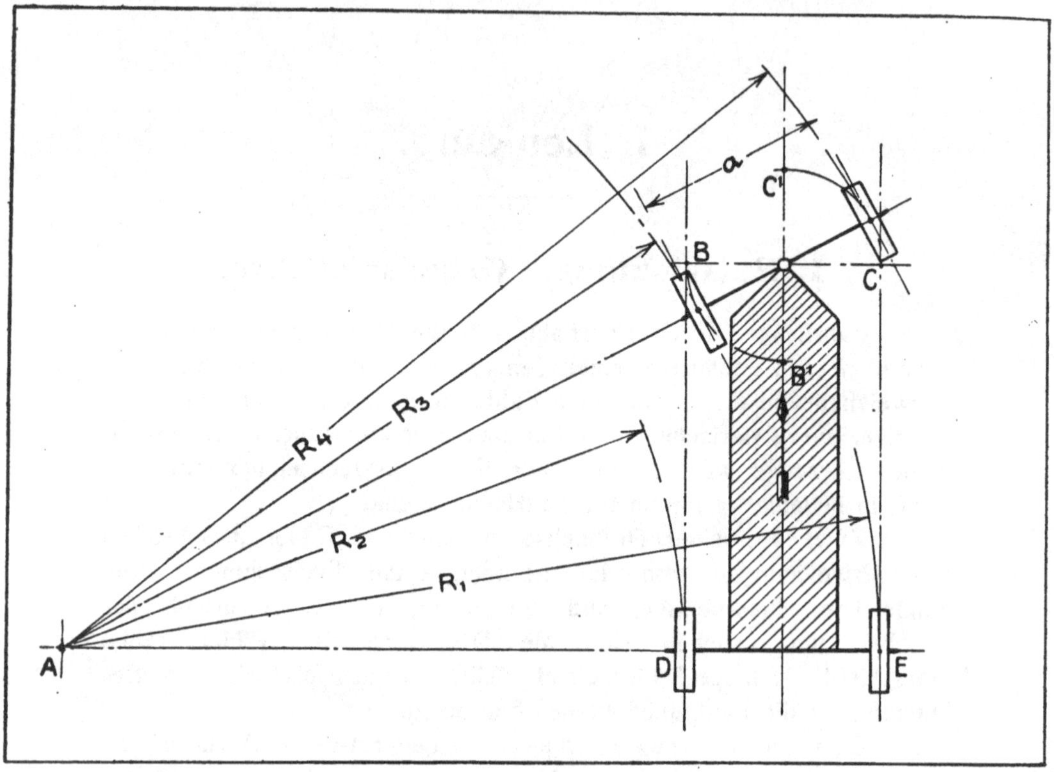


Abb. 1.

welchen die ständige Radablenkung aus der Radebene und die dadurch auftretende gleitende oder, wie man sie in diesem Falle auch nennt, **„bohrende“** Reibung zwischen Rad und Boden hervorruft. Das Wesen dieser **„bohrenden“** Reibung soll noch näher erörtert werden. (Vgl. unter „Lenkungsantrieb“.) Erfolgt, wie dieses bei tierisch betriebenen Fahrzeugen ausschließlich der Fall ist, der Antrieb in Gestalt einer Zugkraft, so kann, bei genügend kleinen Vorderrädern und hohem Aufbau des Vorderwagens, die Vorderachse Winkelausschläge bis zu 90° vollführen, wobei allerdings die Stützfläche des Wagens aus der ursprünglichen Rechteckform *BCDE* die einem Dreieck sich stark nähernde und deshalb ungünstigere Gestalt $B' C' D E$ annimmt. Die sich der Achseinlenkung widersetzenden Widerstände wirken an dem betrachtlichen Hebelarm $\frac{a}{2}$; auch jeder, von den Unebenheiten bzw. Hindernissen der Fahrbahn herrührende Stoß auf ein Rad erzeugt ein durch die Größe dieses Hebelarmes bedingtes großes Moment.

In Anbetracht der geringen Geschwindigkeit der tierisch betriebenen Fahrzeuge, des in der Mitte der Vorderachse als Zugkraft angreifenden Antriebes und der langen Deichsel, mittels welcher die

Abb. 2. Landwirtschaftlicher Traktor von de Dion & Bouton (Drehbare Vorderachse).

Zugtiere die Lenkungswiderstände überwinden und die Fahrtrichtung angeben, ist trotz der Größe dieses, jede störende Einwirkung der Fahrbahn unterstützenden Hebelarmes, eine sichere Lenkung möglich. — Bei Fahrzeugen mit Hinterachsantrieb, wie dieses bei Kraftwagen in der Regel der Fall ist, darf der Lenkeinschlag der Räder die obengenannte Größe von 90° nicht erreichen. Der Grenzwert des ohne Gefahr des Kippens erreichbaren Ausschlages der Vorderachse bzw. der Vorderräder ist abhängig von der Geschwindigkeit, dem Gewichte und der Schwerpunktlage des Fahrzeuges, sowie von dem Koefficienten der gleitenden Reibung zwischen den Radreifen und der Fahrbahn. (Letzteres nur unter der Voraussetzung des Gleitens der Vorderräder in der ursprünglichen Fahrtrichtung des Gefährtes.)

Soll die drehbare Vorderachse für Kraftfahrzeuge Verwendung finden, so kann das, wegen des erwähnten großen Hebelarmes sowie wegen der sich bei größeren Ausschlägen wenig günstig gestaltenden Stützfläche nur in beschränktem Maße geschehen. In Betracht kommen hier Nutzfahrzeuge mit geringer Fahrgeschwindigkeit, Gefährte mit Vorderradantrieb, bzw. Vierräderantrieb, bei welchen eine außerordentlich scharfe Einlenkung erwünscht ist, und ganz leichte kleine Wagen besonderer Bauart, (sog. **Cycle-Car's**) mit geringer Spurweite und sehr tief und weit nach hinten verlegtem Schwerpunkt.

Beispiele ausgeführter Lenkungen mit um einen Vertikalzapfen drehbarer Vorderachse zeigen Abb. 2 bis 5 — eine landwirtschaftliche Maschine, einen sehr langsam laufenden schweren Lastwagen und

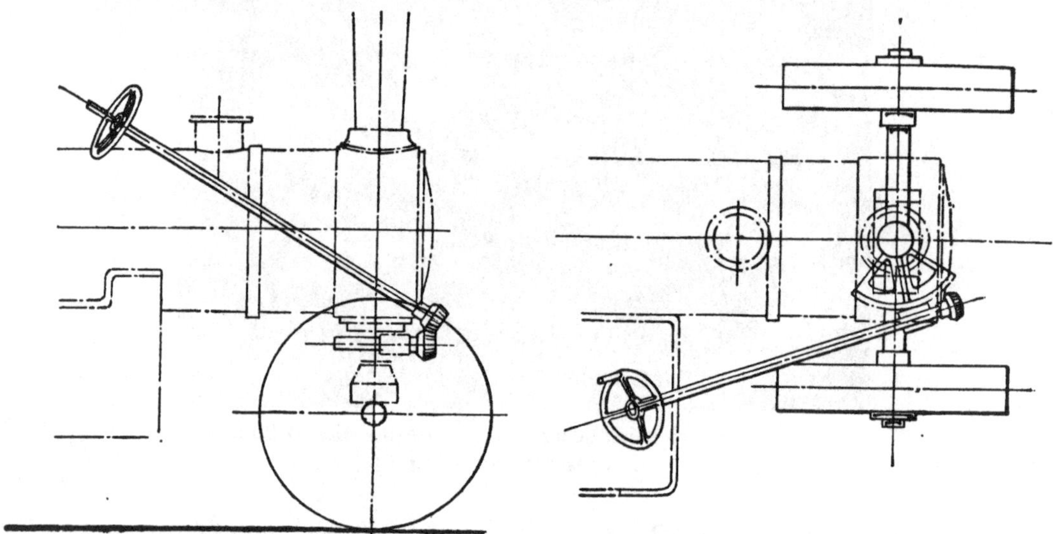

Abb. 3.

Abb. 4. Bedelia-Zweisitzer mit drehbarer Vorderachse.

zwei moderne, ganz leichte, schnelle Kleinfahrzeuge. Hier sei auch die allgemein bekannte Dampfwalze erwähnt.

Aber auch in solchen Fällen kann die bloße Lagerung der Achse in Drehzapfen nur bei ganz primitiven Ausführungen zugelassen werden. Die beiden auf Fig. 4 und 5 dargestellten Kleinfahrzeuge haben einen sehr geringen Lenkungsausschlag und werden ohne Rückwärtsgangvorrichtung gebaut. Diese beiden, aus Gewichtsersparnis und angestrebter Vereinfachung zugelassenen Übelstände finden darin ihre Erklärung, daß man derartige, äußerst leichte

Abb. 5. Kleiner Rennwagen mit drehbarer Vorderachse.

Fahrzeuge ohne Schwierigkeit im Notfalle schieben, bzw. anheben kann. Fährt bei unabgefederten Fahrzeugen, wie der Dampfwagen auf Abb. 3, ein Vorderrad über ein Hindernis, so mag die dadurch bewirkte Achsdrehung in einer senkrecht zur Fahrtebene liegenden Vertikalebene, durch Einschaltung irgend einer nachgiebigen Verbindung zwischen Achse und Oberwagen, ermöglicht werden. Das ergibt aber einen wenig sicheren Aufbau, weshalb in dem erwähnten Dampflastwagen eine besondere Stange die Achse stützt.

Vermeiden läßt sich diese Unsicherheit bis zu einem gewissen Grade durch einen Lenkschemel, also ein vollkommen ausgebildetes Drehgestell (Abb. 6 u. 7)*). Die Vorderachse ist in einem besonderen, dem Oberwagen eine ringförmige Auflagefläche

*) Vgl. Z. d. V. D. J. 04. I. S. 845; Motorwagen 1911, H. 11. E. Aders, Der Müllerzug.

bietenden Gestell untergebracht, letzteres um einen Zapfen geführt. Die Reibung in der Auflagefläche wirkt an einem großen Hebelarm, so daß der gesamte Bewegungswiderstand groß wird. Deshalb ist bei dem auf Abb. 6 u. 7 dargestellten Drehgestell des Müller-Lastzuges eine hohe Übersetzung durch Schnecke und Kegelräder zwischen dem Gestell und dem Handrade eingeschaltet. Die Achse ist durch zwei Längsfedern gegen das Drehgestell abgefedert und läßt den beiden Rädern eine Bewegungsfreiheit in vertikaler Ebene zu.

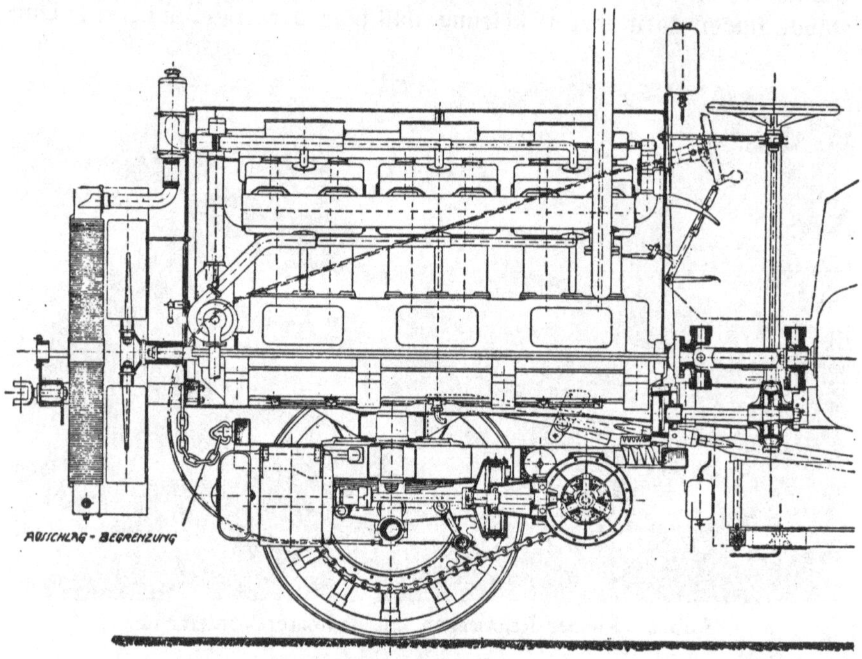


Abb. 6. Drehgestellenkung von Müller-Strassenzug-Maschinenwagen.

Die Stützfläche ist infolge des großen Durchmessers der Gleitführungen als eine sehr günstige zu bezeichnen.

Der größte Vorteil des Lenkschemels, nämlich die Möglichkeit, bei sehr hohem Vorderbau, sehr geringe Krümmungshalbmesser durch starken Winkelausschlag des Gestelles zu erzielen, geht nun, wie oben erwähnt, bei Hinterantrieb verloren. Die Antriebskraft vermag einerseits den erheblichen Kurvenwiderstand von einem gewissen Ausschlagwinkel an nicht mehr zu überwinden, andererseits ist aber aus baulichen Rücksichten ein hoher Vorderbau bei kleinen Rädern sehr unwillkommen, beeinträchtigt die durch tiefe Schwerpunktlage allgemein bei Kraftfahrzeugen angestrebte Stabilität und erhöht die Gefahr des Umschlagens des Wagens bei Fahrzeugen welche für eine höhere Fahrgeschwindigkeit vorgesehen sind. Deshalb ist das eigentliche Gebiet des Lenkschemels erst durch seine Vereinigung mit dem Vorderrad- bzw. Vierräderantriebe gegeben, wie dieses letztere bei Abb. 6 u. 7 der Fall ist. Die sogenannten Vorspanngestelle haben für Elektromobile einmal eine Rolle gespielt und sind auch bei Gaswagen zur Anwendung gebracht worden, wobei sie jedoch nur in Ausnahmefällen, wie bei Lastzügen oder sehr schweren Fahrzeugen, für besondere Zwecke berechtigt sein werden.

Abb. 7. Drehgestell von Abb. 6.

Zu den schon besprochenen Schwächen aller drehbaren Lenkachsen — hoher Lenkwiderstand, Empfindlichkeit gegen Wegestöße, hoher Aufbau des Vorderwagens und dadurch bedingte hohe Schwerpunktlage — kommen noch die Schwierigkeiten der Unterbringung der Maschinenanlage hinzu. Der dafür zur Verfügung stehende Raum ist eng, und darunter muß die Übersichtlichkeit und Zugänglichkeit des Ganzen erheblich leiden.

Aus allen diesen Gründen ist man bei Gaskraftwagen zur Einführung einer festgelagerten Achse mit gesondert lenkbaren Rädern übergegangen, wobei auch im Interesse des vielfach angestrebten Vorderradantriebes Versuche gemacht worden sind, die Hinterräder zu Lenkrädern zu machen (Abb. 8), um so bauliche Umständlichkeiten zu vermeiden. Diese Versuche haben zu Mißständen geführt. Steht ein solches Gefährt etwa, wie dargestellt, dicht an einer Bordschwelle, so würde die Bahn des einen eingelenkten Hinterrades in die Schwelle einschneiden. Man müßte also rückwärts fahren, um von der Bordschwelle abzukommen. Weiterhin erschwert die Hinterradlenkung auch das schnelle Ausweichen. Aus der Abb. 8 ist leicht zu erkennen, daß die Bahnen der Vorderräder weniger scharf aus der Fahrtrichtung abschwenken, als wenn die Vorderräder in demselben Winkel eingeschlagen wären. Die Bahnen der Hinterräder laufen sogar zunächst entgegen der Ausweichrichtung. Die V o r d e r r a d l e n k u n g ist daher Alleinherrscherin geworden.

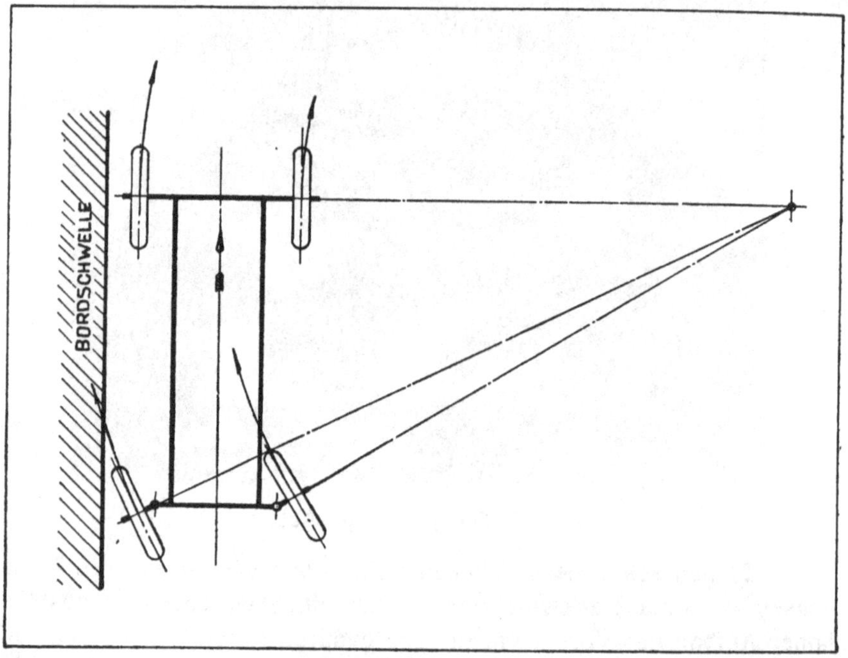


Abb. 8.

Man hat in früheren Jahren versucht, die Lagerung der zu schwenkenden Räder in Gabeln vorzunehmen, wie das etwa bei Fahr- und Motorrädern der Fall ist.*) Schon bei letzteren müssen jedoch die Gabeln mit Rücksicht auf Kräfte in der Fahrtrichtung und deren großen Hebelarm sehr kräftig ausgebildet werden. Für die hohe Gabelbeanspruchung, welche bei schnelleren Wagen auftreten würde, wären unzweckmäßige Abmessungen erforderlich. Deshalb wird durchwegs auf die zentrische Lagerung des zu schwenkenden Radzapfens verzichtet, letzterer vielmehr an einem Ende an die Achse

*) Vgl. Motorwagen 1905, Heft III, Seite 70.

angelenkt. Er heißt dann **„Achsschenkel"** und die ganze Lenkachse wird als **„Schenkelachse"** bezeichnet. Wir wollen weiterhin eine durch Achsschenkel erzielte Lenkung im Gegensatz zu einer solchen durch drehbare Achse oder Lenkschemel als „Achsschenkel-Lenkung bezeichnen.

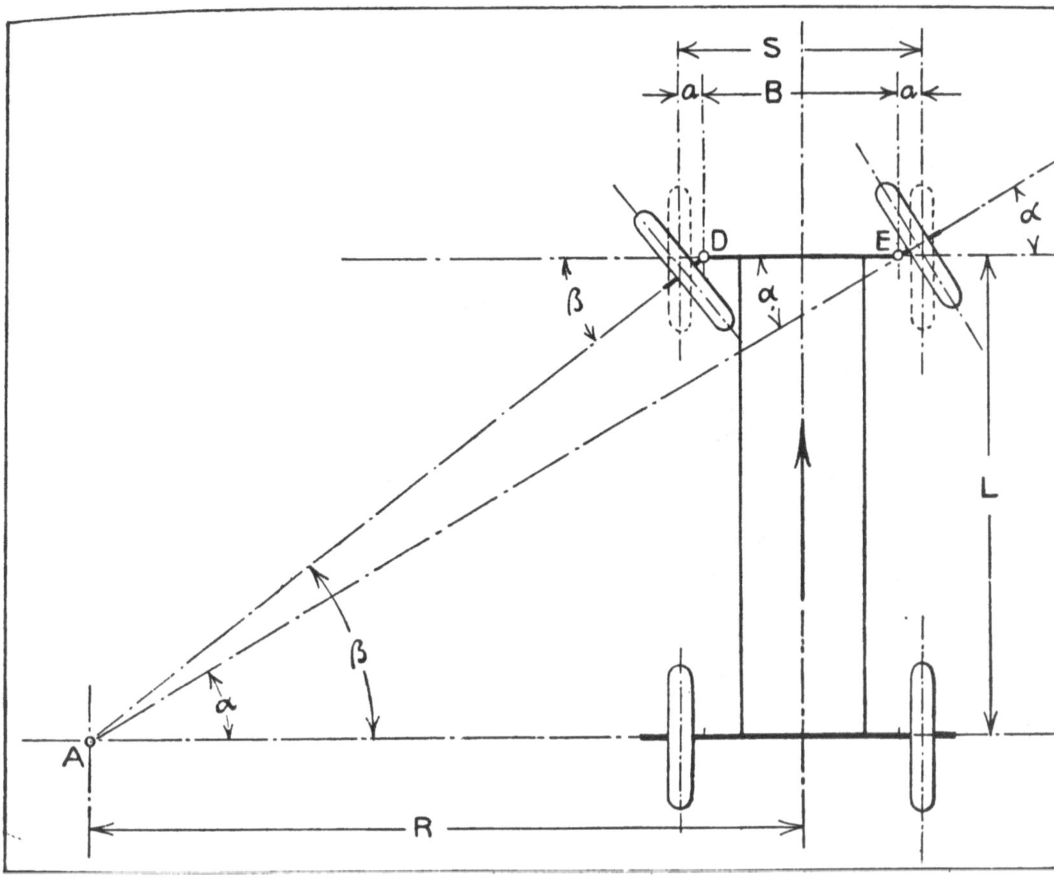


Abb. 9.

## Achsschenkel-Lenkung.

Die Zweckmäßigkeit dieser Anordnung für Kraftfahrzeuge ist aus dem Gesagten leicht zu ersehen. Der Hebelarm *a*, welchen die auf das Rad in der Fahrtrichtung wirkenden Kräfte vorfinden (Abb. 9), und welchen wir der Kürze halber den „Schenkelarm" nennen wollen, kann sehr gering oder = 0 gemacht werden. Dadurch wird aber die Lenkung durch Hand erleichtert und auch bei großen Geschwindigkeiten die Einwirkung der Wegestöße verringert. Dann bleibt die Wagenstützfläche stets im Viereck, was, aus Gründen der Stabilität, bei schnelleren Gefährten wichtig ist. Schließlich wird die Raumbeanspruchung der Lenkvorrichtung gering und ihr Aufbau überaus einfach und sicher. Letzterer Vorzug ist aber von grundlegender Bedeutung, da er die Sicherheit der Fahrt gewährleistet. Hinter der Drehschemellenkung steht daher die Achsschenkellenkung nur da zurück, wo ein Vorder- bzw. Vierräderantrieb mit sehr starkem Lenkeinschlag gefordert und ein sehr hoher Vorderbau zugelassen wird, oder aber wo es sich um eine Vereinigung mehrerer Fahrzeuge zu einem Zuge mit gemeinsamen Antrieb und Lenkung aller Achsen handelt.

*Die Grundbedingung für eine richtige Wirkung* der Achsschenkellenkung ist offenbar die, *daß die Mitten aller Radzapfen durch eine Senkrechte A zur Fahrbahn laufen* (Abb. 9), da andernfalls ein unnützes Schleifen der Räder eintreten würde.

*Weiterhin müssen*, wie schon bei der Besprechung der drehbaren Lenkachse erwähnt wurde, *alle Räder unabhängig voneinander umlaufen können.*

Bei Eisenbahn und Straßenbahn, sowie im allgemeinen bei Geleisegefährten werden oft beide Forderungen mehr oder weniger vernachlässigt. Die Räder sitzen fest auf der Achse, sind demnach nicht unabhängig voneinander, und die Achsen selber weisen bei Kurvenfahrten häufig nicht nach dem Kurvenmittelpunkt. Die Folge davon ist erhöhte Schleifarbeit der Räder. Da die bei Schienenfahrzeugen vorkommenden Krümmungshalbmesser der Kurven groß sind, da die Fahrbahn hart und glatt und die Bereifung sehr unempfindlich gegen Abnutzung ist, so lassen sich die Mißstände verhältnismäßig leicht ertragen. Bei schienenlosen, meistenteils gummibereiften Kraftfahrzeugen ist es dagegen anders. Die in diesem Falle bedeutend schärferen Krümmungen der Fahrbahn und die ungleichmäßig rauhe und weichere Oberfläche des Weges würde bei falscher Radstellung die Lenkung erschweren und den Fahrwiderstand beträchtlich vermehren. Vor allem aber würde die meist vorliegende, empfindliche Gummibereifung sehr darunter leiden. Da deren Betriebskosten aber einen wesentlichen Bestandteil der gesamten Unkosten des Kraftfahrbetriebes ausmachen, so muß unbedingt die größte Sorgfalt auf die Ermittlung einer möglichst fehlerfreien Lenkung verwandt werden.

Die Abb. 9 ergibt schon den zeichnerischen Weg zur Aufsuchung des zu einem beliebigen Ausschlagwinkel α des einen Rades gehörigen Winkels β des anderen. Man braucht ja nur den Punkt *A* als Schnitt der Mittellinie des rechten Zapfens mit der Mittellinie

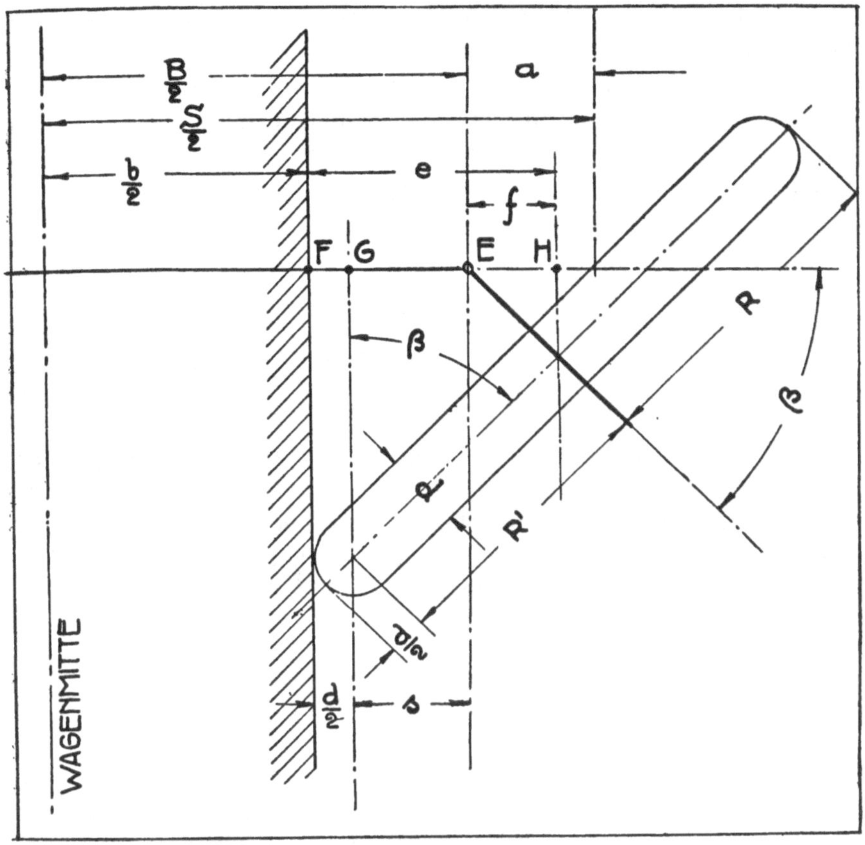


Abb. 10.

der Hinterachse ermitteln; nach diesem Punkte *A* führe man dann die Zapfenmittellinie des anderen Vorderrades.

Auch rechnerisch ist die Beziehung leicht gefunden:

$$\operatorname{cotg} \alpha = \frac{R + \frac{B}{2}}{L}$$

$$\operatorname{cotg} \beta = \frac{R - \frac{B}{2}}{L}$$

$$\operatorname{cotg} \alpha - \operatorname{cotg} \beta = \frac{B}{L} = \frac{1}{C}$$

wobei *C* eine Wagen-Konstante darstellt.

Die praktischen Grenzen der Winkelwerte sind bei normalen Fahrzeugen mit niedrig liegenden Rahmen dadurch gegeben, daß die Räder bei einem gewissen Ausschlag an den Rahmen bzw. an die Vorderfeder oder deren Gehänge stoßen. Meist läßt sich mit Rücksicht auf dieses Hemmnis kein größerer Winkel als 40° nach den beiden Ausschlagrichtungen erzielen. Nur ausnahmsweise steigt dieser Wert auf 45°. Liegen die Hauptabmessungen des Wagens fest, so bestehen zwischen denselben und dem größten erreichbaren Ausschlagwinkel der Räder die nach Abb. 10 abzuleitenden Beziehungen.

$$s = \frac{B - b - d}{2}$$

$$s = GH - EH$$

$$R^1 = R - \frac{d}{2}$$

$$s = R^1 \sin \beta - a \cos \beta$$

$$\frac{B - b - d}{2} = R^1 \sin \beta - a \cos \beta$$

Die Halbmesser der Radbahnen sind nach Abb. 9 gegeben. Der größte dieser Halbmesser, also der des äußeren Vorderrades, bestimmt die geringste Straßenbreite, auf welcher der Wagen noch Vollkreise durchlaufen und dadurch auch umzukehren vermag. Diese Straßenbreite setzt sich zusammen aus:

2 $AE$
\+ 2 $\alpha$
\+ der einfachen Reifenbreite
\+ einen Sicherheitszuschlag

Letzterer berücksichtigt die Breite der Berührungsfläche zwischen Reifen und Bordschwelle, sowie den Umstand, daß zu Beginn der Umkehrung die Lenkräder meist noch nicht ihren vollen Ausschlag aufweisen. Die letzten drei Summanden sind gering und können als konstant betrachtet werden, so daß sie durch eine Konstante $c$ ersetzt werden mögen. Demnach ist die gesuchte Straßenbreite:

$$2 \frac{L}{\sin \alpha} + c$$

Ist der Winkel $\beta$ schon bekannt, so ist $\alpha$ aus der Beziehung:

$$\operatorname{cotg} \alpha - \operatorname{cotg} \beta \frac{1}{C}$$

ohne weiteres abzuleiten (vergl. auch weiter unten), wobei $\alpha$ stets kleiner als $\beta$ sein muß. Die praktisch mögliche Grenzlage wird daher stets durch den Ausschlag des inneren Vorderrades (Winkel $\beta$) erreicht, während der nach außen gerichtete Ausschlag der Räder nicht voll ausgenutzt werden kann.

Die Verfolgung der Abhängigkeit zwischen den Wagenabmessungen und der obengenannten Straßenbreite hat zurzeit einen nur beschränkten Wert. Frühere behördliche Vorschriften forderten

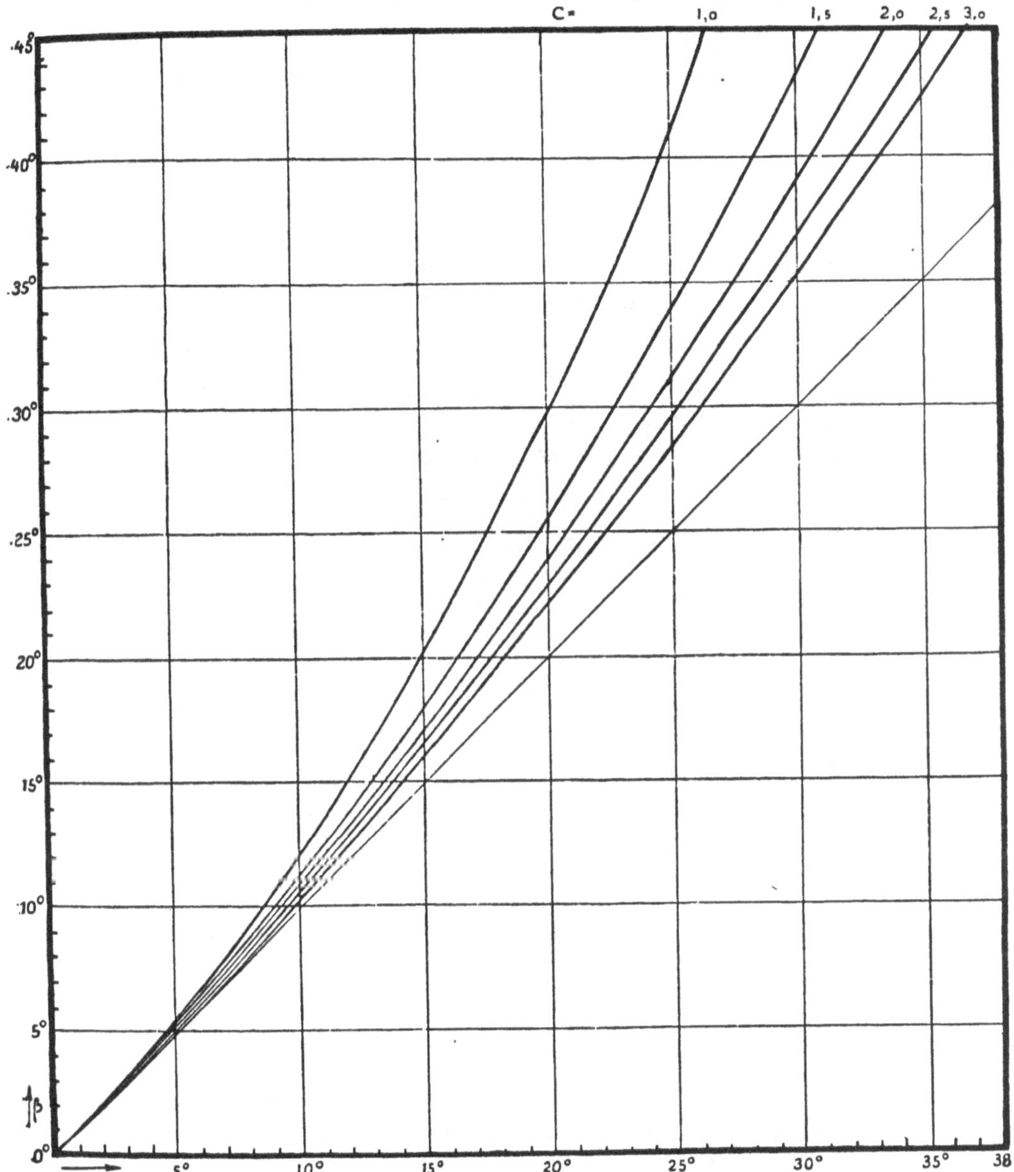


Abb. 11.

von jedem Kraftfahrzeuge, insbesondere von Droschken, eine Lenkfähigkeit, welche ein Umkehren auf einer 10 m breiten Straße ermöglichte, und zwar zuerst so aufgefaßt, daß die Umkehr in einer Fahrtrichtung geschehen sollte. Der wachsende Radstand moderner Gefährte machte bald diese Bedingung illusorisch. Man ließ einen mehrmaligen Fahrtrichtungswechsel während des Umkehrens zu. In der jetzt allein maßgebenden Bundesratsverordnung von 1910 ist eine zahlenmäßige Angabe über die Lenkfähigkeit nicht enthalten. —

Die in dem Ausdruck:

$$\operatorname{cotg} \alpha - \operatorname{cotg} \beta = \frac{1}{C}$$

enthaltene Konstante C, also das Verhältnis des sogen. **„Achsstandes“**, d. h. des Abstandes beider Achsmitten, zur Länge des festen Vorderachsteiles, unterscheidet sich nur wenig von dem Verhältnis des Achsstandes L zur Spurweite S, denn die Schenkelarme a sind stets sehr gering. Der Wert $\frac{L}{S}$ aber liegt bei der Mehrzahl aller Wagen zwischen 2 und 2,5. Nur ausnahmsweise sinkt dieses Verhältnis bis auf 1,5 oder steigt bei sehr langen Omnibussen und Lastwagen auf 3. Untersucht man also die Gleichung

$$\operatorname{cotg} \alpha - \operatorname{cotg} \beta = \frac{1}{C}$$

soweit $C$ in Betracht kommt, innerhalb der Grenzwerte:

$C = 1{,}_0$

und $C = 3{,}_0$

so erhält man für Werte von: $\beta = 0^0$

bis $\beta = 45^0$

die in folgender Tabelle zusammengestellten Werte für die dazugehörigen Winkel $\alpha$:

$\alpha =$

| $C =$ | 1,0 | 1,5 | 2,0 | 2,5 | 3,0 |
|---|---|---|---|---|---|
| $\beta = 0$ | 0 | 0 | 0 | 0 | 0 |
| $\beta = 5$ | 4° 35′ | 4° 40′ | 4° 45′ | 4° 50′ | 4° 55′ |
| $\beta = 10$ | 8° 30′ | 9° | 9° 10′ | 9° 20′ | 9° 35′ |
| $\beta = 15$ | 11° 55′ | 12° 50′ | 13° 20′ | 13° 35′ | 13° 55′ |
| $\beta = 20$ | 15° | 16° 20′ | 17° 10′ | 17° 40′ | 18° |
| $\beta = 25$ | 17° 40′ | 19° 40′ | 20° 40′ | 21° 30′ | 22° |
| $\beta = 30$ | 20° 5′ | 22° 40′ | 24° 10′ | 25° 10′ | 26° 10′ |
| $\beta = 35$ | 22° 35′ | 25° 30′ | 27° 20′ | 28° 40′ | 29° 35′ |
| $\beta = 40$ | 24° 30′ | 28° 20′ | 30° 35′ | 32° 10′ | 33° 20′ |
| $\beta = 45$ | 26° 30′ | 31° | 33° 40′ | 35° 30′ | 36° 50′ |

Ein Schaubild dieser Ergebnisse stellt Abb. 11 dar.

Um diese Abhängigkeit der Ausschlagwinkel zu erreichen, sind vielerlei Arten (Abb. 12) mechanischer Räderverbindungen vorgeschlagen worden, welche mit größerer oder geringerer Genauigkeit die Radstellungen dem Gesetze

$$\operatorname{cotg} \alpha - \operatorname{cotg} \beta = \frac{B}{L}$$

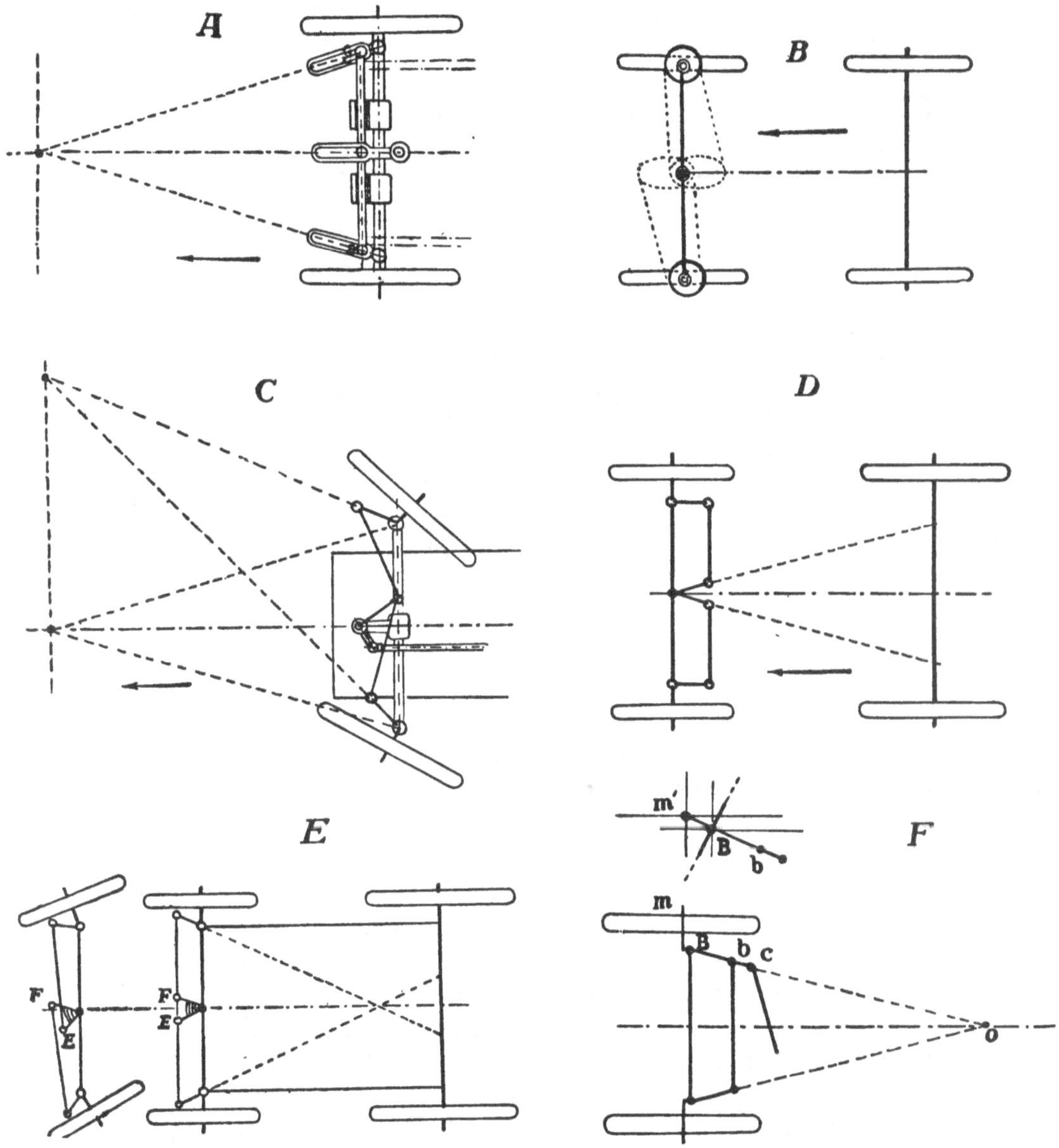


Abb. 12.

folgen lassen. Abb. 12 A stellt die von Davis-Bourlet angewandte Anordnung, welche die obige Bedingung theoretisch am genauesten erfüllt, dar. Einige weitere Lösungen dieses Problems sind auf Abb. 12 B bis 12 F veranschaulicht. Einer der ersten Automobilkonstrukteure, Bollé, brachte sogar elliptische Kettenräder zur Verwendung (Abb. 12 B). Alle diese Konstruktionen haben sich trotz ihrer theoretischen Vorzüge nicht durchsetzen können, da sie zu kompliziert und zu empfindlich waren. Die Verbindung der Lenkräder

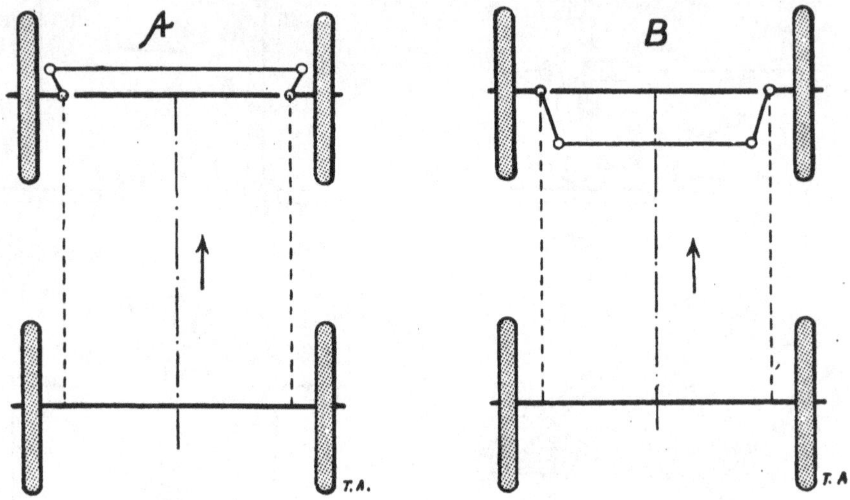


Abb. 13.

ist eine der am modernen Kraftwagen wenig zahlreichen Anordnungen, bei welchen bewegliche Teile, nicht eingekapselt und mangelhaft geschmiert, der Einwirkung von Straßenschmutz und Witterungsverhältnissen unmittelbar ausgesetzt sind. Berücksichtigt man die außerordentlich wichtige Rolle dieser Organe und deren aus Sicherheitsrücksichten erforderliche unbedingte Zuverlässigkeit, so gewinnt man die Überzeugung, daß an dieser Stelle die einfachste, theoretisch annähernd korrekte Lösung die richtigste sein muß. Darum haben sich nur die einfachsten, auf Abb. 13 dergestellten *Trapezverbindungen* erhalten, obwohl die Genauigkeit, mit welcher die Radausschläge dem oben angegebenem Gesetze folgen, eine nur annähernde ist. Von diesen beiden Lösungen ist wiederum das Vordertrapez dadurch scheinbar überlegen, daß bei ihm die Verbindungsstange durch einen Teil der Fahrbahnstöße auf Zug beansprucht wird, und daß durch seine Verwendung eine richtigere Radeinstellung bewirkt werden kann. Das Hintertrapez ist, wie noch gezeigt werden soll, in dieser Beziehung ungünstiger daran, und seine Verbindungsstange wird meist auf Knickung beansprucht. Ein wichtigerer Vorzug des Vordertrapez ist durch die Möglichkeit gegeben, die Vorderachse aus baulichen Gründen, wie dieses auf Abb. 14 veranschaulicht

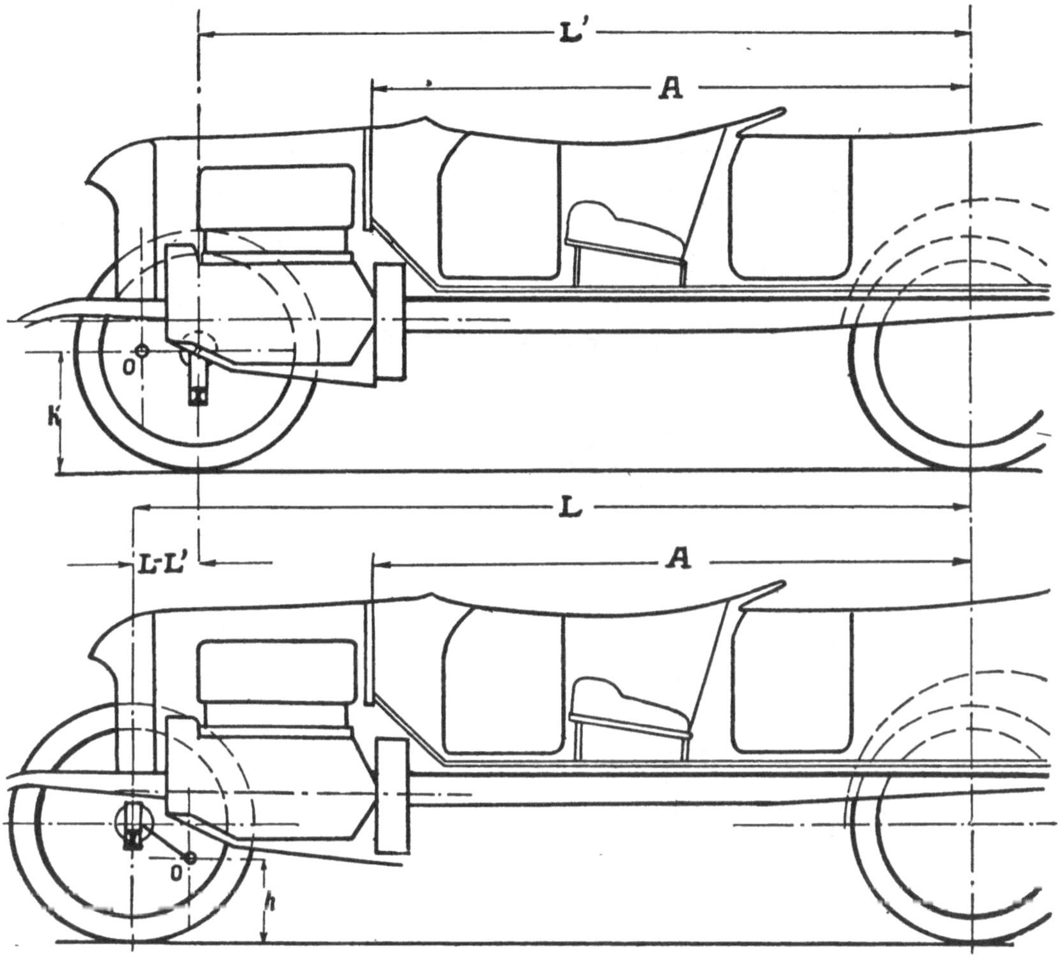


Abb. 14.

ist, weiter nach hinten verlegen zu können, und dadurch den Achsstand zu verringern, ohne die Entfernung vom Spritzbrett zur Hinterachse zu verändern. Letzterer Umstand könnte bei Droschken und Stadtwagen, welche trotz sehr geräumigen Wagenkastens, aus Rücksicht auf großen Radausschlag, einen möglichst kurzen Achsstand erwünschen lassen, besonders ins Gewicht fallen. Alle diese Vorzüge gelten jedoch nur bedingt und werden durch einen Mißstand gestört. Das Vordertrapez erfordert nämlich eine Vergrößerung der Schenkelarme, damit die Gelenke der Verbindungsstange nicht in Berührung mit den Radspeichen kommen. Die freie Wahl einer, eine richtige Lenkung sichernden Trapezform wird gemäß Abb. 15 durch das berechtigte Bestreben, die Schenkelarme a klein zu halten, arg be-

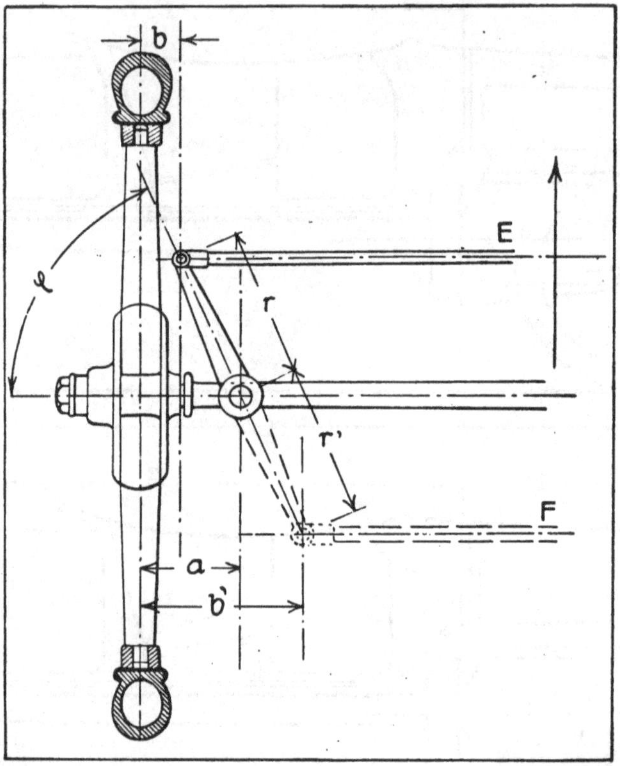


Abb. 15.

schränkt. Der Kopf des „Radhebels“ $r$ muß in einem gewissen Abstand von der Radmitte bleiben. Da nun

$$a = b + r \cos \alpha$$

ist, so wird bei gegebenen Werten für $b$ und $r - \varphi$ und damit die Trapezform sehr beschränkt. Dieser Nachteil fällt beim Hintertrapez fort, weil bei ihm die Hebel nach hinten zu konvergieren und deren Köpfe sich von den Radmitten nach der Wagenmitte zu entfernen.

Als seinerzeit die meisten Kraftwagenfabriken vom Vordertrapez zum Hintertrapez übergingen, wurde, um diese Neuerung zu motivieren, von den Händlern hauptsächlich ein angeblicher Vorteil hervorgehoben: Daß die Verbindungsstange bei Kollisionen besser geschützt ist, wenn sie hinter der Vorderachse liegt. Dieses ist aber bei den meisten Vorderachsen nicht der Fall. Aus konstruktiven Gründen (Abb. 14) muß die hinten angeordnete Verbindungsstange bedeutend niedriger gelegt werden, als dieses beim Vordertrapez der Fall sein kann. Vielfach muß sie sogar gekröpt werden, ebenso wie die Radhebel, damit der Motor beim Durchfedern des Wagens auf die Stangenmitte nicht aufschlagen kann. Wird aber die Verbindungsstange aus Rücksicht auf die Knickungsbeanspruchung möglichst geradlinig ausgeführt, so kommen die Hebelköpfe 0 in eine gefährliche Nähe der Fahrbahn. (Der Abstand *h* ist durch die Bundesratsverordnung auf minimal 15 cm festgelegt worden.) Daraus geht hervor, daß die hintenliegende Verbindungsstange, als tiefster Punkt des Wagens, einer Kollision mit einem auf der Fahrbahn liegendem Gegenstande viel eher ausgesetzt ist, als die höherliegende Vorderstange. Diese, durch Händler aus Geschäftsrücksichten verbreitete, nur sehr bedingt gültige Anschauung, hat aber beim kaufenden Publikum eine ängstliche Abneigung zum Vordertrapez herbeigeführt, was zweifellos auch dazu beigetragen hat, daß diese Anordnung bis auf wenige Ausnahmen (Panhard & Levassor) dem Hintertrapez das Feld räumen mußte.

Anderenteils ist aber die auch unter Fachleuten vielfach verbreitete Ansicht, daß durch den Lenkungswiderstand der Räder die vorne liegende Verbindungsstange **nur** auf Zug, wogegen die hintenliegende auf Knickung beansprucht wäre, nicht zutreffend. In beiden Fällen wird die Verbindungsstange durch den Lenkungswiderstand desjenigen Rades, welches nicht den Antriebshebel der Lenkung trägt, abwechselnd auf Zug oder Knickung beansprucht, je nach dem, ob man aus der Nullage nach rechts oder nach links lenkt. In bezug auf die Richtung der zu übertragenden Kräfte ist die hinten angeordnete Verbindungsstange nur dann im Nachteil, wenn es sich um die durch die Unebenheiten bzw. Hindernisse der Fahrbahn hervorgerufenen Stöße handelt. Diese Stöße wirken aber meistens an dem Hebelarm *a*, und die Größe der von der Verbindungsstange zu übertragenden Kraft hängt von dessen Länge wesentlich ab. Berücksichtigt man dabei den Umstand, daß die Radhebel bei dem Vordertrapez aus Raummangel kleiner, während der Schenkelarm länger als beim Hintertrapez ausgeführt werden muß (vgl. unter „Geometrischer Aufbau der Lenkung"), so ergibt sich im ersteren Falle eine beträchtlich größere Zugkraft, als dieses für die Druckkraft in der hintenliegenden Verbindungsstange der Fall ist. Außerdem ist der in beiden Fällen abwechselnd als Zug- und Druckkraft auftretende Lenkungswiderstand bei größeren Wagengeschwindigkeiten infolge gyroskopischer Kräfte recht groß, so daß auch die vornliegende Verbindungsstange hohen Knickungsbeanspruchungen ausgesetzt ist. Daher ist in Wirklichkeit in bezug auf die Richtung der durch die Stange zu übertragenden Kraft das Hintertrapez gegen das Vordertrapez nur wenig im Nachteil.

Ein berechtigter Grund für die Wahl einer vorneliegenden Verbindungsstange wäre das für

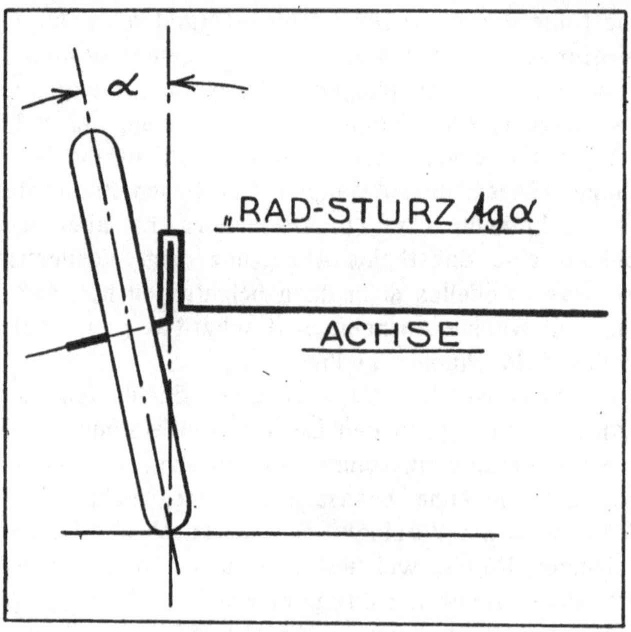


Abb. 16.

gewisse Wagentypen leicht erklärliche Bestreben, den Achsstand zu verringern, ohne den für den Wagenkasten bestimmten Raum zu benachteiligen. In Frage kommen hier hauptsächlich Stadtwagen (Droschken), aber auch große, für den Verkehr in kurvenreichen Gebirgsstraßen bestimmte Omnibusse und Lastwagen, sofern eine besonders große Ladefläche bei geringem Achsstand erwünscht erscheint. In allen übrigen Fällen wäre ein Verzichten auf Verkürzung des Schenkelarmes a bzw. auf Anwendung eines Hintertrapez unberechtigt.

Die große Mehrzahl aller modernen Wagen besitzt also Hintertrapeze, welche noch die Annehmlichkeit aufweisen, die Unterbringung der Anwerfkurbel zu erleichtern und ein glattes Aussehen des Vorderwagens herbeizuführen.

Kein Lenktrapez erfüllt, wie noch zu beweisen, die entwickelte Grundbedingung richtiger Wirkung genau, eine Tatsache, welche Anstoß erregen könnte. Demgegen-

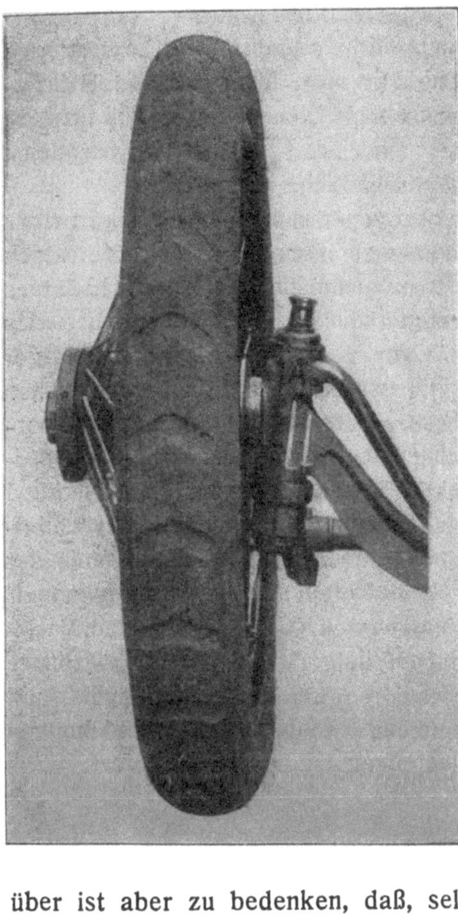

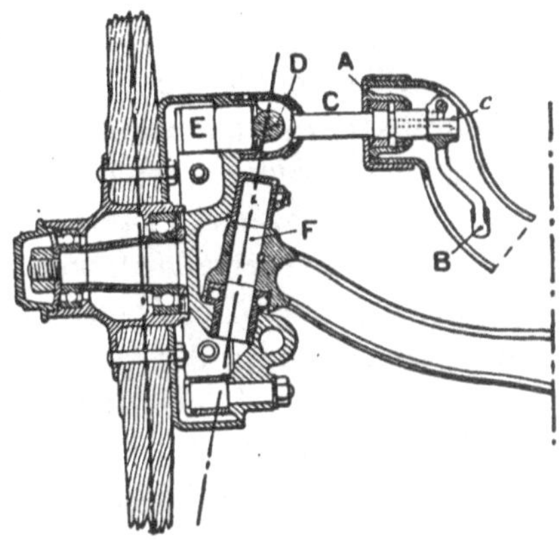


Abb. 18. Geneigter Sehenkelzapfen von Peugeot 1913.

Abb. 17. Geneigter Schenkelzapfen von Metallurgique 1914.

über ist aber zu bedenken, daß, selbst wenn eine stets theoretisch richtige Radeinstellung durch ein Trapez zu erzielen wäre, doch Störungen durch den Einfluß der Fahrbahn und der aus zweifelhaften Gründen (s. Abschnitt „Räder") eingeführten Schrägstellung der Räder, dem **„Radsturz"** (Abb. 16), wie derjenigen der Drehachsen der Lenkschenkel, wie sie in neuerer Zeit öfters zur Anwendung gelangt (Abb. 17 u. 18), unvermeidlich wären. Von allen im ersten Teil dieses Buches besprochenen Parallel-Verschiebungen und Drehungen, in welche man die bei der Fahrt vorkommenden und möglichen Achsbewegungen gegen den Rahmen verlegen kann, stören nur zwei die Lenkbedingung, daß alle Radzapfen nach einer Senkrechten zur Fahrbahn, und zwar natürlich zur Fahrbahn aller Räder laufen sollen, n i c h t : die Parallelverschiebung der Lenkachse in einer Vertikalebene, (theoretische Federung) und die Verschiebung der Achse in ihrer eigenen Mittellinie (hervorgerufen durch die Zentrifugalkraft des Wagenoberbaues in den Kurven oder durch seitliches Anfahren an ein Hindernis). Alle anderen Achsbewegungen stören die Lenkung. Das Gleiche gilt vom Radsturz und Schrägstellung der Drehachsen der Lenkschenkel, denn die dabei erfolgte Abwendung der Zapfenmitten aus einer der Fahrbahn parallelen Ebene, ist gleichfalls der Lenkung schädlich.

Hier könnte die Folgerung gezogen werden: Wenn sogar, trotz theoretisch vollkommenen Verbindungsgestänges der Lenkräder, doch Lenkungsstörungen bei der Fahrt unvermeidlich sind, so schadet es auch nichts, wenn weitere Störungen durch Unvollkommenheit des Gestänges herbeigeführt werden. Vor diesem Schluß muß sehr gewarnt werden. Der Radsturz kann gering gemacht werden, ebenso die Schrägstellung der Drehachsen der Lenkstummel, falls solche vorhanden sein soll, und der durchschnittliche Wegezustand ist derartig, daß er die Lenkung, praktisch betrachtet, nur unbedeutend beeinträchtigt. Im übrigen ist nicht gesagt, daß solche Beeinträchtigungen, sofern sie sich in mäßigen Grenzen halten, ein Schleifen der Räder bewirken müssen, da die Nachgiebigkeit der meist angewandten Gummibereifung bis zu einem gewissen Grade ausgleichend wirken wird. Führt dagegen ein falsch aufgerissenes Trapez größere Fehler in der Radeinstellung herbei, so kann ein derartiger Ausgleich nicht genügen. Eine genügende Kenntnis der Beziehungen zwischen Trapezform und Radeinstellung ist daher von Wert.

## 2. Geometrischer Aufbau der Lenkung.

### Lenktrapez.

Ist die Länge $B$ (Abb. 19) des festgelagerten Teiles der Lenkachse gegeben, so hängt die Trapezform — mag es sich nun um Vor-

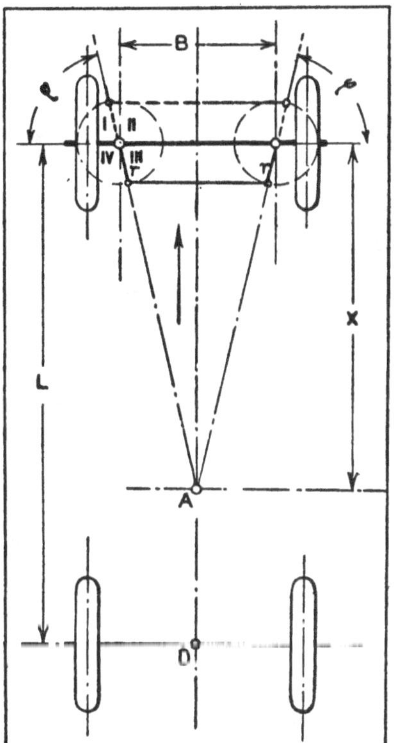


Abb. 19.

der- oder Hintertrapez handeln — nur noch von der Länge $r$ des Radhebels und von dem Winkel $\varphi$ ab. Letzterer kann im Interesse einfacheren Aufreißens durch das Maß $X$ ersetzt werden:

$$x = \frac{B}{2} \operatorname{tg} \varphi$$

Die Radhebellänge $r$ schwankt innerhalb sehr engen Grenzen. Allzu gering kann man sie nicht machen, da sonst auf die Verbindungsstange beider Hebel zu bedeutende Kräfte entfallen, und ein etwa entstandenes Gelenkspiel zu sehr bemerkbar wird. Den Hebel $r$ sehr lang zu machen, liegt auch keine Veranlassung vor. Die Raumbeanspruchung des Trapezes würde nämlich groß werden (vergl. Abb. 14), und bei Vordertrapezen überdies die Gefahr einer Kollision der Radhebel mit den Radspeichen drohen (Abb. 15). — Liegt somit

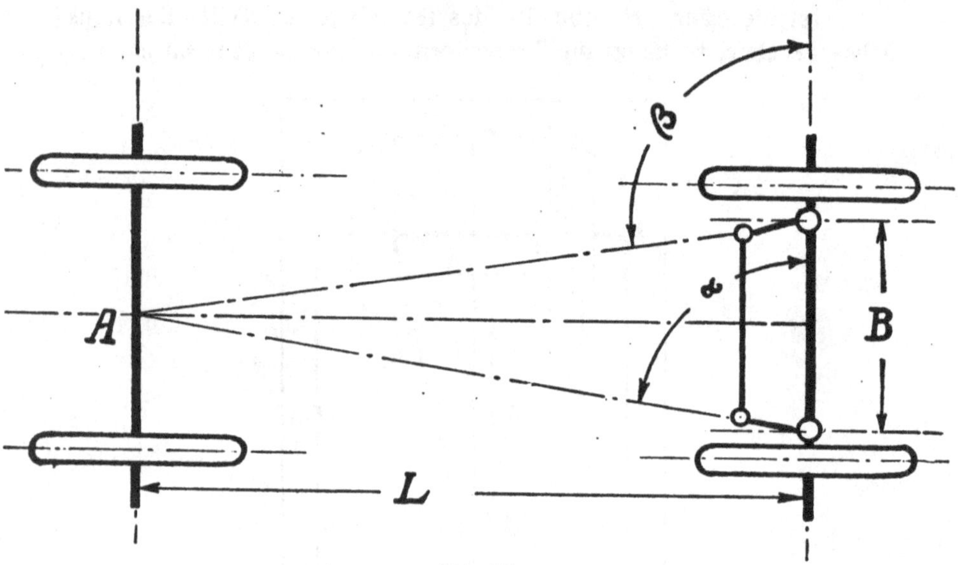


Abb. 20.

der Wert $r$ ziemlich fest, so bleibt $\varphi$ oder $X$ und mit letzterem die Lage des Punktes $A$ für die Trapezform bestimmend.

Bis in die jüngste Zeit hinein ist $A$ an Hand ziemlich roher Faustregeln festgelegt worden. Man gab an, $A$ liege am besten im Mittelpunkt $D$ der Hinterachse, oder aber $A$ liege um dieses oder jenes Stück vor oder hinter $D$.

Eine sehr verbreitete Irrlehre ist diejenige, welche behauptet, daß die Winkel, welche die Radhebel in der Nullage der Lenkung mit der Mitte der Vorderachse bilden, selbst die Bedingung

$$\cot \alpha - \cot \beta = \frac{B}{L}$$

erfüllen sollen, und daß diese Voraussetzung genügt, um eine richtige Lenkung zu erhalten. (Abb. 20.) Diese Lehre wurde als Axiom betrachtet und ist niemals begründet gewesen. Daraus hat man folgendes abgeleitet:

$$\frac{1}{\operatorname{tg}\alpha} - \frac{1}{\operatorname{tg}\beta} = \frac{B}{L}$$

$$\alpha = \pi - \beta$$

$$\operatorname{tg}\beta = -\operatorname{tg}\alpha$$

$$\frac{2}{\operatorname{tg}\alpha} = \frac{B}{L}$$

$$\operatorname{tg}\alpha = 2\frac{L}{B}$$

Dieses bedeutet aber, daß der Punkt $A$ in der Mitte der Hinterachse liegen und $X = L$ sein sollte.

Letzteres trifft aber, wie wir im folgenden sehen werden, keinesfalls zu.

Es ist jedoch interessant, daß diese, auf unbegründeter Behauptung aufgebaute Irrlehre bis in die heutige Zeit seine Anhänger findet. Der richtige Weg, Klarheit über den Wert derartiger Regeln zu erhalten, wird der sein, die Beziehungen zwischen den Ausschlagwinkeln beider Lenkräder in Abhängigkeit von der Trapezform aufzusuchen und sie mit der schon an Hand der Abb. 9 hergeleiteten Bedingung für theoretisch richtige Radeinstellung zu vergleichen. Vorteilhaft wäre es, dabei mathematisch vorzugehen. Man könnte die Winkelfehler in Abhängigkeit zur Trapezform setzen und dann die Bedingung für das Mindestmaß dieser Fehler, also für eine beste Trapezform suchen. So einfach die dazu nötigen Ansätze sind, so führt doch die Rechnung bald zu unübersichtlichen Ausdrücken. Demnach wird sich empfehlen, eine andere Methode anzuwenden.

## Zeichnerisches Verfahren.

Bestimmend für die richtige Beziehung zwischen den Ausschlagwinkeln $\alpha$ und $\beta$ der Lenkräder war gemäß der Gleichung:

$$\operatorname{cotg}\alpha - \operatorname{cotg}\beta = \frac{B}{L} = \frac{1}{C}$$

ausschließlich das Verhältnis $\frac{1}{C}$, und in Abb. 11 ist bereits für gewisse praktische Werte von $C$ eine Schar von Winkelkurven aufgetragen worden. Ein beliebiges Lenktrapez wird nun zu gleichen Ausschlagwinkeln $\alpha$ des einen Rades nicht die richtigen Winkel $\beta$ des anderen herstellen, sondern abweichende Winkel, welche $\gamma$ heißen mögen. Als maßgebend für die Trapezform und damit für die Beziehung

$$\gamma = f(\alpha)$$

wurde bereits bei gegebenem $B$ die Größe $x$ bezeichnet (Abb. 19). Sieht man statt ihrer in Anbetracht dessen, daß es sich nur um Winkelermittlungen handelt, das Verhältnis $\frac{x}{B}$ als ausschlaggebend für die Trapezform an, ermittelt für gewisse Werte dieses Verhältnisses die $\gamma = f(\alpha)$-Kurven und deckt diese mit $\beta = f(\alpha)$-Kurven, so ist es leicht, für einen gegebenen Wagen, also ein gegebenes $\frac{L}{B} = C$ das beste Trapez festzustellen. Dem Werte von $C$ entsprach eine bestimmte $\beta$-Kurve. Diese stimmt mit einer der $\gamma$-Kurven am besten überein, welche wiederum aus einem gewissen Verhältnis $\frac{x}{B}$ hervorgegangen ist. Dieses liefert aber die Trapezform. Führt man das Verfahren allgemein durch, so läßt sich auch die Beziehung:

$$\frac{x}{B} = f\left(\frac{L}{B}\right) = f(C)$$

d. h. Trapezform $\qquad = f\left(\frac{L}{B}\right) = f(C)$

unmittelbar herleiten, wobei sich die möglichst gering zu haltenden Winkelfehler $(\beta - \gamma)$ aus den Ordinaten-Differenzen der beiden gedeckten Kurvenscharen herleiten lassen.

In mancher Beziehung vorteilhafter als das geschilderte Vorgehen ist ein von Elsner angebenes Verfahren.*) Auch bei diesem handelt es sich um die Deckung zweier Kurvenscharen; eine derselben besteht jedoch aus Geraden, was natürlich angenehmer ist. Das Verfahren sei hier wiedergegeben:

Man braucht zur zeichnerischen Aufsuchung des zu einem gewissen Winkel $\alpha$ des einen Lenkrades gehörigen Winkel $\beta$ des anderen Rades durchaus nicht die Mitten der Schenkelachsen $M$ (Abb. 21) mit der Hinterachsmitte zu schneiden, sondern es genügt, $EM$ mit der Diagonale $FJ$ des Rechteckes $FDJK$ in $H$ zu schneiden und $DH$ zu ziehen. Dann ist

$$\angle HDE = \angle DMJ = \beta$$

Beweis: $\qquad$ Ziehe $HG \perp DE$

$$\text{cotg}\,\alpha = \frac{GE}{GH} = \frac{GF + \frac{B}{2}}{GH}$$

$$\cot \angle HDE = \frac{GD}{GH} = \frac{\frac{B}{2} - GF}{GH}$$

$$\text{cotg}\,\alpha - \text{cotg} \angle HDE = 2\,\frac{GF}{GH} = 2\,\frac{DF}{DJ} = \frac{B}{L}$$

---

*) Elsner „Der Motorwagen" 1903; S. 230 und 280.

da
$$\cotg \alpha - \cotg \beta = \frac{B}{L}$$
so folgt:
$$\angle HDE = \beta$$

Dieser Weg zur Aufsuchung des Winkels $\beta$ kann nun auch umgekehrt zu einem Kriterium für die Güte einer Trapezform ausgebaut werden. Wird nämlich (Abb. 22) ein Strahl *EH*, unter $\alpha$ gegen *DE* geneigt, in *H* mit einem Strahle *DH* unter $\beta$ gegen DE geneigt,

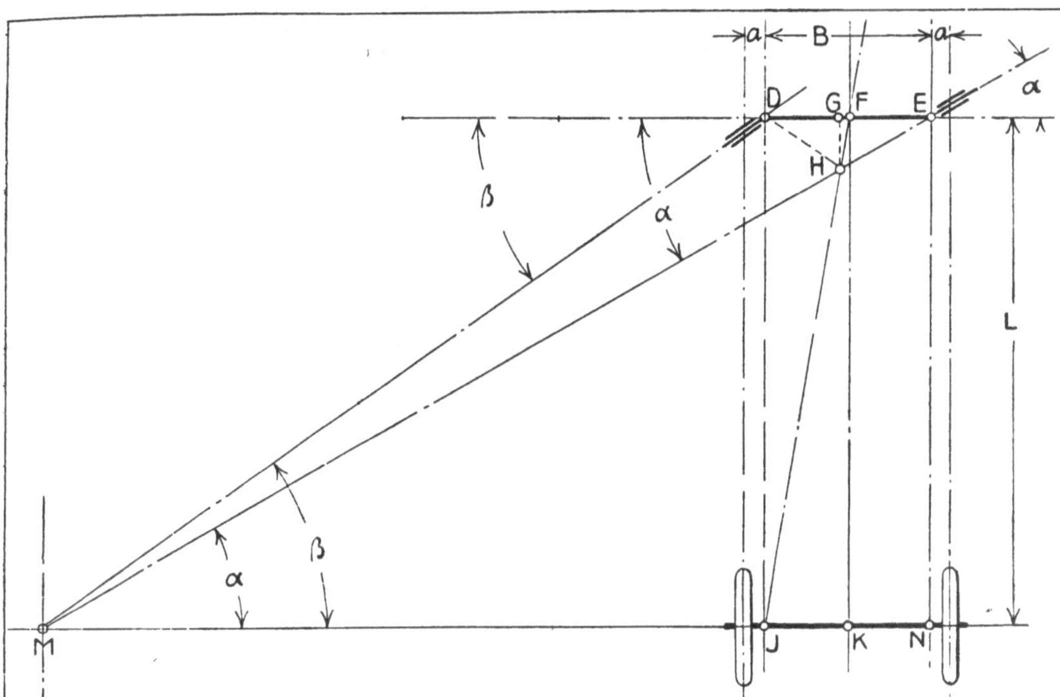


Abb. 21.

zum Schnitt gebracht, so muß *H* auf der Diagonale *FJ* liegen. Würde dagegen die zeichnerische Verfolgung der Radhebelbewegung eines beliebigen Trapezes zu einem gleichen Ausschlagwinkel $\alpha$ des einen Rades einen solchen $= \gamma$ statt $\beta$ beim anderen Rade liefern, und würde $\angle EDH' = \gamma$ gemacht, so läge *H'* nicht mehr auf *FJ*. Der Ort aller Punkte *H'* bei veränderlichem $\alpha$ wäre eine Kurve, und je mehr diese sich der Diagonale *FJ* anschmiegt, um so richtiger wäre das die Kurve erzeugende Lenktrapez.

Der einem bestimmten Winkelausschlag des einen Rades entsprechende Winkelfehler $(\gamma - \beta)$ des anderen, wurde durch den

$< HDH'$ gegeben. Die bei der Kurvenprüfung entscheidende Diagonale $FJ$ wird auch als **„Leitlinie"** bezeichnet.

Elsner schlägt, auf diese Grundlagen sich stützend, vor, zwecks Entwurf eines Lenktrapezes so vorzugehen, daß für alle nur

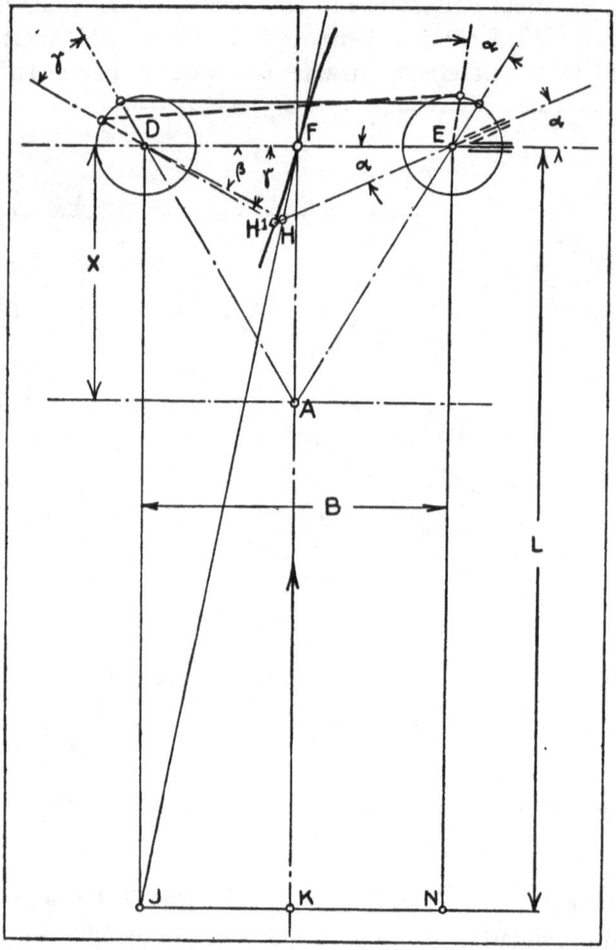


Abb. 22.

in Betracht kommenden Trapezformen die ihnen eigenen Kurven $FH'$ ein für alle Mal sorgfältig verzeichnet werden. Im besonderen Falle, also bei gegebenem $\frac{L}{B}$, braucht dann nur die entsprechende Leitlinie $FJ$ mit der Kurvenschar gedeckt und die am besten zu ihr passende Kurve festgestellt werden. Das Trapez, welchem letztere entspringt, ist das richtige.

Die Ermittlung ist, wie ersichtlich, einfach. Bei geringen Werten von $\alpha$ und $\beta$ ergeben sich jedoch unsichere Punkte $H'$. Der Winkelfehler $(\beta-\gamma)$ kommt nicht unmittelbar durch die Abstände zwischen Kurve und Leitlinie zum Ausdruck.

## Allgemeine Folgerungen.

Von größter Wichtigkeit für Neukonstruktionen ist eine Methode, den Zusammenhang zwischen der Wagenkonstanten

$$C = \frac{L}{B}$$

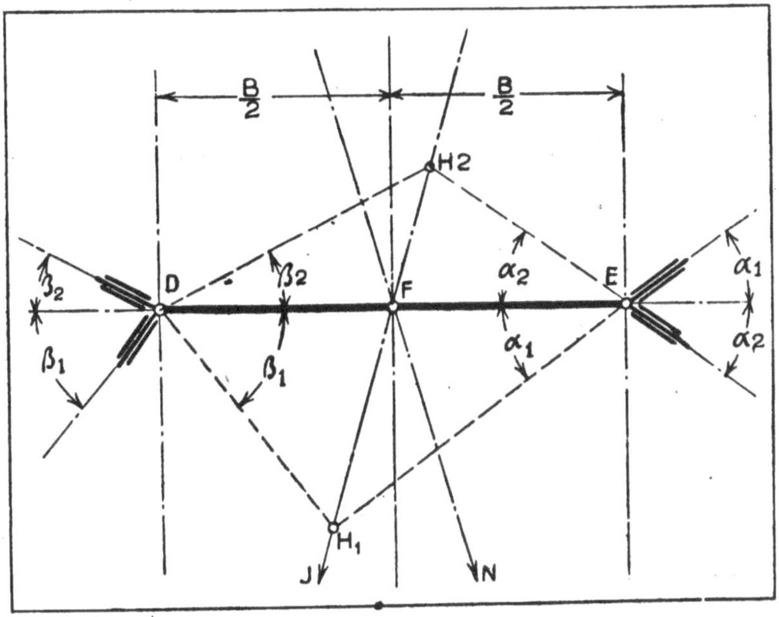


Abb. 23.

und der zu wählenden Trapezform, bestimmt durch das Verhältnis $\frac{x}{B}$, unmittelbar aufzusuchen.

In Abb. 22 entspricht der Leitungspunkt $H$ und der Kurvenpunkt $H'$ einer Links-Lenkung, also einem Ausschlag des Winkels $\alpha$ nach oben. Eine Rechtslenkung bedeutet einen $\angle \alpha$ nach unten und bewirkt, daß $H$ und $H'$, d. h. Leitlinie und Kurve über $DE$ hinaus nach oben wandern. Das obere Kurvenstück wird dabei symmetrisch zum unteren. In Abb. 23 ist der Ermittlungsvorgang, soweit er die Leitlinie betrifft, noch einmal für eine Rechts- (Index 1) und eine Linkslenkung (Index 2) wiederholt worden. Geht man demnach vom Winkel $\alpha$

aus und sucht β, so wird — mag es sich um Rechts- oder Linkskurve handeln — stets dieselbe Leitlinie *FJ* der Ort aller Punkte *H* sein.

Würde man, vom Winkel β ausgehend, α suchen, so wäre, wegen der Symmetrie der ganzen Anordnung, die Leitlinie *FN* die richtige.

In Abb. 24 sind nun gleichzeitig vier Lenktrapeze angedeutet, deren Radhebel jeder in einem besonderen Quadranten liegt; alle Hebel schließen jedoch mit *DE* den gleichen Winkel φ ein. Werden zu diesen Trapezen die entsprechenden, mit den Quadrantenziffern bezeichneten Kurven ermittelt, so ergeben sich diese, wenn wie in

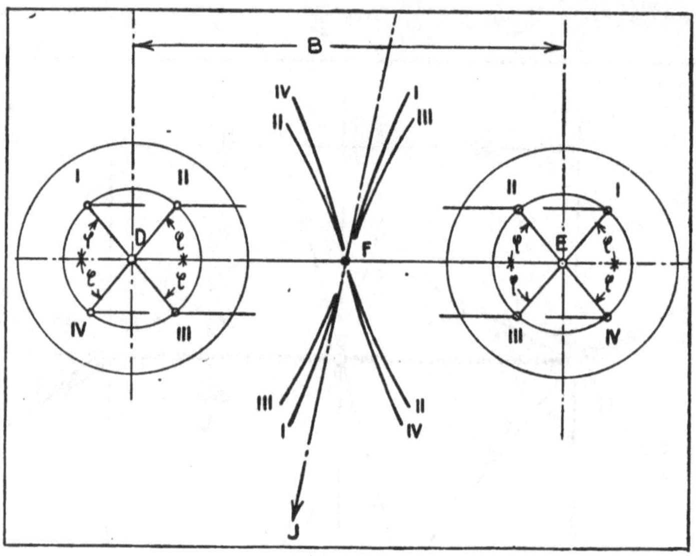


Abb. 24.

Abb. 23 vom Winkel α ausgegangen wird, so wie dargestellt. Da nun allein die Leitlinie *FJ* hier zum Vergleich herangezogen werden darf, und da mit dieser sich nur die Kurven I und III mehr oder weniger decken können, so folgt, daß die Radhebel nur in den Quadranten I und III liegen dürfen.

Noch eine weitere Folgerung läßt sich sofort begründen: trotzdem, wie angegeben, alle Winkel φ der Radhebel mit der Achsrichtung gleich sind, fallen doch die Kurven I und III ebenso wenig zusammen wie II und IV. Da die Leitlinie sich aber nur entweder mit I oder mit III gut decken kann, so ergibt sich, daß ein richtig entworfenes Vordertrapez nicht etwa durch einfache Verlängerung der Radhebel in den diametralen Quadranten zu einem gleich richtigen Hintertrapez gemacht werden kann und umgekehrt.

Vor Ermittlung der gewünschten Beziehung:

$$\frac{x}{B} = f\left(\frac{L}{B}\right)$$

mit Hilfe des Elsnerschen Verfahrens wäre nur noch zu prüfen, wie das „g u t e  A n s c h m i e g e n" der Kurven an die Leitlinien festgestellt werden soll. Man müßte sich dazu darüber klar sein, welcher Bereich der möglichen Radausschlagwinkel am meisten benutzt wird. Für diesen Bereich könnte dann die Trapezform zugeschnitten werden, wobei unter Umständen für einen anderen Bereich erhebliche Winkelfehler $(\beta-\gamma)$ in Kauf zu nehmen wären. Hier wurde ein über den g a n z e n  W i n k e l a u s s c h l a g  h i n  d u r c h s c h n i t t l i c h gutes Uebereinstimmen von Kurven und Leitlinien als empfehlenswert angesehen und dadurch herbeigeführt, daß die Kurven so lange um den Punkt $F$ (Abb. 24) gedreht wurden, bis die zu beiden Seiten der Leitlinien an irgend einer Stelle vorhandenen größten Fehler $(\beta - \gamma$ gleich waren. Erhofft wurde, daß diese Fehler dann auch sehr gering werden und infolge dessen vielleicht einen Ausgleich in der Nachgiebigkeit der Bereifung finden würden, ohne daß ein Schleifen der Räder einträte. Auf diese Möglichkeit wurde schon früher hingewiesen.

In großen Umrissen ist in Abb. 25 das Aufsuchungsverfahren der Beziehung

$$\frac{x}{B} = f\left(\frac{L}{B}\right)$$

für ein Vordertrapez kenntlich gemacht. Vorausgesetzt ist dabei ein Verhältnis

$$\frac{r}{B} \sim 0{,}14$$

ein

$$a_{max} = 45^{0}$$

und ein $\frac{L}{B}$ zwischen 1 und 3. Über geringe Veränderlichkeit von $r$ und über die Berechtigung der Grenzen von $\alpha$ und $\frac{L}{B}$ wurden bereits die nötigen Erläuterungen gegeben. Die Untersuchung ist später noch für die wohl äußersten Grenzwerte:

$$\frac{r}{B} \sim 0{,}1$$

und

$$\frac{r}{B} \sim 0{,}17$$

wiederholt worden, ohne daß eine merkliche Änderung des Ergebnisses entstanden wäre. D e m n a c h  g i l t  l e t z t e r e s  i n n e r h a l b  p r a k t i s c h e r  G r e n z e n  o h n e  R ü c k s i c h t  a u f  d i e  H e b e l l ä n g e $r$.

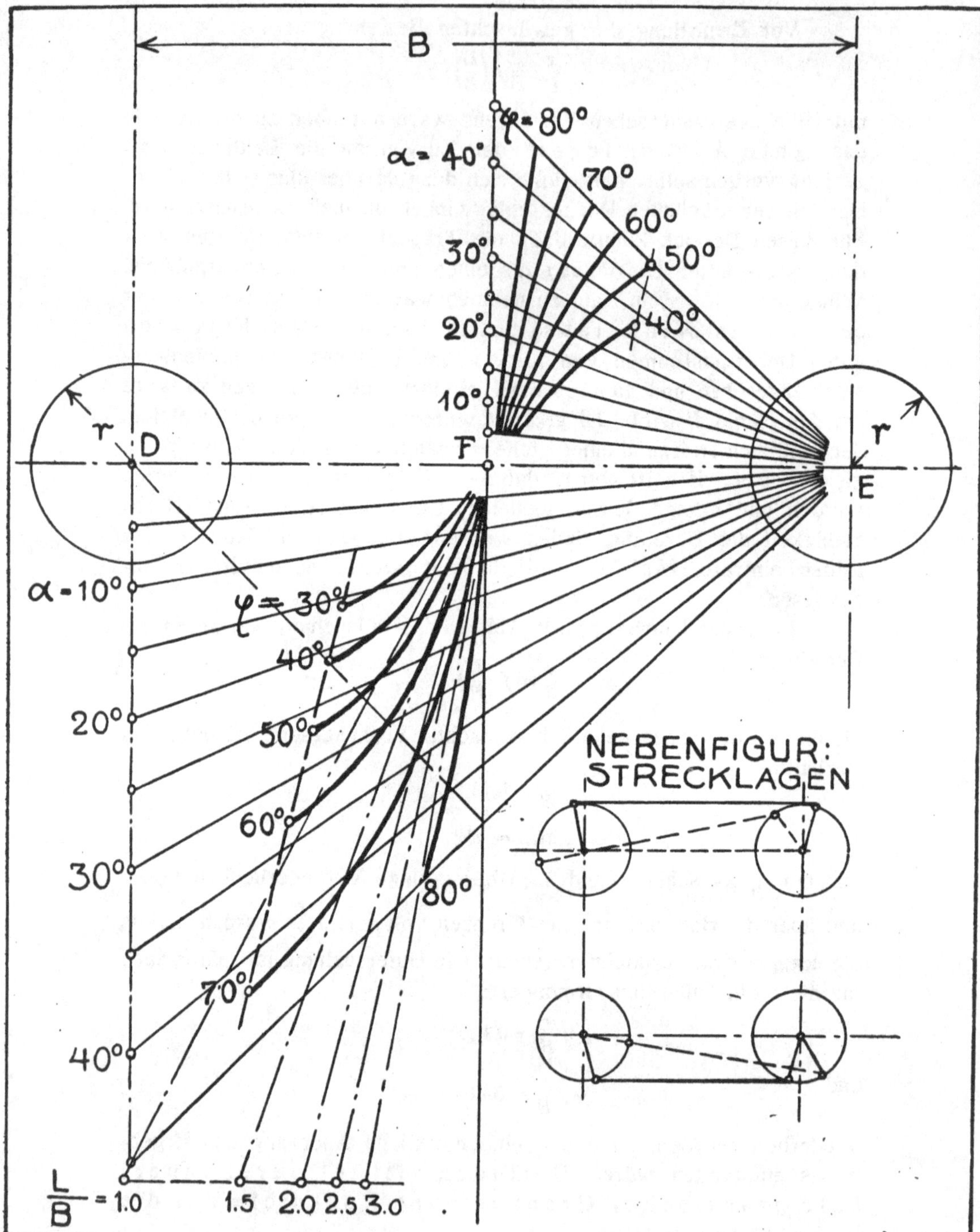
B
φ = 80°
α = 40°
70°
60°
50°
30°
40°
20°
10°
r
D
F
E
α = 10°
φ = 30°
40°
20°
50°
60°
30°
80°
70°
40°
NEBENFIGUR:
STRECKLAGEN
L/B = 1.0
1.5
2.0
2.5
3.0

Abb. 25.

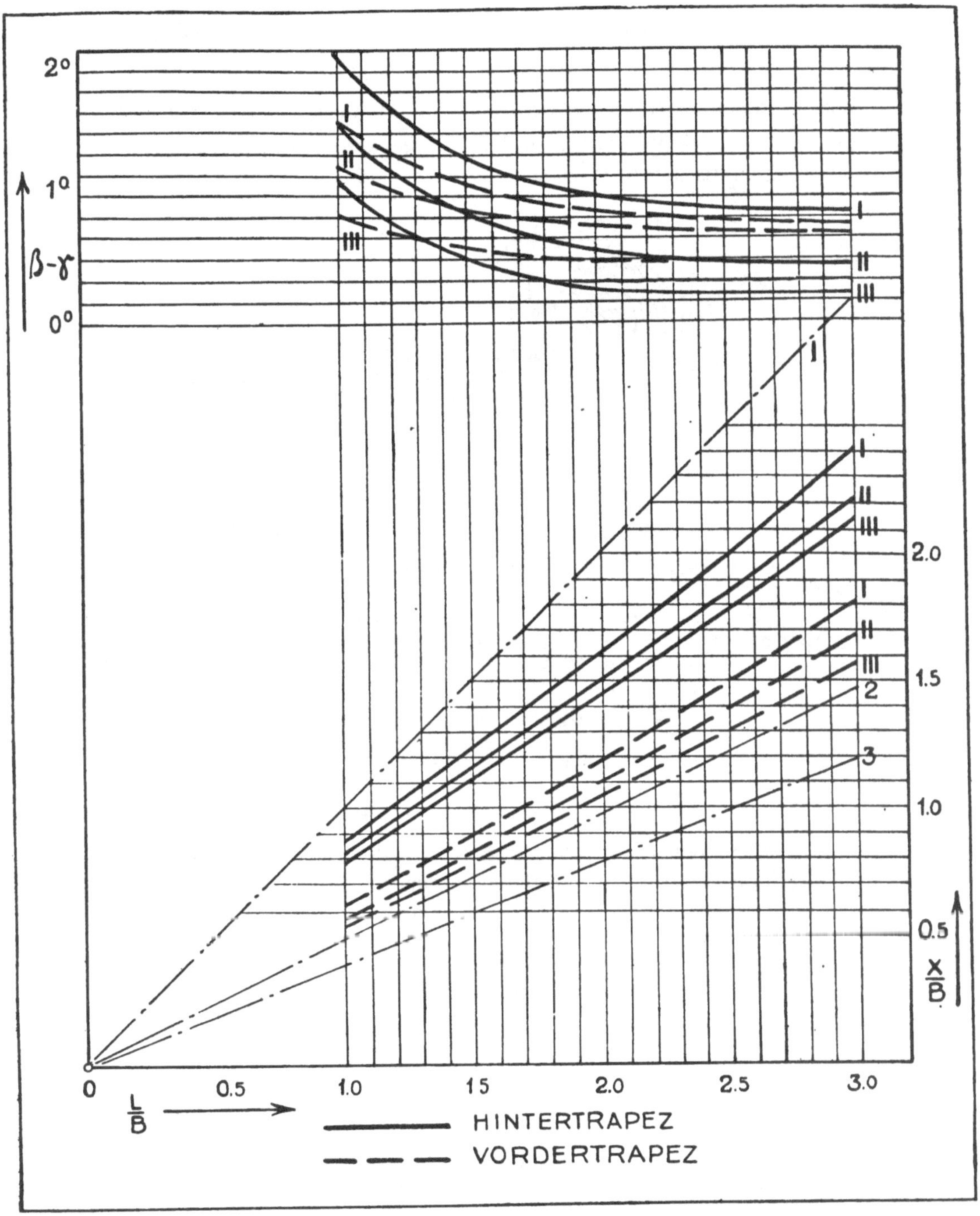
2°
1°
β-γ
0°
I
II
III
I
II
III
I
I
II
III
2.0
I
II
III
1.5
2
3
1.0
0.5
X/B
0
0.5
1.0
1.5
2.0
2.5
3.0
L/B
HINTERTRAPEZ
VORDERTRAPEZ

Abb. 26.

Jede Kurve entspricht in Abb. 25 einem gewissen Radhebelwinkel $\varphi$ oder, was dasselbe ist — einem gewissen Verhältnis $\frac{x}{B}$, jede Leitlinie (Strichpunktiert) einem Werte für $\frac{L}{B}$. Die durch eine gestrichelte Linie verbundenen, durch Nullenkreise kenntlich gemachten Endpunkte der Kurven sind durch Stecklagen der Trapeze be-

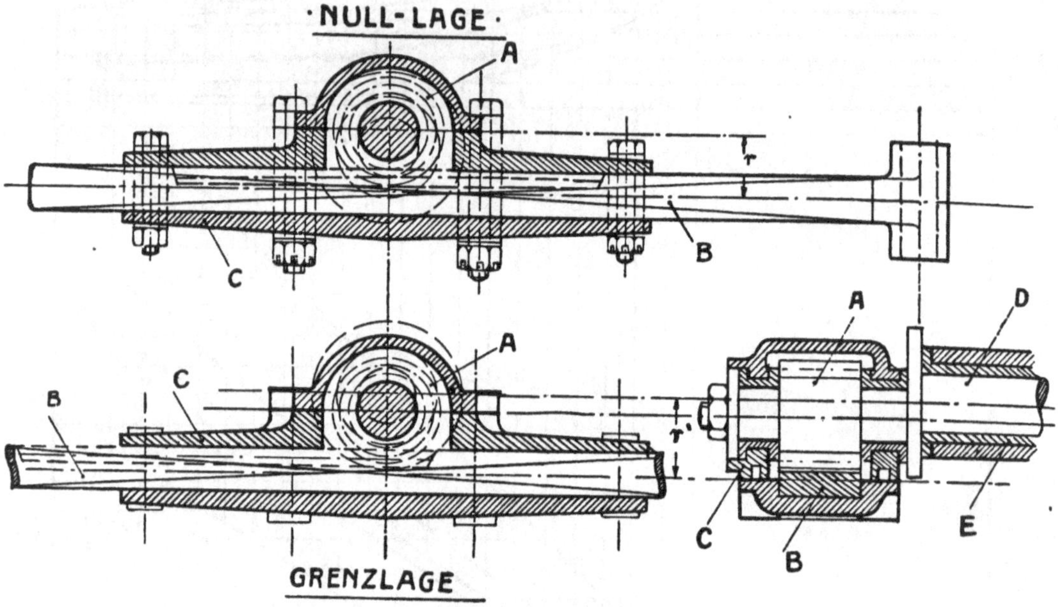


Abb. 27. Brillé-Lenkung (Pariser Omnibusse).
$A$ – Zahnstangentrieb $B$ – Zahnstange $C$ – Gehäuse
$D$ – Exentrische Lenkspindel $E$ – Lenkspindellager.

dingt (s. Nebenfigur). — Diese Stecklagen schließen, wie dort erkenntlich, geringe Werte für $\varphi$ sofort aus, wenn ein gewisses Mindestmaß von $\alpha$ in Hinsicht auf genügende Lenkfähigkeit der Kraftfahrzeuge (etwa $\alpha_{min} = 35°$) gefordert wird. Da $\frac{L}{B}$ sich auch fast durchweg in den Grenzen 1,75 und 2,75 hält, so folgt weiter, daß d e r m ö g l i c h e B e r e i c h f ü r $\varphi$ n u r e i n m i n i m a l e r (~ 10°) s e i n k a n n.

Die auf angegebene Weise ermittelte Beziehung

$$\frac{x}{B} = f\left(\frac{L}{B}\right)$$

ist in Abb. 26 aufgetragen und zwar sowohl für Vorder- wie für Hintertrapez, fernerhin auch für die drei Fälle

$$\alpha_{max} = 35^0 \quad 40^0 \quad 45^0$$

der erste wohl am öftesten in der Praxis vorkommen wird. Auch die bei den betreffenden Trapezformen auftretenden **größten** und zu beiden Seiten der Leitlinie gleichen Winkelfehler $(\beta-\gamma)$ sind verzeichnet, da sie einen Maßstab für die Güte der Trapezform abgeben.

In letzterer Hinsicht stellen sich als ungünstiger heraus:

> Wagen mit geringeren Achsständen,
> Wagen mit großen Radausschlägen,
> Wagen mit Hintertrapezen.

Die durch Stecklagen sich ergebenden linken Kurvenanfangspunkte gehören bei Vordertrapezen zu geringeren Werten von $\frac{L}{B}$, so daß **bei abnehmendem Achsstande schließlich ein Moment kommt, wo nur noch ein Vordertrapez anwendbar bleibt.**

Die Werte für $\frac{x}{B}$ liegen beim hinteren Trapez höher, wiederum ein Beweis für den schon angegebenen Satz, daß aus der einen Trapezform die andere nicht durch einfache Verlängerung der Hebel entstehen kann. Nähert man die $\frac{x}{B}$ Kurven innerhalb der Grenzen $\frac{L}{B} = 1{,}5$ und $\frac{L}{B} = 2{,}5$ durch Gerade an, so befolgen diese die Gleichungen:

Vorder-Trapez:

$$\text{für } \alpha_{max} = 35^0;\ \frac{x}{B} = 0{,}17 + 0{,}58\,\frac{L}{B}.$$

$$\text{„ „ } = 40^0;\ \frac{x}{B} = 0{,}33 + 0{,}58\,\frac{L}{B}$$

$$\text{„ „ } = 45^0;\ \frac{x}{B} = 0{,}7 + 0{,}585\,\frac{L}{B}$$

Diese Gleichungen stimmen sehr gut. Die Geraden sind fast parallel.

Hinter-Trapez:

$$\text{für } \alpha_{max} = 35^0;\ \frac{x}{B} = 0{,}775 + 0{,}49\,\frac{L}{B}$$

$$\text{„ „ } = 40^0;\ \frac{x}{B} = 0{,}98 + 0{,}51\,\frac{L}{B}$$

$$\text{„ „ } = 45^0;\ \frac{x}{B} = 0{,}8 + 0{,}695\,\frac{L}{B}$$

Diese Gleichungen stimmen etwas weniger gut mit den Kurven überein. Keine der sechs Geraden läuft jedoch durch den Koordinaten-Anfangspunkt. Daraus läßt sich sofort schließen, was von den noch im Schwung befindlichen Faustregeln für $X$ zu halten ist. Diese Regeln geben an, $X$ soll $= c.L$ sein, worin $c$ eine Konstante. Daraus folgt:

$$\frac{x}{B} = c \cdot \frac{L}{B}$$

also eine Gerade durch den Koordinatenanfang. Unter den in der Literatur sich findenden Angaben für $c$ seien genannt:

1) $c = 1$ für alle Wagen,
2) $c = {}^2/_5$ für kurze Wagen,
3) $c = {}^1/_2$ für lange Wagen.

Die damit folgenden Geraden für $\frac{x}{B}$ sind gleichfalls unter 1), 2) und 3) in Abb. 26 eingetragen worden und stimmen wenig mit den $\frac{x}{B}$-Kurven überein. Nicht berücksichtigt ist die schon früher besprochene Beschränkung des Vordertrapezes durch die Möglichkeit eines Zusammenstoßes zwischen Radhebelkopf und Speichen, welche die hier entwickelte bewegungstechnische Überlegenheit des Vordertrapezes in so erheblicher Weise aufwiegt.

Die $\frac{x}{B}$-Kurven oder ihre angenäherten Gleichungen brauchen nicht unmittelbar zum Aufreißen eines Verbindungsgestänges zu dienen. Sie berücksichtigen ja auch $\alpha_{max}$ nur in drei Werten, welche nicht immer zutreffen werden. Wenn es sich daher auch empfehlen wird, das Entwurfsverfahren, welches zur Ermittlung der Kurven gedient hat, von Anfang an zu wiederholen, so wird doch Abb. 26 immerhin Aufschluß geben über das Gebiet, in welchem probiert werden muß, so also unnützliche Arbeit ersparen. Sie wird fernerhin eine Nachprüfung des Ergebnisses ermöglichen. — Vor allem gewährt sie einen vertieften Einblick in die für Trapezformen wesentlichen Gesichtspunkte.

## Lenkungs-Antrieb.

Abgesehen von seltenen Ausnahmefällen wird die Lenkung der Kraftfahrzeuge durch die Hand des Wagenführers angetrieben. Nur bei außerordentlich schweren, mit Lenkschemel versehenen Dampflastwagen findet man motorisch angetriebene Lenkungen.*) Daß diese nur bei ganz langsamen Fahrzeugen anwendbar sind, ist ohne weiteres klar.

Der Aufbau des Lenkungsantriebes stößt auf viele Schwierigkeiten, welche aus verschiedenen, einander teilweise widersprechenden F o r d e r u n g e n erwachsen. Gegeben und begrenzt ist die

*) Vgl. Z. d. V. D. J. 1904 I. S. 845, Fig. 13 bis 15.

Handkraft des Führers. Soll das Lenken zu keiner Überanstrengung führen, so darf die nötige Kraftentfaltung nicht zu hoch, maximal auf etwa 15 kg für beide Hände eingeschätzt werden. Beschränkt ist, im Intersse einer sicheren und schnellen Betätigung der Lenkung, auch der zur Verfügung stehende Weg, so daß eine allzuhohe Winkelübersetzung zwischen dem Handrade und den Rädern nicht eingeschaltet werden darf. Bei modernen Wagen schwankt dieses Verhältnis $\psi$ in engen Grenzen:

$$\psi = 6 \text{ bis } \psi = 8$$

je nach der Bestimmung des Wagens. Der volle Ausschlag des Handrades $\omega$ in Abhängigkeit von den drei schon früher angewandten Grenzwerten für den Radausschlag und dem jeweiligen Wert von $\psi$ ist aus der nachfolgenden Tabelle ersichtlich. Dabei wurde dem Umstande Rechnung getragen, daß der an einem Rade angreifende Antrieb auch nur die beiden Grenzlagen dieses einen Rades herbeizuführen braucht, daß also der totale Ausschlagwinkel des Rades nicht $2\,\beta_{max}$ sondern $\alpha_{max} + \beta_{max}$ betragen muß (vgl. Abb. 9). Daraus geht auch, was noch besprochen wird, hervor, daß die nach beiden Seiten der Nullage auszuführenden Ausschlagwinkel des einen Lenkrades unsymmetrisch sind.

| $\frac{B}{L} =$ | $\beta_{max}$ | $\alpha_{max} + \beta_{max}$ | $\omega =$ | |
|---|---|---|---|---|
| | | | $\psi = 6$ | $\psi = 8$ |
| 2,0 | 35° | 62° 20′ | 364° | 498° 40′ |
| | 40° | 70° 35′ | 423° 30′ | 564° 40′ |
| | 45° | 78° 40′ | 472° | 729° 20′ |
| 2,5 | 35° | 63° 40′ | 382° | 509° 20′ |
| | 40° | 72° 10′ | 433° | 557° 20′ |
| | 45° | 80° 30′ | 483° | 644° |
| 3,0 | 35° | 64° 35′ | 387° 30′ | 516° 40′ |
| | 40° | 73° 20′ | 440° | 586° 40′ |
| | 45° | 81° 50′ | 491° | 654° 40′ |

Hierbei ist die weiter unten zu besprechende Veränderlichkeit der Übersetzung durch den wechselnden Hebelarm des Radantriebshebels nicht berücksichtigt, so daß die Werte für $\omega$ in Wirklichkeit kleiner ausfallen dürften.

Für normale Stadt- und Tourenwagen werden meistenteils Lenkungen mit einem $\psi = 6$ verwandt, während man höhere Werte von $\psi$ nur bei langsam laufenden und schweren Lastwagen und Omnibussen vorfindet, was sich durch den erhöhten Lenkwiderstand einerseits und andererseits aber durch die Zulässigkeit einer langsameren Lenkungsbetätigung erklären läßt.

Das Bestreben, die beim Fahren angewandte Kraft der Hände möglichst zu verringern, ohne dadurch die Dauer der größeren Ausschläge beträchtlich zu vergrößern, hat zu Lenkungen mit stetig ver-

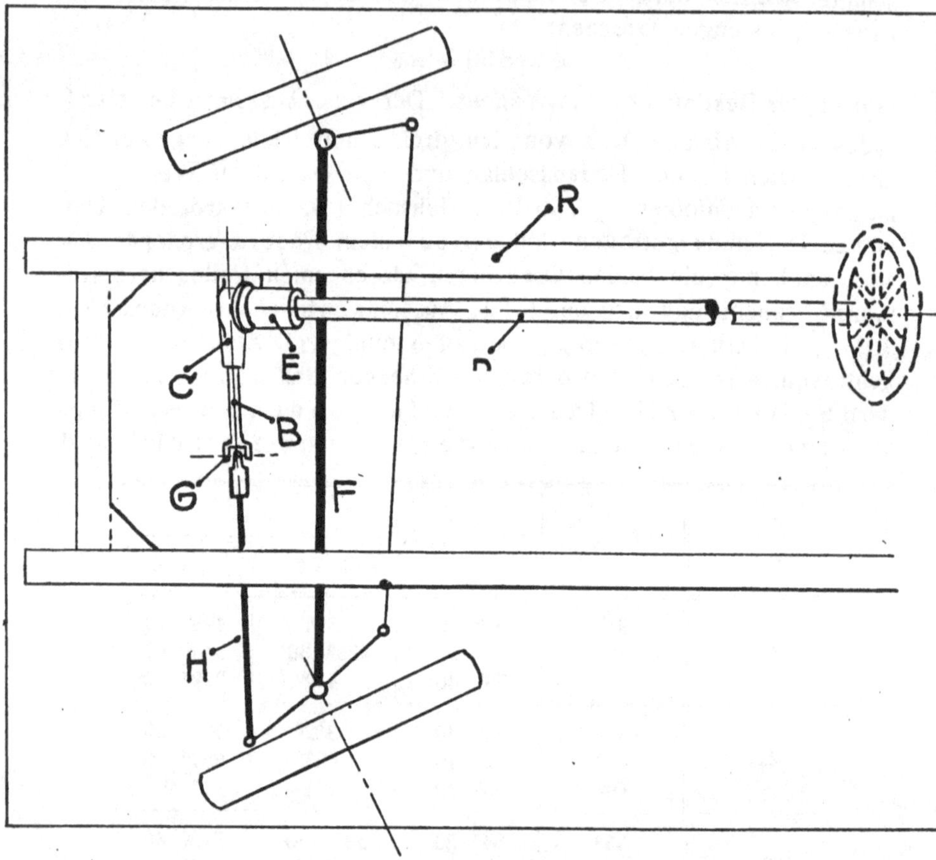


Abb. 28. Aufbau der Brillé-Lenkung (Abb. 27).
*B*–Zahnstange *C*–Gehäuse *D*–Lenkspindel *E*–Lenkspindellager *F*–Vorderachse *G*–Kreuzgelenk *H*–Schubstange *R*–Rahmen.

änderlicher Übersetzung geführt. Zweck haben derartige Konstruktionen bei schweren, für Dauerbetrieb bestimmten, dabei aber verhältnismäßig schnellen Fahrzeugen, von welchen große Lenkbarkeit und die Fähigkeit, schnell und sicher auszuweichen, verlangt wird. Letztere Anforderungen werden z. B. an Großstadtomnibusse gestellt. Die auf Abb. 27 dargestellte Lenkung, deren Übersetzungsverhältnis von $\varphi = 12$ in der Nullage auf $\varphi = 6$ in den Grenzlagen fällt, wird in den Pariser Omnibussen von E. Brillé verwandt. Die Veränderlichkeit wird hier durch exzentrische Lagerung eines Zahnstangentriebes erreicht, wobei sich infolge der exzentrischen Lagerung der Spindel *S* die Länge des Hebelarmes in gewünschter Weise verändert. Auf Abb. 28 ist der gesamte Aufbau dieser Lenkung gezeigt, welche beweist, daß unter Umständen auch eine Zahnstangen-Lenkung brauchbar sein kann. Der Gedanke liegt nahe, dasselbe Prinzip auch auf Schraubenlenkungen mit als Zahnstange ausgebildeter Mutter anzuwenden. Eine derartig ausgeführte Konstruktion ist dem Herausgeber jedoch nicht bekannt. Dagegen sind Versuche mit exzentrisch gelagertem Stirnrade im Eingriff mit einem parabolischem Zahnsegment, sowie mit exzentrisch gelagerter Hohlverzahnung gemacht worden, können jedoch infolge der Herstellungsschwierigkeiten und großer Raumbeanspruchung mit der einfachen Konstruktion von Brillé kaum verglichen werden. Eine gewisse, des öfteren nur in einer Ausschlagsrichtung der Räder vorhandene beschränkte Veränderlichkeit der Hebelarmlängen und somit der Winkelübersetzung zwischen dem Handrade und den Vorderrädern ist bei jeder normal angelegten Lenkung fast unvermeidlich und wird durch Längendifferenzen der Lenkkurbel und des Radantriebshebels hervorgerufen. Wären die Winkel, welche die Schubstange in der Nullage mit diesen beiden Hebeln bildet, beide = 90° und die Länge des Kurbelhebels größer als diejenige des Radantriebhebels, so würde diese Veränderlichkeit nach beiden Ausschlagsrichtungen den aus der Praxis sich ergebenden erwünschten Forderungen in beschränktem Maße entsprechen. Diese Verhältnisse sind aber aus anderen Gründen nur schwer zu erreichen.

Das Handrad wird aus Rücksichten auf bequeme Lage der Arme und Hände meist in einem der durchschnittlichen Schulterbreite naheliegendem Durchmesser von 0,4 m bis 0,45 m ausgeführt. Bei Rennwagen, sowie bei Lastwagen geht man in dem Bestreben, der Händekraft einen größeren Hebelarm zu bieten, bis zum Durchmesser von 0,5 m hinauf.

Praktische Ergebnisse haben gezeigt, daß eine, wie angedeutet, festgelegte Arbeit des Führers vollauf genügt, um den vorhandenen Lenkwiderstand zu überwinden, und das Fahrzeug leicht und sicher zu steuern. Nichtsdestoweniger ist es von Wert, die Umstände näher zu untersuchen, welche eine Verminderung dieses Widerstandes herbeizuführen vermögen. Hier tritt zuerst eine jedem Wagenführer zur Genüge bekannte, jedoch nicht genügend erklärte Erscheinung auf, daß das Einschlagen der Lenkung bei Stillstand des Wagens viel schwieriger ist, als während der Fahrt. Stellt man die durchaus der Praxis entsprechende Tatsache fest, daß diese Erscheinung bei Luftreifen am stärksten und bei Eisenreifen am schwächsten zur Geltung kommt, so liegt die Frage nahe, ob hier der Unterschied der Reibungszahl der Bereifung mit dem Boden oder der Einfluß der Nachgiebigkeit des mit dem Boden in Berührung kommenden Materials die Ursache bildet. Wäre das erstere der Fall, dann müßte immerhin zwischen dem Lenken bei Stillstand und dem Lenken während der Fahrt bei eisenbereiften Fahrzeugen ein ebenso großer Unterschied zu verspüren sein, wie bei gummibereiften, was jedoch nicht zutrifft — der Unterschied ist bei eisenbereiften nicht bedeutend, während er bei Luftreifen sehr beträchtlich ist. Andererseits hört der übermäßige Lenkungswiderstand der Luftreifen schon bei ganz geringer Wagengeschwindigkeit auf, so daß man leicht zur Überzeugung neigen könnte, daß während der Fahrt die Nachgiebigkeit der einzelnen ständig wechselnden, mit dem Boden in Berührung kommenden Teile des Reifens die bohrende Verschiebung (Reibung) derselben gegen die Fahrbahn zum größten Teil oder ganz ausschaltet. Die Winkeldifferenz um welche sich ein Rad verdreht, während der äußerst kurzen Zeit, die ein Umfangselement des Reifens mit dem Boden in Berührung bleibt, wird wahrscheinlich durch die Nachgiebigkeit des Gummis ausgeglichen, ohne daß während dieser Zeit eine Flächenverschiebung zwischen Reifen und Boden stattfindet. Das nächstfolgende Element entspricht in der Anfangsstellung seiner Bodenberührungsperiode in ungespanntem Zustande derjenigen Winkelverschiebung des Rades, welche durch das Nachgeben des vorhergehenden Elementes erreicht wurde. Wenn man weiterhin bedenkt, daß infolge der hohen Übersetzung die Winkelgeschwindigkeit der Lenktstummel etwa $\frac{1}{6}$ derjenigen des Handrades beträgt, während die Umfangsgeschwindigkeit des Reifens sogar bei ganz langsamer Fahrt eine im Vergleich dazu sehr beträchtliche ist, so erscheint die obige Annahme ziemlich berechtigt. — Um ein Bild über diese Verhältnisse zu erhalten, sei angenommen, daß der Wagenführer bei einer Fahrt mit einer Geschwindigkeit von nur 10 km/st durch Drehung des Handrades während einer Sekunde aus der Nullage eine der beiden Grenzlagen der Lenkung erreicht, was in Wirklichkeit nur unter gewaltsamer Kraftanstrengung ausführbar wäre, und dadurch einen Ausschlag des Rades von 40° verursacht. 10 km/st entspricht einer Geschwindigkeit von $\frac{10}{3{,}6} = 2{,}777$ m/Sek.

Auf einen Zentimeter des Weges entfällt demnach eine Verdrehung um einen Winkel von

$$\frac{40^0}{277.7} = 0,67^0 = 8,99'$$

Es ist durchaus wahrscheinlich, daß ein Zentimeter Reifenlänge eine Verdrehung von 9 Winkelminuten durch Formveränderungen des Gummis ausgleicht, ohne daß eine bohrende Reibung stattfindet.

Zum Ueberwinden der Formveränderungen der Bereifung ist aber eine bestimmte Arbeit notwendig, so daß man hier mit Recht von einer **Walkarbeit**, welche einen Teil des Lenkunswiderstandes bildet, reden kann,

Die praktischen Erfahrungen scheinen diese Annahme auch insofern zu bestätigen, als daß die Lenkung bedeutend erschwert wird, wenn sich auf beiden Vorderrädern des Wagens mit Stahlnieten beschlagene Gleitschutzreifen befinden, und zwar nicht nur bei einer Fahrt auf einer mittelharten Bahn, aber sogar auf dem Asphalt, obwohl im allgemeinen die Reibungszahl solcher Reifen auf trockenem harten Boden eine niedrigere ist als diejenige des Gummis. Diese Tatsache wird wohl jedem Wagenführer bekannt sein und könnte dadurch erklärt werden, daß die Eisennieten solcher Reifen, die zum Ausgleich der bohrenden Reibung nötige Nachgiebigkeit nicht besitzen. Bei schnellerer Fahrt stellt sich das Verhältnis zwischen Umfangsweg und Verdrehungswinkel noch günstiger, dafür treten aber andere Widerstände hinzu.

Das gyroskopische Moment der Vorderräder wächst proportional dem Quadrate der Wagengeschwindigkeit, und widersetzt sich dem Lenkungsmoment. Der dadurch entstehende zusätzliche Widerstand bleibt im allgemeinen deshalb ohne schädliche Einwirkung auf die Lenkung, daß sich mit der zunehmenden Fahrtgeschwindigkeit auch die Größe der erwünschten und möglichen Ausschlagwinkel der Räder verringert. Der gyroskopische Lenkungswiderstand wird nur bei einer sehr schnellen Kurvenfahrt deutlich verspürbar, und jeder Rennfahrer weiß, welche Kraftanstrengung dazu nötig ist, einen Rennwagen mit hoher Geschwindigkeit in eine Kurve einzulenken. Dadurch ist auch das Bedürfnis recht großer Handräder bei Rennwagen erklärt. Unter normalen Verhältnissen bleibt jedoch die Kreiselwirkung der Räder in mäßigen Grenzen und wird ohne Schwierigkeit durch die immerhin recht hoch übersetzte Kraft des Führers überwunden.

Ein weiterer Lenkungswiderstand ergibt sich für die Bewegungen der Räder in der Richtung von der Grenzlage nach der Nulllage zu oder umgekehrt aus der sogenannten labilen Anordnung der Vorderachse. Aus Abb. 29 ist ohne weiteres zu ersehen, daß die am Hebelarm $a$ auf jedes Rad wirkenden Widerstandskomponnenten $p'$ und $p''$ in der Verbindungsstange zwei entgegen-

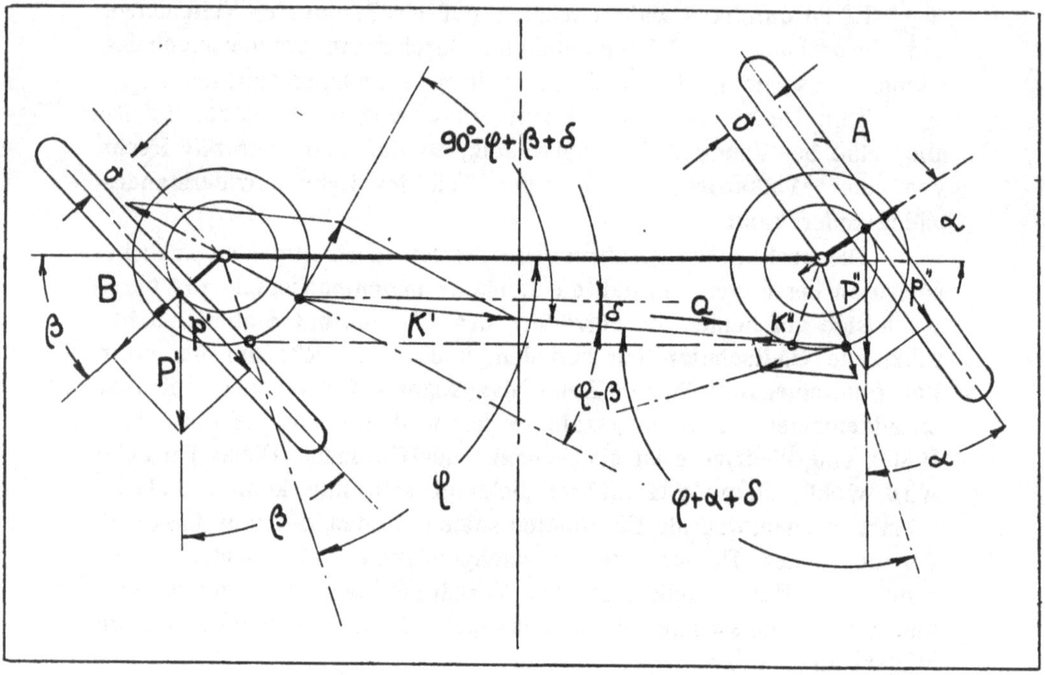


Abb. 29.

gesetzt gerichtete Kräfte $K'$ und $K''$ hervorrufen, welche unter der Annahme daß

$$P' = P''$$

infolge der Winkeldifferenzen voneinander verschieden sind. Infolge dessen wird eine überschüssige Kraft:

$$Q = K' - K''$$

auf das Lenktrapez einwirken und — unter obiger Annahme — bestrebt sein, den Radausschlag zu vergrößern, bzw. wird sich der Lenkung der Räder in der Richtung nach der Nullage zu widersetzen.

Nun liegt die Frage nahe, ob die Annahme, daß

$$P' = P''$$

berechtigt ist? Da diese beiden Kräfte den Reibungenswiderstand der Räder auf der Fahrbahn darstellen, so ist deren Größe von der Belastung der Räder abhängig, ohne Unterschied, ob hier gleitende oder rollende Reibung vorzugsweise zur Geltung kommt. Bei einer

Kurvenfahrt sind aber die Vorderräder ungleichmäßig belastet, und zwar ist das innere Vorderrad, im Falle der Abb. 29, B durch das von der Zentrifugalkraft herrührende Kippmoment:

$$M = C \cdot h$$

(worin $C$ die Zentrifugalkraft und $h$ die Schwerpunkthöhe des Wagens über der Fahrbahn bedeutet) entlastet. Daraus folgt aber, daß unter der durchaus berechtigten Annahme gleicher Reibungszahlen für beide Vorderräder

$$P' < P''$$

Inwiefern dadurch ein Ausgleich der Kräfte stattfindet, ließe sich mit Leichtigkeit errechnen. Allein hätte diese Berechnung keinen praktischen Wert, weil sie nur von vielen unsicheren Faktoren abhängige Resultate ergeben würde. Genannt seien hier die von der Art der Bereifung und der Bodenbeschaffenheit stark abhängigen Reibungszahlen und das bis jetzt noch nicht genügend erklärte Wesen der Fahrwiderstände in den Kurven. Ob und inwiefern sich die Kräfte $P'$ und $P''$ aus gleitender und rollender Reibung zusammensetzen, hängt auch von zu vielen Zufallsfaktoren, wie der Zustand der Bereifung, das Verhältnis zwischen Fahrgeschwindigkeit und Krümmungshalbmesser der Kurve u. a. ab, um irgend welche positive Behauptung aufstellen zu können. Mit Bestimmtheit kann jedoch angenommen werden, daß, solange der Schenkelarm

$$a \gtreqless o$$

ist, in der Verbindungsstange eine positive oder negative überschüssige Kraft $Q$ auftreten wird, welche die Lenkung beeinflussen muß. In Übereinstimmung mit der Abb. 29 wird im folgenden diejenige Richtung von $Q$, welche bestrebt ist, den Radausschlagwinkel zu vergrößern, als positiv und die entgegengesetzte als negativ bezeichnet. Der Fall, daß

$$Q = o$$

könnte nur im allergünstigten Falle für kurze Zeitabschnitte vorübergehend eintreten. Wird unter Zugrundelegung der auf Abb. 29 dargestellten Verhältnisse $Q$ negativ, so wird das ganze System bestrebt sein, zur Nullage zurückzukehren.

Läßt man die praktischen Erfahrungen mitsprechen, so kommt man zur Überzeugung, daß letzterer Fall bei schnellem Kurvenfahren öfters eintreten müßte und die Wagenführer haben diese Erscheinung mit einem „terminus technicus“ belegt, indem sie von dem **„Hinausgetragen werden“** in der Kurve sprechen, was mit dem sogenannten **„Ausrutschen“** durchaus nicht identisch ist.

Dieses „Hinausgetragen werden" ist eben darauf zurückzuführen, daß infolge der Entlastung des inneren Vorderades durch das Kippmoment

$$M = C . h$$

die Kraft $Q$ negativ wird, und so groß, daß sie die gyroskopischen Kräfte der Räder und die Federspannung der Stoßfänger überwindet.

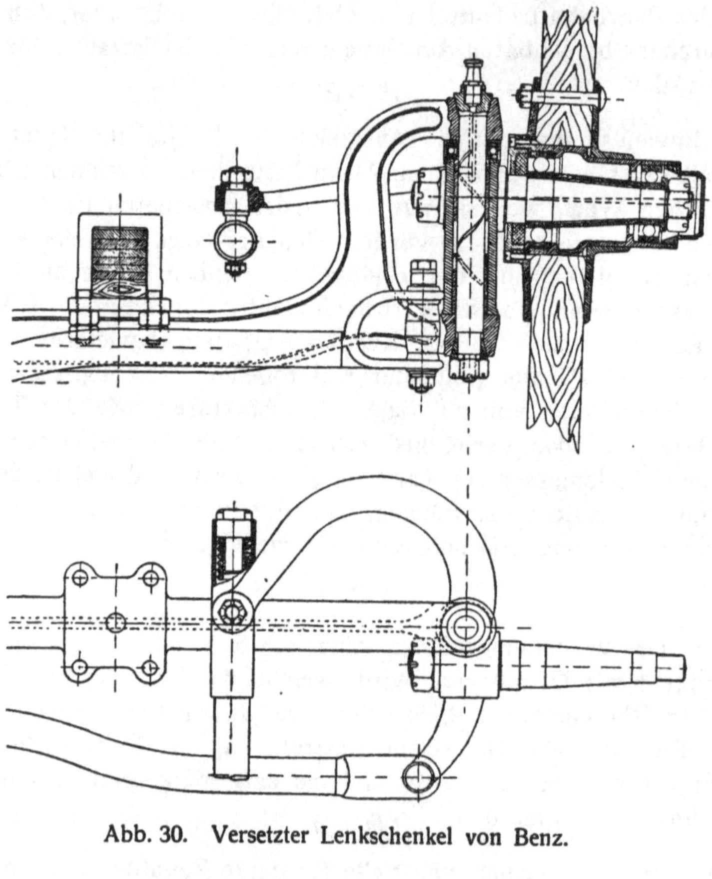

Abb. 30. Versetzter Lenkschenkel von Benz.

Dadurch werden die Radausschlagwinkel verringert und der Wagen bewegt sich auf einer Kurve von größerem Krümmungshalbmesser, als dieses vom Wagenführer beabsichtigt war.

Dem Bestreben, die überschüssige Kraft $Q$ in der Verbindungsstange, zwecks Vermeidung des im folgenden noch näher zu besprechenden „Flatterns" der Räder, ständig negativ zu gestalten, sind vielfach ausgeführte Vorderachskonstruktionen entsprungen, bei welchen die Radspindel hinter dem Drehpunkt der Lenkstummel angeordnet sind. (Abb. 30.) So vorteilhaft liese Anordnung in anderen Beziehungen sein mag, so behebt sie die durch das Auftreten der überschüssigen Kraft $Q$ hervorgerufenen, eben besprochenen Mängel nicht. Für schnelle Kurvenfahrten, bei welchen mit abnehmender Größe von $P' - Q$ wahrscheinlich in beiden Fällen negativ sein wird, kann schließlich gleichgültig sein, ob dieser Fall ein wenig später oder früher eintritt.

In Erkenntnis dieser Tatsachen wird in letzten Jahren vielfach angestrebt, bei schnellen Fahrzeugen den Schenkelarm

$$a = o$$

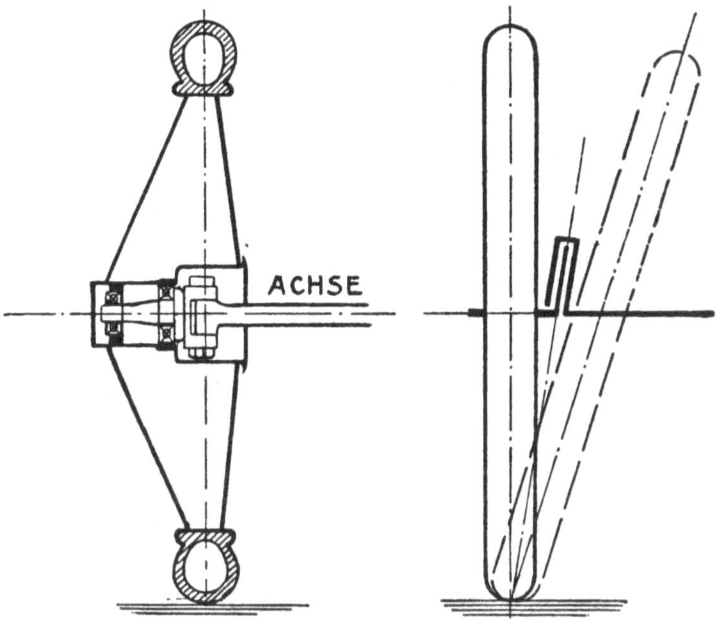


Abb. 31.

zu machen. Es gibt dreierlei Wege, um dieses Ziel zu erreichen, welche in Abb. 16, 17, 18 und 31 veranschaulicht werden. Der in Abb. 16 gezeigte Radsturz kann in Wirklichkeit in den meisten Fällen nur eine Verringerung von $a$ herbeiführen, da die Neigung der Vorderräder aus bestimmten Gründen einen gewissen Winkel nicht übersteigen darf, welcher in der Regel jedoch nicht genügt, um den Schenkelhebel a auf o zu reduzieren. Die linke Figur der Abb. 31 zeigt die Möglichkeit, den Drehpunkt der Lenkschenkel in die Mittelebene des Rades zu verlegen. Bei Drahtspeichenrädern ist diese Anordnung leichter zu erreichen als bei den bis jetzt noch vorherrschenden sog. „Artillerie"-Holzrädern. Immerhin erschwert sie die aus Rücksicht auf Schmierung erwünschte Zugänglichkeit des Drehzapfens sowie die Anbringung der zu diesem Zweck unentbehrlichen Schmiergefäße. Die dritte Möglichkeit ist auf der rechten Seite der Abb. 31 angedeutet, und besteht darin, den Drehzapfen so schräg zu stellen, daß seine Mitte durch den Berührungspunkt des Rades mit dem Boden geführt wird. Diese Anordnung könnte bei einem zu großen Neigungswinkel zu bedenklichen Störungen der Lenkung und einer nicht ungefährlichen Zusatzbeanspruchung der Vorderräder in den Kurven führen. Die Radebene verliert nämlich beim Lenken ihre ursprüngliche Neigung gegen die Fahrbahn und würde bei einer Raddrehung um 180° die praktisch nicht erreichbare, punktiert angegebene Lage erreichen.

Der Gedanke lag nahe, die letztgenannten Übelstände dadurch zu vermindern, daß man neben dem Radsturz auch die Schrägstellung des Drehzapfens zur Anwendung brachte. Abb. 17 und 18 zeigen zwei Beispiele solcher Konstruktionen. Ihre Berechtigung kann nur durch das, was früher von dem durch die überschüssige Kraft Q erzeugtem unerwünschtem Drehmoment gesagt wurde, begründet werden. Eine, wie oft angenommen wird, allgemeine Verringerung des Lenkungswiderstandes, wird durch die Anwendung von $a=o$ nicht erreicht. Es wird nur das von der rollenden Reibung am Hebelarm $a$ erzeugte Drehmoment = o gemacht. Der Lenkungswiderstand besteht aber in der Hauptsache aus dem Walkwiderstande der Bereifung, welcher wahrscheinlich die bohrende Reibung während der Fahrt ersetzt, aus dem Kreiselwiderstande der Räder, aus den Reibungswiderständen des Gestänges nebst Gelenken und aus der rollenden Reibung, (falls ein Schenkelarm a vorhanden ist). Es ist nun mit großer Wahrscheinlichkeit anzunehmen, daß die drei ersten Summanden den weitaus größten Teil des Lenkungswiderstandes ausmachen und daß die, nur als geringer Prozentsatz einzuschätzende rollende Reibung die Umwandlung der bohrenden Reibung in Walk-, bzw. Formveränderungsvorgänge der Bereifung unterstützt. Durch das Verschwinden des Schenkelarmes a wird also nur ein ganz geringer Teil des Lenkungswiderstandes = o gemacht, während wahrscheinlich der weitaus größere Teil, d. h. der Walkwiderstand dadurch unter Umständen erhöht werden kann. Infolgedessen ist eine allgemeine Verringerung des Lenkwiderstandes von a = o nicht zu erwarten.

Anders verhalten sich die Sachen, wenn man die Räder des stillstehenden Wagens einschlägt. Ist $a > o$, so tritt gleichzeitig rollende und bohrende Reibung auf, während bei $a = o$ nur letztere Art der Reibung stattfindet. Wird aber das Rad ohne jedwede Rollung nur um eine Vertikalachse durch seine Mitte gedreht, so ist das widerstehende Moment der Bodenreibung wahrscheinlich bedeutend größer, als wenn infolge einer gleichzeitigen Rollung und Bohrung ständig neue Umfangsteile der Bereifung auf die Fahrbahn gelangen.

Ob und inwiefern es also empfehlenswert ist, die aus den Mitteln, welche zur völligen Beseitigung des Schenkelarmes führen, sich ergebenden Nachteile mit in Kauf zu nehmen, muß von Fall zu Fall entschieden werden. Bei Wagen, welche für sehr schnelle Fahrten bestimmt sind, und bei welchen die in den Kurven auftretenden überschüssigen Kräfte $Q$, bzw. — $Q$ (Abb. 29) die Sicherheit der Lenkung beeinträchtigen könnten, wird die Beseitigung des Schenkelarmes einen unbedenklichen Vorteil bedeuten. Es gibt aber auch noch andere Gesichtspunkte, welche die Konstruktionen mit $a = o$ zum Teil berechtigen.

Ein bei geradliniger Fahrt öfters beobachtetes „Flattern der Räder wird vielfach auf die durch Abb. 29 veranschaulichte überschüssige Kraft $Q$, solange dieselbe positiv ist, zurückgeführt. Als Begründung wird angeführt,*) daß, sobald die Räder die genaue Mittellage verlassen, eine überschüssige Kraft $Q$ entsteht, welche bestrebt ist, deren Ausschlag zu vergrößern. Durch die Rückwirkung der Stoßfängerfedern sollen dann die Räder wieder in ihre Nullage zurückkehren usw. Handelt es sich um das bei neueren Wagen selten vorkommende periodische Flattern der Räder auf einer ebenen, guten Straßendecke (z. B. auf dem Asphalt), so mag diese Annahme berechtigt sein, obwohl es immerhin noch nicht gut verständlich ist, auf welche Weise bei den in Frage kommenden sehr geringen Ausschlagwinkeln eine Kraftdifferenz entstehen könnte, welche imstande wäre, den gyroskopischen Widerstand der Räder und die immerhin ganz beträchtliche Spannung der Stroßfedern zu überwinden. Praktische Erfahrungen zeigen, daß in den meisten Fällen solches Übel auf verschiedenen Wegen zu beseitigen ist: entweder durch die von den gewerbsmäßigen Wagenlenkern so beliebte Schrägstellung der Räder, indem man die Ebenen der Vorderräder leicht gegeneinander neigt (Abb. 32), oder dadurch, daß man das etwa in den Vorderradlagern vorhandene Spiel z. B. durch den Einbau neuer Kugellager behebt, weiter, indem man die oft vorhandene Unparallelität der Räder (in einem der Stellung der Abb. 32 entgegengesetzten Sinne) durch Nachstellung des Lenktrapezes besei-

---

*) Vgl. Zechlin. Z. d. V. I. 1907. S. 5752 u. 1402.

tigt, oder schließlich durch den Einbau einer verstärkten Verbindungsstange. Der Herausgeber dieses Buches hatte auch Gelegenheit gehabt, in der Praxis die Beobachtung zu machen, daß einmal durch die Beseitigung eines vorhandenen beträchtlichen Spieles in den Trapezgelenken, ein anderes Mal aber nur durch den Ersatz der zu schwachen Stoßfängerfedern durch kräftigere, der Übelstand radikal behoben wurde.

Ist im letzteren Falle die Grundursache des periodischen Flatterns zweifellos in der labilen Anordnung zu suchen gewesen, so

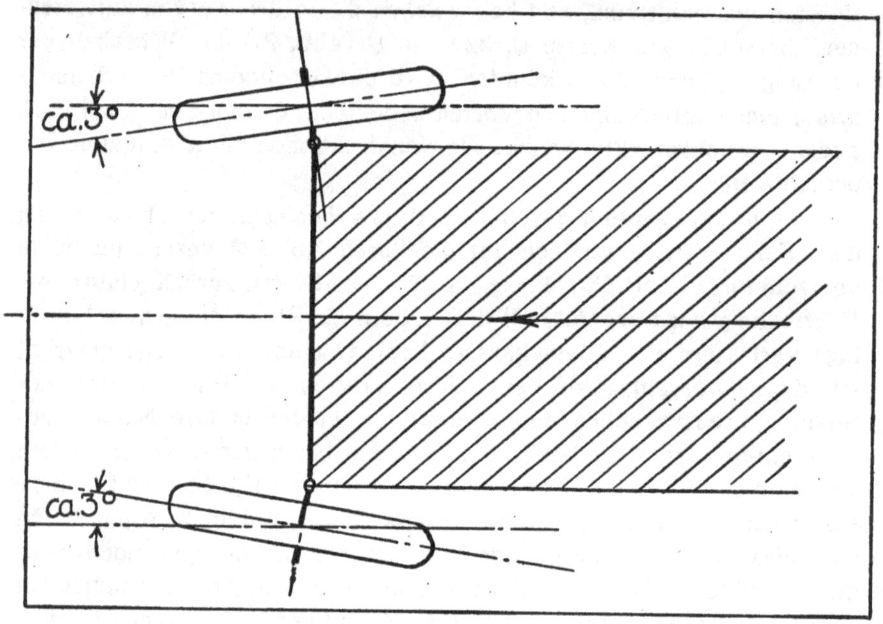


Abb. 32.

lassen die meisten übrigen genannten Fälle den Einfluß durch Spiel in den Lagern oder in den Gelenken herbeigeführten, nach vorne zu divergierenden Lage der Radebenen erkennen. Darauf läßt auch die durchaus rohe Methode, die Räder gegeneinander zu neigen, schließen, welche als Universal- und Radikalmittel genügend bekannt ist. In gewissen Fällen ist jedoch die Berechtigung auch dieses rohen Mittels nicht zu verkennen. Bei vielen, besonders aber gerade bei schnellen Wagen mit starkem, tief eingebautem Motor ist aus baulichen Rücksichten (vergl. Abb. 14) eine beträchtliche Durchkröpfung der Verbindungsstange unumgänglich, da man meistens aus früher erörterten Gründen gezwungen ist, ein Hintertrapez anzuwenden. Da die Fahrtwiderstände der Vorderräder Knickungsbeanspruchungen in der Verbindungsstange hervorrufen, so könnte man zur Ansicht neigen, daß mit wachsenden Kräften leichte Deformationen der Verbindungsstange eintreten, welche eine leichte Unparallelität der Vorderräder (Ebenen nach vorne zu divergierend) herbeiführen. Für diese Annahme spricht auch der vom Herausgeber in der Praxis beobachtete obengenannte Fall, in welchem durch den Einbau einer stärkeren Verbindungsstange das periodische Flattern der Räder abgestellt wurde. Ist jedoch, wie dieses nicht selten der Fall sein wird, infolge einer beträchtlichen Kröpfung die Möglichkeit von Federungserscheinungen so groß, daß auch eine in den Grenzen der Anwendbarkeit liegende Querschnittvergrößerung der Verbindungsstange noch immer keine genügende Sicherheit in dieser Hinsicht zu bieten scheint, so könnte die Neigung der Räder als berechtigter Notbehelf erscheinen. Richtiger ist natürlich in solchen Fällen, von vorneherein eine Konstruktion anzuwenden, welche durch die Beseitigung des Schenkelarmes die Einwirkung der Fahrwiderstände auf die Verbindungsstange behebt.

Kommt dagegen ein nicht periodisch eintretendes Pendeln oder Flattern der Vorderräder, wie dieses oft zu beobachten ist, auf holperigen Straßen oder schlecht gepflasterter Fahrbahn in Frage, was durch den terminus technicus: „Entengang“ bezeichnet wird, so ist hier der Einfluß der durch Federung des Wagens herbeigeführten Störungen unverkennbar.

Da letztgenannte Störungen bis in die jüngste Zeit vielfach keine genügende Berücksichtigung beim Entwurf des Wagens finden, so hat es Wert, näher darauf einzugehen. Von den im ersten Teil dieses Werkes besprochenen Parallelbewegungen und Drehungen, welchen jede Vorderachse während der Fahrt unterliegt, führt jede zu einer Änderung des Ausschlagwinkels der Vorderräder, wenn man die endliche Länge der an einem Ende mit dem abgefederten Rahmen und am anderen mit der nicht abgefederten Vorderachse in Verbindung stehenden Antriebsschubstange berücksichtigt. Auf die durch verschiedene Bewegungen der Vorderachse herbeigeführten, früher erwähnten Störungen der Bedingung, daß alle Radzapfen mitten durch eine zur Fahrbahn senkrechte Gerade gehen sollen, hat es keinen Wert, näher einzugehen, da dieselben im Vergleich mit anderen theoretischen, in der Praxis notgezwungen zugelassenen Fehlern, doch als verschwindend klein bezeichnet werden können.

Abb. 33 veranschaulicht den Einfluß der Parallelbewegungen ohne Achsialverschiebung der Vorderachse, wie sie unter dem Einfluß der Fahrbahnstöße auf die vorn fest am Rahmen angelenkten Vorderfedern eintreten können. Die allgemein ausgeführte

Anordnung mit festen vorderen Federaugen ist unbedenklich und bietet die schwerwiegenden Vorteile einer möglichst spielfreien sicheren Abstützung der Vorderachse in achsialer Richtung und der durch den Fahrwiderstand hervorgerufenen Zugbeanspruchung (im Gegensatz zur Knickungsbeanspruchung bei hinten angeordneten festem Federauge) der Vorderfedern. Auf die Aufhängung der Vorderfedern wird weiter unten näher eingegangen (unter „Federung"). Hier sei es nur bemerkt, daß es aus anderen Gründen keinen Wert hätte, auf die durch eine andere Art der Federaufhängung geschaffenen Verhältnisse in bezug auf Lenkungsstörungen einzugehen. Bei einer gleichmäßigen

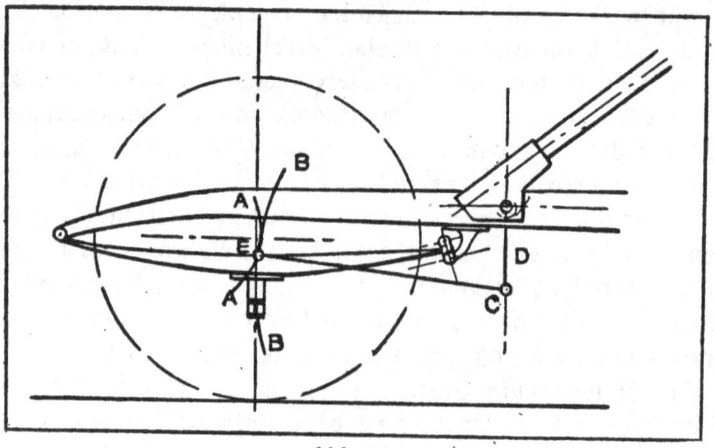


Abb. 33.

Durchbiegung beider Vorderfedern führt die Achse eine Parallelbewegung aus, indem ihre Mitte den durch die Bewegung der Mittelpunkte der Federn bedingten Kurven *A* (Abb. 33) folgt. Diese Bewegung besteht aus der Zusammensetzung zweier Parallelbewegungen nach Fall I und Fall II (I. Teil S. 99). Das durch die Anlenkung am Radantriebshebel des rechten Vorderrades mittelbar mit der Vorderachse verbundene Ende der Schubstange beschreibt dabei einen Kreisbogen *B*. Es ist ohne weiteres klar, daß, sobald sich *A* und *B* nicht völlig decken eine Verdrehung des Lenkschenkels stattfinden muß, welche einen vom Führer nicht veranlaßten Ausschlag der Räder herbeiführt. Eine völlige Deckung von *A* mit *B* wäre nur dann möglich, wenn die Länge der Vorderfeder und diejenige der Schubstange $= \infty$ wäre. Vom Wert ist hier festzustellen, daß sich mit zunehmender Länge und Krümmungshalbmesser der Feder und mit zunehmender Schubstangenlänge die *durch die Federung bedingten Radausschläge verringern.* Von großem Einfluß ist hier auch die Lage des Drehpunktes C der Schubstange, in welchem ihr hinteres Ende an die Kurbel $D$ angelenkt ist. Auch hierfür werden bis heute vielfach Faustregeln angewandt, welche entweder einen allgemein gültigen Neigungswinkel der Schubstange empfehlen, oder aber verlangen, daß die Stoßstangenmitte durch die Mitte des vorderen Federauges gehen soll.

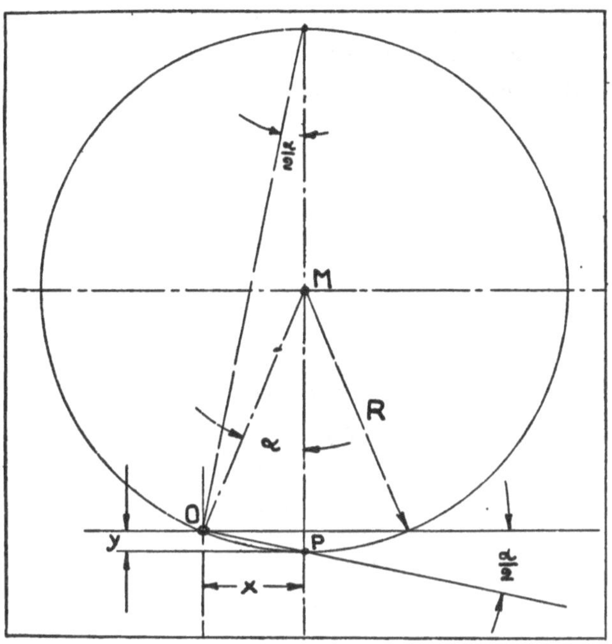


Abb. 34.

$O$ – Vorderes Federauge $P$ – Mitte Feder $R$ – Krümmungshalbmesser der Feder $L$ – Federlänge.

Der sicherste Weg, die günstigste Lage der Stoßstange zu ermitteln, ist, die Kurve $A$ in möglichst großem Maßstabe aufzuzeichnen und den Drehpunkt in Abhängigkeit von räumlichen Verhältnissen so zu wählen, daß sich der Kreisbogen $B$ der Kurve $A$ möglichst anschmiegt. Zur Aufzeichnung der Kurve bedient man sich vorteilhaft der Gleichungen*) (Abb. 34) für $x$ und $y$:

$$x = R \sin \alpha$$

$$y = 2R \sin \frac{\alpha}{2} \cdot \sin \frac{\alpha}{2} = 2R \sin^2 \frac{\alpha}{2}$$

Ist $L$ die gestreckte Länge der Feder, so hat man: $R = \frac{L}{2\alpha}$

*) Vgl. Por. Ravignaux. La revue technique 1906.

Daraus folgt:

$$x = \frac{L}{2} \cdot \frac{\sin \alpha}{\alpha}$$

$$y = L \frac{\sin^2 \frac{\alpha}{2}}{\alpha}$$

Gering ist die Einwirkung auf die Lenkung einer achsialen Parallelbewegung der Vorderachse, welche allerdings unter normalen Verhältnissen eine ziemlich begrenzte ist. Sie wird durch seitliches Anfahren an Hindernisse, sowie durch die in den Kurven auftretende Zentrifugalkraft des Wagens hervorgerufen. Diese Bewegung kann nur insofern stattfinden, als es die Nachgiebigkeit der Federn in einer senkrecht zur Fahrtrichtung liegenden Ebene und das in den Federgelenken stets vorhandene Spiel zulassen. Auf

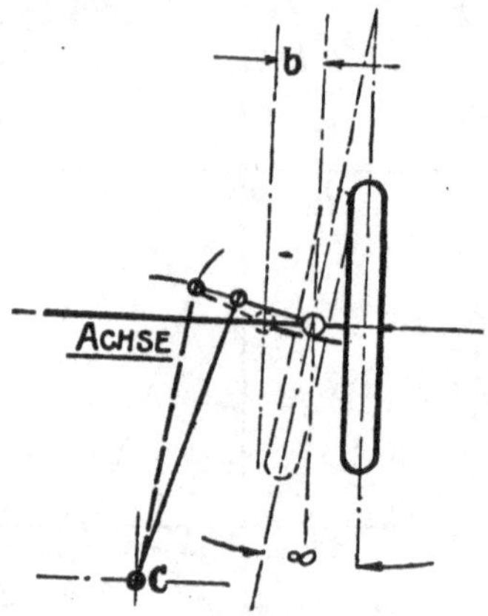


Abb. 35.

Abb. 35 sind die Verhältnisse stark übertrieben veranschaulicht; es ist daraus jedoch klar zu ersehen, daß man nach Möglichkeit die Schubstange in eine der Fahrtrichtung parallele Ebene verlegen soll, um unerwünschte Radausschläge zu vermeiden. Aus anderen Gründen wird diese Lage oft schwer zu erreichen sein, so daß man sich meistens mit einer Annäherung begnügen muß.

Werden infolge eines Wegehindernisses die Federn des Wagens ungleich stark durchgebogen, so entsteht neben einer Parallelbewegung, wie auf Abb. 33, noch eine komplexe Drehung um zwei Achsen, deren eine in der Fahrtrichtungsebene, parallel der Fahrbahn, die andere senkrecht zur Fahrbahn verläuft. Auch diese Drehungen beeinflussen die Lenkung in der auf Abb. 36 dargestellten Weise. Die dadurch hervorgerufenen Ausschläge der Räder heben sich in dem auf der Zeichnung dargestellten Falle teilweise auf. Im entgegengesetzten Falle würden sich die Winkelausschläge summieren. Es gibt kein praktisches Mittel, um die durch letztgenannte Drehungen hervorgerufenen Störungen zu mildern oder gar zu beheben. Die auf der Abb. 36 dargestellten Verhältnisse sind auch über-

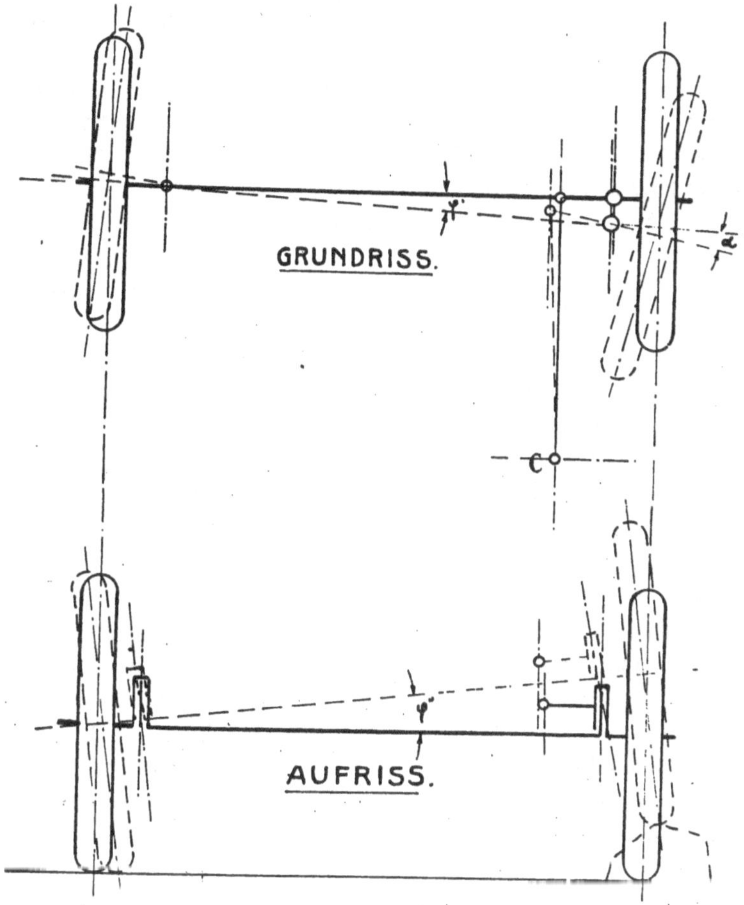


Abb. 36.

trieben und sind die in der Praxis vorkommenden Abweichungen bedeutend geringer.

E i n e D r e h u n g d e r V o r d e r a c h s e u m e i n e d e r F a h r b a h n p a r a l l e l e, s e n k r e c h t z u r F a h r t r i c h t u n g l i e g e n d e A c h s e kann entweder, falls die Federstützpunkte nicht in einer Ebene mit den Radmitten liegen, unter dem Einfluß des Widerstandes bzw. eines Hindernisses der Fahrbahn erfolgen oder aber ergibt sie sich als Bewegungskomponnente aus der auf

Abb. 33 veranschaulichten Bewegungskurve *A*. Der nicht wesentliche Einfluß einer solchen Drehung könnte dadurch behoben werden, daß man das Gelenk *E* (Abb. 33), welches die Schubstange mit dem Radantriebshebel verbindet, auf der Drehachse der Bewegung anordnet. Allein ist die Lage dieser Drehachse von zu vielen Zufallsfaktoren abhängig, als daß man sie genau bestimmen könnte; außerdem ist diese Lage wahrscheinlich nicht konstant und von der die Drehung herbeiführenden Ursache abhängig. Man kann jedoch mit Berechtigung annehmen, daß sich in den meisten Fällen die Drehachse in unmittelbarer Nähe der Federstützpunkte der Vorderachse befindet. Daher erscheint es empfehlenswert, das Gelenk *E* in eine den Federtellern möglichst naheliegende Horizontalebene zu verlegen.

Mit Ausnahme des auf Abb. 33 angegebenen Falles ereichen die eben besprochenen, auf die Einwirkung der Federung zurückzuführenden Lenkungsstörungen keine allzugroßen Werte und üben auf den ruhigen Lauf des Wagens kaum einen nennenswerten Einfluß. Dagegen kann die vertikale Durchfederung (Abb. 33) bei unrichtig angeordneter Schubstange beträchtliche Ausschläge der Räder und das erwähnte Flattern der Räder auf holpriger Straße (*pas de canard*) herbeiführen.

Von wesentlichem Vorteil, besonders bei Achsen mit großem Radsturz oder mit durch die Berührungspunkte der Räder mit der Fahrbahn geführten Schenkdrehachsen, ist die ziemlich allgemein eingeführte Schrägmontage der ganzen Vorderachsen samt den Federn. (Abb. 37.) Da die Stöße der Fahrbahn auf die Räder nicht in vertikaler Richtung erfolgen, sondern je nach der Höhe des Hinderisses mehr oder weniger schräg von vorne die Räder treffen, so ist ohne weiteres klar, daß durch die Schrägstellung der Achse die Hebelarme, an welchen die Stoßkräfte auf die Lenkungsorgane einwirken, verringert oder sogar beseitigt werden. Auch werden bei den Achsen mit $a = o$ (Abb. 16, 17, 18) die aus der Schräglage der Schenkeldrehachsen sich ergebenden Nachteile, durch die Schrägstellung der Vorderachse nach Abb. 37 zum Teil ausgeglichen.

Wird der Schenkelarm im allgemeinen durch Anwendung der besprochenen Mittel (Hintertrapez, Radsturz, Schrägstellung der Schenkeldrehachsen), möglichst gering gehalten, bzw. völlig beseitigt, so finden doch die Wegestöße einen unter Umständen recht beträchtlichen Hebelarm vor, an welchem sie auf das Lenkungsgestänge wirken. Alle diejenigen Stöße, welche das Rad nicht an seinem tiefsten Punkte treffen und nicht radial gerichtet sind, finden auch bei

$a = o$ einen, je nach der Stelle, wo der Stoß das Rad trifft und je nach dessen Richtung, größeren oder kleineren Hebelarm vor. Man denke an eine Schrägkreuzung von Wagenspuren oder Eisenbahnübergängen oder an eine Fahrt über eine schlecht gepflasterte Straße. Wäre zwischen dem Handrade und den Rädern ein absolut selbstsperrender Mechanismus eingeschaltet, so würde ein ganz starr ausgebildetes Lenkgestänge in sehr hohem, gänzlich unübersehbarem Maße beansprucht. Wäre dagegen keine teilweise Selbsthemmung vorhanden, so würde nicht nur bei jedem Stoß, aber auch, wie früher erwähnt, bei jeder Durchfederung des Wagens das Handrad in Bewegung gesetzt bzw. dem Führer aus der Hand gerissen. Auf

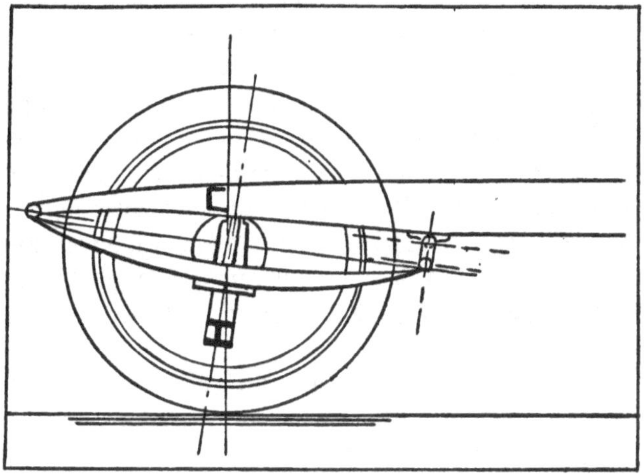

Abb. 37.

die Selbsthemmung des Lenkungsgetriebes wird weiter unten näher eingegangen. Hier sei nur festgestellt, daß eine absolute Selbstsperrung aus besonderen Gründen schwierig ausführbar und überdies nicht empfehlenswert ist; daß vielmehr die Lenkungen moderner Wagen eine von der Selbstsperrungsgrenze nicht weit entfernte Selbsthemmung aufweisen. Dadurch würde aber ein gänzlich starres Gestänge noch immerhin durch Stöße sehr hoch beansprucht, was gefährliche Brüche, bestenfalls aber eine frühzeitige Abnutzung aller Gelenke zur Folge hätte. In richtiger Erkenntnis dieser Tatsachen ist man bestrebt, durch Dazwischenschaltung nachgiebiger Gelenke die gefahrbringende Einwirkung der Stöße zu mildern und dem frühzeitigem Spiel in den übrigen Gelenken vorzubeugen. Diese als **„Stoßfänger“** bezeichneten Organe werden in ein oder in beide Gelenke der Schubstange (auch *„Stosstange“* genannt) verlegt.

Die dargelegten Verhältnisse, sowie die Rücksichten auf die aus anderen Gründen erwünschte Raumverteilung der Antriebsorgane moderner Kraftwagen, begrenzen stark die Möglichkeiten der konstruktiven Anordnungen des Lenkungsantriebes. Das Bestreben, die Lenkung sicher und dauerhaft zu gestalten und den unheilvollen Folgen der Abnutzung entgegenzutreten, verurteilt von vornherein alle Lösungen, welche die unbedingt notwendige Anzahl der Gelenke erhöhen. Die aus denselben Gründen, sowie auch aus Rücksicht auf den Führer erwünschte (und auch behördlich vorgeschriebene) Selbsthemmung schließt alle Hebel- und Zahnradübersetzungen aus. Nur bei ganz leichten Fahrzeugen, der als „Cycle-Car" bezeichneten Gattung, ist die Verwendung von Hebel-, Ketten -oder Drahtseilantrieben der Lenkung denkbar. Diese Fahrzeuge sollen aber im Sinne der Voraussetzung dieses Werkes als „bauliche Absonderlichkeiten" behandelt werden, da in den meisten Fällen der ganze Aufbau solcher Gefährte, auch in bezug auf die Antriebsorgane von dem normalen Wagentyp abweichen. Daher hat es auch keinen Wert, sich mit allen älteren, den hier erwähnten Voraussetzungen widersprechenden Konstruktionsmöglichkeiten zu befassen und wir werden uns nur auf Möglichkeiten, welche sich in den ziemlich scharf gezogenen Grenzen der Normalanordnungen ergeben, beschränken.

Demnach zerfällt der Lenkungsantrieb in den am Rahmen oder mit ihm festverbundenen Teilen angebrachten Lenkmechanismus (Lenkgetriebe, Lenksäule) und in die Schub- bzw. Stoßstange.

Die Lage der Schubstange ist von der Lage der Lenksäule im Wagen abhängig. Im engeren Sinne kommt hier die Lage der Kurbel vom Lenkgetriebe in Betracht. Ist die Lenksäule aus besonderen Gründen so angeordnet, daß sich die Kurbel in der Nähe der Vorderachse befindet, so wird eine querliegende Schubstange angewandt. Für den Ausgleich der, wegen ihrer quantitativen Bedeutung hauptsächlich in Frage kommenden Federungseinflüsse nach Abb. 33 ist auch auf den Neigungswinkel der quer angeordneten Schubstange größter Wert zu legen. Es sei erwähnt, daß hier nur ein einseitiger Ausgleich der Fehler denkbar ist, wie dieses auf Abb. 38 angedeutet ist. Da man imstande ist, die Rückfederung durch Anwendung von guten Dämpfern bedeutend zu mildern, so ist der völlige Ausgleich der nach oben gerichteten Parallelbewegungen der Vorderachse günstiger als eine gleichmäßige Verteilung der Fehler durch horizontal und senkrecht zur Fahrtrichtung angeordnete Schubstange. Auch in diesem Falle ist ein genauer Riß in drei Projektionen die

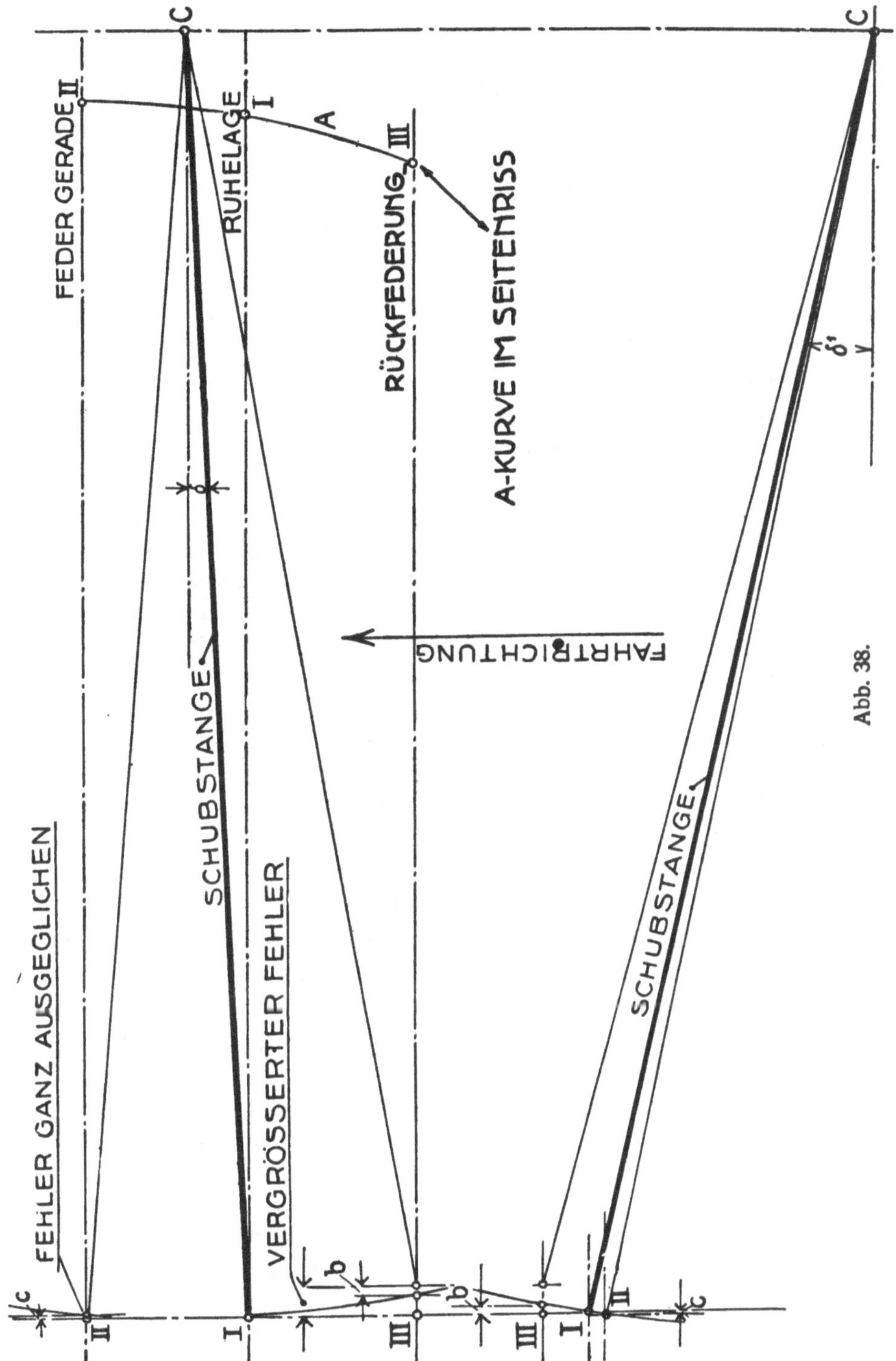
C
FEDER GERADE II
RUHELAGE I
A
RÜCKFEDERUNG III
A-KURVE IM SEITENRISS
FAHRTRICHTUNG
SCHUBSTANGE
FEHLER GANZ AUSGEGLICHEN
VERGRÖSSERTER FEHLER
c
b
b'
II
I
III
δ'
SCHUBSTANGE
C

Abb. 38.

sicherste Methode zur Bestimmung der günstigsten Lage des Punktes C. Im Allgemeinen ist diese Anordnung jedoch kaum zu empfehlen, da sie nur eine sehr beschränkte Schubstangenlänge zuläßt und bauliche Schwierigkeiten verursacht. In zwei Fällen ist die Querlage der Schubstange kaum zu vermeiden. Einmal, wenn man den Führersitz aus Rücksicht auf möglichst große nutzbare Fläche des Wagens über dem Motor anordnet — und, wenn man eine besonders schräge Lage der Lenksäule bei sehr kurzem Motor herbeizuführen wünscht.

In weitaus meisten Fällen wird das Lenkungsgetriebe so weit von der Vorderachse entfernt am Rahmen befestigt, daß die Schubstange der Fahrtrichtung genau oder nahezu parallel angeordnet werden kann. — Erwünscht erscheint hierbei die Erfüllung der berechtigten Forderung, daß gleichen Krümmungshalbmessern der Fahrlinie auch gleiche Ausschlagwinkel des Handrades entsprechen. Da jedoch gleiche Krümmungshalbmesser ungleiche Ausschlagwinkel eines Rades bedingen, so muß hierbei dieser Unterschied berücksichtigt werden.*) Bei der Festlegung der räumlichen Lage der Schubstange, der Längen des Radantriebs- und Kurbelhebels am Lenkungsgetriebe sowie der Winkel, welche die Schubstange in der Nullstellung der Lenkung mit diesen beiden Hebeln bilden soll, ist auch dem früher erwähnten Umstande Rechnung zu tragen, daß auf diesem Wege auch eine gewisse Übersetzungsveränderlichkeit der Lenkung zu erreichen ist. Das Problem entfällt ganz in das Gebiet reiner Projektionslehre und kann durch geschickte Ausnutzung der vorliegenden Verhältnisse in den meisten Fällen ohne weitere Schwierigkeiten gelöst werden. Faßt man die dargelegten Gesichtspunkte zusammen, so ist hier die Erfüllung folgender Forderungen anzustreben:

1. Milderung der Einflüsse der Federung.
2. Konstantes Verhältnis zwischen den beiderseitigen Ausschlagswinkeln des Handrades und den dadurch bedingten Krümmungshalbmessern des Fahrweges.
3. Veränderlichkeit der Winkelübersetzung zwischen dem Handrade und den Rädern.

Daß auch die Nähe der Stecklagen im Gestänge ängstlich vermieden werden muß, sei als selbstverständlich erwähnt. —

Trotz aller theoretischen Mängel des besprochenen üblichen Lenkungsantriebes, welche in der Hauptsache dem Einflusse der Federung zuzuschreiben und durch konstruktive Mittel nur in sehr beschränktem Maße zu beheben sind, wird dieser wegen

*) Vgl. N. Causan, „Technique Automobiles 1907 S. 126.

seiner unübertrefflichen Einfachheit und bequemen Anpassungsvermögens an die baulichen Verhältnisse der modernen Normaltypen fast ausschließlich benutzt. Ungewöhnliche neuere Ausführungen sind nur in geringem Umfange zu verzeichnen. Vielfach stehen solche sogar mehr auf dem Papier (Patentanmeldungen), als daß sie wirklich ausgeführt würden.

— Die Lage der Lenksäule im Wagen ist nur in beschränktem Maße von dem Willen des Konstrukteurs abhängig. Wird eine sehr große Neigung derselben angestrebt, so kann dieses meistenteils, bei sonst festliegenden Längenverhältnissen des Wagens nur auf Kosten der Schubstangenlänge erreicht werden, was nur in beschränktem Maße zulässig und im allgemeinen unerwünscht ist. Wo man also an die durch die Entfernung vom Spritzbrett zur Hinterachsebene bedingten Längenmaße gebunden ist (vgl. Abb. 14), da wird der Neigungswinkel der Lenksäule von vornherein in ziemlich engen Grenzen gegeben, wenn man nicht etwa zu der Anordnung mit querliegender Schubstange greifen will, Irgendwelche feststehende zahlenmäßige Normalien für die Lage des Handrades in bezug auf den Führersitz bestehen kaum. Diese Abmessungen hängen nicht nur von den Beziehungen der Sitzlage zum Sitzbrett und Fußboden, aber auch von anderen Faktoren, wie die Höhe der Rückpolsterung und Sitzkissen, die in neuerer Zeit allgemein verlangte Schräglage des Sitzbrettes — und in hohem Maße vom Körperbau und der Gewohnheit des Führers ab. Die Unmöglichkeit solcher Normalmaße hat aber zu dem Bestreben geführt, den Neigungswinkel der Lenksäule verstellbar zu machen, und es besteht eine Anzahl guter Lösungen, welche in durchaus einwandfreier Weise dieses Ziel erreichen. Bei der Besprechung der baulichen Ausbildung der Lenksäule werden wir auf die Verstellbarkeit des Neigungswinkels zurückkommen.

— In den letzten Jahren wurde vielfach die Frage erörtert, ob der bisher ziemlich allgemein eingeführte rechtsseitige Führersitz berechtigt ist oder nicht. Besonders in Amerika hat man vielfach diese Frage verneint und ist zur linksseitigen Anordnung der Lenksäule geschritten. Ohne auf die von persönlicher Ansicht und Gewohnheit des Führers stark abhängigen Beziehungen der Führersitzlage zur Fahrpraxis näher einzugehen,*) kann man die räumlichen Vorteile der linksseitigen Anordnung der Lenksäule kaum verkennen. Auf Abb. 39

*) Vgl. Schreiber, Motorwagen 1914 I S. 54.

ist der rechte Führersitz (I) im Vergleiche mit dem linken (II) schematisch dargestellt. Die Vorteile der zweiten Anordnung in bezug auf die Zugänglichkeit des Führersitzes bei heute ausnahmslos gebauten vorne geschlossenen Wagenkästen (Torpedotyp) sind daraus klar zu ersehen. Will im Falle I der Führer seinen Sitz verlassen oder einnehmen, so muß die neben ihm sitzende Person aussteigen. Außerdem ist zwischen dem Steuerrade und der Scheidewand A der Vordersitze meist nur recht wenig Platz vorhanden, was beim Einnehmen und Verlassen des Führersitzes recht unangenehm empfunden wird.

Einen weiteren, in konstruktiver Hinsicht recht bedeutenden Vorzug des linken Führersitzes bildet die dadurch zulässige Zentral-

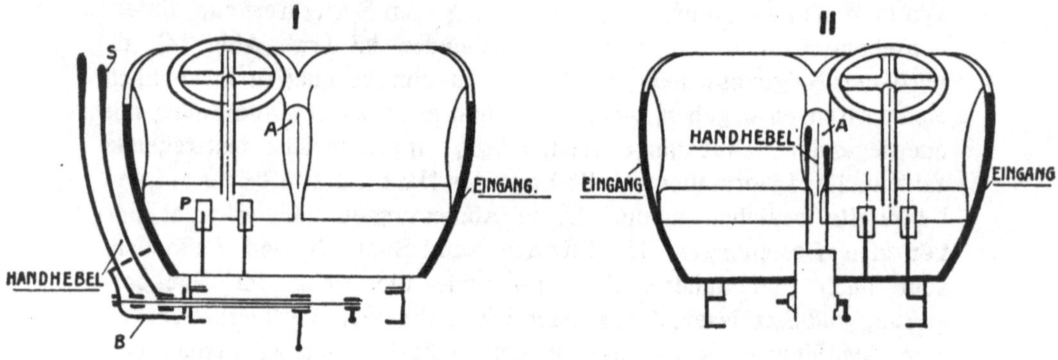


Abb. 39.

lage der Handhebel. Letztere können ohne Schwierigkeit mit dem Getriebe konstruktiv zu einem einheitlichen Ganzen verbunden werden (Abb. 40 und 41). Des weiteren fällt die Notwendigkeit, die Hebel, dem Profil des Wagens folgend, stark abzukröpfen, sowie die ungünstig überbaute Form des Lagerbockes B (Abb. 39) fort. Will man bei rechtem Führersitze, wie dieses öfter gemacht wird, den Schalthebel S (Abb. 39) im Innern des Wagenkastens unterbringen, so wird dadurch in den meisten Fällen die Nähe des Bremspedals P für den Führer recht störend wirken. In vielen Fällen ist man sogar gezwungen, die Wand des Wagenkastens auszusparen oder auszubeulen, um die Frage einer bequemen Unterbringung der Handhebel zu lösen. Alle diese Schwierigkeiten fallen bei links angebrachter Lenksäule fort, welche außerdem den Vorteil einer vor den Einflüssen der Straße geschützten Lage der Handhebel bietet. Abb. 42 zeigt eine sehr empfehlenswerte amerikanische Konstruktion, bei welcher der Getriebedeckel als Gehäuse für die Handhebelsegmente ausgebildet ist. Die

Abb. 40. Amerikan. Wechselgetriebe mit central angeordneten Handhebeln.

Abb. 41. Anordnung der Handhebel bei linksseitigem Führersitz von Mitschel.

durch den Wegfall langer Wellen und deren doppelter Lagerung verursachte Gewichtsersparnis kann schließlich auch nur willkommen sein.

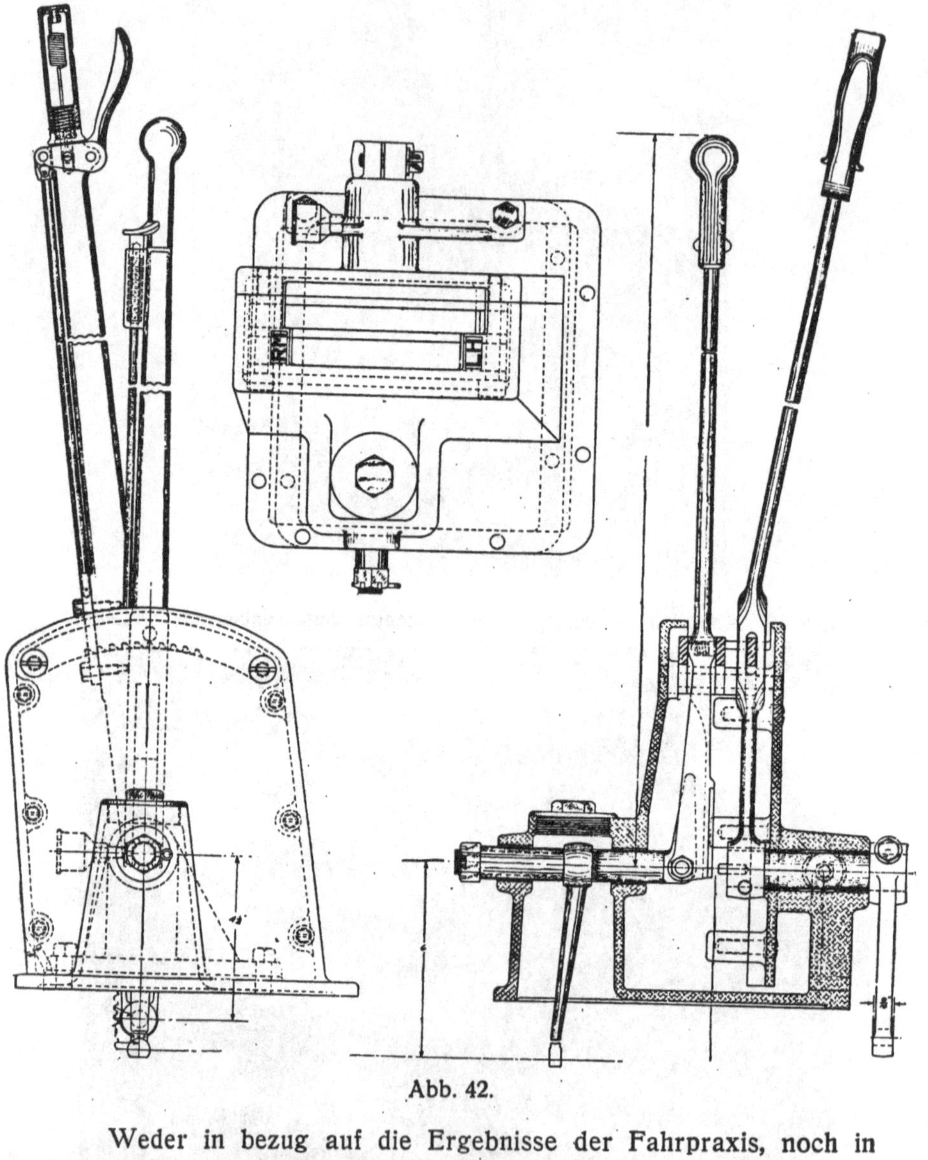

Abb. 42.

Weder in bezug auf die Ergebnisse der Fahrpraxis, noch in einer anderen Beziehung ist ein Nachteil der linksseitigen Anordnung der Lenksäule nicht bekannt. In Amerika, wo rechts gefahren und links überholt wird, ist im Lauf eines Jahres der Prozentsatz der linksseitig gebauten Wagen um 34 % gestiegen und betrug in 1914 67 %

der gesamten Produktion. In Paris ist die große Mehrzahl der Droschken linksseitig. So lange man rechts ausweicht und links überholt, sprechen, besonders für den Stadtverkehr, viele Gründe für diese Anordnung. In England wird links ausgewichen und rechts überholt, und trotzdem ist der rechte Führersitz behördlich vorgeschrieben, während in anderen europäischen Ländern bei rechtem Führersitz auch rechts gefahren wird.

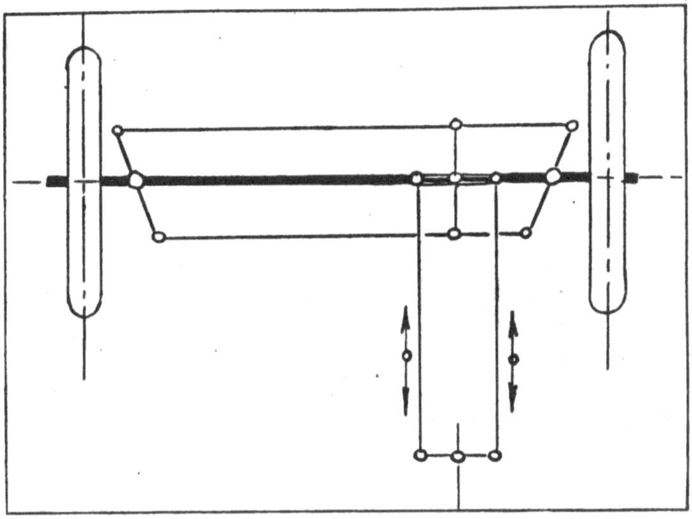

Abb. 43.

Daher ist es kaum begreiflich, daß man bis jetzt die großen Vorteile der linksseitigen Steuersäulenanordnung unberücksichtigt läßt, während er durch den 1910 und 1911 vollzogenen Umschwung in dem Bau der Wagenkästen als konsequente Folge desselben gefordert wird. Es ist auf alle Fälle zu erwarten, daß früher oder später auch in Europa der linke Führersitz vorherrschend wird.

Aus Sicherheitsgründen ist gelegentlich eine Verdoppelung des Lenkungsgestänges vorgeschlagen worden (Abb. 43). Die Firma Mors hat sogar eine Verdoppelung der Lenkkurbel und ihres Schneckenantriebes (Abb. 44) zum Patent angemeldet. Die Lenkkurbel $A_1$ und ihre Schubstange $B_1$ soll dabei auf der rechten Wagenseite sitzen, während $A_2$ und $B_2$ mittels Verlängerung der Welle C auf die linke Seite verlegt werden sollen. An jedem Lenkrade soll demnach ein Radantriebshebel vorgesehen werden und auch eine Verdoppelung des Lenktrapezes ist von der Firma in das Auge gefaßt worden (Vorder- und Hintertrapez). Ganz abgesehen von der Frage, wie weit sich hierbei die Vorbedingungen richtiger Verbindung der Räder erfüllen lassen, abgesehen weiter von den Schwierigkeiten der Unterbringung, muß gegenüber solchen Verdoppelungen beachtet werden, daß die größere Sicherheit der Lenkung in richtiger Anordnung und Bemessung der Teile der einfachen Lenkung liegt.

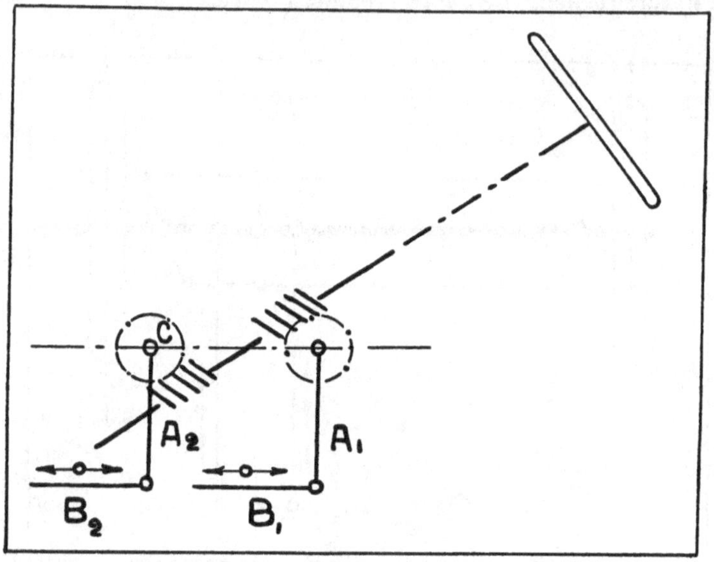


Abb. 44.

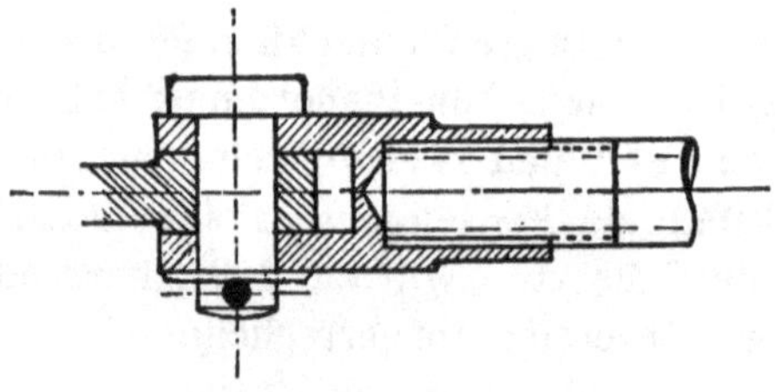

Abb. 46.

## 3. Bauliche Ausbildung der Einzelteile.

### Lenkgestänge.

Unbedingte Zuverlässigkeit und möglichste Spielfreiheit sind die Hauptbedingungen, denen ein Lenkgestänge entsprechen muß. Die Verbindungsstangen werden vielfach aus Stahlrohr angefertigt, auf dessen Enden die Gelenkgabeln mittels Gewinde oder

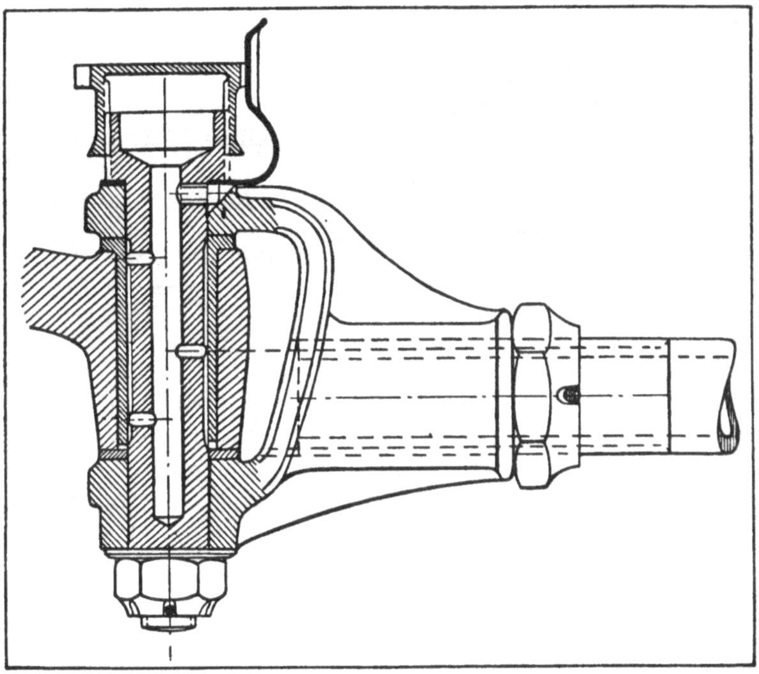

Abb. 45.

Hartlötung besonders aufgesetzt werden. Letzteres geschieht vorzugsweise nur bei gekröpften Stangen, wobei die Längeneinstellung durch Nachkröpfen ermöglicht wird. Bei geraden Stangen soll möglichst ein mittelgrobes, scharfgeschnittenes Gewinde zur Befestigung der Gelenke dienen, wobei die Gegenmuttern sehr fest angezogen und gesichert werden müssen. Sind die Drehzapfen der Lenkstummel inander parallel, so können, wie dieses auch in weitaus meisten Fällen geschieht, die Gelenke der Verbindungsstange die einfache Gabelform erhalten (Abb. 45). Der Gelenkbolzen ist hier aus hochwertigem Stahl mit im Einsatz gehärteter Reibungsfläche hergestellt. In das Auge des Verbindungshebels ist eine gehärtete Stahlbüchse eingepreßt, während zum Ausgleich der Ausführungsdifferenzen eine ebenfalls harte Scheibe vorgesehen ist. Alle Reibungsflächen sind hohl-, rund- oder plangeschliffen. Der Kopf des Bolzens ist als Staufferbüchse von reichlichen Abmessungen ausgebildet, deren Kappe durch eine Blattfeder gesichert ist. Der mit Bohrungen und Längsschmiernuten versehene Bolzen ist gegen Verdrehung in der nicht gehärteten Gabel

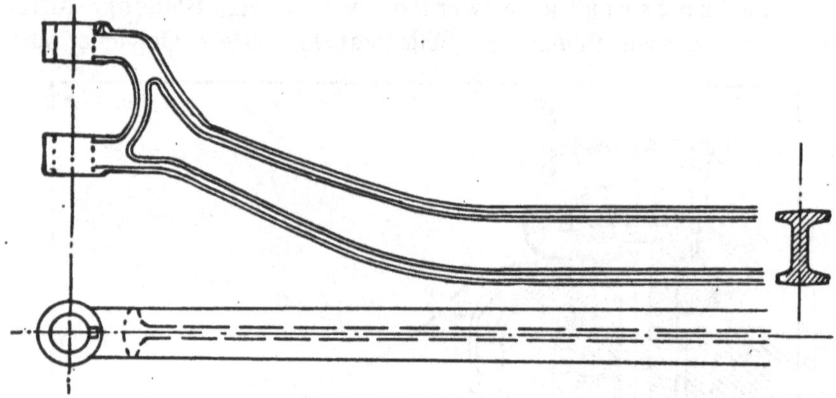

Abb. 47.

gesichert und endet in einem nicht gehärteten Gewindezapfen, welcher zur Aufnahme einer durch Splint gesicherten Kronenmutter dient. Die Länge der Reibungsfläche beträgt 2,5 Bolzendurchmesser. Die als Gesenkstück ausgebildete Gabel ist mit Gewinde auf die Stahlrohrstange aufgeschraubt und durch eine Gegenmutter und Splint gesichert. Um die Kröpfung der Verbindungsstange nach Möglichkeit zu vermeiden ist die Gabel stark einseitig ausgebildet. Ein so ausgebildetes Gelenk entspricht vollkommen den Forderungen der Praxis und bietet auch in bezug auf Abnutzung die möglichst größte Sicherheit. Als Gegenstück soll hier das auf Abb. 46 wohl aus Ersparnisrücksichten mangelhafte, der Abnutzung stark ausgesetzte Gabelgelenk aufgeführt werden. Es sei hier erwähnt, daß bei der behördlichen Abnahme der Wagen die Sicherung des Bolzens durch Scheibe und Splint meist beanstandet wird.

Sind die Drehzapfen der Lenkstummel nicht parallel (Abb. 17 und 18), so müssen die Verbindungen als Kugel- oder Kreuzgelenke ausgebildet werden, auf welche weiter bei der Besprechung von Lenkschubstange näher eingegangen wird.

Besser als die Rohrverbindungsstange mit aufgesetzten Gelenken ist die als Gesenkstück mit Gelenkgabeln ausgebildete in der jüngsten Zeit vielfach verwandte Verbindungsstange in I-Profil. Schon aus Rücksicht auf die oft unumgängliche Kröpfung, Knickungs-

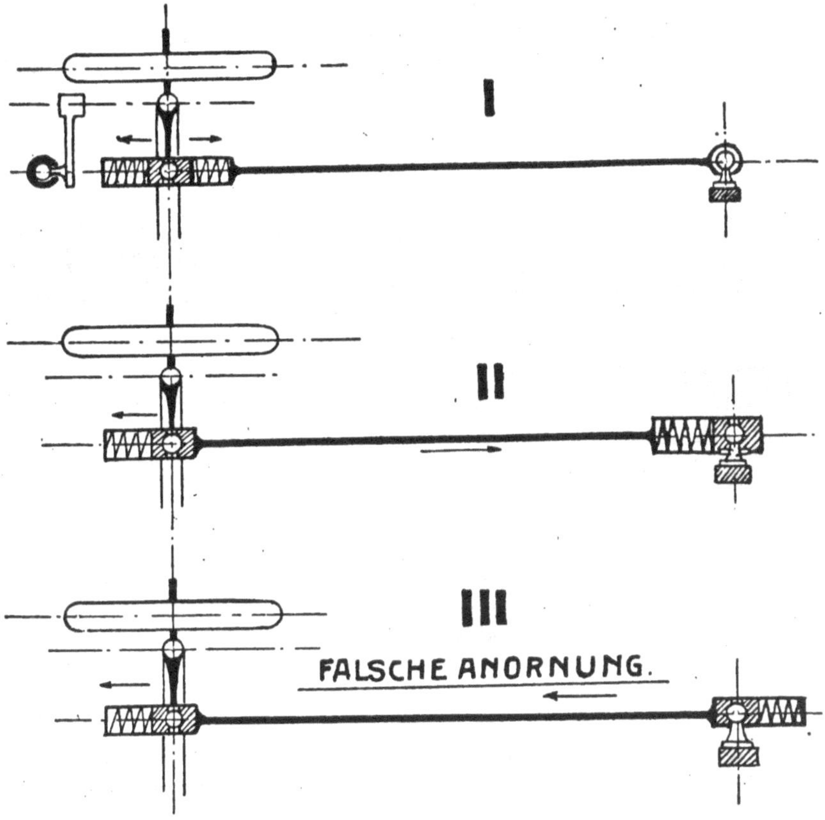


Abb. 48.

beanspruchung und die daraus erwachsende Gefahr von Federungserscheinungen, nicht selten sogar von bleibenden Formveränderungen erscheint eine solche Ausführung sehr berechtigt. Abb. 47 zeigt eine solche geschmiedete Verbindungsstange, wie sie an den neuen L. U. C. 10-PS-Wagen verwandt wird.

Die an den Lenkschenkeln angebrachten H e b e l hängen in ihrer Gestalt und Ausbildung von diesen sowie von der Form der Vorderachse stark ab; daher sollen sie bei der Besprechung von Vorderachsen eingehend behandelt werden.

Die Lenkungs-Schubstange führt räumliche Bewegungen aus und muß daher an beiden Enden in Kugel- bzw. Kreuzgelenken geführt werden. Erstere sind leichter spielfrei zu gestalten, lassen sich überdies nachstellbar und federnd ausbilden und sind daher den Kreuzgelenken vorzuziehen, deren Anwendung im günstigsten Falle auf ein Ende der Schubstange beschränkt bleibt.

Die Federn der Gelenke bezw. Stoßfänger müssen so angeordnet sein, daß eine Nachgiebigkeit des Gestänges nach beiden Richtungen vorhanden sei (Abb. 48). Will man nur ein nach beiden

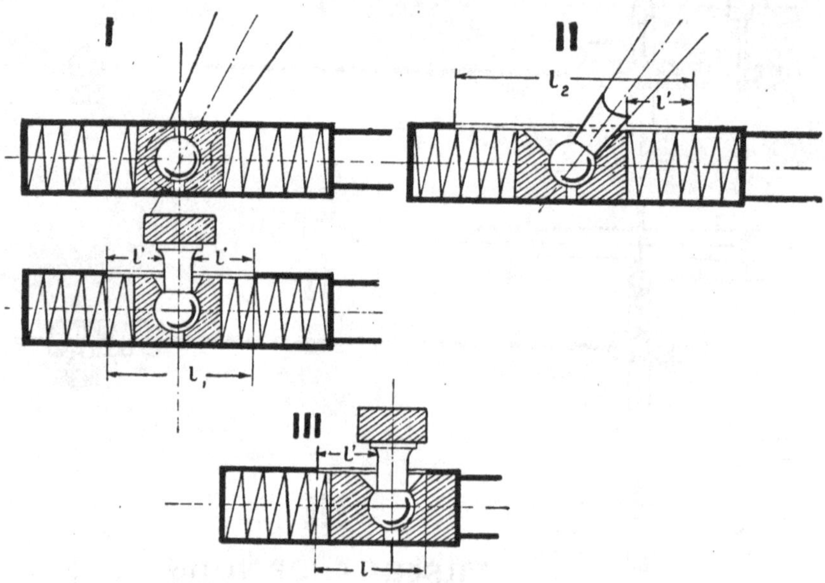


Abb. 49.

Richtungen federndes Gelenk anwenden, so kann das andere als nicht nachgiebiges Kugel- oder Kreuzgelenk ausgebildet werden. Es ist in solchem Falle ziemlich gleichgültig, ob man das federnde Gelenk am vorderen oder am hinteren Ende der Schubstange anordnet. Gründe zweiter Ordnung sprechen insofern für ein vorne angebrachtes Federgelenk, daß in manchen Fällen dadurch das Gelenk zugänglicher sein mag, und daß die Schubstange den geringen durch das Gelenk aufgenommenen Bewegungen der Vorderräder nicht zu folgen braucht. Der durch den beiderseitigen Hub der Kugel bedingte lange Schlitz im Gelenkgehäuse, welcher durch die Veränderlichkeit des Winkels zwischen der Längsachse des Kugelbolzens und derjenigen der Schubstange noch verlängert werden muß (vgl. Abb. 49 I und II), läßt die zweiseitig federnden Gelenke in bezug auf Sicherheit und Festigkeit hinter den nur nach einer Richtung federnden etwas zurücktreten. Andererseits mag aber, aus besonderen Gründen, die Vereinigung beiderseitiger Nachgiebigkeit in einem Gelenk erwünscht erscheinen. Eine positive Entscheidung zugunsten der einen oder der anderen Anordnung hat nicht stattgefunden und beide werden mit gleich guten Erfolgen ausgeführt.

Wird jedoch die Wahl für zwei einseitig federnde Gelenke entschieden (Abb. 48 II), so ist die richtige Verteilung der Federn zu beachten, damit die Ausschläge nach beiden Richtungen ausgeglichen werden. Auf Abb. 48 III ist dieses nicht der Fall, und wären so disponierte Stoßfänger absolut wirkungslos.

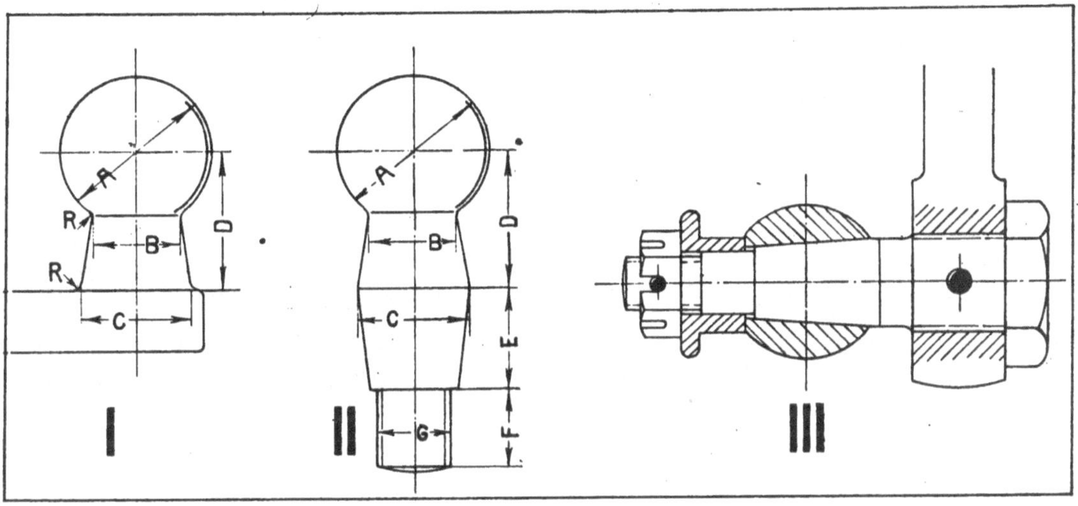


Abb. 50.

| | | A | B | C | D | E | F | G | R |
|---|---|---|---|---|---|---|---|---|---|
| Leichte Wagen | von<br>bis | 22<br>24 | 13<br>15 | 15<br>17 | 26<br>28 | 16<br>20 | 15 | ½" | 2 |
| Touren-Wagen, Droschken | von<br>bis | 28<br>30 | 16<br>18 | 20<br>24 | 28<br>30 | 20<br>24 | 19 | ⅝" | 2,5 |
| Schwere Wagen | von<br>bis | 34<br>38 | 20<br>24 | 24<br>30 | 30<br>34 | 24<br>26 | 22 | ¾" | 3 |

Die Kugel des Gelenkes soll nach Möglichkeit nicht auf der Mittellinie des Hebels sitzen (Abb. 49 II), weil dadurch ein kleinerer

Umspannungswinkel der Kugel durch die Schalen möglich ist, als wenn die Längsachse des Kugelbolzens senkrecht zu der Schwingungsebene des Hebels angeordnet ist. Ist die Kugel aus einem Stück mit dem Hebel, Abb. 50 I, so führt das oft zu Ausführungsschwierigkeiten und widerspricht den Grundsätzen rationeller Massenherstellung. Deshalb wird in den meisten Fällen der Kugelbolzen mittels Konus in den Hebel eingesetzt (auch eingepreßt mit zylindrischem Zapfen) Abb. 50 II. Eine weitere Möglichkit zeigt Abb. 50 III, wo die glasharte Kugel auf den Konus eines nicht gehärteten Bolzens aufgesetzt ist, welcher seinerzeit mit Gewinde in das Auge des Hebels eingeschraubt und gesichert wird.

Die Tabelle unter der Abb. 50 gibt einen Anhalt für brauchbare Abmessungen.

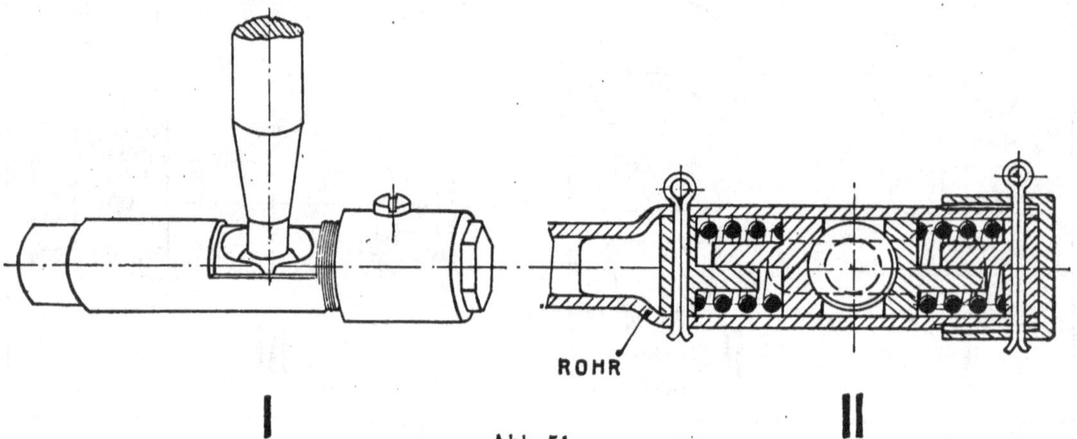


Abb. 51.

Bei einfacheren und billigeren Ausführungen von Stoßfängern wird die Kugel oft nur durch die Kugelbacken festgehalten. Sind letztere abgenutzt oder hat die Federspannung nachgelassen, so kann die Kugel aus dem Stoßfängergehäuse herausfallen (vgl. Abb. 51 I) und die Schubstange abfallen, wodurch unsagbares Unheil entstehen kann. Solche Stoßfänger sind auch nur dann bedingt verwendbar, wenn die Schubstange seitlich oder über der Kugel angeordnet ist (vgl. Abb. 52 I und II). Die Gefahr des Herausfallens der Kugel ist auf eine einfache Weise bei dem Stoßfänger Abb. 51 II beseitigt. In das aufgeweitete Rohr ist ein kurzer Schlitz eingefräst, welcher an einem Ende in ein Loch vom Durchmesser der Kugel ausläuft. Durch dieses Loch wird die Kugel hereingesteckt und längs des Schlitzes in die richtige Lage geschoben. Ist der Stoßfänger fertig montiert und gesichert, so kann die Kugel durch das Loch nicht mehr herausfallen. Beachtenswert bei diesem Gelenk ist die gute Sicherung gegen Verdrehung der Kugelbacken sowie diejenige der Gewindekappe. — Ein ähnliches, einfaches, aber durchaus verwendbares Gelenk stellt die Abb. 53 I dar. Hier ist der Schlitz bis zum Ende des Rohres in einer dem Durchmesser des Kugelhalses gleichen Breite durchgefräst, so daß die Kugel vom Stirnende der Stange aus eingeschoben wird. In Fig. 53 II sichert eine Unterlegscheibe und Splint die Schubstangenlage, in III eine gabelförmige Ausbildung des Kurbelendes, wobei der Querbolzen eine gesonderte Kugel trägt.

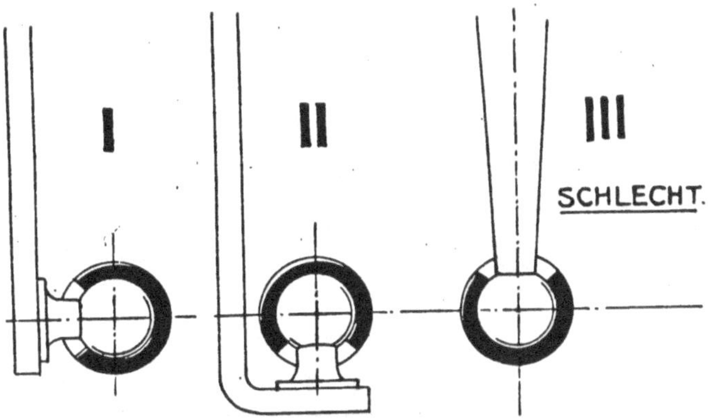


Abb. 52.

Die Federnachstellung der Stoßfänger erfolgt meist durch eine auf das Schubstangenende aufgeschraubte und g u t g e s i c h e r t e Gewindekappe (Abb. 51 und 53). Decanville stellt durch Drehen des Schubstangenschaftes, welcher an den Enden je ein Links- und Rechtsgewinde trägt, die Federn nach (Abb. 54). Da er jedes Ende seiner Schubstange mit einem zweiseitigen Stoßfänger versieht, so wird so die Nachstellung vereinfacht. Bei allen üblichen Stoßstangen verändert die einseitige Nachspannung die Schubstangenlänge, was besser unterbleiben sollte.

Es ist selbstverständlich, daß die Kugelbacken sowie die Kugeloberflächen gehärtet bzw. glashart sein müssen. Die Federn müssen sehr stark bemessen und nicht zu kurz sein, um einerseits starke Spannungen zu ermöglichen, andererseits aber vor Nachlassung dieser Spannung bewahrt zu werden.

Einseitig federnde Stoßfänger sind genau ebenso ausgebildet wie die bis jetzt beschriebenen, nur mit dem Unterschied, daß sie mit je einer Feder ausgerüstet sind.

Einige bewährte Ausbildungen von einfachen (nicht federnden) Kreuz- und Kugelgelenken zeigt Abb. 55. Die Anordnungen IV, VII und VIII bieten besondere Sicherheit gegen ein Herausfallen der Kugel

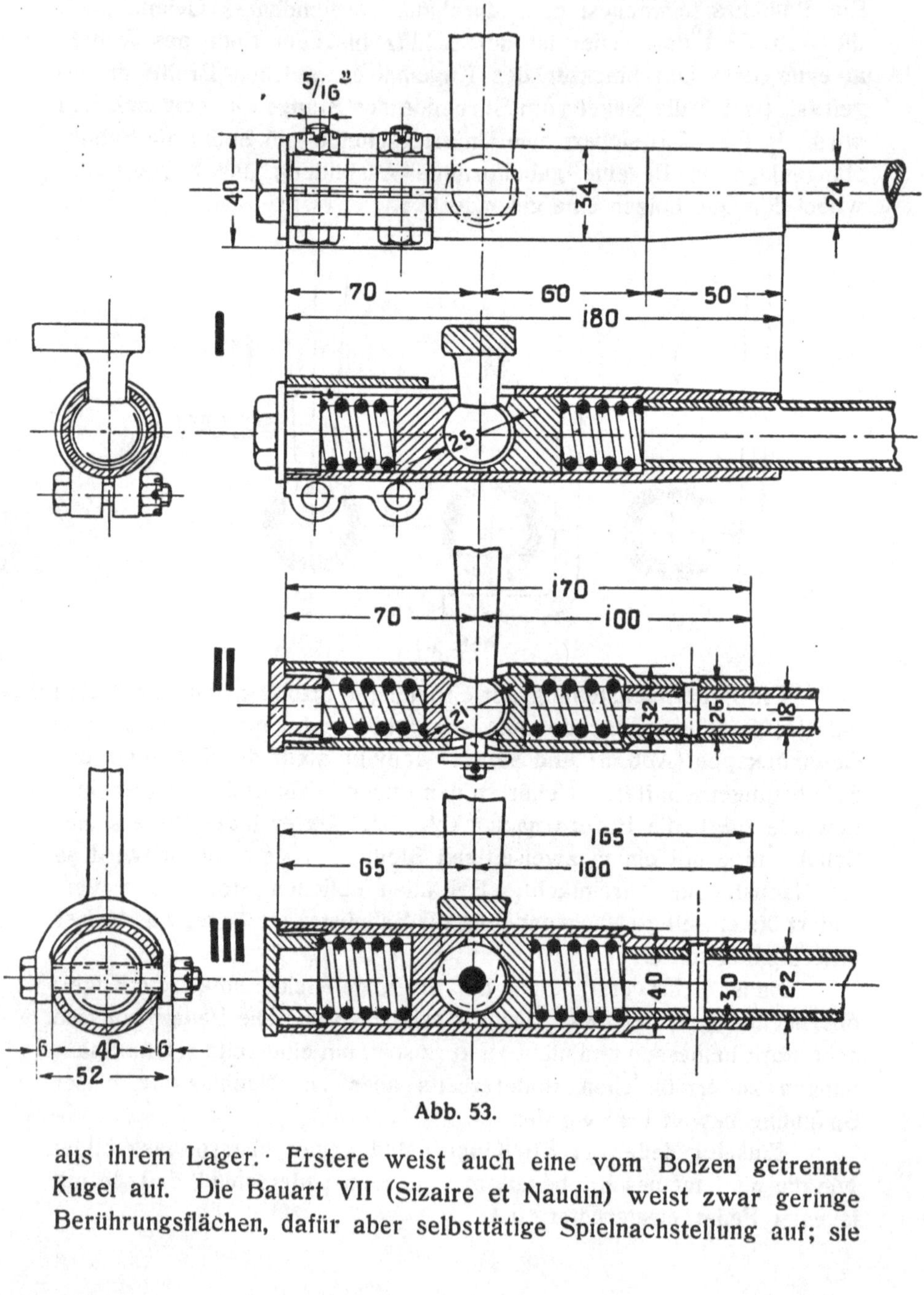


Abb. 53.

aus ihrem Lager. Erstere weist auch eine vom Bolzen getrennte Kugel auf. Die Bauart VII (Sizaire et Naudin) weist zwar geringe Berührungsflächen, dafür aber selbsttätige Spielnachstellung auf; sie

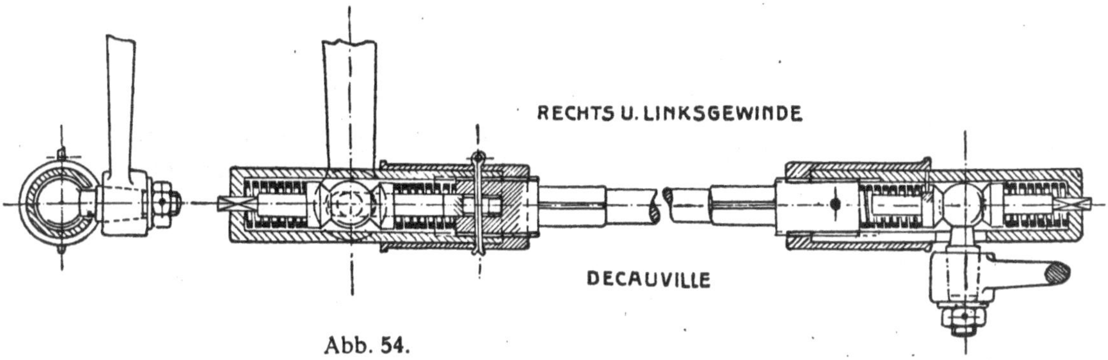
RECHTS U. LINKSGEWINDE
DECAUVILLE

Abb. 54.

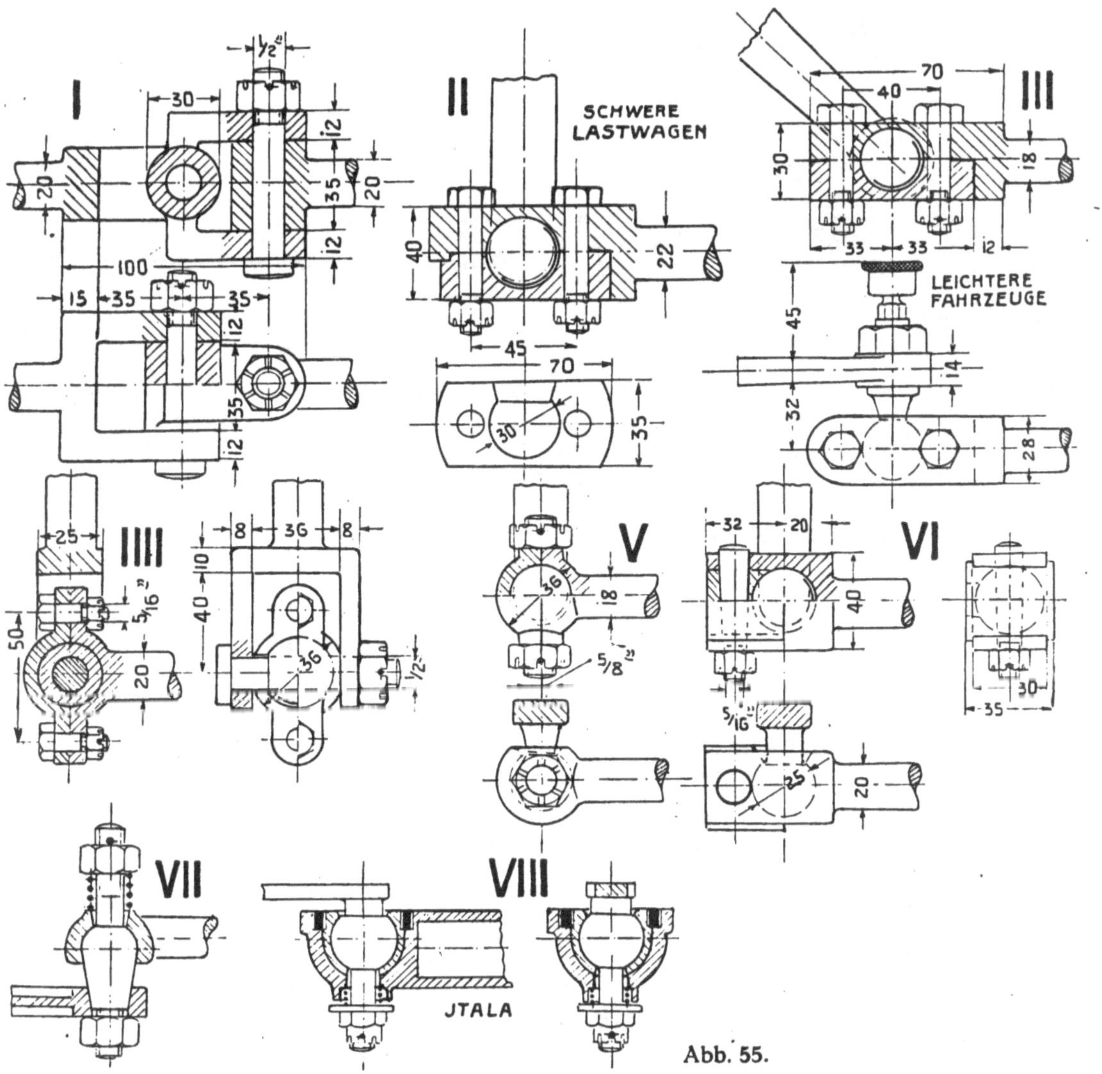
I
II
SCHWERE LASTWAGEN
III
LEICHTERE FAHRZEUGE
IIII
V
VI
VII
VIII
JTALA

Abb. 55.

ist für leichte kleine Wagen sehr geeignet. Die Anordnung VIII weist außer selbsttätiger Spielnachstellung besonders eingesetzte, gehärtete Backen auf, was in bezug auf die Herstellung und Ersatzmöglichkeit vorteilhaft ist. Eine ähnliche für Lastwagen bestimmte Anordnung ist auf Abb. 56 dargestellt. Alle diese Gelenke, mit Ausnahme von 55 I können auch für die Verbindungsstange verwandt werden.

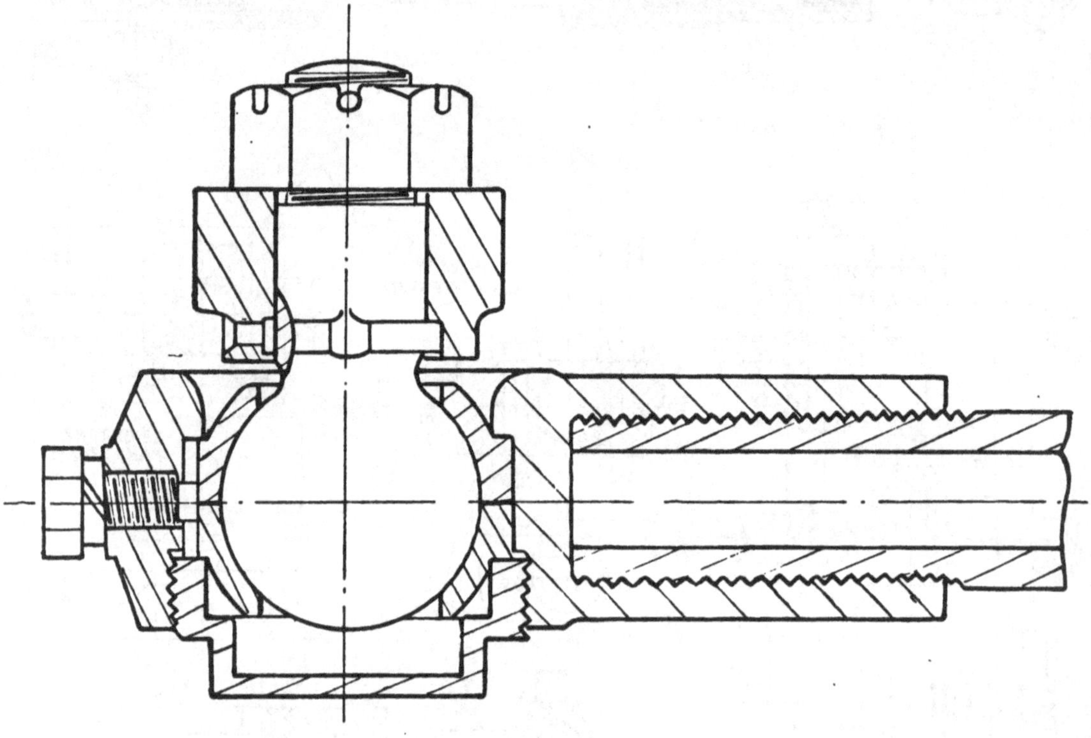

Abb. 56.

Bei schweren, langsamfahrenden Nutzgefährten mit geringem Federdurchschlag verzichtet man oft auf Einschaltung irgendeiner Federung, indem man die Lenkschubstange an beiden Enden mit nicht nachgiebigen Kreuz- bzw. Kugelgelenken ausrüstet. In solchen Fällen läßt sich die Stange mit Gelenkhälften als Gesenkstück in einer der Knickungsbeanspruchung entsprechenden Form ausbilden. Auch bei sonstigen Kraftwagen findet man vereinzelt Schubstangen ohne Stoßfänger vor. Die auf Abb. 57 dargestellte Schubstange eines Dixi-Wagens 1905 ersetzt die fehlenden Stoßfänger durch eine Kröpfung, welche eine begrenzte Nachgiebigkeit denkbar erscheinen läßt. Diese Anordnung, welche dazu beiträgt, den durch das Anschlagen des Radreifens an die Schubstange bedingten maximalen Ausschlagwinkel zu vergrößern, gestattet auch eine Nachkröpfung bei der Montage, was die Längeneinstellung erleichtert. Der Verzicht auf Stoßfänger ist jedoch nur da zulässig, wo das Lenkungsgetriebe nicht zu nahe der Selbstsperrungsgrenze liegt.

Die weitaus meisten Wagen weisen Schubstangen aus Stahlrohr auf mit durch Hartlötung oder Schweißung damit verbundenen oder aber mit Gewinde aufgeschraubten Stoßfänger- bzw. Kugelgelenkgehäusen (Abb. 53, 54, 56). Letztere Art ist aus Gründen der Längenfeineinstellung bei der Montage vorzuziehen, wenn für genügende

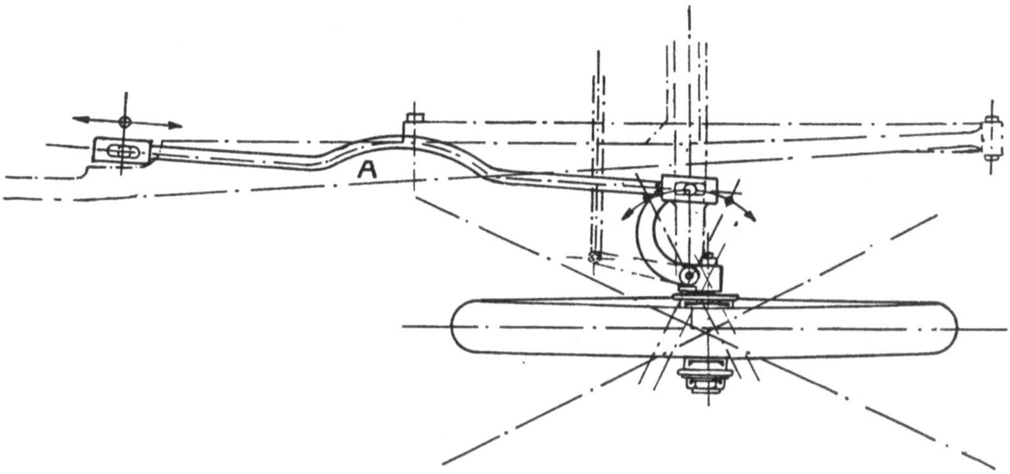


Abb. 57.

Sicherung Sorge getragen worden ist. Gelegentlich werden auch die Enden der Rohrschubstangen aufgedornt und die auf solche Weise entstandenen Aufweitungen zu Stoßfängergehäusen ausgebildet (Abb. 51 II).

## Lenkungsgetriebe und Lenksäule.

Die ersten Wagen wurden mit Hebel-, Zahnrad- oder Zahnstangen-Lenkungen ausgerüstet. Hebellenkungen ließen keine genügende Uebersetzung zu. Keine davon war selbsthemmend. Das Lenken solcher Fahrzeuge war sehr unsicher und höchst ermüdend, da sich alle Stöße der Fahrbahn unmittelbar der Hand des Führers mitteilten. Einige Beispiele solcher Lenkungen sind auf Abb. 58 gezeigt (vgl. auch Abb. 27 und 28). Infolge dieser Mißstände wurden **selbstsperrende Lenkungen** eingeführt, indem man ein hoch übersetztes Schneckengetriebe dazwischen geschaltet hat. Um die damals als allein seligmachend geltende Selbstsperrung zu erreichen, wurde zu sehr geringen Steigungen der Schnecke gegriffen, so daß die Winkelübersetzung zwischen der damals noch vielfach verwandten Handkurbel und den Vorderrädern zu hoch gewählt werden mußte. Uebersetzungen von $^1/_{12}$, sogar $^1/_{15}$ waren nicht selten. Mit zunehmenden Wagengeschwindigkeiten und Achsständen wurden

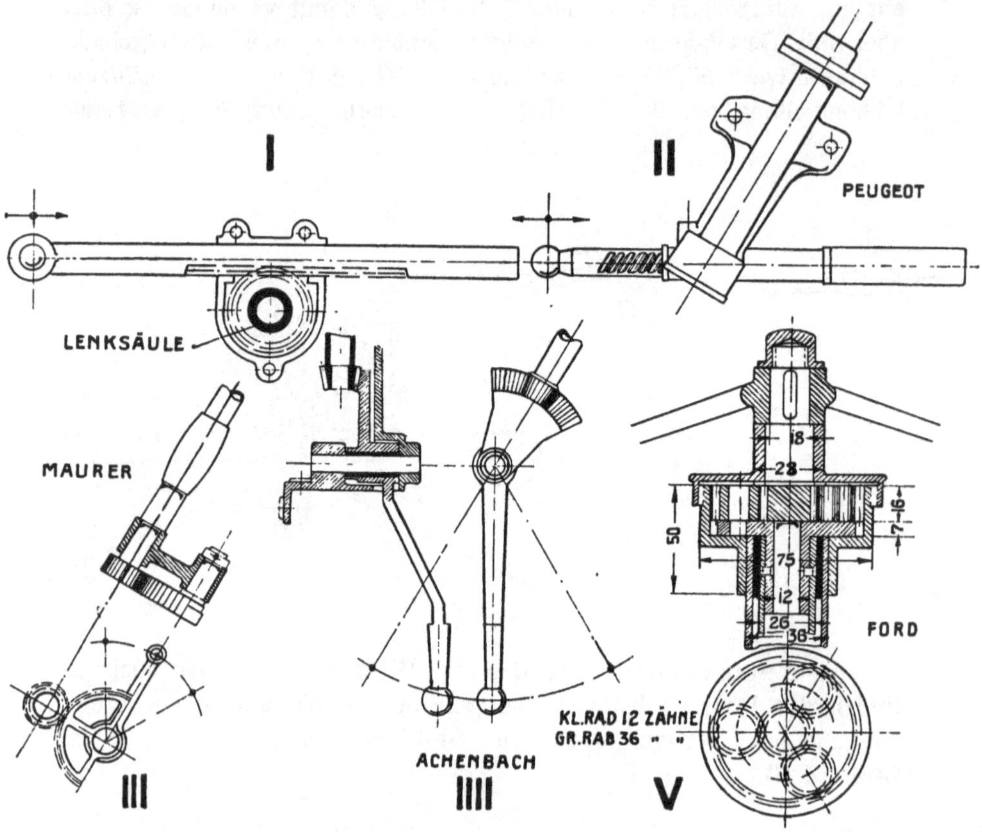


Abb. 58.

diese Verhältnisse nicht haltbar, und kam man sehr bald zur Überzeugung, daß solche durch unbedingte Selbstsperrung der Lenkung herbeigeführte Übersetzungen das Steuern von schnelleren Fahrzeugen fast unmöglich macht. Die unheilvolle Einwirkung des Spieles trat hinzu. Das geringste Spiel des Schneckengetriebes wurde in 12- oder gar 15-facher Größe auf die Räder übertragen, so daß in vielen Fällen das Handrad bzw. die Handkurbel einen **„toten Gang“** von 45° und mehr ausführen mußte, bevor eine Einwirkung auf die Räder eintrat. Dazu kamen lebensgefährliche Brüche der, infolge der absoluten

Selbstsperrung sehr hoch durch Wegestöße beanspruchten Gestängeteile. Man hat versucht, auf verschiedenen Wegen das Schneckengetriebe durch andere zum Teil sehr komplizierte Konstruktionen zu ersetzen, welche durch verschiedene mechanische Sperrwerke die gesuchte **„Irreversibiltät"** der Lenkung mit einer niedrigeren Übersetzung zu verbinden suchten (Abb. 59 I und II). Die Unmöglichkeit, solche Mechanismen spielfrei zu gestalten, hat ihnen keine Aussicht auf Erfolg gelassen. Bedeutend besser, obwohl sehr

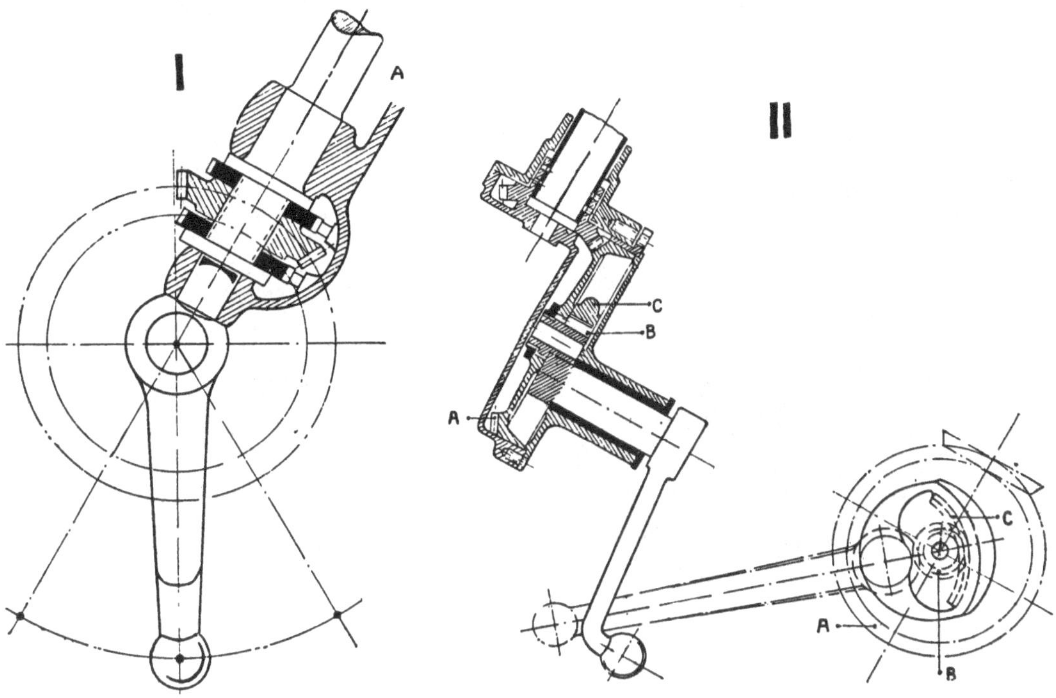


Abb. 59.

kostspielig ist die auf Abb. 60 gezeigte, auch heute noch vereinzelt angewandte **„Helmlenkung"** von Malicet und Blin. Sie ersetzt die bei der Schnecke viel beanstandete Punktberührung durch Linienberührung zwischen der Leitkurve A und den Kugeln B und läßt auch eine Spielnachstellung durch den Bund D eventuell zu. Große Erfolge sind jedoch dadurch nie erzielt worden, was in der Hauptsache auf Ausführungsschwierigkeiten und die damit verbundenen hohen Herstellungskosten zurückzuführen ist.

Mit der Zeit ist man zur Ueberzeugung gekommen, daß eine völlige Selbstsperrung weder nötig noch erwünscht ist, daß im Gegenteil, eine gewisse Rückwirkung der Stöße auf das Handrad im Interesse der spielfreien Erhaltung der Gestänge- und Uebersetzungsteile der Lenkung empfehlenswert und durchaus zulässig ist. Auch das übliche Übersetzungsverhältnis ist, den stets wachsenden Wagengeschwindigkeiten folgend, mit der Zeit stark gesunken und wird wahrscheinlich auch in Zukunft noch weiter sinken.

Sind bei absoluter Selbstsperrung die durch die Rückwirkung der Räder auf das Lenkungsgestänge hervorgerufenen Kräfte in keiner Weise zu ermitteln, so daß man lediglich auf rohe Einschätzung

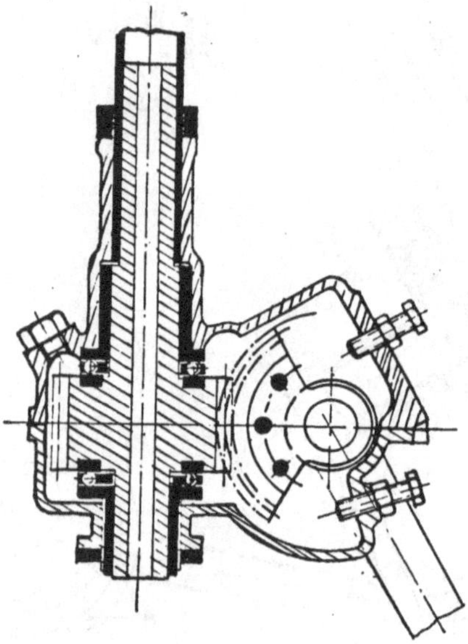

Abb. 64.

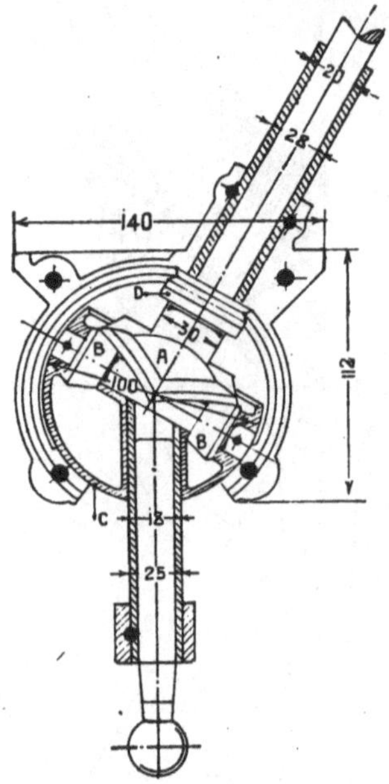


Abb. 60.

deren Größe angewiesen ist, so kann bei nur beschränkter Selbsthemmung auf rechnerischem Wege ein Anhaltspunkt darüber ermittelt werden, wie dieses später besprochen werden soll. Für den Entwurf ist so ein Anhaltspunkt von größtem Wert, und eine gewissenhaft durchgeführte Rechnung wird hier, wie auch in sonstigen Fällen, fast immer die Unzulänglichkeit mancher eingebürgerten Faustregel zu Tage fördern. Dieses bedeutet aber einen unzweifelhaften Fortschritt und an sich einen genügenden Grund, um die absolute Selbstsperrung zu verurteilen.

Aus dem Gesagten geht hervor, daß die erforderliche beschränkte Selbsthemmung der Lenkung nur durch allereinfachste mechanische Mittel, das heißt durch Getriebe, welche ihrem

Wesen nach selbsthemmend werden können, zu erreichen ist. Jede die Bildung eines Spieles begünstigende Komplikation muß ausgeschaltet werden.

Einfache, die Selbsthemmung durch eigene Reibung hervorrufende Getriebe sind wenig zahlreich. Aus Rücksichten auf die Herstellung müssen hier alle Globoidgetriebe ausgeschaltet werden, so daß die Wahl des anzuwendenden Getriebes mehr oder weniger auf zwei Ausführungsmöglichkeiten beschränkt wird: die zylindrische Schnecke und die Schraube. Daher zerfallen die allgemein verwendeten Lenkungsgetriebe in:

Schneckenlenkungen und

Schraubenlenkungen,

welche in bezug auf Ausführung viele gemeinsamen Eigenschaften besitzen. Daher werden hier diese beiden Kategorien von Lenkungen

Abb. 61.

nur insofern einzeln behandelt, als es die Verschiedenheit der Getriebe selbst erfordert. Die Ausführungsformen von Lagerung der Wellen, Gehäusen und Lenksäulen werden am Schluß gemeinsam besprochen.

In neueren Ausführungen von Schneckenlenkungen wird die Schnecke meist drei- oder viergängig gemacht bei einem Steigungswinkel von etwa 10°, während die Selbstsperrung bei einer Reibungszahl von etwa $\mu = 0{,}1$ bei ca. 6° eintreten würde.

Eine einfache, gut bewährte Ausführung ist auf der Abb. 61 dargestellt (Malicet und Blin). Da sie eine nur sehr beschränkte Spielnachstellung zuläßt und den Achsialdruck der Schnecke und des Schneckenrades unmittelbar auf das Gehäuse aufnimmt, so ist diese Konstruktion nur bei gehärteter Stahlschnecke und Sektor denkbar. Die glasharte Schnecke wird hier auf die Spindel unter leichter Erwärmung der ersteren aufgepreßt und durch einen Federkeil gegen Verdrehung gesichert. Eine Spielnachstellung ist nur für die Schnecke, nicht aber für die Sektorwelle vorgesehen.

In den seltensten Fällen wird die Lenkungsspindel aus einem Stück mit der Schnecke gemacht; die

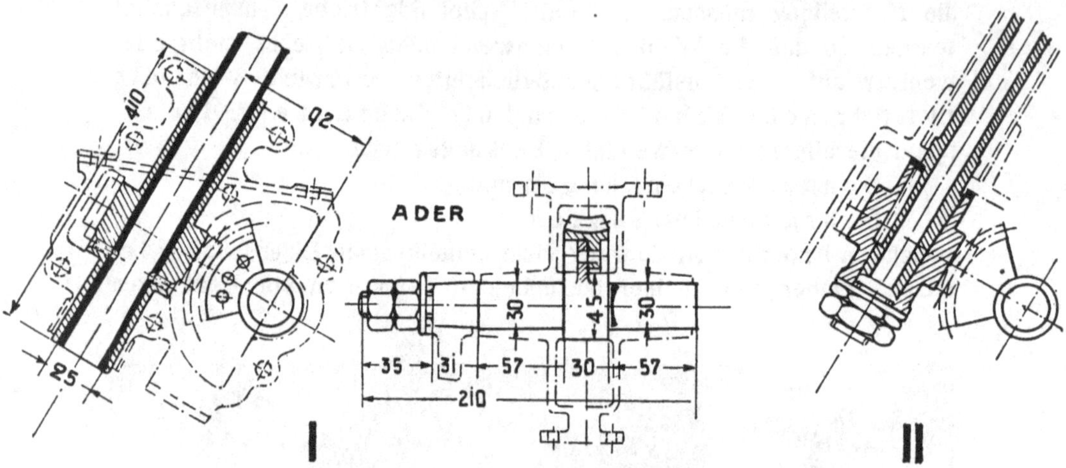


Abb. 62.

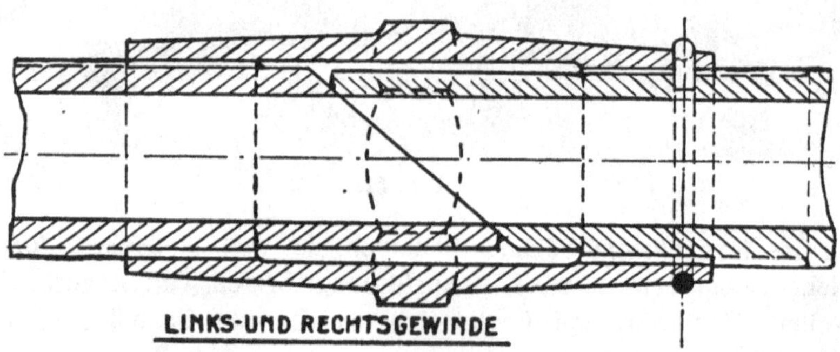


Abb. 63.

Verbindung dieser beiden Teile geschieht durch Hartlötung, Aufkeilen, oder auch vielfach durch Verstiften mittels kräftiger um 180° versetzter konischer Stifte, welche diametral oder tangential angeordnet sein können. (Vergl. Abb. 68). Erstere Ausführung ist aus Rücksichten auf Härtungsschwierigkeiten und nur bedingte Zuverlässigkeit weniger zu empfehlen. Wo sie jedoch unumgänglich erscheint, da sollen die Berührungsflächen der beiden Stücke möglichst lang sein, (Abb. 62 I und 64). Immerhin bleibt eine umständliche Arbeitsmethode nötig, um die Vorgänge des Härtens mit den-

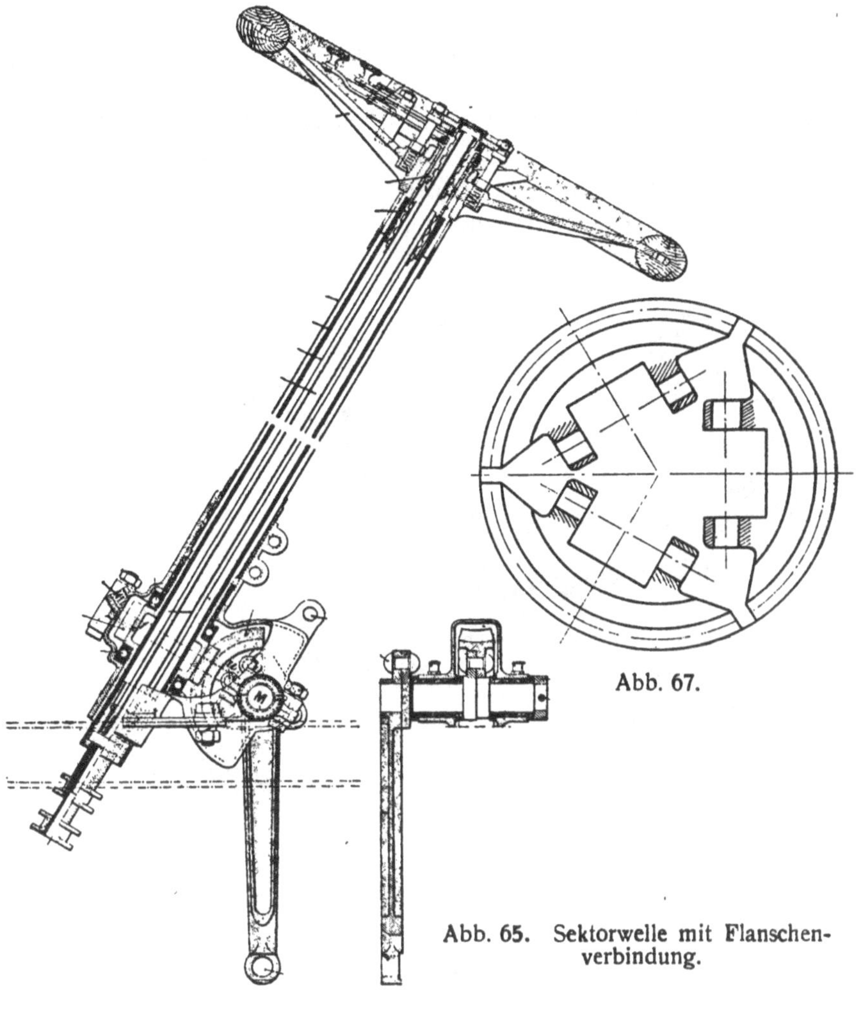

Abb. 67.

Abb. 65. Sektorwelle mit Flanschenverbindung.

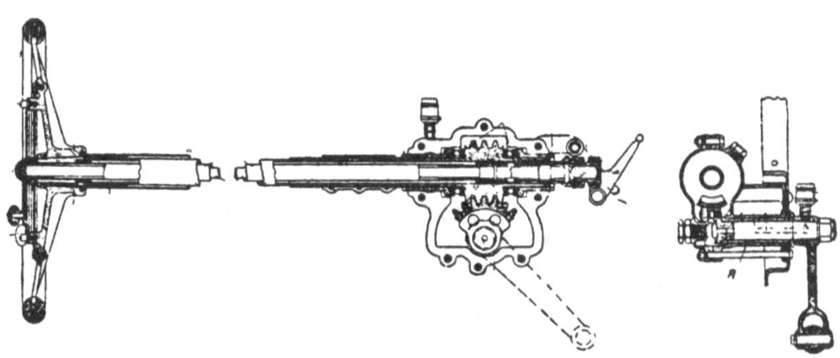

Abb. 66. Spielnachstellung durch excentrische Lagerung der Sektorwelle.

jenigen des Hartlötens in Einklang zu bringen, und eine mehrmalige Erhitzung zu vermeiden. Es sei hier auf eine im Auslande vielfach mit gutem Erfolge angewandte Arbeitsmethode hingewiesen. Die aus Spezialeinsatzstahl hergestellte Schnecke wird zuerst fertig gefräst, während die Lagerstellen sowie die zum Hartlöten bestimmten Flächen, mit einer starken Zugabe vorgedreht werden. Danach wird das Stück eingesetzt und langsam in heißem Sand abgekühlt.

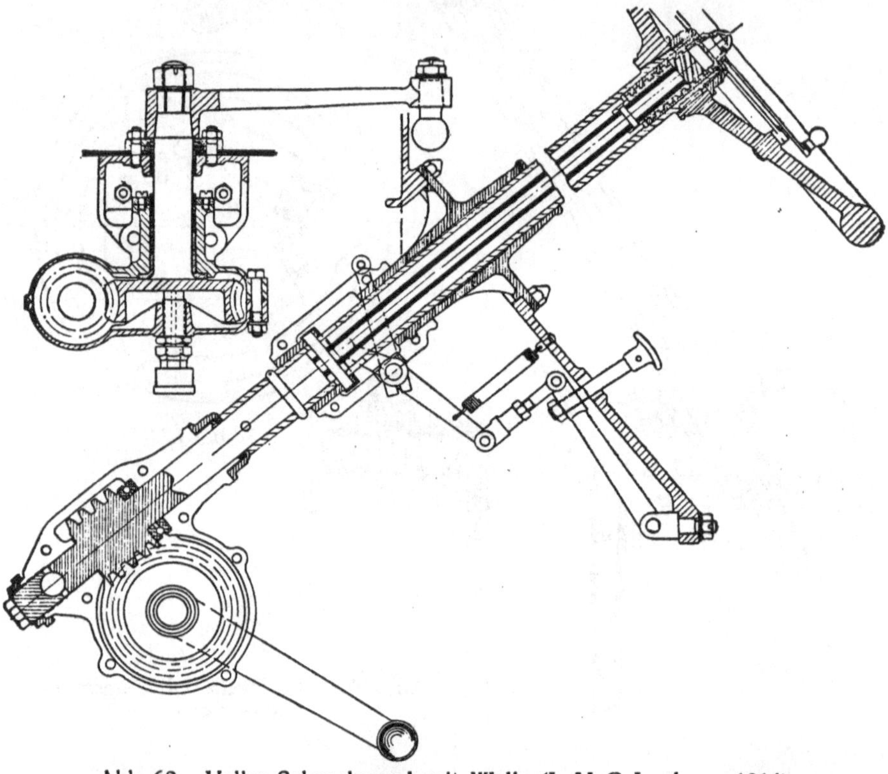

Abb. 68. Volles Schneckenrad mit Welle (L. U. C. Lenkung 1914).

Dann wird die Lötfläche auf Maß und die Lagerstellen auf Schleifmaß fertig gedreht, worauf die Hartlötung vorgenommen wird. Aus der Löthitze kann die Schnecke dann unmittelbar in Oel gehärtet werden, wobei diejenigen Teile, von welchen die Einsatzkruste durch das Fertigdrehen entfernt wurde, weich bleiben.

Empfehlenswerter erscheinen jedoch rein mechanische Verbindungsmethoden wie mittels Konus und Keil, (Abb. 62 II), Konischer Stifte u. a. In neuerer Zeit werden auch verschiedene Kupplungen zur Verbindung herangezogen, z. B. Abb. 63, welche in bezug auf Haltbarkeit und Zuverlässigkeit nichts zu wünschen übrig lassen.

Eine neuere Schneckenlenkung ist auf Abb. 64 dargestellt. Hier wird der Achsialdruck der Schnecke durch Stützkugellager aufgenommen, wodurch zwar die Selbsthemmung verringert, dafür aber den Lenkungswiderstand verkleinert wird, was einen Vorteil bedeutet. Wie aus der Abbildung deutlich zu ersehen ist, ist eine Achsialnachstellung vorgesehen.

Das Schneckenrad wird entweder aus gehärtetem Spezialstahl oder aus Spezialphosphorbronze gemacht. Im ersteren Falle kann das Rad, bezw. der Zahnsektor aus einem Stück mit seiner Welle hergestellt werden. (Abb. 68). In den weitaus meisten Fällen findet man hier jedoch eine Flauschverbindung mittels entlasteter Schrauben oder Nieten vor. (Abb. 62 I, 64, 65). Letztere weist auch eine wenig gebräuchliche Flauschverbindung der Lenkkurbel mit der Sektorwelle, sowie eine von oben erfolgende Nachstellbarkeit der Stützlager auf. Bei neueren Ausführungen wird auch für die Spielnachstellung der Stützlagerung der Sektorwelle Sorge getragen, wie auf Abb. 66 deutlich zu ersehen ist. (Vergl. auch Abb. 68.)

Das Schneckenrad wird entweder in Gestalt eine Zahnsektors, oder aber in neuerer Zeit vielfach als voller Zahnkreis ausgeführt. In ersterem Falle kann der Sektor vorteilhaft durch Dreiteilung eines Vollzahnkreises entstehen (Abb. 67). Die Verwendung als Vollkreisverzahnung ausgebildeter Schneckenräder bringt eine nur unbeträchtliche Gewichtsvermehrung mit sich, bietet aber den Vorteil, daß man abgenutzte Zähne des Rades gegen neue vertauschen kann. Die Abb. 68 zeigt eine solche Konstruktion. Sind an der Eingriffstelle die Zähne des Schneckenrades abgenutzt, so wird es um 30° verstellt, so daß neue Zähne in Eingriff mit der Schnecke kommen. Zu diesem Zweck ist die Sektorwelle und die darauf auf Konus sitzende Kurbel als Sechskant ausgebildet.

— In vereinzelten Fällen wird der Kurbelhebel aus einem Stück mit der Sektorwelle ausgeführt und das Schneckenrad auf Konus und Keil oder auf Flausch angesetzt. Ziemlich allgemein ist jedoch die Ausführung, bei welcher die Verbindung zwischen der Sektorwelle und dem Kurbelhebel stattfindet. Dabei ist zu beachten, daß hier infolge des großen Drehmomentes nur eine absolut zuverlässige Verbindung brauchbar ist. Daher ist ein Aufsetzen auf prismatisches Vierkant bezw. Sechskant nur in Verbindung mit klemmender Kurbelnabe verwendbar. Ebenso ein zylindrischer Zapfen mit Federkeil. Eine Konusverbindung ist hier natürlich unbedenklich, einerlei ob ein Keil oder ein Sechskant dieselbe gegen Verdrehung sichert.

Das Spiel, welches durch Abnutzung der Schneckenverzahnung entsteht, kann zum Teil, wenn nur die Schneckenradzähne in Frage kommen, durch das oben erwähnte Radikalmittel (Eingriff mit einer anderen Umfangsstelle des Schneckenrades) behoben werden. Ist jedoch die Schnecke selbst abgenutzt, so wird dieses Mittel nur unvollkommene Abhilfe schaffen. Dazu ist zu bemerken, daß infolge der verschiedenen Eingriffsdauer

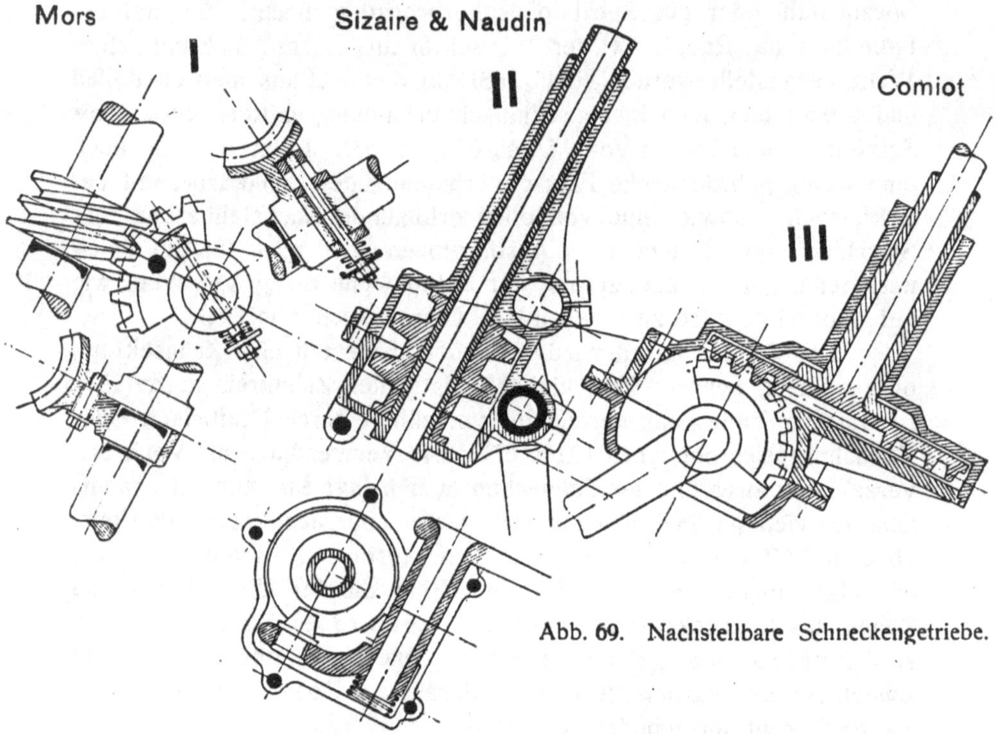


Abb. 69. Nachstellbare Schneckengetriebe.

die Schnecke der Abnutzung bedeutend weniger ausgesetzt ist, als das Schneckenrad und daß daher in den meisten Fällen die oben angegebene Methode vollkommen ausreicht, um ein dauerhaftes Lenkgetriebe abzugeben. — Versuche, das durch die Abnutzung von Schnecke und Schneckenrad hervorgerufene Spiel durch Nachstellbarkeit bezw. durch Selbstnachstellung auszugleichen, sind vielfach gemacht worden. (Abb. 69). Die Firma Mors (I) stellt die Mittelzähne des Sektors dadurch nach, daß diese an einem besonderen, gegen den übrigen Sektor drehbarem Stück sitzen, welches durch ein, mittels Feder nach dem Sektor zu angespanntes Keilstück stets zu drehen gesucht wird. Aehnlich verfahren Sizaire & Naudin (II). Sie ersetzen den Sektor durch einen Hebel mit einer kegelförmigen

Stahlrolle, welche in die geradlinig geflankten Gänge der Schnecke durch eine, auf die Sektorwelle drückende starke Feder ständig hingepreßt wird. Lenkkurbel, Welle und Hebel sind aus einem Stück. Die Anordnung ist überaus einfach und hat sich auch an größeren Wagen (Sizaire & Berwick) gut bewährt. Ist der Winkel des Keilstückes bei I und der Rolle bei II kleiner als der Reibungswinkel der zu Verwendung kommenden Materialien, so bedarf man einer nur geringen Federkraft, um einen ständigen Schluß der Reibungsflächen zu erzielen. Bemerkenswert ist auch, daß bei der Anordnung II die Punktberührung des Schneckengetriebes durch eine Linienberührung ersetzt wird.

Weniger glücklich ist die Konstruktion von Comiot, bei welcher die Planschnecke gegen den Zahnsektor zur Begroßen Ausführungsschwierigkeiten eines solchen Getriebes beansprucht es im Wagen zuviel Raum. Auch stört eine solche Nachstellung die Richtigkeit der Verzahnung. — Letzteres ist auch von denjenigen Fällen zu sagen, bei welchen (wie auf Abb. 66) die Sektorwelle in einer exzentrischen Büchse A gelagert wird, deren Drehung eine Nachstellung des Spieles herbeiführen soll, indem dadurch die beiden Achsen des Getriebes einander genähert werden. Solche Nachstellung ist nur bei geradflankigen Zahnstangen zulässig.

Jede Spielnachstellung, wie sie auch beschaffen sein mag, zwischen Schneckenrad und Schnecke, auch zwischen Schraube und Mutter, weist einen nicht zu unterschätzenden Nachteil auf. Beim Fahren wird die Lenkung in der Nähe ihrer Nullage ständig benutzt, während größere Radausschläge nur verhältnismäßig selten gebraucht werden. Die Folge davon ist, daß derjenige Teil der Verzahnung, welcher in der Nähe der Nullage in Eingriff steht, (bei Schrauben ist es der mittlere Teil der Schraubenspindel) bedeutend schneller abgenutzt wird als die übrigen Teile des Getriebes. Wird nun das in der Mitte entstandene Spiel behoben, so kann leicht ein Klemmen der Verzahnung und ein damit verbundener schwerer Gang der Lenkung herbeigeführt werden. Bei Schraubenlenkungen wird dadurch eine noch raschere Abnutzung der Mutter herbeigeführt, da die nach der, in ihrer Mitte mehr abgenutzten Spindel nachgestellte Mutter für die Enden des Gewindes zu eng wird und wird daher schon nach einigen Hüben derLenkung eine gewaltsame Abnutzung des Muttergewindes eintreten, welche sich wiederum als Spiel in der Nähe der Nullage verspüren läßt. Je mehr man nachstellt, desto rascher kehrt das Spiel wieder. Bei Schnecken sind, infolge der stets wechselnden Berührungsstellen die Verhältnisse weniger ungünstig, besonders wenn nur die Mittelzähne des Sektors nachgestellt werden. (Abb. 69 I).

Als interessant sei schließlich die Bauart nach Abb. 70 erwähnt, bei welcher ein Schneckenrad in eine Hohlschnecke eingebaut ist. Die Ausführung ist nur bei sehr breit angelegter Massenfabrikation denkbar. Die Gehäuseabmessungen sind so erheblich, daß die Unterbringung einer solchen Lenkung an Wagen nicht unbedeutende Schwierigkeiten verursachen dürfte. Die Lenkung ist amerikanischen

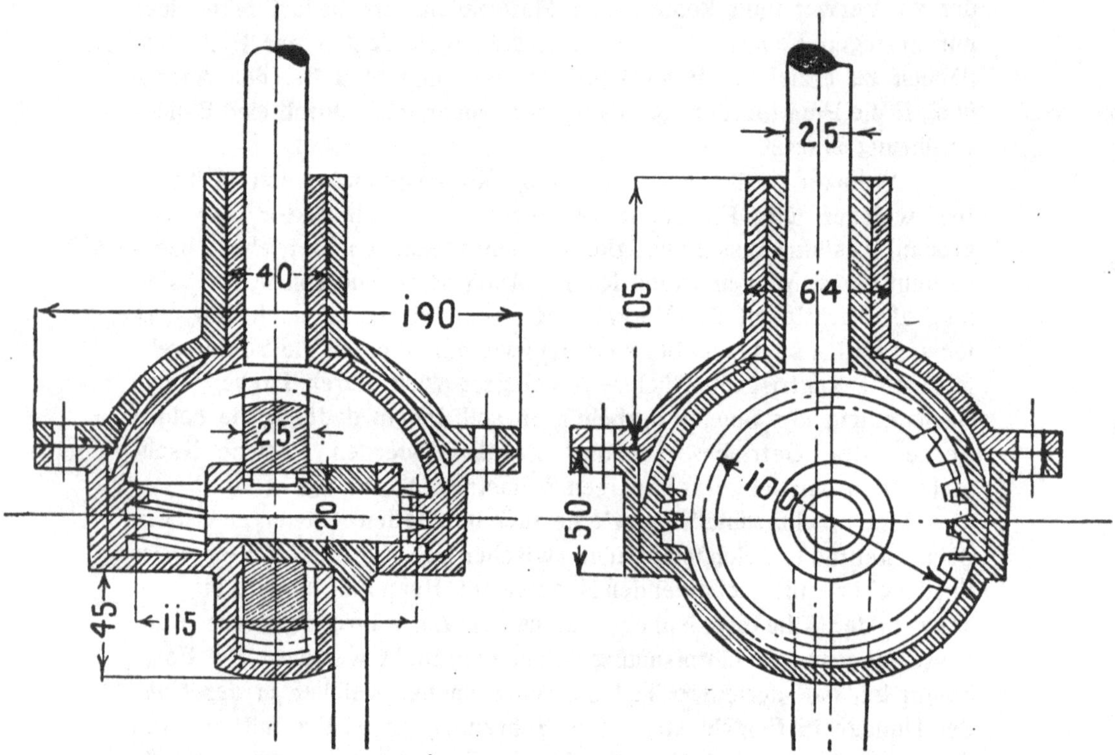


Abb. 70. Amerikanische Lenkung mit Hohlschneckengetriebe.

Ursprungs. Da sie außerdem keine Spielnachstellung vorsieht, ist ihre Anwendungsmöglichkeit sehr beschränkt.

Durch ihre unübertroffene Einfachheit und geringe Raumbeanspruchung ist die Schneckenlenkung der Schraubenlenkung überlegen, sie weist jedoch ernste Nachteile auf, welche die, durch die Schraube herbeigeführten Komplikationen berechtigt erscheinen lassen. Die Punktberührung der reibenden Teile führt einen verhältnismäßig raschen Verschleiß derselben herbei; das dadurch entstandene Spiel kann durch einfache und korrekte Mittel nicht behoben werden. Obwohl bei gut konstruierten Schneckenlenkungen diese Nachteile nur in sehr beschränktem Maße auftreten, so wird, hauptsächlich bei teureren Wagen, deren hoher Anschaffungspreis eine längere Lebensdauer bedingt, **die dauerhaftere Schraubenlenkung**, trotz ihres höheren Preises, vielfach angewandt.

War die Anzahl der Reibungsflächen bei der Schneckenlenkung auf zwei beschränkt, so ist eine Schraubenlenkung ohne Zulassung von mindestens vier Reibungsflächen (öfters sechs oder acht) nicht denkbar.

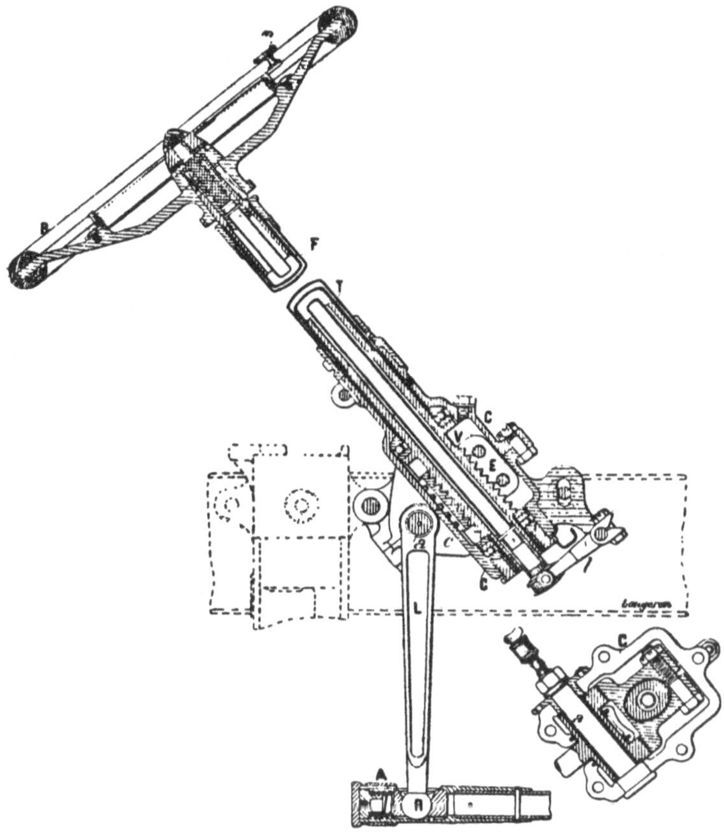

Abb. 71. Schrauben-Lenkung mit Zahnstangenverzahnung.

Der Grund dieser Erscheinung ist im Wesen der beiden Maschinenelemente zu suchen. Ein Schneckengetriebe überträgt unmittelbar die Drehbewegung einer Welle, als eine ebenfalls Drehbewegung auf eine andere, in einer zur ersteren senkrechten Ebene liegenden Welle. Durch die baulichen Verhältnisse der Kraftwagenlenkung ist aber eine solche Uebertragung bedingt. Daher ergibt das Schneckengetriebe unmittelbar, ohne Zuhülfenahme anderer Elemente die gesuchte Lösung. Anders ist es bei der Anwendung von Schraube, bei welcher die Drehbewegung der Antriebswelle bezw. -spindel in eine nach ihrer Achse gerichtete geradlinige Bewegung der Schraubenmutter verwandelt wird. Solche Bewegungsverhältnisse sind für Kraftfahrzeuglenkungen unmittelbar kaum zu gebrauchen. Daraus ergibt sich die Notwendigkeit, durch weitere Elemente die geradlinige Bewegung der Mutter in eine den Verhältnissen angepaßte Drehbewegung umzugestalten. Die erhebliche Vermehrung der Reibungsflächen und die daraus folgenden Nachteile ungünstigerer Wirkungsgrad und Abnutzungsgefahr, können nur dann als berechtigt angesehen

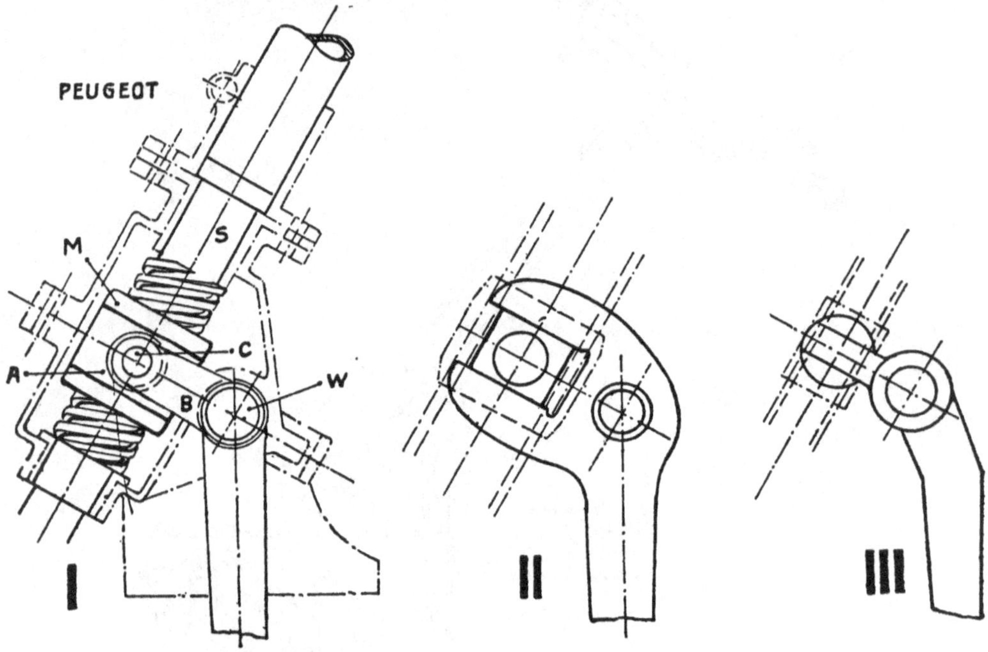


Abb. 72. Hebelübersetzungen von Schraubenlenkungen.

werden, wenn durch **große Bemessung aller Berührungsflächen** die Spielfreiheit für lange Lebensdauer gesichert wird. Sollen dagegen neben der Schraube auch noch Elemente mit **Linien oder gar Punktberührung zugelassen werden**, so hat die durch die Schraubenlenkung bedingte Vermehrung der Reibungsflächen und komplizierte Konstruktion **gegenüber der durchaus guten und einfachen Schneckenlenkung keine Berechtigung**. Die nicht selten anzutreffende Verwendung der Zahnstange zur Umwandlung der gradlinigen in eine Drehbewegung, auch im Falle, wenn eine Spielnachstellung vorgesehen ist, läßt infolge der hier stattfindenden Linienberührungen die Vorzüge solcher Schraubenlenkungen sehr fraglich erscheinen, da der Ersatz der Punktberührung der Schnecke durch die Linienberührung der Zahnstange die genannten Nachteile der Schraubenlenkung (höherer Preis, schlechter Wirkungsgrad) nicht zu erkaufen vermag. Als Beispiel solcher Lenkungen soll hier die sonst in jeder Hinsicht gut durchgebildete ältere Konstruktion (1905) von Lorraine-Dietrich angeführt werden. (Abb. 71). Die Firma ist später zu der auf Abb. 66 gezeigten Schneckenlenkung übergegangen.

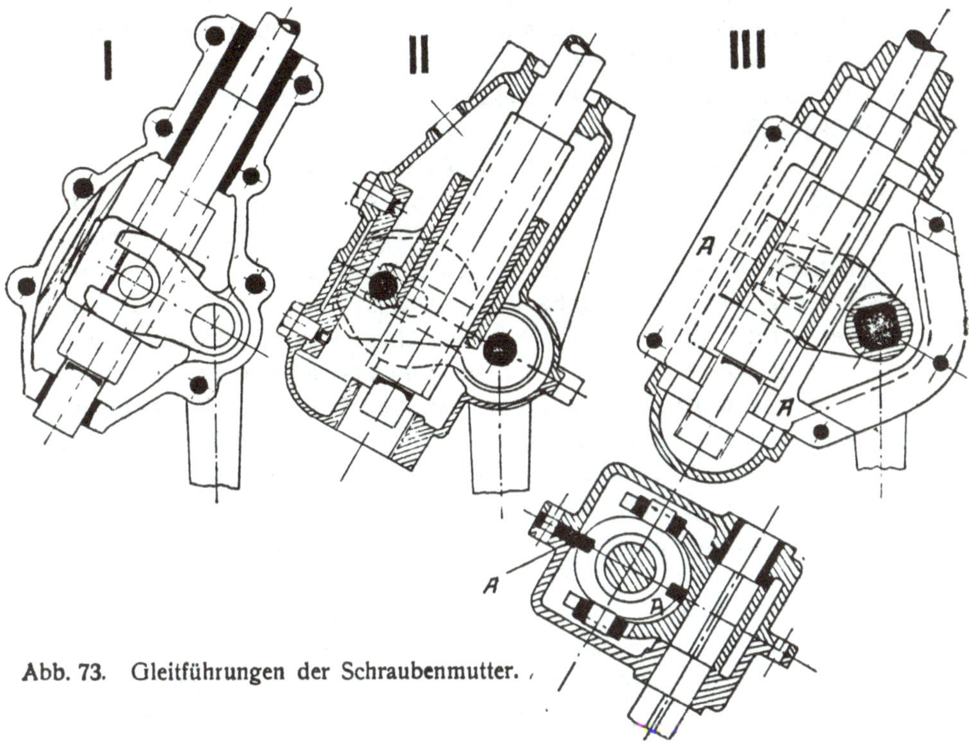


Abb. 73. Gleitführungen der Schraubenmutter.

Die weitaus meisten Schraubenlenkungen weisen neben der Schrauben- eine Hebelübersetzung auf. Das Prinzip ist aus Abb. 72 I zu ersehen. Die Schraubenspindel S ruft beim Drehen eine geradlinige Verschiebung der durch Gleitführungen am Drehen gehinderten Mutter M hervor. Letztere ist an ihren beiden Seiten mit Schlitzführungen versehen, welche die mit Zapfen versehenen rechteckigen Gleitsteine C aufnehmen. Die Zapfen sind in den Augen der mit dem Kurbelhebel mittels der Welle W unmittelbar verbundenen Gabel B gelagert. Die Hebel B und die Gleitsteine C liegen hier nebeneinander, was zur Erhöhung der Konstruktionsbreite beiträgt.

Die Figuren II u. III zeigen Steinführungen, welche mit den Hebeln in einer Ebene liegen, was aus Gründen von Raumersparnis vorzuziehen ist. Eine Nachstellung der Gleitführung, welche wohl möglich ist, ebenso wie der Zapfenlagerung, ist, soweit bekannt, noch nicht durchgeführt worden. Das hier mit der Zeit eintretende Spiel muß also durch Auswechselung des Steines behoben werden.

Vielfach, namentlich bei kleineren Wagen, verhindert ausschliesslich die Gleitführung die Verdrehung der Mutter, so daß für letztere eine Parallelführung erspart wird. Das bedingt dann eine breite Lagerung der Lenkkurbelwelle und genügende Festigkeit der Gabel B. Deren Hebelarm ist nicht leicht gering zu halten, wie dieses vielfach erwünscht und bei Schneckenlenkungen auch leicht zu erreichen ist, denn der äußere Durchmesser der Mutter legt diese Länge fest.

Besondere Führungen für die Mutter zeigen die Lenkungen auf Abb. 73. In Bauart I ist Gehäuse und Führungsleiste vergossen, in II ist letztere abnehmbar, also auch leicht auswechselbar. Erwähnung verdient bei letzterer Anordnung der mit Rücksicht auf die Art der Mutterführung benutzte exzentrische Angriff des Hebelzapfens auf die Mutter. Da der Zapfen eine Linienberührung mit den Gabelköpfen des Hebels aufweist, so kann vor solchen Experimenten nur gewarnt werden. Viel besser ist die eigenartige für Schwergefährte bestimmte Bauart III, bei welcher zwei, zwischen beide Gehäusehälften eingeschraubte Platten A die Führung der Mutter übernehmen. (Vgl. auch Abb. 76 VI.)

Das früher über die Material- und Herstellungsfrage der Schnecken sowie über deren Verbindung mit der Spindel Gesagte findet ohne weiteres auf Lenkungsschrauben Anwendung. Das Gewinde selbst kann in Rechteck- oder mehr oder weniger scharfen Trapezquerschnitt ausgeführt werden. Für Weißgußmuttern wird letzteres fast ausschließlich verwandt. Alle Teile der Gleitführungen müssen aus gehärtetem Stahl, oder wo dieses aus besonderen Gründen nicht zu erreichen ist, aus Spezialphosphorbronze hergestellt werden. Die Gabel B (Abb. 72 I) wird vielfach aus einem Stück mit der Lenkkurbelwelle und der Kurbel gemacht. Wo eine Verbindung dieser Teile nötig ist, so gilt hier auch das vorhin auf Schneckenradwelle und Kurbel bezogene im vollen Umfange.

Die Schraubenmutter wird meistens aus besonders harter Spezialphosphorbronze hergestellt. In neuerer Zeit wird dazu auch Weißmetall bezw. Weißgußbronze verwandt, indem man ein Stahlgehäuse (Abb. 74 und 75) mit einem solchen Futter versieht. Dabei wird beim Ausgießen des Muttergehäuses die ungehärtete

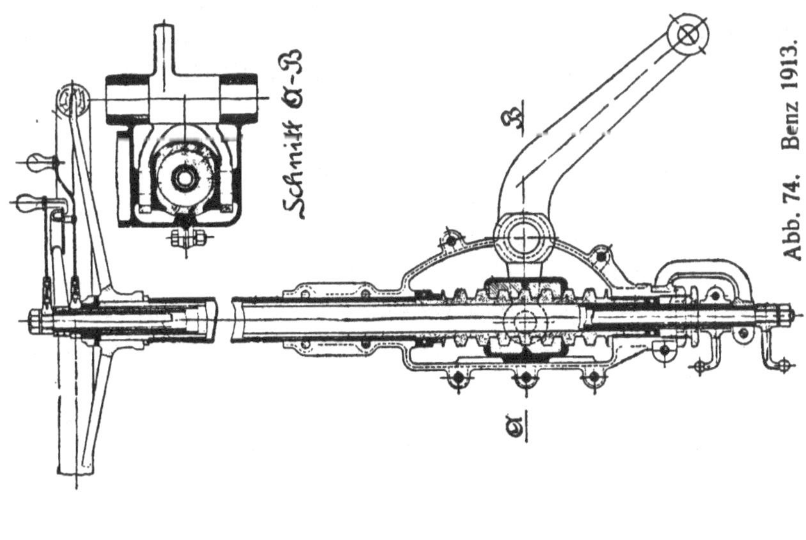


Abb. 74. Benz 1913.

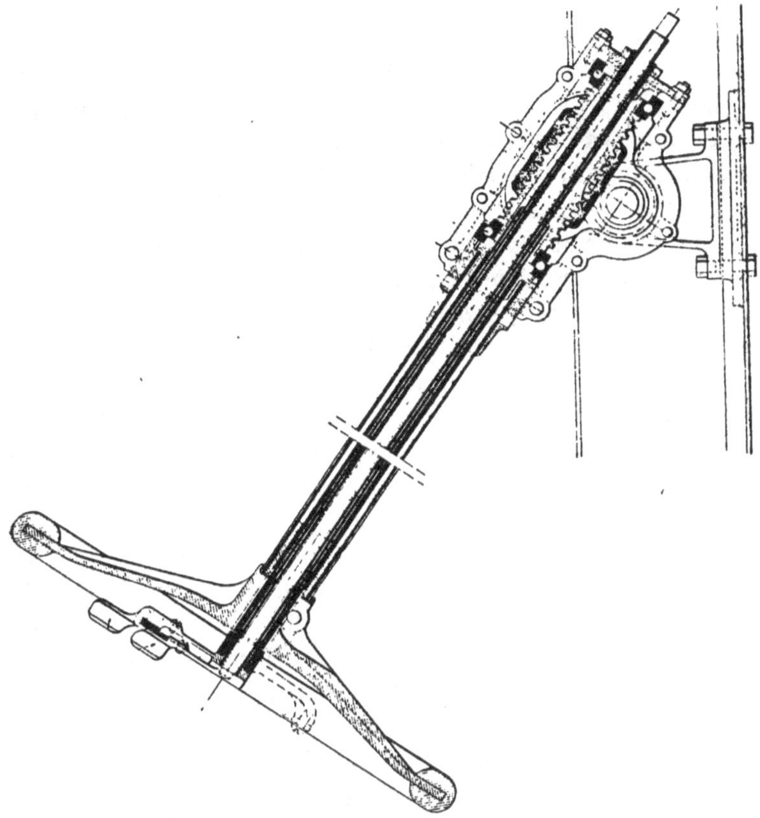

Abb. 75. Hispano-Suiza 1914.
Schraubenmuttern mit Weißmetallausguß.

Schraubenspindel als Kern eingelegt, wodurch eine weitere Bearbeitung des Muttergewindes überflüssig wird. Die Benz-Lenkung auf Abb. 74 ist weiter durch die Ausbildung der Parallelgleitführungen für die Mutter, sowie durch die Vereinigung der Gabel mit dem Kurbelhebel und dessen Welle zu einem Stück bemerkenswert. —

Weißgußmuttern bieten in jeder Hinsicht große Vorteile und ist es mit ziemlicher Bestimmtheit anzunehmen, daß sie binnen kurzem die Bronzemutter allgemein aus dem Feld schlagen werden. Die Möglichkeit, ungehärtete Schraubenspindeln zu verwenden, die leichte Herstellung, ebenso leichter Ersatz des abgenutzten Weißmetallfutters, absolute Übereinstimmung des Spindelgewindes mit dem Muttergewinde — sind Vorzüge, welche recht schwer in das Gewicht fallen. Demgegenüber steht ein Nachteil und zwar, daß man Weißgußmuttern nicht nachstellbar machen kann. Durch die Möglichkeit, die Weißgußmutter recht lang zu gestalten (Abb. 75), durch die absolute Genauigkeit des Gewindes (alle Gänge tragen), sowie infolge der geringeren Reibungszahl der verwendeten Materialien ist die Abnutzung und damit auch die Spielbildungsgefahr geringer. Es ist aber richtiger, möglichst geringe Abnutzung vorzusehen, als eine raschere Abnutzung durch Nachstellung zu beheben. Berücksichtigt man das früher über die Nachstellung der Mutter und deren ungünstigen Einfluß auf die Abnutzung Gesagte, so erscheint die Schonung der Stahlschraube durch Weißgußmuttern sehr erwünscht, und der Wert der Nachstellbarkeit recht fraglich. Bedenkt man weiter, daß die im Folgenden eingehend zu behandelnde Spielnachstellung der Schraubenmutter ein Auseinandernehmen der Lenkung erforderlich macht und daß unter solchen Umständen auch ein Neuausgießen der Mutter nur wenig mehr Zeit beansprucht, so kann man die, durch den Fortfall der immerhin komplizierten Nachstellung herbeigeführte Vereinfachung nur willkommen heißen. Es sei hier erwähnt, daß verschiedene, sogar recht weiche Weißmetalle die Eigenschaft besitzen, gewisse Stahlsorten nicht unbedenklich anzugreifen, und daß daher der Wahl der richtigen Materialien für Schraube und Mutter ein gewissenhaftes Ausprobieren vorangehen muß.

Einige weitere Beispiele ausgeführter und bewährter Schraubenlenkungen sind auf Abb. 76 dargestellt. Bauart V und VII weisen nachstellbare Schraubenmuttern auf. Für die Nachstellbarkeit gibt es zwei Möglichkeiten. Man kann zwei getrennte Muttern derart miteinander verbinden, daß man durch Änderung deren Entfernung von einander einen Ausgleich des eingetretenen Spieles herbeiführt. Die Ausführung einer solchen Anordnung ist auf Abb. 76 V zu sehen;

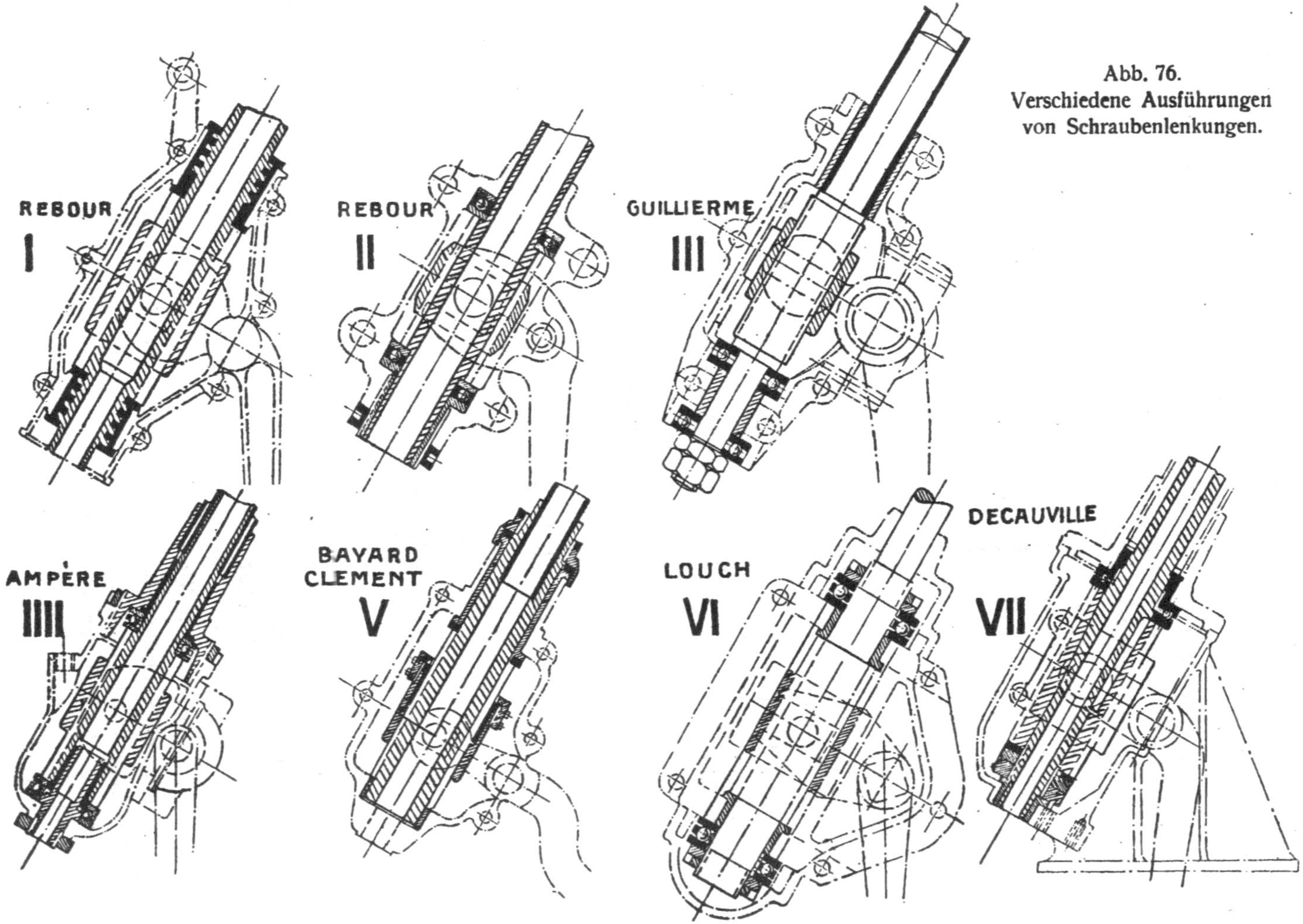


Abb. 76.
Verschiedene Ausführungen
von Schraubenlenkungen.

hier ist eine Mutter in einer Verlängerung der anderen verschiebbar, jedoch gegen Drehung gesichert untergebracht, wobei deren Entfernung voneinander mittels einer Überwurfmutter reguliert wird. Dadurch wird die Tragfläche der Mutter auf die Hälfte der wirklich vorhandenen Gänge reduziert, da jede der beiden Muttern nur nach einer Richtung einen Flächenschluß aufweist (trägt).

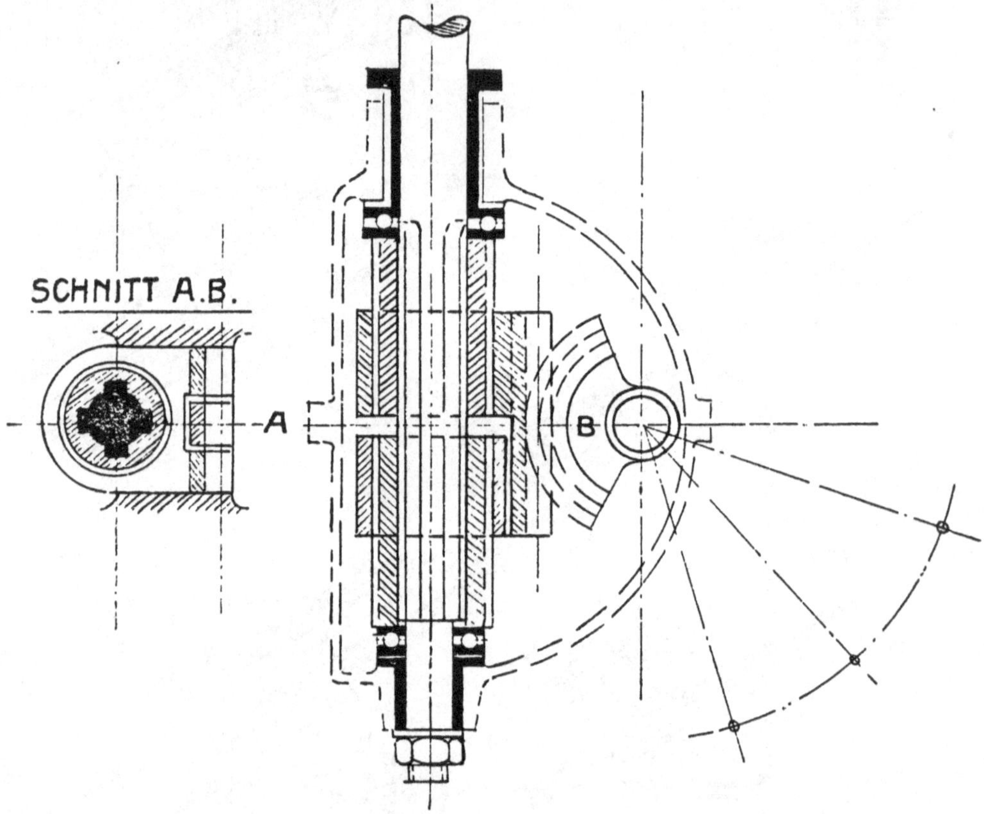


Abb. 77. Von außen nachstellbare Schraubenlenkung.

Die zweite Methode ist nur bei Verwendung von Trapez- bezw. Dreieckgewinden denkbar und besteht darin, daß man die längsgeschlitzte Mutter mehr oder weniger zusammenpreßt. Letzteres kann entweder durch Klemmschrauben (Abb. 71, Abb. 76 VII) oder durch einen konischen Ring geschehen, indem man die geschlitzte Mutter außen konisch gestaltet und durch Achsialverschiebung eines ebenfalls konisch ausgedrehten übergestreiften Ringes zusammenpreßt. Eine solche Anordnung ist, als sehr kompliziert und kinematisch falsch, weniger zu empfehlen.

Einen Versuch, durch von außen zugängliche Gewindebüchse das Spiel der Schraube und zugleich dasjenige der Zahnstangenverzahnung nachzustellen, veranschaulicht Abb. 77. Die Schraubenspindel ist hier in zwei Teile zerlegt, deren jeder auf je eine Mutter wirkt. Beide Muttern bilden zusammen eine in Längsrichtung in drei Teile zerlegte Zahnstange, deren mittlerer Teil mit der einen und die zwei Außenteile mit der anderen Mutter verbunden sind. Durch die oben in das Gehäuse eingeschraubte Lagerbüchse läßt sich die Entfernung der beiden Schraubenteile einander soweit nähern, bis das in den beiden Muttern und in der Zahnstangenverzahnung vorhandene Spiel verschwunden ist. Abgesehen von der Linienberührung der Zahnstange und der daraus folgenden ebenso raschen Abnutzung, wie dieses bei einer Schnecke der Fall ist, dürfte ein absolut spielfreies Einpassen der beiden Schraubenteile auf der Keilwelle große Schwierigkeiten bereiten. Auch das durch eine etwa zu stramme Nachstellung hervorgerufene, unter Umständen recht beträchtliche Kippmoment der beiden Muttern, läßt die Konstruktion bedenklich erscheinen. Ob und inwiefern die bequeme Nachstellungsmöglichkeit diese Mängel erkauft, mag dahingestellt bleiben.

Eine besondere Abart der Schraubenlenkung bilden diejenigen Bauarten, bei welchen die Mutter gedreht und die Schraube achsial bewegt wird. Die Abb. 78 zeigt eine solche Anordnung, welche den Vorteil einer geringen Raumbeanspruchung besitzt, indem sich das Gehäuse einem langen Rotationskörper von verhältnismäßig geringem Durchmesser stark nähert. Die Gabel B (Abb. 72) ist hier durch einen zentrisch angeordneten Hebel ersetzt.

Daß man eine ebenso schlanke Bauart auch ohne Zuhülfenahme der drehbaren Mutter erreichen kann, beweist die gut durchgebaute Adler-Lenkung (Abb. 79). Bemerkenswert ist hier die in die Verlängerung der Mutter verlegte gedrängt ausgebildete Gleitführung mit sehr großen Berührungsflächen, weiter die symmetrische Anordnung des Kurbelhebels und der Gleitgabel (aus einem Stück und mit durchgesteckter Drehachse), weiter die von außen angeschraubte Parallelführung der Mutter und die fehlende Radiallagerung der Spindel, indem letztere nur in der Mutter radial geführt wird. Um desto kräftiger sind die Stützkugellager (beide oben) ausgebildet.

Auch unter den Schraubenlenkungen fehlt es nicht an baulichen Absonderlichkeiten. Dem Bestreben, die Nachstellbarkeit des gesamten Spieles nach außen zu verlegen und gut zugänglich zu machen, ist die auf der Abb. 80 gezeigte Doppelschraubenlenkung

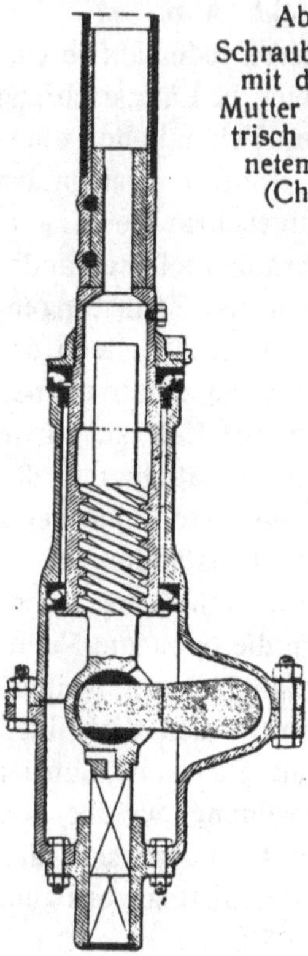

**Abb. 78.** Schraubenlenkung mit drehbarer Mutter und zentrisch angeordnetem Hebel (Charron)

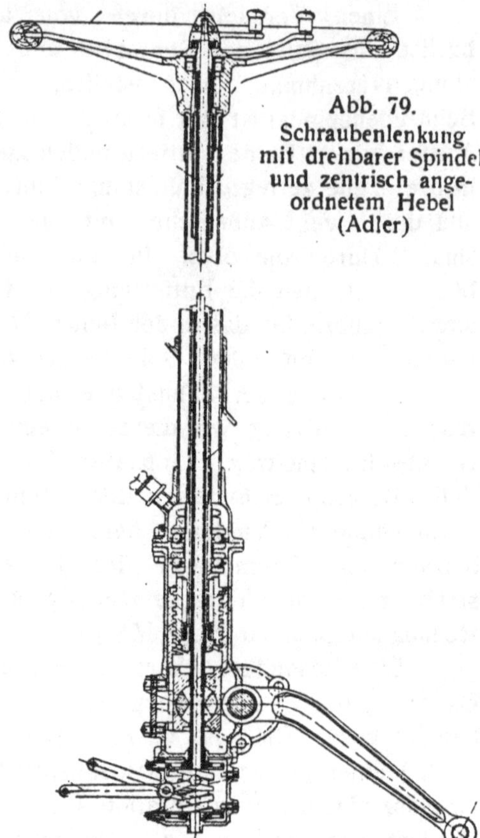

**Abb. 79.** Schraubenlenkung mit drehbarer Spindel und zentrisch angeordnetem Hebel (Adler)

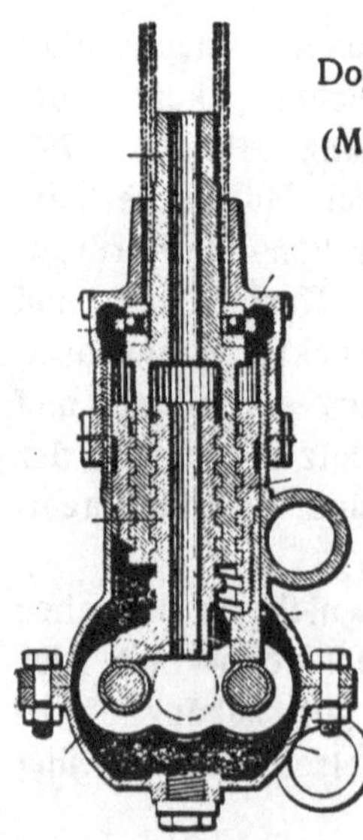

**Abb. 80.** Doppelschraubenlenkung (Malicet & Blin)

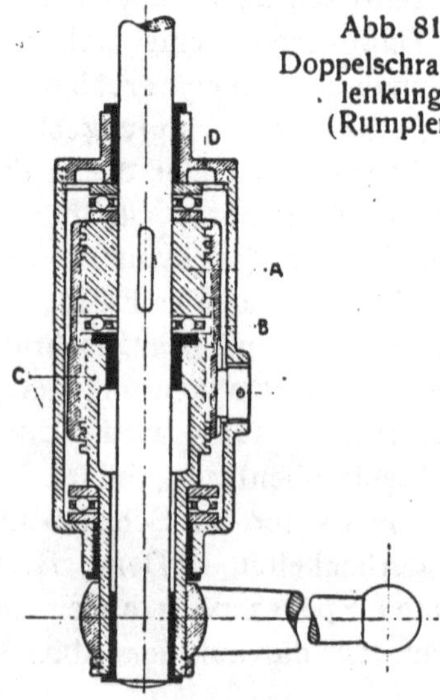


**Abb. 81.** Doppelschraubenlenkung (Rumpler)

entsprungen. Zwei Schrauben, wovon eine rechts, die andere linksgängig, von genau gleicher Steigung sind ineinander geschachtelt. Das von Hand angetriebene Mittelstück ist als Schraube außen und als Mutter innen ausgebildet. Die Lenkkurbelwelle ist in die Ebene der Schraubenlängsachse verlegt und besteht aus zwei mit Balanzieren versehenen Zapfen. Diese gleicharmigen Balanziere sind mit zwei von harten Stahlrohren umgebenen Bolzen verbunden und dienen zugleich als Parallelführung für die äußere Mutter und für die innere Schraube, deren je ein vorstehendes Ende auf je eine von den beiden Rollen aufliegt. Durch das Anpressen des ganzen Systems mittels einer das Stützlager aufnehmenden Überwurfmutter gegen die beiden

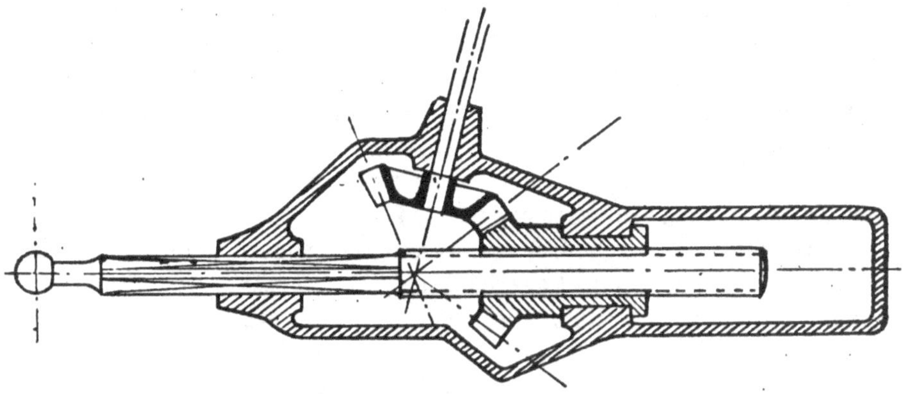

Abb. 82. Schrauben- und Kegelradlenkung von Rénault.

Balanzierrollen wird jedes etwa entstandene Spiel behoben. Laut Katalog der Firma kostet diese Lenkung etwa das Doppelte einer Schneckenlenkung.

Gänzlich abweichend von dem bisher Beschriebenen ist die von Rumpler vorgeschlagene Schraubenlenkung Abb. 81. Durch den Antrieb der Schraube A wird die am Drehen verhinderte Mutter B achsial verschoben. In ihrem unteren Teil ist die Mutter B mit einem steil aufsteigenden Gewinde versehen, durch welches sie in ihrer Auf- und Abwärtsbewegung die mit der Lenkkurbel verbundene Schraube C in Drehung versetzt. Infolge ihrer ausschließlich rechtwinkligen Anordnung kann diese Lenkung nur für vertikal eingebaute Steuersäulen verwandt werden.

Einen anderen Versuch, die Achsialbewegung der Schraubenspindel ohne Dazwischenschaltung von Hebelübersetzung zum Antrieb der Schubstange zu benutzen, stellt die alte Rénault-Lenkung dar (Abb. 82). Der Einbau dieses Antriebes in moderne Wagen würde große Schwierigkeiten verursachen und ließe sich mit der erwünschten Lage der Schubstange und der Lenksäule kaum in Einklang bringen.

Jede normale Schnecken- oder Schraubenlenkung weist zwei im rechten Winkel zueinander verlaufende Wellen. Die Antriebswelle, im folgenden als **„Spindelwelle“** bezeichnet, und die **Sektor-** bezw. **Lenkkurbelwelle.** Infolge der hohen Uebersetzung werden in der Spindellagerung recht hohe Achsial- und nur unbedeutende Radiallagerdrucke auftreten, während die Lagerung der Lenkkurbelwelle beträchtliche Radial- bei unbedeutender Achsialbelastung erfährt. Bei Schraubenlenkungen kann letztere nur ausnahmsweise und vorübergehend auftreten (z. B. wenn die Gleitgabel als Parallelführung für die Mutter dient). Da das geringste Spiel in den Lagern auch die Spielfreiheit des ganzen Antriebes beeinträchtigt, so ist der Lagerung der Wellen im Lenkgehäuse die größte Sorgfalt zu widmen.

Die Radiallagerung der Spindelwelle wird daher durch recht lange Büchsen aus bester Phosphorbronze übernommen, welche fest und spielfrei im Gehäuse sitzen müssen. Eine Nachstellung dieser Lagerbüchsen ist bisher nicht bekannt, da man stets in der Lage ist, durch reichliche Abmessungen den Flächendruck möglichst gering zu halten. Tritt nach längerem Gebrauch Spiel ein, so werden die Büchsen gegen neue ausgewechselt.

Zur Aufnahme der Achsialdrucke werden meistens nachstellbare Stützkugellager vorgesehen. Seltener ist die Aufnahme des Druckes durch nachstellbare gehärtete Stahlscheiben (Abb. 76 V), oder Kugeln (Abb. 68 unten), vereinzelt durch als Kammlager ausgebildete Lagerbüchsen (Abb. 76 I). In einzelnen Fällen werden auch konische Kugellager verwendet, welche die Radial- und Achsiallagerung zugleich übernehmen und ebenfalls nachstellbar sein müssen (Abb. 75 und 78).

Da das untere Ende vielfach schwer zugänglich ist, so wird in solchen Fällen im oberen Teile des Gehäuses liegende, von außen leicht zu erreichende Nachstellung der Stützlager angestrebt. (Abb. 65, 75, 76 IV u. V, 77, 78, 80). In den meisten Fällen begnügt man sich jedoch mit einer am unteren Ende vorgesehenen Nachstellung (Abb. 64, 66, 68, 71, 74, 76 II u. III). Vereinzelt findet man auch Nachstellbarkeit nach beiden Richtungen vorgesehen. Bezweckt wird dadurch, die durch einseitige Nachstellung herbeigeführten Symmetriestörungen der Ausschläge des

Handrades zu vermeiden. Ob diese geringen Differenzen die durch verdoppelte Nachstellung herbeigeführte Komplikation und Preiserhöhung (Abb. 76 VI) berechtigen, erscheint fraglich. Es sei schließlich auch die Ausführung erwähnt, bei welcher beide Stützlager, aus konstruktiven Gründen, nach einer Seite (entweder beide nach oben,

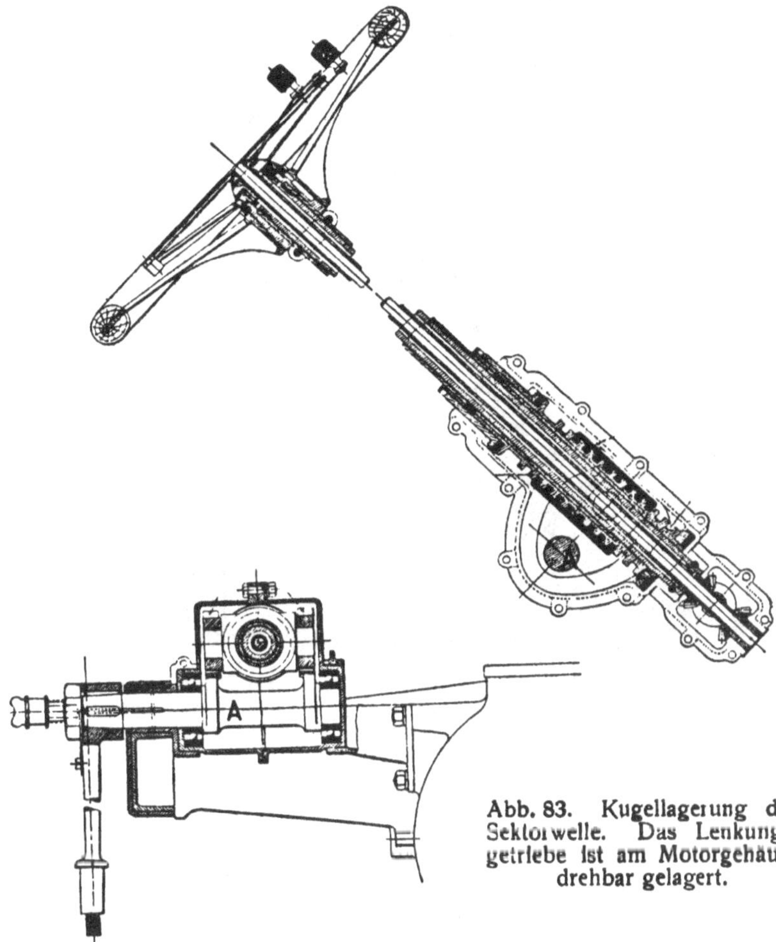


Abb. 83. Kugellagerung der Sektorwelle. Das Lenkungsgetriebe ist am Motorgehäuse drehbar gelagert.

oder beide nach unten) verlegt worden sind. (Abb. 76 III, 79.) Die Schmierung der Spindellager erfolgt zumeist durch das im Gehäuse vorhandene konsistente Fett. Nicht selten ist für das obere Traglager eine besondere Staufferbüchse vorgesehen (Abb. 66).

Die in der L e n k k u r b e l w e l l e auftretenden Achsialkräfte sind recht gering oder gleich 0, und eine Stützlagerung derselben ist daher überflüssig. Der recht hohe R a d i a l l a g e r d r u c k wird durch gehärtete Stahl- oder Phosphorbronzebüchsen aufgenommen. Eine Nachstellbarkeit zylindrischer Traglagerbüchsen ist wohl denkbar, würde aber zu unübersichtlichen, komplizierten Konstruktionen führen. Daher wird im allgemeinen Abstand davon genommen und durch reichliche Bemessung der Lager Sorge für geringen Flächendruck getragen. Es wäre zu erwägen, ob eine nachstellbare konische Lagerung hier nicht am Platze wäre. Sie ist leicht ausführbar und beansprucht wenig Raum. Auf den Abb. 62, 65, 71, 74 sind gut aus-

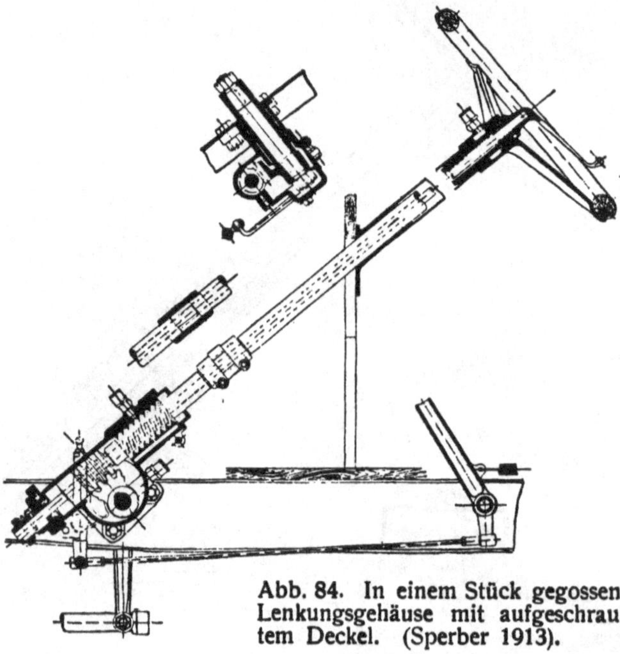

Abb. 84. In einem Stück gegossenes Lenkungsgehäuse mit aufgeschraubtem Deckel. (Sperber 1913).

gebildete einfache Lagerbüchsen in symmetrischer Anordnung verwandt. Wird dabei für gute Schmierung (Abb. 65 u. 71) durch besondere Schmiergefäße gesorgt, so ist eine frühzeitige Abnutzung nicht zu erwarten. In neueren Konstruktionen finden hier vereinzelt auch Radialkugellager Anwendung, wie dieses bei der „Abadal"-Lenkung (Abb. 83) der Fall ist, wo die Lenkkurbelwelle in einem Gleit- und zwei Kugellagern geführt wird. — Weniger zu empfehlen ist die nur bei Schneckenlenkungen denkbare Verwendung einer langen Lagerbüchse (Abb. 66 u. 68), welche die, infolge der überhängenden Lage der Kurbel sowieso ungünstige Lagerbeanspruchung noch ungünstiger gestaltet. Jedoch dürften auch in diesem Falle bei genügenden Abmessungen und ausreichender Schmierung ganz gute Erfolge nicht ausgeschlossen sein.

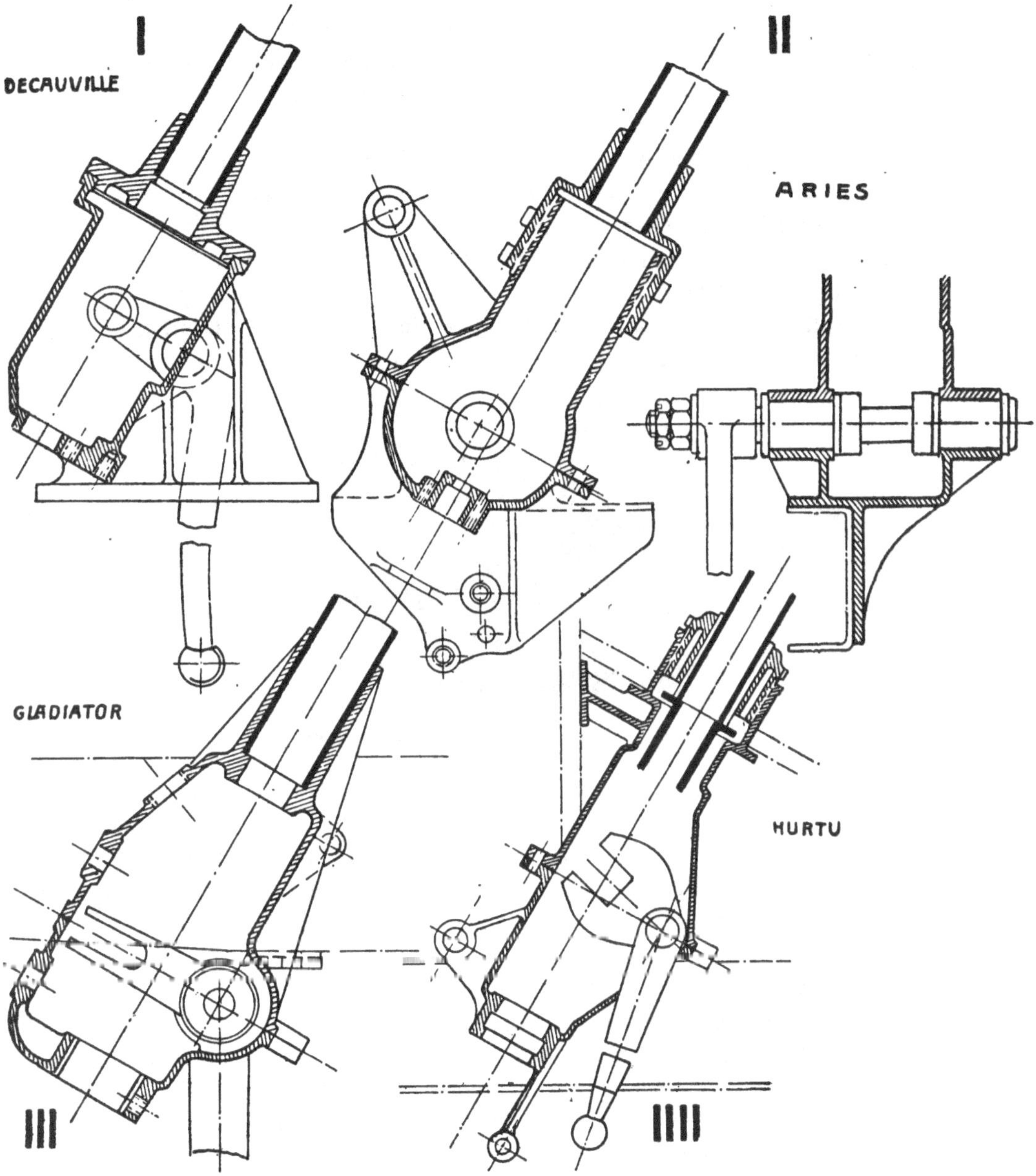


Abb. 85. Gehäuse mit radialen Teilfugen.

Das Lenkungsgehäuse wird durchweg aus Stahlguß, seltener Temperstahlguß, Temperguß, vereinzelt auch aus Bronze meist zweiteilig geformt. Die Teilungsfuge wird entweder in die Ebene der Spindelwellenmitte senkrecht zur Lenkkurbelwelle, oder in diejenige der Lenkkurbelwellenmitte senkrecht zur Spindelwelle gelegt. Aus gießereitechnischen Gründen, sowie aus Rücksicht auf leichtere Montage bietet erstere Methode (Längsfuge) manchen Vorteil; für die Wahl der Teilungsebene werden hauptsächlich jedoch konstruktive Verhältnisse ausschlaggebend sein. Vereinzelt findet man auch Gehäuse aus einem Stück mit angeschraubten Deckeln, z. B. Abb. 79 und 84.

Soll die Lenksäule einen bestimmten unveränderlichen Neigungswinkel erhalten, so wird der Befestigungsflansch

Abb. 86. Befestigung der „Alda"-Lenkung.

an eine der Gehäusehälften angegossen. Da jede Nachgiebigkeit der Lenksäule ein Spiel in die Lenkung bringt, so muß auf recht feste und zuverlässige Verbindung von Gehäuse und Wagenrahmen Wert gelegt werden. Außer den auf früheren Abbildungen sichtbaren sind einige Befestigungsarten mit angegossenen Flanschen auf Abb. 85 gezeigt.

In neuerer Zeit wird vielfach ein veränderlicher Neigungswinkel der Lenksäule gewünscht und ausgeführt. Zu diesem Zweck wird das Lenkgehäuse am Rahmen drehbar gelagert, vielfach wird auch das Motorgehäuse zur Lagerung mitbenutzt. Abb. 83 zeigt eine solche Bauart, bei welcher das Lenkgehäuse mit zwei Zapfen von großem Durchmesser in einem besonders am Rahmen befestigten und in einem am Motorgehäuse angeschraubten Bock in beliebiger Lage geklemmt werden kann. Ähnlich ist auch die Bauart der Hispano-Suiza auf Abb. 75 beschaffen. Auch die auf Abb. 71 dargestellte Lorraine-Dietrich-Lenkung ist mit einer Winkeleinstellung

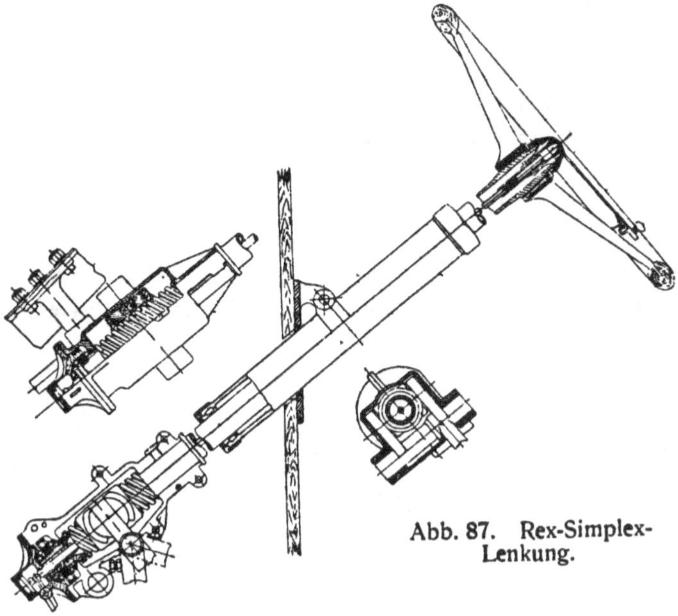

Abb. 87. Rex-Simplex-Lenkung.

Lagerung von Lenkgetrieben mit veränderlichem beliebig einstellbarem Neigungswinkel der Lenksäule zum Rahmen.

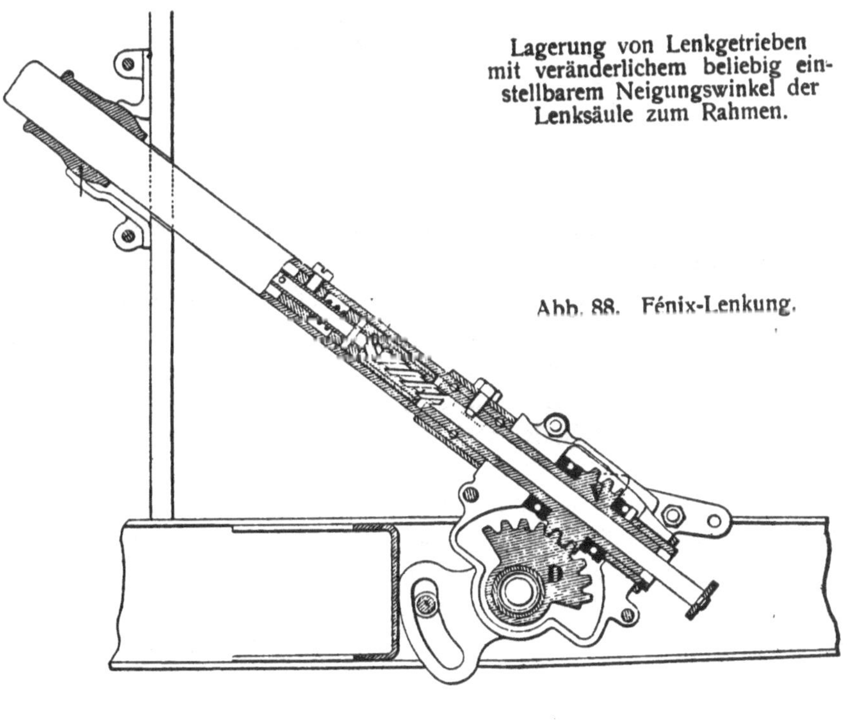

Abb. 88. Fénix-Lenkung.

versehen, indem ein Punkt am Motorarm drehbar befestigt, der andere vermittels Schlitz am Rahmen feststellbar vorgesehen ist. Ähnlich der Hispano-Suizza ist auch die L.U.C.-Reissig-Lenkung (Abb. 68) in einem besonderen am Rahmen festsitzenden Bock durch Klemmung in beliebiger Lage befestigt. Rex-Simplex versieht das Lenkgehäuse mit einem Auge, welches auf einem am Rahmen befestigten Zapfen festgezogen wird. Weitere Lösungen dieser Aufgabe sind auf Abb. 87 und 88 dargestellt.

Das die Lenksäule bildende Rohr kann entweder feststehend, also nicht drehbar angeordnet sein, indem es im Lenkgehäuse

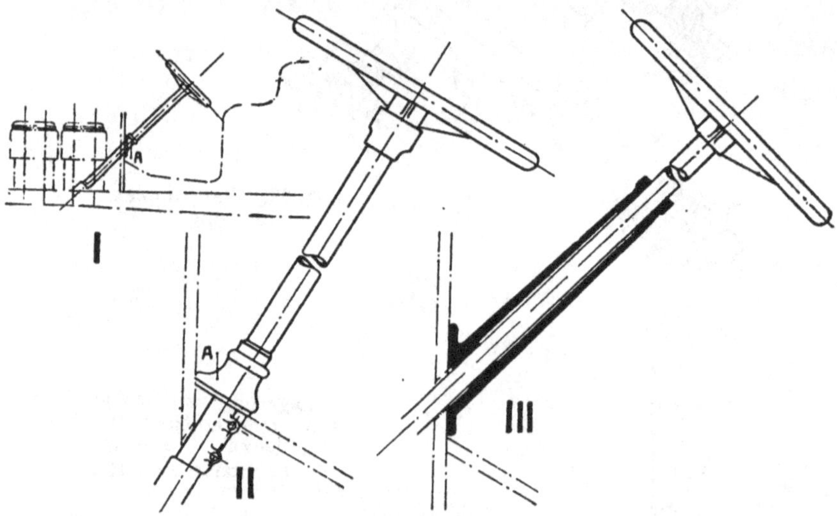


Abb. 89.

festgeklemmt wird, oder bildet die drehbare Handradwelle unmittelbar die Lenksäule.

Bei den recht langen Lenksäulen in modernen Kraftwagen ist zur Vermeidung von Vibrationen eine sichere Lagerung am Spritzbrett unumgänglich. Auf Abb. 89 I und II und Abb. 79 und 84 ist das am Spritzbrett bzw. am oberen Fußbodenbrett befestigte Lager A durch das äußere Rohr bis in die Nähe des Handrades verlängert, wo die Handradwelle nochmals gelagert wird. Da jedoch das Verkleidungsrohr auch nicht viel kräftiger ist als die Handradwelle selbst, so ist in neuerer Zeit zu recht kräftigen und langen Gußlagern gegriffen worden, welche mit recht großen Flanschen am Spritzbrett befestigt werden, wie dieses auf Figur III gezeigt ist. In solchen Fällen wird das Verkleidungsrohr überflüssig und kann natürlich fortfallen.

In den letzten Jahren findet das gegossene Aluminium-Spritzbrett eine immer größere Verbreitung und wird zweifelsohne infolge seiner konstruktiven und unverfälscht maschinentechnischen Eigenschaften, das dem maschinenmäßigen Charakter des Kraftwagenuntergestells nur recht wenig angepasste Holzbrett ersetzen. Daß so ein richtig durchgebautes Spritzbrett eine unvergleichlich bessere Lagerung der Lenksäule gestattet, ist selbstverständlich. Der auf Abb. 68 erwähnte L.U.C.-Reissig-Wagen ist unter anderem mit einem Metall-Spritzbrett ausgestattet und die Abbildung läßt deutlich die auch zur Lagerung der Motorregulierung benutzte Lenksäulenführung erkennen. Der schweizer Picard & Pictet-Wagen (Abb. 90) hat ein langes und kräftiges Lager mit einer

Abb. 90. Lagerung der Lenksäule von Picard & Pictet, 1914.

auffallend großen Flanschplatte am Metallspritzbrett angeschraubt. Ebenso verfährt Fiat (Abb. 91 I), während eine andere italienische Firma, die „Aquila Italiana“, das Säulenlager mit dem Spritzbrett vergießt (Abb. 91 II).

Soll ein veränderlicher Neigungswinkel vorgesehen werden, so muß auch das Lenksäulenlager entsprechend ausgebildet werden, indem es eine Vertikalverschiebung und eine Winkeländerung zulassen muß. Zu diesem Zweck kann das achsial auf der Lenksäule verschiebbare Lager in einem horizontalem Gelenk an einer am Spritzbrett vertikal verschiebbaren Flanschplatte aufgehängt werden (Abb. 86). Es kann weiter eine Kugelführung für das Lager vorgesehen werden, welche am Spritzbrett in Schlitzen verschiebbar angeschraubt wird, (Abb. 92 und 95). Eine recht eigenartige Lösung dieser Aufgabe hat die Firma Sizaire-Berwick herbeigeführt. (Abb. 94 I und II.) Das Spritzbrett besteht hier aus einem ge-

Abb. 91. Lagerung der Lenksäule.
I. Fiat. II. Aquila Italiana. III. Hispano Suiza.

gossenen Aluminiumrahmen, welcher in seinem unteren Teile auf beiden Seiten nach dem Kühler zu ausgebaut ist. Die dadurch entstandenen Seitenwände tragen vermittels Flanschlager ein starkes Querrohr, welches zur Befestigung des in Gestalt eines Säulenlagers nach oben zu verlängerten Gehäuses dient. Das untere Ende der Lenkung wird mittels eines Bolzens mit einem am Rahmen festsitzendem Bock drehbar verbunden (Abb. 94 II). Die das Rohr tragenden Flanschlager können auf den großen Arbeitsleisten der Seitenwände beliebig gestellt, verbohrt und mit Schraubenbolzen befestigt werden.

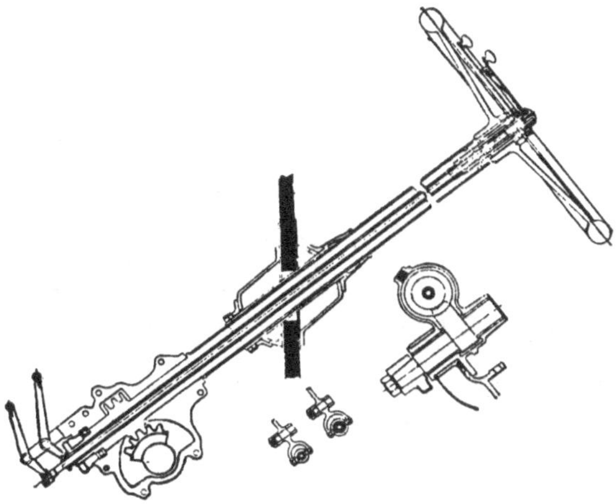

Abb. 92. Lagerung der Lenksäule von Mors.

Ein naheliegender Gedanke wäre, die Befestigungsstelle des Säulenlagers als Kreiszylinderabschnitt mit der Mittelachse in der Drehachse des Lenkgehäuses auszubilden, um dadurch die Winkeländerung zwischen dem Säulenlager und seinem Flansch zu vermeiden (Abb. 93).

Das Handrad ist mit Holz bekleidet und wird bei Schwergefährten aus Stahlguß, sonst aus Rotguß oder Aluminium hergestellt. Im ersteren Falle erhält es gegen Verrostung einen Lackanstrich (besser: im Ofen emailliert). Auch die Aluminium- und Rotgußräder werden oft schwarz emailliert, sonst poliert. Bei Verwendung von Stahlguß oder Bronze erhalten die Speichen einen Ellipsenquerschnitt, während für Aluminium ein verrippter T-Querschnitt geeigneter erscheint, wobei die Ecken zur Erleichterung des Polierens stark abgerundet werden. Amerikanische Gefährte weisen vielfach Speichensysteme aus 2,5 mm starkem, gedrücktem Stahlblech auf. Die Zwischenteile zwischen den Speichen werden nach dem Drücken ausgestanzt. Solche Räder haben bei sehr geringem Gewicht große Widerstandsfähigkeit. Durch Anlassen oder Emaillieren kann ihnen ein geschmackvolles Aussehen gegeben werden.

Der Radkranz muß einen der bequemen Handhabung angemessenen Querschnitt haben. Es ist meistenteils eine Ellipse mit Achsen von 35—42 und 28—32 mm. — Er ist dem Luftzuge meist ständig ausgesetzt und muß daher mit einem wärmeisolierendem

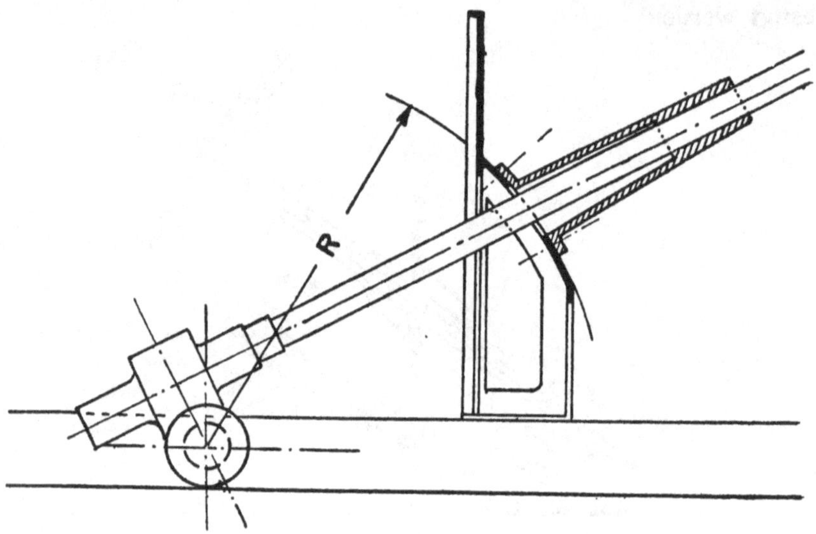


Abb. 93.

Ueberzuge, wie Holz, Hartgummi, Celluloid bekleidet werden. In letzterer Zeit werden vielfach hohle Kränze aus einem celluloidähnlichem Material, vielfach unter Anwendung von Spezialmethoden, auf das Speichenkreuz ohne Metallkranz unmittelbar gepreßt. Abb. 96 zeigt verschiedene Verbindungsarten des Holzkranzes mit dem Radstern. In I ist der Kranz hohl gegossen und mit irgend einem Stoff umpreßt; II und III sind die gebräuchlichsten Holzkränze, welche in zwei Hälften den Metallring von allen Seiten umgeben; in IV bis VI ist der Holzring aus einem Stück hergestellt. Selten wird das Holz aus einem Stabe unter Einwirkung von Dampf zu einem Ring zusammengebogen; dazu gehören besondere Holzarten, die das Handrad sehr verteuern. Gewöhnlich wird der Kranz aus vielen Segmenten unter Wechsel der Faserrichtung verleimt und dann abgedreht.

Abb. 94. Lagerung der Lenksäule von Sizaire & Berwick.

Die Befestigung des Handrades auf der meist hohlen Handradwelle muß dauerhaft und spielfrei sein. Ist die Welle ziemlich dünnwandig, so wird die Anwendung einer guten Keilverbindung erschwert. In solchen Fällen kann die Welle an ihrem oberen Ende mit einem hart eingelöteten Zapfen versehen werden, welcher als Verbindungskonus mit Nutenkeil ausgebildet wird und zur Aufnahme des Handrades dient (Abb. 65, 66, 71, 79, 83). Vielfach wird auch der Konus unmittelbar auf der Welle angedreht. Seltener findet man

Abb. 95. Lagerung der Lenksäule von F-N.

auch aufgeklemmte Handräder. Auf der Abb. 75 ist die geschlitzte und mit Gewinde versehene Handradnabe auf die Rohrwelle aufgeschraubt und durch einen Tangentialbolzen geklemmt und gegen Verdrehung gesichert. Zu empfehlen ist diese Anordnung keinesfalls, da die Sicherung gegen Verdrehen fraglich erscheint. Viel besser ist die auf Abb. 97 veranschaulichte Flanschverbindung. Das Flanschstück ist mit dem Rohr vernietet und hart verlötet; die Schrauben sind durch eingelassene Ringe entlastet.

Zum Schluß sei hier noch die fast ausnahmslos mit der Lenkung konstruktiv verbundene Motorregulierung erwähnt. In neuerer Zeit, infolge der ziemlich allgemein eingeführten selbsttätigen Zündzeitpunkteinstellung ist die unbedingt erforderliche Anzahl der

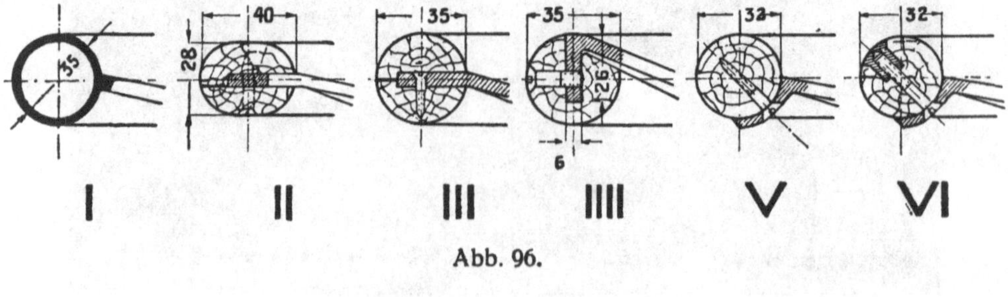


Abb. 96.

auf dem Handrade befindlichen Hebel bis auf ein Stück gesunken, was die früher üblichen recht komplizierten Konstruktionen erheblich vereinfacht. Man findet aber auch jetzt noch oft bei teueren Wagen neben der selbttätigen auch eine Handregulierung für den Zündzeitpunkt vor. Der Reguliermechanismus ist in den meisten Fällen mit dem Handrade zusammen drehbar, was eine durch Gewinde vermittelte Umwandlung der Drehbewegung der Hebel in eine achsialgerichtete gradlinige Bewegung der Regulierspindeln bedingt (Abb. 66, 68, 71). Will man die Drehbewegung der Handregulierhebel unmittelbar als solche zum Antrieb des weiteren Reguliergestänges benutzen,

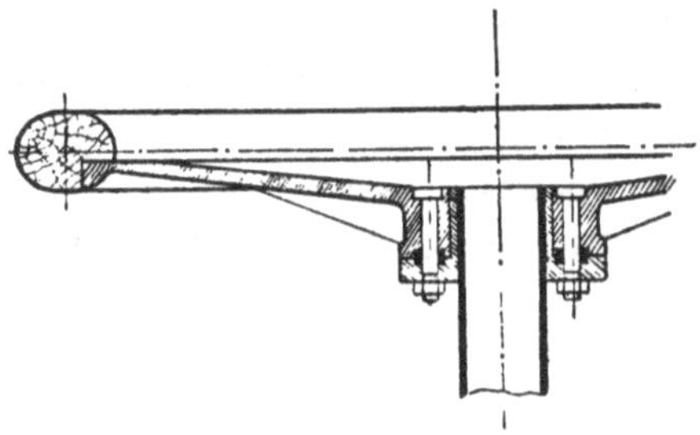

Abb. 97.

so darf naturgemäß der in der Handradwelle untergebrachte Reguliermechanismus der Drehbewegung des Handrades nicht folgen und muß von ihm unabhängig sein. (Abb. 74, 75). Es ist selbstverständlich, daß ein Schraubenantrieb auch unabhängig von der Drehbewegung der Lenkung ausgeführt werden kann, wie dieses auf Abb. 65 und 79 der Fall ist. Die Abadal-Lenkung weist zum Antriebe der Regulierung sogar kleine Kegelradgetriebe auf (Abb. 83), während in anderen Fällen auch Excenter zur Uebertragung der Bewegung auf das Reguliergestänge angewandt werden. Versuche „Bowden"-Seilantriebe für Regulierungszwecke zu verwenden, wurden früher vielfach gemacht, haben jedoch, infolge der großen Empfindlichkeit und Unmöglichkeit, einen solchen Antrieb dauernd spielfrei und zuverlässig zu gestalten, zu keinem positiven Resultat geführt.

## 4. Festigkeitsbedingungen der Lenkungsteile.

Vielfach wird mit Hinweis auf die unbekannten Stoßwirkungen, welchen die Lenkungsteile ausgesetzt sind, von jeglicher Festigkeitsrechnung abgesehen. Ist eine theoretisch genaue Feststellung der im Lenkgestänge auftretenden Kräfte, infolge der unbekannten Faktoren, welche die maximale Stoßwirkung bestimmen, unmöglich, so läßt sich doch auf rechnerischem Wege ein gewisser Anhaltspunkt für die Größe dieser Kräfte erhalten.

Die hier angedeutete Methode ist jedoch nur unter der Voraussetzung denkbar, daß die Lenkung in keinem ihrer Teile vollkommen selbstsperrend wirkt, da in solchem Falle der hier zum Ausgangspunkt der Berechnung gewählte, sich den Stoßwirkungen entgegensetzende Widerstand, auch die praktisch nicht anwendbare Größe:

$$P = \infty$$

annehmen würde. — Eine weitere Annahme ist für die Berechnung dadurch gemacht worden, daß das ganze Gestänge als vollkommen starr (also keine federnden Stoßfänger) angesehen wurde. Diese Annahme ist für das Endresultat insofern ungünstig, als daß sie größere Werte der wirkenden Kräfte bedingt, als die wirklich vorhandenen. Anderseits findet auch das Beharrungsvermögen der Gestängeteile bei der Berechnung keine Berücksichtigung, indem diese Teile als nicht materiell angesehen werden, so daß hier ein gewisser Ausgleich stattfindet.

Die Annahmen erscheinen für die hier angestrebte annähernde Bestimmung der die einzelnen Teile belastenden Maximalkräfte auch deshalb zulässig, weil der auf die allgemein vorhandene Gummi- bzw. Luftbereifung erfolgende Stoß ein elastischer ist und daß man daher berechtigt ist, nur den zum Ueberwinden der Widerstände verwendeten Teil der Stoßarbeit in Betracht zu ziehen.

Die dynamische Wirkung des Stoßes wird mittels des Lenkgestänges auf das Handrat übertragen und würde ihm, ohne dem Widerstande die Hände, eine gewisse Beschleunigung erteilen. Die Kraft am Umfange des Handrades, welche diese Beschleunigung hervorrufen würde, ist nach d'Alembert'schem Prinzip gleich demjenigen Widerstande, welcher diese Beschleunigung verhindert. Läßt man hier Rückschlüsse aus den durch die Fahrpraxis gegebenen Erfahrungen zu, so kommt man zur Ueberzeugung, daß die durch Stöße der Fahrbahn auf die Räder hervorgerufenen Bewegungen des Handrades durch Festhalten desselben, stets, ebenso bei größter Geschwindigkeit, wie auf schlechtesten Straßen, bei teilweise selbsthemmender Lenkung verhindert werden können. Auch ist dazu keine übermäßige Kraftanstrengung nötig. Wird z. B. beim Kreuzen eines schlechten Bahnüberganges oder wenn ein Vorderrad einen größeren Gegenstand überfährt, eine Bewegung des Handrades hervorgerufen, so liegt

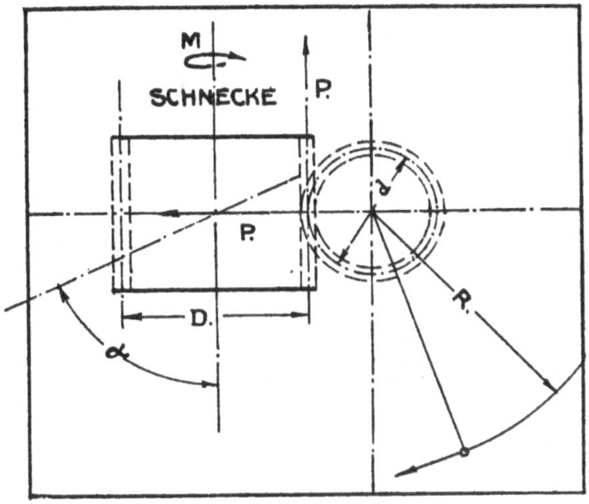


Fig. 98.

dieses nur daran, daß der Führer ständig eine nur sehr geringe Kraft der Hände in Bereitschaft hält, daß, wenn also eine unvorhergesehene Kraftentfaltung verlangt wird, so ist auch eine gewisse Zeitdauer dazu nötig, bevor die Muskeln des Führers die erwünschte Größe der Kraft hergeben. Will der Führer die Bewegung des Handrades bei modernen Wagen verhindern und ist er darauf vorbereitet, so bedarf er dazu keiner übermäßigen Kraftanstrengung.

Aus diesen Erwägungen kann man die Folgerung ziehen, daß die durch die Stöße der Fahrbahn im Lenkgestänge hervorgerufenen Kräfte keinesfalls größer sind, als die auf die Händekraft des Führers zurückzuführenden Widerstände. Die Muskelkraft, welche von einem Manne in der durch die Lage des Lenkungshandrades bedingten Körperstellung hergegeben werden kann, ist durch Versuche festzustellen. Sie ist eine nur sehr beschränkte. Nimmt man hier für die beiden Hände zusammen eine Kraftentfaltung von 15 kg an, so bleibt man hinter den in der Praxis vorkommenden Kräften keinesfalls zurück. Als Basis für eine Berechnungsmethode kann also die Annahme gemacht werden: Bei einer ständigen Kraftentfaltung von 15 kg auf das Handrad, können die durch Stöße und Lenkungswiderstände hervorgerufenen Kräfte in allen Fällen überwunden werden.

Daraus ergibt sich an der Spindelwelle ein Moment:

$$M = P \cdot r$$

worin R = 15 kg und r den Halbmesser des Handrades bedeutet. Dieses Moment kann also als Maximalbeanspruchung der Berechnung zu Grunde liegen. Für Schneckengetriebe hat man, im Falle wenn das Rad die Schnecke treibt, was der Wirkung der Stöße entspricht:

$$P^1 = P_1^1 \frac{\operatorname{tg} \alpha + \mu}{1 - \mu \operatorname{tg} \alpha}$$

worin (Abb. 98)

P′ — die Tangentialkraft am Teilkreise des Rades,

P′, — die Tangentialkraft am Teilkreise der Schnecke,

α — den Steigungswinkel des Getriebes,

$\mu = \operatorname{tg} \varphi$ — den Reibungskoefficienten

bedeutet. P′, ist aber durch den Durchmesser D der Schnecke und das Moment M gegeben:

$$P_1^1 = \frac{2M}{D}$$

Daraus kann also P′ gefunden werden.

Die in der Schubstange auftretende Maximalkraft Q ist demnach:

$$Q = \frac{P^1 a}{2 \cdot R}$$

Die von den Stützlagen aufgenommenen Achsialdrucke sind maximal:

Für die Spindelwelle: P′

Für die Sektorwelle: P′,

Der Normalzahndruck ist:

$$P_n^1 = \frac{P^1}{\sin \alpha + \mu \cos \alpha}$$

Die weitere Festigkeitsrechnung ergibt sich dann von alleine.*)

---

*) Vgl. von Loewe, Konstruktionsberechnungen der Kraftfahrzeuge.

Für Schraubenlenkungen ist wenn

$d$ – den mittleren Gewindedurchmesser
$P_0$ – die auf die Mutter wirkende Achsialkraft
$\alpha$ – den Steigungswinkel der Schraube
$\mu = \text{tg}\,\varphi$ – den Reibungskoeffizient

bedeutet

$$P_0 = \frac{2M}{\alpha} \cdot \frac{1 + \mu\,\text{tg}\,\alpha}{\mu - \text{tg}\,\alpha}$$

Der maximale Stützlagerdruck der Spindelwelle ist $= P_0$.

Daraus sind die übrigen Kräfte leicht abzuleiten.

Die auf vorangehender Basis durchgeführten Festigkeitsberechnungen der Schubstange, Verbindungsstange, Radantriebshebel und der übrigen Lenkungsteile ergeben als Endresultat für die Praxis ganz brauchbare Abmessungen dieser Teile. Für Fahrzeuge mit Eisenbahnbereifung wäre hier noch in Berücksichtigung des vorhin gesagten noch ein Sicherheitsfaktor in die Berechnung einzuführen.

# II. Räder und Bereifung.

## 1. Grundsätzliche Merkmale.

### Entwicklung. Sturz und Gegensturz.*)

Die Geschichte des Rades reicht mit ihrem Uranfang bis in die Steinzeit hinein. Ursprünglich eine volle Holzscheibe, aus einem dicken Baumstamm grob verfertigt, tritt das Wagenrad in die Geschichte der ersten Kulturvölker, wie die Assyrer und Chinesen, in einer sehr vollkommenen Gestalt als Speichenrad auf. Die Räder der ältesten assyrisch-babylonischen Streitwagen waren schon mit Nabe und sechs Speichen versehen.

In der Wandlung der Jahrhunderte hat das Wagenrad auf rein empirischem Wege diejenige Gestalt erhalten, in welcher es in den Automobilbau übernommen wurde. Dadurch läßt sich auch erklären, daß das Kraftwagenrad trotz seiner vielseitigen Vervollkommnung noch einige Rudimentärmerkmale bis in die jüngste Zeit hinein behalten hat, welche auf die rein empirische Entwicklung hinweisen.

So hat die Kraftfahrzeugindustrie die Gewohnheit aus dem Wagenbau mit übernommen, den Radebenen eine leichte Neigung gegen die Horizontale, den sogenannten „Radsturz", zu geben.

Aus welchen Erfahrungen und zur Behebung welcher Uebelstände der Radsturz entstanden sein mag, ist schwer zu entscheiden. Sicher ist, daß die Artillerie-Gefährte aus dem XVI. Jahrhundert keinen Sturz der Räder aufweisen, daß dagegen Darstellungen aus

*) Vgl. von Loewe, „Zur Frage des Radsturzes", Der Motorwagen 1915 Heft XXXV und XXXVI.

dem Ende des XVII. Jahrhunderts eine ausgeprägte Neigung der Radebenen erkennen lassen.

In der Fachliteratur ist über den Zweck, die Räder zu stürzen, recht wenig zu finden. Meistens beschränkt man sich auf die Mitteilung der Tatsache, daß den Rädern etwa 2 bis 3 % Sturz gegeben wird, ohne den Zweck davon zu erörtern. Vielfach wird angegeben,*) daß der Sturz die Räder vor dem Ablaufen vom Zapfen schützen soll. Man begegnet auch der Anschauung, dem Radsturz liege das Bestreben zu Grunde, die Räder senkrecht zur gewölbten Fahrbahn zu stellen.

Ersterer Grund mag, für die Genesis des Radsturzes bedingt — berechtigt erscheinen. Zur Zeit, wo diese Erfindung allgemeine Verbreitung fand, waren die Räder auf den Achsen nur durch einen losesitzenden Stift (Splint) und Lederscheibe gehalten, wie man dieses auch heute noch bei primitiven ländlichen Gefährten vorfindet. Im Kraftfahrzeugbau verfügt man jedoch über andere Mittel, um die Lagerung der Räder sicher zu gestalten, sodaß dieser Grund wohl nicht ohne weiteres als ausschlaggebend angesehen werden dürfte.

Was die Wölbung der Kunststraßen anbetrifft, so kann diese wohl schwerlich als dasjenige Uebel angesehen werden, zu dessen Behebung der Radsturz erfunden und angewendet werden sollte. Im XVII. Jahrhundert waren die Kunststraßen mit gewölbtem Profil wohl nicht so zahlreich, daß sie auf die Stellung der Räder Einfluß hätten ausüben können. In direktem Widerspruch aber zu dieser Anschauung steht eine andere, welche besagt, der Radsturz wäre auf das Bestreben zurückzuführen, den Eisenreifen des Rades nur mit einer Kante die Fahrbahn berühren zu lassen, **„um dadurch einen leichteren Lauf des Wagens herbeizuführen“**. Es ist nicht gut erklärlich, auf welche Weise **„dadurch“** der Lauf des Wagens erleichtert werden sollte, abgesehen davon, daß man den Eisenreifen der Gefährte seit jeher schon eine leicht gewölbte Form gegeben hat. —

Es ist wahrscheinlich, daß der Erfinder des Radsturzes Anderes beabsichtigt hat. Man ist berechtigt anzunehmen, daß im XVII. Jahrhundert die Wege im allgemeinen recht schlecht waren und in den Reiseberichten aus dieser Zeit begegnet man öfters dem sogenannten **„Festfahren“** auf ausgefahrener Straße, wobei die Räder so tief in die Wagenspuren versanken, daß das Gespann nicht imstande war, den Wagen von der Stelle zu bringen. Es liegt nun der Gedanke nicht fern, den Sturz der Wagenräder, welcher bei den alten Ar-

*) Vgl. Automobiltechnisches Handbuch 8. Auflage S. 331.

tilleriegefährten und Kaleschen viel ausgesprochener war, als er heute üblich ist, als Gegenmittel gegen solches Festfahren in tiefen Wagenspuren aufzufassen. Es ist ohne weiteres klar, daß sich ein schräg gestelltes Rad in einer Wagenspur nicht festklemmen kann, während dieses bei einem vertikal stehenden Rade sehr gut möglich ist. Es wäre auch schließlich denkbar, daß hier das Bestreben mitgespielt hat, bei schmaler Spur möglichst viel Platz für den Wagenkasten zu gewinnen.

Wie es auch sei, mag der Radsturz bei tierisch angetriebenen Fuhrwerken berechtigt gewesen sein, mag er dieser oder jener Ursache seine allgemein gewordene Einführung verdanken — auf Kraftfahrzeuge können alle obigen Gründe keine Anwendung

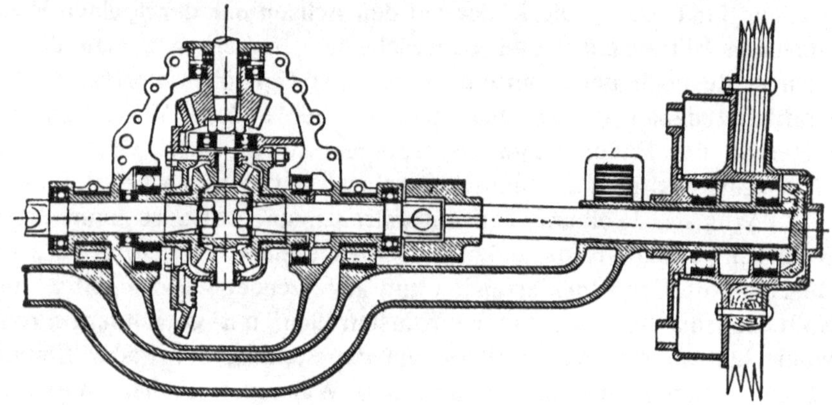

Abb. 99. Hinterachse für Wellenantrieb mit Radsturz.

finden, weil die Vorbedingungen dazu fehlen. Nichtsdestoweniger wurde der Radsturz bei Kraftwagen allgemein ausgeführt.

Es wird vielfach auch der gewiß bedingt gültige Grund angeführt, daß aus tektonisch-ästhetischen Rücksichten der Radsturz zu mindest für die Vorderräder erwünscht sei, damit infolge optischer Täuschung die parallelen Räder nicht nach unten zu divergierend erscheinen. Darauf ließe sich erwidern, daß die optische Täuschung auf einer Gewohnheit des Auges an die mit Radsturz versehenen Gefährte beruht, und daß sie mit allgemeinem Verschwinden desselben auch verschwinden würde, daß, weiter, durch das Stürzen der Vorderräder diese optische Täuschung in bezug auf die in neuer Zeit fast ausnahmslos parallel gestellten Hinterräder noch beträchtlich vergrößert wird.

Für die Vorderräder kann der Sturz in einzelnen Fällen, aus Gründen, welche mit dem Wagenbau nichts gemeinsames haben, erwünscht erscheinen — zulässig und ausführlich ist er immer unter der Voraussetzung, daß die Vorderräder als Lenkräder (sogar bei Vorderradantrieb) auf einer Schenkelachse angeordnet sind.

Bei Kraftwagen, welche die Bedingung erfüllen sollen, bei sehr schneller Fahrt in den Kurven leicht lenkbar zu sein (Vgl. unter Lenkungswiderstände) wird der Radsturz als Gegenmittel, gegen eine, durch die Neigung der Schenkeldrehachsen hervorgerufene ungünstige Beeinflussung der Lenkung berechtigt sein, z. B. bei Rennwagen, wenn man den Schenkelarm der Vorderachse durch gleichzeitige Neigung der Schenkeldrehzapfen und durch Radsturz beseitigen will. In allen übrigen Fällen kann man den Radsturz bei Gummibereifung nur als Beweis für die Hartnäckigkeit, mit welcher man an althergebrachte Faustregeln im Kraftfahrzeugbau hält, betrachten. — Als vor einigen Jahren die Gelenkwellenübertragung den

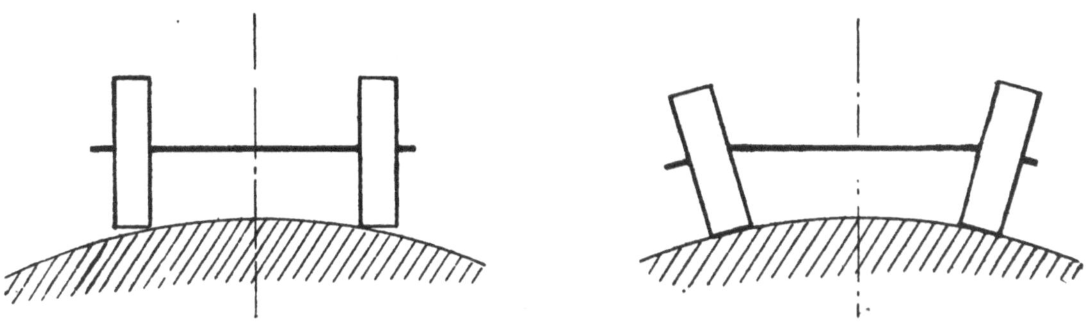

Abb. 100.

Kettenantrieb der Hinterräder immer mehr verdrängte, wollten einige erstklassige Firmen zu der Kardanbauart lange nicht übergehen und gaben dafür, unter anderen Gründen, auch die Schwierigkeiten, die Hinterräder der Kardanachsen zu stürzen an. Als dann der Umschwung unvermeidlich wurde, hat man die komplizierte, auf Abb. 99 veranschaulichte Konstruktion nicht gescheut, um mit der alten Gewohnheit des Radsturzes nicht zu brechen.

Neben dem obengenannten Falle könnte das Stürzen der Räder bei Gefährten mit sehr breiter Eisenbereifung insofern Zweck haben, als auf gewölbten, gut gepflasterten Straßen dadurch eine größere Berührungsfläche (bezw. eine längere Berührunglinie) erzielt werden könnte (Abb. 100). Letzteres kann jedoch nur sehr bedingt gelten, weil die Wölbung der Straßen keine konstante ist.

Der zugleich mit dem Radsturz aus dem Wagenbau übernommene Gegensturz besteht darin, daß man die Radspeichen nicht in einer Ebene zwischen der Nabe und der Felge verlaufen läßt, sondern die Nabe gegen die Felge zurücktreten läßt und die Speichen in einer Kegelfläche anordnet. Abb. 101 I zeigt ein gestürztes Rad ohne und 101 II mit Gegensturz. Solange man **nur** mit der durch das Gewicht des Wagens hervorgerufenen senkrechten Belastung des Rades rechnet, wird die Bauart II empfehlenswerter erscheinen, weil hier die Beanspruchung der untersten Speiche nur auf Knickung erfolgt, während im Falle I Knickung und Biegung zu gleicher Zeit auftreten. Daher war im Wagenbau der Gegensturz, als Begleiterscheinung des Radsturzes durchaus berechtigt. Tritt jedoch, wie dieses bei den Kraftfahrzeugen der Fall ist, zum Gewicht noch die Centrifugalkraft hinzu, so ändern sich die Verhältnisse ganz wesentlich.

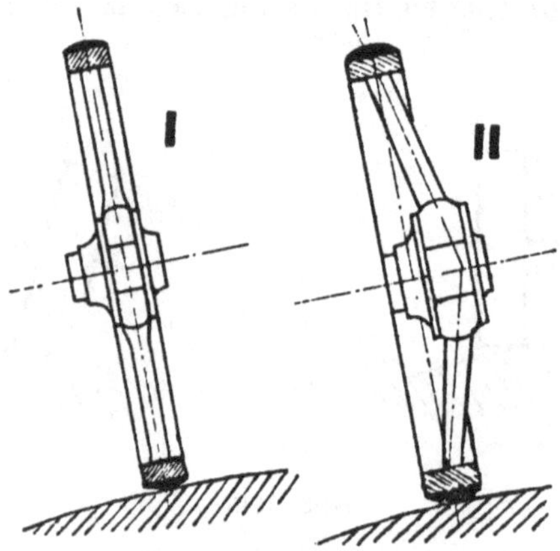


Abb. 101.

Man denke sich ein Rad mit vier in einer Ebene, und ein zweites mit vier auf der Mantelfläche eines Kegels angeordneten Speichen. Diese beiden Räder seien mit der Nabe fest eingespannt und durch je eine in beiden Fällen gleich große und gleich gerichtete, am Ende einer der Speichen am Radkranz angreifende Kraft P belastet. Der Radkranz sei in beiden Fällen als vollkommen steif, die Speichen als federnd angenommen. In beiden Fällen läßt sich nach (Abb. 102 I) $R$ in $P_1$ und $P_2$ zerlegen wobei $P_1$ parallel der Radachse und $P_2$ radial zu derselben gerichtet ist. $P_2$ wird durch den steifen Radkranz gleichmäßig auf die 4 Stützpunkte A, B, C und D und somit auf die 4 Speichen übertragen, während $P_1$ durch eine achsial auf den Radkranz wirkende Kraft $P_1^1 = P_1$ und ein Kräftepaar — $P_1 \cdot R$ ersetzt werden kann. $P_1^1$ kann wiederum in 4 parallele Kräfte $\frac{P_1^1}{4}$ zerlegt werden, welche in den Stützpunkten A, B, C und D wirken. Zerlegt man auch das Moment — $P_1$ R in 4 parallele und gleichgerichtete Kräftepaare — $\frac{P_1 R}{4}$, wovon je eins in den Punkten A, B, C und D wirkt, so erhält man für die beiden Radkränze das gleiche auf Figur II veranschaulichte Resultat.

Wenn man jede einzelne Speiche des flachen Rades (Abb 103 I) betrachtet, so erhält man folgende Beanspruchungen:

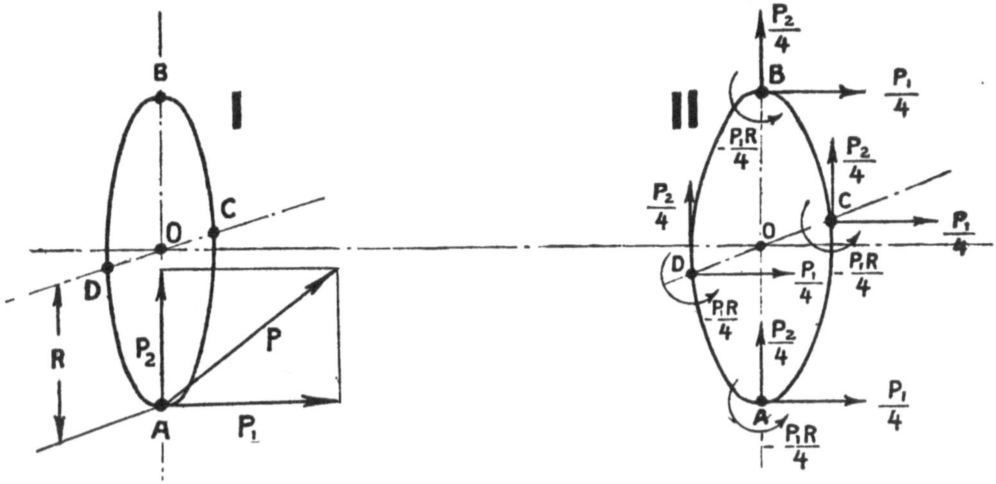


Abb. 102.

Fall I: Speiche AO:

Biegung durch $-\frac{P_1 R}{4}$ } summieren sich zu:

Biegung durch $-\frac{P_1 R}{4}$ } $= -\frac{P_1 R}{2}$

Knickung durch $\frac{P_2}{4}$

Speiche BO:

Biegung durch $-\frac{P_1 R}{4}$ } summieren sich zu:

Biegung durch $+\frac{P_1 R}{4}$ } $= 0$

Zug durch $\frac{P_2}{4}$

Speiche CO:

Biegung durch $-\frac{P_1 R}{4}$

Biegung durch $\frac{P_2 R}{4}$

Drehung durch $-\frac{P_1 R}{4}$

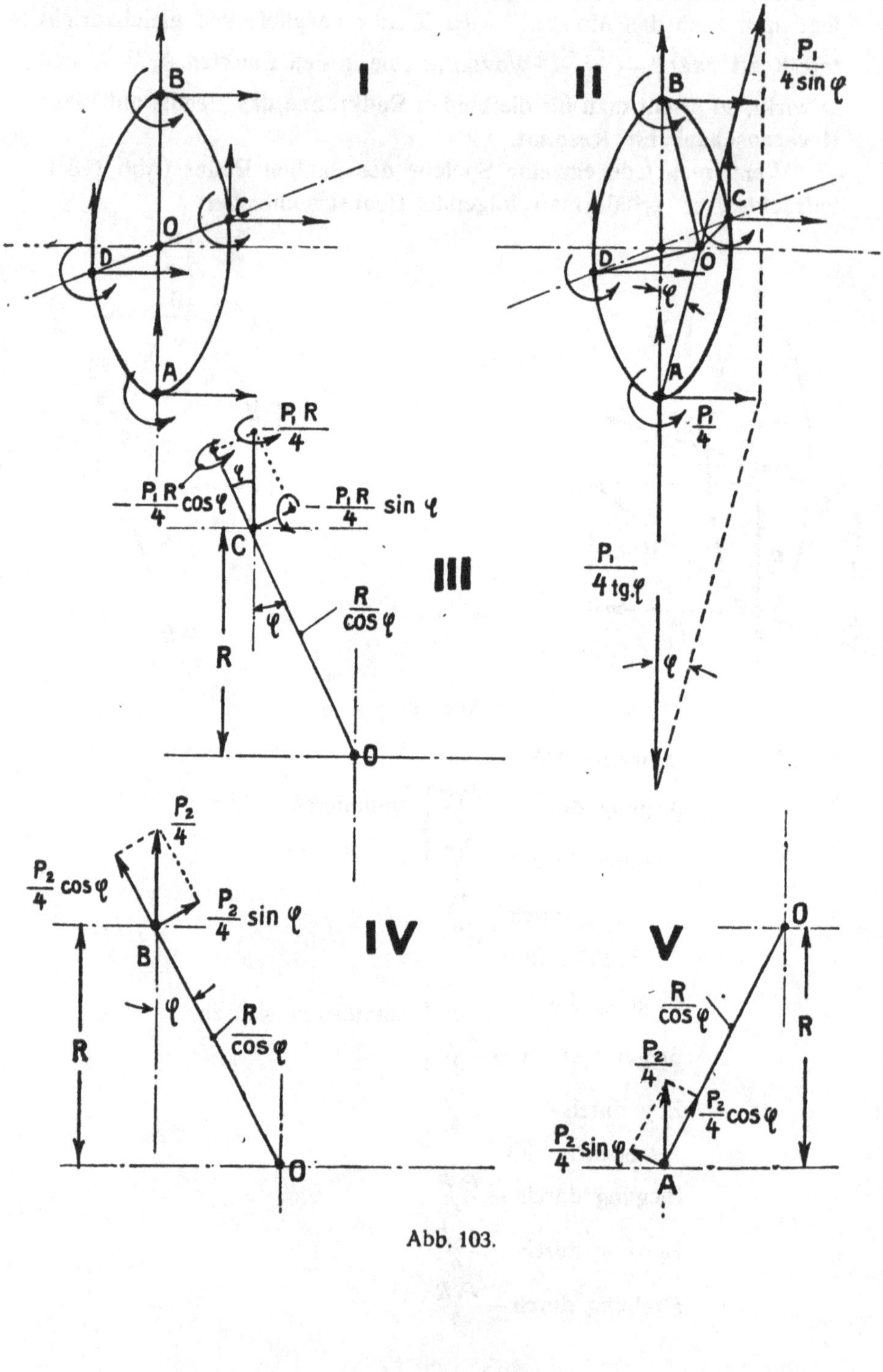
I
II
III
IV
V
A
B
C
D
O
R
φ
$\frac{P_1}{4 \sin \varphi}$
$\frac{P_1}{4}$
$\frac{P_1 R}{4}$
$\frac{P_1 R}{4} \cos \varphi$
$\frac{P_1 R}{4} \sin \varphi$
$\frac{R}{\cos \varphi}$
$\frac{P_1}{4 \operatorname{tg} \varphi}$
$\frac{P_2}{4}$
$\frac{P_2}{4} \cos \varphi$
$\frac{P_2}{4} \sin \varphi$

Abb. 103.

Speiche DO: Biegung durch $-\frac{P_1 R}{4}$

Biegung durch $\frac{P_2 R}{4}$

Drehung durch $-\frac{P_1 R}{4}$

Das Rad mit nach der Mantelfläche eines Kegels angeordneten Speichen weist dagegen andere Beanspruchungen auf. Alle die der Radachse parallelen Kräfte $\frac{P_1}{4}$ zerfallen nach Figur II in je zwei Komponenten, deren eine $\frac{P_1}{4 \sin \varphi}$ die Speiche auf Knickung beansprucht, die andere aber $\frac{P_1}{4 \operatorname{tg} \varphi}$ den Radkranz durch Zug und Biegung zu deformieren sucht. Da der Radkranz vollkommen steif gedacht ist, so fallen für die hier angestellten Betrachtungen die 4 Komponenten $\frac{P_1}{4 \operatorname{tg} \varphi}$ bis auf weiteres fort. Die weitere Zerlegung der Kräfte und Kräftepaare für die einzelnen Speichen ist auf Fig. III, IV und V angedeutet, woraus sich für jede einzelne Speiche Beanspruchungen wie folgt ergeben:

Fall II: Speiche AO:

Biegung durch $-\frac{P_1 R}{4}$
Biegung durch $+\frac{R P_2}{4} \frac{\sin \varphi}{\cos \varphi}$
summieren sich zu: $= \frac{R}{4}(P_2 \operatorname{tg} \varphi - P_1)$

Knickung durch $\frac{P_1}{4 \sin \varphi}$
Knickung durch $\frac{P_2}{4} \cos \varphi$
summieren sich zu: $= \frac{\operatorname{ctg} \varphi}{4}\left(\frac{P_1}{\cos \varphi} + P_2 \sin \varphi\right)$

Speiche BO:

Biegung durch $-\frac{P_1 R}{4}$
Biegung durch $+\frac{R P_2}{4} \operatorname{tg} \varphi$
summieren sich zu: $= \frac{R}{4}(P_2 \operatorname{tg} \varphi - P_1)$

Knickung durch $\frac{P_1}{4 \sin \varphi}$
Zug durch $\frac{P_2}{4} \cos \varphi$
summieren sich zu: $= \frac{\operatorname{ctg} \varphi}{4}\left(\frac{P_1}{\cos \varphi} - P_2 \sin \varphi\right)$

Speiche CO:

Biegung durch $-\frac{P_1 R}{4} \sin \varphi$
Biegung durch $\frac{P_2}{4} \frac{R}{\cos \varphi}$
summieren sich zu: $= \frac{R}{4}\left(\frac{P_2}{\cos \varphi} - P_1 \sin \varphi\right)$

Knickung durch $\frac{P_1}{4 \sin \varphi}$

Verdrehung durch $-\frac{P_1 R}{4} \cos \varphi$

Speiche DO:

Biegung durch $-\frac{P_1 R}{4}\sin\varphi$ } summieren sich zu: $\frac{R}{4}\left(\frac{P_2}{\cos\varphi}-P_1\sin\varphi\right)$

Biegung durch $\frac{P_2}{4}\cdot\frac{R}{\cos\varphi}$

Knickung durch $\frac{P_1}{4\sin\varphi}$

Verdrehung durch $-\frac{P_1 R}{4}\cos\varphi.$

Vergleicht man diese Resultate, so ergibt sich für den Fall I: Die Biegungsbeanspruchungen einer Speiche ändern sich in den Grenzen zwischen:

$$M_{bx}=0 \qquad M_{by}=\frac{P_2 R}{4}$$

und

$$-M_{bx}=-\frac{P_1 R}{2}; \qquad -M_{by}=\frac{P_2 R}{4}$$

Die Knickung und Zugbeanspruchung erreichen ihre größten Werte:

$$K=\frac{P_2}{4}$$

$$-K=\frac{P_2}{4}$$

Die Verdrehungsbeanspruchung ändert wie folgt ihre Werte:

$$M_d=-\frac{P_1 R}{4}$$

$$-M_d=-\frac{P_1 R}{4}$$

Für den Fall II:

Biegungsbeanspruchungen:

$$M_{bx}=\frac{R}{4}(P_2\operatorname{tg}\varphi-P_1); \qquad M_{by}=\frac{R}{4}\left(\frac{P_2}{\cos\varphi}-P_1\sin\varphi\right)$$

$$-M_{bx}=\frac{R}{4}(P_2\operatorname{tg}\varphi-P_1); \qquad -M_{by}=\frac{R}{4}\left(\frac{P_2}{\cos\varphi}-P_1\sin\varphi\right)$$

Knickungsbeanspruchungen:

$$K_{max}=\frac{\operatorname{cotg}\varphi}{4}\left(\frac{P_1}{\cos\varphi}+P_2\sin\varphi\right)$$

$$K_{min}=\frac{\operatorname{cotg}\varphi}{4}\left(\frac{P_1}{\cos\varphi}-P_2\sin\varphi\right)$$

Verdrehungsbeanspruchungen:

$$M_d=-\frac{P_1 R}{4}\cos\varphi$$

$$-M_d=-\frac{P_1 R}{4}\cos\varphi$$

Um einen Vergleich dieser Werte herbeizuführen soll $\varphi$ durch den praktisch üblichen Zahlenwert $\varphi = 3^0$ ersetzt werden. Dann ist, auf die zweite Decimale abgerundet:

$$M_{bx} = \frac{R}{4}(0{,}05\,P_2 - P_1);\; M_{by} = \frac{R}{4}(P_2 - 0{,}05\,P_1)$$

$$K_{max} = 4{,}77\,(P_1 + 0{,}05\,P_2)$$

$$K_{min} = 4{,}77\,(P_1 - 0{,}05\,P_2)$$

$$M_d = -\frac{P_1 R}{4}$$

Daraus folgt, daß im Falle I der absolute Wert der maximalen Biegungsbeanspruchung nach der $X$-Richtung etwa doppelt so groß ist als im Falle II; es tritt jedoch nur nach der einen Richtung ein Maximum ein, während im Falle II zwei Maxima von gleichem absolutem Wert nach entgegengesetzten Richtungen eintreten. In den Biegungsbeanspruchungen nach der $Y$-Richtung (Tangentialbiegung) traten in beiden Fällen I und II zwei Maxima ein, deren absolute Werte in I um ein unbeträchtliches (um etwa 5 pCt der Centrifugalkraft) größer sind als im Falle II.

Die Knickungsbeanspruchung im Falle I wechselt mit Zugbeanspruchung ab und erreicht je ein positives und negatives Maximum. Im Falle II bleibt $K$ ziemlich konstant, indem es zwischen Maximum und Minimum von nahe liegenden und gleich gerichteten Werten variiert. Im Falle I ist der absolute Wert nur von der Vertikalkomponente $P_2$ abhängig und bleibt bei wachsender Horizontalkomponente $P_1$ unverändert, während der Wert von $K$ im Falle II mit wachsendem $P_1$ sehr große Werte annimmt.

Die höchsten Werte für Drehungsbeanspruchungen der Speichen sind in beiden Fällen gleich, indem sie ein positives und ein negatives Maximum von gleichem absolutem Werte erreichen.

Setzt man $P_1 = 0$ (Centrifugalkraftkomponente $= 0$ —, also geradlinige Fahrbahn), so ist:

$P_1 = 0$; Fall I

$$M_{bx} = 0; \qquad M_{by} = 0{,}25\,P_2 R$$

$$-M_{bx} = 0; \qquad M_{by} = 0{,}25\,P_2 R$$

$$K = 0{,}25\,P_2$$

$$-K = 0{,}25\,P_2$$

$$M_d = 0$$

$$-M_d = 0$$

$P_1 = 0$; Fall II

$$M_{bx} = 0{,}0125\, R\, P_2; \qquad M_{by} = 0{,}25\, P_2\, R$$
$$-M_{bx} = 0{,}0125\, R\, P_2; \qquad M_{by} = 0{,}25\, P_2\, R$$
$$K = 0{,}25\, P_2$$
$$-K = 0{,}25\, P_2$$
$$M_d = 0$$
$$-M_d = 0$$

Bei sonst gleichen Resultaten weist II eine Biegungsbeanspruchung mehr, welche alle 180° ihr Vorzeichen wechselt und zwei Maxima von gleichen absoluten Werten erreicht.

Setzt man $P_1 = P_2$, so ergeben sich folgende Maximalwerte für die Beanspruchungen der Speichen:

$P_1 = P_2$; Fall I:

$$M_{bx} = 0; \qquad M_{by} = 0{,}25\, P_2\, R$$
$$-M_{bx} = -0{,}5\, P_2\, R; \qquad -M_{by} = 0{,}25\, P_2\, R$$
$$K = 0{,}25\, P_2$$
$$-K = 0{,}25\, P_2$$
$$M_d = -0{,}25\, P_2\, R$$
$$-M_d = -0{,}25\, P_2\, R$$

$P_1 = P_2$; Fall II:

$$M_{bx} = -0{,}24\, P_2\, R; \qquad M_{by} = 0{,}24\, P_2\, R$$
$$-M_{bx} = -0{,}24\, P_2\, R; \qquad -M_{by} = 0{,}24\, P_2\, R$$
$$K_{max} = 5\, P_2$$
$$K_{min} = 4{,}53\, P_2$$
$$M_d = -0{,}25\, P_2\, R$$
$$-M_d = -0{,}25\, P_2\, R$$

Nach Abb. 104 sei $Q$ die auf eine Achse entfallende Wagengewichtskomponente und $C$ eine ebensolche der Centrifugalkraft. Die Kraft $Q$ verteilt sich auf beide Räder gleichmäßig in dem auf jedes Rad $\frac{Q}{2}$ entfällt. Durch das Drehmoment $C \cdot h$ wird das innere Rad $J$ mit $\frac{C \cdot h}{B}$ entlastet, während das äußere $A$ mit $\frac{C \cdot h}{B}$ zusätzlich belastet wird. Daher wird:

$$P^1_2 = \frac{Q}{2} - \frac{C \cdot h}{B}; \quad P_2 = \frac{Q}{2} + \frac{C \cdot h}{B}$$

Andererseits muß:

$$P^1_2 + P_2 = Q$$

und

$$P^1_1 + P_1 = C$$

sein. Solange sich nur die Bodenreibung der Kraft $C$ entgegensetzt, muß:

$$P^1_1 < \mu\, P^1_2$$

und

$$P_1 < \mu\, P_2$$

bleiben, worin $\mu$ den Koefficient der Bodenreibung bedeutet.

Praktische Erfahrungen haben gezeigt, daß Radbrüche am öftesten dann vorkommen, wenn ein Rad beim Schleudern gegen ein Hindernis in achsialer Richtung anläuft, wobei jedoch der Wagen noch nicht kippt. Man kann daher denjenigen Wert von $C$, bei welchem der Wagen unter gesagten Verhältnissen kippen würde, als Grenze der vorauszusehenden Beanspruchungen betrachten. Macht man die, den praktisch vorkommenden Werten keinesfalls widersprechende Annahme, daß:

$$h = b = \frac{B}{2}$$

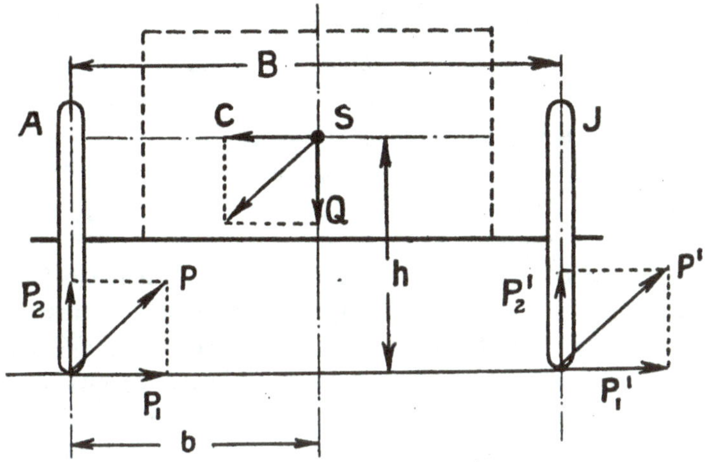


Abb. 104.

ist, so erhält man die Bedingung für das Kippen des Wagens:

$$C \cdot h = Q \cdot \frac{B}{2}$$

$$C \cdot \frac{B}{2} = Q \cdot \frac{B}{2}$$

$$C = Q$$

Daraus ergeben sich für $P_1$ $P_1^1$ $P_2$ und $P_2^1$ folgende Grenzwerte:

$$P^1_2 = 0; \quad P^1_1 = 0$$

$$P_2 = Q; \quad P_1 = Q$$

Demnach kann als praktisch höchste zu berücksichtigende Beanspruchung

$$P_1 = P_2 = Q$$

angesehen werden.

Größere Unterschiede zwischen Fall I und Fall II sind nur in der Biegungsbeanspruchung $M^{b_x}$ und in der Knickungsbeanspruchung $K$

zu verzeichnen, während die übrigen Werte einander ganz oder sehr annähernd gleich sind. Um eine leichtere Uebersicht zu gestatten, sind die Werte für $M_{bx}$ und $K$ in folgender Tabelle zusammengestellt.

| Fall | | $P_1 = 0$ | | $P_1 = P_2$ | |
|---|---|---|---|---|---|
| | | I | II | I | II |
| $M_{bx}$ | von | 0 | $0{,}0125\,R\,P_2$ | 0 | $0{,}24\,R\,P_2$ |
| | bis | 0 | $-0{,}0125\,RP_2$ | $-0{,}5\,R\,P_2$ | $-0{,}24\,R\,P^2$ |
| $K$ | von | $0{,}25\,P_2$ | $0{,}25\,P_2$ | $0{,}25\,P_2$ | $5\,P_2$ |
| | bis | $-0{,}25\,P_2$ | $-0{,}25\,P_2$ | $-0{,}25\,P_2$ | $4{,}53\,P_2$ |

Daraus lassen sich folgende Schlüsse ziehen: Für parallele Räder ohne Gegensturz sind bei geradliniger Fahrt die Beanspruchungen der Speichen geringer als für solche mit Gegensturz.

In den Kurven wechselt bei ersteren (Fall I) die Biegungsbeanspruchung ihre Richtung **nicht**, erreicht jedoch einen höheren absoluten Wert als bei den letzteren. Die relative Differenz zwischen den Grenzwerten der Biegungsbeanspruchung ist im Falle I annähernd ebenso groß wie im Falle II, und im letzteren findet bei jeder halben Umdrehung (das heißt, bei den in Frage kommenden Geschwindigkeiten etwa 12 bis 15 mal in der Sekunde) ein Richtungswechsel statt.

Die Knickung wechselt im Falle I mit Zug ab und erreicht nach beiden Seiten die gleichen absoluten Werte. Im Falle II tritt nur Knickung auf, welche ziemlich konstant im Bereiche einer Umdrehung bleibt, und deren Wert im Grenzfalle etwa das 20-fache des Knickungsmaximums im Falle I erreicht.

Unter solchen Umständen erscheint es fraglich, ob und inwiefern der Fall II dem Falle I vorzuziehen wäre. Durch die ständigen Richtungswechsel der Biegungsbeanspruchung wird der Radstern wohl nicht weniger angegriffen, als durch das, zwar größere, aber stets gleichgerichtete Biegungsmoment im Falle I. Ob man, um diesen keineswegs beträchtlichen Vorteil zu erringen, berechtigt ist, die Vergrößerung der Knickungsbeanspruchungen in solchem Maße in Kauf zu nehmen, erscheint um desto zweifelhafter, als man befürchten muß, die Einflüsse deren Komponenten $\frac{P_1}{4 \operatorname{tg} \varphi}$ (Abb. 103 II) auf den Radkranz, (welcher in Wirklichkeit nicht vollkommen steif ist) ungünstig wirken könnten.

Erscheint der Gegensturz also kaum empfehlenswert, so ist der Radsturz an und für sich, mit oder ohne Gegensturz, noch ungünstiger, weil dadurch die für das Rad gefährliche achsialkomponente $P_1$, bei gleicher Richtung und Größe der Kraft $P$, einen größeren Wert annimmt (Abb. 105).

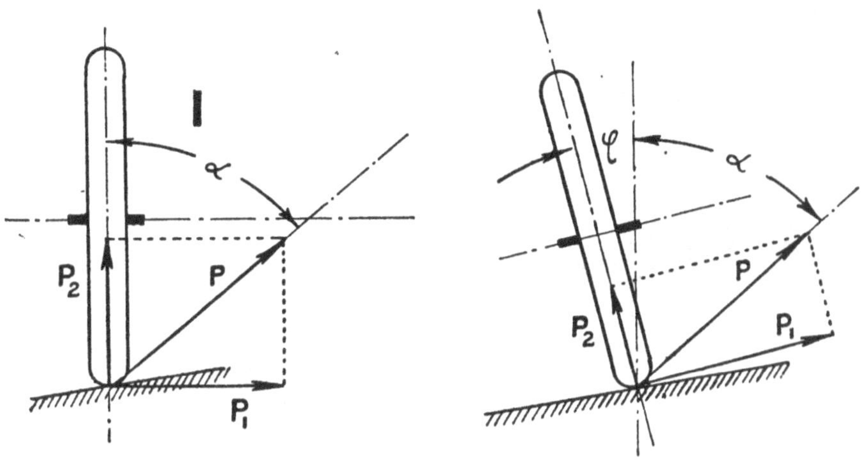


Abb. 105.

F o l g l i c h w i r k t i n b e z u g a u f d i e B e a n s p r u c h u n g d e r R ä d e r, d e r R a d s t u r z u n b e d i n g t u n g ü n s t i g, w ä h r e n d d e r W e r t d e s G e g e n s t u r z e s h ö c h s t f r a g l i c h e r s c h e i n t. Die vielfach vertretene Ansicht, *) daß Räder mit Gegensturz bedeutend widerstandsfähiger gegen seitliche Stöße sind, kann aus diesen Gründen als unbedingt zutreffend kaum anerkannt werden. Bei der Beurteilung der Radbeanspruchungen wird dem Kräftepaar $P_1$ R (Abb. 104) vielfach nicht genügend Rechnung getragen; man begegnet daher nicht selten der Ansicht, daß die mit Gegensturz angeordneten Speichen ausschließlich auf Druck bezw. Knickung beansprucht werden.

*) Vgl. A. Heller. Motorwagenbau. Berlin 1912. S. 397.

## Raddurchmesser und Gewicht.

Je größer man den **Durchmesser der Räder** wählt, desto geringer ist bei gleicher Fahrgeschwindigkeit deren Winkelgeschindigkeit. Auch der Fahrwiderstand nimmt mit wachsendem Raddurchmesser ab, während zugleich die Unebenheiten der Fahrbahn einen geringeren Einfluß auf das Gefährt ausüben.

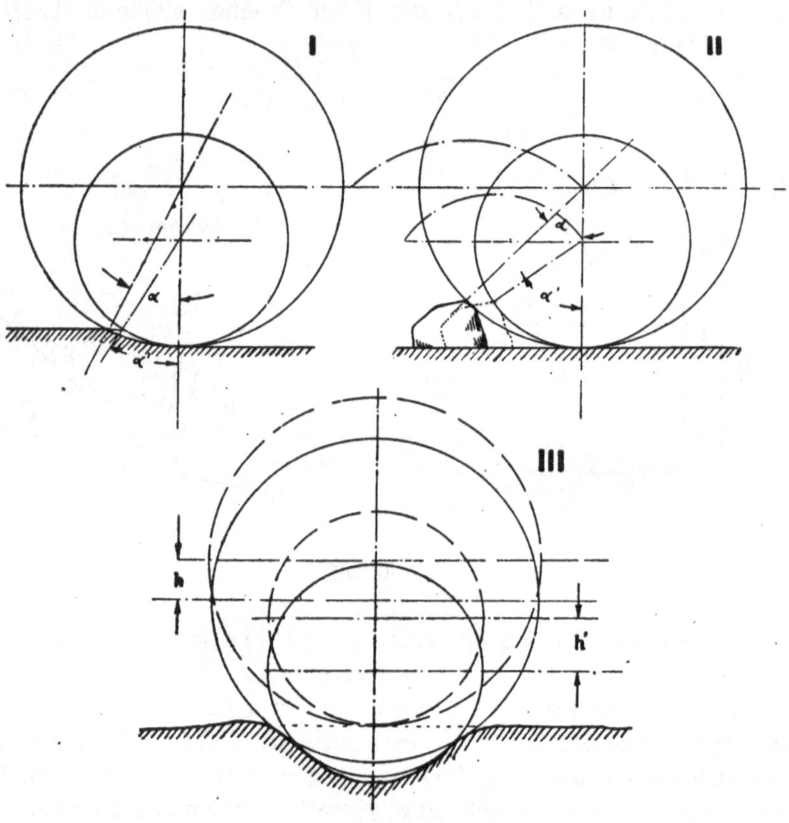


Abb. 106.

Der Fahrwiderstand setzt sich aus der rollenden Reibung und aus, durch viele kleine Unebenheiten verursachten Hebearbeit des Kraftfahrzeuges zusammen. Abb. 106 veranschaulicht den Einfluß des Raddurchmessers auf die Größe des Fahrwiderstandes (I u. II), sowie auf die Einwirkung der Unebenheiten der Fahrbahn (III).

Mit dem Durchmesser des Rades steigt aber dessen Gewicht unverhältnismäßig, während sich zur gleichen Zeit der Schwerpunkt des Wagens von der Fahrbahn entfernt. Bei vierrädrigen Fuhrwerken, deren Vorderraddurchmesser durch die Drehgestelllenkung stark beschränkt sind, war es üblich, die oben angedeuteten Vorteile für die Hinterräder auszunutzen. Daher waren auch die ältesten Kraftwagen, denen Zugfuhrwerke zum Vorbild dienten, auch mit Rädern von verschiedener Größe ausgestattet, und man fand nicht selten Hinterräder von 1,2 m Durchmesser vor.

Das Bestreben nach Gewichtersparnis, weiter die kostspielige Gummibereifung haben bei der nächsten Generation der Kraftwagen den Durchmesser der Räder, ebenso vorne wie auch hinten übermäßig verringert (0,6 m, 0,65 m). Dadurch waren zwar die Anschaffungskosten der Bereifung verringert, deren Lebensdauer aber unverhältnismäßig verkürzt, wobei auch gleichzeitig die Nachteile des kleinen Raddurchmessers zur Geltung kamen.

Wenn einerseits das Gewicht der Räder und die Anschaffungskosten der Bereifung den Durchmesser klein wünschen ließen, so war anderseits das Bedürfnis, die vorteilhafte Einwirkung des großen Durchmessers auf den Fahrwiderstand, auf die Einflüsse der Unebenheiten der Fahrbahn und auf die Lebensdauer der Reifen nicht zu verkennen. Daher hat die Praxis für die günstigsten Durchmesser der Räder nur sehr enge Grenzen gezogen, welche nach der Größe, dem Gewicht und der Motorleistung des Wagens variieren. Für luftbereifte Räder sind folgende Raddurchmesser üblich

Kleinautos . . . . . . . . . . . 650 mm — 700 mm
Leichte Wagen . . . . . . . . . 710 mm — 810 mm
Große und schnelle Wagen . . . . . 810 mm — 935 mm

Für Omnibusse und Lastwagen mit Vollgummibereifung kommen Raddurchmesser bis zu 1 m in Betracht, während ganz schwere Lastwagen nicht selten Hinterräder von 1,2 m aufweisen.

Das allgemeine Bestreben, die Teile der Kraftwagen in immer enger werdenden Grenzen zu normalisieren, wird in nächster Zukunft zweifelsohne eine noch weiter gehende Vereinheitlichung der Raddurchmesser herbeiführen.

Da der Durchmesser der Vorderräder auch bei der Achsschenkellenkung den Ausschlag der Räder beeinflußt, so erscheint es oft bei Lastwagen und Omnibussen mit Vollgummibereifung vorteilhaft, den Vorderrädern geringere Abmessungen zu geben, als den Hinterrädern. Bei luftbereiften Kraftfahrzeugen werden nur geringe, auf die Reifenprofile zurückzuführende Unterschiede zwischen Vorder- und Hinterräderdurchmessern zugelassen. Dieser Umstand ist bei modernen Wagen auch darauf zurückzuführen, daß aus Rücksicht auf die hinteren Seitentüren des Wagenkastens eine Vergrößerung der Hinterraddurchmesser auch eine Erhöhung des Achsstandes herbeiführen würde.

Die Notwendigkeit der Ersatzmitführung bei Luftbereifung kann hier nicht als ausschlaggebend betrachtet werden, da man vielfach für Vorderradreifen schwächere Profile als für Hinterradreifen wählt, und schon dadurch gezwungen ist, zweierlei Reserve mitzunehmen. Die Wahl **verschiedener** Reifenprofile für Vorder- und Hinterräder ist in den meisten Fällen aus verkaufstechnischen Rücksichten geboten; insbesondere da, wo ein billiger Verkaufspreis angestrebt wird, kann die, durch die geringeren Anschaffungskosten schwächerer Vorderreifen verursachte Verkaufspreisdifferenz ausschlaggebend sein. Für den Abnehmer ist die Ausrüstung des Wagens mit vier **gleichen** Reifen vorteilhafter, da der höhere Anschaffungspreis durch rationelle Ausnutzung der Reifen, sowie durch die Vereinfachung der notwendigen Reserven erkauft wird. Hier spielt für die Rentabilität des Betriebes der Umstand eine große Rolle mit, daß Reifen, welche infolge von Abnutzung oder Reparaturen für die, durch den Antrieb hoch beanspruchten Hinterräder unbrauchbar geworden sind, auf den Vorderrädern montiert, noch längere Zeit, bis zur völligen Abnutzung ausgenutzt werden können. Kommen außerdem noch abnehmbare Felgen oder Räder zur Verwendung, so bedeutet die Verringerung der notwendig mitzuführenden Reserve einen nicht zu unterschätzenden Vorteil.

In Verbindung mit der Frage der abnehmbaren Räder und Felgen wurden vielfach entgegengesetzte Ansichten über den Einfluß des Gewichtes der Räder auf die Lebensdauer der Bereifung, sowie auf die Federung des Wagens ausgesprochen. Während einerseits behauptet wurde, die Räder müßten so leicht wie möglich gehalten werden, um die durch Unebenheiten der Fahrbahn hervorgerufenen Schwingungsausschläge der Achse zu verringern und dadurch die Trennungen zwischen Rad und Fahrbahn zu beschränken, wurde anderseits die Ansicht ausgesprochen *), daß leichte Räder infolge von Federreaktionen sich öfter vom Boden trennen und dadurch die Lebensdauer der Reifen ungünstig beeinflussen. — Durch eingehende Versuche hat Dr. Ing. E. Bobeth unzweideutig nachgewiesen,**) daß die Beanspruchung der Reifen, unter anderen Faktoren, durch eine leichte Wagenachse wesentlich herabgemindert wird, daß aber das mehr-

---

*) M. Lefer. Communication à l'Automobile-Club de France.

**) Bobeth. Die Leistungsverluste und die Abfederung von Kraftfahrzeugen S. 229—30.

malige Abschwingen des Rades vom Boden, infolge der in geringen Bruchteilen von Sekunde auszudrückenden Schwingungsdauer der Achse, kein Gleiten der Räder bei Wiederaufprallen auf die Fahrbahn herbeiführen kann; eine große Achsenmasse steigert in erster Linie die Aufpralldrücke, deren Höhe für die Lebensdauer der Reifen ausschlaggebend ist.

Demnach erscheint ein geringes Gewicht der Räder dann anstrebenswert zu sein, wenn dadurch eine merkliche Gewichtsverminderung der ganzen unabgefederten Achse herbeigeführt werden kann.

Hierbei sei jedoch ausdrücklich betont, daß die durch Abnehmbarkeit der Felgen, oder der Räder — herbeigeführte, kaum einige kg betragende Gewichtsvermehrung im Vergleich mit dem Gewichte der ganzen Achse (80 bis 100 kg für die Vorder- und 180 bis 250 kg für die Hinterachse) einen nennenswerten Einfluß auf die Lebensdauer der Reifen nicht ausüben kann.

Da jedoch die Anpralldrucke ein Vielfaches des normalen Raddruckes betragen und von dem Gewichte der Achse in hohem Maße abhängen, so sind alle Radkonstruktionen, welche das Gewicht der Räder um ein Vielfaches steigern, aus Rücksicht auf die dadurch herbeigeführte unverhältnismäßig erhöhte Beanspruchung der Radteile von vornherein zu verurteilen.

## Beanspruchung der Antriebsräder.

Bei den früheren Ausführungen in bezug auf die in den Radspeichen auftretenden Beanspruchungen, sind nur die in die Ebene der Achse fallenden Kräfte untersucht worden, weil der Sturz bzw. Gegensturz der Räder nur auf die Aufnahme solcher Kräfte von Einfluß sein kann. Die daraus abgeleiteten Beanspruchungsverhältnisse gelten daher nur für die nicht angetriebenen Vorderräder, während die Antriebsräder außerdem durch die Tangentialantriebskraft beansprucht werden.

Nach Abb. 107 kann der Reibungswiderstand $Q_0$, welcher sich dem Antriebs-, bzw. Bremsmomente des Rades entgegensetzt, in eine in der Radmitte angreifende Kraft $Q^1 = Q_0$ und ein Kräftepaar $Q_0$ $R$ zerlegt werden. Letzteres beansprucht alle Speichen des Rades gleichmäßig auf Biegung in der Radebene. Wird wiederum ein Rad mit 4 Speichen betrachtet, so ergeben sich für jede derselben folgende Beanspruchungen (Vgl. auch Abb. 102):

Speiche AO:

$$M_{bz} = 0{,}25\, Q_0\, R$$

Speiche BO:

$$M_{bz} = 0{,}25\, Q_0\, R$$

Speiche CO:

$$\left.\begin{aligned} M_{by} &= 0{,}25\, Q_0\, R \\ -M_{by} &= 0{,}25\, P_2\, R \end{aligned}\right\} \text{summieren sich zu } 0{,}25\, R\, (Q_0 - P_2)$$

Speiche DO:

$$\left.\begin{aligned} M_{by} &= 0{,}25\, Q_0\, R \\ M_{bv} &= 0{,}25\, P_2\, R \end{aligned}\right\} \text{summieren sich zu } 0{,}25\, R\, (Q_0 + P_2)$$

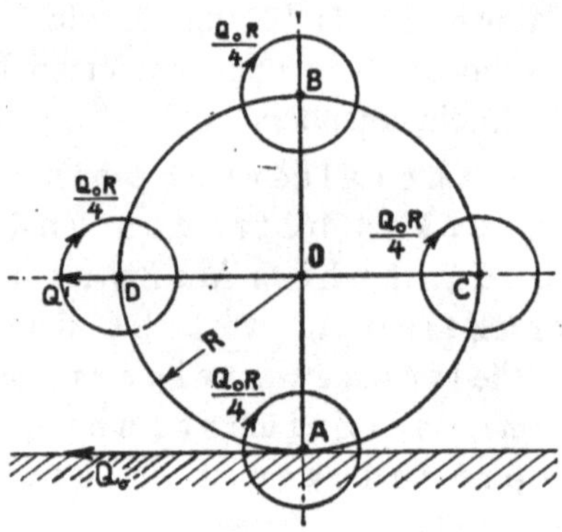


Abb. 107.

Die Kraft $Q_0$ kann nicht größer als $\mu \cdot P_2$ werden und da $\mu$ immer $< 1$ ist, so muß auch

$$Q_0 < P_2$$

sein. Daher wird die Speiche CO der Wirkung eines negativen Kräftepaares ausgesetzt, während die drei anderen Speichen positiven Momenten unterworfen sind.

Die Größe der am Umfange des Rades wirkenden Antriebs- bzw. Bremskraft wechselt mit der jeweilig eingeschalteten Uebersetzung (für das Antriebsmoment) und der zum Anziehen der Bremse benutzten Kraft. Bei scharfem Anfahren, und bei dem Bremsen erreicht sie nicht selten einen größeren Wert als der ihr entgegengebrachte höchste Reibungswiderstand:

$$Q_0 = \mu \cdot P_2$$

Daraus folgt, daß die Antriebsräder, je nach der Größe des Antriebsmomentes, bezw. je nach der jeweilig eingeschalteten Getriebeübersetzung und Umdrehungszahl des Motors, sowie je nach der Größe des jeweiligen Bremsmomentes, eine in bezug auf Größe und Richtung sehr verschiedenartige Biegungsbeanspruchung durch die Tangentialkräfte erfahren.

In Verbindung mit den früher untersuchten anderen Kräften und den sehr beträchtlichen Aufpralldrücken, welche durch die dynamische Wirkung der Fahrbahn hervorgerufen werden, ergeben sich für den Radstern beträchtliche und durch den Wechsel der Drehrichtung **äußerst** ungünstige Beanspruchungen, welchen nur ein aus einfachen und sehr fest zusammengefügten Teilen gebautes Rad standzuhalten vermag. Aus diesen Gründen haben alle Räder, welche aus vielen beweglich zueinander angeordneten oder gar nachgiebigen Konstruktionsteilen zusammengesetzt sind, recht wenig Aussicht auf Erfolg und sind einem frühzeitigen Unbrauchbarwerden unvermeidlich geweiht.

Daher ist auch eine dauernd brauchbare Konstruktion eines in sich federnden Rades kaum denkbar.*) Bisher besteht kein Federmaterial, welches diesem äußerst rasch aufeinander folgenden Richtungswechsel der Biegungs-, Knickungs-, bzw. Zug- und Verdrehungsbeanspruchungen standhalten kann, ohne daß die Materialbeschaffenheit infolge Gefügeveränderungen in kürzester Zeit Veränderungen erfährt. Hierzu kommen noch die mit der Wagengeschwindigkeit in das Unendliche wachsenden Massenbeschleunigungen von beweglichen Teilen des federnden Rades, welche undenkbar starke Bemessungen der damit beanspruchten Elemente erfordern. Berücksichtigt man, das vorher, in Bezug auf das Gewicht der Räder gesagte, so erscheint die Möglichkeit, das Problem des federnden Rades zu lösen, in erster Reihe durch die Materialfrage ausgeschlossen zu sein. Solange kein Material von hoher Elastizität, sehr niedrigem spezifischem Gewichte und einer vollkommen unveränderlichen Beschaffenheit besteht, ist ein brauchbares federndes Rad, dessen Lebensdauer im Verhältnis zu dem Anschaffungspreise stände, nicht denkbar, selbst dann nicht, wenn es sonst allen Anforderungen in jeder Weise entsprechen sollte, was man, mit recht wenigen Ausnahmen, von keiner der unzähligen derartigen Erfindungen sagen kann. (Vgl. weiter unten Pneumatikersatz.)

*) Vgl. Dr. Ing. E. Bobeth „Der Motorwagen". 1916 Heft XVIII Seite 247–251.

## Material.

Die Bauart des Rades hängt im wesentlichen von dem dazu verwandtem Material ab. Im Allgemeinen wird Holz und Stahl, bzw. Stahlguß zur Herstellung von Rädern gebraucht.

Obwohl in neuer Zeit die Metallräder in verschiedener Ausführung eine nicht unbeträchtliche Verbreitung gefunden haben, so ist gegenwärtig für mittelstarke Kraftwagen in europäischen Ländern das sogenannte **Artillerie-Holzrad** noch immer vorherrschend. Für schwere Lastwagen und Omnibusse mit geringer Fahrgeschwindigkeit wird fast allgemein das **gegossene Stahlrad** verwandt, während schnelle Sport- und Tourenkraftfahrzeuge zum größten Teil mit **Drahtspeichenrädern** ausgerüstet werden. Außerdem sind in den letzten Jahren Radkonstruktionen für Personenfahrzeuge aus gedrücktem und autogengeschweißtem Stahlblech und Stahlrohren entstanden, welche sich gut bewährt und rasch eingeführt haben.

## 2. Holzräder.

### Bauliche Ausbildung.

Das **Artillerie-Holzrad** besteht aus einer Stahl- bezw. Stahlgußnabe, Holzspeichen, einem Holzkranz und einer Felge aus gewalztem Stahlblech. Bei Hinterrädern können auch die mit der Nabe und den Speichen verbundenen Bremstrommeln als Teile des Rades angesehen werden. Abb. 108 stellt ein Artillerie Hinterrad eines Personen-Kardanwagens dar.

Die Holzspeichen werden mit zylindrischen Zapfen in den Radkranz eingelassen und durch die zweiteilige Nabe im Stern zusammengeschraubt. Eine andere öfters verwandte Ausführung der Nabe ist auf Abbildung 109 veranschaulicht. Vorteilhaft ist hier die flach konische Gestaltung der, mit dem Holz in Berührung kommenden Flächen der beiden Nabenflanschen, welche sich dadurch in die Speichen einpressen und eine schwalbenschwanzähnliche Verbindung bilden.

Zum Zusammenschrauben der Nabenflanschen werden Radbolzen mit flachrunden Köpfen und Nase verwandt. Deren Anzahl entsprach früher **immer** der halben Speichenzahl, während in letzter Zeit vielfach für jede Speiche ein Bolzen vorgesehen wird. Dadurch wird einem früher oft vorkommenden Strecken der Bolzen Einhalt geboten. Die Muttern der Radbolzen werden, um das Nachziehen zu erleichtern, vorteilhaft an der äußeren Radseite angeordnet.

Die Holzteile des Rades müssen, um nachträgliches Austrocknen der Räder und die daraus folgende Lockerung der Verbindungen zu vermeiden, aus vorzüglich getrocknetem Material hergestellt werden. Benutzt wird meistenteils Eschen-, Akazien- oder Hickoryholz. Den Speichen wird gewöhnlich die Gestalt nach Abb. 110 gegeben. Die Zahl ist immer eine gerade, meist sind es 10, 12 oder 14. Um eine festere Verbindung des Radsternes mit der Nabe herbeizuführen, werden öfters in jede zweite Fuge Keile eingeschlagen. Man verwandte auch konische Ringe, welche zwischen Nabe und Speichen eingedrückt wurden. Letzteres Mittel ist jedoch nicht zu empfehlen, weil dadurch die Verbindungsfugen zwischen den

Speichenenden leicht gelockert werden können. (Abb. 111 I). Noch weniger ist die Anordnung II, durch welche die Speichenköpfe geschwächt werden, zu empfehlen.

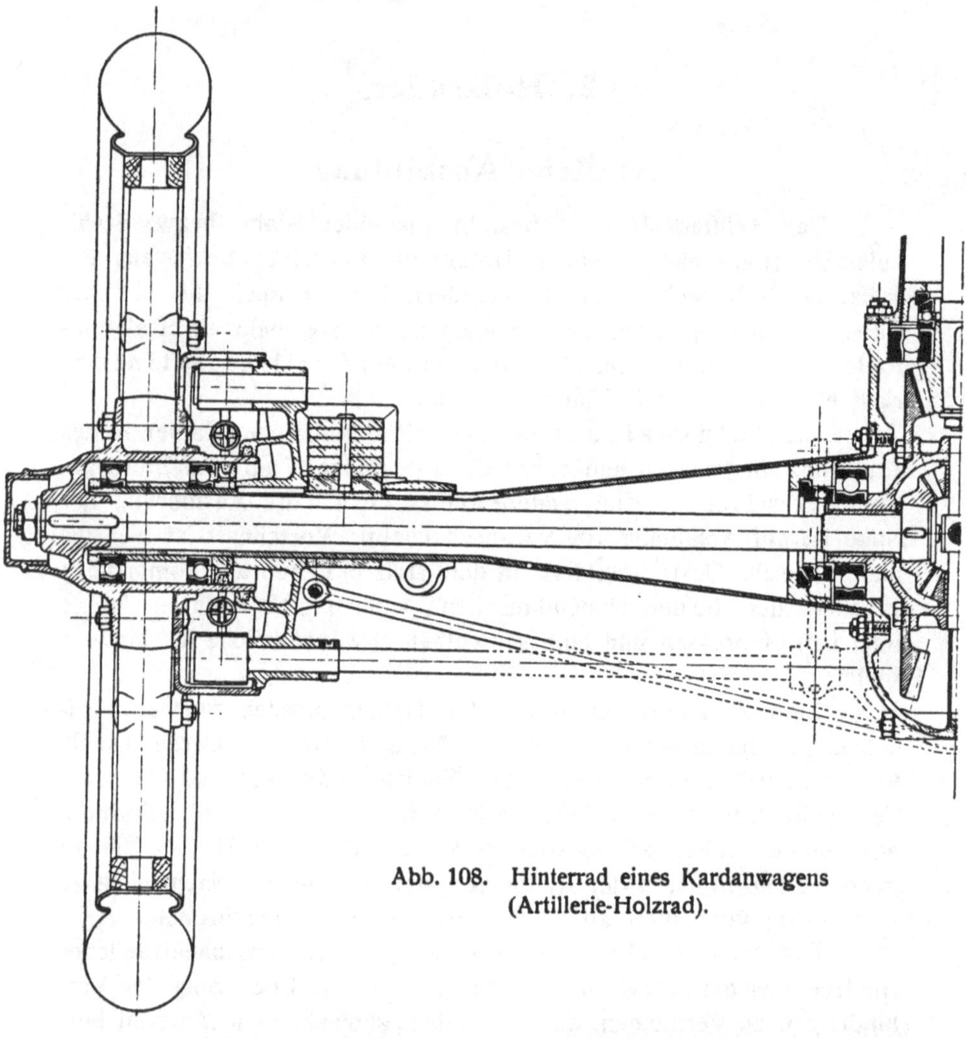

Abb. 108. Hinterrad eines Kardanwagens (Artillerie-Holzrad).

Die Verbindung der Speichen mit dem Radkranz wird mittels Zapfen, welche bei leichteren Gefährten cylindrisch (Abb. 110), bei schweren nicht selten prismatisch mit Anzug ausgeführt werden (Abb. 112). Die zur Aufnahme der Zapfen bestimmten Löcher im Radkranz werden vorteilhaft auf der Stoßmaschine hergestellt, weil dadurch die Holzfasern weniger leiden. Den Zweck, die Löcher zur Vermeidung einer Schwächung des Holzkranzes gänzlich fortzulassen, verfolgt die der Firma Glassner-Ratibor patentierte Anordnung

(Abb. 113 II.), bei welcher die Speichenden in viereckigen in den Radkranz eingelassenen Stahlgußschuhen stecken. Bei dieser Bauart fallen auch die auf Abb. 116 veranschaulichten Montageschwierigkeiten fort. (Vgl. weiter unten Radkranz.)

Vielfach ist auch eine Verbesserung der Speichbefestigung am Holzkranz des Rades angestrebt worden, indem man die Schwächung der **beiden Teile** durch die Zapfenverbindung zu vermeiden suchte und gleichzeitig bestrebt war, ein festes Zusammendrücken des Radsternes zu erreichen. Die nach diesen Gesichtspunkten entstandene

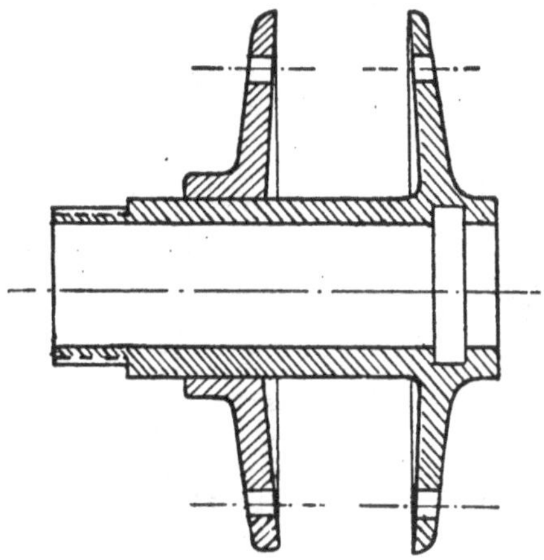

Abb. 109.

Verbindung erreicht ihren Zweck in sehr vollkommener Weise (Abb. 113 I), ist aber kostspielig.

Bei kleineren Wagen verzichtet man öfters auf eine besondere **Verbindung zwischen der Bremstrommel und den Hinterradspeichen,** indem man erstere entweder aus einem Stück mit der Nabe gießt, oder sich auf ein Vernieten mit dem Nabenflansch beschränkt. Wo eine besondere Befestigung erwünscht erscheint, da werden die Speichen der Hinterräder mit Verstärkungen versehen, durch welche Schraubenbolzen durchgesteckt werden. Letztere dienen zur Befestigung der Bremsscheibe. Die Speiche auf Abb. 112 ist mit solchen Augen versehen. Dadurch wird, wenn auch nicht beträchtlich, das Holz der Speichen geschwächt. Um dieses zu vermeiden, werden vielfach an dieser Stelle auch Befestigungsbänder gelegt und mit zwei Muttern gegen die Bremstrommel gegengezogen. Abb. 114 zeigt die Speiche eines schweren Lastwagen-Hinterrades mit Eisenbereifung, an welche die Bremstrommel mit solchen Bändern befestigt ist. Die große Breite des Radkranzes ist durch die erwünschte möglichst lange Berührungslinie zwischen dem Eisenreifen und der Fahrbahn bedingt. Infolgedessen werden solche Räder meist mit sehr breiten nach dem Radkranz zu konsolartig vorgebauten Speichen versehen.

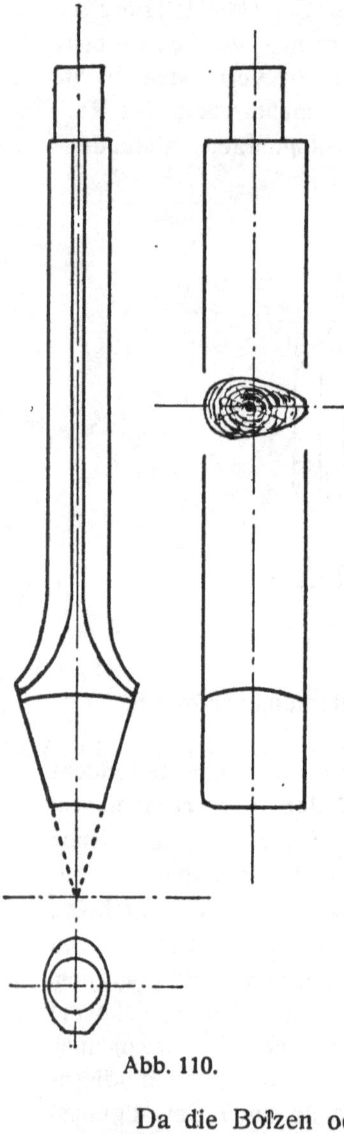

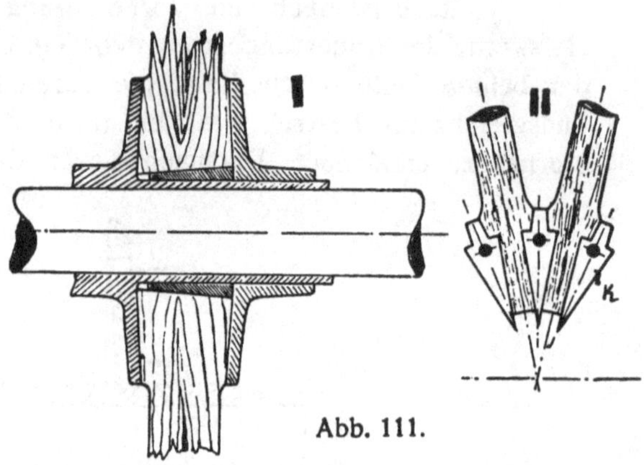


Abb. 111.

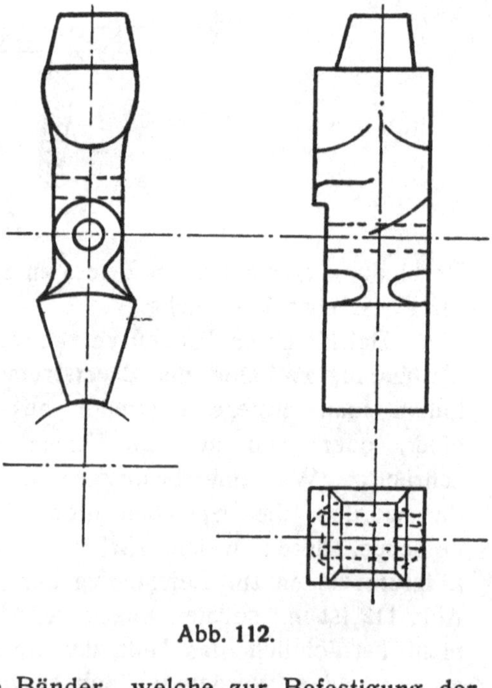

Abb. 110.

Abb. 112.

Da die Bolzen oder die Bänder, welche zur Befestigung der Bremstrommel an den Speichen dienen, infolge von unvermeidlichem Nachgeben des Holzes, von Zeit zu Zeit nachgezogen werden müssen, so ist es vorteilhaft, die dazu dienenden Schraubenmuttern leicht zugänglich zu machen. Will man (wenn es sich um einfache Bolzen handelt) die Muttern nicht an die äußere Radseite verlegen, so kann die Bauart nach Abb. 108 empfohlen werden, bei welcher die Bremstrommel an ihrem äußerem Umfang mit angegossenen Augen versehen ist. Im übrigen ist diese Anordnung auch dadurch interessant, daß die Bremstrommel mit dem losen Nabenflausch konstruktiv zu einem Stück vereinigt ist, während sonst in den meisten Fällen die Bremsscheibe mit der Nabe selbst unmittelbar verbunden wird.

**Der Radkranz** wurde früher aus mehreren Segmenten zusammengesetzt, welche mit einander verdübelt und verleimt wurden.

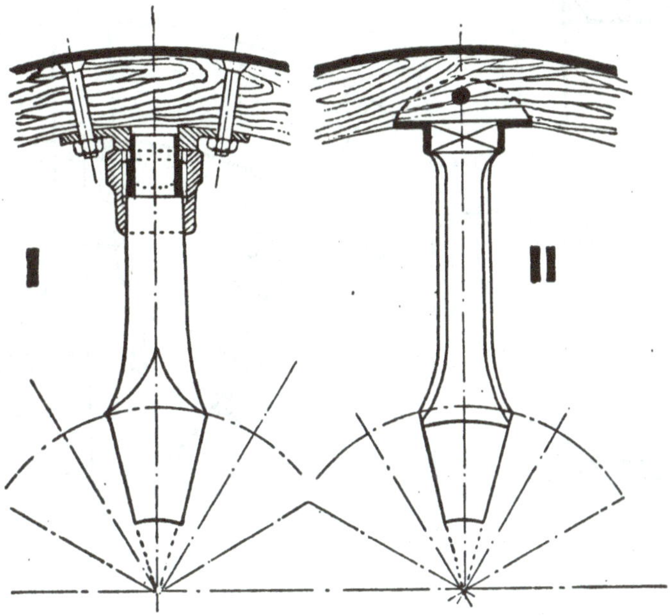


Abb. 113.

In neuerer Zeit ist man fast allgemein zum zweiteiligen gebogenen Kranz übergegangen. Das dazu bestimmte Holz wird unter Einwirkung von heißem Wasserdampf gebogen, so daß bei fertigem Rade die Holzfasern nach der Richtung des Radumfanges verlaufen.

Die Methode, nach welcher der zweiteilige Radkranz auf den vorhin fertiggestellten Speichenstern aufgesetzt wird (Abb. 115) ist recht roh zu nennen. Um den, auf Abb. 116 veranschaulichten Unterschied zwischen der Teilung der, an kleinerem Durchmesser auslaufenden Löcher, und der Entfernung der Speichenzapfenenden von einander auszugleichen, wird eine Speiche nach der anderen durch gewaltsames Zusammenbiegen mittels Schraubenzwinge in die auf Abb. 116 punktiert gezeichnete Lage gebracht und der Zapfen dann durch

Hammerschläge (Abb. 115) in den Radkranz eingetrieben. Das bedingt naturgemäß ein Aufbiegen des Radkranzes von Stelle zu Stelle sowie eine gewaltsame Beanspruchung der Speichen und des fertig montierten und verkeilten Radsternes. Besonders ist letzterer Umstand recht ungünstig und läßt ein Nachgeben und Lockerwerden des Sternes befürchten. Abgesehen davon ist diese Methode recht zeitraubend und erfordert gut geschulte Arbeitskräfte.

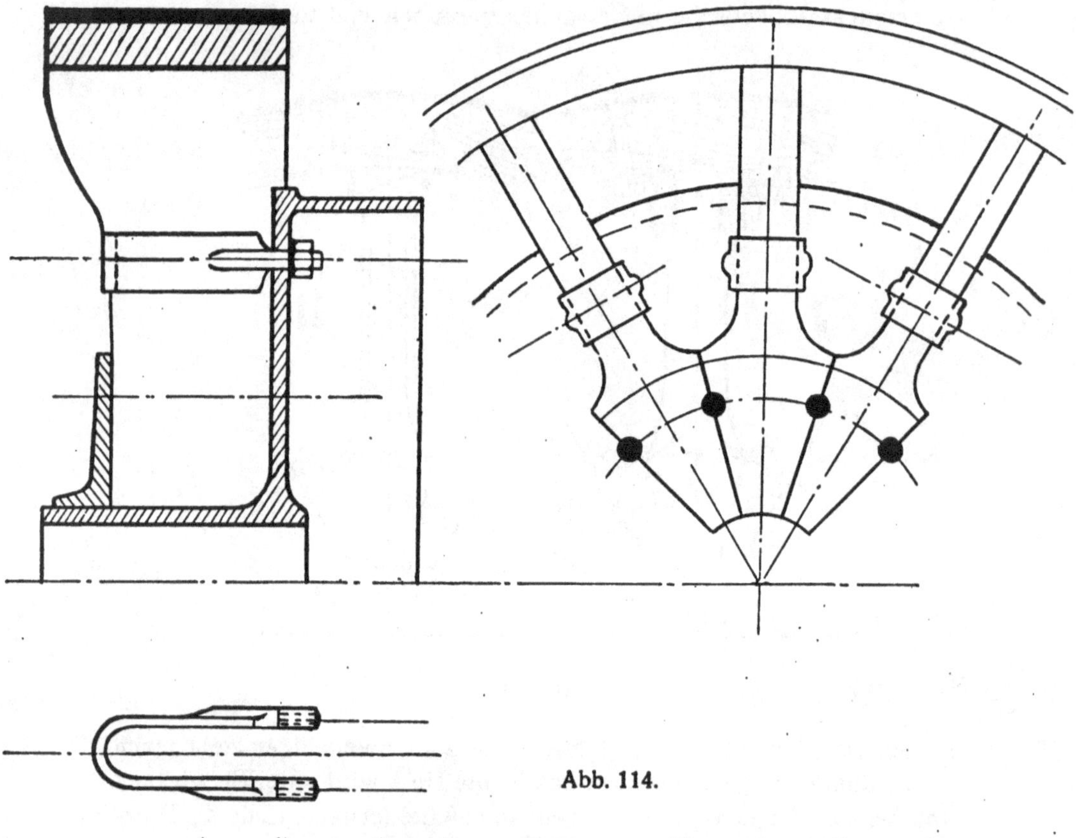

Abb. 114.

Aus diesen Gründen wird, wo Massenherstellung der Räder erwünscht ist, der Radstern **zu gleicher Zeit** mit der Nabe und mit dem Radkranz zusammengefügt. In ein gegossenes recht festes Gestell wird ein zum Zusammenspannen eingerichteter Flacheisenreifen hereingelegt (Abb. 117), innerhalb dessen die beiden Radkranzteile Platz finden. Auf den, in der Mitte der Vorrichtung angeordneten, genau centrierten Führungsbolzen wird die Nabe aufgeschoben, während die Speichen in der, auf der oberen Figur veranschaulichten Weise, aufgebaut werden. Durch einen Druck der, auf die Nabe wirkenden Spindel einer hydraulichen oder Schraubenpresse werden die Zapfen der Speichen in die zugehörigen Löcher des Kranzes hineingedrückt, indem sich die Enden der Speichen zu einem recht festen Stern um die Nabe herum zusammenfügen. Durch das Zusammenziehen des Flacheisenringes wird das ganze Rad dann nochmals endgültig gespannt, worauf das Anschrauben des Nebenflansches erfolgt. Diese Methode erlaubt auch die miteinander zu verbindenden Holzteile mit Leim zu bestreichen und dadurch die Haltbarkeit des Rades zu erhöhen. Der Herausgeber dieses Werkes hatte

Abb. 115. Montage der Räder.

Gelegenheit diese Methode in der Praxis anzuwenden und sind danach über 10 000 Räder hergestellt worden, welche sich als sehr haltbar und dauerhaft erwiesen haben. Zuerst ist diese Herstellungsart von der Pariser Firma Sizaire et Naudin angewandt worden. Sie hat auch den Vorteil großer Lohn- und Zeitersparnisse.

Die für die Aufnahme der Gummibereifung bestimmte **Stahlfelge** wird bei der Besprechung der Bereifung näher erörtert. Hier sei nur darauf hingewiesen, daß die Felgen nach der alten Wagenbauermethode auf das Rad warm aufgezogen und durch einige Holzschrauben am Umfange des Radkranze befestigt werden. In neuerer Zeit wird auch nicht selten die Felge nach einen aus Amerika stammenden Verfahren in kaltem Zustande hydraulich aufgepreßt, was natürlich nur bei sehr ausgedehnter Massenherstellung lohnend sein sein kann. Eisenbereifte Räder werden allgemein nur auf dem Wege des Warmaufziehens mit Felgen versehen.

Auf dem Gebiete des Kraftwagenholzrades gibt es nur wenige von der Normalausführung abweichende Konstruktionen zu verzeichnen. Die Ursache davon ist wahrscheinlich darin zu suchen, daß das Problem des federnden Rades und der Metallräder den Erfindergeist von dem Holzrade abgelenkt haben mag. Ob dieser

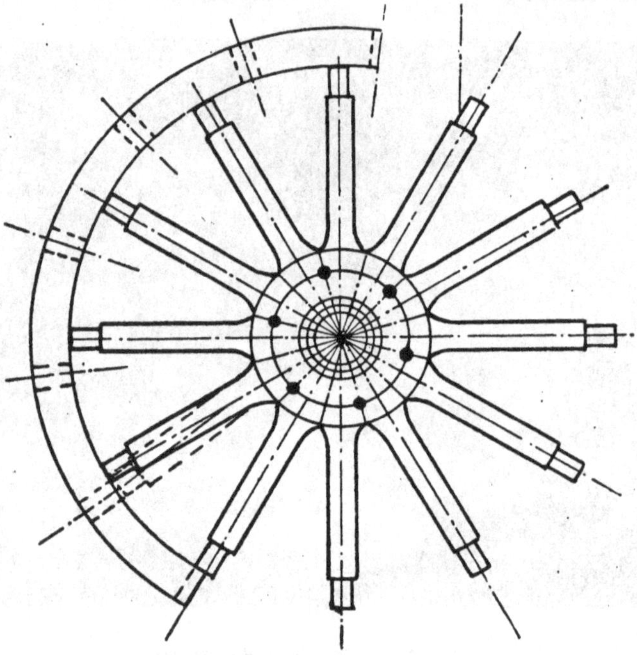

Abb. 116.

Umstand ein günstiger oder ein ungünstiger ist, soll dahingestellt bleiben,

Eine anormale, vielleicht ein wenig kostspielige Ausbildung der Speichenköpfe, welche ein recht dauerhaftes Zusammenfügen des Radsternes gestaltet, zeigt Abb. 118. Vieles wird dabei nicht gewonnen sein, bei sorgfältiger Ausführung mag aber immerhin die Widerstandsfähigkeit solcher Radsterne eine erhöhte sein.

Interessant ist die Bauart der „Gare-Patent Tyre and Wheel Cy. Ltd." inLiverpool, welche das Prinzip der Tangenstialspeiche auf Holzräder anwendet. Ein Teil der Biegungsbeanspruchungen Mby und Mbz (Vgl. Abb. 102) ist hier durch Knickungs bzw. Druckbeanspruchung ersetzt. Letztere sind jedoch bestrebt (Abb. 119) durch die Keilwirkung der Speichenköpfe den Radstern auseinanderzu-

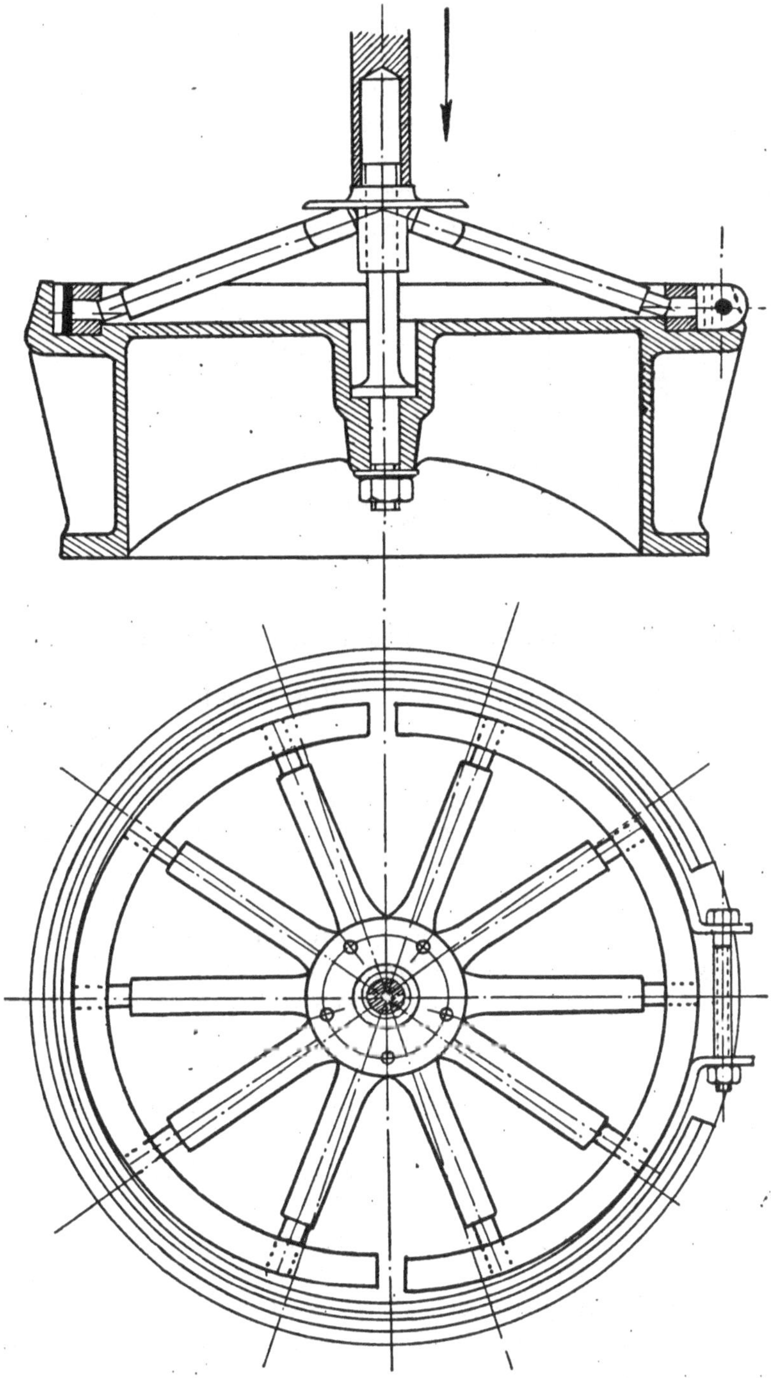

Abb. 117. Montage-Vorrichtung für Massenherstellung von Rädern.

schieben, was keinesfalls als günstig bezeichnet werden kann. Denkt man sich den Radbolzen fortgelassen und den Stern ohne Leim zusammengesetzt, so erkennt man die Gefahr des Auseinandersprengens des Sternes ohne weiteres. Des weiteren ist die gefährlichste Beanspruchung des Rades diejenige, welche durch die senkrecht zur Radebene am Radumfange wirkenden Kräfte hervorgerufen wird (Mbx) und für die Verminderung dieser ist hier nichts gewonnen.

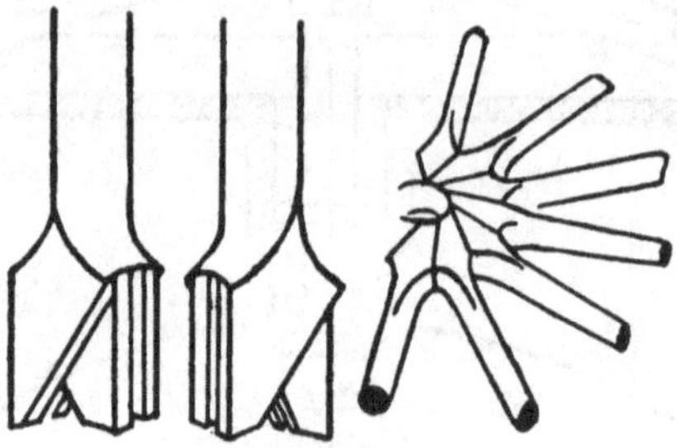

Abb. 118.

## Vergleich zwischen Holz- und Metallrädern.

Das Holzrad weist gegenüber den Metallrädern die Vorteile einer einfachen und billigen Herstellung und der leichten Reinigung auf (keine Schmutzecken). Auch das recht gefällige Aussehen mag noch als Vorteil genannt werden, obwohl ihm in dieser Beziehung auch verschiedene Metallräder nicht nachstehen. Im Vergleich mit den gegossenen Stahlrädern weist das Holzrad ein niedrigeres Gewicht auf, ist jedoch um ein geringes schwerer als Drahtspeichen- und Stahlblech-, bzw. Rohrräder. In Bezug auf Ableitung der auf die Bereifung zerstörend wirkenden Wärme ist das schlecht Wärme leitende Holz recht ungünstig und in der Praxis will man Reifenersparnisse durch Verwendung von Metallräder erzielt haben, was durchaus wahrscheinlich erscheint. Für die Länder mit sehr heißem und feuchtem Klima ist natürlich Holz infolge seiner Empfindlichkeit auf Temperatur- und Wassergehaltdifferenzen der Luft ungeeignet. Die Bruchfestigkeit des Holzrades ist geringer als diejenige der Metallräder.

Die zuerst genannten Vorteile, aber auch ein gewisser Konservatismus hat im Inlande das Artillerierad bis jetzt noch vorherrschend erhalten. Es ist aber mit ziemlicher Wahrscheinlichkeit anzunehmen, daß die Verminderung der Betriebsunkosten durch Verwendung von Metallrädern, infolge der damit verbundenen Reifenersparnis nicht verfehlen wird ihren Einfluß zu Gunsten der Metallräder in absehbarer Zukunft geltend zu machen, wie dieses bereits im Auslande, besonders in England geschehen ist. Für schwere Fahrzeuge, wie Lastwagen und Omnibusse ist heute schon das gegossene Stahlrad vorherrschend.

Berücksichtigt man die Tatsache, daß in neuerer Zeit die Auswechselbarkeit des Luftreifens im montierten Zustande, also zusammen mit der Felge, nicht nur erwünscht, aber öfters sogar zur Bedingung gemacht wird, so könnte man zur Ansicht neigen, daß auch die beim Metallrad leichtere konstruktive Ausbildung der auswechsel-

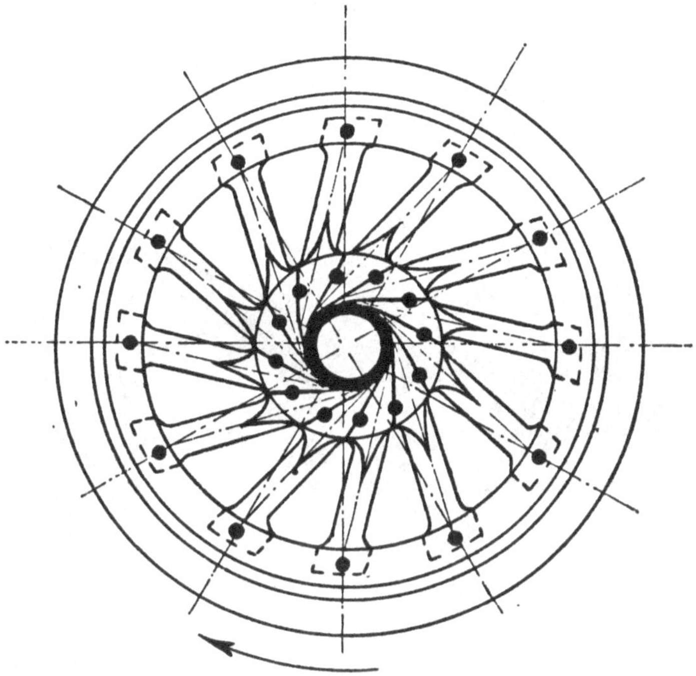

Abb. 119.

baren Radnaben einen Vorzug solcher Räder bedeutet. Demgegenüber wäre jedoch zu erwidern, daß das Mitführen ganzer Räder als Reserve immerhin recht umständlich ist und besonders für Drahtspeichenräder viel Raum beansprucht, während einige auf abnehmbaren Felgen montierte Reifen, kaum mehr Platz, als solche ohne Felgen beanspruchen; daß aber abnehmbare Felgen sich mit Holzrädern zumindest ebenso gut im Einklang bringen lassen als mit Metallrädern.

Es bleibt danach, als wesentlich entscheidend, die bessere Wärmeleitung und die dadurch herbeigeführte Reifenersparnis.

## 3. Metallräder.

### Stahlgußräder.

Aus gießereitechnischen Rücksichten hat man die Speichen und die Radkränze ursprünglich im Kreuz-, bzw. T-Querschnitt gegossen, wobei die Lagerbüchse unmittelbar in die ausgedrehte Rad-

Abb. 120. Stahlgußräder nach Schlagversuchen.
I. Hohlguß. II. T- und Kreuzprofil.

nabe eingepreßt wurde. Solche Formgebung hatte wohl den Vorzug der billigeren Modellherstellung und des einfacheren Gießens, wies aber gleichzeitig Nachteile auf, welche so geformte Räder wenig geeignet erscheinen ließen. Durch ungleichmäßige Materialstärke, sowie stellenweise beträchtliche Anhäufungen von Guß, waren Kunstgriffe nötig um das Verziehen, Blasenbildung und örtliche Spannungen zu vermeiden. Letztere waren in den Speichen trotz langsamen Abkühlung und sachgemäßen Anordnung von vielen Eingüssen kaum zu vermeiden. Daher ging man zu den hohlgegossenen Rädern über, welche sich in gleichmäßiger Wandstärke ausführen lassen und den gießereitechnischen Vorzug recht großer und gleichmäßig verteilter Kerne besitzen, wodurch eine, für langsame Abkühlung vorteilhafte Wärmeaufspeicherung bewirkt wird. Außerdem sind die Hohlräder widerstandsfähiger gegen Stöße, was zum Teil auch auf die Abwesenheit von Gußspannungen zurückgeführt werden kann.

Die Firma Georg Fischer — Elektrostahlgießerei in Schaffhausen — hat Vergleichs-Schlagversuche über die Widerstandsfähigkeit der

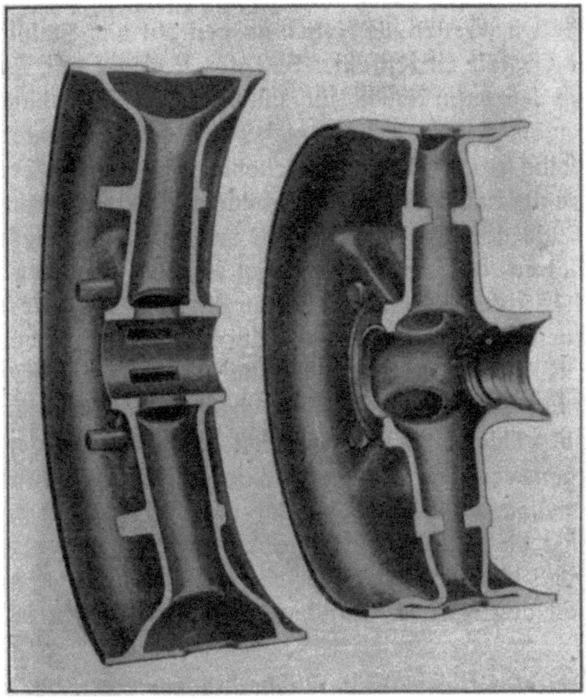

Abb. 121. Formänderung eines Stahlhohlgußrades nach einem Schlagversuch.

Stahlgußräder in Bezug auf deren Formgebung durchgeführt, aus welchen die Ueberlegenheit der Hohlräder sehr deutlich hervorgeht. Auf Abb. 120 sind die Resultate gezeigt, wovon I das beste und II das schlechteste ist. In beiden Fällen sind vier Schläge mit einem Fallgewicht von 1000 kg ausgeführt worden; im Falle I betrug die Fallhöhe 8 m, in II nur 4 m. Die an dem vollgegossenem Rade II mit weißer Farbe gekennzeichneten Speichenrisse lassen auf das Vorhandensein beträchtlicher Gußspannungen schließen. Durch den Anprall des Fallgewichtes bei A ist der hohle Radkranz und die Speichen von I bei B ineinandergefaltet worden. Infolge einer derartigen örtlichen

Deformation wird der Radkranz vor einem plötzlichen Breitdrücken und die Speichen D vor gewaltsamen Zugbeanspruchungen geschont. Die Formveränderung des Hohlgußrades ist aus der Abb. 121 zu erkennen, auf welcher I ein unbeschädigtes, während II ein ähnliches Rad nach den Schlagversuchen darstellt.

Um eine starke Materialanhäufung in den Naben zu vermeiden, werden diese auch hohl und zwar mit recht großem Kern gegossen, was aus Gründen einer guten Speichenkernführung ebenfalls gegeben ist. Nachträglich werden die Naben ausgedreht und Stahlbüchsen von erwünschter Gestalt eingepreßt. Soll das Rad auf der Antriebswelle festsitzen, so ist naturgemäß für unmittelbare Mitnahme der Nabe Sorge zu tragen, wie dieses beispielsweise an den Hinterrädern des N. A. G. Omnibusses (Abb 122) geschehen ist. Am äußeren Ende ist hier die Nabe als Zahnkupplung angebildet, und steht dadurch mit dem durch das Ende der Welle gebildeten anderen Kupplungsteil im Eingriff. Bei Ketten- oder Ritzelantrieb ist solche Anordnung überflüssig, da die Antriebstrommeln unmittelbar an die Speichen befestigt werden werden können. Gegen Verdrehung durch die Lagerreibung kann die eingepreßte Nabenbüchse vorteilhaft durch eine Raupenschraube gesichert werden (Abb. 123). Als durchgehende Wandstärken sind 5 bis 6 mm zu wählen und für möglichst gute Führung der Kerne soll Sorge getragen werden. Wo ein Hohlgießen des Radkernes aus irgend welchen Gründen nicht möglich oder nicht erwünscht erscheint, da soll zumindest eine äußerst kräftige Verrippung vorgesehen werden. Vorteilhaft sind hier die dünnen Rippen mit Randwulsten zu versehen, wie dieses an den N. A. G.-Omnibussrädern geschehen ist. (Abb. 122 und 123).

Ein weiteres Beispiel für Stahlgußräder zeigt Abb. 124. Dieses ist ein Omnibus - Vorderrad der englichen Daimler - Gesellschaft in Coventry. Auch hier ist zur Aufnahme des Rollenlagers eine kurze Stahlbüchse in die Nabe eingepreßt. Letztere ist sehr dünnwandig und groß im Guß ausgeführt, was durch die Verlegung des Achsgelenkes in das Nabeninnere bedingt ist.

Die Heeresverwaltung schreibt für Subventions-Lastwagen Stahlgußräder in Einheitsausführung vor und hat durch die Versuchs-Abteilung Zeichnungen dieser Rädernormalien herausgegeben, welche für den Lastwagenbau als maßgebend zu betrachten sind. (Abb. 125, 126,127.) Die darin eingetragenen Angaben, und die damit gegebenen Bauarten sind als behördlich verpflichtend anzusehen. Durch Innehaltung derselben ist die Möglichkeit bedingt vollständige Räder an Wagen verschiedener Herkunft untereinander auszutauschen. Die

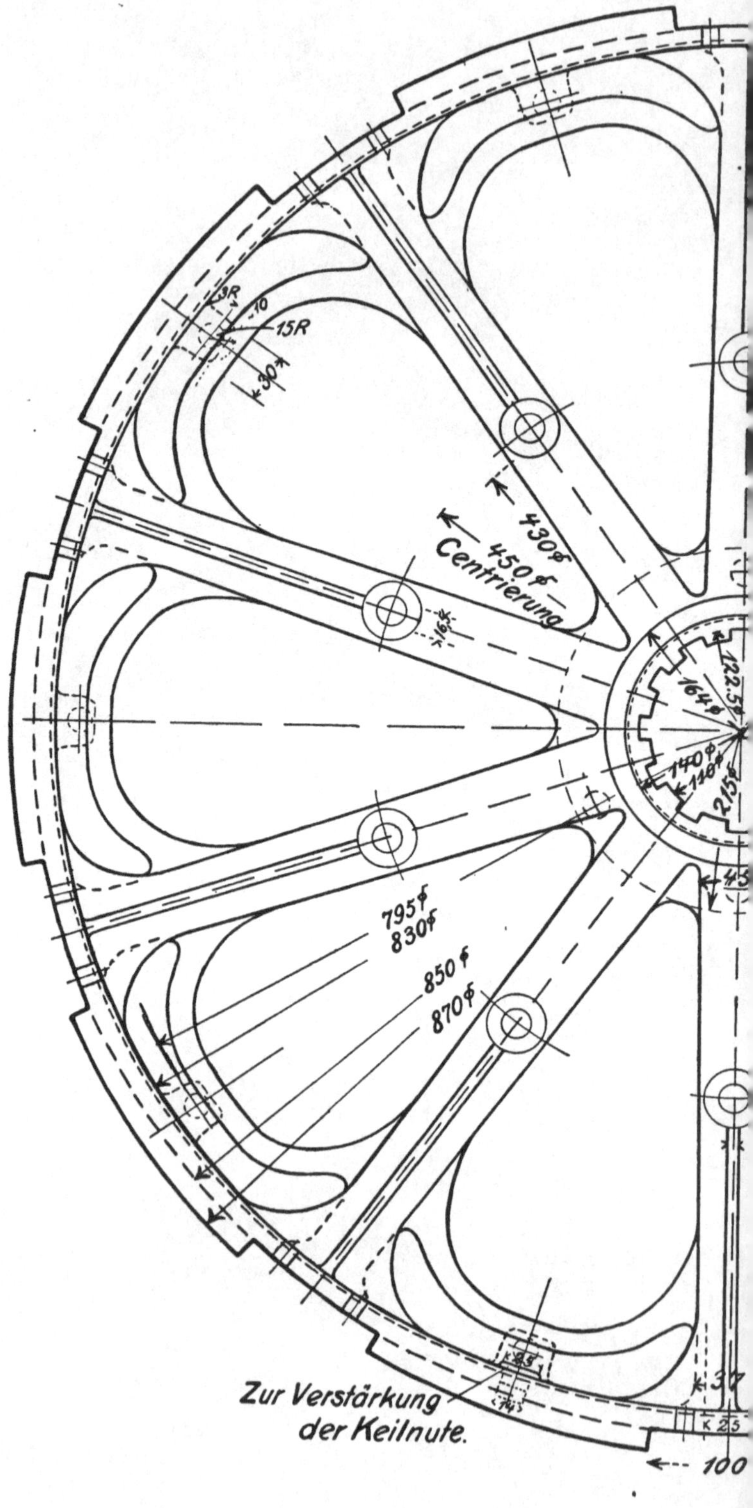
3R
10
15R
30
430ϕ
450ϕ
Centrierung
16ϕ
122.5
164ϕ
140ϕ
118ϕ
215ϕ
795ϕ
830ϕ
850ϕ
870ϕ
25
14
Zur Verstärkung
der Keilnute.
100

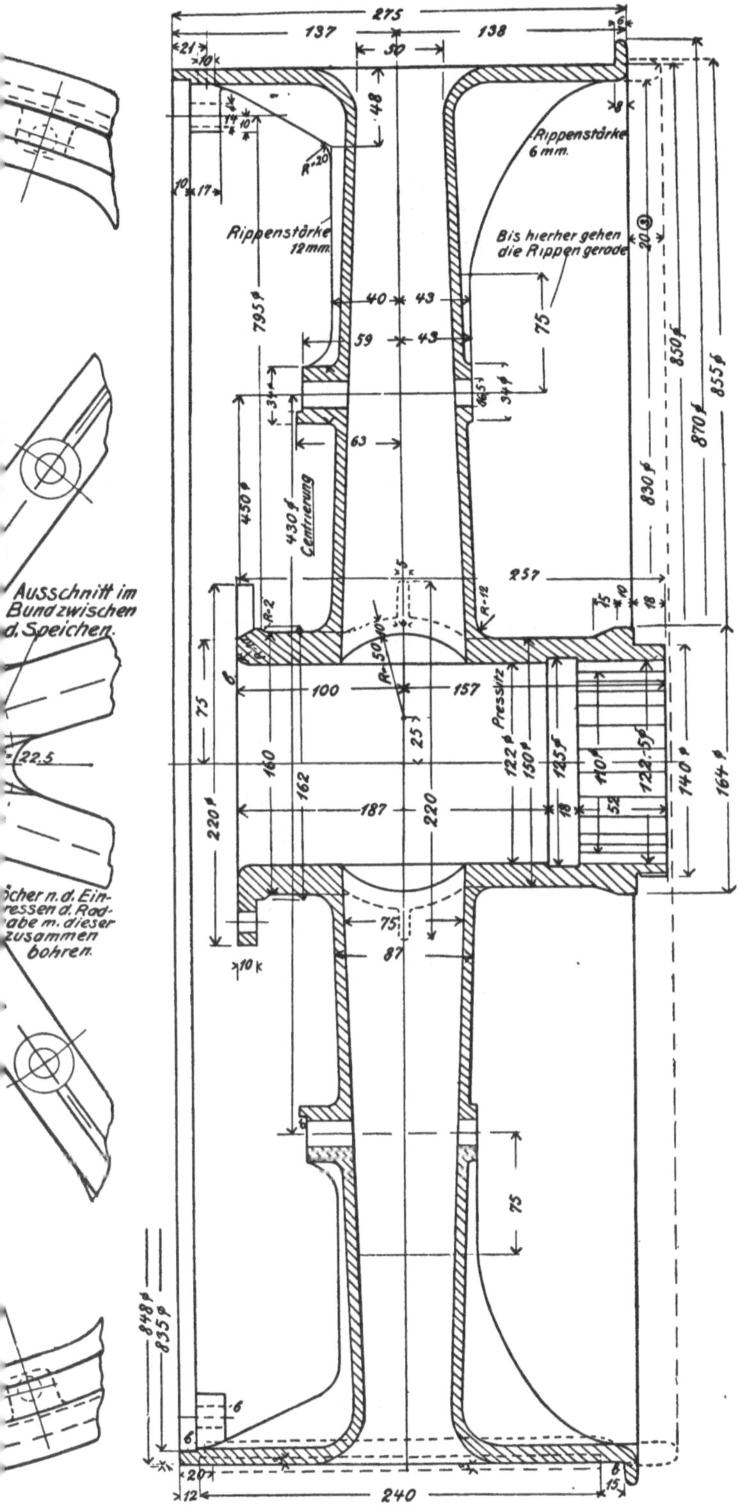

Rippenstärke 12 mm.
Rippenstärke 6 mm.
Bis hierher gehen die Rippen gerade
430 ∅ Centrierung
Presssitz
Ausschnitt im Bundzwischen d. Speichen.
öcher n. d. Einressen d. Radabe m. dieser zusammen bohren.

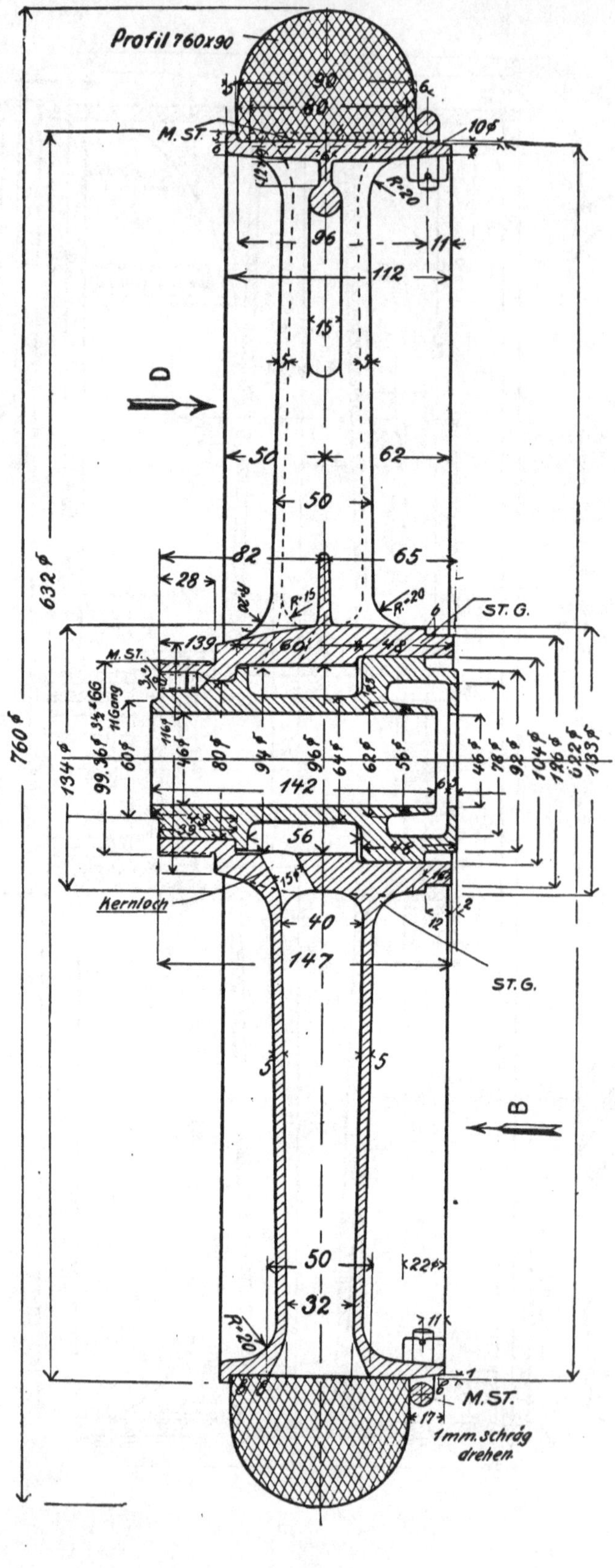

Profil 760x90
M. ST.
D
ST. G.
Kernloch
ST. G.
B
M. ST.
1mm. schräg drehen

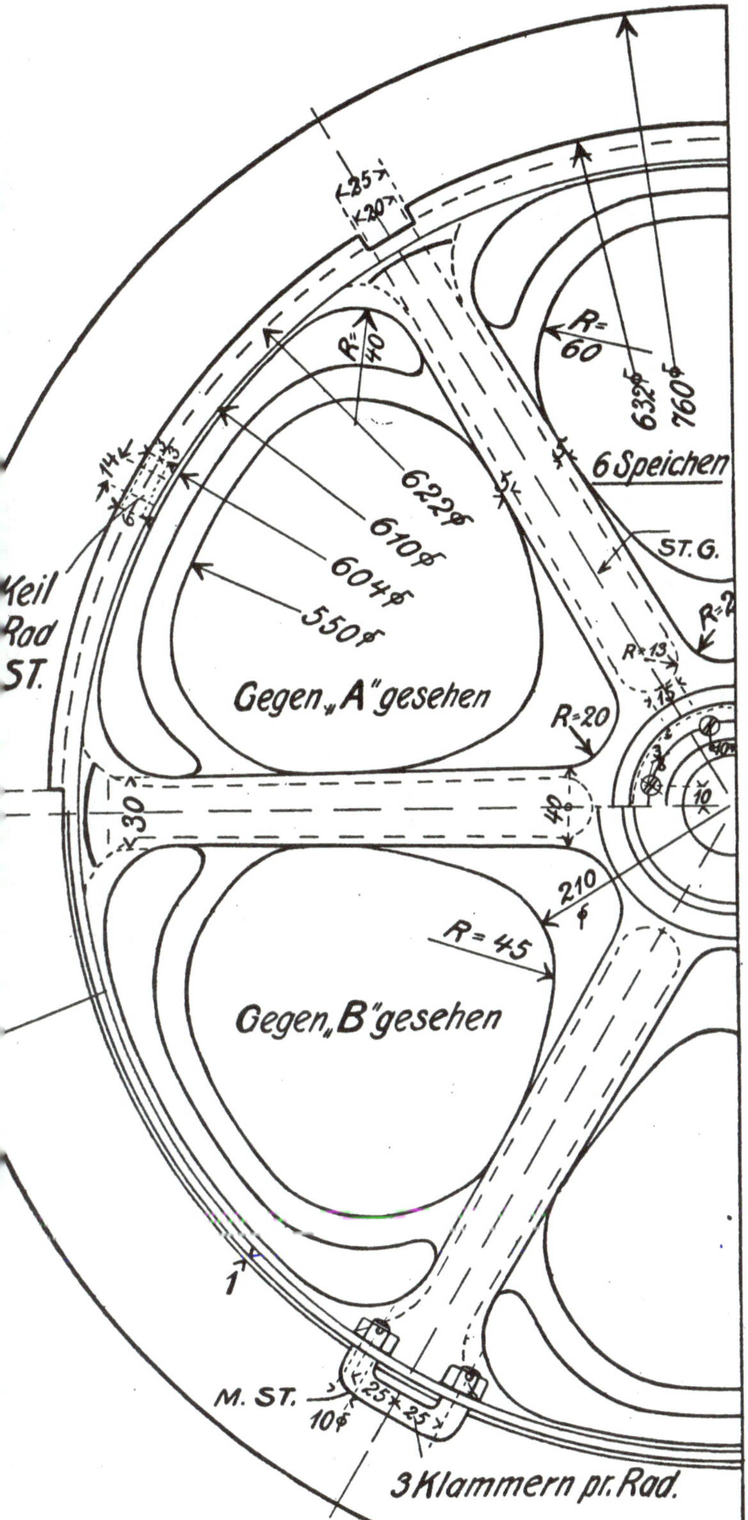

25
20
R= 40
622ϕ
610ϕ
604ϕ
550ϕ
R= 60
632ϕ
760ϕ
6 Speichen
ST. G.
14
Keil
Rad
ST.
R=13
15
Gegen „A" gesehen
R=20
30
40
10
210 ϕ
R = 45
Gegen „B" gesehen
1
M. ST.
10ϕ
25
25
3 Klammern pr. Rad.

auf Abb. 125 und 126 strich-punktiert gezogene Linie gilt als Einheits-Umrißbegrenzung. Kein Teil des kompletten Rades darf über diese Linie hervorragen und es ist auch nicht angängig, das benachbarte Konstruktionsteile diese Begrenzung durchbrechen (mit Ausnahme der Kette). Auch muß diese Begrenzung für die Durchfederung und für

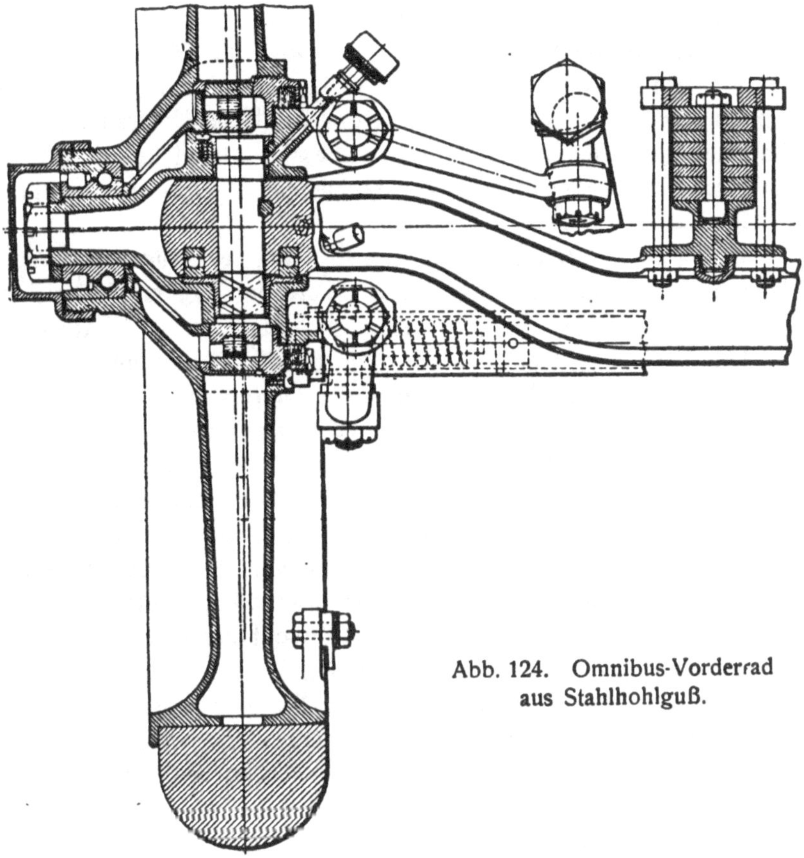

Abb. 124. Omnibus-Vorderrad aus Stahlhohlguß.

die Längenänderung des Kettenspannes berücksichtigt werden. Die Abb. 127 gibt die dazugehörigen Querschnitte der Radkränze wieder und zeigt Details für die Befestigung der Gleitschutzketten.

Die Heeresnormalräder sind als ausgesprochene Hohlgußräder mit sehr gleichmäßiger durchgehender Wandstärke und vorzüglicher Kernführung ausgebildet. Auch hier sind eingepreßte Nabenbüchsen zu finden während die Radnaben selbst recht dünnwandig gegossen sind.

## Drahtspeichenräder.

Räder mit tangential angeordneten und gekreuzten Drahtspeichen sind zuerst gegen 1870 erfunden und für Fahrräder mit durchbrechendem Erfolg angewandt worden. In den Entwicklungsjahren des Kraftfahrzeugbaues ist auch das Drahtspeichenrad in entsprechend verstärkter Gestalt an kleineren Fahrzeugen zu finden. Nach kurzer Versuchszeit, welche verschiedene Mängel zu Tage förderte, wurde jedoch von der Verwendung der Drahtspeichenräder allgemein Abstand genommen, indem das Artillerie-Holzrad an deren Stelle trat. Erst vor einigen Jahren ist das Drahtspeichenrad in einer vervollkommneten Gestalt wieder erschienen und hat sich in kurzer Zeit sehr gut eingeführt.

Es erscheint von Interesse auf die Mängel näher einzugehen, welche diese Bauart als ungeeignet erscheinen ließen und auf die Mittel hinzuweisen, welche zu deren Behebung geführt haben.

Die alten Drahtspeichenräder hatten die höchst unangenehme Eigenschaft durch im Inneren der Felge untergebrachte Speichennippel die Bereifung in bedenklicher Weise anzugreifen. Dieses war also ein sehr schwerwiegender Nachteil, da er die Betriebskosten unermeßlich steigerte. Da man aber, aus demselben Grunde, den größten Vorzug des Metallrades — d. h. die Reifenschonung durch Wärmeableitung, nicht festzustellen vermochte, so war dem oben genannten Fehler scheinbar kein Vorteil entgegenzusetzen und man nahm die durch Holzräder verursachte geringe Gewichtsvermehrung gerne in den Kauf um dadurch die Lebensdauer der Reifen zu erhöhen.

Erst die Erfindung des auswechselbaren Rades, welche sich anfangs mit dem Holzrade schwer vereinigen ließ, rief das Bestreben hervor, die Ursachen der raschen Reifenabnutzung durch Drahtspeichenräder gründlich zu untersuchen und zu beheben. Diese Bemühungen wurden von Erfolg begleitet — man fand, daß die Drahtspeichen viel zu schwach angespannt waren und daß infolgedessen die Nippel während der Fahrt aus der Felge heraustraten und den Reifen beschädigten. Es gab nun zwei Wege diesen Uebelstand zu beseitigen: indem man die Speichen stärker anspannte und die Nippel an eine Stelle der Felge setzte, wo sie dem Reifen nicht schädlich werden konnten. Man hat beide Mittel zur Anwendung gebracht und die Erfahrung hat in kurzer Zeit gezeigt, daß die Bereifung durch die Drahtspeichenräder nicht nur nicht mehr angegriffen, aber sogar im Vergleich zu Holzrädern nicht unerheblich geschont wurde. Nachdem man festgestellt hat, daß die durch die Reibungs-

Abb. 127.

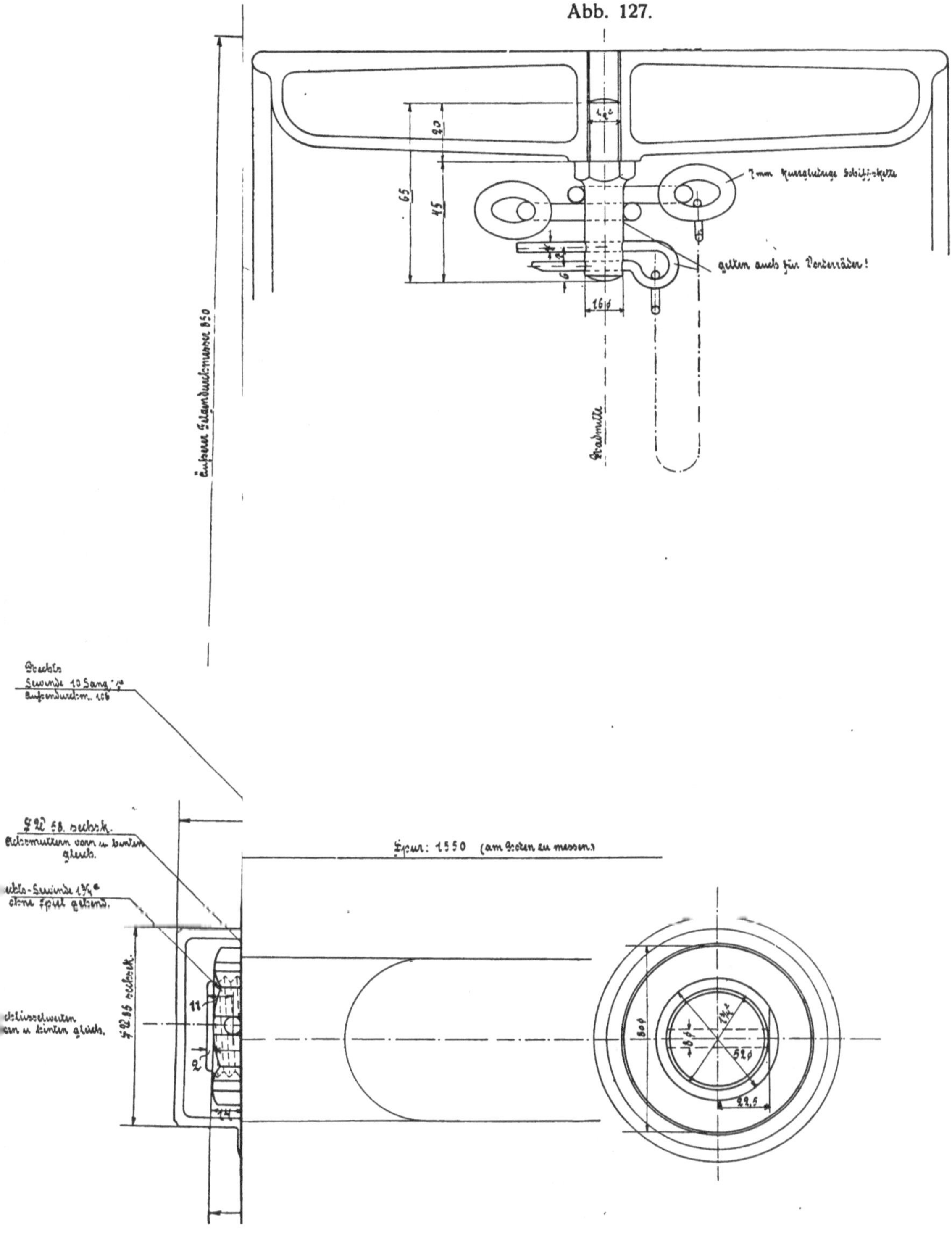

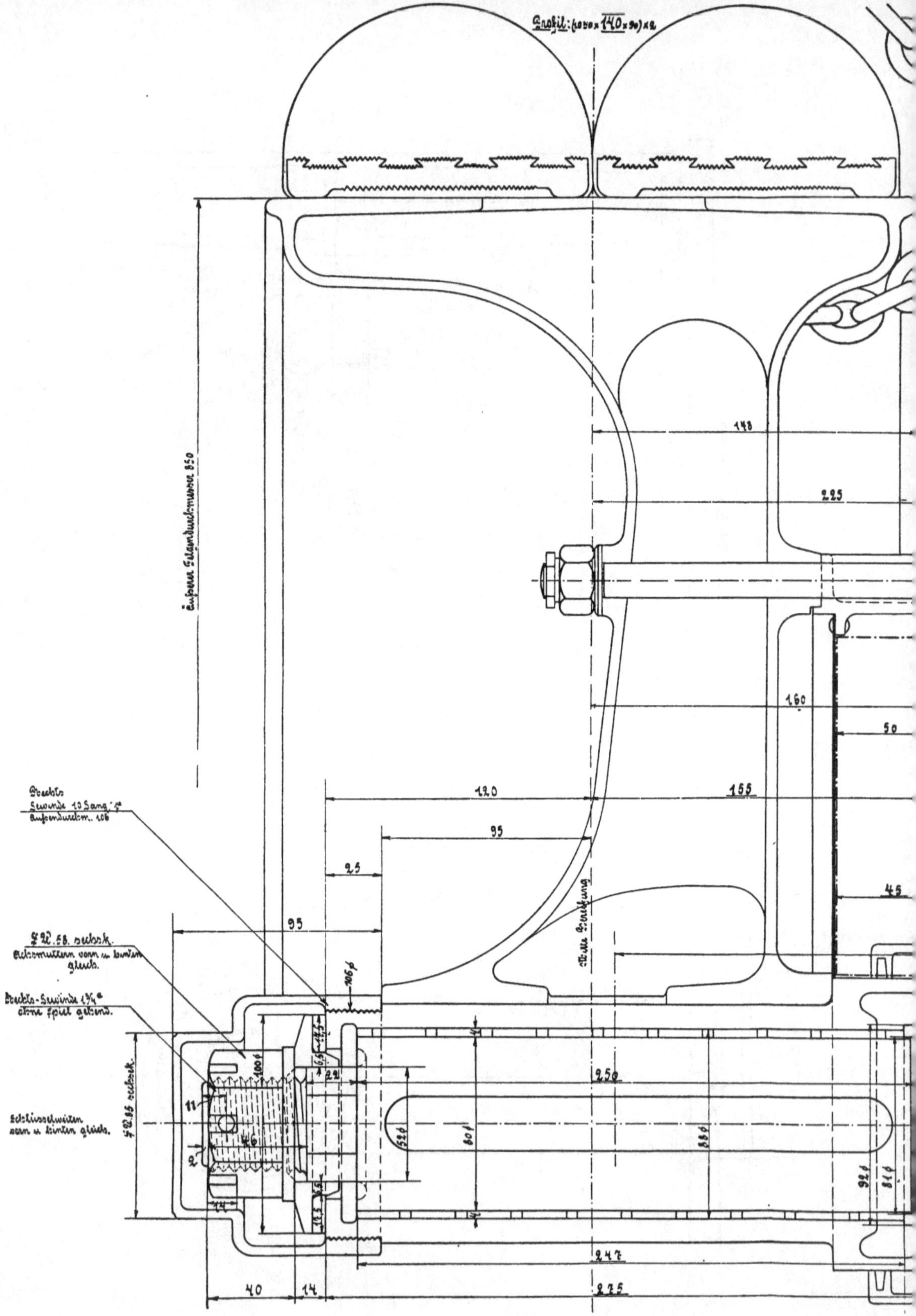


Abb

Abb. 127.

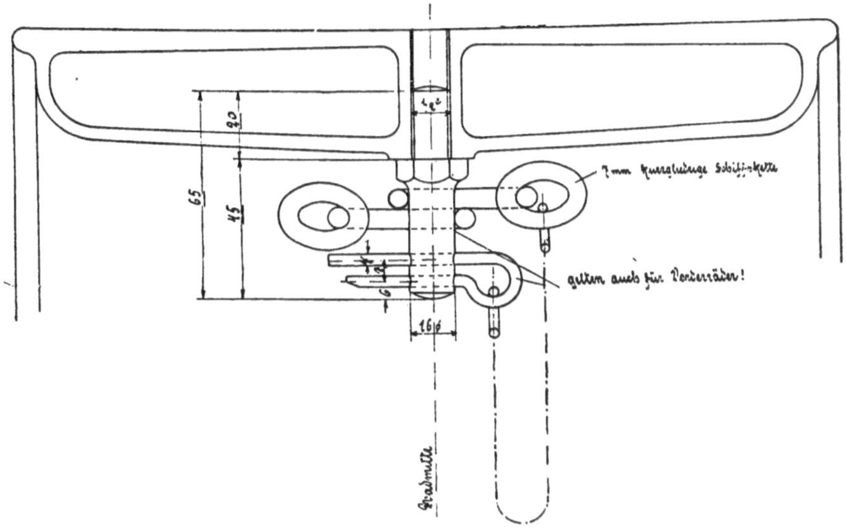
gelten auch für Vorderräder!
Radmitte

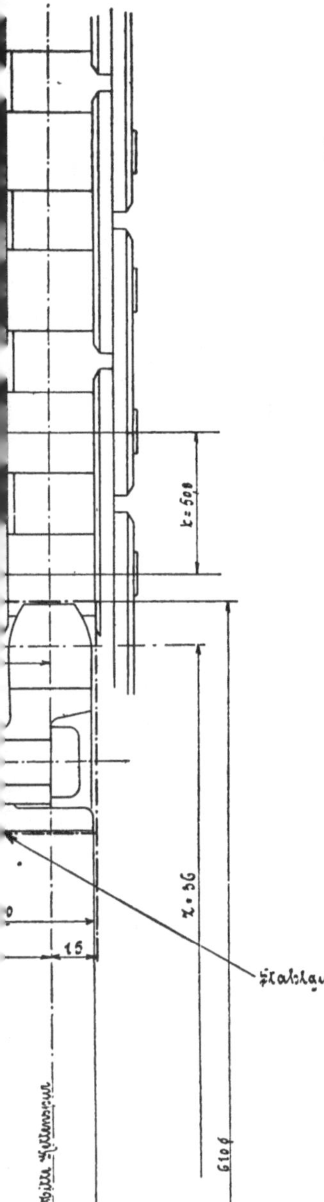
Stahlguss

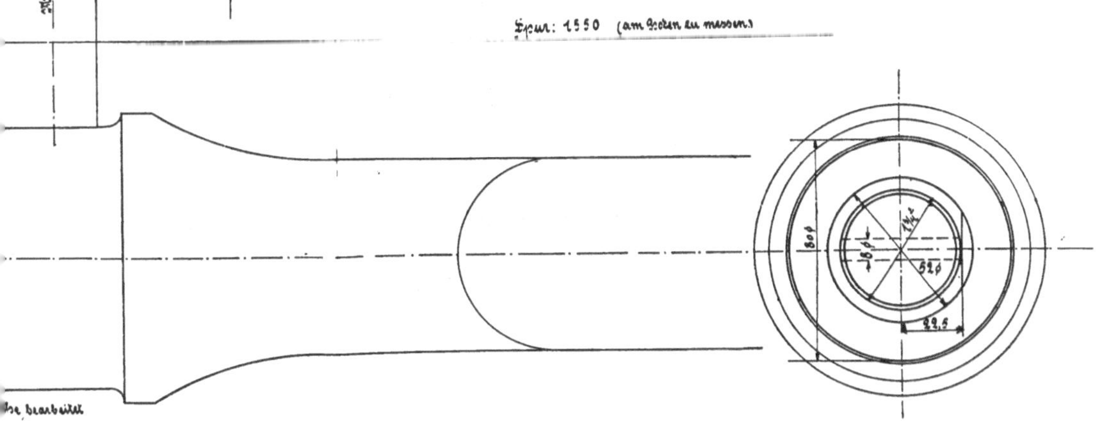
Spur: 1550 (am Boden zu messen)

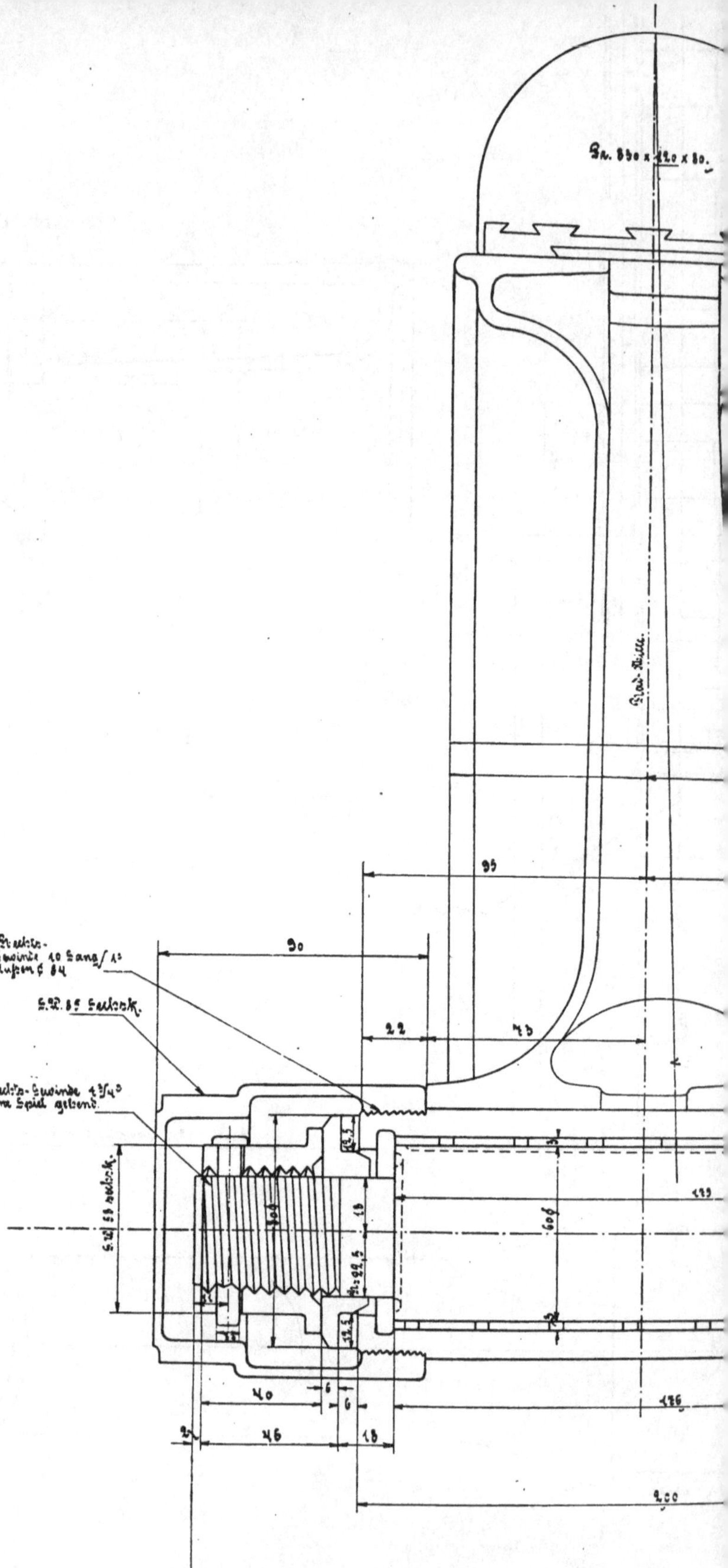

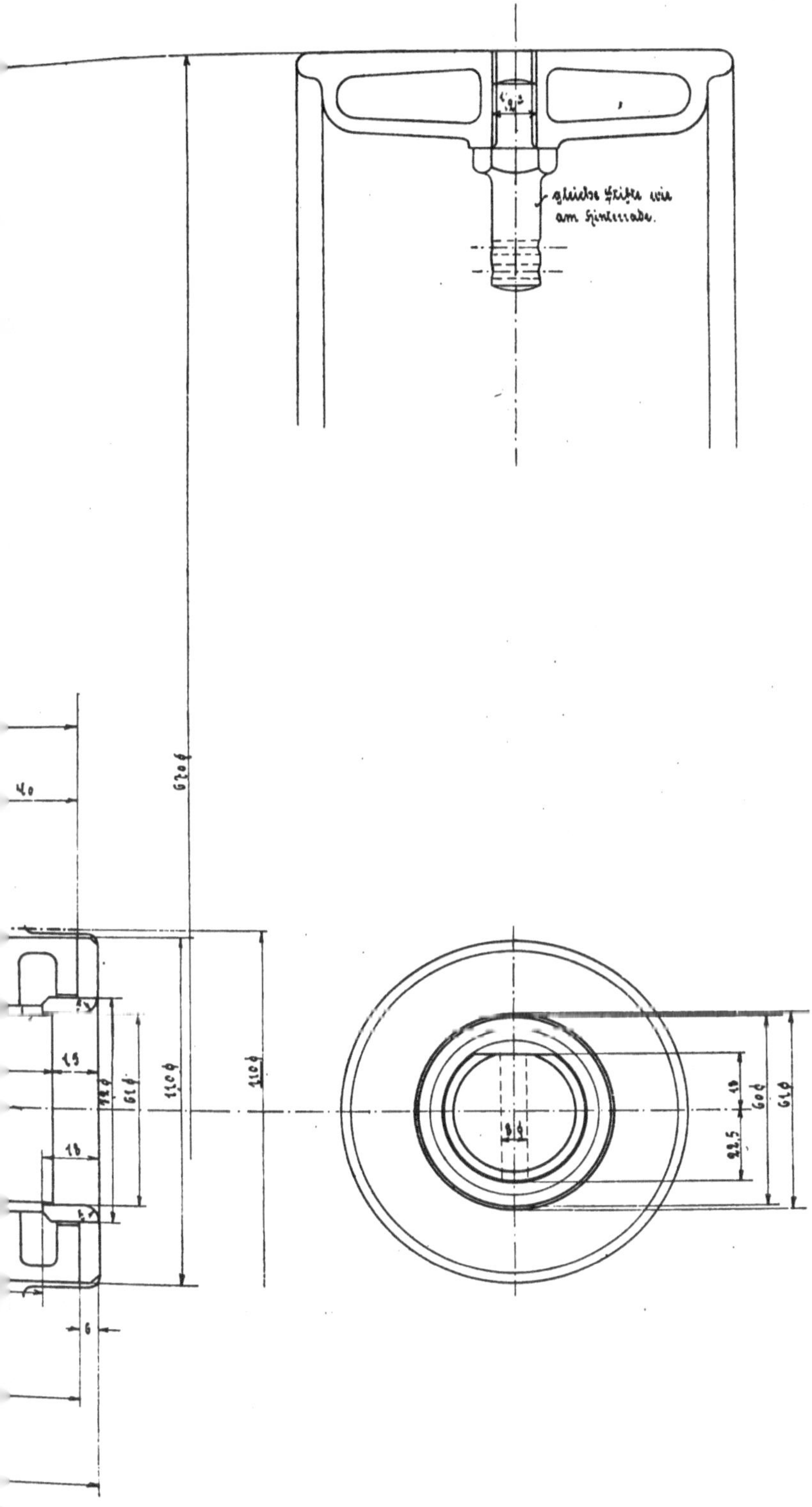


b. 126.

und Walkarbeit der Reifen hervorgerufene Temperaturzunahme des Gummi bei Drahtspeichenrädern geringer war, als bei Holzrädern — war damit auch die Ursache der längeren Lebensdauer der Bereifung gegeben und hat nunmehr das ursprünglich nur als Begleiterscheinung der abnehmbaren Naben zugelassene Drahtspeichenrad die ihm gebührende Würdigung um seines selberhalben gefunden.

Der Grundgedanke des Drahtspeichenrades ist — alle Beanspruchungen zwischen Felge und Nabe in Zugkräfte umzuwandeln. Bei einem solchen richtig konstruierten Rade ist dieses auch der Fall. Biegungs- und Knickungskräfte sind die dünnen Drahtspeichen nicht

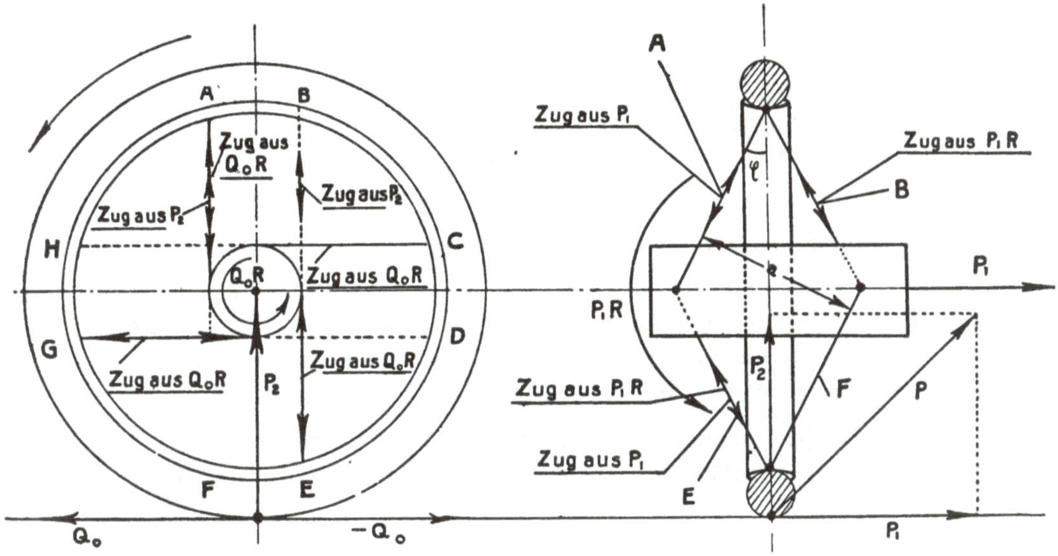


Abb. 128.

fähig zu übertragen, wohl können aber die jeweilig gedrückten Speichen eine Längsverschiebung erfahren und aus dem Felgenkranz heraustreten, wenn die auf Zug beanspruchten ungenügend gespannt sind und sich deshalb ausdehnen. Auf Abb. 128 ist ein Rad mit zwei Speichenreihen annähernd auf den Mantelflächen zweier Kegel angeordnet gedacht, wobei A,C,E und G auf dem einen und B,D,F und H auf dem anderen Kegel liegen, wenn sie sich alle auf Achse des Rades kreuzen würden. In Frage kommen wiederum die Kräfte $P_1$ und $P_2$ und die Kräftepaare $Q_0 \cdot R$ und $P_1 \cdot R$. Auf die einzelnen Speichen entfallen demnach:

Auf Speiche $A$: Zug aus $Q_0 \cdot R$
" " $P_2$
" " $P_1$

Auf Speiche $B$:

Zug aus $P_2$
" " $P_1 \cdot R$

Auf Speiche $C$:

Zug aus $Q_0 \cdot R$
" " $P_1$

Auf Speiche $D$ keine Belastung.

Auf Speiche $E$:

Zug aus $Q_0 \cdot R$
" " $P_1 \cdot R$
" " $P_1$

Auf Speiche $F$ keine Belastung.

Auf Speiche $G$:

Zug aus $Q_0 \cdot R$
" " $P_1$

Auf Speiche $H$ keine Beanspruchung.

Wirken demnach alle drei Kräfte $P_1$, $P_2$ und $Q_0$ zu gleicher Zeit, so sind die Speichen $A$ und $E$ die am höchsten beanspruchten, wovon $A$ die Komponenten aus aller Kräfte auf sich vereinigt und daher **wahrscheinlich** die von beiden meist belastete ist.

Die Zugkomponente aus $P_1$ ist in ihrem Werte von der Größe des Winkels $\varphi$ abhängig, weil sie annähernd durch den Ausdruck:

$$\frac{P_1}{n \cdot \sin \varphi}$$

(worin $n$ die Anzahl der tragenden Speichen bedeutet), ausgedrückt werden kann, wobei mit wachsendem $\varphi$ die Zugkomponente aus $P_1$ abnimmt. Mit wachsendem $\varphi$ wird aber die Zugkomponente aus $P_2$ (welche annähernd, wenn nur $A$ und $B$ tragen würde:

$$\frac{P_2}{2 \cos \varphi}$$

wäre), auch wachsen und es hängt vom jeweiligen Größenverhältnis von $P_1$ und $P_2$ ab, nach welcher Richtung die Veränderung von $\varphi$ günstiger wäre. Aus Rücksicht auf das unter Umständen recht große $P_1$ (Centrifugalkraft) wird man $\varphi$ in den meisten Fällen so groß wählen, als es die konstruktiven Verhältnisse gestatten. Dieses auch schon deshalb, weil $\varphi$ die Länge des Hebelarmes $a$ bestimmt, welche ihrerseits für die Größe der sich aus dem Drehmoment $P_1 R$ ergebenden Zugkräfte in den Speichen $B$ und $E$ ausschlaggebend ist, indem jede davon annähernd (bei nur zwei tragenden Speichen) durch

$$\frac{P_1 \cdot R}{a}$$

ausgedrückt werden kann.

Aus baulichen Verhältnissen ist $a$ meistenteils ziemlich beschränkt, wird aber in diesen Grenzen möglichst groß gewählt. Läßt man die Speichen, um die Berührung der Nippelköpfe mit dem Luftschlauch zu vermeiden, nicht von der Mitte der Felge, sondern von deren Rändern ausgehen, so wird der Winkel $\varphi$ bei konstant bleibendem $a$ vergrößert, oder verkleinert, je nachdem man die Bauart I

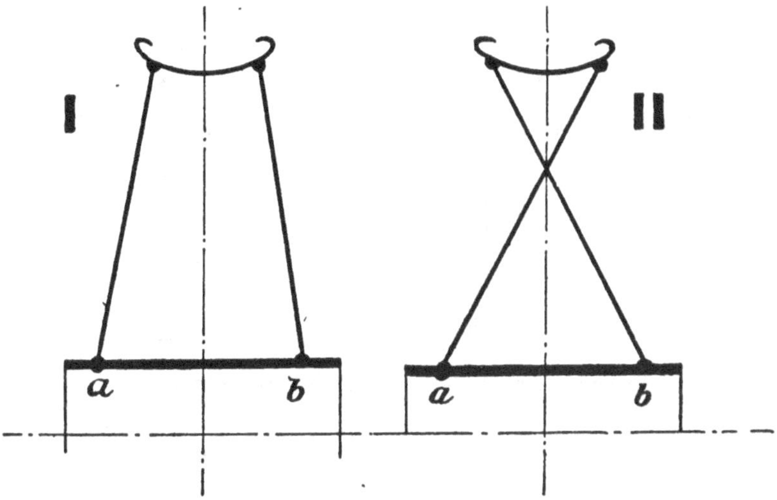

Abb. 129.

oder II der Abb. 129 wählt. Leider bietet die Anordnung II große Ausführungsschwierigkeiten und hat bisher keine Einführung gefunden. Daher ist man auf die Anordnung I angewiesen.

In der Praxis ist ein Rad mit symmetrisch angeordneten Drahtspeichen kaum denkbar, weil man dadurch zu großen Schenkelarm erhalten würde. Da man aber in der Hauptsache daran Interesse hat, den **nach außen liegenden** Speichen einen nicht zu kleinen Neigungswinkel $\varphi$ zu geben, was auch den konstruktiven Forderungen durchaus entspricht, so ergibt sich die Bauart nach Abb. 130 I von selbst. Diese Anordnung ist unter dem Namen „Zweispeichenrad" bekannt und wird vielfach mit guten Erfolgen ausgeführt.

Will man die Verhältnisse noch günstiger in bezug auf die Nabenabmessungen L und l gestalten und dem Rade eine noch widerstandsfähigere Gestalt auf Kosten einer geringen Gewichtsvermehrung erteilen, so kann noch eine dritte Speichenreihe hinzugefügt werden (Abb. 130 II), wodurch man ein „D r e i s p e i c h e n r a d“ erhält.

Die Versetzung der Speichenenden aus der Mitte der Felge nach deren Rändern zu ist aus Rücksicht auf den Einfluß der Nippelköpfe auf die Bereifung geboten, weil in der Mitte liegende Nippel in unmittelbare Berührung mit dem Luftschlauch kommen, wogegen bei deren seitlicher Lage letzterer durch die Mantelwulste davor geschützt bleibt.

Wie vorhin angedeutet wurde, sind außer diesem noch andere Wege vorhanden um dem zerstörenden Einfluß der

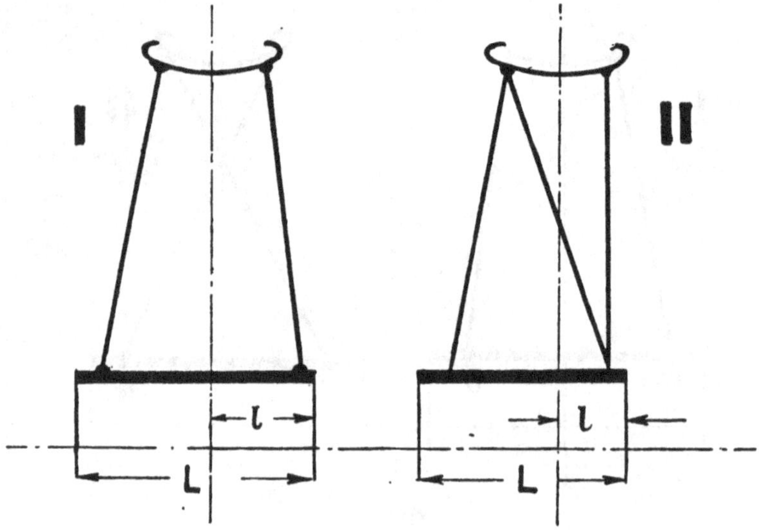


Abb. 130.

Speichennippel auf den Reifen Einhalt zu gebieten. Bei den älteren Rädern erhielten die Drahtspeichen bei der Montage eine nur geringe Zugspannung von nicht viel über 5 kg. Die Folge davon war, daß sich die Nabe unter dem Einfluß der Belastung aus der Radmitte versetzte und die jeweilig unter Druck stehenden Speichen ihre Nippel radial nach außen zu verschieben suchten. Die Praxis hat gezeigt, daß die Speichen einer bedeutend höheren Anfangsspannung bedürfen, wenn durch die im Betriebe vorkommenden Zugkräfte keine Längenänderung hervorgerufen werden soll. Gegenwärtig gibt man deshalb den Speichen etwa 50 kg Anfangsspannung, wodurch die Räder erheblich steifer werden und somit Radialbewegungen der Nippel nicht vorkommen können.

Eine weitere Sicherung gegen die Beschädigung der Bereifung durch die Nippelköpfe besteht darin, daß man die Felgen, an den Stellen, wo diese zu sitzen kommen, mit Beulen versieht, wodurch auch gleichzeitig eine gute Auflage der Köpfe erreicht wird. (Abb 131.)

Die Drahtspeichen sollen aus sehr zähem Stahldraht bestehen und werden in Stärken von 4 bis 6 mm ausgeführt. Das eine, mit einem linsenförmigen Kopf versehene Ende der Speiche wird in den

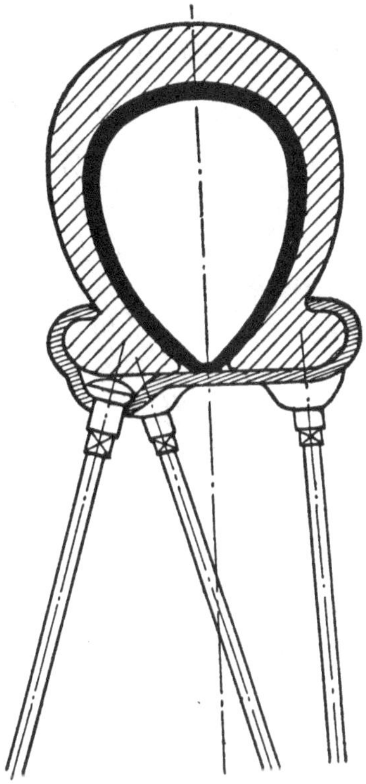

Abb. 131.

Löchern der Nabe festgehalten, während das andere ein nicht zu feines Gewinde erhält. Letzteres wird von einer langen Mutter aufgenommen, dem sogenannten Nippel, dessen linsenförmiger Kopf in den Vertiefungen der Felge aufliegt. Durch Drehen des Nippels wird die Speiche angespannt.

Vielfach werden die Enden der Speichen im Querschnitt verstärkt, um ein Abreißen am Gewinde und am Kopf zu vermeiden. Dadurch kann der lange Speichenkörper einen geringeren Durchmesser erhalten und so eine Gewichtsersparnis erzielt werden.

Im allgemeinen vermeidet man, um Abscheerungsbeanspruchungen aus dem Wege zu gehen, nach Möglichkeit das Umbiegen der Speichenenden und ist es daher vom Vorteil, die Löcher in der Nabe in der Speichenrichtung zu bohren, wie dieses beispielsweise auf der (Abb. 135) zu erkennen ist. Aus diesem Grunde ist die im Fahrradbau ausschließlich verwandte Flanschennabe für Kraftwagenräder nicht zu empfehlen. Abb. 132 veranschaulicht die schlechte (I) und die gute (II) Art der Speichenbefestigung.

Die Speichenlöcher ordnet man, um den Querschnitt der Nabe nicht allzu schwach zu gestalten, auf verschiedenen Kreisen, indem

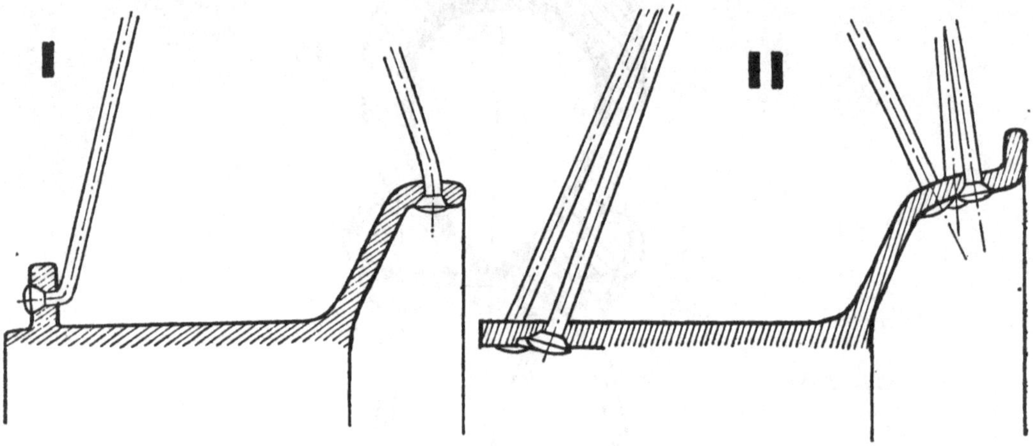


Schlecht. Gut.

Abb. 132.

man die Speichen um einige Millimeter gegeneinander versetzt (Vgl. Abb. 132 II).

Um die Widerstandfähigkeit gegen seitliche Stöße der Drahtspeichenräder mit Holz- und Stahlblechrädern zu vergleichen, hat die englische Firma Rudge-Whitwort Co. Ltd. eingehende Versuche unternommen, bei denen das zu prüfende Rad auf eine in Betonblock eingelassene Stahlfelge aufgesteckt und festgehalten wurde. Gegen die Felge dieses Rades wurden von einem schwingenden Gewichtspendel von 3,3 m Länge, dessen Gewicht 216 kg betrug, seitlich schwere Schläge abgegeben, welche große Aehnlichkeit mit denen haben, die das Wagenrad beim seitlichen Schleudern gegen einen Baum oder Chausseestein empfängt.

Das Ergebnis der Versuche auf acht Räder von vier verschiedenen Typen ist nachstehend mitgeteilt. Zwei der Räder waren Artillerieräder, die in Amerika aus feinstem Hickoryholz gefertigt

Abb. 133.

| No. | Art des Rades | Gesamtdauernde Durchbiegung in mm beim | | | | | Gewicht des Rades in kg |
|---|---|---|---|---|---|---|---|
| | | 1. Schlag | 2. Schlag | 3. Schlag | 4. Schlag | 5. Schlag | |
| | | mm | mm | mm | mm | mm | |
| 1 | Amerikanisches Hickoryholzrad | 5<br>— | 7<br>1 Speiche geplatzt | 18<br>Felge teilweise abgeschlagen | 37<br>¼ Felge zersplittert 3 Speichen gebrochen | 63<br>Felge zerschmettert | 21.0 |
| 2 | dito | 6<br>— | 9<br>2 Speichen geplatzt | 14<br>Felge geplatzt | 19<br>4 Speichen geplatzt | 28<br>2 Bolzenköpfe geplatzt, Felge hält | 20.5 |
| 3 | Französisches Hickoryholzrad | 5.5<br>4 Speichen geplatzt | 8<br>— | 14<br>5 Speichen geplatzt | 26<br>7 Speichen gebrochen | 112<br>Zerschmettert | 18.0 |
| 4 | dito | 6<br>3 Speichen geplatzt | 9<br>6 Speichen gebrochen | 18<br>1 Speiche gebrochen | 120<br>Zerschmettert | — | 17.5 |
| 5 | Stahlrad | 12<br>— | 27<br>— | 36<br>— | 52<br>— | 70<br>Nabe ausgebeult | 16.5 |
| 6 | dito | 13<br>— | 28<br>Nabe etwas ausgebeult | 37<br>— | 51<br>— | 71<br>Nabe stark ausgebeult | 16.0 |
| 7 | Drahtspeichenrad | 7<br>— | 13<br>— | 18<br>— | 28<br>5 Speichen gebrochen 2 Nippel herausgezogen | 63<br>2 Speichen gebrochen 2 Nippel herausgezogen | 14.0 |
| 8 | dito | 8<br>— | 14<br>— | 19<br>— | 26<br>— | 37<br>Kein Schaden | 13.5 |

waren; das nächste Paar waren französische Hickoryholzräder der Artillerietype, das dritte Paar waren Räder aus geschweißtem Stahlblech in der Form von Holzrädern und das letzte Paar waren abnehmbare Drahtspeichenräder mit dreifachen Speichen. Alle Räder trugen gut aufgepumpte Luftreifen von 880×120 mm. Die Resultate dieser Versuche sind auf der Abb. 133 und der darunter stehenden Tabelle veranschaulicht.

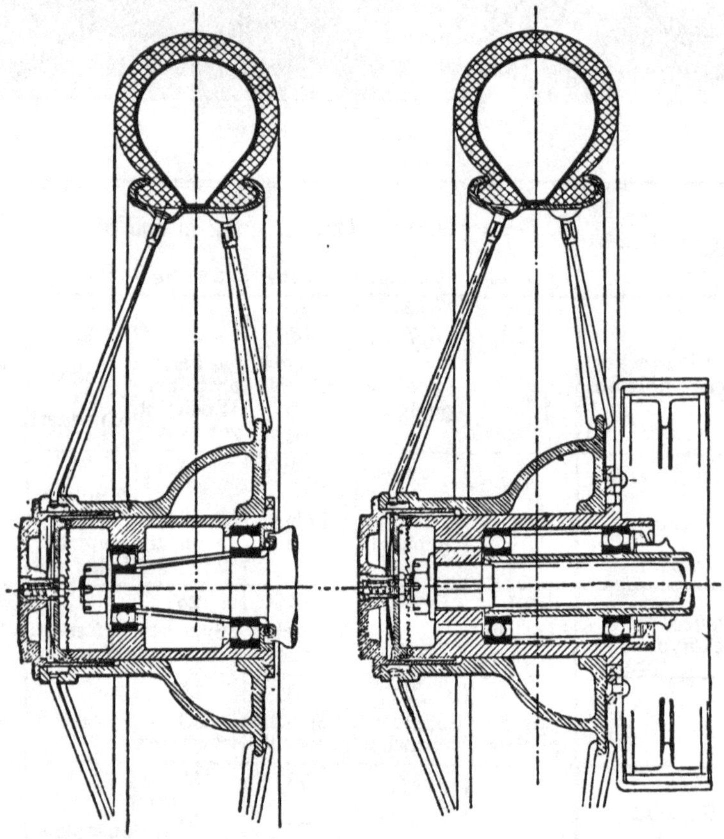

Abb. 134.

Ein fertig bespanntes Zweispeichenrad zeigt Abb. 134, auf welcher man das Bespannungsprinzip deutlich erkennen kann. Die Speichenbefestigung am inneren Flansch der beiden Räder läßt hier einiges zu wünschen übrig, während sie in ganz korrekter Weise bei dem Dreispeichenrade Abb. 135, 137, 138 und 139 ausgeführt ist.

Durch sein geringes Gewicht, vor allem aber durch die leichten, dünnwandigen Naben eignet sich das Drahtspeichenrad dazu, als auswechselbares Rad ausgeführt zu werden. Der Grundgedanke der Auswechselbarkeit der Räder beruht darauf, das ganze Rad von der Achse durch wenige leichte Hangriffe abzunehmen und durch ein anderes zu ersetzen. Daß dabei die Radlager unbe-

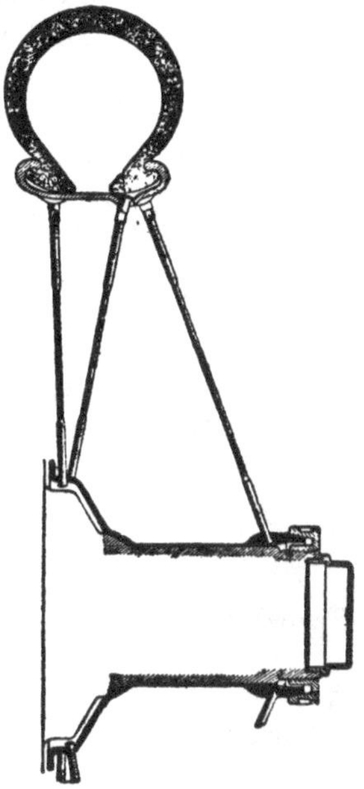

Abb. 135.

rührt bleiben müssen, ist selbstverständlich. Um dieses Ziel bei Drahtspeichenrädern zu erreichen, verfährt man in der Weise, daß man auf eine für die Lagerung des Rades auf der Achse dienende

Abb. 136.

Nabe eine zweite mit Speichen bespannte aufschiebt und durch irgendwelche Mittel auf der ersteren gegen Verdrehung und Ablaufen sichert.

Damit die Reserveräder ebenso für vorne wie für hinten dienen können, muß die Bremsscheibe an den ortfesten Hinterradnaben und nicht an den Rädern befestigt sein. Dieses Prinzip hat in früheren Jahren große Patentstreitigkeiten hervorgerufen. Das darauf genommene Patent einer englischen Firma wurde mit Erfolg

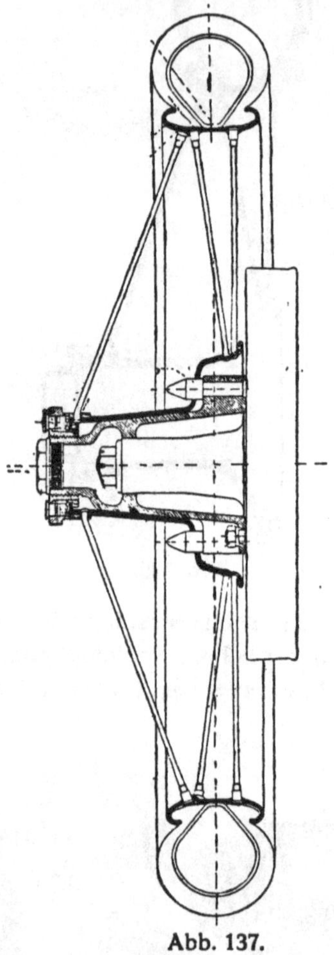

Abb. 137.

angefochten, man hat aber leider keine Reichsgerichtsentscheidung herbeizuführen vermocht.

Die Sicherung gegen Verdrehungen kann durch Nuten, Zahnkuppelungen, Keile oder Mitnehmerstifte erreicht werden. Abb. 136 zeigt eine ältere abnehmbare Nabe mit Zahnkuppelung. Bei den neuesten Modellen ist die Grundnabe in ihrer ganzen Länge mit Zähnen versehen, letztere sind aber bedeutend kleiner und mit feinerer Teilung ausgeführt. Diese Verbesserung ist wahrscheinlich darauf zurückzuführen, daß das Treffen von Zahn auf Zahnlücke beim Aufsetzen des Rades bei der groberen Teilung der völlig unsichtbaren Verzahnung gewisse Schwierigkeiten geboten haben mag.

Einfach und übersichtlich ist die Sicherung gegen Verdrehen bei den Rädern auf Abb. 137. Die Grundnabe ist hier mit einem Flansch ausgestattet, in welchem 6 auf einem großen Kreise verteilte Stifte eingenietet sind. In der Speichennabe sind entsprechende Löcher vorgesehen, in welche die Stifte eingreifen. Die beiden Naben sind konisch ausgebildet, wodurch ein fester Sitz und ein leichtes Abnehmen erreicht werden.

Abb. 138 a.

Vereinzelt wird die Klauenkupplung zwischen den beiden Naben gebraucht. Die meisten brauchbaren Anordnungen sind patentamtlich geschützt, so daß man beim Entwurf recht vorsichtig vorgehen muß.

Dasselbe bezieht sich auch auf die vielen Konstruktionen von Radverschlüssen. Während einige davon zugleich als Abzugsvorrichtungen ausgebildet sind, begnügt man sich bei den anderen mit dem Gegenziehen des Rades und läßt das Abziehen von Hand erfolgen. Durch viele recht komplizierte Konstruktionen war man bestrebt eine selbsttätige Sicherung zu erreichen und zwar in der Weise, daß durch das Abnehmen des Radschlüssels die Sicherung in Wirkung trat, während durch das Ansetzen des Schlüssels eine Lösung derselben erfolgte. Einige von diesen Anordnungen sind sehr geistreich und erreichen ihren Zweck in recht vollkommener Weise.

Da jedoch die Praxis gezeigt hat, daß auch hier das einfachste das beste ist, so wird man allmählich wohl am Radverschluß von unnötigen Komplikationen abkommen und sich mit einer gut von Hand zu sichernden Anzugsmutter begnügen. So ist beispielsweise eine in bezug auf Drahtspeichenräder sehr erfahrene Firma, welche bei ihrer älteren Nabe einen geistreich erfundenen Patentverschluß hatte, bei der neuen Ausführung zu einer einfachen Mutter übergegangen und ließ ihre komplizierte Verschlußanordnung fallen. Die neue Nabe (Abb. 138) wird dadurch gesichert, daß die Anzugsmuttern ein grobes,

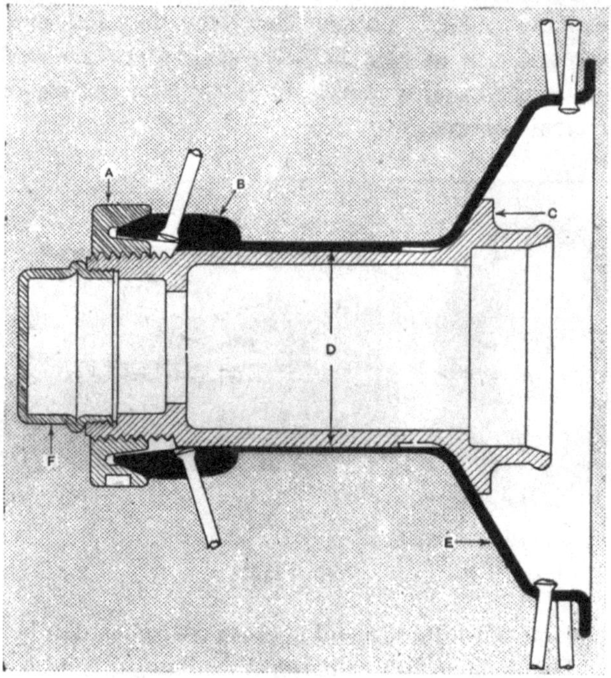


Abb. 138b.

der Fahrtrichtung des Rades entgegengesetzt gewundenes Gewinde besitzen, welches um einige Zehntel Millimeter größer ist, als das dazugehörige Gewinde der Grundnabe. Ist die Mutter durch Zufall nicht gegengezogen, so zieht sie sich während der Fahrt von selber an, weil sie sich bei jeder Umdrehung des Rades um die Umfangsdifferenz zwischen Naben- und Muttergewinde verdrehen muß. Außerdem ist eine Reibungssicherung durch Konus vorgesehen. Auch diese einfache Anordnung ist durch Patente belegt.

Wie schon oben angedeutet, hat die Auswechselbarkeit der Drahtspeichenräder den Nachteil, daß die Unterbringung der Reserve-Räder mit ihren sehr langen Naben manche Schwierigkeit verur-

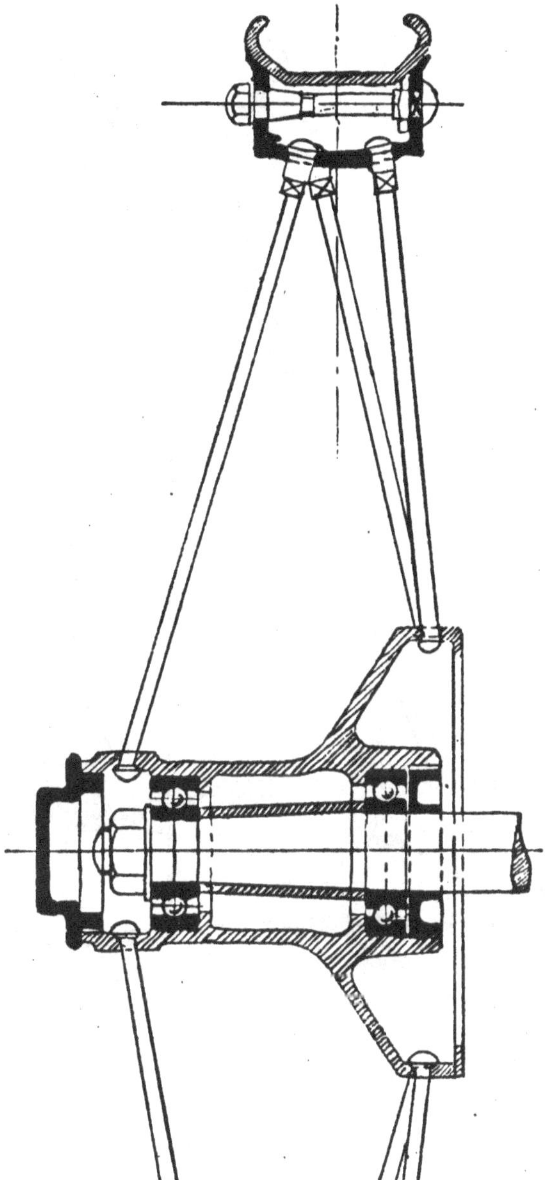

Abb. 139.

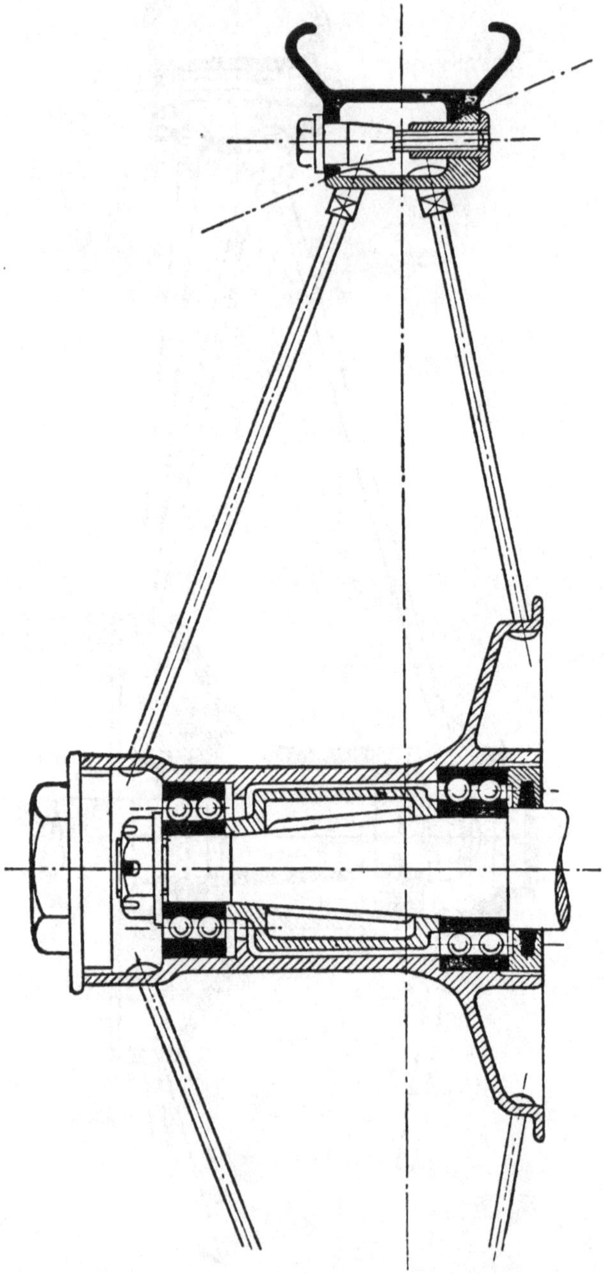

**Abb. 141.**

sacht. Der Raum auf dem Auftrittbrett an der Führerseite reicht wohl für zwei oder drei komplette Reifen, oder zwei abnehmbare Felgen, gestattet aber die Unterbringung nur eines Drahtspeichen-

Abb. 140.

rades. Das zweite Reserverad muß man, falls man auf die Mitnahme desselben nicht verzichten will oder kann, bei offenem Wagen hinter der Rückwand des Hintersitzes anbringen, was wiederum die Mit-

Abb. 142.

führung von Gepäck erschwert und den verfügbaren Raum für die Schlußlaterne beengt. Bei vielen Sportwagenkästen ist deshalb der Raum unter den Hintersitzen von hinten zugänglich gemacht und zu einem verschließbaren Behälter für ein Reserverad ausgebildet worden. Bei geschlossenen Wagen ist die Aufgabe durch die Möglichkeit einer Unterbringung auf dem Dache des Wagens erleichtert.

Aus diesen Gründen ist es zu begrüßen, daß eine inländische Firma auf den Gedanken kam, ein Drahtspeichenrad mit abnehmbarer Felge zu konstruieren und auf den Markt zu bringen (Abb. 139). Diese Anordnung besitzt auch zu gleicher Zeit den Vorteil, daß die Speichennippel in einem getrennten Raume untergebracht sind und daher nicht in Berührung mit der Bereifung kommen können. Ganz

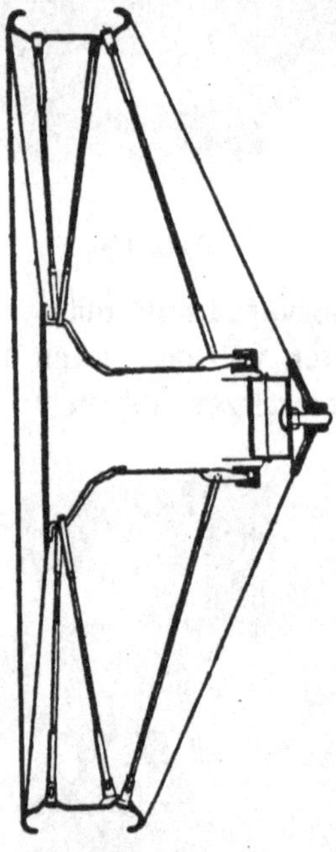

Abb. 143.

ähnlich ist das auf Abb. 140 gezeigte Hering-Rad, welches ebenfalls von einer deutschen Firma gebaut wird. Auf Abb. 141 ist dessen Felge im Schnitt dargestellt.

Auch für Zwillingsreifen sind Drahtspeichenräder angeeignet worden und zwar in der Gestalt vom Vierspeichenrad (Abb. 142), oder vom Sechsspeichenrad mit abnehmbarer Nabe. Die Mitnahme von Reserve ist hierbei natürlich umständlich.

Dem Nachteil der schwierigen Reinigung der Drahtspeichenräder hat man in sehr unvollkommener Weise durch Umspannen des Rades mit Celluloidscheiben abzuhelfen versucht (Abb. 143). Zufriedenstellende Erfolge wird man wohl kaum damit erreicht haben, weil das Material für diesen Zweck höchst bedenklich erscheint. Viel besser eignen sich dazu Scheiben aus Aluminiumblech, welche in neuester Zeit von einer inländischen Firma hergestellt werden.

## Sonstige Metallräder.

Es sind viele Versuche gemacht worden, Kraftwagenräder aus Stahlblech herzustellen und hat man damit beachtenswerte Erfolge erzielt. Solche Blechscheibenräder sind sehr widerstandsfähig, leicht und einfach, besitzen aber leider ein ziemlich schwerfälliges Aussehen, welches sich mit den harmonischen Linien moderner Kraftfahrzeuge nicht leicht in Einklang bringen läßt.

Auf der Abb. 144 sind einige Ausführungen von Scheibenrädern gezeigt. Die Bauart II ist deutschen Ursprungs. Die Erfinder behaupten, der Luftwiderstand bei schnellen Wagen sei durch die glatte Form dieser speichenlosen Räder herabgemindert. Ob und inwiefern diese Ansicht Berechtigung hat, ist durch wissenschaftliche Versuche bis jetzt nicht ergründet worden.

Ganz besonders geeignet erscheint diese Bauart für Kriegs- und Panzerkraftwagen, weil sie an und für sich als **gepanzert** gelten kann, dem unumgänglich schwerfälligen Aussehen solcher Fahrzeuge gut angepaßt ist, sich leicht reinigen läßt und keiner zeitraubenden Pflege bedarf. Letzterer Grund könnte auch für Geschäfts- und Lieferungswagen geltend gemacht werden, um desto mehr, daß auch diese Gefährte im allgemeinen keine allzuleichte Silhouette aufweisen. Wegen ihres geringen Gewichtes sind Blechscheibenräder nicht selten zu Rennzwecken benutzt worden, wo sie sich gut bewährt haben, ohne jedoch hervorragende Erfolge erzielt zu haben.

Im Auslande, insbesondere in England, trifft man vielfach Scheibenräder an schweren Lastwagen; natürlich ist hier die Ausführung und Bemessung entsprechend verstärkt (Abb. 144 IV). Im Inlande sind für subventionsfähige Lastwagen Stahlguß-Räder behördlich vorgeschrieben und hat daher das Scheibenrad nur wenig Aussicht auf große Verbreitung. Vereinzelt trifft man auch im Inlande an Feuerwehr-, Straßenreinigungs- und ähnlichen Spezialwagen Scheibenräder an.

Für ganz besonders schwere Lastdampfwagen, sowie für Vorspannwagen ist das von der Firma Turner & Fisch Cy. gebaute Rad (Abb. 145) bestimmt. Letzteres besteht aus zwei gepreßten

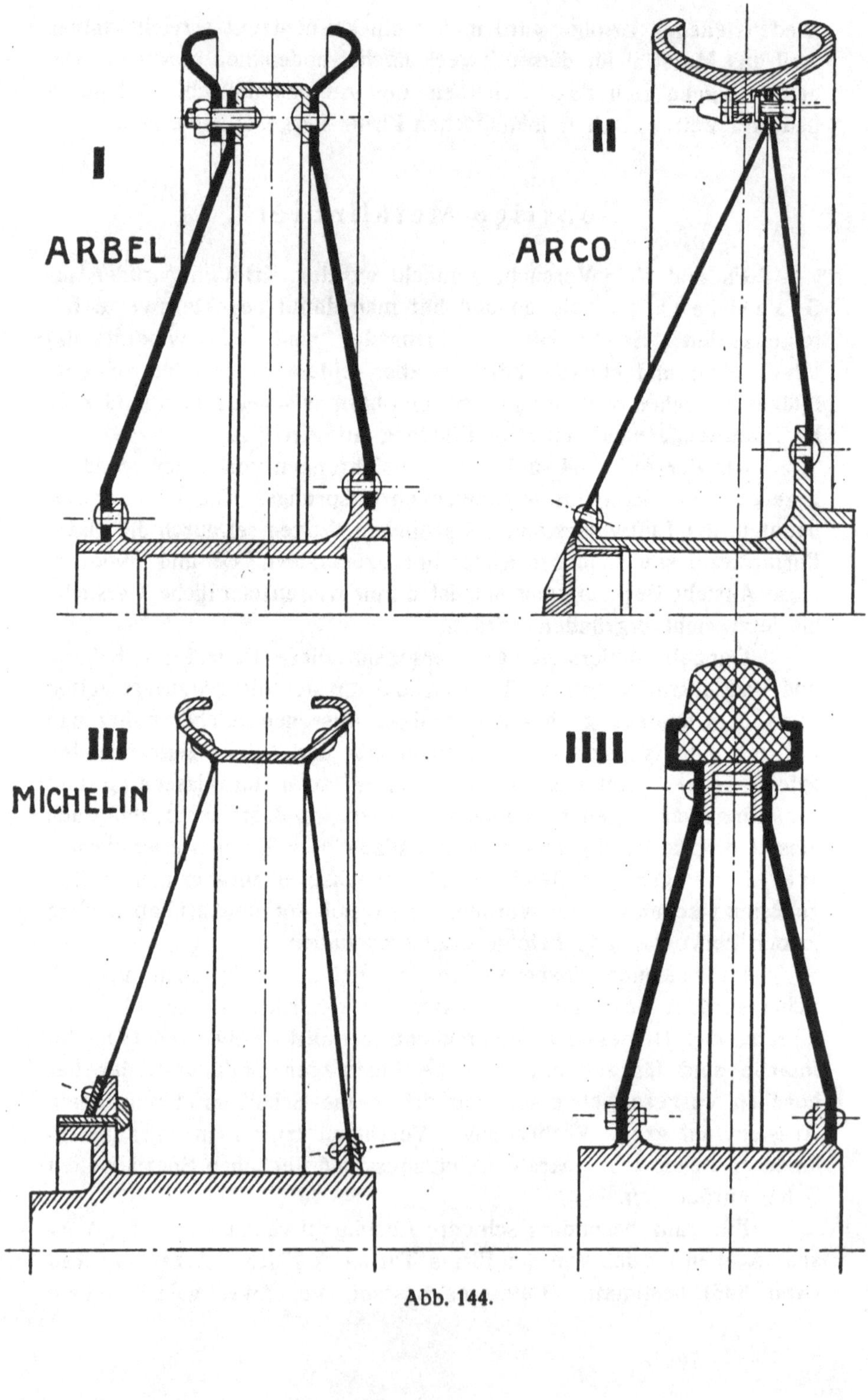


Abb. 144.

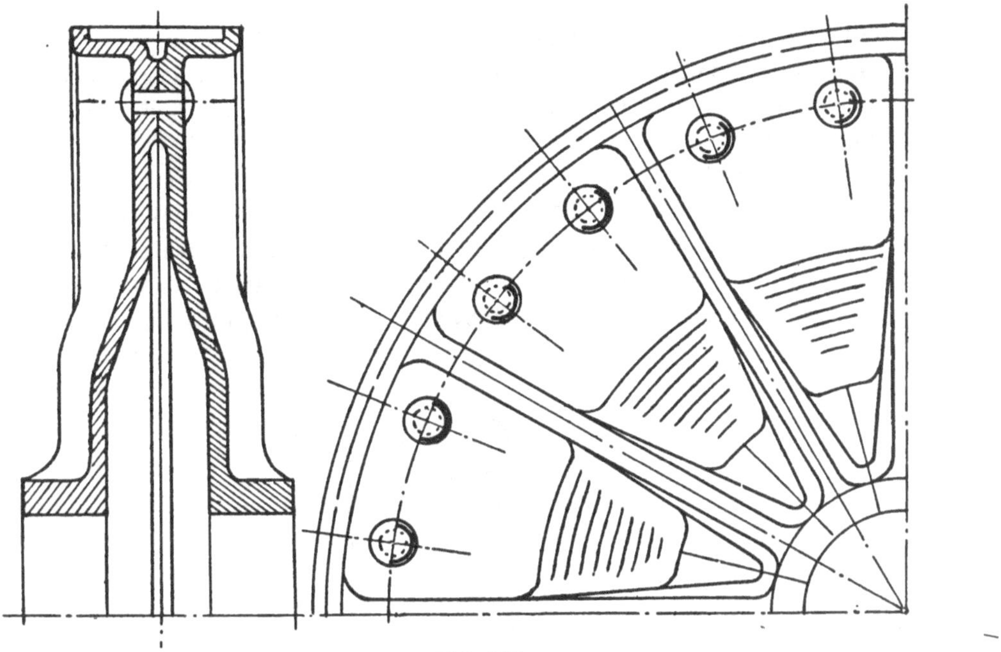

Abb. 145.

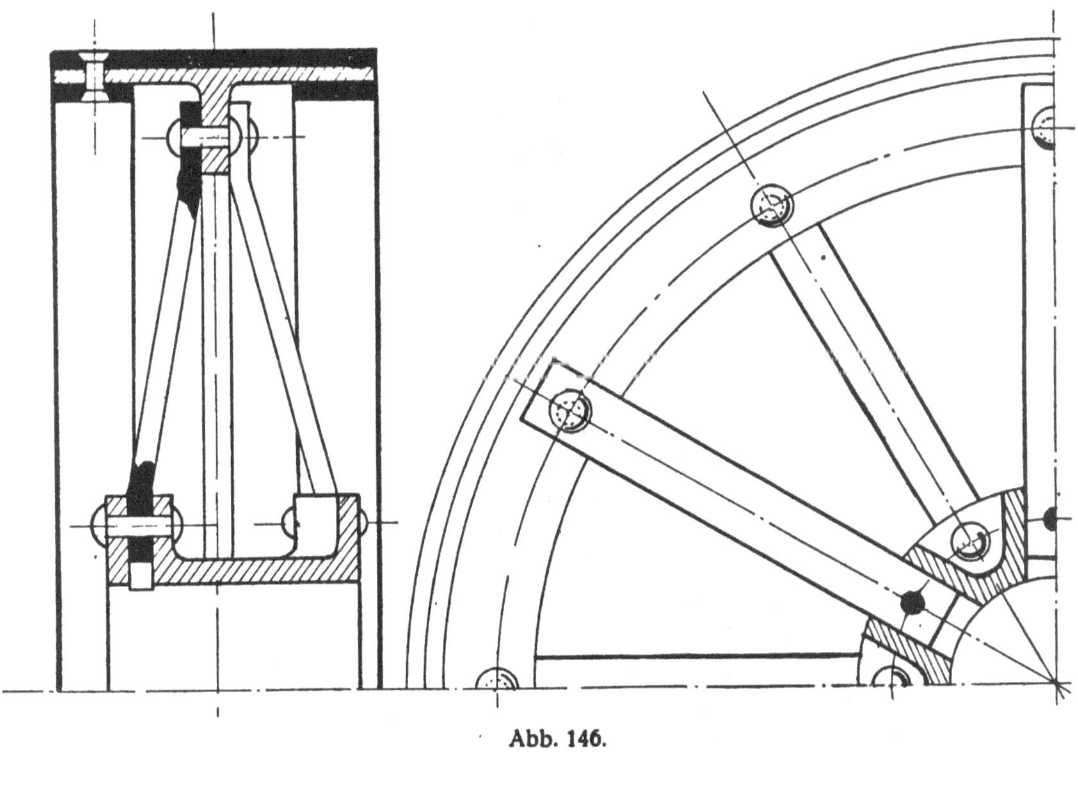

Abb. 146.

Stahlscheiben, welche zusammengenietet, ein stark verripptes Scheibenrad mit Felge und Nabe bilden, welches jedoch wegen seines außerordentlich hohen Gewichtes nur für sehr langsam laufende Gefährte geeignet ist.

Ebensolchen Zweck verfolgt bei allerdings leichterem Gewichte das Stahlspeichenrad auf Abb. 146, welches für landwirtschaftliche Kraftfahrzeuge und Vorspannwagen geeignet sein könnte. Vor dem Stahgußrade besitzt diese Bauart nur den Vorteil einer etwas billigeren Herstellung; seine Widerstandsfähigkeit und

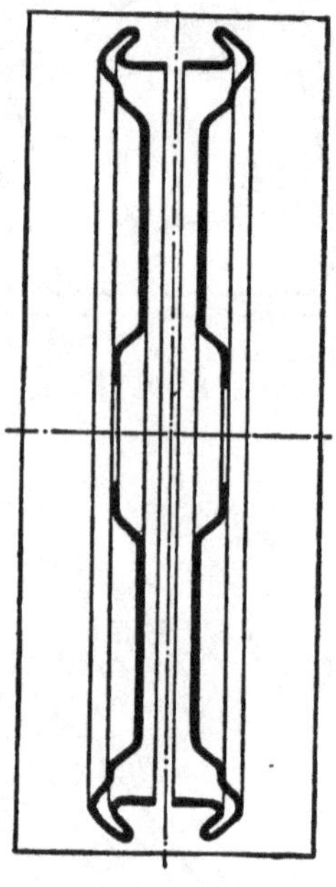

Abb. 147a.

Dauerhaftigkeit wird jedoch kaum diejenige des Hohlgußrades erreichen, während das Gewicht keinesfalls geringer sein dürfte.

Dem Bestreben, einem Metall- bzw. Stahlblechrade das Aussehen eines Holzrades zu verleihen, ist das Sankey-Rad (Abb. 147) entsprungen. Hier werden zwei symmetrische Radhälften aus gedrücktem und ausgestanztem Blech in Knallgashitze geschweißt. Die Nabe kann nachträglich mit durchgehenden Bolzen (c) ähnlich wie bei dem Artillerierade, befestigt werden, wodurch das Rad abnehmbar gemacht wird. Auch andere Befestigungsarten sind gut durchführbar, wie aus Abb. 147 b ersichtlich.

Abb. 147b.

Abb. 147c.

Die auf Abb. 147 c gezeigte lösbare Verbindung ist einer inländischen Bauart (Abb. 148) entlehnt. Diese ist ein aus Stahlblech (bzw. aus Stahlrohr, z. B. Abb. 149) zusammengeschweißtes Rad, welches, ähnlich dem Artillerie-Rade, mittels durchgehender Bolzen in einer zweiteiligen Nabe festgehalten wird. (Abb. 148, 149.) Es ist eine geschickte Lösung des Problems leicht mitzuführender abnehmbarer Räder. — Der Radstern, welcher hier mit den Speichen und der Felge ein Stück bildet, ist mit Konus auf die Radnabe aufgesetzt und

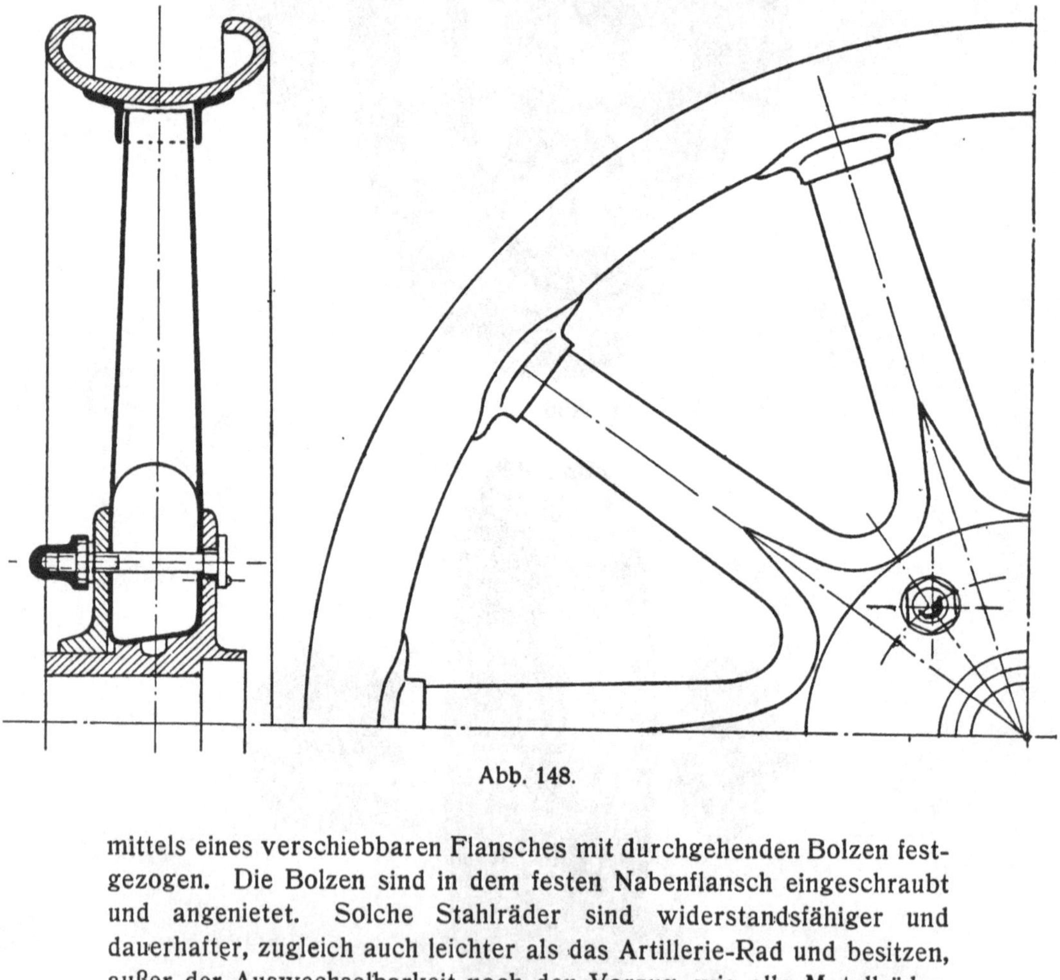

Abb. 148.

mittels eines verschiebbaren Flansches mit durchgehenden Bolzen festgezogen. Die Bolzen sind in dem festen Nabenflansch eingeschraubt und angenietet. Solche Stahlräder sind widerstandsfähiger und dauerhafter, zugleich auch leichter als das Artillerie-Rad und besitzen, außer der Auswechselbarkeit noch den Vorzug, wie alle Metallräder, der guten Wärmeableitung. Letzteres allerdings nicht in dem Maße wie Drahtspeichenräder, weil hier die Luftkühlfläche geringer ist, als diejenige der zahlreichen dünnen Drahtspeichen.

Eine andere Gruppe bilden Räder mit Stahlrohrspeichen, bei welchen eine lösbare Verbindung zwischen den Speichenenden und dem Radkranz vorgesehen ist (Abb. 150). Die Speichen sitzen hier fest in einer Stahlgußnabe (Abb. 151), während die den Radkranz er-

Abb. 149.

setzende Stahlfelge von den Speichen abnehmbar ist. Es gibt eine große Anzahl Konstruktionen, welche in einer mehr oder weniger sachgemäßen Weise eine solche lösbare Verbindung zwischen Speichenenden und Felge verwirklichen. Bedingung ist hier natürlich die Möglichkeit eines recht kräftigen radialen Anzuges, damit

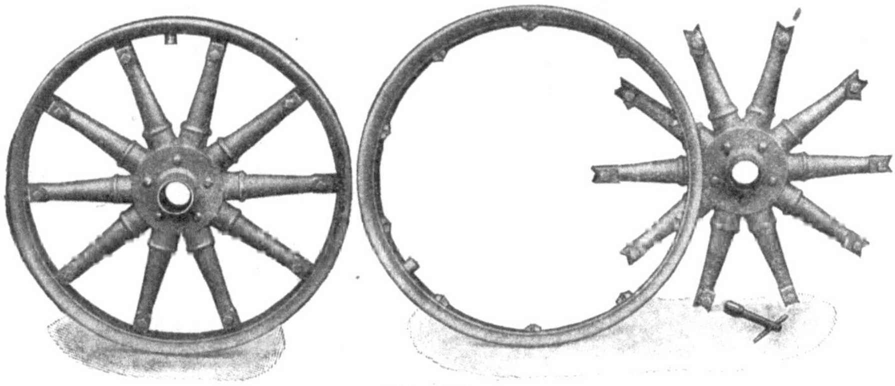

Abb. 150.

die Speichen unter bleibende Spannung gesetzt werden können. Alle Riegelverbindungen mit auf ein bestimmtes Maß beschränktem Anzug sind daher zu verwerfen. Abb. 152 zeigt eine gute Speichenverbindung mittels dazwischen geschalteter Keile, wodurch ein beliebig fester Anzug ermöglicht ist. Gegenüber den Rädern nach Abb. 148

und 149 sind hier nur Nachteile und zwar: erhöhtes Gewicht, umständlichere Handhabung und geringere Sicherheit zu verzeichnen.

Ein kombiniertes Holz- und Metallrad ist von einer inländischen Spezialfirma unter dem Namen Hering-Holzräder mit Drahtspeichenverspannung auf den Markt gebracht worden (Abb.

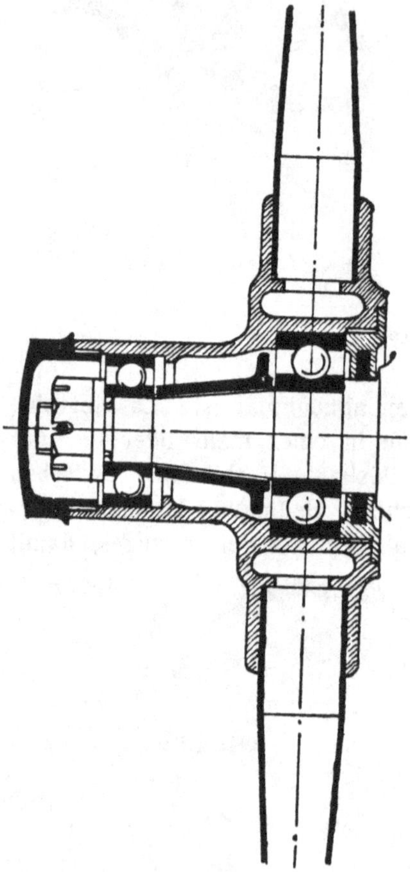

Abb. 151.

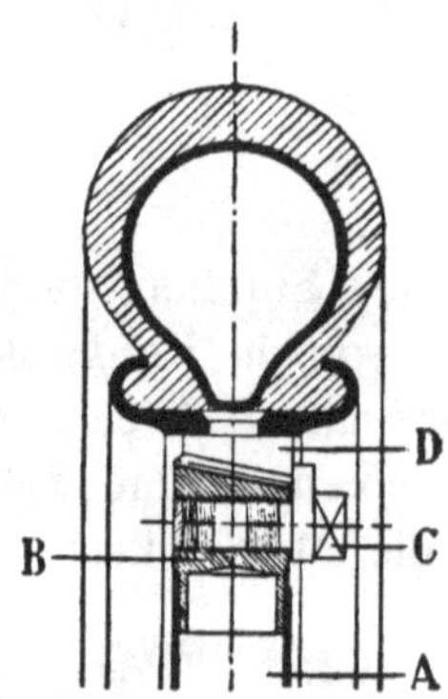


Abb. 152.

153 und 154). Im Inneren des aus durchbohrten Holzspeichen zusammengesetzten Radsternes ist ein Stahlring untergebracht, in welchem die Köpfe von den Drahtspeichen eingesenkt liegen. Letztere laufen in den Bohrungen der Holzspeichen bis zur Felge, gegen welche sie mittels Nippels gegengespannt werden. Die Holzspeichenenden stemmen sich somit gegen die zu diesem Zweck an die Felge angeschweißten Schuhe. Infolge dieser Anordnung kann der Radstern

von der Nabe abgenommen werden, ohne seinen festen Halt zu verlieren. Die Bauart I ist als abnehmbares Rad mit Flanschennabe und Bolzenbefestigung gedacht, welche ähnlich wie diejenige der Räder auf Abb. 148 beschaffen sein kann, wodurch sie die gleichen Vorteile wie die geschweißten Stahlräder aufweist. Die Wärmeableitung ist hier

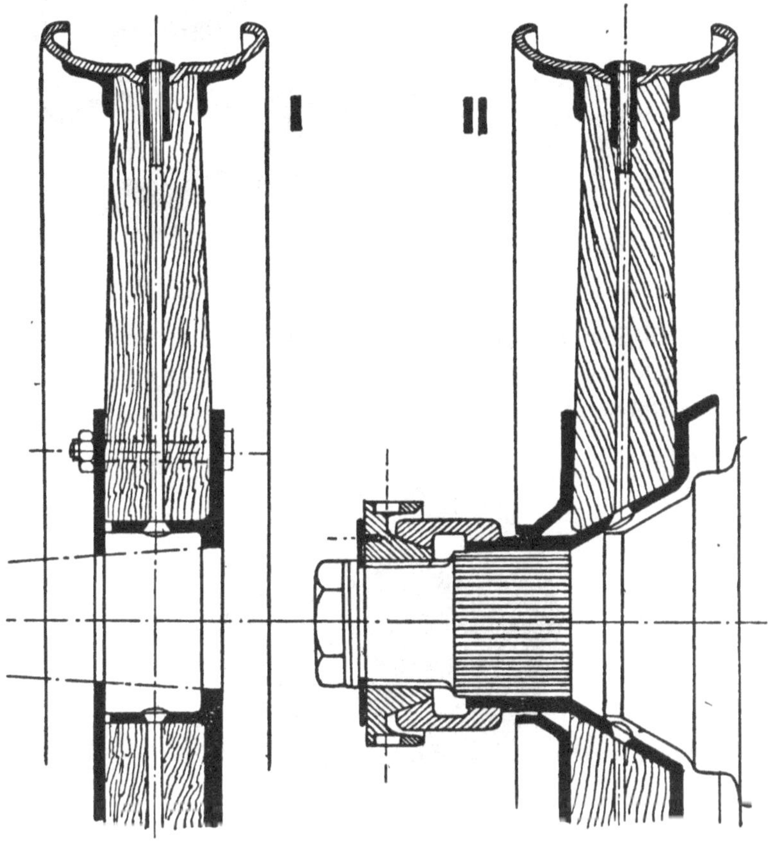


Abb. 153.

allerdings infolge der geringen Anzahl von durch Holz isolierten Drahtspeichen noch weniger wirksam.

Es ist nicht anzunehmen, daß die, in der Mitte der Felge sitzenden, aber gut versenkten Nippelköpfe den Luftschlauch beschädigen könnten. Dazu fehlt hier die Vorbedingung, welche in einer Radialbewegung der Nippelköpfe besteht. Bei der beschriebenen Bauart ist eine solche Bewegung gänzlich ausgeschlossen.

Auf Abb. 153 II und 154 ist ein ebensolches Rad mit auswechselbarer Nabe und Mutterverschluß veranschaulicht, während

Abb. 154.

Abb. 155 ein Zwillingsrad mit abnehmbarer Felge und drahtverspannten Speichen darstellt, welches für sehr schwere Personen- und Lieferungswagen bestimmt ist.

Abb. 155.

## 4. Abnehmbare Felgen.

### a) Für Luftreifen.

Bei allen seinen hervorragenden Eigenschaften besitzt der Luftreifen den Fehler, verhältnismäßig leicht verletzbar zu sein und muß daher mit der Möglichkeit gerechnet werden, die, durch Verletzung unbrauchbar gewordenen Teile unterwegs schnell und einfach durch neue ersetzen zu können. Das regelrechte Montieren der Reifen setzt jedoch eine gewisse Uebung voraus, welche man dem Laien nicht zumuten kann. Man hat daher Mittel gesucht, um den Reifenwechsel auf der Landstraße möglichst einfach zu gestalten, während die Reifenreparatur und Neumontage nach Rückkehr dem Fachmann in der Werkstatt überlassen werden sollte.

Diesen Zweck verfolgen die früher besprochenen abnehmbaren Räder und die in neuerer Zeit fast allgemein gewordenen abnehmbaren Felgen. Letztere sind nicht mit den zahlreichen Konstruktionen von geteilten Felgen zu verwechseln, welche den Zweck verfolgen, die Reifenmontage im allgemeinen leichter zu gestalten und welche nachträglich besprochen werden sollen.

Eine gute abnehmbare Felge muß folgende Bedingungen erfüllen:

1. Absolut fester betriebssicherer Sitz.
2. Leichte Handhabung.
3. Geringes Gewicht.

Um der ersten und wichtigsten Grundbedingung zu genügen, muß die Felge auf dem Rade derart befestigt werden, daß jegliche relative Bewegung in bezug auf das Rad mit größter Sicherheit ausgeschlossen sei.

In Betracht kämen hier die tangential gerichtete Antriebskraft, welche eine Verschiebung in der Richtung des Umfanges („**Wandern**" der Felge), und die von der Centrifugalkraft herrührende wagerechte Komponente, welche eine Achsial-Verschiebung („**Abstreifen**" der Felge) hervorzurufen sucht.

Um der erstgenannten Einwirkung der Kräfte entgegenzutreten, muß zwischen Rad und Felge eine Vorkehrung gegen Verdrehung vorgesehen werden. Zur Verfügung stehen hier entweder mechanische Sperrmittel, wie Mitnehmerstifte, Keile, Nutenzähne u. dgl., oder Reibungsverbindungen. Aus Rücksicht auf die leichte Handhabung kann nur eine sehr einfache Mitnehmerart in Betracht kommen, neben welcher fast ausnahmslos auch eine Reibungsbefestigung zur Anwendung gelangt.

Um einen genügenden Reibungswiderstand zu erzeugen, muß eine Verbindung gewählt werden, welche den Anpressungsdruck beliebig zu steigern gestattet, also eine solche **„auf Anzug"**. Zu gleicher Zeit ist aber auch eine genaue Zentrierung der Felge auf dem Radkranz erforderlich, welche jedoch ein leichtes Auflegen und Abnehmen der Felge nicht beeinträchtigen darf. Aus diesen Gründen sind die konstruktiven Mittel, welche im vorliegendem Falle geeignet erscheinen könnten, recht beschränkt. Als solche kommen in Frage: zylindrische Klemmverbindung und konische Achsialanpressung. Die erstere führt zu komplizierten Konstruktionen und ist nicht zu empfehlen, da sie ein Schlitzen der Felge oder des Radkranzes erfordert, wodurch das Rad nicht unbedenklich geschwächt werden könnte. Mit Ausnahme vereinzelter amerikanischer Ausführungen, wird daher bei den bewährten Bauarten allgemein die konische Auflage der Felge zu finden sein, welche, falls fest gegengezogen, eine große Sicherheit auch gegen Verdrehung bietet.

Der Anpressungsdruck der beiden aufeinander liegenden Flächen kann durch geeignete Wahl des Winkels sehr hoch gestaltet werden, wobei jedoch darauf zu achten ist, daß keine Selbstklemmung eintritt, welche das Abnehmen der Felge erschweren würde. Man muß demnach die Nähe des Reibungswinkels $\varphi \infty 6^0$ vermeiden. Letzteres ist außerdem aus anderen Gründen geboten und zwar in erster Linie aus Rücksicht auf die Achsialkräfte, welche bei einem zu flachen Konus die Felge über denselben herüberzwingen könnten. Ein Winkel von etwa 30° wird daher hier geeignet sein, auch muß der Konus eine nicht allzu geringe Länge aufweisen, damit eine gute Auflage gesichert sei.

Die den Anzug bewirkende Vorrichtung muß so beschaffen werden, daß sie sich während der Fahrt unter dem Einfluß der Stöße und Vibrationen nicht lösen kann. Am festesten ist natürlich ein Ring, welcher auf den ganzen Umfang die Felge gegen den Auflagekonus drückt. Ist die Anwendung eines solchen aus irgendwelchen Gründen nicht möglich, erwünscht oder ratsam, so wird die Felge an einzelnen Punkten, deren Zahl jedoch nicht zu gering sein darf, durch einzelne Klemmen gegen die Auflagen gepreßt.

In solchen Fällen müssen diese Klemmstücke so gesichert sein, daß sie auch im Falle des Lockerwerdens der Anzugsmuttern nicht etwa durch Herumdrehen, oder sonst wie, die Felge freigeben können. Im Anfang der Entwicklung der Felge ist dieser Umstand nicht genügend berücksichtigt worden, wodurch manches Unglück herbeigeführt worden ist. Mit der Möglichkeit, daß sich die eine oder die andere Mutter lösen kann, muß man schon deshalb rechnen, weil eine gänzlich zuverlässige Sicherung aus Rücksicht auf die Einfachheit der Handhabung kaum durchzuführen ist. Man ist bestenfalls auf eine Reibungssicherung vermittels selbstklemmenden Muttern oder dgl. angewiesen.

Um eine leichte Handhabung der Vorrichtung herbeizuführen, muß das Abnehmen und Auflegen der Felge aus möglichst wenigen Handgriffen bestehen, welche weder Uebung noch größeren Kraftaufwand voraussetzen dürfen. Daher darf kein Paßsitz der einzelnen Teile zur Anwendung kommen, weil eine solche Verbindung nach längerem Gebrauch meistens infolge vom Verschmutzen, Aneinanderkleben der lackierten Teile, Verrosten und dgl. sehr schwierig zu lösen ist.

An diesem Uebel haben viele Bauarten mit in Nuten eingepaßten Ringen, Zylinderflächensitz und dgl. gekrankt. Solche Felgen waren im neuen Zustande sehr leicht zu handhaben, aber nach längerem Betriebe saßen einzelne Teile aufeinander fest und mußten mit Hammerschlägen gelöst werden. Aus diesem Grunde darf die Felge mit ihrer inneren zylindrischen Fläche den Radkranz nicht berühren. Die Zentrierung muß lediglich durch die konische Auflagefläche herbeigeführt werden.

Aber auch an der Letzteren ist ein Festkleben denkbar, wenn hier auch ein Lostrennen immer leichter herbeigeführt werden kann. Bei den neueren Konstruktionen ist daher nicht selten eine einfache Abzugsvorrichtung vorgesehen, welche auch dieser Gefahr vorzubeugen sucht.

Eine weitere erwünschte Eigenschaft der abnehmbaren Felgen ist das weitgehendste Zusammenhängen der abzunehmenden Teile. Demnach sollen möglichst wenig abnehmbare lose Teile vorhanden sein, welche beim Auswechseln des Reifens auf der Landstraße verloren werden könnten. Auch die Anzahl der zur Montage nötigen Werkzeuge muß auf ein Mindestmaß herabgesetzt werden, wobei Spezialwerkzeuge, welche nicht etwa im Notfalle durch ein mitgeführtes anderes Normalwerkzeug ersetzt werden können, wenig geeignet erscheinen.

Die Gewichtsfrage ist naturgemäß weniger ausschlaggebend, wenn auch immerhin die am Umfange des Rades angehäuften Massen, besonders bei Vorderrädern aus Rücksicht auf die erhöhte Kreiselwirkung unerwünscht erscheinen. Einige Hundert Gramm mehr oder weniger spielen hier jedoch keine Rolle.

Die chronologisch erste brauchbare abnehmbare Felge wurde im Jahre 1905 dem Pariser Wagenbauer Vinet patentiert. Sie weist im Prinzip die Merkmale auf, welche vorhin besprochen wurden, d. h. die konische Auflage und Zentrierung, sowie die Anzugsbefestigung durch einen abnehmbaren vollen Ring *A* (Abb. 156 I). Eine besondere Sicherung gegen Verdrehung ist hier nicht vorgesehen worden. Das Abnehmen des Flanschringes *A*, welcher sich leicht festsetzte, verursachte Schwierigkeiten. Außerdem genügte eine unsanfte Berührung des abmontierten Ringes um eine Deformation desselben herbeizuführen und das Wiederaufmontieren unmöglich zu machen.

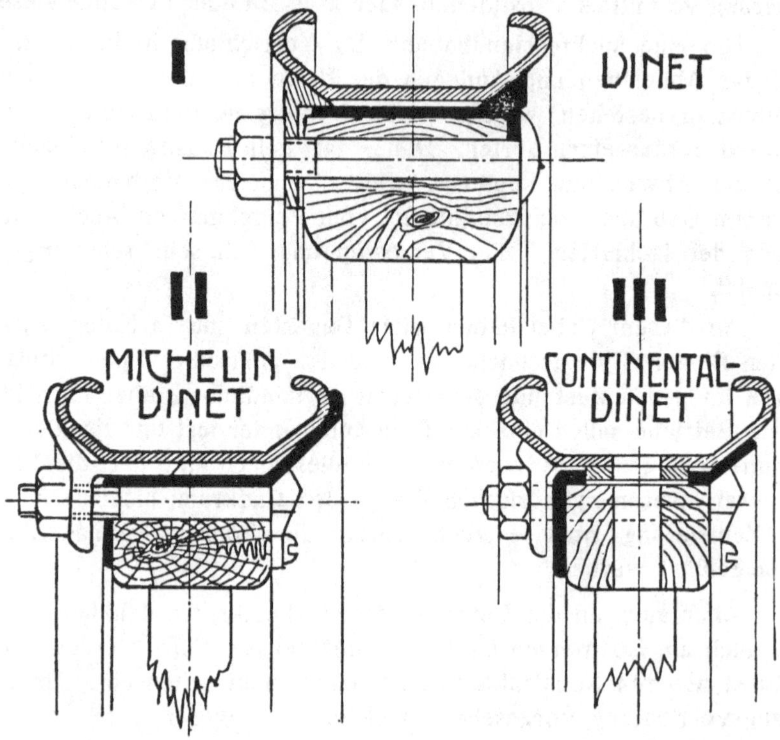


Abb. 156.

Eine verbesserte Abart der Vinet-Felge, mit welcher gute Erfolge erzielt wurden und welche dadurch eine weitumfassende Verbreitung fand, ist die auf Abb. 156 II dargestellte Michelin-Felge. Sie weist acht einzelne Klammern auf, mit welchen die Pneumtikfelge gegen ihre Auflage angepreßt wird. Dem Flanschring gegenüber bedeutet die Klammerbefestigung einen Fortschritt. Nachteile bestehen in noch immer zu großen Auflageflächen, wodurch das Abnehmen oft erschwert wird und in der Anwendung von acht Stück loser Klammern, welche sich nach längerem Betriebe ebenfalls festsetzten, so daß die Firma sich gezwungen sah, einen Spezialhebel zu deren Lösung auf den Markt zu bringen; auch die breite nicht verdeckte Fuge zwischen der Reifen- und der Grundfelge wirkte ungünstig, in-

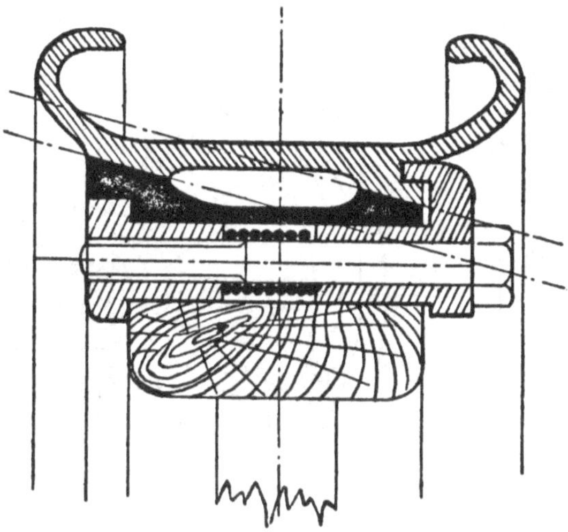

Abb. 157.

dem sich darin Wasser und Straßenschmutz ansammelte und das Abnehmen erschwerte.

Ganz ähnlich der vorhergenannten war auch die Vinet-Continental-Felge (Abb. 156 III), welche jedoch insofern besser war, daß die Auflageflächen nicht ganz so groß bemessen wurden. Gegen das Wandern wurde hier eine einfache, durchaus sachgemäße Sicherung vorgesehen, welche in einer viereckigen Platte bestand. Letztere war auf der Innenseite der Reifenfelge an der Ventilstelle aufgeschweißt und paßte in eine dazugehörige Aussperrung der Grundfelge. Auch hier könnte man die Klammern und die breite Fuge bemängeln.

Einen weiteren Fortschritt auf demselben Wege erzielt, bedeutet die auf Abb. 157 dargestellte Felge, welche an Stelle von Klammern drehbare und gesicherte Schließhaken verwendet. Letztere brauchen nicht abgenommen zu werden, um die Felge auszuwechseln, da sie nach einer Drehung um 180 ° die Felge freigeben. Der als Sitz benutzte doppelte Konus dürfte nur schwierig auf beiden Flächen zugleich zur Auflage zu bringen sein. Auch scheint die Gefahr des Festrostens, oder Festklebens nicht ausgeschlossen zu sein. Um die Schließhaken leichter zu lösen, sind starke Spiralfedern vorgesehen.

Die am weitesten vorgeschrittene Vervollkommnung des Vinetschen Gedankens bildet die neue Continental-Felge und deren sehr zahlreichen Derivate, welche unter verschiedenen Namen auf dem

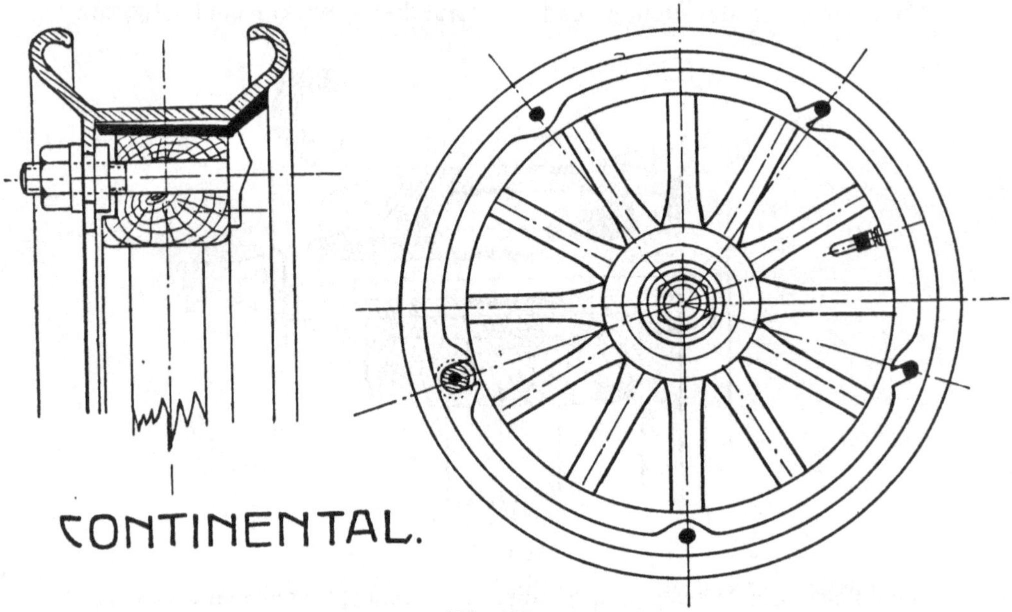


Abb. 158.

Markt zu finden sind. Die Felge ist hier mit einem Flansch versehen, welcher die Rolle des Vinetschen Flanschringes übernimmt, aber zu einem Stück mit der Felge verbunden ist (Abb. 158). Um der Gefahr des Festsetzens radikal aus dem Wege zu gehen, ist eine Abzugsvorrichtung vorgesehen, indem eine der fünf Befestigungsmuttern mit einer Ringnute in das schlitzförmige Auge des Flansches geführt ist. Die Grundfelge ist hier so geformt, daß eine durch das einseitige Abziehen der Felge hervorgerufene Schräglage der letzteren erreicht werden kann. In dieser Schräglage wird das Ventil aus dem Radkranz heraus bzw. in denselben hereingebracht.

Eine weitere Vervollkommnung, dieser sachgemäßen Vorrichtung wäre dadurch leicht zu erreichen, daß man die Befestigungsmuttern als geschlossene Kapsel- bzw. Eichelmuttern ausführte um das Verschmutzen des überstehenden Bolzengewindes vorzubeugen, dessen Gänge sich nach längerem Betriebe mit Rost und Straßenschmutz in dem Maße vollzusetzen pflegen, daß das Abschrauben der Muttern ernste Schwierigkeiten bereiten kann.

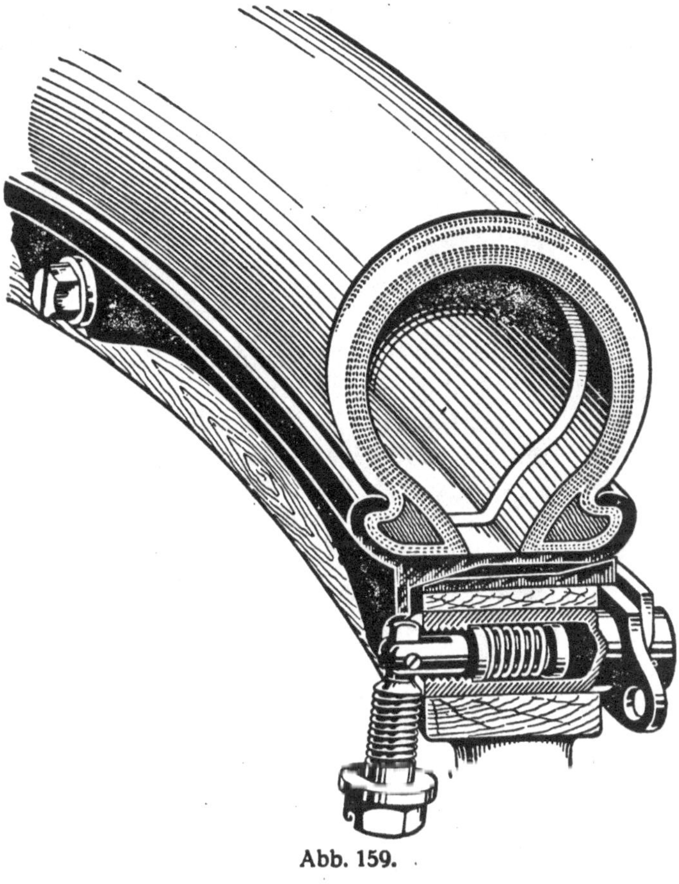

Abb. 159.

Den Zweck, das Gewinde vor Rost und Schmutz zu schützen und zugleich lose abnehmbare Teile zu vermeiden, verfolgt die auf Abb. 159 gezeigte „Penta“-Felge, welche durch ihre Klappbolzen gekennzeichnet ist. Ueber die Auflage ließe sich hier dasselbe sagen, was in bezug auf die Abb. 157 bemerkt wurde. Auch hier ist ein Doppelkonus als Auflage gewählt.

In einer anderen Weise ist der Vinetsche Flansch bei der Polackfelge auf Abb. 139, 140 verbessert. Er ist hier zwar als getrenntes Stück geblieben, hat aber eine sehr schmale Auflagefläche erhalten, wodurch die Gefahr des Festsetzens immerhin geringer ist, während ein unbegrenzter Anzug beibehalten worden ist.

Einen abgesetzten durchgehenden Konus als Auflage weist die Hering-Felge, Abb. 141 auf. Die Muttern sind hier an einer Seite geschlossen, so daß ein Verschmutzen der Gewindebolzen vermieden wird. Ein Festkleben oder Festrosten der Felge erscheint hier jedoch nicht ganz ausgeschlossen und wäre es von Vorteil, auch hier eine einfache Abzugsvorrichtung vorzusehen, um desto mehr, als bei dieser

**Abb. 160.**

Felge das Anbringen einer solchen keinerlei Schwierigkeiten verursachen dürfte.

Die auf Abb. 144 dargestellte ARCO-Felge ist mit fünf Augen gegen die konische Umfangsfläche des Rades gegengezogen. Auch hier wäre eine Abzugsvorrichtung leicht anzubringen und erwünscht.

Von einem anderen Prinzip ausgehend, hat die englische Firma „Dunlop" im Jahre 1907 ihre, auf Abb. 160 dargestellte Felge mit Expansionsbefestigung auf den Markt gebracht. Um den Radkranz faßt hier ein expandierender U-förmiger Blechring herum, dessen, über die Grundfelge hinaus reichenden Ränder in Nuten der Reifenfelge hineingepreßt werden. Der Blechring ist geschlitzt und wird durch ein Hebelschloß zusammen- oder auseinandergespannt. Letzteres wird in der Stecklage, welche den Reifen festspannt, durch einen Riegel gesichert. Gegen Verdrehung ist eine auf der Abbildung gut sichtbare Sicherung vorgesehen.

Diese Konstruktion weist also keine konische Auflage auf und die zwischen der Felge und dem Radkranz erzeugte Spannung ist durch die Stecklage des Hebelverschlusses begrenzt. Dadurch ist ein **unbedingt** fester Sitz der Felge ausgeschlossen, wenn auch unmittelbare Gefahr eines Abstreifens infolge der in den Nuten sitzenden Rändern des U-förmigen Ringes nicht vorzuliegen scheint. Das Treffen der richtigen Lage der Felge auf dem Radkranz, bei welcher die Nuten genau gegenüber den Rändern stehen, ist durch einen Anschlag erleichtert, dürfte aber immerhin mit gewissen Schwierigkeiten verbunden sein.

Auch auf diesem Grundgedanken ist eine Anzahl Konstruktionen aufgebaut worden, sie weisen aber alle die obengenannten Nachteile auf.

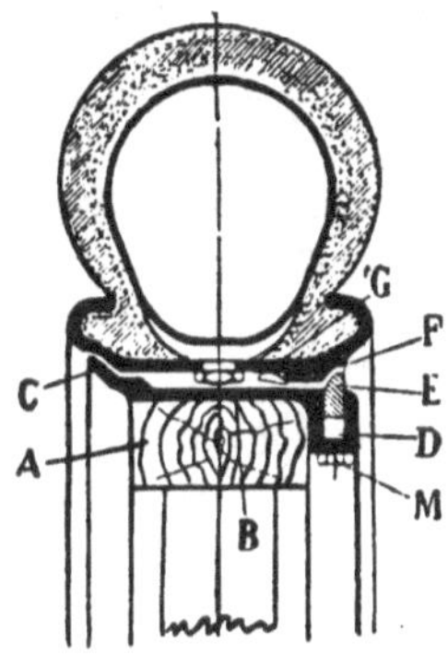


Abb. 161.

Abb. 162.

Eine weitere Ausführungsmöglichkeit ist durch die Alpha-Felge (Abb. 161, 162) verwirklicht worden. Es handelt sich hier im Prinzip um den Vinetschen Grundgedanken der gegen eine konische Fläche angedrückten Felge, nur ist der dazu erforderliche Anpressungsdruck durch ein anderes Mittel erzeugt. In einer in der Grundfelge seitlich angeordneten Ringnute ist ein geschlitzter Spannring untergebracht, dessen konisch abgeschrägte Kante sich gegen die Felge legt. Der Spannring wird dann mittels des Hebelverschlusses auseinandergespreizt und preßt die Felge gegen ihre konische Auflage.

Auch hier ist der Anzugsdruck durch die Stecklage des Hebelverschlusses beschränkt. Als Vorteile wären zu nennen: keine abnehmbaren losen Teile, durch einen Handgriff erfolgendes

Freigeben bzw. Festlegen der Felge. Demgegenüber stehen als Nachteile: kein unbedingt fester Anzug, keine Abzugvorrichtung, Möglichkeit vom Festkleben bzw. Festrosten der Reifenfelge auf der Grundfelge.

Auch der Gedanke, den Radkranz als einfache Felge auszubilden und ihn dann mit den Speichenenden lösbar zu verbinden, hat, wie schon früher erwähnt, Anwendung gefunden (Abb. 149, 150 und 152). Daselbst sind auch die Grundbedingungen für festen Sitz näher erörtert worden.

Für schwere Tourenwagen, Lieferungswagen u. dgl. erscheint die Anwendung von Zwillingsreifen empfehlenswert, weil dadurch die Belastung jedes einzelnen Reifens auf die Hälfte reduziert

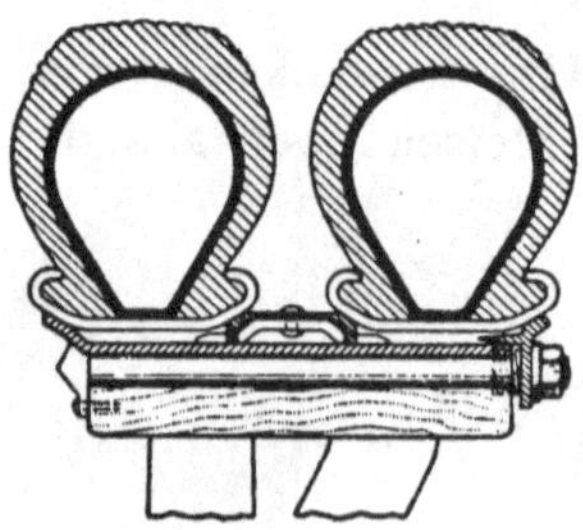

Abb. 163.

wird, wodurch man eine beträchtliche Reifenersparnis erreichen kann. Abb. 163 zeigt die Befestigung solcher Zwillingsreifen auf einem für abnehmbare Felgen angepaßtem Rade. Es ist dieses eine regelrechte Continental-Vinet-Felge mit einem zwischen die beiden Reifenfelgen dazwischengeschobenen beiderseitig konisch abgeschrägtem Stahlring. —

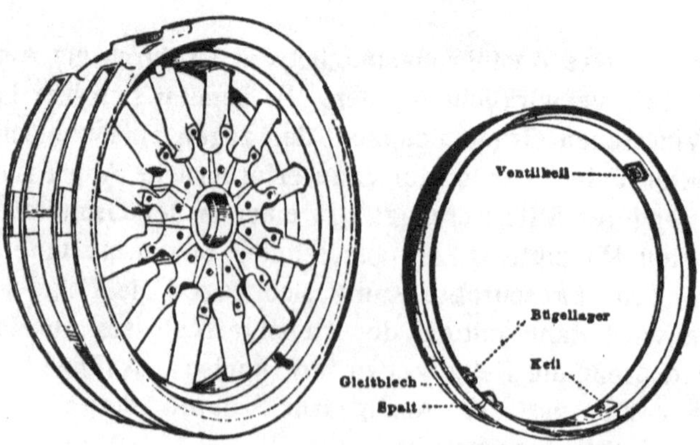


Abb. 164.

Gänzlich anders ist die Anordnung auf Abb. 164. Der gegossene Stahlradkranz ist mit zwei Ringmulden versehen, welche für die Aufnahme von zwei geschlitzten Reifenfelgen bestimmt sind. Letztere werden mittels einer Spezialzwinge, Abb. 165, gespreizt, über die Mulden gelegt und dann zusammengeschraubt. Die Bauart ist wenig übersichtlich und bietet im Vergleich mit derjenigen auf Abb. 163 keinerlei Vorteile, während sie schwerer zu handhaben ist, ein höheres Gewicht aufweist und höhere Herstellungskosten verursacht.

## Abnehmbare Felgen für Vollgummireifen.

Vollgummireifen werden meistens auf einem genieteten Stahlband durch Vulkanisationsprozeß befestigt und zusammen mit diesem auf die Felge aufmontiert.

Vielfach wird diese Montage durch hydrauliches Aufpressen auf das mit einer Grund- oder Sattelfelge versehene Rad bewirkt, was jedoch das Auswechseln der Reifen nur in einer größeren,

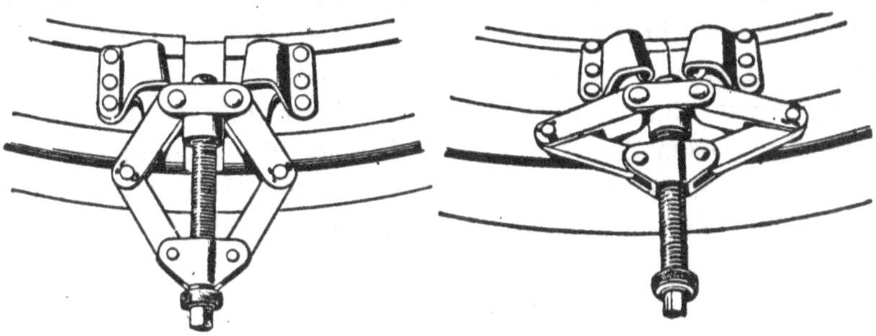

Abb. 165.

mit solchen Pressen versehene Fabrik gestattet. Die abnehmbare Felge verfolgt den Zweck, das Ummontieren der Reifen auch in einer kleinen Reparaturwerkstätte bzw. sogar auf der Landstraße vornehmen zu können, (während die nachträglich gesondert zu behandelnde geteilte Felge in den meisten Fällen ein festes Zusammenpressen des Vollgummis auf der Felge anstrebt, oder aber seitliche Verschiebungen aufvulkanisierter und aufgepreßter Reifen zu verhindern sucht).

Hier wird im allgemeinen auch das Prinzip der konischen Auflage verwandt. Da jedoch bei den Vollgummireifen auf die Dauer und die Bequemlichkeit des Auswechslungsprozesses weniger Rücksicht genommen zu werden braucht, so ist hier auch eine umständlichere Befestigungsart zulässig als bei Luftreifen, falls dadurch andere Vorzüge erkauft werden sollten. Für die Hinterräder von Lastwagen bzw. Omnibussen kommen fast ausschließlich Zwillingsreifen in Betracht und daher sind die abnehmbaren Vollgummifelgen meist auch für solche berechnet.

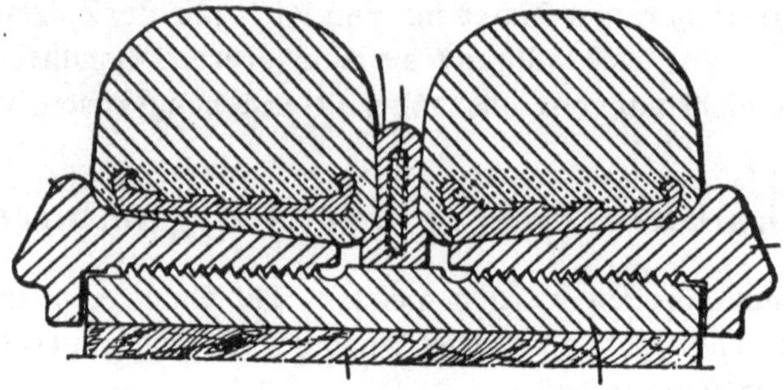

Abb. 166.

Abb. 166 zeigt eine Ausführungsmöglichkeit für die Abnehmbarkeit aufvulkanisierter Reifen. Die Grundfelge des Rades ist auf der einen Seite der Umfangsfläche mit rechtsgewundenen, auf der anderen mit Linksgewinde versehen, auf welche je eine außen konisch gedrehte Sattelfelge von jeder Seite angeschraubt wird. Auf den Kegelflächen liegen die ebenfalls als Hohlkegel ausgebildeten Stahlbänder der Gummireifen auf, während in der Mitte zwischen den beiden Reifen ein mit Gummi belegter flacher Stahlring zu liegen kommt.

Natürlich muß die Richtung des Gewindes so gewählt sein, daß die Antriebskraft beide Sattelfelgen nach der Mitte zu zusammen zu schrauben sucht. Als allgemeine Regel kann hier dienen, daß die Gewinderichtung der Drehrichtung des Rades, von der betreffenden Stirnseite aus gesehen, entgegengesetzt sein muß.

Obwohl obige Anordnung auch mit nur einer Sattelfelge ohne weiteres auf einfache Vollgummistreifen angewandt werden könnte, wenn man die Grundfelge des Rades mit einem Rand ausführen würde — wird für die Vorderräder, wohl aus Rücksicht auf einheitliche Konstruktion ebenfalls Links- und Rechtsgewinde mit zwei Sattelfelgen verwandt. (Abb. 167.)

Hiermit wird eigentlich das Gebiet der geteilten Felge betreten.

Um ein Losschrauben der Sattelfelge bei plötzlichem Bremsen, oder Rückwärts-Anfahren zu vermeiden, ist eine Sicherung erforderlich, welche durch einzelne, durch Bolzen zusammengezogene Klammern (Abb. 167) erfolgt.

Die Anordnung mag in gewisser Beziehung vorteilhaft sein, sie ist aber durch das lange Gewinde von sehr großem Durchmesser schwierig herzustellen und sehr kostspielig. Deren Handhabung ist wohl auch weder leicht noch einfach.

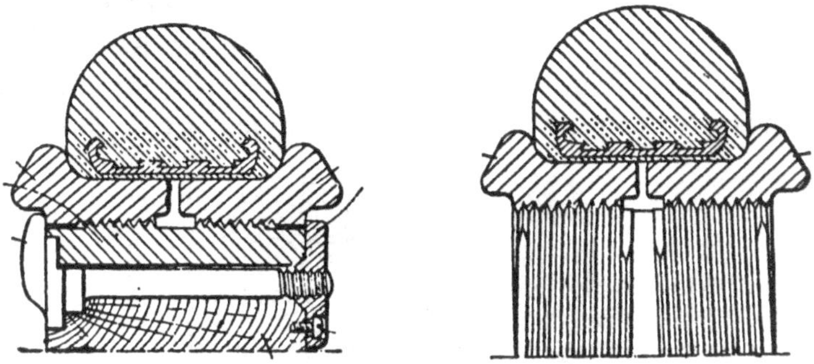

Abb. 167.

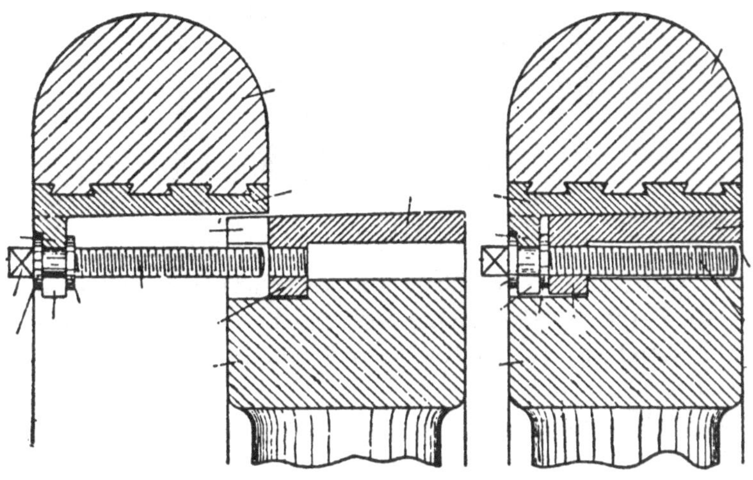

Abb. 168.

Viel empfehlenswerter erscheint der Befestigungsmodus nach Abb. 168, welcher eine kräftige Reibungsverbindung durch den spitzen Konus ermöglicht, die Reifenfelge mit dem darauf aufvulkanisierten Vollgummi gegen Verdrehung sichert und zugleich eine einfache und wirksame Abzugsvorrichtung vorsieht. Diese Anordnung bedingt jedoch, ebenfalls wie die vorher beschriebene, das Aufvulkanisieren der Reifen auf die **besonders ausgebildete** Sattelfelge, was insofern einen Nachteil bedeutet, als die Ersatzfelgen jedesmal zur Verrichtung dieser Arbeit der Reifenfabrik zugesandt werden müssen. Abgesehen davon ist der Bauart kaum ein Nachteil nachzusagen und sie ist auf

Stahlgußräder leicht anzuwenden, sowie für Zwillingsreifen sehr geeignet.

Die Trennung der Gummireifen von der Sattelfelge bezweckt die Anordnung auf Abb. 169. Hier ist jede Sattelfelge in eine Anzahl einzelner Segmente geteilt, welche mit abgeschrägten Ringnuten versehen sind. Die Grundfelge steht nach beiden Seiten des Radkranzes vor und ist mit T-förmigen Aussparungen versehen, welche zur Aufnahme der Befestigungsbolzen dienen. Beim Anziehen der

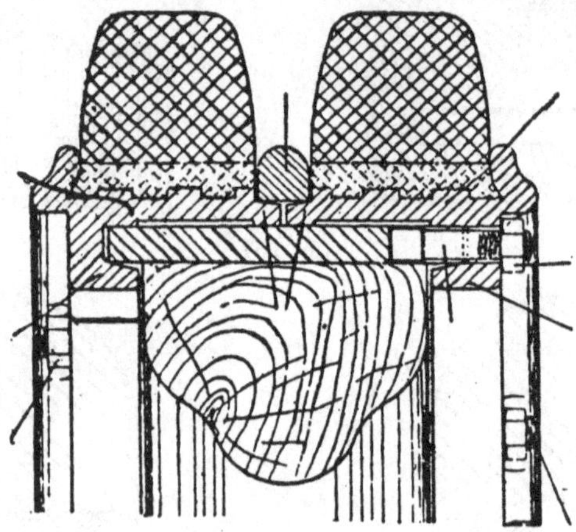

Abb. 169.

letzteren werden die Sattelfelgen mit der schrägen Nutenfläche gegen die innere Kante der Grundfelge angezogen, während gleichzeitig der in der Mittelebene des Rades liegende elastische Zwischenring zusammengepreßt wird.

Irgendwelche Vorteile sind dieser Anordnung kaum zuzuschreiben; es ist auch nicht leicht zu erkennen, welchen Vorzug das Zerlegen der Sattelfelge in einzelne Segmente vor der

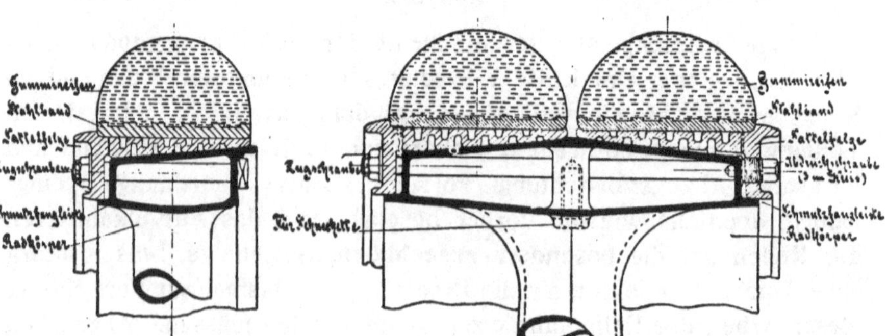


Abb. 170.

Anwendung einer konischen Anpassungsfläche bilden soll. Bei der Konusauflage ist nämlich eine Trennung der Sattelfelge vom Reifen ebenfalls zu erreichen, wie dieses die auf Abb. 170 dargestellte moderne Bauart beweist.

Angestrebt ist hier die Verwendung von normalen, auf zylindrischen Stahlbändern aufvulkanisierten Gummireifen, ohne zum hydraulischen Aufpressen Zuflucht zu nehmen. Zu diesem Zweck sind expandierende Sattelfelgen vorgesehen, welche durch das Aufziehen auf die konische Grundfelge auseinandergespreizt und gegen die Innenfläche des Stahlbandes gleichmäßig gegengepreßt werden.

Die Konstruktion dieser Sattelfelgen ist auf Abb. 171 zu erkennen, wobei zu bemerken ist, daß die Lappen A, welche die Verbindung zwischen den nachgiebigen Segmenten und dem Befestigungsflansch herstellen, an der Innenseite nicht zur Auflage kommen. Die Zahnlücken dienen als Sicherung gegen das Wandern der Reifen. Durchgehende Bolzen vermitteln den Anzug und sichern die gegenseitige Lage von Grund- und Sattelfelgen. Um leichtes Abnehmen zu gestatten, sind Abdrückschrauben am Flansch der Sattelfelge verteilt. Die Bauart läßt sich auf Stahlguß-, sowohl wie auf Holz- oder Blechscheibenräder anwenden.

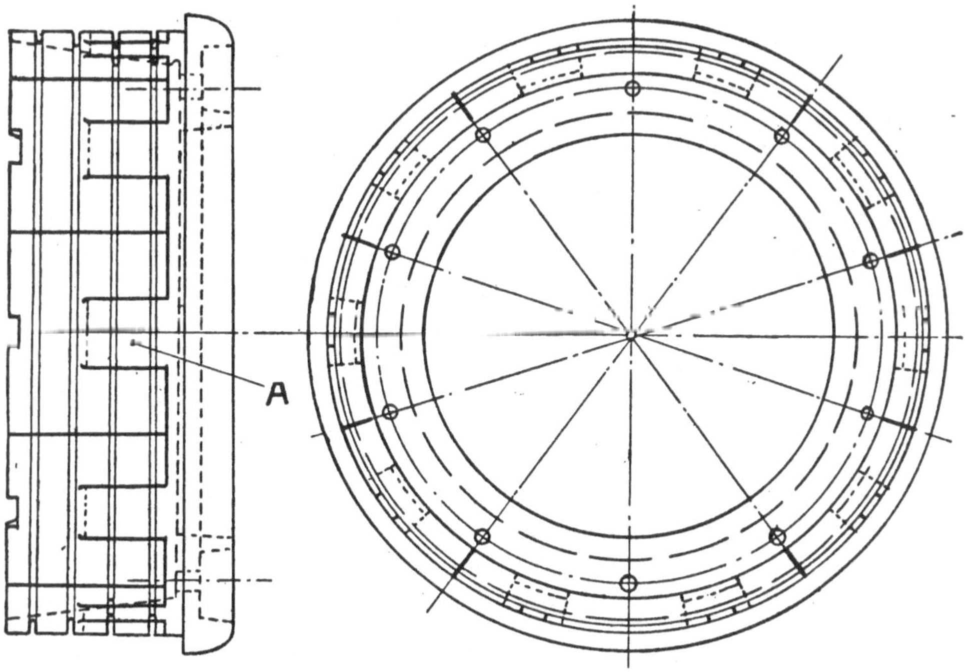


Abb. 171.

# 5. Bereifung.

## Allgemeines.

Die Bereifung der Kraftwagen hat zwei, einander zum Teil widersprechende, Zwecke zu erfüllen. Einesteils verwandelt sie, infolge ihrer Reibung auf der Fahrbahn, das Antriebsdrehmoment der Räder in eine, die Fortbewegung des Fahrzeuges verursachende Kraft, anderenteils aber ist sie dazu bestimmt, die durch Unebenheiten der Fahrbahn hervorgerufenen Stöße zu mildern, um dadurch die Fahrwiderstände zu verringern und die maschinelle Anlage vor zerstörenden Einflüssen fortwährend wechselnder hoher Massenbeschleunigungen zu bewahren.

Ist demnach einerseits aus Rücksicht auf Leistungsverluste theoretisch eine vollkommene starre Bereifung erwünscht, so ist in Betracht der immer mehr oder weniger unebenen Fahrbahn eine solche praktisch weder anzustreben, noch ausführbar.

Aus den an Gründlichkeit nichts zu wünschen übriglassenden Versuchen von Dr. Ing. Bobeth*) geht hervor, daß die durch die Unebenheiten der Fahrbahn bedingte Hebearbeit eine sehr bedeutende ist, und die, zu deren Verminderung zugelassene Erhöhung der Walkarbeit, bei der Verwendung einer weicheren Bereifung, geringer ist, als die durch harte Bereifung hervorgerufenen Leistungsersparnisse. Da außerdem auch andere praktische Gründe, wie die Schonung der Maschine, die Bequemlichkeit der Fahrt u. dgl. eine weiche und elastische Bereifung erwünscht erscheinen lassen, so können diese Eigenschaften als Grundbedingung für gute Bereifung gelten.

Eine weitere Forderung, welche man berechtigter Weise an die Reifen stellen darf, ist ein möglichst hoher Koefficient der gleitenden Reibung zwischen dem Bereifungsmaterial und der Fahrbahnoberfläche, damit die durch diesen in Verbindung mit dem Achsdruck bestimmte Adhäsion der Antriebsräder einen möglichst hohen Wert annimmt. Letzteres ist nicht nur in Bezug auf den Wirkungsgrad von Wichtigkeit, sondern erhöht zu gleicher Zeit die Sicherheit der Fahrt, indem dadurch die Gefahr des Schleuderns vermindert wird.

Auch vom Gesichtspunkt der Wirtschaftlichkeit ergeben sich

---

*) Vgl. Dr. Ing. E. Bobeth, Leistungsverluste und Abfederung der Kraftfahrzeuge S. 49 u. f.

wichtige Forderungen an die Bereifung, welche oft nicht leicht mit den vorher genannten in Einklang zu bringen sind. So ist man berechtigt eine lange Lebensdauer nebst geringen Anschaffungs- bzw. Ersatzkosten in vielen Fällen als wesentliche Bedingung für die Rentabilität des Betriebes zu fordern. Letzteres ist jedoch mit möglichst hoher Elastizität des Reifens nur schwer zu verbinden, besonders da, wo hohe Achsdrücke in Frage kommen.

Der weichste und am meisten elastische ist der Luftreifen. Seine Lebensdauer kann jedoch vielfach durch einen Zufall verringert werden und ist infolge der nur sehr unvollkommenen Ausnutzung des Materials an sich nicht lang. Dabei sind die Anschaffungs- bzw. Ersatzkosten recht beträchtlich und im Stande, die Rentabilität des Betriebes in bedenklichem Maße herabzusetzen.

Für Kraftwagen, von welchen eine höhere Fahrgeschwindigkeit verlangt wird, ist jedoch aus Rücksicht auf die Lebensdauer der maschinellen Anlage die Luftbereifung **unumgänglich.** Soll die Fahrgeschwindigkeit mehr als 8 m in der Sekunde betragen, so ist sie ohne Luftreifen überhaupt nur auf einer gänzlich ebenen Bahn (z. B. Eisenbahngeleise) denkbar.

Auf einer mit Unebenheiten versehenen Fahrstraße würden die, zur Erzeugung der beträchtlich steigenden Massenbeschleunigungen nötigen Kräfte so hohe Leistungsverluste bedingen, daß das Antriebsmoment der Hinterräder für eine höhere Fahrgeschwindigkeit nicht ausreichen würde. Außerdem würden dabei die Schwingungen der Massen infolge von Interferenzerscheinungen Werte erreichen, welchen kein Teil des Wagens Stand halten könnte.

Für langsam laufende Wagen, welche infolge hoher Achsdrücke sehr große Abmessungen von Luftreifen erforderlich machen und dadurch übermäßig hohe Anschaffungskosten verursachen würden, erscheint es im allgemeinen von Vorteil, die Luftbereifung durch die dauerhaftere und den Wirkungen des Zufalls weniger ausgesetzte Vollgummibereifung zu ersetzen.

Die Prüfungsfahrten der Versuchsabteilung der Verkehrstruppen haben zu einer vorschriftsmäßigen Verwendung der Vollgummireifen an Lastkraftwagen und Anhängern geführt, falls dieselben eine Subvention der Heeresverwaltung beanspruchen. Deshalb ist die Eisen- oder Holzbereifung nur auf vereinzelte Fälle beschränkt, in welchen bei übermäßigem Achsdrucke eine nur sehr geringe Fahrgeschwindigkeit in Betracht kommt, wie dieses beispielsweise bei Motorbatterien, Dampfvorspannwagen, landwirtschaftlichen Fahrzeugen und dgl. der Fall ist.

## Eisen- und Holzbereifung.

Normale Eisenbereifung besteht aus einem auf den Holzradkranz warm aufgezogenen Ring, welcher zur Sicherung durch versenkte Holzschrauben befestigt wird. Abb. 113, 114, 145, 146 zeigen eisenbereifte Holz- und Metallräder.

Die Nachteile dieser primitiven Bereifung bestehen in geringem Reibungskoeffizient des Eisens auf einer Steinbahn, geringer Elastizität, großem Geräusch und großer Schleudergefahr. Nach Favron*) beträgt der Reibungskoeffizient der Eisenbereifung auf trockener Steinbahn in gutem Zustande etwa 0,35, während er unter denselben Umständen für Gummireifen 0,5 bis 0,6

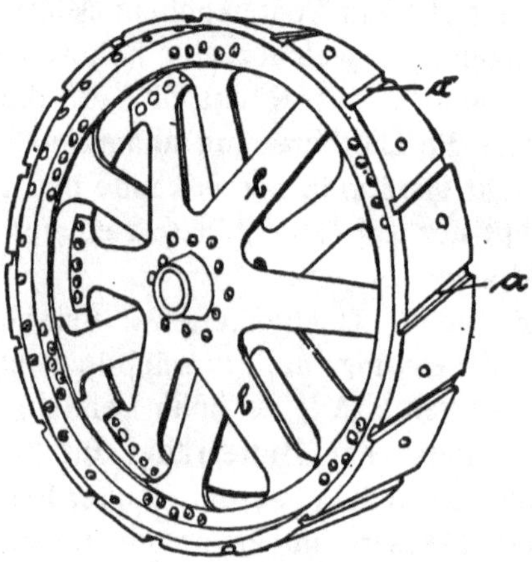

Abb. 172.

beträgt. Auf nasser Straße ist er in beiden Fällen bedeutend geringer und kann unter Umständen bis 0,1 für Eisenbereifung herabsinken (z. B. auf nassem Asphalt).

Aus Rücksicht auf die Erhaltung der Wege sind Unebenheiten auf dem Umfange der Räder, welche geeignet wären die Straßenoberfläche zu beschädigen, behördlich, untersagt, wodurch auch die Möglichkeiten, den Eisenreifen größere Adhäsion zu verleihen, beschränkt sind. Auf sehr weichen Landwegen, Aeckern und dgl. sind dagegen Eisenreifen insofern von Vorteil, als sie infolge ihrer sehr großen Breite nicht so leicht einsinken wie beispielsweise Vollgummireifen.

Um die Adhäsion der Treibräder auf weichem Boden zu vergrößern, werden vielfach auf Eisenreifen kurze Segmente

*) Vgl. Favron. Construction automobile. Paris 1913.

aufgesetzt, wodurch Schrägnuten *a* (Abb. 172) entstehen. Denselben Zweck verfolgt auch auch das Besetzen der Reifen mit halbrunden Bolzenköpfen (Abb. 173).

Für Fahrten auf Schnee und Eis werden abnehmbare Eisenwinkel auf die Laufflächen aufgeschraubt. Alle diese Mittel lassen

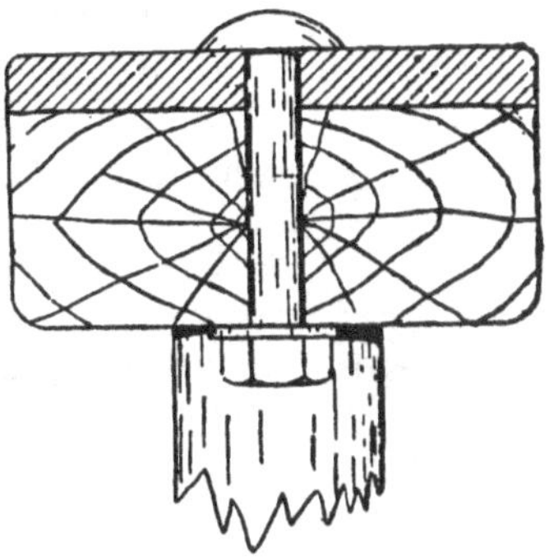

Abb. 173.

sich jedoch recht schlecht mit den behördlich vorgeschriebenen und sehr berechtigten Rücksichten auf die Erhaltung der Straßen in Einklang bringen und sind bestenfalls als mehr oder weniger wirksamer Notbehelf anzusehen.

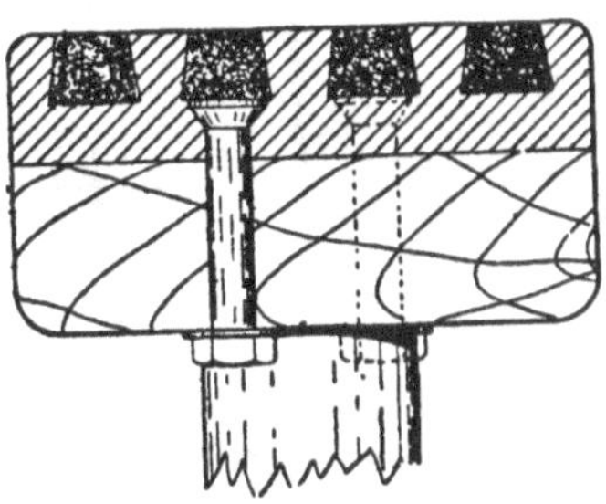

Abb. 174.

Es wurden Versuche gemacht, die Eisenreifen durch einzelne Stahlsegmente zu ersetzen, welche durch Bolzen mit dem Radkranz verbunden waren (Abb. 174), sie scheiterten jedoch an Brüchen der Stahlschuhe.

Auch in bezug auf Elastizität war man bestrebt, den Eisenreifen durch Zwischenlage von Gummi zu verbessern (Abb. 175), was jedoch zu keinem positiven Resultat geführt hat, da die erhoffte Elastizität ausgeblieben ist.

Um die Bodenreibungszahl zu vergrößern, hat man umfangreiche Versuche mit Holzbereifung angestellt, wobei man wohl den angestrebten Zweck einer guten Adhäsion erreichte, aber auf sehr schwerwiegende Nachteile stieß.

Infolge von Splitterung war die Lebensdauer der Holzreifen eine sehr beschränkte; der Ersatz, welcher an und für sich nicht teuer war, mußte in kurzen Zwischenräumen wiederholt werden, wodurch große Zeitverluste und Montagekosten verursacht wurden. Große Verbreitung war der Holzbereifung nie beschieden. Hat sie vor der Eisenbereifung die Vorzüge der guten Adhäsion und des ein wenig geräuschloseren Ganges, so sind hier die

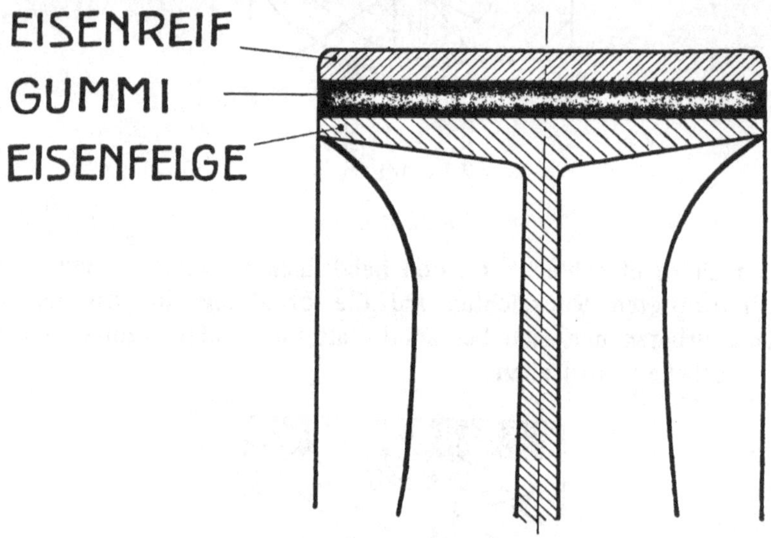


Abb. 175.

**einzigen** Vorteile der harten Bereifung — die Dauerhaftigkeit und Billigkeit, welche in Ausnahmefällen ausschlaggebend sein können, nicht vorhanden.

Abb. 176 zeigt die einfachste Art, Holzklötze auf der Felge zu befestigen. In der an einem amerikanischen elektrischen Lastwagen angewandten Bauart (Abb. 177) ist der hölzerne Radkranz zum Zweck eines Teilersatzes aus zwei Holzscheiben gebildet, welche durch Stahlflansche zusammengezogen sind.

In ähnlicher Weise besteht auch der Reifen auf Abb. 178 aus einzelnen Holzscheiben mit dazwischen gelegten Stahlringen. Für besondere Verhältnisse z. B. ständiges Fahren auf Asphaltstraßen, kann dieser Reifen infolge guter Gleitschutzwirkung eine gewisse Berechtigung haben, falls man aus irgendwelchen Gründen keinen Gummi verwenden kann. Abb. 179

zeigt einen aus Holzklötzen bestehenden Reifen, welche durch kreuzförmige Stahlkeile verstärkt sind.

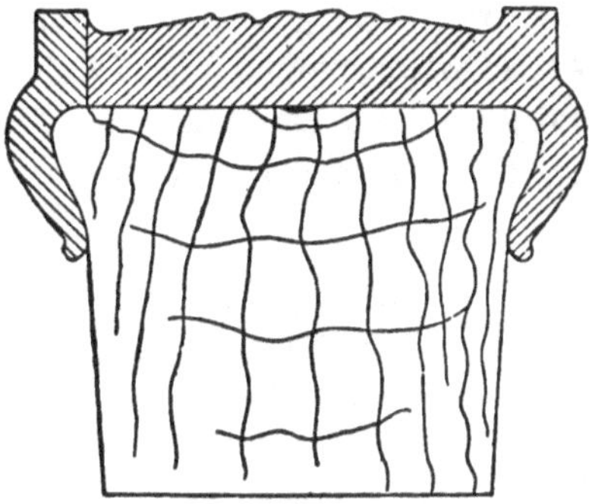

Abb. 176.

Die Eisen- und Holzbereifung bleibt infolge der besprochenen Mängel nur auf Ausnahmefälle beschränkt, während man für jeden normalen Betrieb Gummireifen verwendet, indem man durch entsprechende Breite des Gummibelages, oder durch Anordnung von Zwillingsreifen, jedem noch so großen Achsdruck gerecht werden kann.

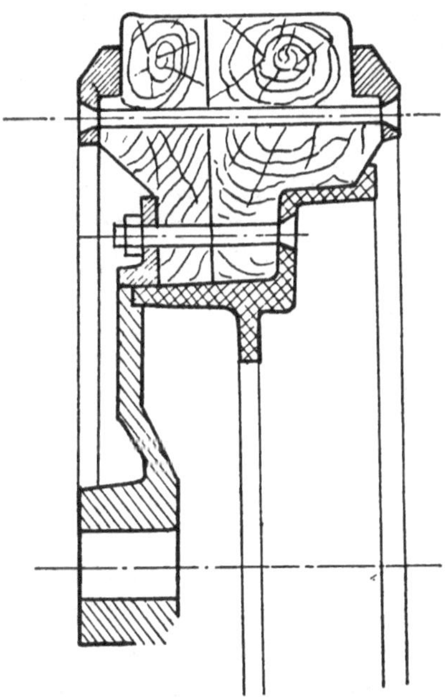

Abb. 177.

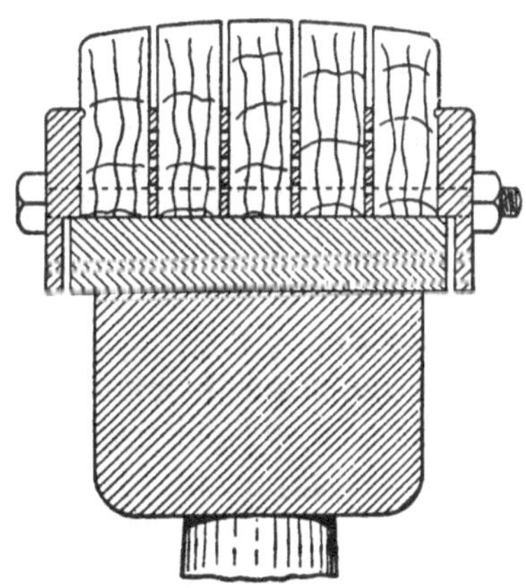

Abb. 178.

## Vollgummi-Bereifung.

Wie schon früher erwähnt, kommt Vollgummi-Bereifung nur da in Frage, wo die geringe Fahrgeschwindigkeit dieses zulässig und zugleich der hohe Achsdruck erwünscht erscheinen läßt. —

Von Einfluß auf die Lebensdauer und die Eigenschaften der Bereifung ist das Profil des Gummibelages bzw. die Größe der Bodenbe-

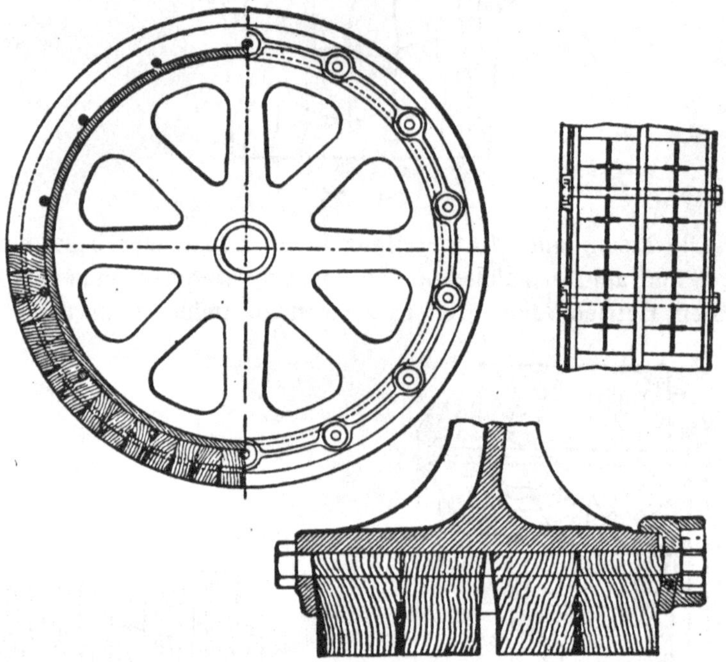

Abb. 179.

rührungsfläche. Am billigsten sind natürlich Reifen, welche am wenigsten von dem teuren Gummimaterial enthalten, deren Profil also eine etwa parabolische Krümmung aufweist. Solche Reifen mögen ein wenig weicher sein als die breiten Profile, nützen sich jedoch infolge der kleinen Berührungsfläche sehr rasch ab und sind dem Gleiten und Schleudern aus demselben Grunde stark ausgesetzt. (Abb. 180 I). Besser, aber auch kostspieliger, ist das vielfach benutzte Halbkreisprofil (Abb. 180 II), am besten ist das flache Profil (Abb. 180 III und IV), weil es durch seine große Bodenberührungsfläche am wenigsten der Abnutzung unterworfen ist und auch Schutz gegen Gleiten und Schleudern bietet.

Letzterer Umstand ist darauf zurückzuführen, daß ein breiter Reifen eine größere Bodenfläche durch den Druck von der Schlammschicht befreit und daß dadurch einzelne Teile des Gummi mit der weniger nassen und deshalb festeren Oberfläche der Fahrbahn in Berührung kommen können. Bei einer schmalen Bodenberührungsfläche ist diese Möglichkeit ausgeschlossen.

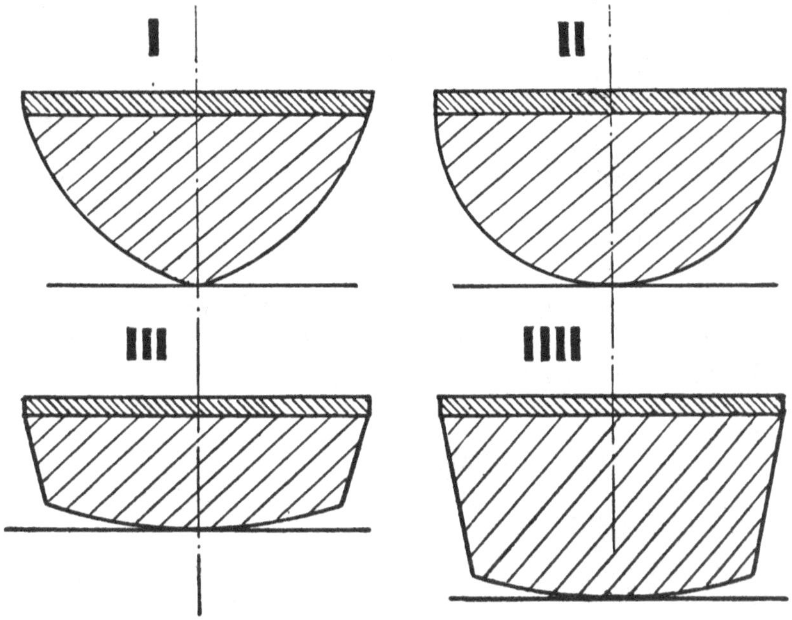


Abb. 180.

Hier sei auch erwähnt, daß die Heeresverwaltung das auf Abb. 181 dargestellte Vollgummiprofil für die Antriebsräder der Armee- und Subventionswagen vorschreibt, dessen Ersatz jedoch durch ein Zwillingsreifen von Halbkreisprofil (punktiert gezeichnet) zulässig ist.

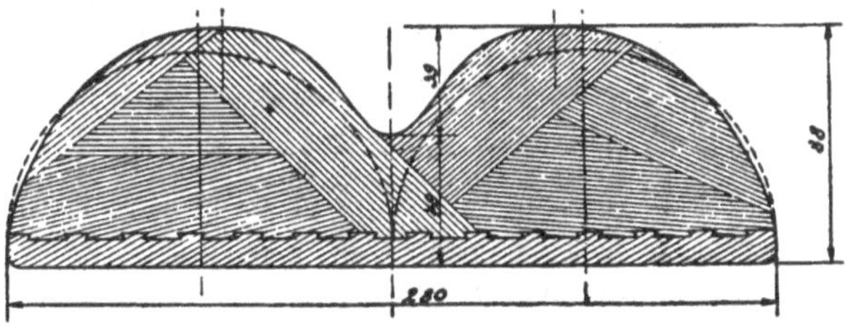

Abb. 181.

Umfangreiche Versuche zur Feststellung der Bodenreibung bei Vollgummi haben zu folgender Tabelle geführt.*)

| Straßenoberfläche | $\mu = tg\alpha$ Reibungs-Koeffiz. | $\alpha$ in Graden Grenzwinkel der Reibungs-Stützung | Vergleichs-Koeffiz. für d. Beharrungs-vermögen der Fahrzeuge |
|---|---|---|---|
| Trocken Asphalt | 0,60 | 31 | 100 |
| „ Macadam | 0,58 | 30 | 97 |
| „ Holzpflaster | 0,50 | 27 | 84 |
| Naß - Asphalt | 0,38 | 21 | 63 |
| „ Macadam | 0,37 | 20,5 | 61 |
| „ Holzpflaster | 0,32 | 18 | 53 |
| Schlüpfrig Asphalt | 0,06 | 3,5 | 10 |
| „ Macadam | 0,19 | 11 | 32 |
| „ Holzpflaster | 0,11 | 6,5 | 18,5 |

Zur Befestigung der Vollgummireifen werden verschiedene Mittel angewandt. Von den vielerlei Möglichkeiten haben sich in der Praxis jedoch nur wenige bewährt.

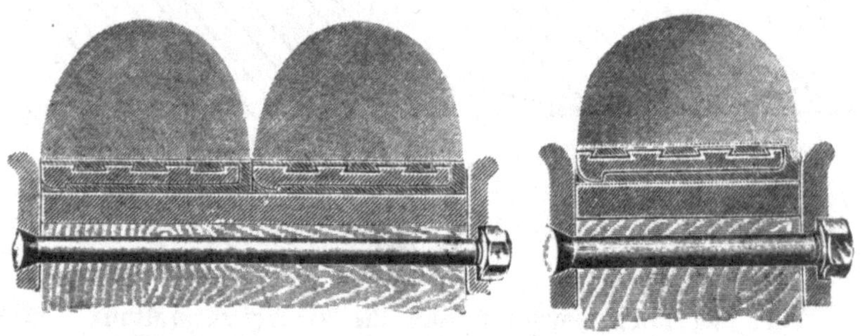

Abb. 182.

Die meist verbreitete Befestigungsart ist das Aufvulkanisieren der Reifen auf einem Stahlband (Abb. 181 und 182), welches zusammen mit dem ersteren dann auf vielfach mit abnehmbaren Rand versehene Felgen montiert wird. Das Stahlband wird mit Schwalbenschwanznuten versehen und die Fläche wird durch Drehen mit großem Vorschub möglichst rauh gemacht. Meistens wird hierbei der auf dem Stahlband aufliegende Teil vom Gummireifen durch längere Vulkanisation härter, oder sogar ganz hart gemacht, was erfahrungsgemäß die Widerstandsfähigkeit des Reifens erhöht.

*) Zeitschr. d. Mitteleurop. Motorwagen-Vereins 1907 S. 320.

Andere Befestigungsmethoden beruhen darauf, in den Gummireifen Stahlbänder oder Drähte einzuführen (Abb. 183, 184), deren Enden nach Auflegen des Reifens hart zusammengelötet oder besser in Knallgas-, auch Bogenlichthitze geschweißt werden. Zu diesem

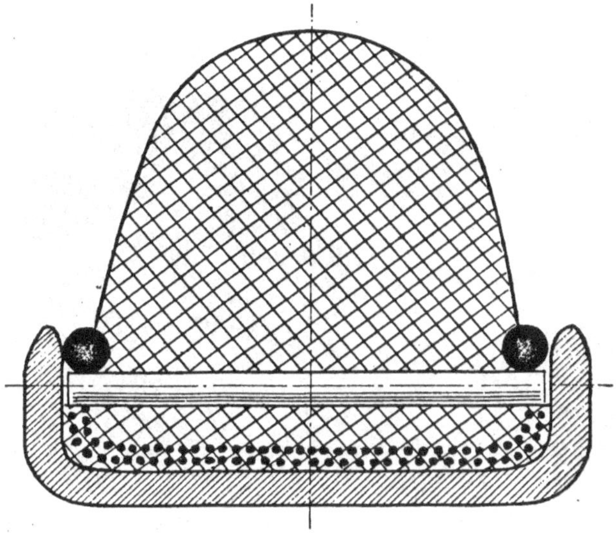

Abb. 183.

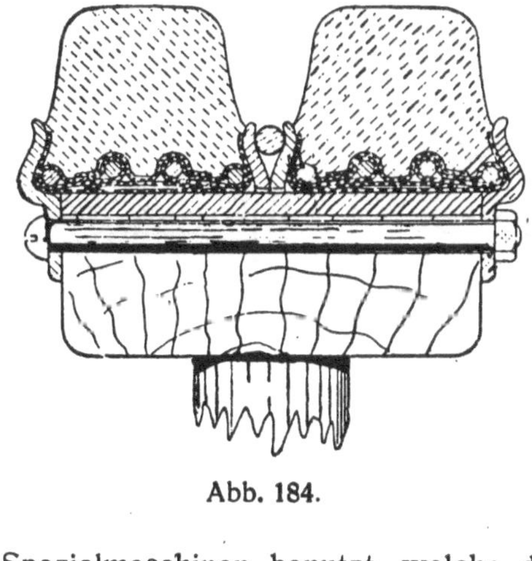

Abb. 184.

Zweck werden Spezialmaschinen benutzt, welche die Drähte bzw. Innenbänder fest anziehen, während sie die Enden des Gummireifens zugleich auseinanderdrücken. Nach Loslassen schließt sich der Gummiring selbsttätig und wird dann die Fuge durch Vulkanisation zusammengefügt.

Vereinzelt findet man auch Bereifung, welche aus einzelnen Segmenten oder Gummiklötzen besteht (Abb. 185), die mit Schraubenbolzen, Drähten u. dgl. (Abb. 186), auf den Stahlfelgen befestigt werden. Solche Reifen haben den Vorteil, daß man einzelne Segmente

Abb. 185.

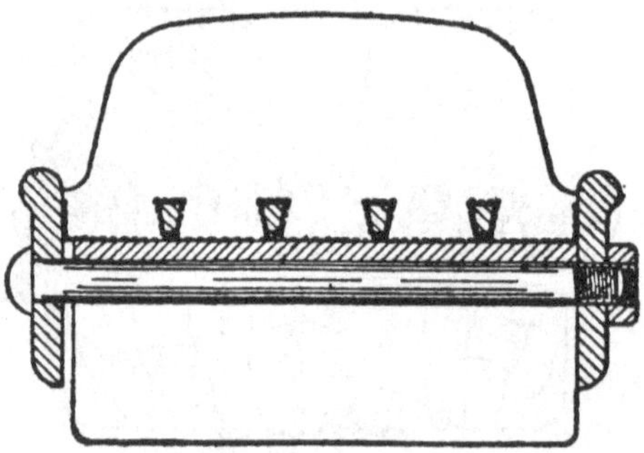

Abb. 186.

im Falle einer lokalen Verletzung ersetzen kann. Die allgemeine Abnutzung wird jedoch durch eine derartige Anordnung infolge der vielen freistehenden Gummikanten beschleunigt. Die Gleitschutzwirkung und Adhäsion ist hier natürlich sehr hoch.

Es sind Versuche gemacht worden mit aus einzelnen flachen Gummischeiben mit Segeltucheinlagen zusammengesetzten Reifen, wobei durch alle Lagen durchgehende Drähte und zwei seitlich angeordnete Eisenflansche vorgesehen waren; (Abb. 187). Das Ganze wurde mit kräftigen Schraubenbolzen zusammengepreßt. Die Elastizität solcher Reifen ließ viel zu wünschen übrig.

Eine gute Befestigung des Reifens durch radial angeordnete Bolzen findet man bei den amerikanischen Reifen auf Abb. 188, welche

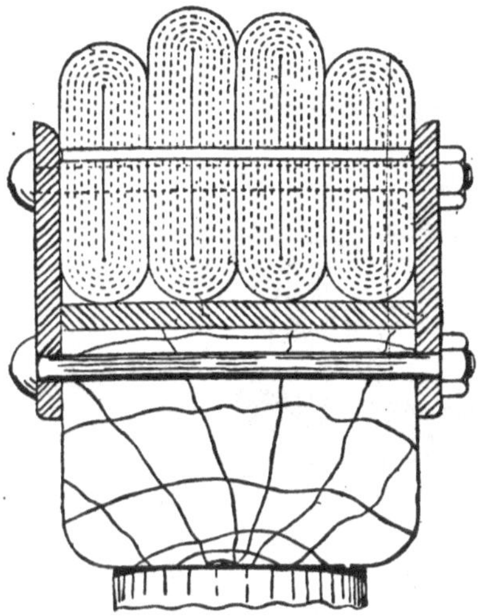

Abb. 187.

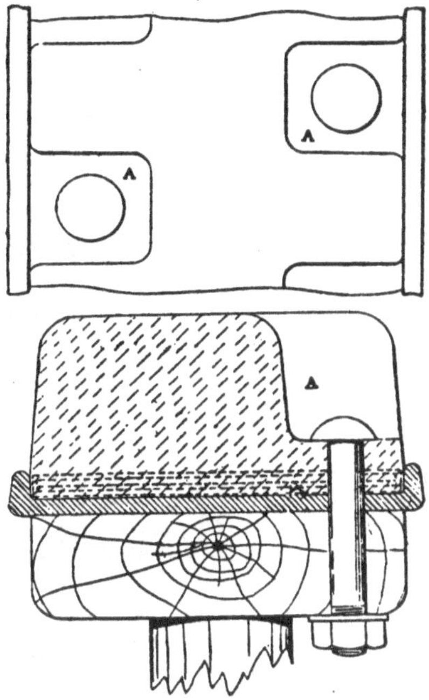


Abb. 188.

auf Segeltuchlagen aufvulkanisiert sind. Hier ist auch eine gute Gleitschutzwirkung und Adhäsion vorhanden. Diese Anordnung hat den Vorteil einer bequemen Montage: der Reifen wird auf Länge geschnitten, um die Felge herumgelegt und mit den Bolzen festgezogen, wobei die Fuge offen bleiben kann, oder wird, was natürlich vorzuziehen ist, durch Vulkanisation geschlossen.

Im Auslande wird vielfach die Befestigungsart mit Drahtverstrebung ähnlich der Abb. 189 und 190 gebraucht, bei welchen die schräg in der Querrichtung eingelegten Drähte ihren Stützpunkt einerseits auf den Felgenrändern, andererseits auf einem in der Mitte des Reifens zusammengespannten und verschweißten Draht finden, wobei die Compoundgummimasse durch Segeltuchlagen von den Drähten isoliert ist.

Eine andere Art Drahtverstrebung zeigt Abb. 191. Hier bilden in die Felgenwände eingelegte Haken den zweiten Stützpunkt für die Querdrähte. Die drahtverstrebten Vollgummireifen haben sich gut

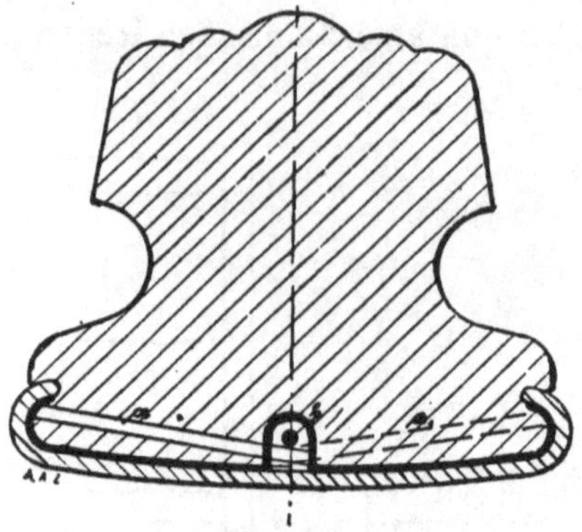

Abb. 189.

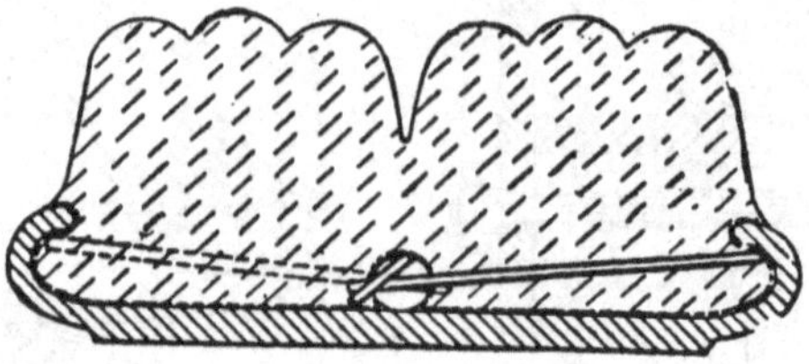

Abb. 190.

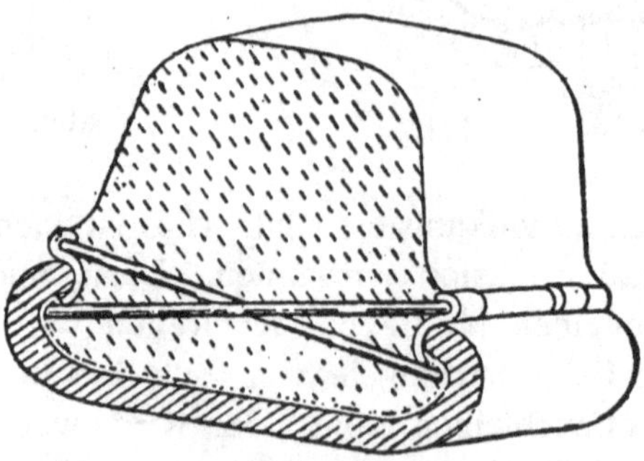

Abb. 191.

bewährt, und ist diese Befestigungsart eine durchaus zuverlässige. — Der Reifenwechsel kann allerdings nur in einem Spezialwerk vorgenommen werden.

Eine Drahtbefestigung, bei welcher das immerhin recht umständliche Schweißen vermieden wird, zeigt die Abb. 192 I. Der Reifen ist hier auf einem Stahlband aufvulkanisiert, durch welches ein

Draht durchzogen ist. Nach dem hydraulischen Aufpressen wird der Draht durch die flache Stahlfelge durchgesteckt und mit Schrauben befestigt. Auch hier kann der Reifenwechsel nur in der Fabrik ausgeführt werden. Die Befestigungsart ist dauerhaft und zuverlässig. (Vgl. auch Abb. 123.)

Bei aufgepreßten Reifen werden zur Sicherung gegen das Abstreifen und gegen das Wandern vielfach geteilte Felgen angewandt. Als solche kann auch schon die Befestigungsart nach Abb. 192 II gelten, welcher ein Prinzip zu Grunde liegt, das in gewisser Beziehung an abnehmbare Felgen erinnert. Der hier ebenfalls ange-

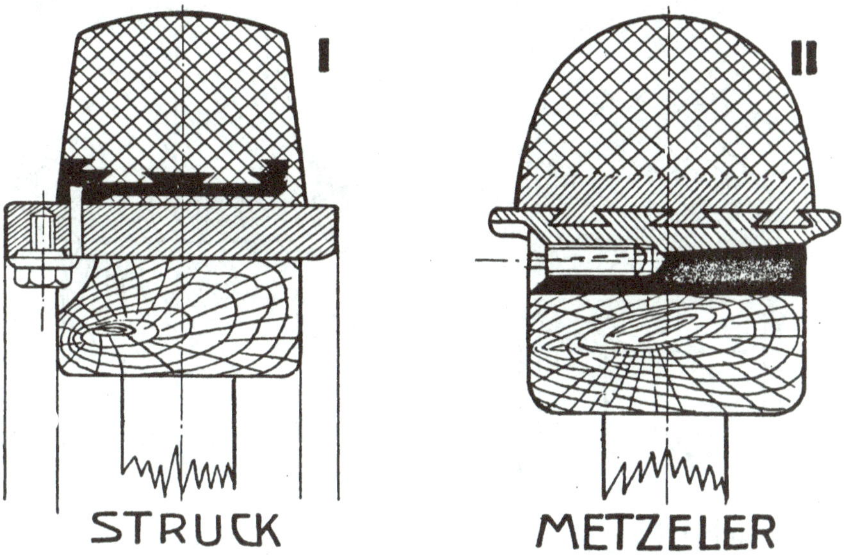


Abb. 192.

wandte Auflagekonus ist jedoch so spitz, daß der Reifen nur durch eine Presse auf und abmontiert werden kann, was ihm den Charakter einer abnehmbaren Felge nimmt. Durch das konische Aufpressen ist hier ein außerordentlich fester Sitz erreicht worden und die Praxis hat gezeigt, daß sich infolge besonders ungünstiger Beanspruchungen eher die vulkanisierte Verbindung, als diejenige der Felge lösen kann.

Die meistverwandte und einfachste Bauart von geteilten Felgen besteht aus einer flachen Grundfelge, welche durch zwei mit durchgehenden Schraubenbolzen zusammengezogene Seitenflansche ergänzt wird (Abb. 182). Letztere werden auch vielfach dazu benutzt, den Reifen, falls dieser durchgehend aus weichvulkanisiertem Gummi besteht, seitlich zusammen zu pressen (Abb. 184, 186, 187).

Vereinzelt wird auch ein nur aus Weichgummi mit Segeltucheinlagen bestehender Reifen durch besonders geformte Seitenflansche zusammengepreßt und durch Schraubenbolzen gegen das Wandern gesichert (Abb. 193 I). Empfehlenswert erscheint jedoch diese Befestigungsart insofern nicht, als daß ein solcher Reifen nur wenig Widerstandsfähigkeit gegen achsial gerichtete Kräfte aufweist, welche den schwächsten Querschnitt *A* übermäßig beanspruchen.

Eine gut bewährte und eingeführte Bauart von geteilten Felgen stellt die Abb. 193 II vor. Ein durchgefräster Ring wird hier in eine

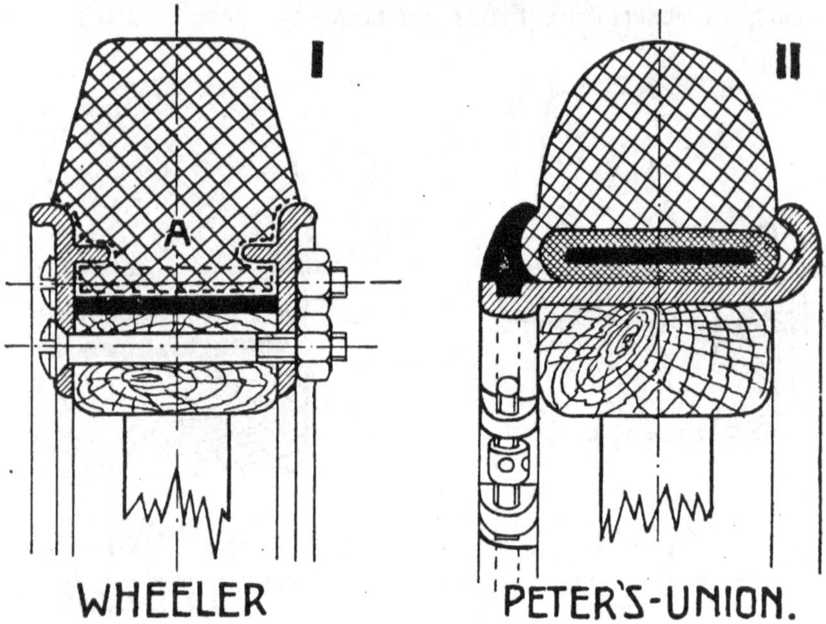


Abb. 193.

Ringnute der Felge geführt und durch einen Bolzen mit Links- und Rechtsgewinde zusammengespannt, so daß er einen festen Felgenrand bildet. Der Gummireifen mit dem einvulkanisierten Stahlband wird auch hier auf die Felge aufgepreßt, so daß eine Abnehmbarkeit in engem Sinne des Wortes nicht vorhanden ist.

Es sei schließlich auch ein Versuch erwähnt, den Gummi vor Einflüssen der Fahrbahn zu schützen und zugleich weitgehende Gleitschutzwirkung zu erzielen (Abb. 194). Der aus besonders weichem Gummi hergestellte Reifen war hier in das Innere einer geteilten hohlen Felge verlegt, während in Stahlgußgehäusen untergebrachte mit Nieten mit vorstehenden Köpfen befestigte Klötze aus Vulkanfibre in Berührung mit der Straßenoberfläche kamen. Der Reifen hat wohl mehrere Versuche bestanden, ist aber infolge geringer Elastizität, schweren Gewichtes und hohen Herstellungskosten nie zu einer breiteren Verwendung gekommen.

Dasselbe läßt sich im allgemeinen von allen Versuchen sagen, einen elastischen Körper innerhalb einer holen Felge

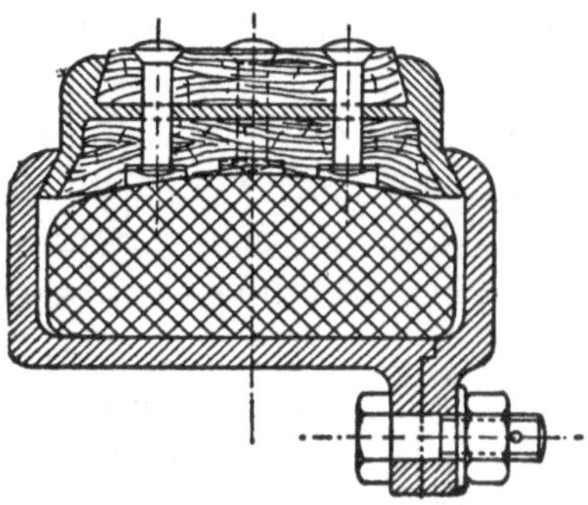

Abb. 194.

unterzubringen und durch Klötze oder Reifen aus hartem, unelastischem Material die Berührung mit der Fahrbahn zu vermitteln. Den meisten dieser Konstruktionen fehlen außerdem die zur richtigen Kraftübertragung nötigen Vorbedingungen. In letzterer Beziehung bildet die Bauart auf Abb. 194 eine rühmliche Ausnahme, weil sie gründlich durchdacht und richtig konstruiert ist.

## Luftbereifung.

Der Grundgedanke des Pneumatiks besteht darin, in einen hohlen Reifen stark verdichtete Luft einzuschließen. Dieses Prinzip trägt die Vorteile des Luftreifens in sich. Wie alle gasförmigen Körper, ist auch die Luft absolut elastisch und an keinerlei körperliche Form gebunden. Daraus folgt, daß bei Luftreifen *die Gefahr einer dauernden örtlichen Deformation ausgeschlossen ist.*

Einen weiteren Vorzug bildet die Tatsache, daß *jeder Punkt* der mit der Fahrbahn in Berührung kommenden Lauffläche des Pneumatiks *die gleichen elastischen Eigenschaften besitzt*, während sich ein auf eine beliebige Stelle des Reifens ausgeübter *Druck auf den ganzen Reifen zeitlos überträgt und gleichmäßig verteilt.*

Abgesehen von der rein mechanischen Einwirkung der Fahrbahn auf den Bodenberührungspunkt der Lauffläche wird zum Tragen der auf beliebige Ursachen zurückzuführenden Kräfte die ganze Begrenzungsfläche des elastischen Mittels zugezogen.

Durch örtliche Deformationen an der Bodenberürungsstelle herbeigeführte Spannungen verändern sich im umgekehrten Verhältnis zum Volumen der ganzen im Reifen verdichteten Luft. Da aber sogar bei recht beträchtlichen örtlichen Formänderungen die Volumenunterschiede im Vergleich zum Rauminhalt der ganzen eingeschlossenen Luft nur sehr gering sind, so ist auch die Druckspannung als annähernd konstant zu betrachten.

Durch die örtlichen Deformationen des Reifens werden keine Massenbeschleunigungen hervorgerufen und der durch die verdichtete Luft aufgenommene Stoß kann als absolut elastisch angesehen werden.

Durch die hohe Geschwindigkeit der Kraftfahrzeuge werden aber an die Bereifung Forderungen gestellt, welche die Eigenschaften des verdichteten Gases zur Vorbedingung machen. Durch den in geringen Bruchteilen der Sekunde erfolgenden Wechsel der Bodenberührungsstellen ist eine zeitlose Kraftübertragung auf das elastische Bindeglied zur Bedingung gemacht. Würden dabei unmittelbare Massenbeschleunigungen hervorgerufen, so müßte deren Höhe, in Abhängigkeit von den an unendlich kleine grenzenden Werten der Zeiten, auch selbst an unendliche grenzen. Letzteres ist aber praktisch nicht denkbar und würde infolgedessen jede zum Dämpfen der Stöße notwendige Massenbeschleunigung zu unvermeidlichem Bruch der zu beschleunigenden Teile führen.

Weiter müssen die durch dynamische Wirkungen der Fahrbahn hervorgerufenen Spannungen des zur Dämpfung der Stöße vorgesehenen elastischen Materials keinen Größen- oder Richtungswechsel aufweisen, da sie sonst infolge von Interferenz-Erscheinungen so hohe Werte erreichen müßten, welchen kein Material auf die Dauer gewachsen wäre.

Die Geschwindigkeit des Fahrzeuges läßt sich demnach **nur** dann beliebig steigern, wenn die Bereifung folgende Forderungen erfüllt:

1. Jeder Stoß muß an der Stelle gedämpft werden, an welcher er erfolgt.

2. Der die Stöße dämpfende Körper muß absolut elastisch sein.
3. Die Größe der durch Stöße hervorgerufenen elastischen Spannungen muß annähernd konstant bleiben.

Aus diesem Satz lassen sich weitere Folgerungen ableiten:

Da nur ein gasförmiger Körper als absolut elastisch gelten kann, so ist die Luft des Pneumatiks durch keinen noch so elastischen festen Körper gleichwertig zu ersetzen.

Die zwischen der eingeschlossenen Luft und der Fahrbahn dazwischen geschalteten festen Körper sind auf das äußerste unumgänglich notwendige Mindestmaß zu beschränken.

Der Luftraum muß so groß gewählt werden, daß die durch örtliche, an der Bodenberührungsstelle erfolgende Deformationen keine großen Spannungsunterschiede hervorrufen.

Aus dem Gesagten kann man die durch die Praxis in jeder Weise bestätigten Folgerungen ziehen, daß ohne Luftreifen eine höhere Fahrgeschwindigkeit auf unebener Fahrbahn ausgeschlossen ist und daß es keine Mittel, welcher Art es auch sei, geben kann, welche den Luftreifen ersetzen könnten.

Die Nachteile der Luftbereifung sind als unmittelbare Folgen des grundlegenden Prinzips anzusehen. Um einen gasförmigen Körper auf einen bestimmten Raum zu beschränken, ist ein Behälter aus für das betreffende Gas undurchlässigem Material erforderlich. Letzteres muß einen sehr hohen Grad von Elastizität besitzen, um die elastische Wirkung des eingeschlossenen Gases nur in möglichst geringem Maße zu beeinträchtigen. Der Gasbehälter muß aber trotzdem genügend fest sein, um der Verdichtungsspannung des Gases widerstehen zu können. Er muß aber auch den äußeren Einflüssen Stand halten können und nahezu unverletzlich sein.

Diese scheinbar unüberwindlichen Hindernisse sind durch mehrere geniale Erfindungen in einer verhältnismäßig kurzen Entwicklungszeit in glänzender Weise überbrückt worden. Es würde den Rahmen dieses Werkes beträchtlich überschreiten, wenn man hier die Entstehungs- und Entwicklungsgeschichte des Luftreifens auch nur oberflächlich wiedergeben wollte. Es gibt in der ganzen Geschichte der Technik und der Wissenschaft kaum ein Problem, welches so viele Erfinder beschäftigt und so viele mißlungenen Versuche aufzuweisen hätte, wie die Frage des Luftreifens und dessen vollwertigen Ersatzes.

Da letzteres, wie vorher bewiesen wurde, aus prinzipiellen Gründen undenkbar ist, so ist damit das Problem des Pneumatikersatzes in die Sphäre der Unmöglichkeiten, welche den menschlichen Erfindungsgeist aller Völker und Zeiten im Bann gehalten haben und jetzt noch halten, zu versetzen. Die Quadratur des Kreises, die Trisektion des Winkels, das perpetuum mobile, der Stein der Waisen sind die Fragen, welchen sich das Problem des Pneumatikersatzes würdig anreiht.

Ist doch im Jahre 1912 das englische Patent Nr. 26356/10 einem gewissen M. Raux auf Umwandlung der Metalle erteilt worden, nach welchem durch Zusatz von Silikaten Eisen in Silber und Silber in Gold in elektrischer Bogenhitze umzuwandeln wäre.

So wird auch die noch so unzweideutig bewiesene Unmöglichkeit, den gasförmigen Stoff des Luftreifens in seiner Wirkung durch ein körperliches Material zu ersetzen, die Hartnäckigkeit des Erfindergeistes niemals restlos überzeugen können und wird das Patentamt auch in Zukunft mit Hunderten derartiger Erfindungen überschüttet.

Die bisher ungelösten Aufgaben auf dem Gebiete der Vervollkommnung des Luftreifens beziehen sich in der Hauptsache auf seine Verletzlichkeit. Auch dieses Problem beschäftigt Tausende von Erfindern und es bestehen zahllose Patente, welche die Verletzlichkeit der Luftreifen zu vermindern oder durch schnelles Schließen der verletzten Stelle unschädlich zu machen suchen.

In dieser Hinsicht ist auch zweifellos sehr viel erreicht worden und ist der moderne Luftreifen von einer sehr hohen Widerstandsfähigkeit gegen äußere Einflüsse. Durch geeignete Wahl des Materials, sachgemäße Verteilung der Gewebeeinlagen, schließlich durch Verwendung von Leder und Stahlnietenlaufflächen ist der Pneumatikmantel nahezu unverletzlich gemacht worden. Aber auch der dünnwandige und empfindliche Luftschlauch ist durch manche geniale Erfindung im höchsten Maße vervollkommnet worden. Es sei hier beispielsweise der Luftschlauch erwähnt, welcher durch innere, bei der Herstellung hervorgerufene Spannungen des Gummimaterials kleinere Verletzungen selbsttätig abschließt und dauernd dicht zu halten vermag.

Eine weitgehende Vervollkommnung hat der Luftreifen in bezug auf die zerstörenden Einflüsse der inneren Reibungsarbeit seiner Teile aufzuweisen. Auch hier ist die empirisch festgelegte Wahl der zur Benutzung kommenden Materialien von größter Bedeutung gewesen. Die richtige Beurteilung der vorliegenden Beanspruchungen und Bewegungserscheinungen hat durch Anwendung geeigneter Mittel zur Herabsetzung der inneren Reibungsarbeit und deren zerstörend wirkenden Begleiterscheinungen auf ein Mindestmaß geführt.

Die Verhinderung der gegenseitigen Bewegung der Einzelteile an der Stelle, an welcher eine Verschiebung am verhängnisvollsten war, ist auch auf die, durch ihre Einfachheit und Selbstverständlichkeit als genial zu bezeichnende Erfindung des Ventilbolzens zurückzuführen, durch welche außerdem noch ein weiterer wichtiger Fortschritt, derjenige der vereinfachten Montage und Wartung der Luftreifen herbeigeführt wurde.

Auch die Erfindung der heute allgemein gebräuchlichen Befestigungsart der Luftreifen auf deren Stahlfelge ist nichts weniger als genial. Die Benutzung des inneren Ueberdruckes zum Festhalten des Reifens auf der Felge, hat sich nach jahrelangen Erfahrungen vorzüglich bewährt und läßt recht wenig zu wünschen übrig. In bezug auf festen Sitz, auf Zuverlässigkeit und Einfachheit ist eine Weitervervollkommnung kaum denkbar.

Die Montage ist bei genügender Uebung auch nicht schwierig und kompliziert zu nennen. Einfach ist sie immerhin nicht und kann nicht von jedem Laien ohne Vorkenntnisse vorgenommen werden. Nachdem man diesem Uebelstande durch recht viele mehr oder weniger abenteuerliche Mittel abzuhelfen versucht hat, hat sich gezeigt, daß etwas wirklich besseres in bezug auf Reifenbefestigung bisher nicht vorgeschlagen worden ist. Man hat daher den durchaus konsequenten Weg eingeschlagen, den Wechsel der Pneumatiks auf ihren Felgen zeitlich und räumlich beliebig zu verlegen, indem man die, auf ihren Felgen fertigmontierten und aufgepumpten Reifen durch Einführung von abnehmbaren Rädern bzw. Felgen auswechselbar gemacht hat.

Auf dem Wege von Verbesserungen, welche auf Resultate konsequenter fachmännischer Arbeit und Erfahrungen zurückzuführen sein werden, werden zweifellos noch weitere Fortschritte in das Gebiet der Luftbereifung gebracht werden. Eine grundlegende epochemachende Erfindung wäre hier höchstens in bezug auf ein neues Material zu erwarten, welches alle Eigenschaften vom Gummi besitzen, gleichzeitig aber einen niedrigen Anschaffungspreis aufweisen müßte. Grundlegende Aenderungen der Bauart des Pneumatiks sind ebensowenig zu erwarten wie der Ersatz von Luft durch Federn, besondere Füllungen und dgl. Daher soll hier zur Besprechung nur die allgemein eingeführte Bauart, auf ihre Einzelteile zerlegt, gelangen.

Auf Abb. 195 ist ein Pneumatik der Normaltype veranschaulicht. Er besteht aus drei Hauptteilen: dem Luftschlauch, dem Mantel und der Felge.

Der wesentlichste Teil, der undurchlässige Behälter für verdichtete Luft ist der Luftschlauch. Er wird aus dem besten

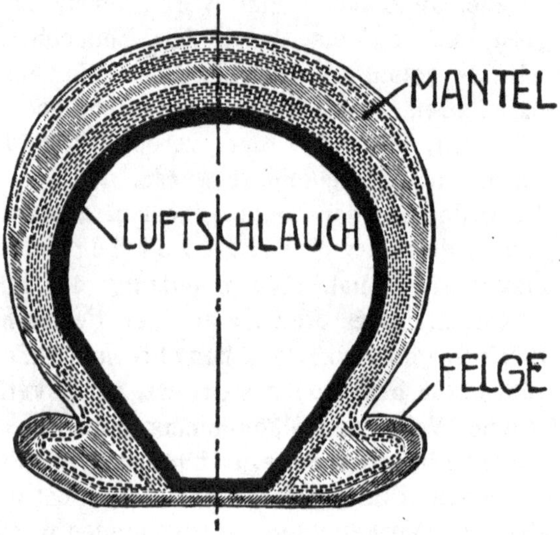


Abb. 195.

Paragummi nach Erfahrungsrezepten hergestellt, auf Länge geschnitten und zu einem endlosen Ring durch Vulkanisation zusammengefügt.

Vielfach wird der Schlauch von ungleichmäßiger Wandstärke ausgeführt, zum Zweck, seinen inneren, mit der eisernen Felge und den Wulstkanten des Mantels in Berührung kommenden Teil, welcher auch das Ventil aufnimmt, widerstandfähiger zu gestalten. Letztere Stelle wird außerdem durch eine aufvulkanisierte Gummiplatte mit abgeflachten Rändern verstärkt.

Abb. 196 zeigt die meist verwandten Ventilkonstruktionen, deren Befestigung am Schlauch auf der Figur I deutlich zu erkennen ist.

In neuerer Zeit wird allgemein das Bolzenventil (Abb. 197) verwandt, welches die Wulste des Mantels kräftig in die Felgenränder hineinpreßt und dadurch das Wandern des Reifens verhindert. Der große Vorzug dieser Konstruktion beruht darauf, alle Spannungen des Luftschlauches nach der Umfangsrichtung in der Gegend des Ventils zu vermeiden und dieses dadurch vor dem Herausreißen oder Undichtwerden zu schützen.

Um das selbsttätige Schließen von kleineren Verletzungen herbeizuführen, ist vielfach versucht worden, halbflüssige Klebestoffe

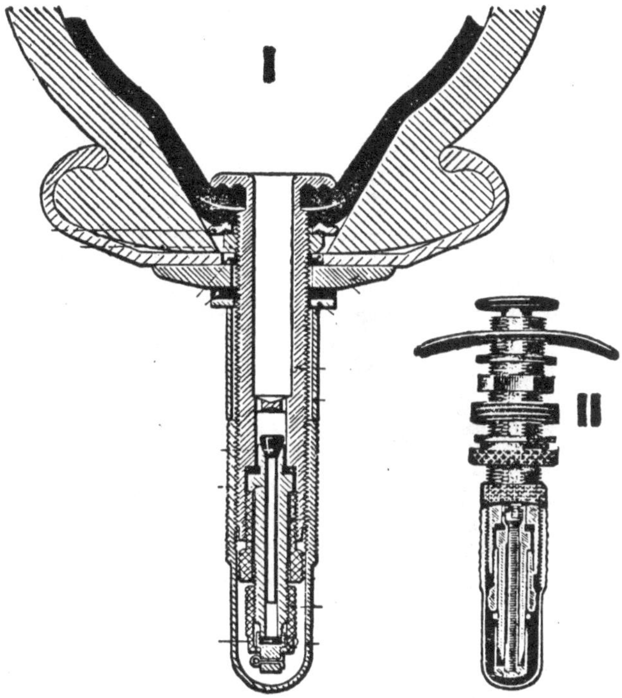


Abb. 196.

in den Schlauch einzuführen, welche sich infolge der Centrifugalkraft auf der nach außen gerichteten Innenfläche des Schlauches gleichmäßig verteilten und jede kleinere Undichtigkeit selbsttätig zuklebten. Die Flüssigkeiten wurden nach verschiedenen Rezepten hergestellt und erfüllten eine kurze Zeit lang nach ihrem Einführen in den Schlauch den Zweck ziemlich zufriedenstellend, sie hatten jedoch vielfach den Fehler, daß bald durch chemische Zersetzung bzw. Gährung Stoffe zu Tage gefördert wurden, welche das Material des Schlauches angriffen und dessen Eigenschaften im bedenklichem Maße beeinträchtigt haben.

Diese „viskosen Substanzen", welche niemals dauernde Erfolge erlebt haben, wurden auch in besonders dazu vorgesehenen Taschen des Luftschlauches untergebracht, was die Unverletzlichkeit desselben für kurze Zeit erhöhte, zugleich aber seine Elastizität und die Lebensdauer beträchtlich verminderte. Neben Wasser, Glycerin, Amylalkohol, wurden dann leicht in Gährung übergehende Substanzen, wie Glycose, Zucker, Karamel, Dextrin, Mehl, Stärke, Leim und dgl. verwandt, welche sich unter dem Einfluß der Wärme schnell zersetzten oder trocken und hart wurden.

Ein weniger bedenklicher Weg, das Schließen von kleineren Oeffnungen zu erreichen, ist derjenige (wie schon früher erwähnt) im Gummi selbst künstliche Druckspannungen hervorzurufen. Auf

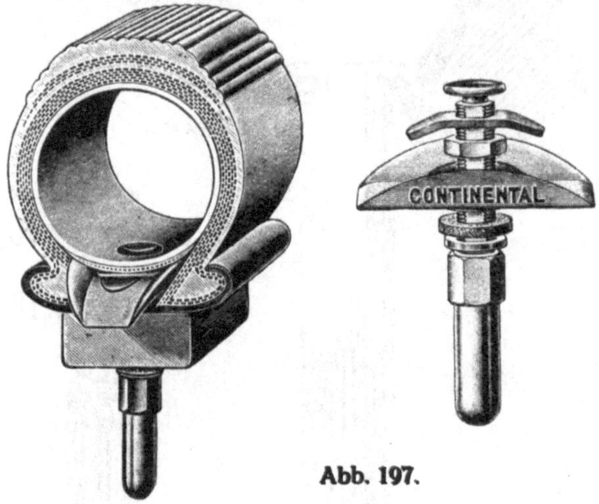


Abb. 197.

Abb. 198 ist die Methode angedeutet, nach welcher solche Schläuche hergestellt werden. Ein normaler Luftschlauch wird im Inneren mit einer Lage dünner Leinwand ausgelegt und vulkanisiert (Abb. 198 I). Wendet man danach den Schlauch um (II), so entsteht im Gummi eine nicht unbeträchtliche Druckspannung, welche selbsttätiges Schließen kleinerer Verletzungen herbeiführt.

Die durch die Walkarbeit des Reifens erzeugte Wärme wirkt zerstörend auf den Gummi, indem sie dessen Elastizität und Dichtigkeit beeinträchtigt. Der Stoff verliert dadurch seine Widerstandsfähigkeit, wird porös und brüchig.

Daher ist man bestrebt, die Erwärmung der Reifen auf ein Mindestmaß herabzusetzen. Zum Teil kann dieses durch die Verwendung von Metallrädern erreicht werden, bei welchen die Wärme von der Reifenfelge intensiv abgeleitet wird. Da aber Gummi an sich ein schlechter Wärmeleiter ist, und die stärkste Erwärmung da stattfindet, wo die Walkarbeit am größten ist, d. h. an der Lauffläche — so hat man Mittel gesucht den Wärmeaustausch innerhalb des Reifens, zwischen der Lauffläche und der Felge zu beschleunigen.

Ein Weg, um dieses zu erreichen, könnte darin bestehen, eine Flüssigkeit in den Schlauch einzuführen, welche an der Innenseite der Laufläche verdampfen und an der Felge kondensieren würde, wodurch ein recht intensiver Wärmeaustausch entstehen könnte. So einfach jedoch dieser Weg theoretisch erscheint, so ist er in der Praxis nicht durchführbar.

Der hohe Ueberdruck innerhalb des Reifens erhöht den Siedepunkt der eingeführten Flüssigkeit recht beträchtlich. So liegt etwa bei 6 Atmosphären Ueberdruck der Siedepunkt des

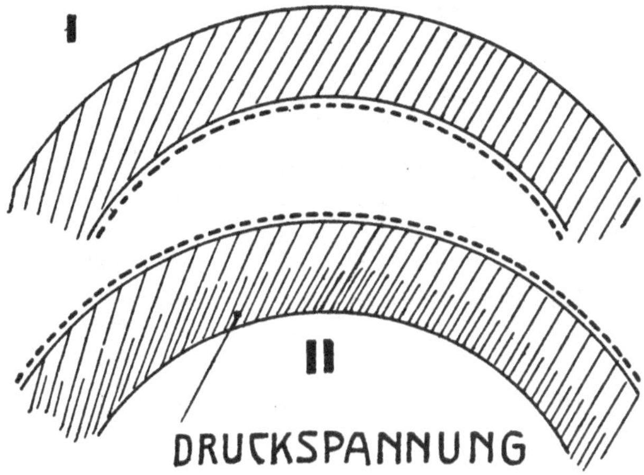


Abb. 198.

Wassers bei 165°. Diese Temperatur wird aber auch nicht annähernd durch die Reifenerwärmung erreicht. — Demnach schaltet das Wasser als Wärmeleiter von vornherein aus.

Andere Flüssigkeiten aber mit niedrig gelegenem Siedepunkt, wie Chloroform, Schwefelkohlenstoff, Aether, können aus dem Grunde keine Anwendung finden, weil sie alle den Gummistoff angreifen bzw. auflösen.

Das oft geübte Einspritzen von Wasser in den Luftschlauch kann nur den Gleichgewichtszustand zwischen empfangener und zerteilter Wärme verzögern, aber nicht verhindern. Die Gleichgewichtstemperatur wird dadurch nicht herabgesetzt, der Zweck ist somit verfehlt.

Eine Erhöhung der Lebensdauer der Luftschläuche wäre dadurch zu erzielen, wenn es gelingen würde, eine Flüssigkeit mit niedrigem Siedepunkt zu finden, welche sich dem Gummistoff gegenüber neutral verhielte. Dieses würde einen Fortschritt bedeuten.

Von bedeutendem Einfluß auf den gesamten Wirkungsgrad der Kraftfahrzeuge ist die Luftinnenpressung der Reifen; während die durch die Walkarbeit auf einer guten ebenen Straße verursachten Leistungsverluste mit zunehmendem Ueberdruck abnehmen — wird auf schlechten, unebenen Straßen die Verminderung der Hebearbeit durch eine niedrigere Innenpressung den Wirkungsgrad erhöhen.*)

Praktisch ist natürlich eine Berücksichtigung dieser Verhältnisse nur in sehr beschränkten Maße möglich. Die Pneumatik-Firmen haben nach jahrelangen Erfahrungen die geeigneten Luftpressungen in Abhängigkeit vom Achsdruck empirisch festgelegt und in nachfolgender Tabelle für normale Reifenabmessungen zusammengestellt:

| Reifenprofile | Belastung | | Luftdruck | |
|---|---|---|---|---|
| | Normale Belastung eines Reifens kg | Höchste Tragfähigkeit eines Reifens kg | Ein Achsdruck (Wagen vollkommen fahrbereit und besetzt gewogen) von kg | erfordert für den Reifen einen Luftdruck von Atm. |
| 85 | 250 | 300 | 400— 500 | 3,5 |
| | | | 500— 600 | 4 |
| 90 | 325 | 400 | 500— 600 | 4 |
| | | | 600— 700 | 4,5 |
| | | | 700— 800 | 5 |
| 100 | 375 | 450 | 600— 700 | 4 |
| | | | 700— 800 | 4,5 |
| | | | 800— 900 | 5 |
| 105 | 425 | 500 | 700— 800 | 4 |
| | | | 800— 900 | 4,5 |
| | | | 900—1000 | 5 |
| 120 | 525 | 600 | 800—1000 | 4,5 |
| | | | 1000—1100 | 5 |
| | | | 1100—1200 | 5,5 |
| 125 | 575 | 650 | 900—1000 | 5 |
| | | | 1100—1200 | 5,5 |
| | | | 1200—1300 | 6 |
| 135 | 625 | 700 | 1000—1200 | 5 |
| | | | 1200—1300 | 5,5 |
| | | | 1300—1400 | 6 |
| 150 | 675 | 750 | 1100—1300 | 5 |
| | | | 1300—1400 | 5,5 |
| | | | 1400—1500 | 6 |

*) Vgl. Dr. Ing. E. Bobeth, Leistungsverluste und Abfederung der Kraftfahrzeuge.

Der Mantel des Luftreifens bietet Widerstand den durch die Innenpressung hervorgerufenen Radialkräften, überträgt die Antriebs- bzw. Bodenreibungskräfte von der Lauffläche auf die Felge und ist dem zerstörendem Einfluß der Fahrbahn unmittelbar ausgesetzt.

Durch weitausgedehnte Versuche ist auf rein empirischem Wege die günstigste Form und Ausführung dieses hochbeanspruchten Elementes der Luftbereifung festgestellt worden. Unterschiede findet man hier nur in der Profilierung der Lauffläche. Letztere wird halbkreisförmig, spitz, flach, gerippt usw. gestaltet.

Vom Standpunkt der Abnutzung und Gleitschutzwirkung aus ist das flache Profil infolge seiner größten Bodenberührungsfläche am günstigsten. In bezug auf guten Wirkungsgrad ist ihm jedoch das geringere Walkarbeit verursachende glatte halbrunde Profil vorzuziehen. Deshalb wird vielfach für die Hinterräder flaches und für die Vorderräder rundes Profil angewandt.

Um den Mantel gegen Zugspannungen widerstandsfähig zu machen, werden in den Gummi Gewebelagen einvulkanisiert. Sie werden meist aus Baumwolle gesponnen, wobei die Art und Richtung der Fäden, die Zahl der Lagen und deren Verteilung innerhalb des Gummistoffes bei verschiedenen Fabrikaten verschieden sind. Hier sind auch empirisch festgestellte Erfahrungstatsachen ausschlaggebend gewesen und in bezug auf das Mantelgewebe befolgt jede Reifenfirma ihre eigenen Prinzipien.

Auf trockener Straße weist der Gummi einen ziemlich hohen Reibungskoeffizient auf, welcher jedoch sehr schnell sinkt, sobald die Fahrbahn naß wird. Arnoux hat Versuche*) unternommen, um den Reibungskoeffizient glatter Luftreifen auf trockener, nasser und schlammiger Straßenoberfläche festzustellen, deren Ergebnisse auf folgender Tabelle zu sehen sind.

| Zustand der Straße | μ für | |
|---|---|---|
| | Macadam | Asphalt |
| Trocken und staubfrei | 0,67 | 0,715 |
| Naß aber schmutzfrei | — | 0,081 |
| Mit klebriger Schmutzschicht bedeckt | 0,17 | 0,062 |

Dadurch wird das Fahren unsicher und kann für weniger Geübte sogar recht gefährlich werden, weil die Räder zum Gleiten und Schleudern neigen und beim Bremsen eine große

*) Vgl. Périssé, Automobiles à pétrole. Paris. S. 10.

Vorsicht nötig ist. Aus diesen Gründen war man seit der allstaltung der Lauffläche die Bodenreibung zu erhöhen.

Als Resultat vieler Versuche sind die heute viel gebrauchten Gleitschutzstreifen entstanden, deren Grundgedanke darauf beruht, den Pneumatikmantel mit Stahlnieten zu besetzen, welche in den weichen nassen Boden eindringen und dadurch die Adhäsion vermehren.

Dieser Zweck wird auch in zufriedenstellenden Maße erreicht, und die Gleitschutzstreifen weisen außerdem die Vorteile einer guten Wärmeableitung von der Lauffläche und eines ziemlich weitgehenden Schutzes vor Verletzungen durch scharfe Fremdkörper auf.

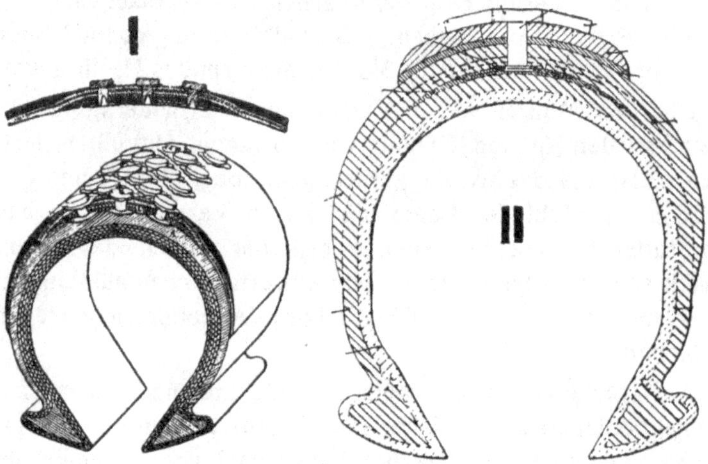


Abb. 199.

Diesen Vorzügen stehen als Nachteile — kürzere Lebensdauer (infolge der raschen Abnutzung des Stollen), geringerer Wirkungsgrad, verminderte Elastizität und — Gleit- und Schleudergefahr auf **trockener** Straße, besonders aber aut trockenem Pflaster oder Asphalt.

Letzter Umstand kann dadurch Erklärung finden, daß in trockene harte Fahrbahn die Stollen nicht einzudringen vermögen und der daher **allein** ausschlaggebende Bodenreibungskoeffizient von Stahl geringer ist als derjenige von Gummi. Deshalb verfährt man vielfach in der Weise, daß man nicht alle Räder zugleich, sondern nur die Hinterräder oder ein Hinter- und ein Vorderrad (diagonal) mit Gleitschutz versieht.

Abb. 199 zeigt die meist gebräuchlichen Methoden einen Mantel als Gleitschutz auszubilden. Auf der Figur I ist ein aus besonderer Gummimischung mit Tucheinlagen hergestellter, die Stahlstollen tragender Schutzstreifen auf den sonst normalen Mantel aufvulkanisiert,

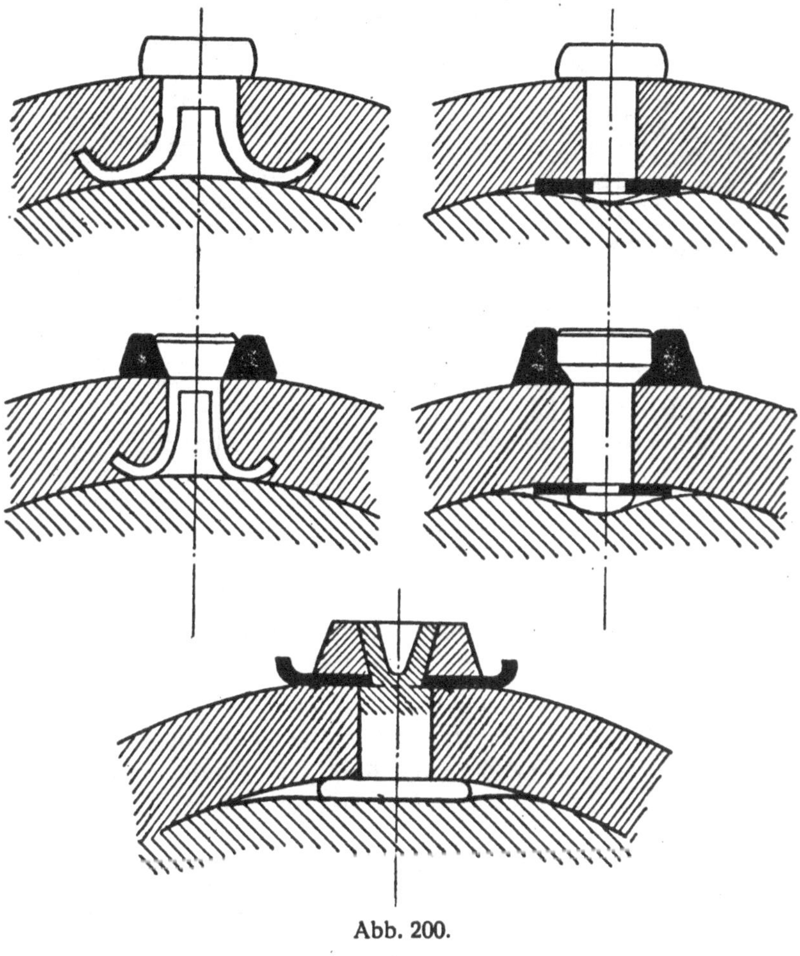

Abb. 200.

während auf II ein schmales mit Nieten besetztes Chromlederband auf den Gummi-Schutzstreifen durch besonderes Vulkanisationsverfahren aufgesetzt ist. Die Ausführung I hat den Vorteil, die Elastizität des Reifens weniger zu beeinträchtigen, wogegen II eine längere Lebensdauer und besseren Schutz aufweist. Einige charakteristische Formen und Befestigungsarten von Stahlstollen sind auf Abb. 200 veranschaulicht.

Die Pneumatikfelge wird aus gewalztem Stahlblech hergestellt. Für die Gestalt und Abmessungen von Felgen bestehen Normalien, welche auf Abb. 201 in Tabellenform zusammengestellt sind.

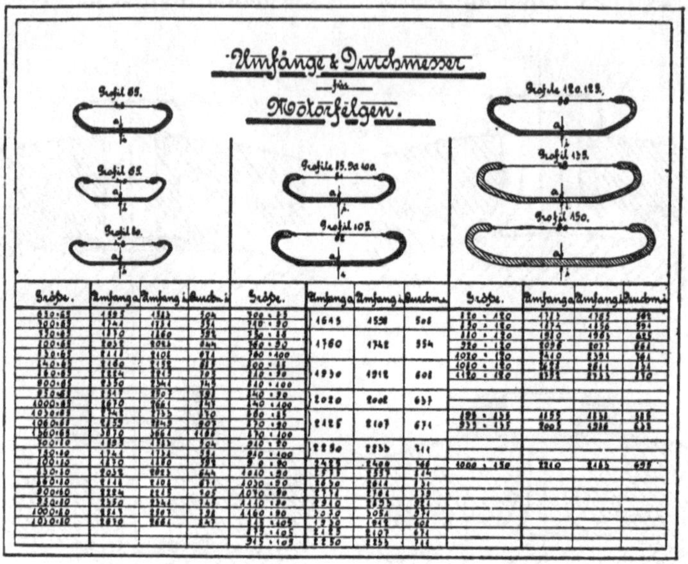


Abb. 201.

Es sind vielfach Versuche gemacht worden, Luftreifenfelgen zum Zweck einer leichteren Mantelmontage geteilt auszubilden. Auf Abb. 202 sind einige solche Bauarten veranschaulicht. Sie erfüllten ihren Zweck recht unvollkommen, weil die abnehmbaren Flanschen oder Ringe nach längerem Betriebe festgeklebt oder festgerostet waren, so daß das Auseinandernehmen der Felge meistens schwieriger und zeitraubender war, als das Abmontieren des Mantels.

Im Auslande werden auch vielfach expandierende Felgen benutzt, welche einen beweglichen Segment besitzen u. sich nach dessen Wegnahme auf einen geringeren Durchmesser reduzieren lassen, wodurch die Montage des Mantels bis zu einem gewissen Grade erleichtert wird (Abb. 203). Das Zusammen- und Auseinanderziehen der Felge geschieht durch ähnliche Verschlüsse wie diejenigen auf Abb. 162 und 165. Diese Anordnung wird meistens als Ersatzfelge für abnehmbare Bauart benutzt, wodurch das Ummontieren der Mäntel auf Reservefelgen in der Garage erleichtert werden soll. Ob dieser Vorteil die, gegenüber einer normalen Felge geringere Widerstandsfähigkeit und höhren Anschaffungspreis berechtigt und erkauft, mag dahingestellt bleiben.

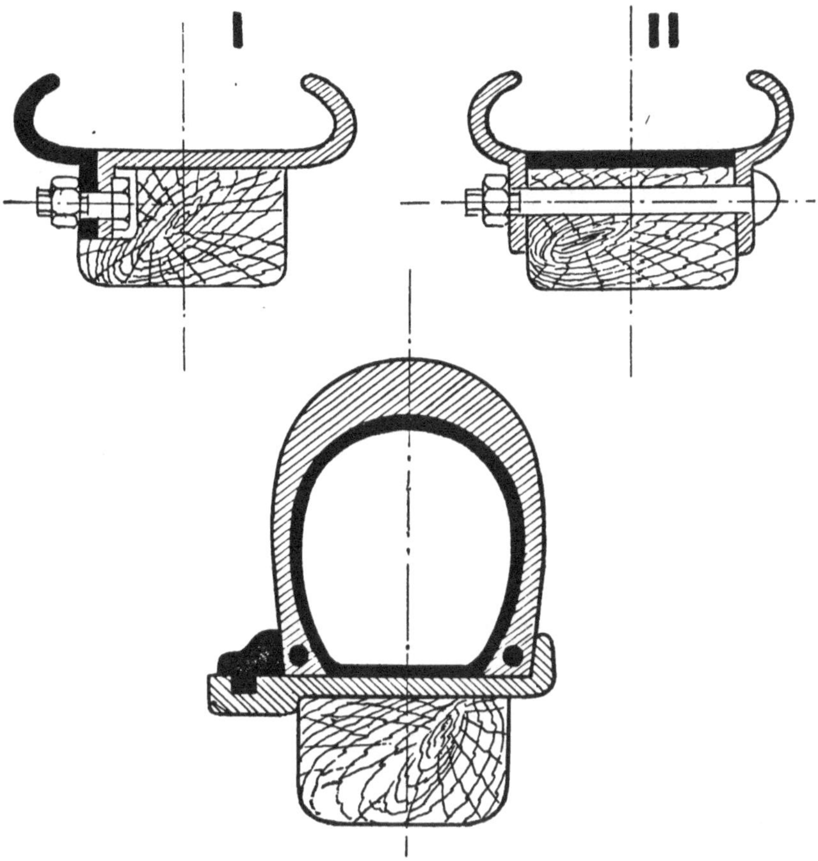


Abb. 202.

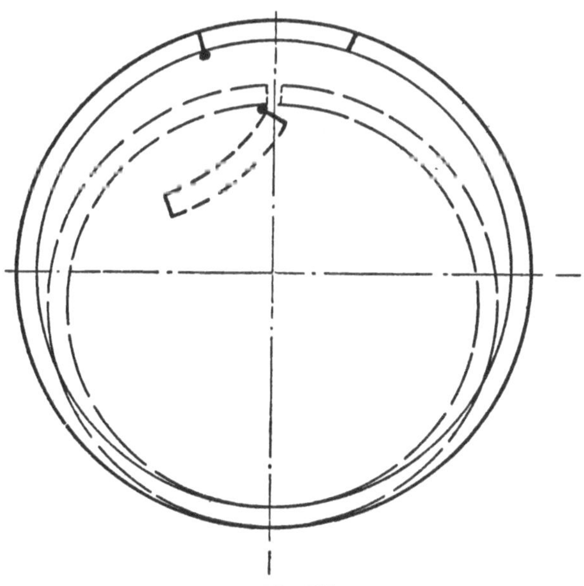

Abb. 203.

# III. Achsen.

## 1. Allgemeines — Einteilung.

Durch Zug- oder Druckkräfte angetriebene Fuhrwerke weisen ausschließlich feste Stützachsen auf, um deren Zapfen sich die Räder drehen. Bei gezogenen Eisenbahnwagen sind die Achsen drehbar gelagert, und mit den Rädern fest verbunden. Dasselbe trifft auch für Eisenbahntreibachsen zu. Wie schon früher erörtert wurde (Vgl. unter Lenkungen) ist letztere Anordnung bei Kraftfahrzeugen deshalb ausgeschlossen, weil bei Befahren von krummlinigen Bahnen die Winkelgeschwindigkeiten der Räder voneinander verschieden sind und letztere daher voneinander unabhängig in ihren Drehbewegungen sein müssen.

In den meisten Fällen werden bei Kraftfahrzeugen nur die Hinterräder angetrieben. Vorder- bzw. Vierräderantrieb findet man nur in vereinzelten Fällen vor, welche bei der Besprechung von baulichen Absonderlichkeiten näher behandelt werden sollen.

Auch die Hinterachsen, welche die Antriebsräder tragen, sind allgemein als feste Stützachsen anzusehen, da hier die Uebertragung des Drehmomentes n i c h t durch Vermittlung von dem Achskörper stattfindet.

Der Antrieb kann entweder außerhalb des Achskörpers erfolgen (Ketten-, Ritzelantrieb) oder durch hohle Achszapfen hindurch vermittels Wellen auf die Radnaben übertragen werden. Man kann daher die Bauarten der Hinterachsen in zwei Gruppen zerlegen, und zwar in solche mit außen- und solche mit innenliegendem Radantrieb.

Einen weiteren Gesichtspunkt ergibt die Notwendigkeit, die Vorderachse als Lenkschenkelachse auszubilden. Bei normalen Kraftfahrzeugen kann man demnach alle vorkommenden Fälle in drei Grundtypen zerlegen:

1. Vorderachsen (lenkbar, Räder nicht angetrieben).
2. Hinterachsen mit Außenantrieb.
3. Hinterachsen mit Innenantrieb.

Bevor diese verschiedenen Achsentypen ausführlicher besprochen werden, erscheint es von Wert, auf die Beziehungen zwischen den Achsen und dem Untergestell des Kraftwagens im allgemeinen einzugehen.

Der zur Unterbringung des Wagenkastens bzw. der Nutzlast erforderliche Raum bedingt die Länge der Achsen, sowie deren Entfernung voneinander, d. h. die Spur und den Achsstand des Wagens. In bezug auf die beiden charakteristischen Abmessungen bestehen bis jetzt keine feststehenden Normalien. Die französische Vereinigung der Kraftwagen-Fabrikanten (Chambre syndicale de l'Automobile) hat seinerzeit versucht, folgende Normalien vorzuschreiben:

1. Wagen mit Motoren von 12—20 PS. für 600 kg Nutzlast: Spur: 1300. Achsstand: 2500.
2. Wagen mit Motoren von 24—30 PS. für 1000—1200 kg Nutzlast: Spur 1400. Achsstand: 2950.

Diese Angaben sind viel zu einseitig festgelegt, um befolgt zu werden. Bei den modernen Wagen findet man in bezug auf Spur und Achsstand bei einzelnen Wagentypen eine weitgehende Uebereinstimmung, so daß eine Normalisierung hier wohl möglich wäre, besonders in bezug auf die Spurweite. Nachfolgende Tabellen geben eine Uebersicht über die genannten Abmessungen bei verschiedenen Fabrikaten. Die Angaben sind nach den gebräuchlichen Typen von Wagenkästen zusammengestellt, wobei unter Sechssitzer Karosserien zu verstehen sind, welche eine bequeme Unterbringung von Klappsitzen in der Fahrtrichtung gestatten.

## I. Reisewagen mit 6 Cyl.-Motoren.

| Firma | Bohrung und Hub | Viersitzer | | Sechssitzer | | Abstammung |
|---|---|---|---|---|---|---|
| | | Spur | Achsstand | Spur | Achsstand | |
| Loreley . . . . . | 100×140 | | | 1420 | 3250 | Deutschland |
| do. . . . . | 60×92 | 1250 | 2785 | | | |
| Delaunay-Belleville | 100×140 | | | 1420 | 3413 | Frankreich |
| do. | 85×130 | 1380 | 2305 | | | |
| Pilain . . . . | 65×120 | 1300 | 3000 | | | |
| Motobloc . . . | 80×148 | | | 1400 | 3350 | |
| Delage . . . . | 66×130 | | | 1380 | 3250 | |
| Excelsior . . . | 85×120 | | | 1420 | 3390 | Belgien |

## II. Reisewagen mit 4 Cyl.-Motoren.

| Firma | Bohrung und Hub | Zweisitzer | | Viersitzer | | Sechssitzer | | Abstammung |
|---|---|---|---|---|---|---|---|---|
| | | Spur | Achsstd. | Spur | Achsstd. | Spur | Achsstd. | |
| Daimler-Mercedes . | 120×160 | | | | | 1520 | 3645 | Deutschland |
| do. . | 100×130 | | | | | 1350 | 3240 | |
| do. . | 74×120 | | | 1300 | 2890 | | | |
| Adler . . . . . . | 135×160 | | | | | 1400 | 3550 | |
| do. . . . . . | 80×130 | | | | | 1400 | 3200 | |
| do. . . . . . | 67×110 | | | 1250 | 2700 | | | |
| do. . . . . . | 65× 98 | 1100 | 2400 | 1200 | 2400 | | | |
| Apollo . . . . . | 90×133 | | | | | 1300 | 3300 | |
| do. . . . . . | 80×116 | | | 1300 | 2960 | | | |
| do. . . . . . | 65×116 | 1300 | 2306 | | | | | |
| Audi . . . . . . | 110×150 | | | | | 1400 | 3320 | |
| do. . . . . . | 90×140 | | | 1300 | 3050 | 1300 | 3200 | |
| do. . . . . . | 75×118 | | | 1250 | 2995 | | | |
| Horch . . . . . | 115×155 | | | | | 1425 | 3630 | |
| do. . . . . . | 80×130 | | | 1250 | 2950 | 1300 | 3350 | |
| do. . . . . . | 74,5× 90 | 1250 | 2800 | | | | | |
| Loreley . . . . . | 100×140 | | | | | 1420 | 3440 | |
| do. . . . . . | 70×102 | | | 1250 | 2785 | | | |
| do. . . . . . | 60×100 | 1100 | 2400 | | | | | |
| L. U. C. . . . . | 101×130 | | | | | 1450 | 3100 | |
| Bergmann . . . . | 125×150 | | | | | 1420 | 3677 | |
| do. . . . . | 90×140 | | | | | 1350 | 3363 | |
| do. . . . . | 72× 96 | | | 1330 | 2750 | | | |
| N. A. G. . . . . | 130×160 | | | | | 1400 | 3500 | |
| do. . . . . | 75× 85 | | | 1350 | 2750 | | | |
| Wanderer . . . . | 64× 95 | 1070 | 2350 | | | | | |
| Presto . . . . . | 80×130 | | | | | 1350 | 3050 | |
| Mathis . . . . . | 58×100 | 1050 | 2182 | | | | | |
| Oryx . . . . . . | 85×115 | | | | | 1325 | 3000 | |
| do. . . . . . | 75× 88 | | | 1350 | 2750 | | | |
| Austro daimler . . | 120×154 | | | | | 1400 | 3400 | Oesterreich |
| do. . . | 80×110 | | | 1260 | 2800 | 1260 | 3000 | |
| Laurin & Klement . | 80×135 | | | | | 1300 | 3150 | |
| do. . | 70×120 | | | 1200 | 2813 | | | |
| Puch . . . . . . | 124×130 | | | | | 1440 | 3345 | |
| do. . . . . . | 84×125 | | | 1200 | 2935 | | | |
| do. . . . . . | 76×120 | 1210 | 2700 | | | | | |
| Fischer-Zürich . . | 85×120 | | | | | 1350 | 3200 | Schweiz |
| do. . . | 75×115 | | | 1200 | 2700 | | | |
| Zedel . . . . . . | 72×120 | | | 1100 | 2500 | | | |

| Firma | Bohrung und Hub | Zweisitzer | | Viersitzer | | Sechssitzer | | Abstammung |
|---|---|---|---|---|---|---|---|---|
| | | Spur | Achsstd. | Spur | Achsstd. | Spur | Achsstd. | |
| De Dion & Bouton | 80×140 | | | | | 1350 | 3350 | Frankreich |
| do. | 66×120 | | | 1250 | 2870 | | | |
| do. | 56×120 | 1150 | 2620 | | | | | |
| Delaunay-Belleville | 100×140 | | | | | 1380 | 3205 | |
| do. | 85×130 | | | 1320 | 2980 | | | |
| Darracq . . . . . | 85×130 | | | | | 1300 | 3000 | |
| do. . . . . . | 75×120 | | | 1250 | 2750 | | | |
| Cottin & Desgouttes | 100×160 | | | | | 1400 | 3080 | |
| Charron . . . . | 80×150 | | | | | 1340 | 3190 | |
| do. . . . . | 80×120 | | | 1400 | 3080 | | | |
| Corre-la-Licorne . . | 75×150 | | | | | 1300 | 3100 | |
| Abadal . . . . . | 80×180 | | | | | 1350 | 3100 | |
| Alda . . . . . . | 85×140 | | | | | 1400 | 3350 | |
| Alcyon . . . . . | 70×120 | 1200 | 2550 | 1320 | 2850 | | | |
| Gobron . . . . . | 80×160 | | | | | 1400 | 3140 | |
| Majola . . . . . | 65×100 | 1230 | 2500 | | | | | |
| Peugeot . . . . . | 95×160 | | | | | 1400 | 3300 | |
| Philos . . . . . | 60×100 | 1240 | 2400 | | | | | |
| Le Gui . . . . . | 85×150 | | | | | 1350 | 2920 | |
| do. . . . . . | 75×120 | | | 1250 | 2720 | | | |
| do. . . . . . | 65×110 | 1250 | 2600 | | | | | |
| Vermorel . . . . | 74×120 | | | 1300 | 2800 | | | |
| do. . . . . | 66×100 | 1200 | 2500 | | | | | |
| Mors . . . . . . | 85×150 | | | | | 1400 | 3100 | |
| F. N. Herstal . . . | 69×130 | | | 1312 | 2900 | | | Belgien |
| do. . . . | 60×110 | 1158 | 2300 | | | | | |
| Nagant-Lüttich . . | 90×150 | | | | | 1300 | 3135 | |
| Pipe . . . . . . | 100×180 | | | 1400 | 3200 | 1450 | 3450 | |
| Metallurgique . . . | 102×150 | | | | | 1420 | 3515 | |
| do. . . . | 75×118 | | | 1330 | 2950 | | | |
| S. C. A. P. . . . . | 80×140 | | | 1400 | 2820 | | | Italien |
| Fiat . . . . . . | 100×130 | | | | | 1350 | 3350 | |
| do. . . . . . | 72×120 | | | 1280 | 2650 | | | |
| Aquila Italiana . . | 80×130 | | | | | 1400 | 3000 | |
| do. . . | 70×120 | | | 1350 | 2750 | | | |
| Hispano-Suiza . . | 80×180 | | | | | 1300 | 3000 | Span. |
| Overland . . . . | 104×115 | | | 1430 | 2900 | | | Amerika |
| Hupmobil . . . . | 90×120 | | | 1380 | 2760 | | | |
| Packard . . . . . | 106×118 | | | | | 1450 | 3228 | |
| Oakland . . . . | 105×120 | | | 1350 | 2820 | | | |

# Nutzwagen mit 4 Cyl.-Motoren.

| Firma | Bohrung und Hub | Lieferungswagen | | Lastwagen | | Omnibusse | |
|---|---|---|---|---|---|---|---|
| | | Spur | Achsstd. | Spur | Achsstd. | Spur | Achsstd. |
| Adler | 80×130 | 1400 | 3200<br>3350<br>3700 | | | | |
| do. | 110×140 | | | 1500 | 3800 | 1500 | 4200 |
| do. | 114×160 | | | 1550 | 4250 | | |
| Ansbach | 125×160 | | | 1550 | 4230 | | |
| D. A. A. G. | 95×140 | 1300 | 3800 | | | | |
| do. | 125×130 | | | 1550 | 4250 | | |
| do. | 125×130 | | | 1750 | 4250 | | |
| Bergmann | 80×130 | 1330 | 3000 | | | | |
| do. | 120×160 | | | 1580 | 4520 | | |
| Büssing | 130×160 | | | 1520 | 4340 | | |
| do. | 130×130 | | | 1550 | 4250 | | |
| do. | 115×155 | | | | | 1650 | 4250 |
| Benz-Gaggenau | 110×150 | | | | | 1510 | 4308 |
| Berna | 115×160 | | | 1500 | 3600 | | |
| Apollo | 65×116 | 1300 | 2960 | | | | |
| Audi | 80×130 | 1400 | 3170 | | | | |
| Daimler Mercedes | 80×130 | 1420 | 3380 | | | | |
| Daimler Marienfelde | 108×150 | | | 1500 | 4000 | 1500 | 3500 |
| do. | 120×160 | | | 1540 | 4300 | 1542 | 4300 |
| Austrodaimler | 90×140 | 1500 | 3225 | | | 1500 | 3225 |
| do. | 120×154 | | | 1360 | 3950 | | |
| do. | 120×160 | | | 1540 | 4300 | | |
| Daimler Coventry | 110×150 | | | | | 1728 | 3962 |
| Horch | 90×140 | 1300 | 3555 | | | | |
| do. | 115×155 | | | 1420 | 4000 | 1420 | 4000 |
| do. | 130×160 | | | 1550 | 4300 | | |
| Fiat | 110×180 | | | 1360 | 3600 | | |
| R. Ley | 76×115 | 1300 | 3200 | | | | |
| Lloyd | 130×155 | | | 1550 | 4400 | | |
| N. A. G. | 130×160 | | | 1550/1670 | 4500 | | |
| do. | 110×150 | | | 1550/1725 | 4230 | 1550/1725 | 4230 |
| Oryx | 78× 96 | 1350 | 2900 | | | | |
| Overland | 104×115 | 1500 | 3000 | | | | |
| Presto | 75×120 | 1350 | 3050 | | | | |
| Puch | 90×140 | | | 1400/1320 | 4100 | | |
| Praga | 110×180 | | | 1360 | 3600 | | |
| Saurer | 110×140 | | | 1652/1682 | 4000 | 1550 | 4050 |
| do. | 120×180 | | | 1652/1682 | 3700 | | |

Da die Heeresverwaltung die Spur der subventionsfähigen Lastwagen auf ein Grenzmaß von 1,55 m festgesetzt hat, so ist bei den deutschen Lastwagen diese Spurabmessung eingehalten. Im Interesse der einheitlichen Achslängen könnte man folgende Normalien für Spurweiten von Kraftwagen vorschlagen:

| | |
|---|---|
| Kleinautos | 1100 |
| Normale Zwei- bzw. Dreisitzer | 1200 |
| Sport-Viersitzer | 1300 |
| Sechssitzer, auch geschlossene Wagen | 1400 |
| Geschäfts- und Lieferungswagen | 1450 |
| Omnibusse (von Mitte zu Mitte der Hinterräder) | 1500 |
| Lastwagen (von Mitte zu Mitte der Hinterräder) | 1550 |

Solange man keine Normalien für die Längenabmessungen, von Motoren, Kupplungen, Wechselgetrieben besitzt, hätte auch eine Normalisierung der Achsstände einen nur theoretischen Wert, wogegen die Einführung von Normalspuren große Vorteile in bezug auf Achsenfabrikation bedeuten könnte. Dadurch wäre eine Spezialisierung auf diesem Gebiete möglich und den einzelnen Firmen könnten die immer sehr bedeutenden Kosten für Gesenke und Vorrichtungen erspart bleiben. Letzteres trifft besonders in bezug auf Vorderachsen, Hinterachsen mit Außenantrieb und geschmiedete bzw. geschweißte Teile von Kardanachsen zu. Zu diesem Zweck müßte auch eine weiter unten zu behandelnde Normalisierung der Rahmenhöhe über dem Boden vorgesehen werden, welche die Kröpfung der Vorderachse bestimmt.

## 2. Vorderachsen.

### Grundsätzliches.

Die Vorderachse erfüllt in erster Linie den Zweck, einem bestimmten Teil des Wagengewichts als Träger zu dienen und die Verbindung zwischen den drehbaren Rädern und dem Fahrzeugrahmen herzustellen. Die unmittelbaren Stützpunkte werden hier durch die Radzapfen gebildet und die Last ist mehr oder weniger gleichmäßig auf die beiden Vorderfedern verteilt, welche die Achse mit dem Rahmen verbinden. Außer dem Wagengewicht kommen hier auch diejenigen Kräfte in Betracht, welche von der Zentrifugalkraft herrühren, sowie diejenigen, welche auf die Einwirkung der durch die Unebenheiten der Fahrbahn hervorgerufenen Stöße zurückzuführen sind. Die Wirkung der Letzteren auf die Achse ist einerseits durch die Bereifung, andererseits durch die Vorderfedern, welche eine nachgiebige Befestigung bilden, bedeutend gemildert, keinesfalls aber aufgehoben.

Ein weiterer Zweck, welchem die Vorderachse dient, ist die Lenkbarkeit des Fahrzeuges zu ermöglichen. Deshalb müssen die Radzapfen selbst um je eine genau oder annähernd senkrecht zur Fahrbahn liegende Achse drehbar sein. Die dadurch gebildeten Gelenke müssen aus Gründen einer fehlerfreien Lenkung gänzlich spielfrei, und daher so bemessen sein, daß keine frühzeitige Abnutzung infolge der recht hohen in Betracht kommenden Kräfte zu befürchten sei.

Wie eingehende Versuche*) erwiesen haben, steigert eine große Achsmasse die durch die Unebenheiten der Fahrbahn hervorgerufenen Aufpralldrücke der Räder, beeinträchtigt die Federung, indem sie die Schwingungen des Rahmens und der Achse erhöht und setzt den Wirkungsgrad des Fahrzeuges herab.

Deshalb ist bei schnelleren Kraftwagen ein möglichst geringes Gewicht der Vorderachse erwünscht, wenn andererseits auch eine große Widerstandsfähigkeit derselben Hauptbedingung ist.

Um einen Anhaltspunkt für die richtigen Abmessungen der Achse zu erhalten, erscheint es daher von Wichtigkeit, die auf verschiedene Einflüsse zurückzuführenden Kräfte genauer zu untersuchen.

---

*) Vgl. Bobeth, Die Leistungsverluste und die Abfederung der Kraftwagen

## Ermittelung der Kräfte.

Es sei zuerst der Gleichgewichtszustand der Vorderachse betrachtet. In Frage kommen hier nach Abb. 204 zwei im Schwerpunkt des Wagens angreifende Kräfte: das Gewicht $Q_0$ und die eventuell

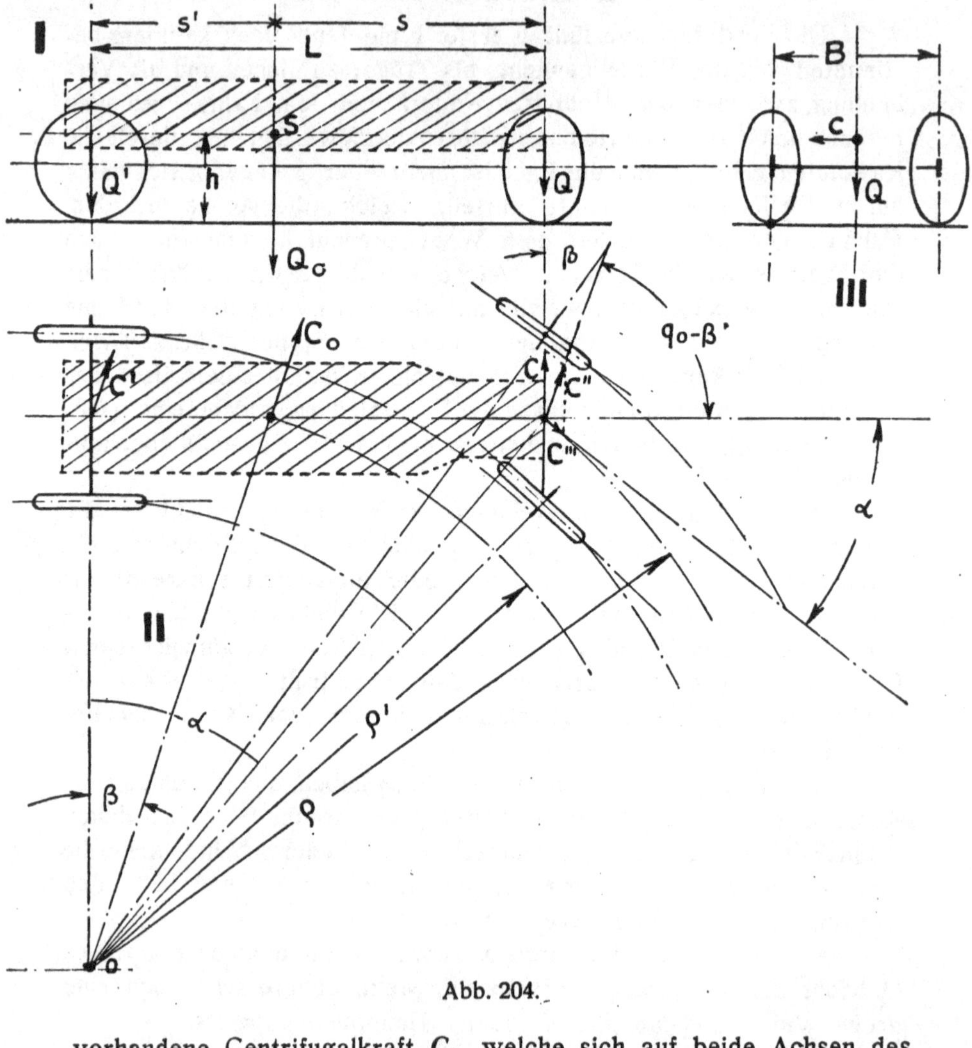


Abb. 204.

vorhandene Centrifugalkraft $C_0$, welche sich auf beide Achsen des Wagens verteilen. Die Größe der Komponenten $Q'$ und $Q$, sowie $C'$ und $C''$ ist von der Schwerpunktlage, bzw. von dem Verhältnis:

$$\frac{s}{s^1} = \lambda$$

abhängig. Letzteres ist bei jedem Fahrzeug verschieden und je nach der Art, wie die Nutzlast verteilt ist, kann $\lambda$ Werte von 1,275 bis 3 annehmen. Für überschlägige Berechnungen erscheinen folgende Werte geeignet:

| Art des Fahrzeuges | $\lambda$ | $Q^1$ | $Q$ |
|---|---|---|---|
| Normale Zweisitzer . . . . . . . . . . . . . | 1,273 | 0,56 $Q_0$ | 0,44 $Q_0$ |
| Sport-Viersitzer . . . . . . . . . . . . . | 1,381 | 0,58 $Q_0$ | 0,42 $Q_0$ |
| Normale Viersitzer . . . . . . . . . . . . | 1,500 | 0,60 $Q_0$ | 0,40 $Q_0$ |
| Sechssitzer . . . . . . . . . . . . . . . | 1,632 | 0,62 $Q_0$ | 0,38 $Q_0$ |
| Lieferungswagen . . . . . . . . . . . . . | 1,778 | 0,64 $Q_0$ | 0,36 $Q_0$ |
| Hotelomnibusse . . . . . . . . . . . . . | 1,941 | 0,66 $Q_0$ | 0,34 $Q_0$ |
| Kleine Lastwagen . . . . . . . . . . . . | 2,122 | 0,68 $Q_0$ | 0,32 $Q_0$ |
| Sportzweisitzer (Rennwagen) . . . . . . . | 2,333 | 0,70 $Q_0$ | 0,30 $Q_0$ |
| Große Omnibusse und schwere Lastwagen bis | 3,000 | 0,75 $Q_0$ | 0,25 $Q_0$ |

In demselben Verhältnis verteilt sich auch $C_0$ in $C'$ und $C''$, welch letzteres wiederum in $C'''$ und $C$ zerlegt werden kann. $C'''$ ist tangential zu dem Kreise vom Halbmesser $\rho$, welchen die Mitte der Vorderachse beschreibt, gerichtet, und kann keine größeren Beanspruchungen hervorrufen, als diejenigen, welche sich aus dem Fahrwiderstande der Vorderräder ergeben.

Ist jedoch eine Vorderradbremse vorgesehen, so müssen naturgemäß auch die von $C'''$ herrührenden Beanspruchungen berücksichtigt werden.

Für normale Vorderachsen kann $C'''$ infolge des recht geringen Fahrwiderstandes unberücksichtigt bleiben. Die andere Komponente $C$ ist wagrecht und liegt in der Ebene der Vorderachse. Da $C_0$ eine Funktion von der Masse des Wagens, dessen Fahrgeschwindigkeit und dem Krümmungshalbmesser der Schwerpunktbahn darstellt, und die beiden letzteren Faktoren von den jeweiligen Verhältnissen abhängige Veränderliche sind, so läßt sich aus dem Ausdruck:

$$C_0 = \frac{m \cdot v^2}{\rho^1}$$

kein allgemein gültiger Maximalwert für $C_0$ ableiten. Daher erscheint es zwecklos, die Beziehungen zwischen $C_0$ und $C$ weiter zu verfolgen.

Nach Abb. 205 muß:

$$C = P_1 + P_1^1$$

und $Q = P_2 + P_2^1$ sein, wobei

$$P_1 = \mu P_2$$

und $P_1^1 = \mu P_2^1$

die Grenzwerte für $P_1$ und $P_2'$ bedeuten; werden diese Werte überschritten, so tritt ein Schleudern auf. Daraus würde sich

$$C = \mu \cdot Q$$

ergeben, was schon ein bedingtes Maximum für $C$ bedeuten könnte, welches unter normalen Verhältnissen in der Praxis kaum überschritten wird. Unter besonderen Verhältnissen, wenn beispielsweise das äußere Vorderrad beim Schleudern ein Hindernis trifft, kann $C$ einen so hohen Wert erreichen, daß das Gefährt kippen muß, also

$$C \cdot h > Q \frac{B}{2}$$

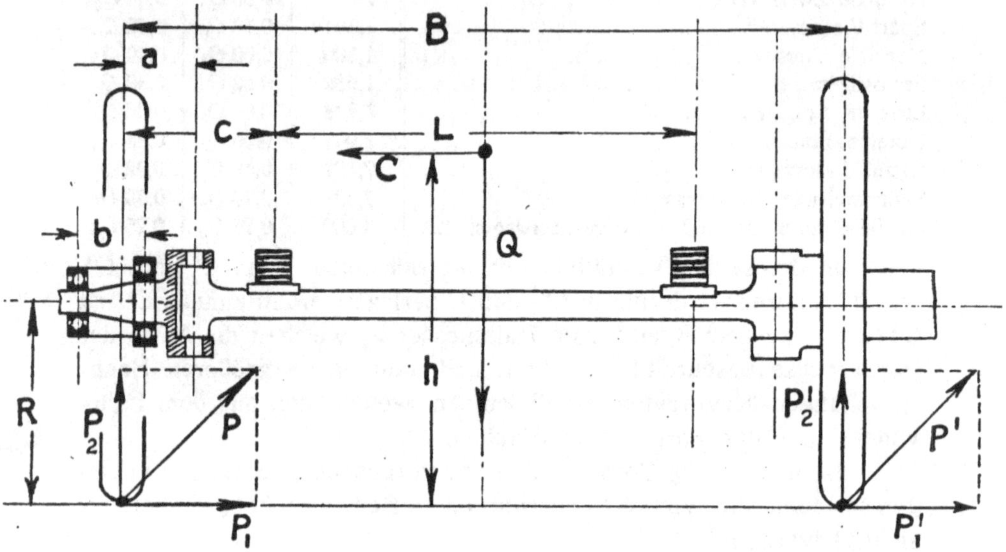


Abb. 205.

Es würde zu weit führen, wenn man solche auf Unfall zurückzuführende Verhältnisse berücksichtigen wollte. Bei jedem gewaltsamen Anprall sind Brüche der betroffenen Teile kaum zu vermeiden. Daher erscheint für praktische Zwecke völlig genügend, als höchste Centrifugalkomponente diejenige Kraft zu betrachten, welche den höchsten Bodenreibungswiderstand des Rades auszugleichen vermag, d. h.

$$C = \mu \cdot Q.$$

Um die sich daraus ergebenden Höchstwerte für $P_1$ und $P_1{}'$ zu erhalten, sei die den praktisch vorhandenen Verhältnissen annähernd entsprechende Annahme gemacht, daß:

$$h = \frac{B}{2}$$

ist. Dann ergibt sich:

$$P_2{}^1 = \frac{Q}{2}(1 - \mu); \; P_2 = \frac{Q}{2}(1 + \mu)$$

und

$$P_1{}^1 = \mu \frac{Q}{2}(1 - \mu); \; P_1 = \mu \frac{Q}{2}(1 + \mu)$$

Setzt man, den tatsächlich vorhandenen Verhältnissen entsprechend, als höchste Bodenreibungszahl:

$$\mu = 0{,}7$$

ein, so erhält man als Höchstwerte:

$$P_1 = 0{,}6\,Q$$

$$P_2 = 0{,}85\,Q$$

Um einen Anhaltspunkt für die Wirkung der Wegestöße auf die Vorderachse zu erhalten, können diese mit einem Fallgewicht verglichen werden. Fällt ein Gewicht $G$ auf eine Feder von einer Höhe $H$ herunter, so ist die dadurch verrichtete mechanische Arbeit:

$$A = G \cdot H$$

Diese Arbeit ruft eine Durchbiegung $f$ der Feder hervor. Dann ist

$$A = \frac{K \cdot f}{2}$$

worin $K$ diejenige ruhende Belastungskraft bedeutet, welche die Durchbiegung $f$ der Feder verursacht.

Bezeichnet man mit $\varphi$ die Durchbiegung der Feder unter 1 kg Belastung und nimmt man an, daß die Durchbiegung den Belastungen proportional sei, so ist

$$f = \varphi \cdot K$$

und demnach:

$$A = \frac{K^2 \cdot \varphi}{2} = G \cdot H$$

dann erhält man:

$$K = \sqrt{\frac{2\,G \cdot H}{\varphi}}$$

und

$$f = \sqrt{2\,G \cdot H \cdot \varphi}$$

Wird hier für $G$ die höchste Belastung eines Rades:

$$G = 0{,}85\,Q$$

eingesetzt, so erhält man als Aequivalent der Stoßwirkungen eine statische Kraft $F$, welche als höchste vorkommende Vertikalkraft in der Radebene anzusehen ist

$$F = \sqrt{\frac{1{,}7\,Q \cdot H}{\varphi}}$$

und

$$f = \sqrt{1{,}7 \cdot Q \cdot H \cdot \varphi}$$

woraus sich:

$$H = f^2 \frac{1}{1{,}7\,Q \cdot \varphi}$$

ergibt.

Um Erfahrungszahlen für diejenigen Werte von $H$ zu erhalten, welche den bei Kraftwagen vorkommenden Stößen als äquivalent angesehen werden könnten, wurde in der Weise vorgegangen, daß man bei gut bewährten Wagen die größte vorgesehene Durchfederung als $f_{max}$ angesehen hat, während $\varphi$ den Tabellen (Vgl. unter Abfederung) entnommen wurde. Da auch $Q$, d. h. das auf zwei Federn entfallende Gewicht, bekannt war, so wurde $H$ berechnet. Hierbei wurde die für die untersuchten Wagen zutreffende Voraussetzung gemacht, daß die Vorderfedern auch bei den größten vorkommenden Stößen nicht aufsetzen durften, d. h. daß der Wert $f_{max}$ niemals überschritten wurde. Die Resultate sind in folgender Tabelle zusammengestellt:

| Art des Wagens | Federlänge | Oberblattstärke | $\frac{Q}{2}$ kg | $f_{max}$ mm | $\varphi$ mm | $H$ mm |
|---|---|---|---|---|---|---|
| Rennwagen | 950 | 7 | 190 | 205 | 0,28 | 234 |
| Reiseviersitzer | 1000 | 7 | 275 | 150 | 0,12 | 200 |
| Große Limousine | 1100 | 8 | 410 | 210 | 0,14 | 229 |
| Normalviersitzer | 900 | 7 | 250 | 160 | 0,16 | 191 |
| Lieferungswagen | 1000 | 7 | 400 | 130 | 0,10 | 124 |
| 4 Tonnen-Lastwagen | 1010 | 10 | 2950 | 180 | 0,03 | 108 |
| 3 Tonnen-Lastwagen | 880 | 10 | 800 | 150 | 0,07 | 118 |
| Omnibus 24 Personen | 850 | 10 | 1000 | 140 | 0,05 | 115 |

Als Höchstwert für $P_2$ kann der so errechnete Wert $F$ betrachtet werden:

$$P_{2max} = F$$

Für $P_1$ bleibt dagegen als der größte unter normalen Verhältnissen zu berücksichtigende Wert:

$$P_{1max} = 0{,}6\,Q$$

Man ist nicht imstande die ungeheueren Beanspruchungen zu berücksichtigen, welche sich bei einem horizontal geführten Stoß auf eine Radfelge ergeben würden, da man Abmessungen erhalten würde, welche sich mit den usuellen Gewichtsgrenzen der Kraftfahrzeuge nicht in Einklang bringen ließen. Ueberdies ist die Annahme, daß die Achsialkomponente $P_1 = 0{,}6\,Q$ werden kann, schon eine recht ungünstige, da ein solcher Fall auch entweder auf einen Unfall oder auf eine gänzliche Unzuverlässigkeit des Führers zurückgeführt werden kann.

Unter normalen, ständig wiederkehrenden Verhältnissen werden auch nicht annähernd die sich aus obigen Voraussetzungen ergebenden Beanspruchungen erreicht. Deshalb können auch die zulässigen Spannungen recht hoch gewählt werden, indem man sich mit einer 2—3 fachen Sicherheit gegenüber der Streckgrenze der hochwertigen Stähle begnügt und die Tabellenwerte für ruhende Belastung ohne den üblichen Stoßzuschlag bei der Wahl der Kugellager gelten läßt.

Bei Lastwagen und Omnibussen, bei welchen die Centrifugalkraft infolge der sehr geringen Geschwindigkeit nicht so hoch werden kann, wie bei schnellen Personenwagen kann mit $C = 0{,}4\,Q$ gerechnet werden. Daraus ergeben sich für diese Fälle:

$$P_1 = 0{,}2 \cdot Q$$
$$P_2 = 0{,}7 \cdot Q$$
$$F = \sqrt{\frac{1{,}4 \cdot Q \cdot H}{\varphi}}$$

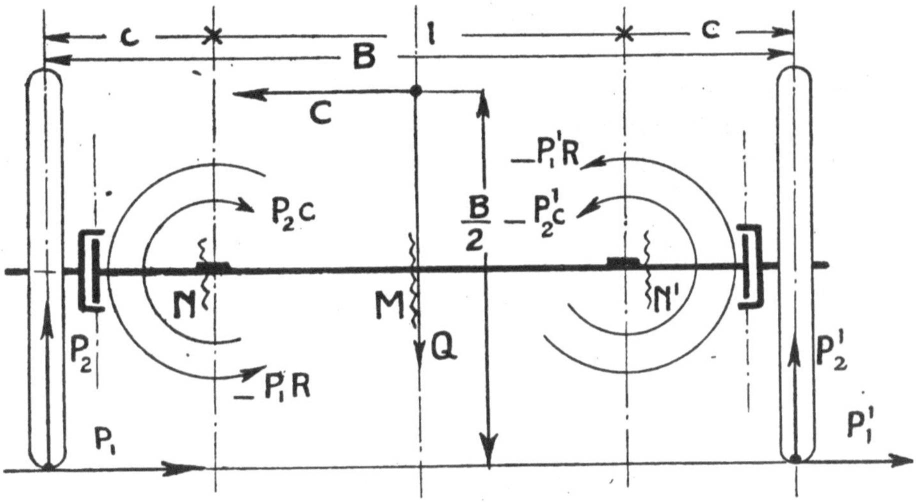


Abb. 206.

Nach Abb. 206 ergeben sich für den Querschnitt $N'$ zwei Biegungsmomente, welche sich für den bisher betrachteten allgemeinen Fall summieren und das resultierende Moment:

$$M_b{}^1 = -(P_2{}^1\,c + P_1{}^1\,R) \text{ ergeben, worin}$$

$$P_2{}^1 = \frac{Q}{2} - \frac{C}{2} \text{ und}$$

$$P_1{}^1 = \frac{C}{2} \text{ so lange } \frac{C}{2} < \mu\,P_2{}^1$$

Folglich ist:

$$-M_b{}^1 = \frac{Q - C}{2}\,c + \frac{C}{2}\,R$$

Für den Querschnitt $N$ ist:

$$M_b = P_2 c - P_1 R$$

worin

$$P_2 = \frac{Q}{2} + \frac{C}{2}$$

$$P_1 = \frac{C}{2} \text{ so lange } \frac{C}{2} < \mu P_2^1$$

Demnach ist:

$$M_b = \frac{Q+C}{2} c - \frac{C}{2} \cdot R$$

Differenziert man die Ausdrücke $M_b^1$ und $M_b^1$ nach $C$, so erhält man:

$$-d M_b^1 = \frac{R-c}{2} d C$$

$$d M_b = \frac{c-R}{2} d C$$

woraus ersichtlich ist, daß beide Momente ihr Maximum erreichen, wenn $C = O$ wird.

Demnach wird der Vorderachskörper am höchsten bei geradliniger Fahrt beansprucht. Für $C = O$ ist

$$-M_b^1 = M_b = \frac{Q}{2} \cdot c$$

und erreicht den höchsten Wert, wenn

$$Q_{max} = \sqrt{\frac{2 \cdot Q H}{\varphi}} = F_0$$

wird:

$$M_{b\,max} = F_0 \cdot \frac{c}{2}$$

Dasselbe Moment ist auch für den zwischen $N$ und $N$ gelegenen Teil des Achskörpers maßgebend.

Nach Abb. 207 I ist der Querschnitt $J$ des Radzapfens belastet durch:

$$\left.\begin{aligned} M_b' &= P_2 (b - b_1) \\ -M_b'' &= P_1 \cdot R \end{aligned}\right\} +$$
$$\overline{M_b = P_2 (b - b_1) - P_1 \cdot R}$$

Ist $P_1 = 0$ und $P_2 = \frac{F_0}{2}$ so ist

$$M_b = P_2 (b - b_1) = \frac{F_0}{2} (b - b_1)$$

Ist $P_1 = 0{,}6\,Q$ und $P_2 = F$ so ist

$$M_b = 0{,}6\,R \cdot Q - (b - b_1) F$$

Letzterer Wert ist offenbar der absolut größere, weil $(b—b)$ nur einen kleinen Bruchteil von $R$ bedeutet. Sollten jedoch Zweifel bestehen, z. B. bei kleinem $R$ und recht großem $(b—b)$, so empfiehlt es sich, beide Werte zu berechnen.

Nach den früher gemachten Annahmen tritt der größte denkbare Achsialdruck des Radlagers auf, wenn:

$$P_1 = 0{,}6\,Q$$

wird.

Der Radiallagerdruck in $A$ ist für das äußere Vorderrad:

$$K_A = P_2 \frac{b - b_1}{b} - P_1 \frac{R}{b}$$

oder:

$$K_A = F \frac{b - b_1}{b} - 0{,}6\,Q \frac{R}{b}$$

Für $P_1 = O$ ist dagegen

$$K_A = \frac{F_0}{2} \cdot \frac{b - b_1}{b}$$

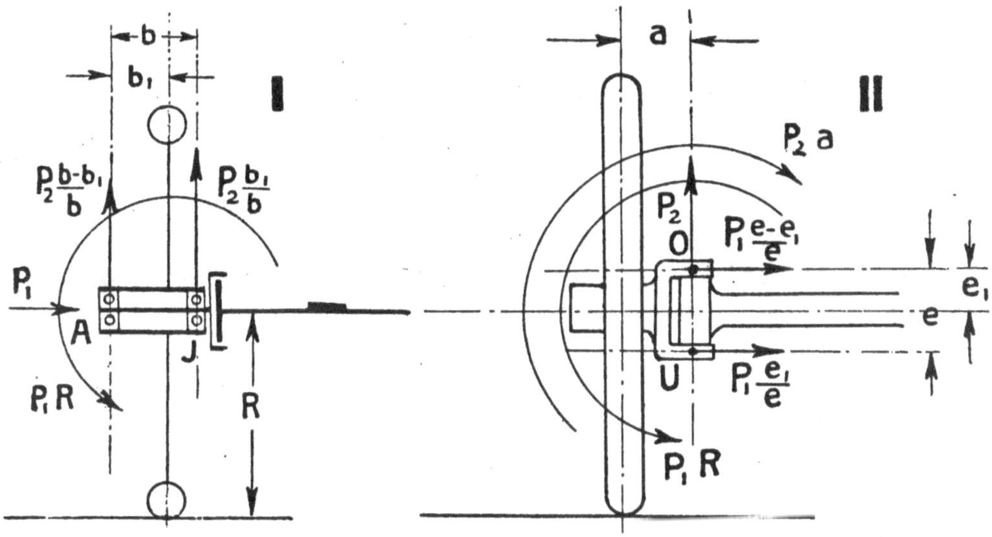


Abb. 207.

Da $b—b_1$ meistens sehr klein ist, wogegen $R$ ein vielfaches davon bedeutet, so wird im ersterem Falle $K_A$ auf alle Fälle größer und negativ gerichtet sein. Bestehen darüber aus irgend welchen Gründen Zweifel, so sollen beide Werte für $K_A$ berechnet werden.

Der Lagerdruck in $J$, welcher aus der Summe der beiden sich aus $P_1\,R$ und $P_2$ ergebenden Kräfte besteht, wird bei vorhandener Centrifugalkraft immer größer sein als bei $C = O$.

$$K_J = P_2 \frac{b_1}{b} + P_1 \frac{R}{b}$$

Der höchste Wert tritt auf, wenn:

$$P_1 = 0{,}6\,Q \text{ und } P_2 = F$$

wird, womit:

$$K_J = F \cdot \frac{b_1}{b} + 0{,}6\,Q\,\frac{R}{b}$$

den größten Lagerdruck bedeutet.

Nach Abb. 207 II ist der Drehzapfenlagerdruck in $O$:

$$K_0 = P_1\,\frac{e - e_1}{e} - P_1\,\frac{R}{e} + P_2\,\frac{a}{e}$$

für $P_1 = 0{,}6\,Q$ und $P_2 = F$ erhält man:

$$-K_0 = F\,\frac{a}{e} - 0{,}6\,Q\,\frac{R - (e - e_1)}{e}$$

Für $U$ ergibt sich:

$$K_U = P_1\,\frac{e_1}{e} + P_1\,\frac{R}{e} - P_2\,\frac{a}{e}$$

und durch Einführung der beiden Maximalwerte:

$$K_U = 0{,}6\,Q\,\frac{e_1 + R}{e} - F\,\frac{a}{e}$$

Für $C = O$ erhält man dagegen:

$$K_0 = F_0\,\frac{a}{2\,e}$$

$$K_U = F_0\,\frac{a}{2\,e}$$

Da ein Vergleich der beiden Werte von $K_0$ und $K_U$ nicht ohne weiteres möglich ist, so empfiehlt es sich, beide Fälle durchzurechnen.

Der Stützlagerdruck des Drehzapfens ist

$$P_{2\,max} = F$$

Sind Vorderradbremsen vorgesehen, so tritt zu den besprochenen Beanspruchungen noch ein Drehmoment

$$M_d = \mu \cdot \frac{Q}{2} \cdot R$$

hinzu, so daß der Achskörper auf Biegung und Drehung berechnet werden muß. Sollte im Augenblick des Bremsens, z. B. in einer scharfen Kurve, die Belastung zum größten Teil auf den äußeren Rädern ruhen, so ist analogisch zu früher gemachten Annahmen

$$M_{d\,max} = \mu \cdot 0{,}85\,Q \cdot R \sim 0{,}6\,Q \cdot R$$

zu setzen.

Die Radlager werden durch horizontal gerichtete Lagerdrucke

$$H_A = \mu \cdot Q \cdot \frac{b - b_1}{b} \quad \text{und} \quad H_J = \mu \cdot Q \cdot \frac{b_1}{b}$$

zusätzlich belastet, so daß sich aus $H_J$ und $K_J$, bezw. $H_A$ und $K_A$ je eine Resultierende

$$\sqrt{H_J^2 + K_J^2} \quad \text{und} \quad \sqrt{H_A^2 + K_A^2}$$

bildet.

In den Drehzapfenlagern treten auch wagerechte Lagerdrücke auf:

$$H_0 = H_U = 0{,}6\,Q \cdot \frac{R}{e}$$

welche mit $K_0$ und $K_U$ die Resultanten

$$\sqrt{K_0^2 + H_0^2} \text{ und } \sqrt{K_U^2 + H_U^2}$$

bilden.

**Zahlenbeispiel.** Es sei die Vorderachse für einen normalen Viersitzer von Leergewicht 900 kg zu berechnen. Die Spur des Wagens sei 1300, der Raddurchmesser $2\,R = 800$. Die Masse nach Abb. 205 und 207 seien in Millimetern:

$$a = 60;\ b = 90;\ b = 60;$$
$$c = 300;\ e = 150;\ e = 50$$

$\lambda$ sei 1,5 angenommen und eine Besatzung von 4 Personen zu 75 kg, sowie 50 kg Gepäck und Reserve vorausgesetzt. Dann ist

$$Q_0 = 900 + 350 = 1250 \text{ kg}$$
$$\text{und } Q = 0{,}4\,Q_0 = 500 \text{ kg}$$

$H$ soll als Mittelwert 150 mm und $\varphi = 0{,}09$ mm betragen, dann ist:

$$F_0 = \sqrt{\frac{1000 \cdot 150}{0{,}09}} \sim 1290 \text{ kg};\quad F = \sqrt{\frac{850 \cdot 150}{0{,}09}} \sim 1190 \text{ kg}$$

Das höchste Biegungsmoment in und zwischen $N$ und $N^1$ (Abb. 206) ist:

$$M_{b\,max} = F_0 \cdot \frac{c}{2} = 1290\,\frac{30}{2} = 19350 \text{ kgcm}$$

Für einen vergüteten Spezialstahl mit 5000 kg/cm² Streck- und etwa 8000 kg/cm² Bruchgrenze kann, in Betracht der gemachten Voraussetzungen für den Wert $q$ eine Biegungsbeanspruchung von 2000 kg/cm² durchaus zulässig erscheinen. Demnach ist ein Widerstandsmoment von

$$W = \frac{M_b}{k_b} = \frac{19350}{2000} = 9{,}68 \text{ cm}^3$$

für den Querschnitt der Achse erforderlich. Danach kann der auf Abb. 208 ausgezogene Querschnitt gewählt werden. Gerechnet wird der punktiert gezeichnete Querschnitt, dessen Widerstandsmoment:

$$W = \frac{3{,}6 \cdot 4{,}6^3 - 2{,}8 \cdot 2{,}8^3}{6 \cdot 4{,}6} = 10{,}5 \text{ cm}^3$$

beträgt.

Die Radspindeln sind durch ein Biegungsmoment:

$$-M_b = 0{,}6\,R \cdot Q - (b - b_1)\,F$$

beansprucht.

$$-M_{b\,max} = 40 \cdot 300 - 3 \cdot 1190 = 8430 \text{ kgcm}$$

Da für die Achsschenkel bzw. Radzapfen ein besonders zäher, hochwertiger Stahl mit etwa 7000 kg/cm² Streckgrenze genommen wird, so ist ein

$$k_b = 2000$$

durchaus zulässig und ist daher der erforderliche Querschnittdurchmesser

$$d = \sqrt[3]{\frac{8430}{2000}} = 3{,}48 \text{ cm}$$

Demnach kann ein Zapfen von 35 mm gewählt werden.

Der größte Achsialdruck der Nabe ist:

$$P_1 = 0{,}6\,Q = 300 \text{ kg}$$

Das Außenlager muß die Belastung von:

$$K_A = 1190 \cdot \frac{30}{90} - 0{,}6 \cdot 500 \cdot \frac{400}{90}$$

im Höchstfalle aushalten:

$$-K_A = -397 + 1333 = 936 \text{ kg}$$

Bei einer Wagengeschwindigkeit von 60 km/St. macht ein Rad von 8000 mm Durchmesser ca. 400 Umdrehungen in der Minute. Nach den Kugellagertabellen kann man demnach folgende Ringlager wählen:

*B B* 30; *C* 25; *C C* 20

Das Innenlager erleidet einen Druck von:

$$K_I = 1190 \cdot \frac{60}{90} + 300\,\frac{400}{90}$$

$$K_I = 794 + 1333 = 2127$$

Nach den Kugellager-Tabellen entspricht dieses einem Lager *CC* 35!

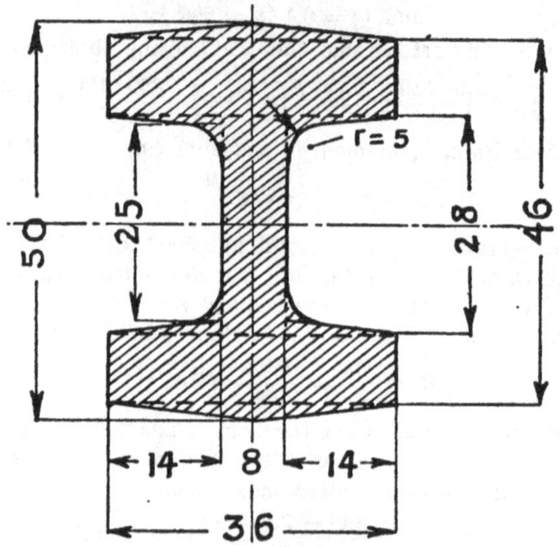


Abb. 208.

Für $P_2 = F$ und $P_1 = 0{,}6\,Q$ ergibt sich ein Lagerdruck des oberen Drehzapfens:

$$K_0 = 1190 \cdot \frac{60}{150} - 0{,}6 \cdot 500 \cdot \frac{400 - 100}{150}$$

$$-K_0 = -476 + 600 = 124 \text{ kg}$$

Für $P_2 = \frac{F_0}{2}$ und $P_1 = O$ ist dagegen:

$$K_0 = \frac{1290 \cdot 60}{150} = 516 \text{ kg}$$

Läßt man hier einen Flächendruck von 150 kg zu, so ist eine Auflagefläche von etwa 3,5 cm² genügend.

Der Lagerdruck des unteren Drehzapfens ist für $P_2 = F$ und $P_1 = 0{,}6\ Q$:

$$K_U = \frac{0{,}6 \cdot 500 \cdot 450}{150} - 1190 \frac{60}{150}$$

$$K_U = 900 - 476 = 524 \text{ kg}$$

Für $P_2 = \frac{F_0}{2}$ und $P_1 = O$ ist:

$$K_U = K_O = 516 \text{ kg}$$

(Diese günstigen Verhältnisse, bei welchen $K_U$ und $K_O$ annähernd gleiche Werte annehmen, sind hier dadurch erreicht, daß $e_1 = \frac{1}{3} e$ gewählt wurde.)

Der Stützlagerdruck kann den höchsten Wert von:

$$F = 1190 \text{ kg}$$

annehmen.

## Bauliche Ausbildung.

Vorderachskörper werden fast allgemein aus legierten Stählen (meist Nickelstahl mit etwa 4 Prozent N.-Gehalt) im Gesenke geschmiedet bzw. gepreßt. In Ausnahmefällen findet man auch heute noch die früher vielfach gebaute Rohrachse, welche aus zwei gepreßten Stahlendstücken und einem damit hart verlöteten Stahlrohrkörper bestand. Diese Bauart ist infolge der immer unsicheren Lötstellen nicht so widerstandsfähig und zuverlässig als eine aus einem Stahlstück gepreßte Achse; außerdem ist das Kröpfen und Löten der Stahlrohre umständlich und erfordert gut geübter und zuverlässiger Arbeitskräfte; der Rohrquerschnitt ist auch in bezug auf das Widerstandmoment ungünstiger als ein I-Querschnitt.

Aus diesen Gründen ist man allgemein zu gepreßten Achsen mit I-Querschnitt übergegangen, welche eine rationelle Massenherstellung zulassen und leichtes Gewicht mit hoher Widerstandsfähigkeit verbinden.

Für schwere Lastwagen, bei welchen ein geringes Gewichtsersparnis weniger beachtet wird, findet man nicht selten Achsen vor, welche aus Rücksicht auf Vereinfachung der Rohherstellung ein Rechteckprofil mit gebrochenen Ecken aufweisen.

Für die Grundform des Achskörpers ist in erster Linie die Ausbildung der Lenkschenkelgelenke ausschlaggebend, welche in der neueren Zeit ausschließlich als Gabeln ausgeführt werden. Die früher vielfach angewandte sog. **Turmachse**, Abb. 209, ist infolge der ungünstigen Raumverhältnisse und hoher Lagerdrucke gänzlich verschwunden.

Die Enden der Achse können entweder als Gabel, oder als Fauststück ausgebildet werden, falls der Achsschenkel als Gabel geformt ist. Danach unterscheidet man **Gabel-** oder **Faustachsen.** Letztere Bauart, Abb. 210, wird am öftesten ausgeführt. Sie bietet den Vorteil einer einfacheren Form des Achskörpers, welche die Rohherstellung erleichtert, und läßt günstigere konstruktive Ausbildung der Lenkungshebel zu. Hier ist auch die Möglichkeit vorhanden, das Gelenk teilweise zu umschließen, und dadurch die Reibungsflächen besser vor Schmutz und Regenwasser zu schützen. (Abb. 212.) Als Nachteil für Massenherstellung wäre hier die Verschiedenheit der beiden Achsschenkel zu nennen, wovon der rechte zwei Hebel, wäh-

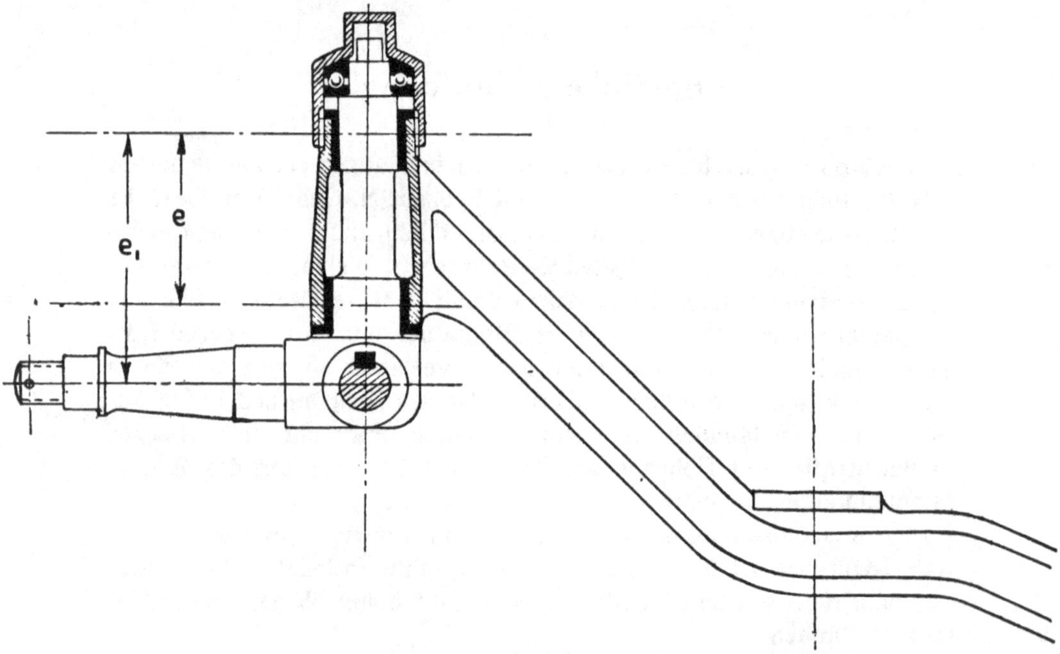


Abb. 209.

rend der linke nur einen trägt; auch ist der als Gabel ausgebildete Achsschenkel an und für sich ein ungünstiges Schmiedestück, dessen Bearbeitung unter Umständen (z. B. Abb. 212) manche Schwierigkeit bietet.

Aus diesen Gründen wird vielfach der Achsschenkel vereinfacht, indem man die Achsenenden als Gabel formt (Abb. 211). Bei solcher Ausführung wird der Achskörper bei sonst gleichen konstruktiven Verhältnissen weniger gekröpft werden müssen, was schließlich auch als Vorteil aufgefaßt werden kann, wenn auch im Grunde genommen beide Bauarten einander ziemlich gleichwertig zu nennen sind.

Aus dem Bestreben, bei möglichst großen Rädern den Rahmen und besonders die Mittelachse des Motors und hiermit den Schwerpunkt des Kraftwagens möglichst tief zu legen, entsteht die Not-

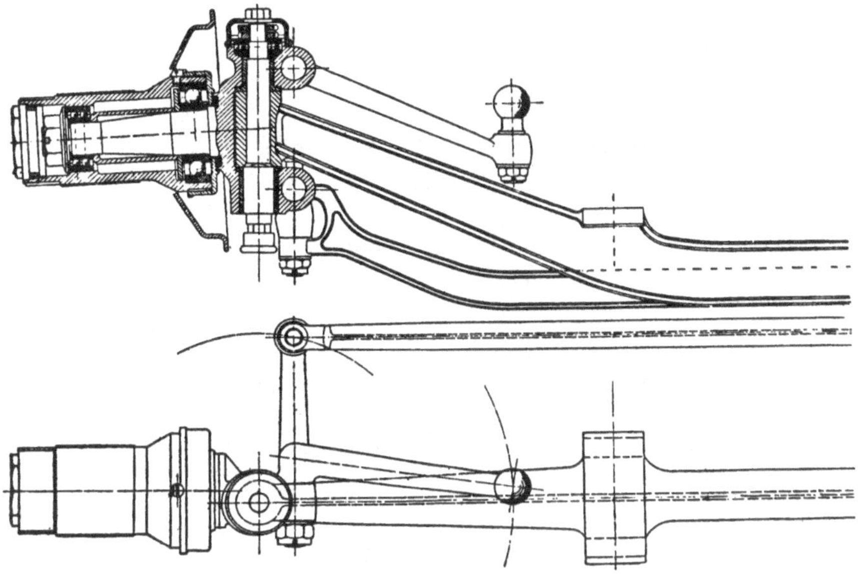

Abb. 210. L. U. C.

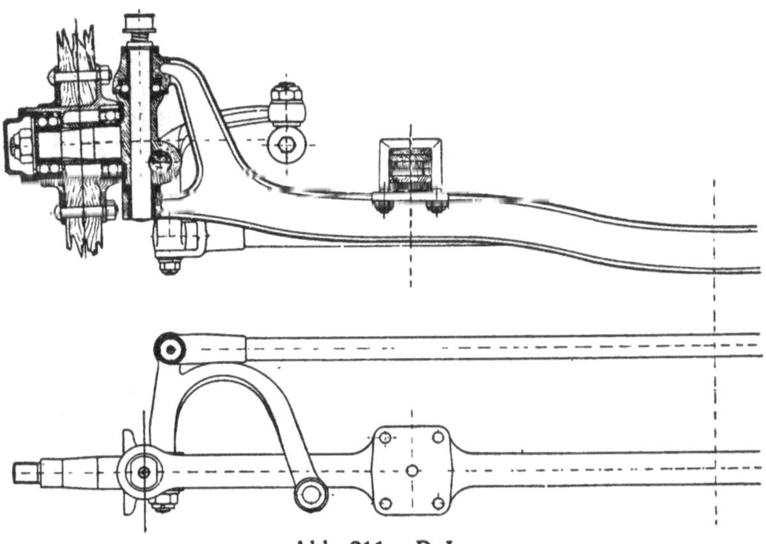

Abb. 211. R. Ley.

wendigkeit, die Vorderachse mehr oder weniger durchzukröpfen. Die Form des Achskörpers wird hier von der Höhendifferenz zwischen den Radzapfen und den Federtellern abhängen, wobei sich unter Umständen recht starke Kröpfungen ergeben können (Abb. 212).

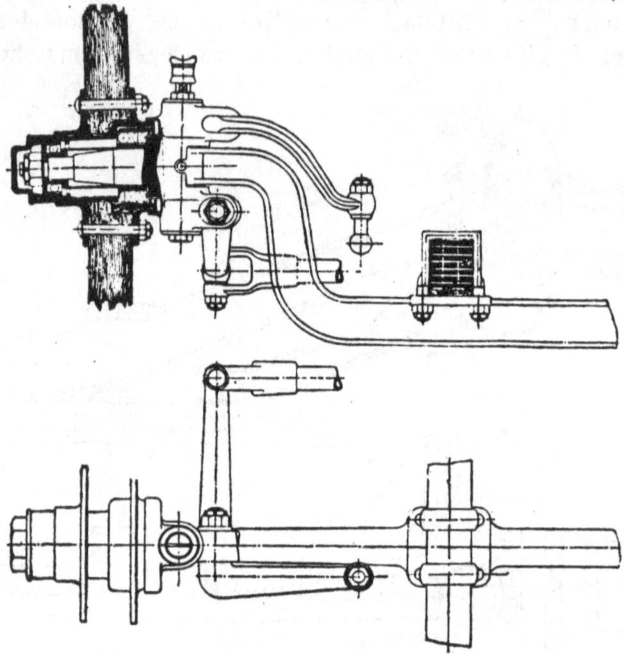

Abb. 212. Opel.

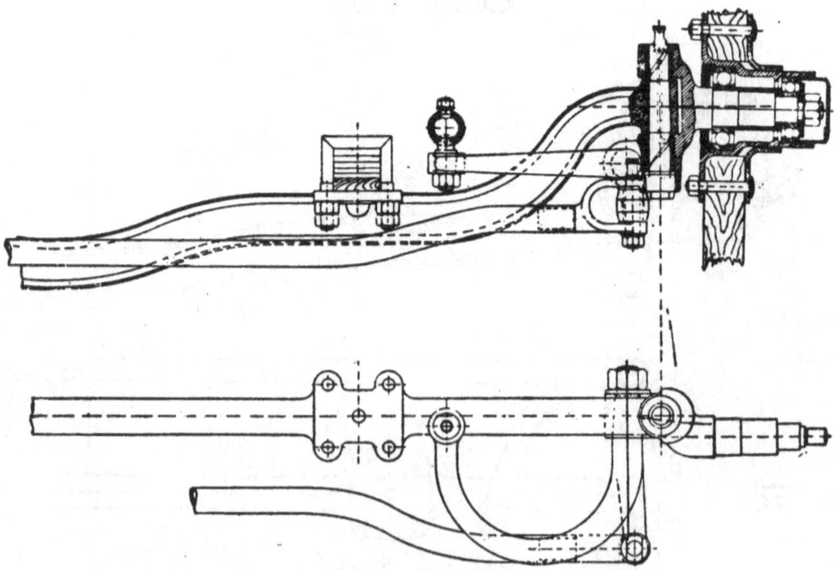

Abb. 213. Benz.

Je mehr die Gestalt des Achskörpers von einer Geraden abweicht, desto größer ist die Gefahr vorübergehender Formveränderungen, welche ein Federn der Vorderachse und hiermit recht unerwünschte Schwingungserscheinungen herbeizuführen vermögen. Ist also eine starke Durchkröpfung der Achse unvermeidlich, so erscheint ratsam,

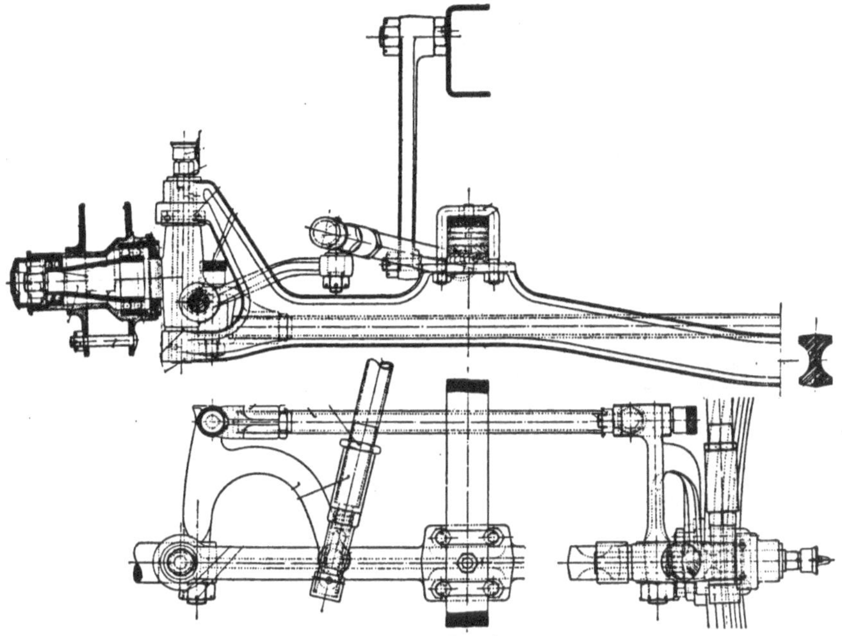

Abb. 214. Sperber.

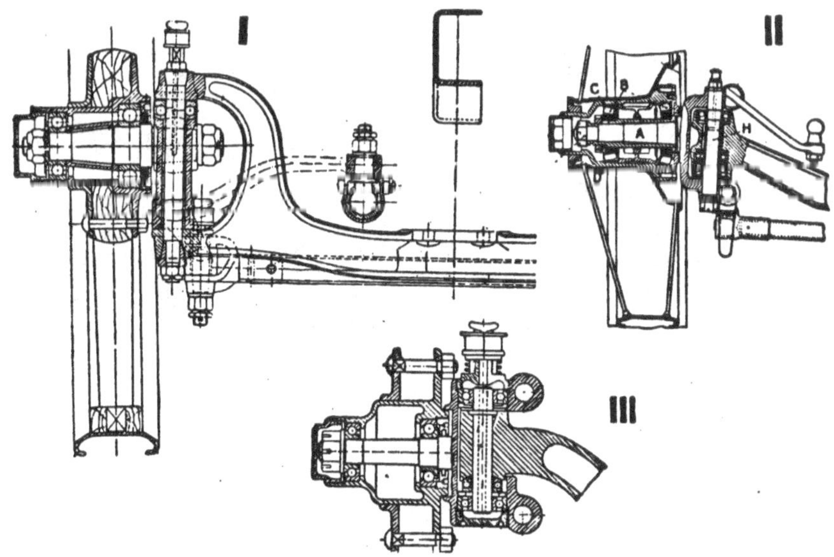


Abb. 215.

einen Querschnitt von entsprechend größerem Widerstandsmoment zu wählen. In solchen Fällen kann auch vorteilhaft die Bauart als Gabelachse mit stark einseitigen Gabeln zur Verminderung der Höhenunterschiede ausgenutzt werden, wie dieses beispielsweise auf Abb. 211 zu erkennen ist.

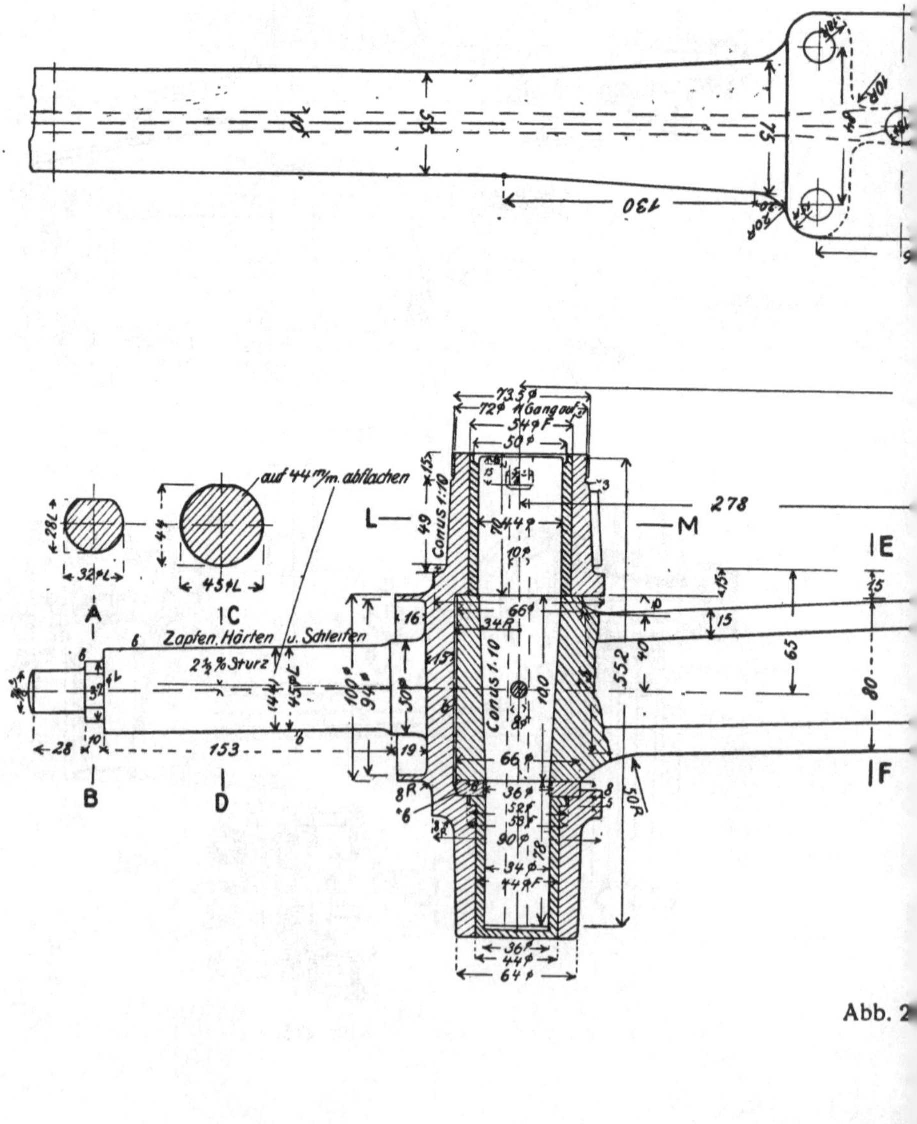


Abb. 2

Die Federteller werden meistenteils rechteckig aus dem oberen Querschnittflansch herauswachsend ausgebildet. Vielfach werden die Teller aus Gründen von Gewichtsersparnis ausgespart geformt, wie dieses auf Abb. 213 der Fall ist. Ist bei Wagen, welche etwa für Kolonien oder für Länder mit vorwiegend ungebauten Straßen be-

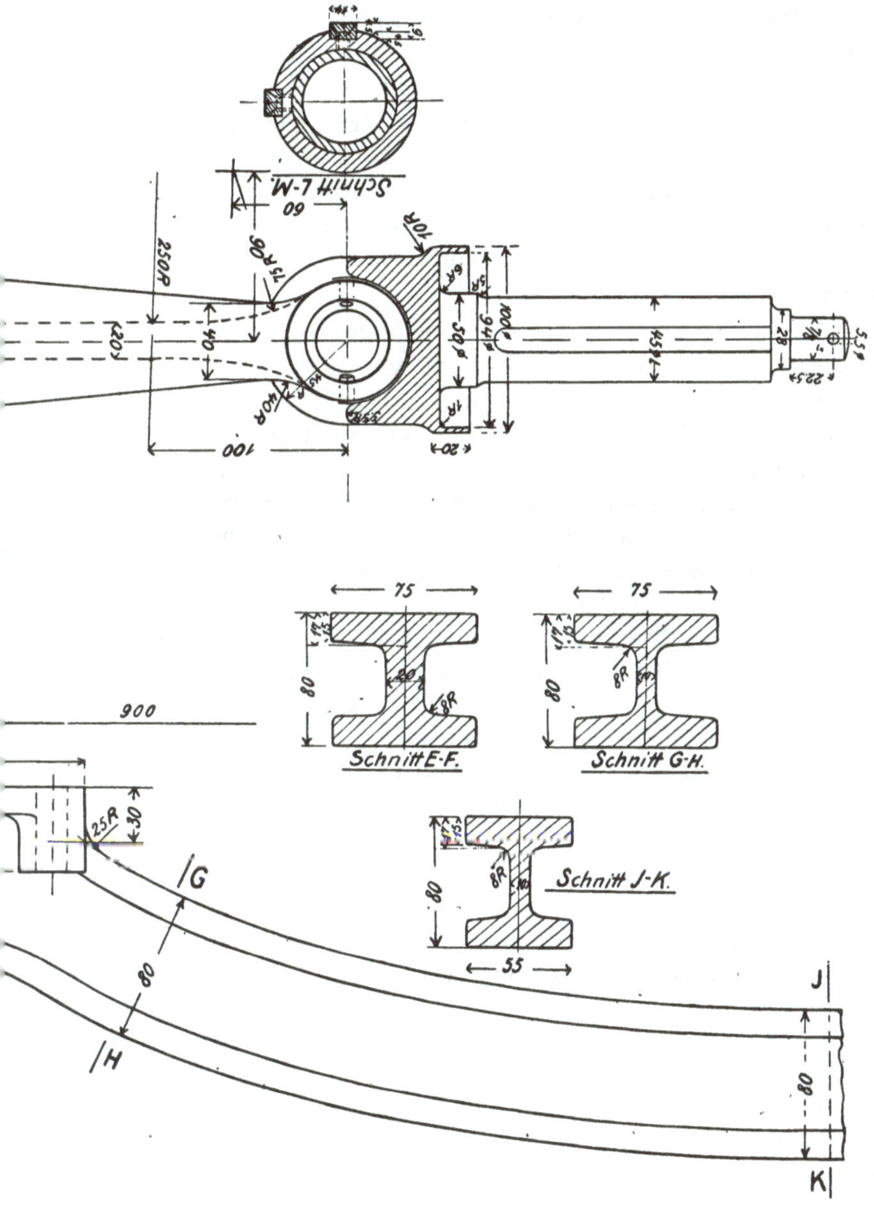


A. G.

stimmt sind, ein besonders großer Abstand zwischen der Fahrbahnoberfläche und dem niedrigsten Punkt des Untergestells erwünscht, so wird auch die Vorderachse eine mehr geradlinige Form erhalten, wobei es sogar vorkommen kann, daß die Federteller nach oben zu ausgebaut werden müssen, um eine doppelte Kröpfung des Achskörpers zu vermeiden. (Abb. 214.) Solche Anordnung, auch bei geradlinigen Achsen, findet man nicht selten bei amerikanischen Wagen vor.

Bei schweren Omnibussen und Lastwagen, bei welchen infolge der recht hoch liegenden Schwerpunkte die Federbänder beträchtliche Biegungsbeanspruchungen aufweisen, empfiehlt es sich, die Federteller mit besonders hohen Warzen zur Aufnahme der Federbänder (Briden) zu versehen, damit letztere eine genügend lange Führung erhalten. (Abb. 216.)

Die Achsschenkelgelenke müssen so ausgebildet sein, daß die beiden Lagerstellen tunlichst weit von einander entfernt seien, um einen möglichst großen Hebelarm *e* (Abb. 207 II) herbeizuführen und dadurch die Lagerdrücke zu vermindern. Daraus ergibt sich als Grundprinzip, die Gelenkachse nur in den Gabelaugen drehbar zu lagern, einerlei, ob die Achsenden oder die Schenkel als Gabel ausgebildet sind. So selbstverständlich diese Regel auch erscheint, so wird sie doch nicht immer befolgt, wie aus Abb. 215 ersichtlich ist. Im Falle I hat man hier den Lagerbeanspruchungen insofern Rechnung getragen, als daß man das Gelenklager nach unten zu verlängerte, wodurch der Hebelarm des Drehmomentes $P_1 R$ verringert worden ist. Immerhin wäre es günstiger gewesen, wenn die Lagerstellen in die Gabelenden verlegt gewesen wären. Der Fall II ist sehr ungünstig durch den kurzen Abstand der beiden Radialkugellager und darf man hier eine rasche Abnutzung der letzteren erwarten, um so mehr, daß die räumlichen Verhältnisse den Einbau genügend starker Kugellager nicht zulassen dürfen.

Solche Abweichungen sind um so erstaunlicher, als daß die Lagerung des Zapfens in den Gabelenden keinerlei Schwierigkeiten verursacht. (Vgl. Abb. 215 III.) und keine nachteiligen Konsequenzen irgend welcher Art nach sich zieht.

Der Drehzapfen muß in dem Mittelstück (Faust) des Gelenkes festsitzen und gegen Verdrehung gesichert sein. Eine vielfach zu diesem Zweck benutzte Methode ist auf Abb. 216 veranschaulicht. Der Zapfen ist in seinem mittleren Teil als Konus ausgebildet und wird gegen Verdrehung durch einen Stift gesichert. Ein so ausgebildeter Zapfen kann bei der Montage von oben durchgesteckt werden, bedingt aber ein sehr großes oberes Gabelauge. Da jedoch das untere Lager einem beträchtlich höheren Maximaldruck ausgesetzt ist, als das obere, so erscheinen für das erstere größere Abmessungen gerechtfertigt, weshalb man vorteilhaft die Drehachse von unten und nicht von oben durchstecken kann, damit der stärkere Zapfen unten und der schwächere oben zu liegen kommt. Sollte man die Stiftsicherung nicht als genügend zuverlässig erachten, so kann die Lage der Drehachse durch einen Federkeil und eine Verschraubung gesichert werden (Abb. 217). Letztere Anordnung ist deshalb vorzuziehen, weil sie einen freien Anzug des Konus gestattet, was für eine Stiftsicherung nur bei der ersten Montage, nicht aber nach wiederholtem Auseinandernehmen des Gelenkes der Fall sein kann.

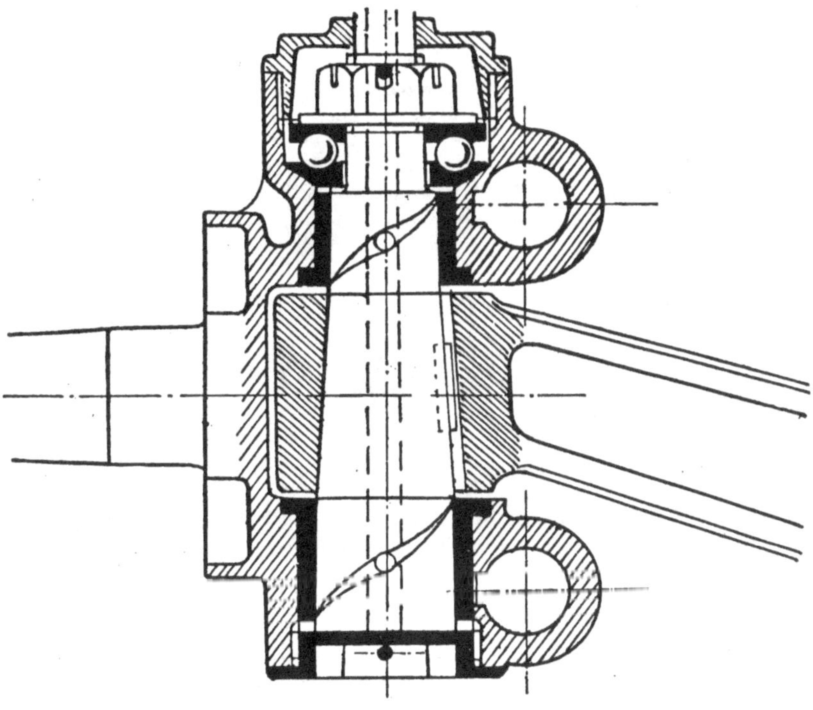

Abb. 217.

Vielfach wird von einer Konusverbindung aus Rücksicht auf Raum- und Gewichtsersparnis Abstand genommen, indem die Drehachse in die zylindrische Bohrung eingepreßt und durch Nase oder konischen Stift gesichert wird. (Abb. 210.) Bei Gabelachsen kann vorteilhaft der Befestigungskonus des Lenkhebels zum Festlegen des Drehzapfens dienen. (Abb. 211 und 214.)

Die Drehachsen werden aus vorzüglichstem Einsatzstahl mit hohen Festigkeitszahlen (etwa Nickel-Chromstahl) hergestellt; die Zapfen müssen an den Reibungsflächen gehärtet und geschliffen sein.

Der recht beträchtliche Stützdruck wird in neuerer Zeit, im Bestreben den Lenkwiderstand zu vermindern und einer raschen Abnutzung entgegenzutreten, fast allgemein durch ein Druckkugellager aufgenommen. Erscheint Letzteres aus irgend welchem Grunde nicht erwünscht oder zulässig, so können auch gehärtete, plangeschliffene Stahlscheiben verwandt werden, wie zum Beispiel auf Abb. 214, wo der Einbau vom Stückkugellager aus Rücksicht auf hohe Belastung und Vollgummibereifung nicht ratsam erschien.

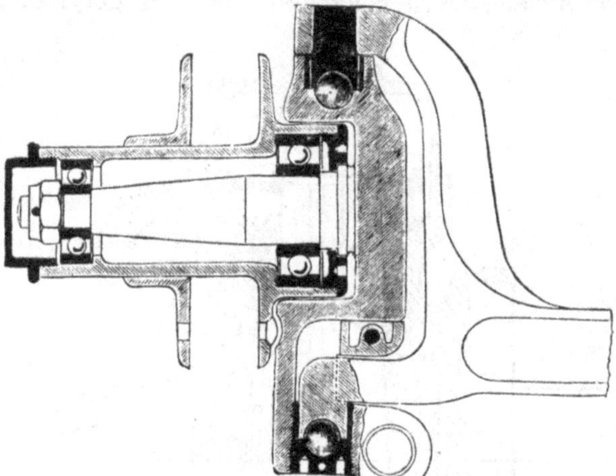

**Abb. 218.**

Auf Abb. 218 ist eine vielfach, besonders für Lastwagen verwandte Bauart gezeigt, bei welcher der Stützpunkt durch eine recht groß bemessene Stahlkugel aufgenommen wird. Diese Anordnung ist patentamtlich geschützt.

Die Radiallagerbüchsen können aus harter Phosphorbronze, oder auch aus gehärtetem Stahl hergestellt sein und werden in die Bohrungen der Gabel eingepreßt. Letztere Ausführung ist schwierig, weil man die gehärteten Büchsen nach Einpressen nicht gemeinsam ausreiben kann und daher die Drehachse mit Schmirgel einschleifen muß. Bei genügenden Abmessungen der Reibungsflächen genügt eine harte Bronze vollkommen und wird daher auch fast allgemein zu diesem Zweck verwendet.

Geschmiert werden die Gelenke mit konsistentem Fett, welches aus einer Staufferbüchse durch Bohrungen der Drehachse zu den Schmierstellen gelangt, wie dieses aus den Abbildungen deutlich zu ersehen ist. Nach Möglichkeit ist offenbar die Schmierbüchse oberhalb des Gelenkes anzubringen, weil die Schmierung dadurch selbsttätig erfolgen kann und weil die Büchsen zugänglicher sind. Vereinzelt findet man jedoch auch unten angeordnete Staufferbüchsen. (Abb. 210.)

An den Achsschenkeln müssen die Lenkungshebel befestigt werden, wobei an einen der ersteren der Lenkungsantriebs- und Verbindungshebel, an dem anderen nur ein Verbindungshebel angebracht wird.

Sind die Schenkel als Gabel ausgebildet, so kann der Antriebshebel am oberen und der Verbindungshebel am unteren Gabelendstück befestigt werden, was eine durchaus übersichtliche und klare Konstruktion gestattet. In solchem Falle können die beiden Hebel nahezu gerade geformt sein und gehen bequem am Achskörper vorbei (Abb. 210).

Die Verbindung geschieht fast allgemein auf Konus und Federkeil. Letzterer ist nur dann unentbehrlich, wenn infolge der Hebelkröpfung, z. B. bei Verbindungshebeln, ein in einer zur Konusachse senkrechten Ebene liegendes Drehmoment entstehen kann. Der Antriebshebel muß meistens zum Konus ganz oder nahezu senkrecht stehen, falls man nicht vorzieht, das obere Auge außen als Konus zu gestalten und den Hebel mit einer recht großen Nabe auf diesen aufzuziehen (Vgl. Abb. 216). In solchen Fällen ist natürlich eine Keilverbindung unerläßlich und bei schweren Fahrzeugen mit hohem Achsdruck empfiehlt es sich, zwei Keile unter 120 ° oder 90 ° anzuordnen, um dadurch dem beträchtlichem Lenkungswiderstand Rechnung zu tragen.

Auf eben solche Weise kann auch die Befestigung der Verbindungshebel auf dem unteren Gabelende stattfinden.

Vereinzelt findet man bei Faustachsen auch den Antriebshebel mit dem Verbindungshebel zu einem Stück vereinigt und mit einem gemeinsamen Konus am unteren Ende der Gabel befestigt. (Vgl. Abb. 213.) Diese Anordnung bezweckt, beide Achsschenkel aus demselben Gesenkstück herstellen zu können, was immerhin einen für Massenfabrikation willkommenen Umstand bedeutet. Dadurch ergeben sich jedoch recht schwere, ungünstig gekröpfte Doppelhebel, welche sich nur schwierig im Gesenk schmieden lassen. Letzterer Umstand ist um so schwerwiegender, daß ungewissenhafte Lieferanten leicht dadurch verführt werden, diese Hebel zu schweißen, was mit Rücksicht auf das durch den Bruch eines Lenkhebels herbeigeführte

Unheil in keiner Weise zulässig ist. Um solchem leichtfertigen Treiben der Gesenkschmiede Einhalt zu gebieten, empfiehlt es sich, einen nicht schweißbaren Stahl vorzuschreiben und jedes einzelne auswärts geschmiedete Stück einer Materialprobe, z. B. vermittels Scleroskop, oder Brinellschem Apparat zu unterziehen. Hat man sich jedoch für die Ausführung der Vorderachsen mit Faustenden entschlossen, so erscheint ein Verzicht auf die Trennung der Hebel zugunsten einer einheitlichen Form der Achsschenkel kaum berechtigt. Letzteres ist schon deshalb kaum zu empfehlen, weil man das überflüssige Auge an einem der Achsschenkel fortfräsen kann, falls man mit einem Gesenk für beide Schenkel auskommen will.

Bei Gabelachsen (Abb. 211 und 214) ist die Verwendung stark gebogener Hebel unvermeidlich und auch die Trennung des Antriebs- vom Verbindungshebel würde gewisse Schwierigkeiten mit sich bringen. Daher ist man hier auf den gekröpften Doppelhebel unvermeidlich angewiesen. Bei genügender Kontrolle ist diese Bauart unbedenklich; die Herstellungs-Mehrkosten, welche der Doppelhebel und das kompliziertere Gesenk der Vorderachse verursachen, werden zum großen Teil durch die Vereinfachung der Achsschenkel ausgeglichen.

Der Querschnitt der Hebel kann nur annähernd berechnet werden, wobei die höchsten in der Richtung der Verbindungs- und Lenkschubstange wirkenden Kräfte vorausgesetzt werden müssen. (Vgl. darüber unter: Lenkungen. Berechnung der Lenkungsteile.)

Da die Festigkeitsverhältnisse des stark, oft in zwei Ebenen verkröpften Antriebshebels nicht ohne weiteres übersichtlich liegen, so erscheint von Wert, näher darauf einzugehen.

Die von der Lenkschubstange auf den Hebel oder umgekehrt übertragene Kraft $P$ (Abb. 219) wechselt ständig ihre Größe und Richtung, indem sie je nach der Lage des Achsschenkels von $NN$ bis $N'N'$ übergeht. Die gebogene Form des Hebels läßt es ratsam erscheinen, denselben für zwei Querschnitte $A$ und $B$ zu berechnen, indem man jedesmal diejenige Richtung der Kraft $P$ berücksichtigt, welche den größten Hebelarm in bezug auf $A$, bzw. auf $B$ aufweist. Der Hebel ist auf Biegung und auf Verdrehung beansprucht.

Für den Querschnitt $A$ ist:

das Biegungsmoment in der Ebene I, wenn $P$ in der Richtung $NN$ wirkt:

$$M_{bI} = P \cdot b$$

das Biegungsmoment in der Ebene II:

$$M_{bII} = P \cdot l$$

das Drehmoment:

$$M_d = P \cdot \sin \alpha \cdot l$$

Die genaue Ermittlung der Hauptspannung ist umständlich.*) Zur Querschnittbestimmung für eine Ellipse genügt es indessen, deren beide Achsen $h$ und $b$ aus den Gleichungen zu bestimmen:

$$\frac{\pi}{32} b\, h^2 \geqq \frac{M'_i}{k_b}$$

$$\frac{\pi}{32} h\, b^2 \geqq \frac{M''_i}{k_b}$$

wobei $M'_i$ und $M''_i$ wie folgt zu berechnen sind:

$$M'_i = 0{,}35\, M_{bI} + 0{,}65 \sqrt{M^2_{bI} + \alpha^2_0 M_d^2}$$

$$M''_i = 0{,}35\, M_{bII} + 0{,}65 \sqrt{M^2_{bII} + \alpha^2_0 M_d^2}$$

$$\text{worin: } \alpha_0 = \frac{k_b}{1{,}3\, k_d}$$

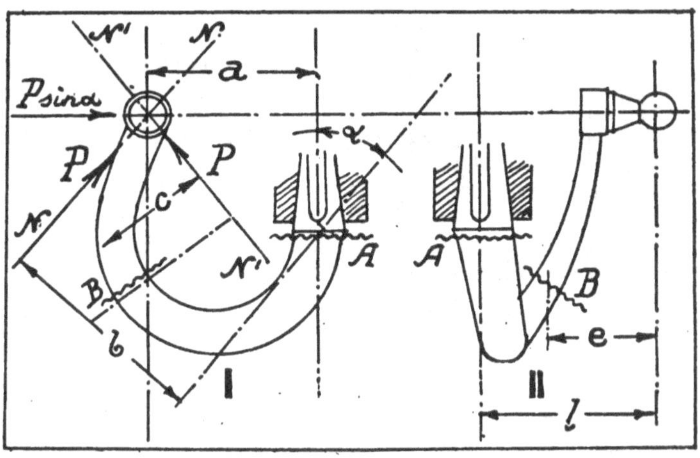


Abb. 219.

Für den Querschnitt $B$ ist, wenn $P$ in der Richtung $N'$ $N'$ wirkt:

$$M_{bI} = P \cdot c$$

$$\text{und } M_{bII} = P \cdot e$$

Eine Verdrehung findet hier nicht statt und so ergeben sich für Ellipsenquerschnitt die Bedingungen:

$$\frac{\pi}{32} b\, h^2 \geqq \frac{M_{bI}}{k_b}$$

$$\text{und } \frac{\pi}{32} b^2 \cdot h \geqq \frac{M_{bII}}{k_b}$$

*) Vgl. C. v. Bach. Elastizität und Festigkeit, Berlin.

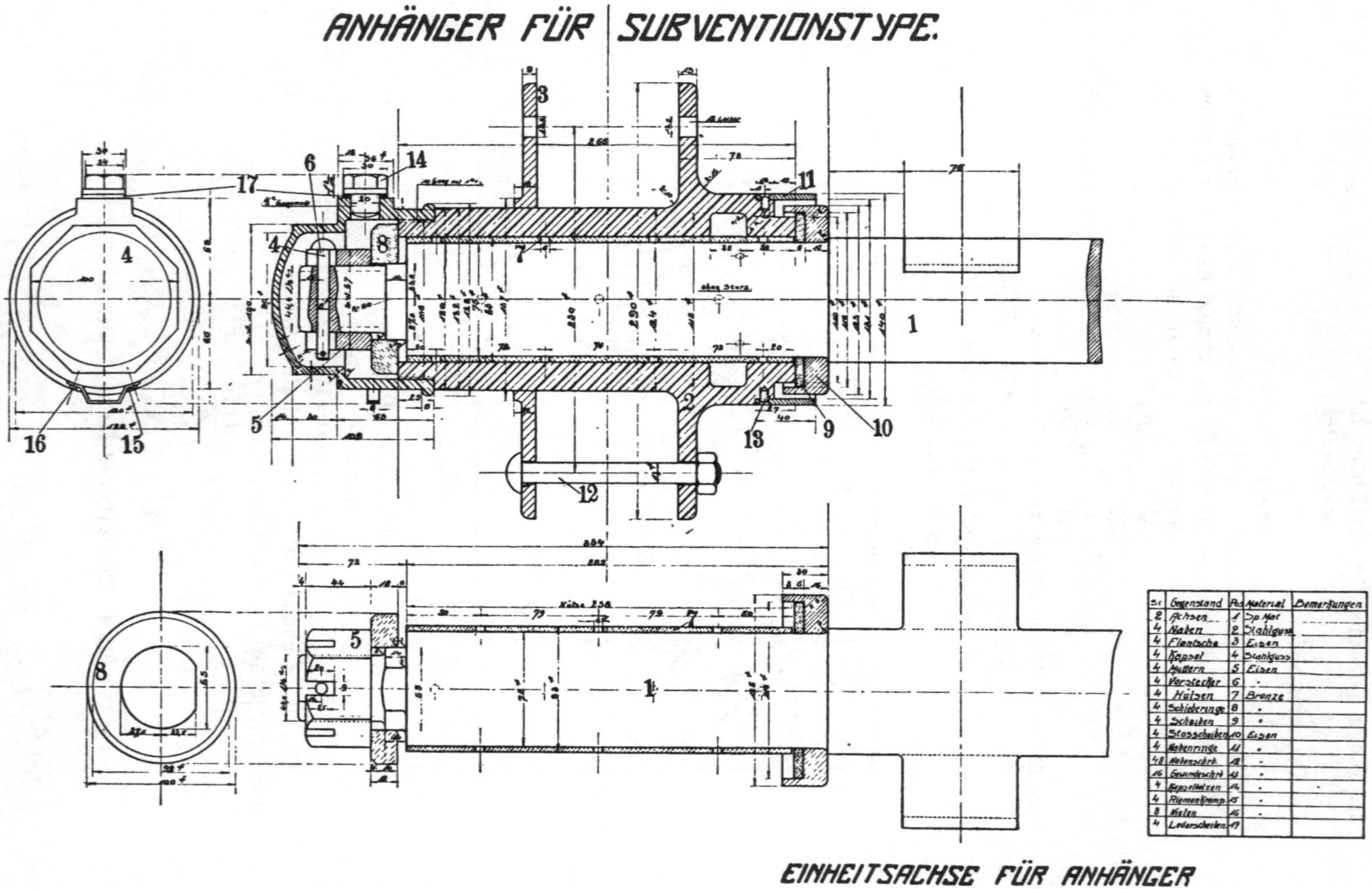


| St. | Gegenstand | Pos. | Material | Bemerkungen |
|---|---|---|---|---|
| 2 | Achsen | 1 | Sp. Met | |
| 4 | Naben | 2 | Stahlguss | |
| 4 | Flantsche | 3 | Eisen | |
| 4 | Kapsel | 4 | Stahlguss | |
| 4 | Muttern | 5 | Eisen | |
| 4 | Vorstecker | 6 | " | |
| 4 | Hülsen | 7 | Bronze | |
| 4 | Schieberinge | 8 | " | |
| 4 | Scheiben | 9 | " | |
| 4 | Stossscheiben | 10 | Eisen | |
| 4 | Nabenringe | 11 | " | |
| 48 | Nabenschrb. | 12 | " | |
| 16 | Gewindeschrb. | 13 | " | |
| 4 | Kapselbolzen | 14 | " | |
| 4 | Riemenkramp. | 15 | " | |
| 8 | Keilen | 16 | " | |
| 4 | Lederscheiben | 17 | | |

Abb. 220.

Die Vorderräder laufen bei Lastwagen und zum Teil bei Omnibussen auf Gleitlagern, bei anderen Wagen auf Kugel- oder vereinzelt auf Rollenlagern. Für Lastwagenradlager ist der erforderliche Radzapfendurchmesser, wie ihn die früher angegebene Berechnung ergibt, maßgebend. Die Länge des Gleitlagers muß so gewählt werden, daß der Flächendruck 40 kg/cm² nicht übersteigt. Auf Abb. 125 und 126 sind Einheits-Vorder- und Hinterradlager für den Armee-Last-Zug 13 der Heeresverwaltung angegeben, während Abb. 220 die Einheitsnabe für Anhänger mit Holzrädern zeigt. Die für Radgleitlager allgemein angewandten sog. Patentlaufbüchsen werden aus harter Phosphorbronze hergestellt und sind mit vielen kleinen Löchern versehen, welche das Schmiermaterial gleichmäßig auf die Reibungsflächen verteilen. Diese Büchsen sind in der Bohrung der Nabe und auf dem Zapfen frei drehbar, so daß abwechselnd die Außen-, die Innenfläche, oder beide zu gleicher Zeit, gleiten. Dadurch wird eine Verringerung der Gleitgeschwindigkeit und der damit verbundenen Lagerwärmung bezweckt und erreicht.

Wo die Achsdrücke nicht übermäßig hoch sind, da werden zuweilen auch bei Vollgummibereifung Kugel- oder Rollenlager angewandt, z. B. bei Omnibusvorderrädern. (Vgl. Abb. 124. Die Nabe des Omnibusvorderrades auf Abb. 123 ist so ausgebildet, daß man nach Entfernung der eingepreßten Lagerbüchse Kugellager einbauen kann.)

Beim Einbau der Kugellager sind die allgemein gültigen Prinzipien zu befolgen. Werden normale Laufringe benutzt, so muß ein Ring in achsialer Richtung innen und außen festgelegt werden, während der andere außen freiverschiebbar anzuordnen ist. Kommen Schräglager zum Einbau, so muß das eine außen und innen, das andere innen festgelegt werden, und muß für das letztere außen eine nachstellbare Auflage vorgesehen werden. Ist neben den Radialringen eine Stützlagerung vorgesehen, so müssen beide ersteren freiverschiebbar sein. Auf Abb. 221 sind die Einbauvorschriften von Kugellagerfabriken für die drei erwähnten Fälle wiedergegeben.

In den meisten Fällen werden nur Radialkugellager verwendet, wobei man entweder das innere oder das äußere festlegt. Da das äußere Kugellager als weniger belastet immer kleiner im Durchmesser gewählt wird als das innere, so erscheint es immerhin richtiger den Achsialdruck auf das größere, d. h. innere Lager aufzunehmen, weil sich dasselbe dann auf eine größere Anzahl von Kugeln verteilt. Die Achsialbegrenzung des Außenlagers wird in neuerer Zeit auch weniger gebraucht, da sie außer dem oben angeführten Grund den Nachteil aufweist, daß im Falle eines Bruches des äußeren Lagers die ganze Nabe über den Innenring des gebrochenen Lagers herübergestreift werden kann. (Vgl. Abb. 218.) Aus diesem Grunde war bei solcher Anordnung eine Sicherung nötig. Letztere bestand darin, daß man die Kronenmutter, mit welcher das Außenlager gegen den Bund der Radspindel gedrückt wird, mit einem großen Teller zu versehen pflegte, welcher im Falle eines Lagerbruches die Nabe in ihrer Achsialbewegung begrenzte.

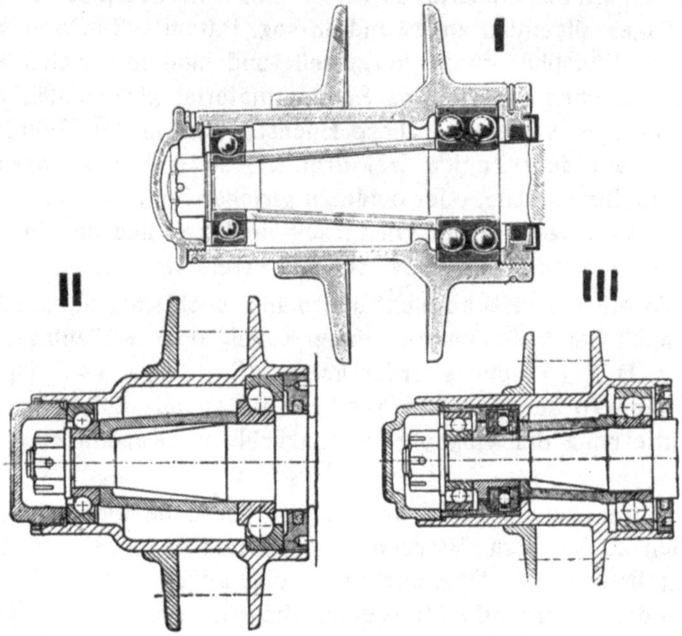


Abb. 221.

Legt man das innere Lager fest, so wird, wie auf Abb. 221 I gezeigt, eine Abstandsbüchse zwischen den beiden Lagern eingeschaltet, so daß durch das Anziehen der Mutter beide kleinen Laufringe festgelegt werden. Der Außenring des großen Innenlagers wird gegen eine Planfläche der Nabenbohrung mittels einer Ringmutter festgezogen. Letztere sichert die Nabe gegen das Ablaufen im Falle eines Kugellagerbruches, so daß ein Teller an der Kronenmutter hier überflüssig ist.

Eine gut gesicherte Vorderradnabe ist auf Abb. 210 zu sehen. Außer der Ueberwurfmutter am inneren Kugellager ist das Ablaufen der Nabe durch einen zwischen dem Lager und der Abstandbüchse dazwischen gelegten Teller verhindert. Letzterer bietet auch den Vorteil, daß eine etwa zerplatzte Kugel des größeren Lagers nicht das kleine Lager beschädigen kann. Der Teller an der Schlußkronenmutter ist hier natürlich Luxus und bedeutet eine unschädliche Konzession für die Nichtfachleute, welche nach den früher, mit anders konstruierten Naben gemachten Erfahrungen, eine **„Sicherheitsscheibe“** verlangen, ohne deren Wesen richtig zu verstehen.

Die Tatsache, daß bis in die jüngste Zeit Kugel- und Lagerbrüche an den Vorderradnaben immer noch vorgesehen werden müssen, weist darauf hin, daß man in vielen Fällen die Normallaufringe, besonders aber die Außenringe zu schwach wählt, und daß man den, durch die wagerechte Komponente $P_1$ hervorgerufenen Beanspruchungen zu wenig Rechnung zu tragen pflegt. Vielfach begegnet man sogar in der Fachliteratur *) der Ansicht, daß das äußere Kugellager ganz entlastet sei, wenn das innere in der Radebene liegt.

Die früher gemachten Annahmen über den Höchstwert der vorkommenden wagerechten Kräfte $P_1$ mögen sehr ungünstig sein, sie geben aber einen gewissen Anhaltspunkt über die Bedeutung dieser Komponente und zeigen, daß deren Reaktionen auf die Radlager bedeutend größer sind, als die durch statische Belastung hervorgerufenen Lagerdrücke.

Ebenso werden nicht selten die Stützdrücke, welchen die Vorderradlager ausgesetzt sind, nicht genügend berücksichtigt, indem man den sowieso zu schwach gewählten Radiallagern das Aufnehmen der Achsialkräfte zumutet; letzteres ist aber nur bei überreichlichen Bemessungen der Laufringe zulässig.

Bedenkt man, daß die Ueberlastung der Kugellager das Zerplatzen der Stahlkugeln und der Laufringe zur Folge haben kann, daß sie aber im günstigsten Falle eine rasche Abnutzung und dadurch ein Spiel in den Lagern unvermeidlich herbeiführen muß, so erscheint die Tatsache verständlich, daß man allerlei mehr oder weniger bedenkliche Mittel anwendet um die unerwünschten Begleiterscheinungen des Spieles in den Radlagern zu vermeiden (Vgl. unter Lenkungen).

Eine einwandfreie Radkugellagerung kann man durch den Einbau von Stützlagern (Abb. 221 III) oder Schräglagern (Abb. 221 II) erhalten. Letztere werden jedoch von den Kugellagerfabriken weniger empfohlen, weil sie eine sehr genaue Einstellung erfordern und leicht geklemmt werden können. Sie bieten aber andererseits den wesentlichen Vorzug, daß das etwa eingetretene Lagerspiel durch sachgemäße Nachstellung behoben werden kann, was bei Radiallagern nicht möglich ist.

---

*) Vgl. Carles. L'anatomie de l'automobile. Paris 1913 S. 29 u. 30.

Verwendet man ein Stützlager, so kann auch jegliche Sicherung gegen das Ablaufen der Nabe fortfallen. Auf Abb. 222 ist eine andere Einbaumöglichkeit für Stützkugellager gezeigt, während Abb. 223 eine Patentnabe der Deutschen-Kugellager-Fabrik darstellt, bei welchen die Abstandsbüchse als Kugellaufring für ein Ringlager und Teller für das Stützlager ausgebildet ist.

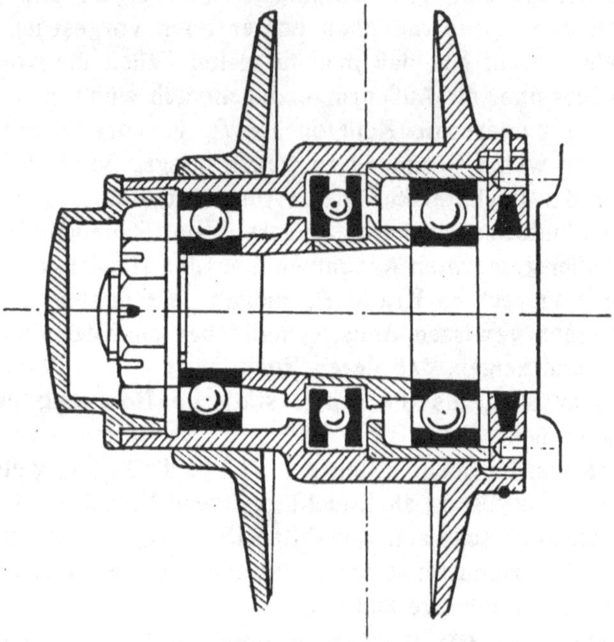

Abb. 222.

Abb. 223.

Alle Verschraubungen und Muttern des Radlagers müssen durch Splinte gesichert sein, wobei letztere nicht zu schwach zu bemessen sind, um der Gefahr des Abscherens vorzubeugen. Das Gewinde am Endzapfen der Radspindel kann vorteilhaft eine der Drehrichtung des Rades entsprechende Windung erhalten (für das linke Rad linkes und für das rechte rechtes Gewinde). Erforderlich ist jedoch diese Maßregel nicht, vorausgesetzt, daß man einen genügend stark bemessenen Splint aus gutem Material vorgesehen hat.

Zur Schmierung der Radlager wird die Nabe mit konsistentem Fett gefüllt. Daher muß man an der Innenseite der Nabe eine gute Dichtung, wie dieses auf den Abbildungen zu erkennen ist, vorsehen.

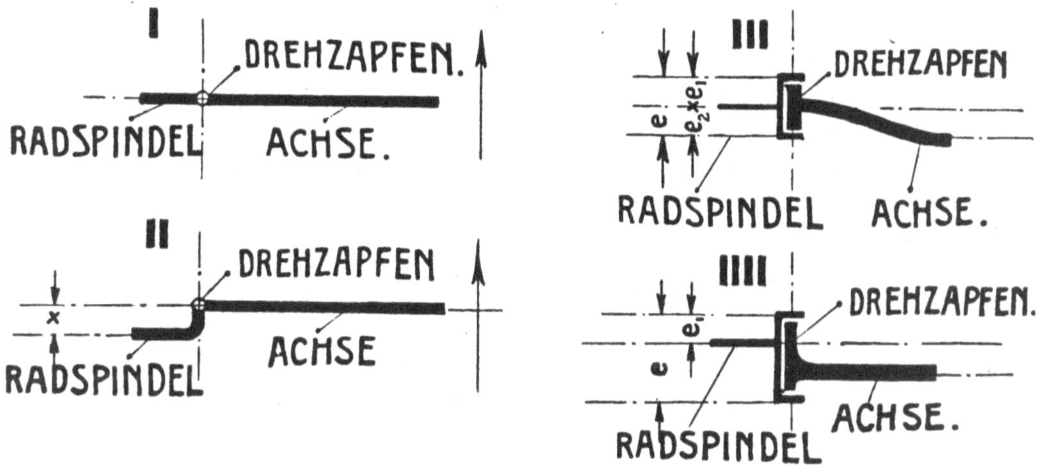


Abb. 224.

Rollenlager sind in dem Vorderradlager nur selten, hauptsächlich bei ausländischen Fabrikaten anzutreffen (Vgl. Abb. 215 II, 124). Mit konischen (Timken) Rollenlagern soll man gute Erfolge erzielt haben, was durchaus glaubhaft erscheint.

Zum Schluß sollen die Beziehungen zwischen dem Drehzapfen des Achsschenkels und der Radspindel erörtert werden. In den meisten Fällen liegen die Mittellinien der beiden Zapfen in einer Ebene (Abb. 224 I). Im Bestreben die Lenkung in stabiles Gleichgewicht zu versetzen (Vgl. unter Lenkung), ordnen einzelne Konstrukteure die Radspindel und den Drehzapfen in zwei parallelen Ebenen an, indem sie die erstere um $x$ hinter dem letzteren zurücktreten lassen (Abb. 224 II). Konstruktive Ausführungen von solchen Vorderachsen sind auf den Abb. 30 und 213 dargestellt. Bei der ersteren ist die Radspindel mit dem Gelenkkörper auf Konus und Keil verbunden, während bei der zweiten dieser aus einem Stück mit den Lenkhebeln hergestellt ist.

Betrachtet man nur die von der Gewichtskomponente hervorgerufenen Drehzapfenlagerdrücke, so ist das Verhältnis $e_1 : e_2$ (Abb. 224 III) ohne Einfluß auf die Größe dieser Reaktionskräfte, welche nach Abb. 207 für $P_1 = O$ beide gleich $P_2 \frac{a}{e}$ bleiben. Wird jedoch auch die Horizontalkomponente $P_1$ berücksichtigt, so ergibt sich bei $e_1 = e_2$ in $U$ ein größerer Lagerdruck, als in $O$ und zwar ist nach Einführung der früher angenommenen Höchstwerte für $P_1$ und $P_2$:

$$K_O = Q \frac{R - e_2}{e} - q \frac{a}{e}$$

$$\text{und } K_U = Q \frac{R + e_1}{e} - q \frac{a}{e}$$

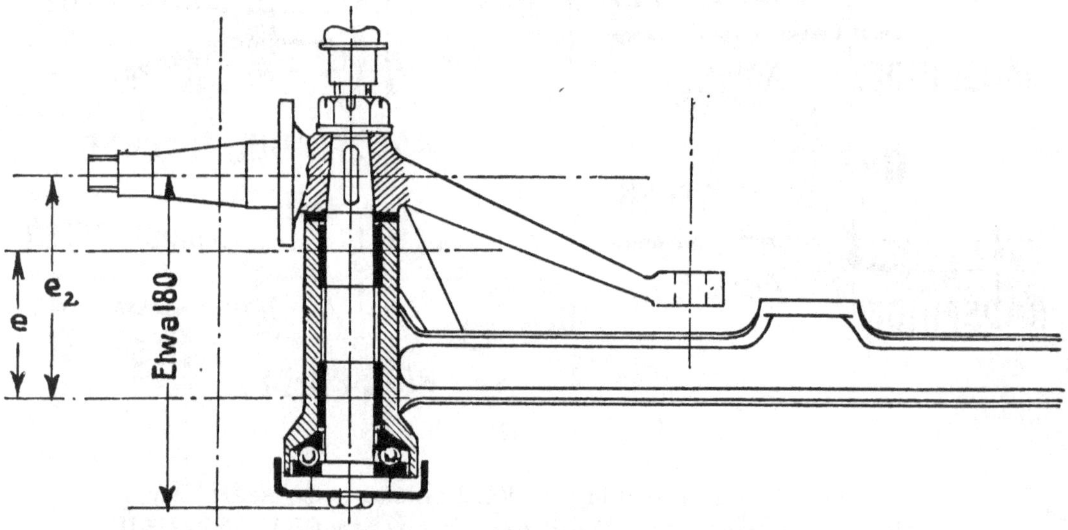


Abb. 225.

Wie früher gezeigt wurde (Vgl. Zahlenbeispiel) sind die ersten Glieder der beiden Ausdrücke größer als die zweiten und deshalb wird $K_U > K_O$ solange:

$$R - e_2 < R + e_1$$

ist. Daraus folgt, daß mit abnehmendem $e_1$ $K_U$ und $K_O$ abnehmen, solange $Q \frac{R - e_2}{e} > q \frac{a}{2}$ und daß es vorteilhaft ist, den Wert von $e_1$ so klein zu wählen, wie es die konstruktiven Verhältnisse gestatten, was andererseits auch im Interesse einer möglichst geringen Durchkröpfung der Vorderachse liegt. Auf Abb. 30, 215 und 218 ist obigen Verhältnissen Rechnung getragen worden, solche Fälle gehören jedoch bis jetzt zu den Ausnahmen, indem im allgemeinen der Ausgleich der Lagerdrücke die ihnen gebührende Beachtung bis jetzt nicht gefunden hat.

Auf Grund obiger Ausführungen erscheint die verlassene Bauart der sog. **„Turmachsen"** (Abb. 209) äußerst ungünstig, weil hier

$$e_1 > e$$

und $e_2$ negativ ist, so daß dadurch $K_O$ und $K_U$ beträchtlich vergrößert werden. Zugleich ist die erforderliche Durchkröpfung sehr bedeutend.

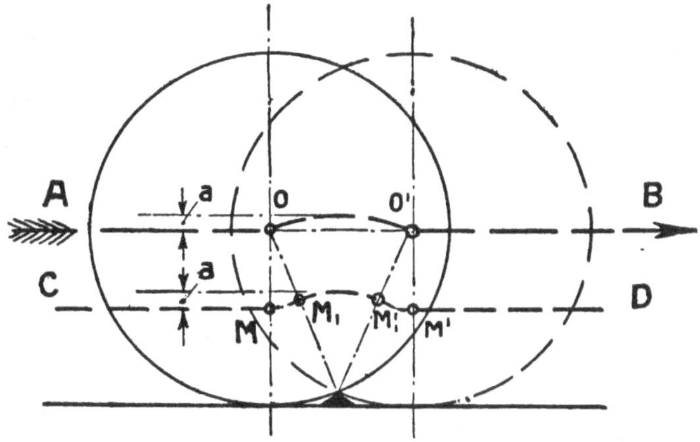


Abb. 226.

Der Gedanke, die Turmachse umzukehren, liegt nahe, und würde man dadurch ganz günstige Verhältnisse in bezug auf Drehzapfenlagerdrücke und Kröpfung der Achse schaffen. Solche Achse ließe sich konstruktiv gut durchbilden, wie dieses beispielsweise auf Abb. 225 angedeutet ist. Auch in bezug auf Hebelanordnung würden sich ganz günstige konstruktive Verhältnisse herausstellen, und man könnte bei etwa 800 mm Raddurchmesser den tiefsten Punkt noch immerhin 220 mm von der Fahrbahn entfernt halten. Der Nachteil dieser Bauart wäre darin zu suchen, daß die Konusverbindung auf Zug beansprucht wäre, er könnte jedoch durch geeignete konstruktive Mittel behoben werden.

Das Bestreben, die durch die Unebenheiten der Fahrbahn hervorgerufenen Massenbeschleunigungen zu vermindern und die unmittelbare Wirkung der Stöße zu mildern, hat zur Erfindung der schwingenden Achsschenkel geführt. Die mit dem Rade fest verbundene Radspindel ist über dem Zapfen des Achsschenkels angeordnet und durch ein, zwei nebeneinander liegende Naben tragendes Zwischenstück mit ihm gelenkig verbunden. Auf Abb. 226 bedeutet $O$ bzw. $O'$ die Mitte der Radspindel und $M\,M_1\;M_1'$ und $M'$ die verschiedenen Stellungen der Mitte des Achsschenkelzapfens, welche diese annimmt, während das Rad über ein Hindernis rollt. Die mit dem Achsschenkelzapfen verbundene Achsmasse bewegt sich hier auf der Bahn $C\,M\,M_1\,M_1'\,M'$, während sie bei normalen Achsen den Weg $A\,O\,O'\,B$ beschreibt. Die scharfen Uebergänge von der wagerechten zur krummlinigen Bahn in $O$ und $O'$, welche sehr beträchtliche Beschleunigungen bedingen, sind hierdurch vermieden. Die konstruk-

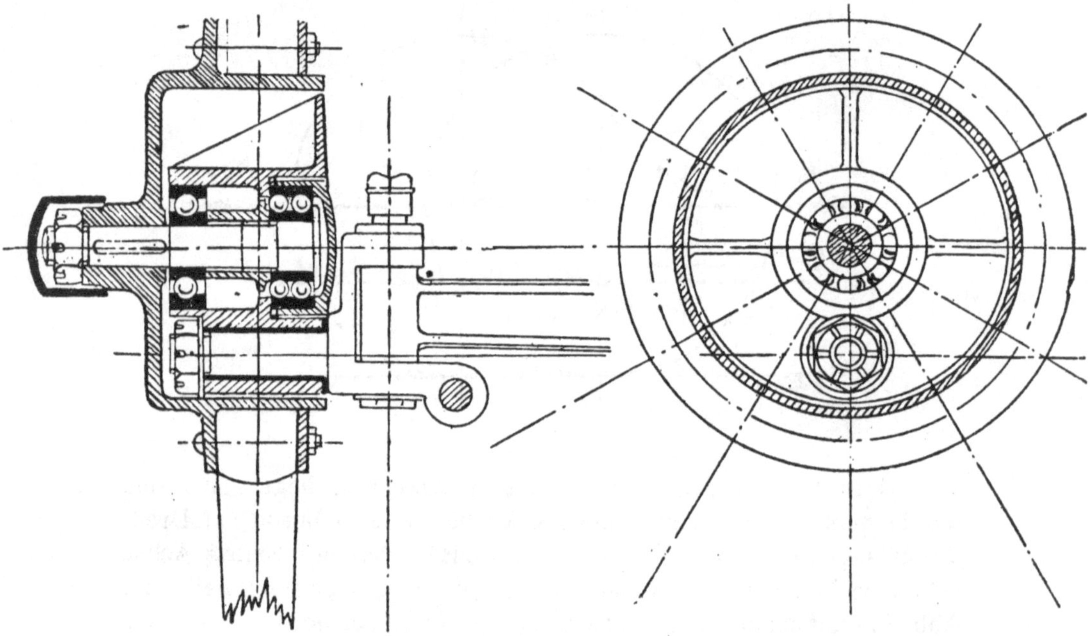

Abb. 227.

tive Ausbildung dieses Gedankens ist an den „La Buire"-Wagen zu finden (Abb. 227). Diese Anordnung ist auch in bezug auf die Verteilung der Lagerdrücke der Drehzapfen sehr günstig ($e_2 = e$ und $e_1 = o$). Bedenklich erscheint hier jedoch der Einfluß der schwingenden Anordnung auf die Richtigkeit und Sicherheit der Lenkung, welcher einen anormalen Verschleiß der Bereifung befürchten läßt. Für langsam laufende Wagen mit harter Bereifung kann die Anordnung in bezug auf Schonung der Maschine ihre Berechtigung haben und soll auch gute Erfolge gezeitigt haben.

## 3. Hinterachsen mit Außenantrieb.

### Ermittelung der Kräfte.

Die Hinterachse erfüllt den Zweck, den Radantrieb auf mit dem Rahmen des Untergestells verbundene Teile in Gestalt einer Druckkraft zu übertragen, den auf die Hinterräder entfallenden Achsdruck zu tragen und alle auf die Räder einwirkenden äußeren Kräfte aufzunehmen. Der Antriebsvorgang der Achse ist im Teil I eingehend besprochen worden (Vgl. I S. 69), und lassen sich aus den daselbst ausgedrückten Bedingungen für die Wirkung des Antriebes nachstehende Folgerungen ableiten: Da sich das Antriebsmoment unter der Einwirkung vom Ausgleichsgetriebe stets gleichmäßig auf die beiden Räder verteilt, so ist nur dann ein Antrieb denkbar, wenn an beiden Rädern zu gleicher Zeit ein Stützdruck gegen Gleiten vorhanden ist. Letzterer besteht jedoch nur, solange die Räder belastet sind. Ruht die ganze Last, z. B. unter dem Einfluß des von der Centrifugalkraft herrührenden Kippmomentes, nur auf einem Rade, so kann die Größe des darauf entfallenden Antriebsmomentes diejenige der durch Getriebe- und Lagerreibung, sowie durch die Trägheit des unbelasteten Radsystems hervorgerufenen Momente nicht übersteigen.

Ist infolge ungleichmäßiger Belastung der Räder, oder infolge von Verschiedenheit der Bodenreibungszahlen der höchste Stützdruck gegen Gleiten bei beiden Rädern voneinander verschieden, so kann die von den Rädern auf deren Lager übertragene wagerechte Schubkraft an keiner Seite größer werden, als der k l e i n e r e der beiden am Umfange der Räder wirkenden Stützdrucke. Daraus folgt aber, daß die größten Schubkräfte dann eintreten können, wenn bei höchstmöglicher Bodenreibung die Räder gleich belastet sind und das Antriebsmoment gleich groß dem größten Moment des Stützdruckes gegen Gleiten ist. Demnach ist der höchste erreichbare Wert des wagerechten Achsschubes bei Quergelenkwellen- und wagerecht angeordnetem Ritzelantrieb:

$$W_0 = \mu \cdot \frac{Q}{2} = 0{,}35\, Q$$

worin $Q$ den Achsdruck und $\mu$ den höchsten Bodenreibungskoeffizient 0,7 bedeutet,

Für senkrecht angeordneten Ritzelantrieb (wagerechter Zahndruck) und für Kettenachsen kommt hier noch der Zahndruck, bzw. Kettenzug $K$ hinzu. (Vgl. I. Teil S. 116.) Ist $r$ der Teilkreisdurchmesser des großen Antriebshohlrades bzw. Kettenrades, dann ist im vorliegenden Höchstfalle:

$$K \cdot r = \mu \frac{Q}{2} R$$

und

$$K = \mu \frac{Q}{2} \frac{R}{r} = 0{,}35\, Q \frac{R}{r}$$

Demnach ist der Höchstwert:

$$W_0 = 0{,}35\, Q \frac{r+R}{r}$$

Da alle Ritzelhinterachsen den Raumverhältnissen entsprechend eine wagerechte Anordnung zeigen, so ist obiger Wert praktisch nur auf Kettenachsen anwendbar. Bei Vorderachsantrieben (Siehe unter „Bauliche Absonderlichkeiten", Teil III) findet man auch senkrecht angeordneten Ritzelantrieb.

Früher wurde gezeigt, daß unter dem Einfluß der Gewichts- und Centrifugalkomponenten das größte Biegungsmoment in der Achse dann auftritt, wenn die Centrifugalkomponente $= O$ wird und der Achsdruck sich gleichmäßig auf beide Räder verteilt. Da unter diesen Umständen auch die wagerechte Schubkraft ihren höchsten Wert erreichen kann, so kann das höchste resultierende Biegungsmoment ermittelt werden.

Die höchsten Werte für die senkrechten auf das Gewicht zurückzuführenden Kräfte sind bei der Besprechung der Vorderachsen festgelegt worden. Als solche können auch hier für $C = O$:

$$\frac{F_0}{2} = \frac{1}{2} \sqrt{\frac{2 \cdot Q \cdot H}{\varphi}}$$

und für $C = \mu \cdot Q$ und $P_1 = 0{,}6\, Q$

$$F = \sqrt{\frac{1{,}7\, Q \cdot H}{\varphi}}$$

gelten.

Für langsam laufende Wagen, wie Lastwagen und Omnibusse, kann auch hier als Höchstwert

$$C = 0{,}4\, Q$$

angesetzt werden. Dann ist:

und

$$P_1 = 0{,}2\, Q$$
$$P_2 = 0{,}7\, Q$$

Danach wird für diese Fälle:

$$F = \sqrt{\frac{1{,}4\, Q \cdot H}{\varphi}}$$

Die Kräfte $W$ werden von der Treibachse auf den Rahmen entweder durch die Vermittlung von den Wagenfedern, oder unter Zuhilfenahme von Schubstangen (Kettenspanner) übertragen. Im ersteren Falle ist der Hebelarm der wagrechten Kräfte demjenigen der senkrechten gleich. Im zweiten Falle sind die Hebelarme voneinander verschieden. Bezeichnet man den Hebelarm der wagerechten Kräfte, bzw. die wagerecht gemessene Entfernung zwischen der Radebene und der Ebene der Schubaufnahme (Mitte Kettenspanner, Schubstange usw.) mit $a$ und denjenigen der senkrechten Kräfte, bzw. die wagerecht gemessene Entfernung zwischen der Radebene und Mitte Federteller mit $b$, so ergeben sich für verschiedene Anordnungen der Treibachsen folgende Fälle:

I. $a = b$. — Der Schub wird auf die Federn aufgenommen.

II. $a \gtreqless b$. — Die Schubaufnahme findet zwischen der Radnabe und der Wagenfeder oder innerhalb der beiden Federtellern statt. Eine Schubaufnahme in der Mittelebene des Wagens wird bei Achsen mit Außenantrieb nicht ausgeführt. Die Ursache hiervon ist darin zu suchen, daß man geschmiedeten oder Rohrachsenden in solchem Falle erforderlichen Querschnitt aus Rücksicht auf das Gewicht nicht geben könnte.

Fall I. $a = b$.

Das höchste Moment der wagerechten Kraft ist:

$$M_x = a \cdot \mu \cdot \frac{Q}{2} = a \cdot W$$

und der senkrechten:

$$M_y = a \cdot \frac{F_0}{2}$$

und das Resultierende:

$$M_b = a \sqrt{W^2 + \frac{F_0^2}{4}}$$

Ist die Achse in einer senkrechten Ebene gekröpft, so kommt noch ein Verdrehungsmoment hinzu:

$$M_{dx} = h \cdot W$$

worin $h$ die Kröpfungshöhe bedeutet.

Für eine wagerechte Kröpfung ist das Verdrehungsmoment:

$$M_{dy} = \frac{l \cdot F_0}{2}$$

wenn $l$ die Durchkröpfung bezeichnet.

$M_b$ setzt sich dann mit einem der beiden Drehmomente in bekannter Weise zusammen zu:

$$M = 0{,}35\, M_b + 0{,}65 \sqrt{M_b^2 + \alpha_0^2 M_d^2}$$

worin $\alpha_0 = \frac{k_b}{1{,}3\, k_d}$ bedeutet.

Durch $M$ wird daher die Achse an und zwischen den Federtellern beansprucht.

Dieser Fall findet auf die weiter zu besprechenden Anordnungen von Treibachsen von Pilain (Abb. 228), De Dion (Abb. 229) und Beatrix (Abb. 230) Anwendung, bei welchen die Achse **nicht** als Stütze für das Ausgleichsgetriebe benutzt und der Schub auf die Federn aufgenommen wird.

Wird die Achse auch zum Tragen vom Getriebe benutzt, wie dieses beispielsweise auf Abb. 231 der Fall ist, so ist:

$$M_y = a \frac{F_0}{2} + G \cdot \frac{B}{2}$$

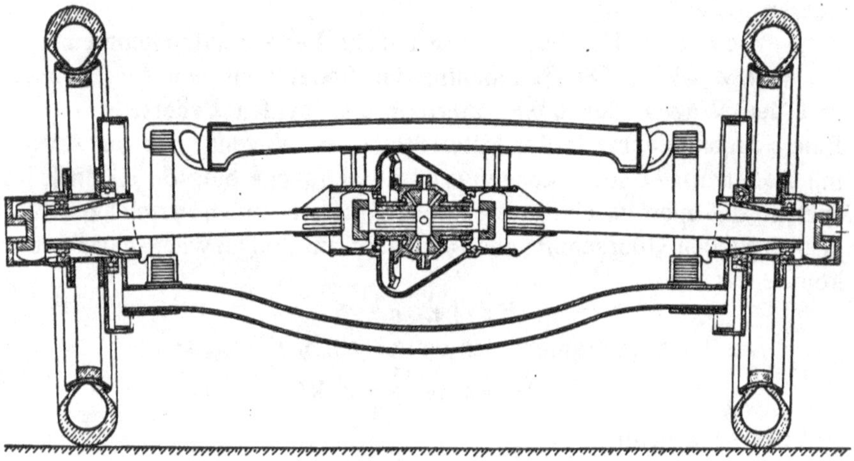

Abb. 228. Pilain.

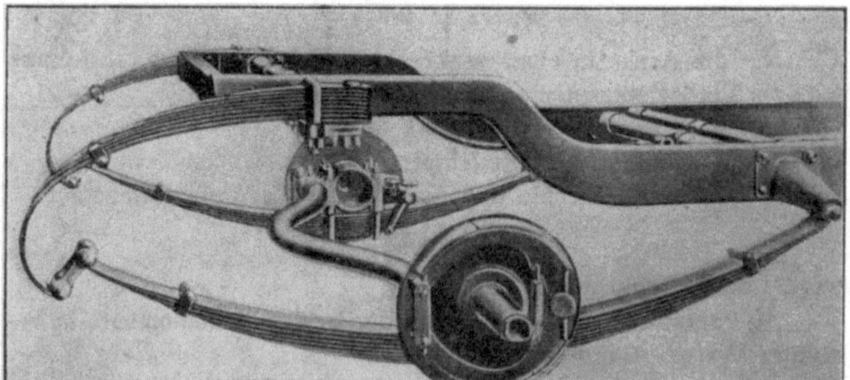

Abb. 229. De Dion & Bouton.

worin $G$ das Gewicht des Getriebes und $B$ die Spurweite des Wagens bedeutet.

Fall II. $a \gtreqless b$.

Das höchste Moment der wagerechten Kraft ist hier wiederum:

$$M_x = a \cdot W$$

und der senkrechten:

$$M_y = b \cdot \frac{F_0}{2}$$

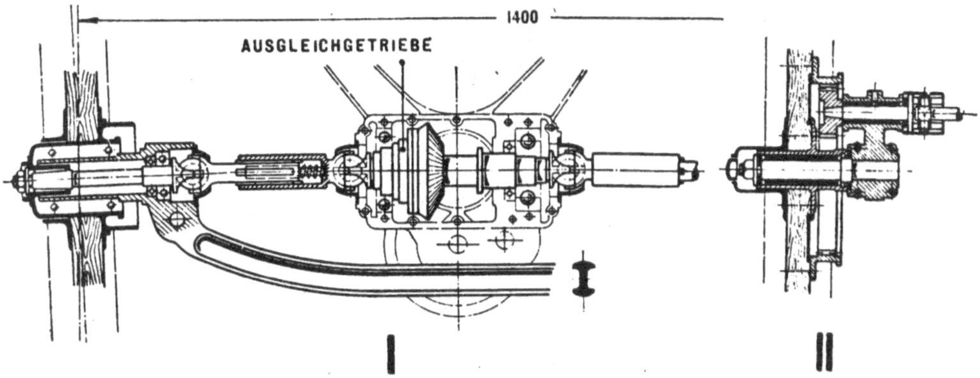


Abb. 230. Beatrix.

Abb. 231. Chenard & Walcker.

oder, falls noch außerdem ein Gewicht die Mitte der Achse belastet (z. B. auf Abb. 99):

$$M_y = b \frac{F_0}{2} + G \cdot \frac{B}{2}$$

Das resultierende Biegungsmoment ist:

$$M_b = \sqrt{M_x^2 + M_y^2}$$

Dazu kommen die gleichen Verdrehungsmomente wie im Fall I, woraus dann das zusammengesetzte Moment in gleicher Weise zu bestimmen ist.

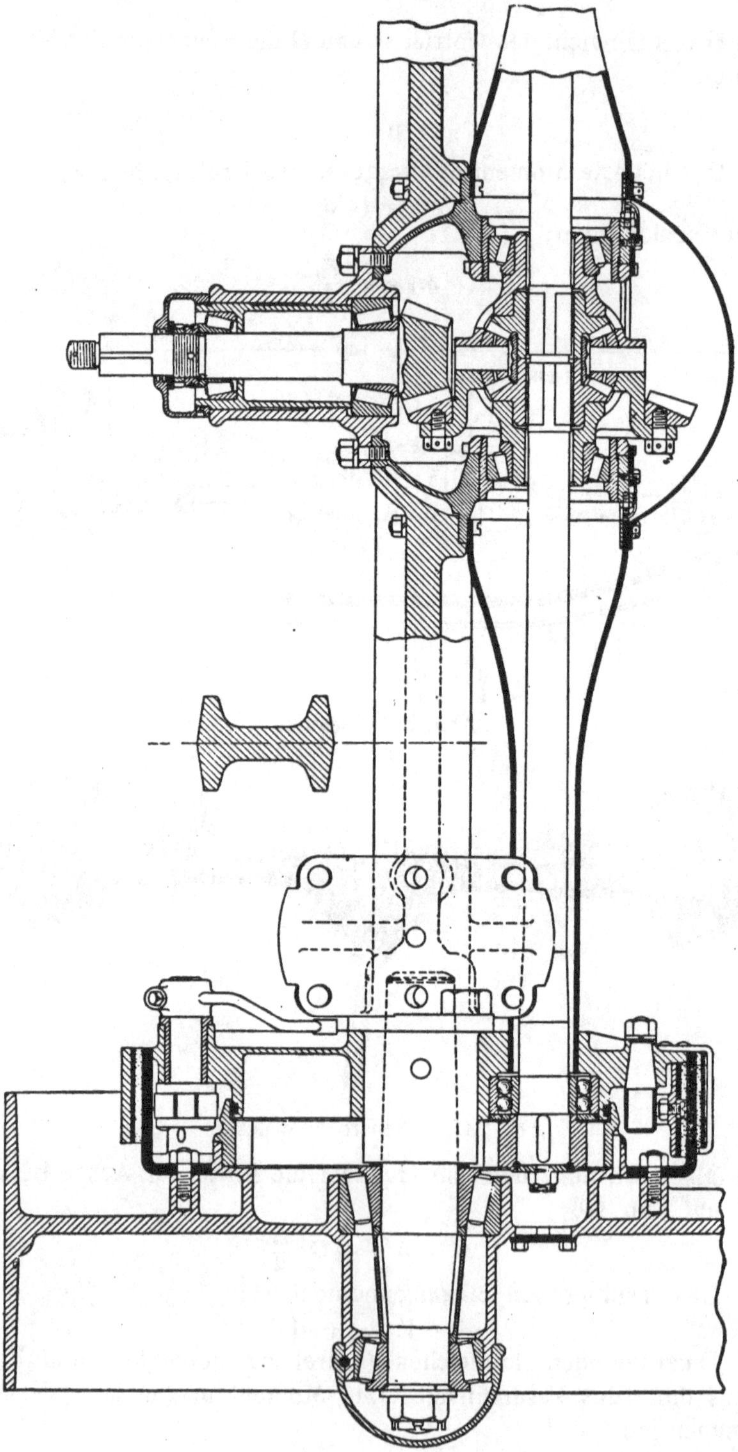

Abb. 232.

Der Fall zwei findet auf alle Kettenachsen, sowie auf diejenigen Achsen mit Quergelenk- bzw. Ritzelantrieb Anwendung, bei welchen zur Aufnahme der Schubkräfte besondere Stützorgane (Schubstangen) auf jeder Seite des Rahmens angeordnet sind. Z. B. die Ariès-Achse auf Abb. 99, die amerikanische Ritzelachse auf Abb. 232 (die Schubstange ist hier mit $A$ bezeichnet), die Daimler-Ritzelachse (Abb. 233) und dgl.

Nach früheren Ermittelungen ist für den Radzapfenquerschnitt das Biegungsmoment aus den Höchstwerten der Kräfte $P_1 = 0{,}6\ Q$ und $P_2 = F$ in der senkrechten Achsebene:

$$M_A = 0{,}6\,R \cdot Q - (b - b_1)\,F$$

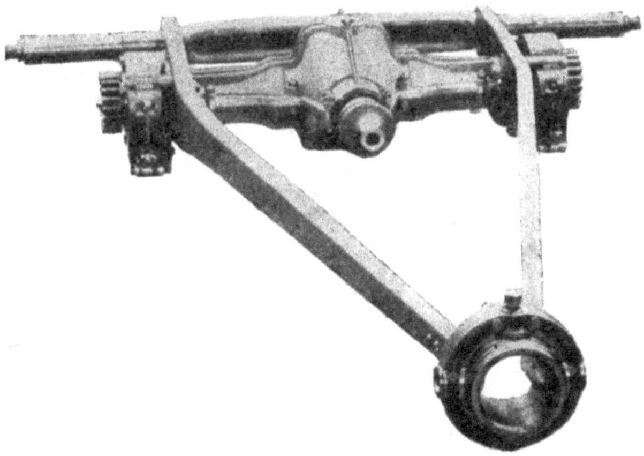

Abb. 233. Daimler.

Dieses Moment tritt jedoch nur dann auf, wenn die Centrifugalkraft den angenommenen Höchstwert $C = \mu Q$ erreicht. Dann ist aber die wagerechte Schubkraft sehr gering. Im Augenblick der größten Schubkraft ist $P_1 = O$ und $P_2 = \frac{F_0}{2}$, dann ist:

$$M_{A_0} = F_0 \frac{b - b_1}{2}$$

Zu gleicher Zeit kann dann das größte Biegungsmoment in der wagerechten Achsebene eintreten und wird dann:

$$M_{B_0} = W \cdot (b - b_1)$$

Diese beiden Biegungsmomente setzen sich zusammen zu:

$$M_0 = (b - b_1) \sqrt{\frac{1}{4} F_0^2 + W^2}$$

Da es nicht möglich ist, von vornherein die Werte von $M_A$ und $M_0$ miteinander zu vergleichen, so empfiehlt es sich, beide Fälle zu berechnen und das größere der beiden Momente als ausschlaggebend anzusehen.

Kommen Gleitlager zur Verwendung, so ist der größte Lagerdruck:

$$K_0 = \sqrt{\frac{1}{4} F_0^2 + W^2}$$

Bei Kugellagern sind hier wiederum je zwei Werte zu berechnen. Für das äußere Lager ist bei $P_1 = 0{,}6\,Q$ und $P_2 = F$:

$$K_A = F\frac{b - b_1}{b} - 0{,}6\,Q\frac{R}{b}$$

und für das innere Lager:

$$K_J = F\frac{b_1}{b} + 0{,}6\frac{R}{b}$$

Wird $P_1 = O$ und $P_2 = \frac{F_0}{2}$, dann kann auch die wagerechte Schubkraft ihren größten Wert $W$ erreichen und wird dann:

$$K_A = \frac{b - b_1}{b}\sqrt{\frac{1}{4} F_0^2 + W^2}$$

$$K_J = \frac{b_1}{b}\sqrt{\frac{1}{4} F_0^2 + W^2}$$

Der größte Achsialdruck der Nabe kann nach früheren Annahmen den Wert

$$P = 0{,}6\,Q$$

erreichen.

Die durch das Bremsen der Hinterräder hervorgerufene wagerechte Kraft in dem Radlager kann ebenso wie die Schubkraft den Wert $W$ nicht übersteigen. Das Bremsmoment:

$$M_d = \frac{Q}{2} \cdot \mu$$

kommt für die hier besprochenen Achsen nicht in Betracht, da dessen Reaktionskräfte nicht durch die Achse selbst, sondern durch andere Organe (Kettenspanner, Federn, Schubstangen) aufgenommen werden.

**Zahlenbeispiel.** Es sei eine Kettenachse für einen Lastwagen für 3000 kg Nutzlast zu berechnen. Das Gewicht des Wagens mit Fahrer sei 3300 kg. $\lambda$ soll gleich 2,5 sein. Der Raddurchmesser sei $2\,R = 1000$. Die Räder laufen auf Gleitlagern. Es sei weiter:

$$r = 300;\ a = 250;\ b = 350;\ b_1 = 200;\ \mu = 0{,}7$$

$H$ soll als Mittelwert 120 und $\varphi = 0{,}03$ betragen. Dann ist:

$$Q = 6300\,\frac{2{,}5}{3{,}5} = 4500 \text{ kg}$$

$$F_0 = \sqrt{\frac{9000 \cdot 120}{0{,}03}} = 6000 \text{ kg}$$

$$F = \sqrt{\frac{1{,}4 \cdot 4500 \cdot 120}{0{,}03}} = 4358 \text{ kg}$$

Bestimmung des Achsquerschnittes:

$$W = 0{,}35 \cdot 4500 \cdot \frac{800}{300} = 5250$$

$$M_x = 5250 \cdot 25 = 131250 \text{ cm/kg}$$

$$M_y = 3000 \cdot 35 = 105000 \text{ cm/kg}$$

$$M_b = \sqrt{28225000000} = 168000 \text{ cm/kg}$$

für $k_b = 2500$ erhält man ein Widerstandsmoment:

$$\frac{168000}{2500} = \sim 67{,}15 \text{ cm}^3$$

Ein Rechteck $5 \times 9$ hat ein solches von:

$$\frac{5 \cdot 81}{6} = 67{,}5 \text{ cm}^3$$

Bestimmung des Radzapfenquerschnittes:

$$M_A = 0{,}6 \cdot 50 \cdot 4500 - 15 \cdot 4358 = 69630 \text{ cm/kg}$$

$$M_{A_0} = 3000 \cdot 15 = 45000$$

$$M_{B_0} = 5250 \cdot 15 =$$

$$M_0 = \sqrt{2025000000 + 6205000000} = 90700 \text{ cm/kg}$$

Demnach muß $M_0$ zur weiteren Rechnung herangezogen werden. Für $k_b = 2500$ kg/cm² ist:

$$d = \sqrt[3]{\frac{90700}{250}} = 7{,}13 \text{ cm}$$

Der größte Lagerdruck ist:

$$K = \sqrt{9000000 + 27562500} = 6210$$

Wählt man die Länge des Zapfens zu 250 mm, dann ergibt sich ein Flächendruck von $\frac{6210}{180} = 34{,}5$ kg/cm², was durchaus zulässig erscheint.

In bezug auf konstruktive Ausbildung zerfallen die Achsen mit außenliegendem Antrieb in drei Gruppen: die Ketten-, Ritzel- und Quergelenkwellenachsen.

## Kettenachsen.

Das Wesentlichste des Kettenantriebes, dessen Vor- und Nachteile sind im Teil I zur Besprechung gekommen. (Vgl. I, S. 105.) Für schnelle Personenwagen, an welche berechtigter Weise Ansprüche auf Geräuschlosigkeit und Betriebssicherheit gestellt werden, ist der Kettenantrieb nicht geeignet, weil die hohe Umfangsgeschwindigkeit der Ketten, welche nicht selten 8 m/Sek. übersteigen würde, eine frühzeitige Abnutzung der einzelnen Glieder herbeiführt und ein Zerreißen der Ketten unvermeidlich macht. Für langsam laufende Gefährte, bei welchen auch der Vorzug einer höheren

Untersetzung zur Geltung kommt, eignet sich der Kettenantrieb weit besser. Auch hier wird er jedoch durch den Ritzel- und Kardanantrieb allmählich verdrängt. Immerhin werden für Lastwagen Kettenachsen noch vielfach ausgeführt und bewähren sich hier besonders in Verbindung mit Kettenkästen sehr gut.

Die Kettenachsen werden vorwiegend geradlinig ausgeführt, also nicht gekröpft.

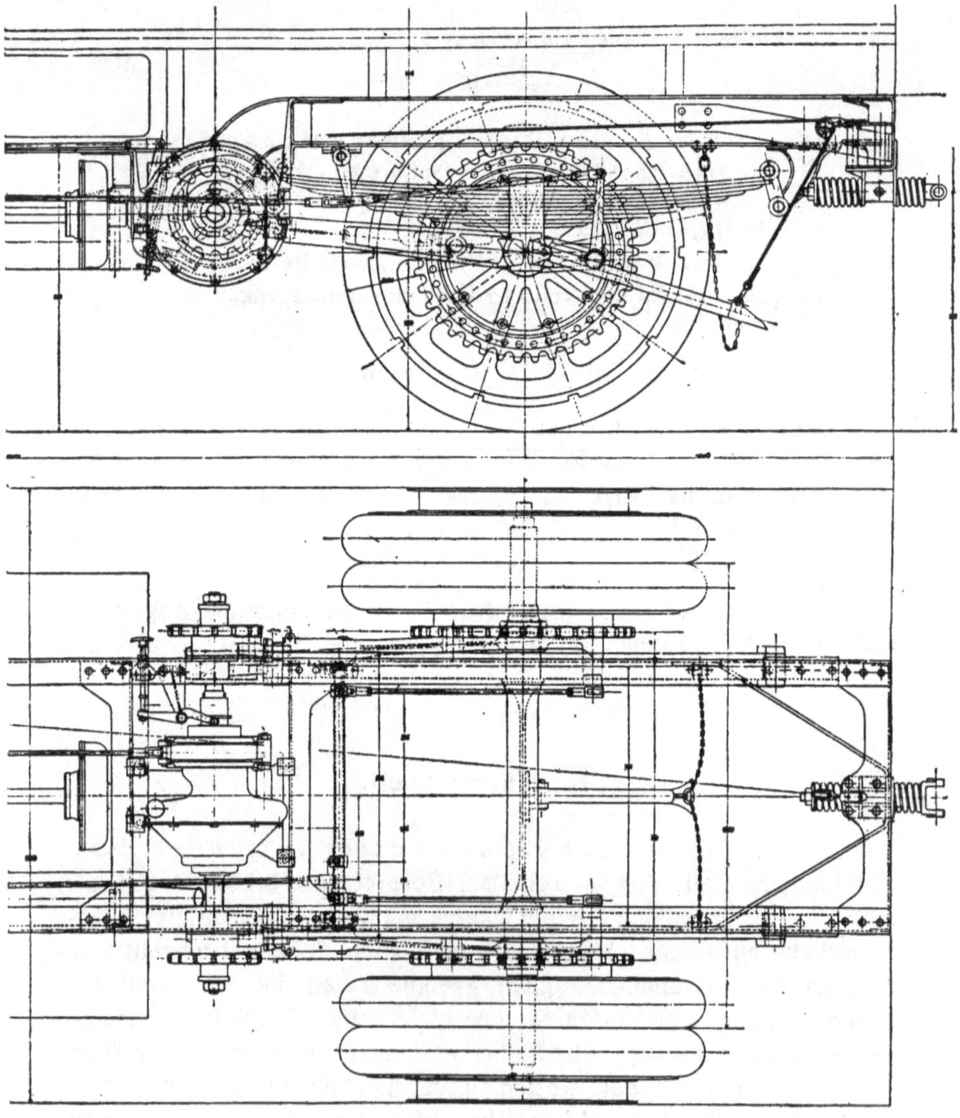

Abb. 234. Praga.

Als Material wird hier ausschließlich hochwertiger Stahl verwendet, welcher im rechteckigen oder I-Profil geschmiedet wird. An beiden Enden, unmittelbar neben den Radzapfen, werden Lagerstellen für den Kettenspanner und den Bremsbock angedreht. Letzterer wird vielfach mit dem ersteren zu einem Stück vereinigt oder verschraubt, bzw. durch Nieten verbunden. Da jedoch eine solche Anordnung vor

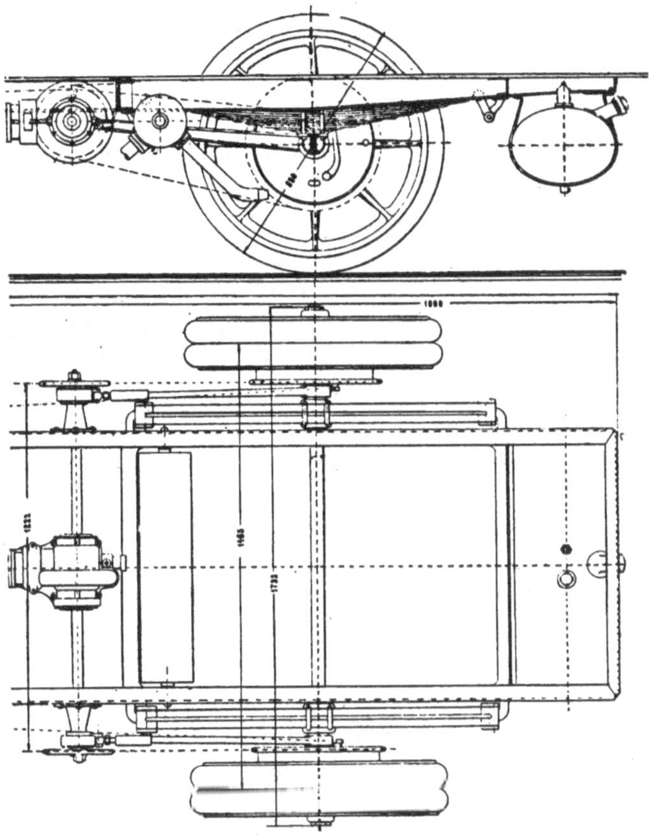

Abb. 235. Daimler.

Jahren patentamtlich geschützt wurde, so empfiehlt es sich, um Streitigkeiten zu vermeiden, bei dem Entwurf große Vorsicht walten zu lassen. In vereinzelten Fällen wird der Bremsbock auf den Zapfen der Achse aufgekeilt und muß dann das die Achse auf Verdrehung beanspruchende Moment

$$M_d = \mu \cdot \frac{Q}{2} \cdot R$$

bei der Berechnung berücksichtigt werden.

Gut durchgebildete Kettenachsen sind auf Abb. 234 und 235 dargestellt. In beiden Fällen sind die Kettenspanner zur Aufnahme des Bremsmomentes herangezogen worden.

Das bei der Besprechung der Vorderachsen in bezug auf Radlager gesagte findet ohne Unterschied auch auf Kettenachsen Anwendung.

Von den zahlreichen Teilen, welche zum Kettenantrieb gehören, seien hier als zur Achse zugehörig die Kettenspanner und -Schutzkästen besprochen.

Der Kettenspanner überträgt die Schubkraft der Achse auf den Rahmen des Fahrzeuges und bestimmt zugleich die Entfernung der beiden Kettenräder. In den meisten Fällen nimmt er auch das Bremsmoment auf. Die Grundbedingung ist hier die Aufrechterhaltung einer konstanten Entfernung der beiden Kettenachsmitten voneinander, unabhängig von der relativen Bewegung der Hinterachse in bezug auf den Rahmen. Um diesen Zweck zu erfüllen, muß der Kettenspanner um die Mittellinien der Kettenachsen drehbar angeordnet, oder in seiner Länge veränderlich sein. Letztere Bedingung kann nur durch Einschaltung von Federn erreicht werden, deren Spannung größer als der praktisch vorkommende Mittelwert der Schubkraft sein muß. Solche Anordnung (Abb. 236) bietet außerdem die Vorteile einer stoßfreien Schubkraftübertragung und einer bis zu gewissen Grenzen selbsttätigen Kettennachspannung. Zum Zusammenspannen der Federn, z. B. nach dem Auflegen einer neuen Kette, ist hier eine Spannschraube mit Links- und Rechtsgewinde vorgesehen.

Außer solcher Anordnung ist die Anlenkung des Kettenspanners in zwei zu den Kettenachsen genau oder annähernd konzentrischen Lagern für eine konstantbleibende Kettenspannung wesentlich. Dieser Bedingung ist jedoch nicht immer entsprochen worden und man findet auch in neuerer Zeit Anordnungen, bei welchen man sich mit einer Verlegung des vorderen Drehpunktes in die Nähe der Differentialachse begnügt.

Solange man keinen Kettenkasten verwendet, sind diese Differenzen, welche 12 bis 15 Prozent der Spannerlänge betragen, bei sonst günstiger Anordnung des Kettenantriebes noch erträglich, vorausgesetzt natürlich, daß die Kettenspannerlänge dadurch **kürzer** als die Achsenentfernung wird, damit sich die Spannung der Kette infolge des Fehlers beim Durchfedern verringert und nicht vergrößert.

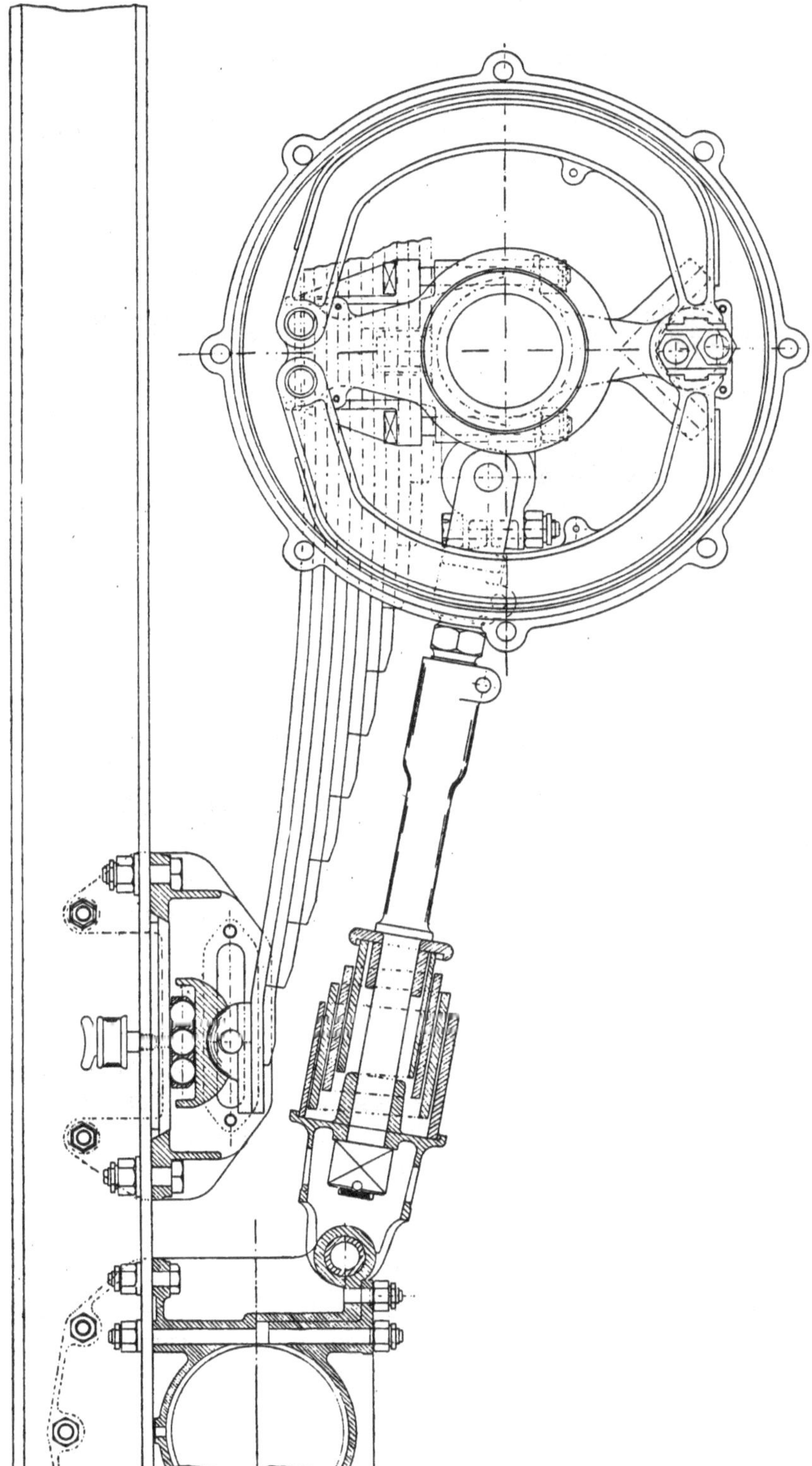

Abb. 236. Büssing.

Letzteres würde einen unzulässigen Fehler bedeuten. Ist man daher aus irgendwelchen Gründen gezwungen, auf die zentrische Lage des vorderen Auges zu verzichten, so ist der Drehpunkt so zu wählen, daß er bei belastetem Wagen auf der die Mitten der Kettenachsen verbindenden Geraden zu liegen kommt. (Vgl. Abb. 234, 235, 237.)

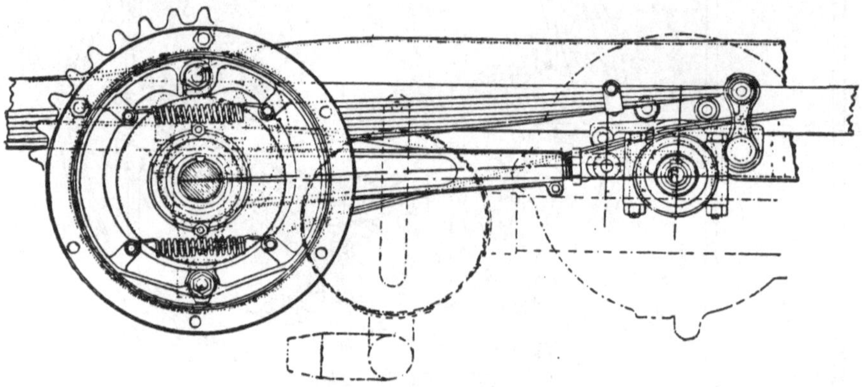

Abb. 237.

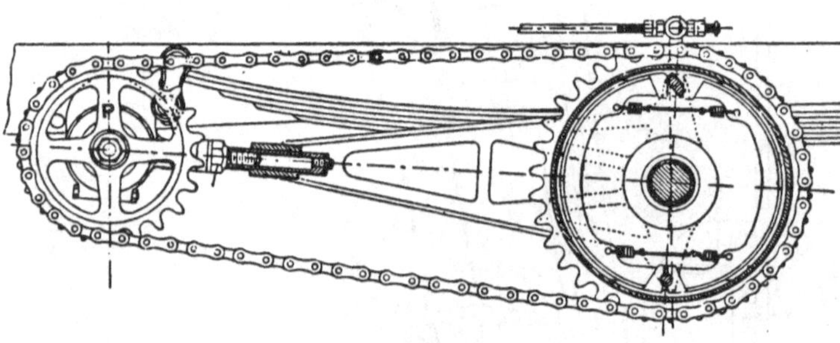

Abb. 238.

Die Anordnung auf Abb. 238, bei welcher eine völlig zentrische Lagerung des Kettenspanners erzielt wurde, ist natürlich bei weitem vorzuziehen, weil sie überdies die Anbringung eines Kettenschutzkastens ermöglicht. Um die zentrische Befestigung zu erreichen, ist hier das Vorderauge des Kettenspanners zweiteilig ausgeführt und um das Kettenlager herumgelegt worden.

Da die Schubkraft wagerecht gerichtet ist, so ist, um seitliche Komponenten zu vermeiden, der Kettenspanner nach Möglichkeit wagerecht anzuordnen, was natürlich nur dann ausführbar ist, wenn die beiden Kettenachsen in einer wagerechten Ebene liegen. Letzteres trifft jedoch in den meisten Fällen nicht zu und weisen daher die

Kettenspanner oft einen kleinen Neigungswinkel auf, bei welchem der unerwünschte Einfluß der senkrechten Komponente infolge deren geringen Größen kaum merkbar ist. Er besteht hauptsächlich darin, daß der Wagenrahmen beim Anfahren leicht angehoben wird, was bei labiler Anordnung des Kettenspanners durch den Kettenzug noch begünstigt wird. (Abb. 239.)

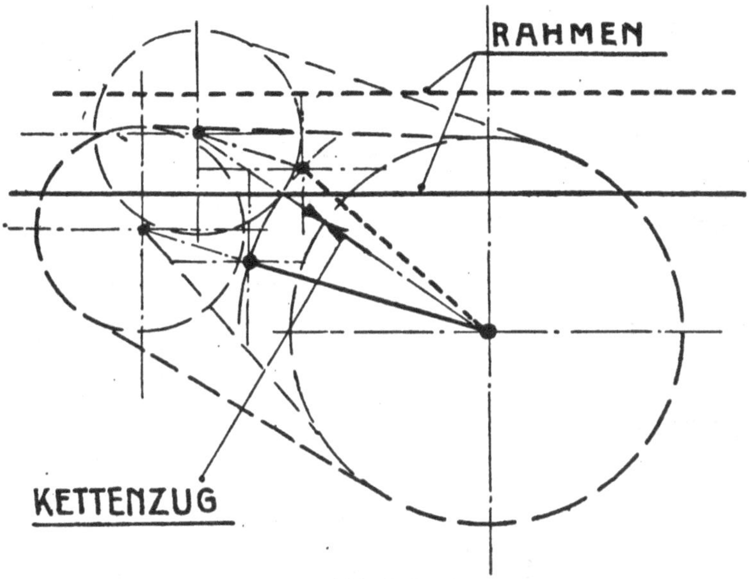


Abb. 239.

Die Kettenspanner werden aus Stahl gepreßt bzw. im Gesenk geschmiedet. Seltener findet man Formstahlgußstücke vor, welche auf keinen Fall empfehlenswert erscheinen. Man gibt den Stücken vorzugsweise ein U-Profil, welches an der Stelle, wo die Spannschraube zu sitzen kommt, in rundem Querschnitt ausläuft.

Die Nachspannung selbst wird nicht selten durch einen Bolzen mit Links- und Rechtsgewinde vorgesehen. Wo ein Schutzkasten angewandt wird, da muß die Nachspannung von außen zugänglich angeordnet werden.

Eine in jeder Beziehung einwandfreie Lösung dieser Aufgabe ist auf Abb. 240 vergegenwärtigt. Der Kettenspanner ist hier zum Ausgleich der durch ungleichmäßige Durchbiegung der Hinterfedern geschaffenen Verhältnisse vorne auf Kugelgelenken gelagert, und als Gestell für den Schutzkasten ausgebildet. Er nimmt gleichzeitig auch die Bremsreaktionen auf. Zur Nachspannung dient hier eine exzentrische Lagerbüchse, welche mit einer Schneckenver-

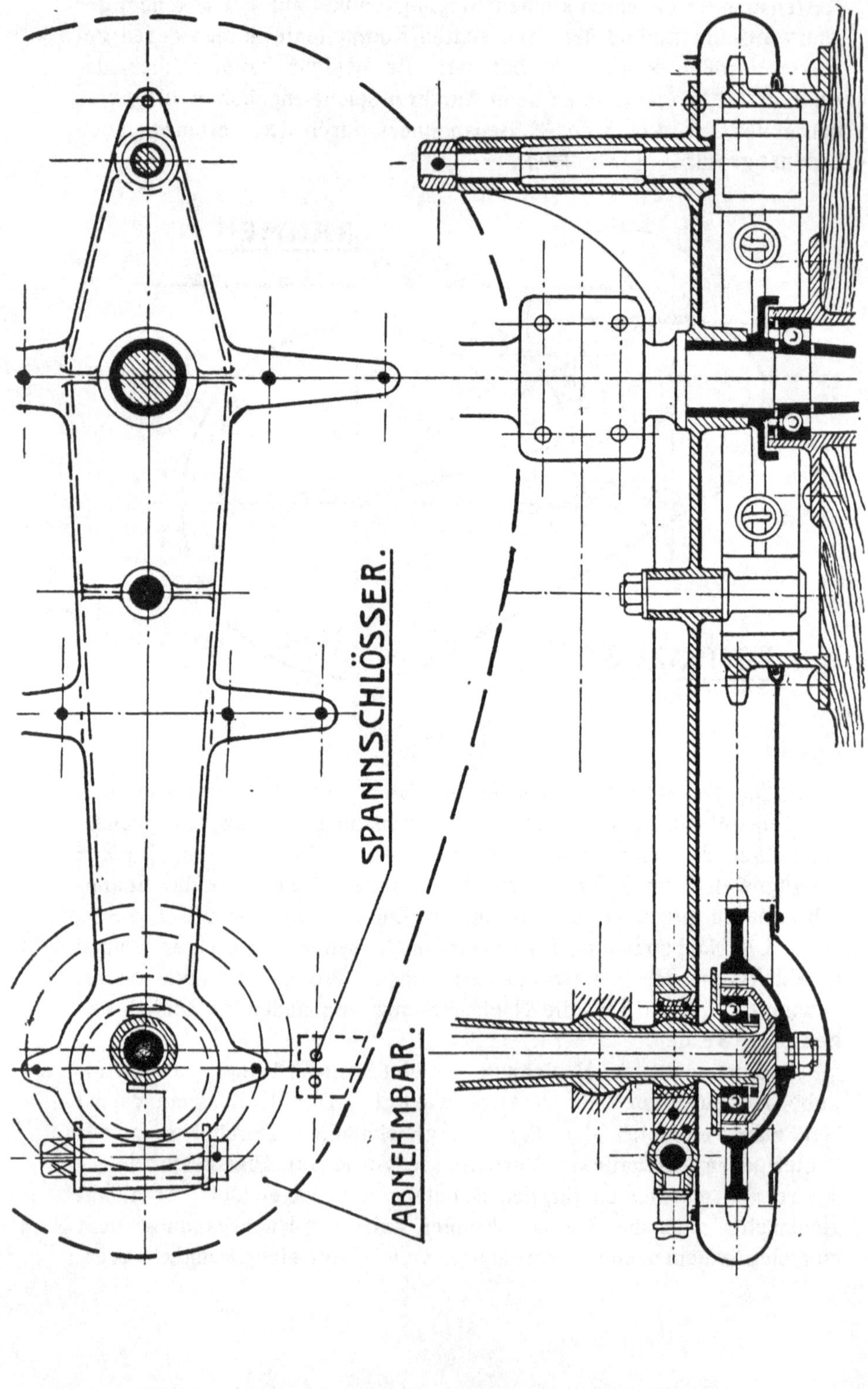


Abb. 240. Charron.

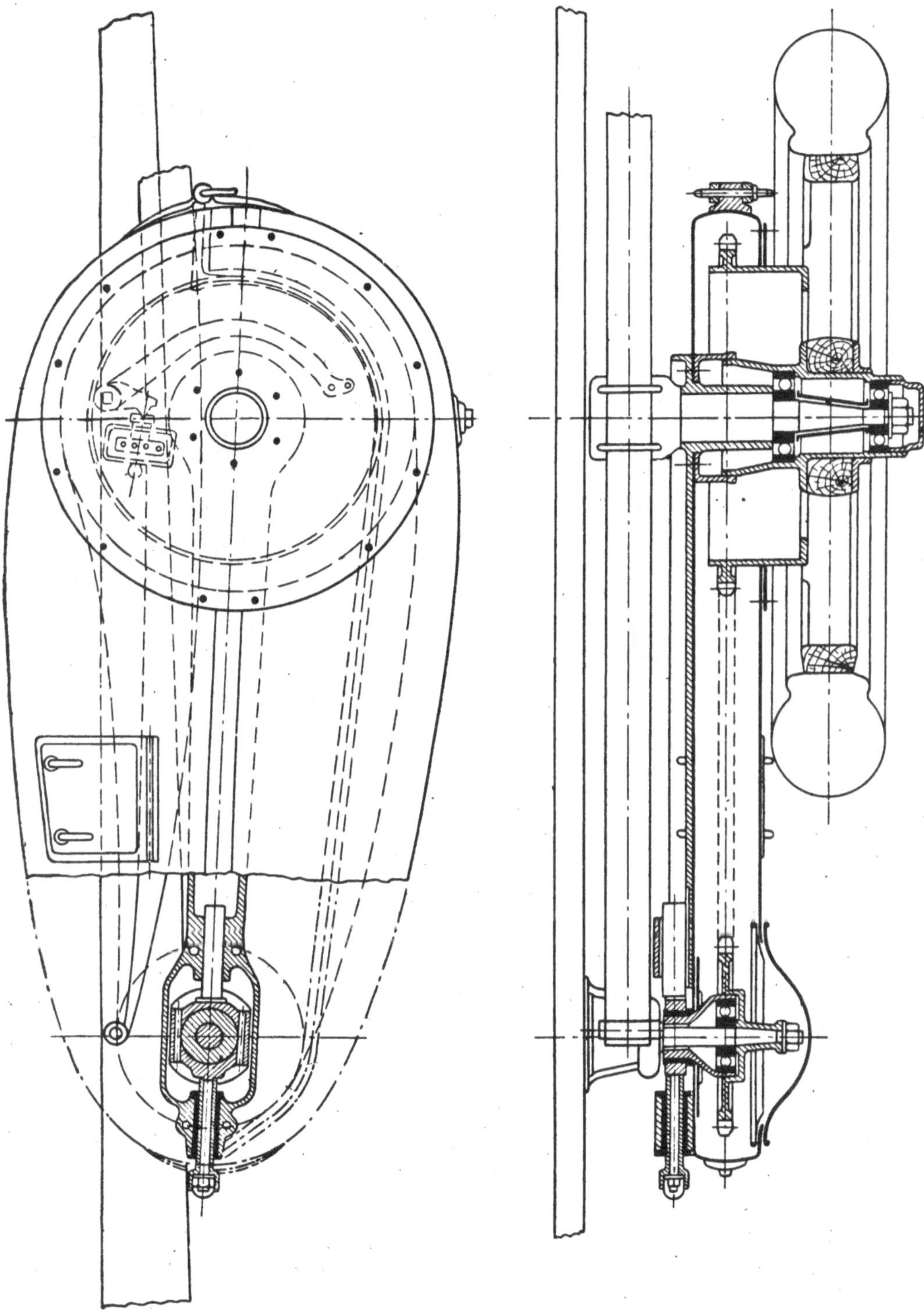

Abb. 1241. Mercedes.

zahnung am Umfang versehen ist und im Eingriff mit einer von außen zugänglichen Schraube steht. Durch das Drehen der letzteren wird die exzentrische Büchse gedreht, wodurch sich die beiden Kettenachsmitten voneinander entfernen. Eine andere Konstruktionsmöglichkeit ist in Abb. 241 gezeigt. Hier wird die Nachstellung, ebenfalls von außen zugänglich, durch eine Schraube vermittelt. Den durch ungleichmäßigen Durchschlag der Federn bedingten seitlichen Ausschlägen des Kettenspanners ist hier keine Rechnung getragen worden, was leicht zu Verwindungen des Kettenkastens führen könnte.

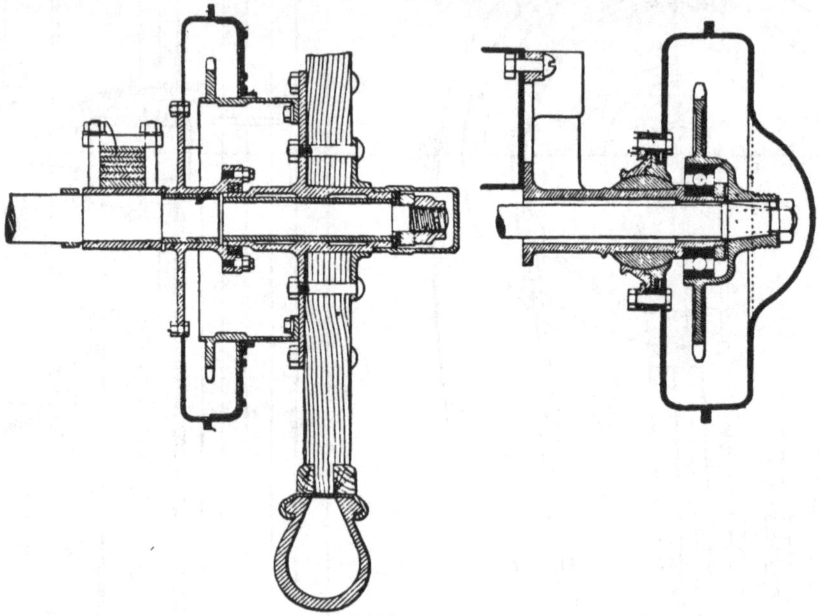

Abb. 242.

D e r K e t t e n s c h u t z k a s t e n wird mehrteilig aus Blech hergestellt und auf den Kettenspanner aufgebaut. Abb. 242 zeigt Schnitte eines solchen Kastens mit Umfangteilung. Diese Anordnung ist an und für sich am einfachsten auszuführen, hat aber den Nachteil eines recht umständlichen Auseinandernehmens, welches im Falle eines Kettenbruches oder Kettenersatzes großen Zeitverlust bedeutet. Daher ist man in neuerer Zeit zu anders geteilten Schutzkästen übergegangen. Der Kasten auf Abb. 241 ist wagerecht geteilt und vorn durch ein Scharnier verbunden. Nach Lösen der am hinteren Ende vorgesehenen Stiftverbindung läßt sich der Kasten ohne weiteres aufklappen. Die Bauart auf Abb. 240 weist am vorderen Kettenrade einen abnehmbaren Teil auf, welcher durch umlegbare Spannschlösser gehalten wird, außerdem ist der Kasten mit einem verschließbaren Fenster (ähnlich wie Abb. 241) versehen.

## Ritzelachsen.

Im Bestreben, Gelenkwellenantrieb auf Lastwagen anzuwenden, ist man auf den Gedanken gekommen, zwischen den ausgeglichenen Antriebswellen und den Hinterradtrommeln eine Zahnradübersetzung einzuschalten, um dadurch ähnliche Verhältnisse wie beim Kettenantrieb zu schaffen. Die unmittelbare Verbindung der Wellen mit den Rädern, wie dieses für schneller laufende Fahrzeuge allgemein der Fall ist, führt bei Anwendung auf Lastwagen und Omnibusse zu beträchtlichen Schwierigkeiten. Bedenkt man, daß ein Lastwagenrad von etwa 1 Meter Durchmesser, bei einer kleinsten Uebersetzung, welche etwa einer Geschwindigkeit von 3,5 km/St. entspricht, zirka 19 Umdrehungen in der Minute macht, und daß dabei nicht selten eine Motorleistung von 30 bis 60 PS. zu übertragen ist, so kommt man zum Schluß, daß schon die richtige Bemessung der mit den Rädern verbundenen Antriebswellen fast unüberwindliche Schwierigkeiten bereiten dürfte. Für einen Achsdruck von 6000 kg hat man in jeder Welle ein Drehmoment vom Höchstwert

$$M_d = 0{,}6 \cdot \frac{6000}{2} \cdot 50 = 90000 \text{ Cmkg}$$

und für $k_d = 1500$ einen Wellendurchmesser von:

$$d = \sqrt[3]{\frac{90000}{300}} = 6{,}69 \text{ cm}$$

Schaltet man dagegen eine Ritzelübersetzung von etwa 3 : 1 zwischen, so ergibt sich ein Wellendurchmesser von 4,64 cm.

An den Abmessungen für die Antriebskegelräder und für das Ausgleichsgetriebe macht sich der Unterschied in erhöhtem Maße bemerkbar.

Eine weitere Schwierigkeit ergibt sich aus der Notwendigkeit, das hohle Gehäuse als Tragachse zu benutzen, was bei leichteren Wagen ohne weiteres zulässig ist, bei Lastwagen dagegen in Anbetracht der sehr hohen Gewichte und der harten Bereifung nicht ohne weiteres unbedenklich erscheinen kann.

Die Ritzelachse besteht aus einer Antriebsachse, welche den Kegelradantrieb, das Ausgleichsgetriebe und dessen Wellen als Gehäuse umschließt und einer zu der ersteren parallelen Tragachse, welche das darauf entfallende Gewicht des Rahmens und des Antriebs auf ihren Zapfen drehbar angeordneten Rädern überträgt.

Die Antriebsachse ist im Grunde genommen eine normale Hinterbrücke, mit dem Unterschied, daß auf den Enden der Wellen die Antriebsstirnräder anstelle der Hinterräder sitzen. Somit wird deren bauliche Ausbildung unter die Besprechung der Achsen mit Innenantrieb fallen.

Die Tragachse gleicht in allem einer Kettenachse.

Die Uebertragung der Schubkraft findet hier entweder durch zwei seitliche Schubträger statt (Abb. 243), oder ist zu diesem Zweck ein Hilfsrahmen aus U-Trägern in Dreieckform in der Mittellinie des Kardangelenkes am Rahmen angelenkt. (Abb. 244, 245, auch 233.) Im letzteren Falle kann auch das Gewicht der Antriebsachse un-

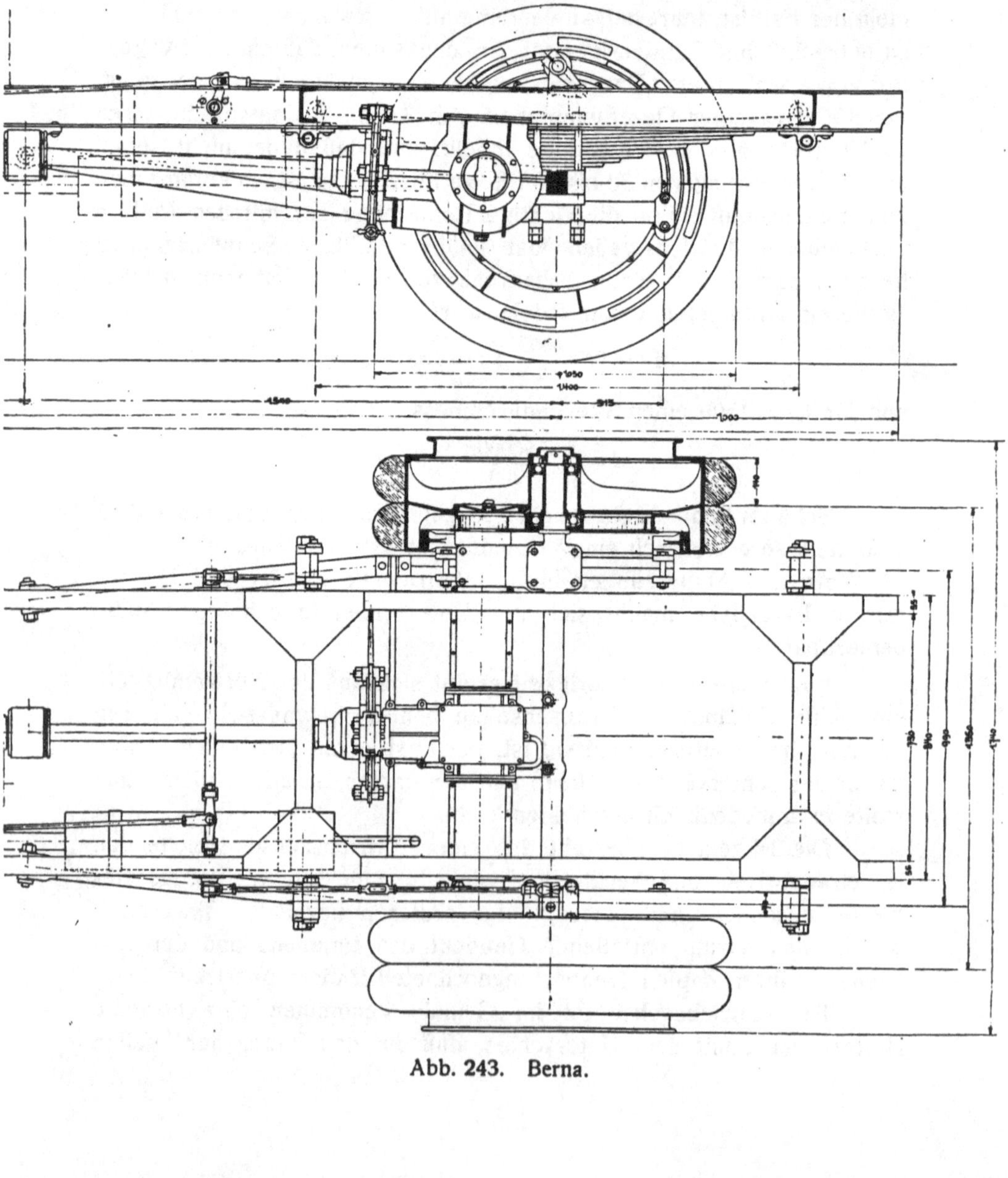

Abb. 243. Berna.

mittelbar auf den Trägern des Hilfsrahmens ruhen, wie dieses auf Abb. 244 der Fall ist. Diese Träger, bzw. die Schubbalken, nehmen zugleich auch die Reaktionskräfte der Bremsen auf, welche hier in den meisten Fällen als Außenbandbremsen ausgebildet sind. Besonders vorteilhaft erscheint die Anordnung der Bremsen auf den Ausgleichswellen, weil man hierdurch ein übersetztes Bremsmoment erhält, ohne das Ausgleichsgetriebe zur Uebertragung desselben heranzuziehen.

Eine Anordnung der Innenbremsen innerhalb der Radtrommel, unmittelbar neben der Hohlverzahnung, ist aus Rücksicht auf

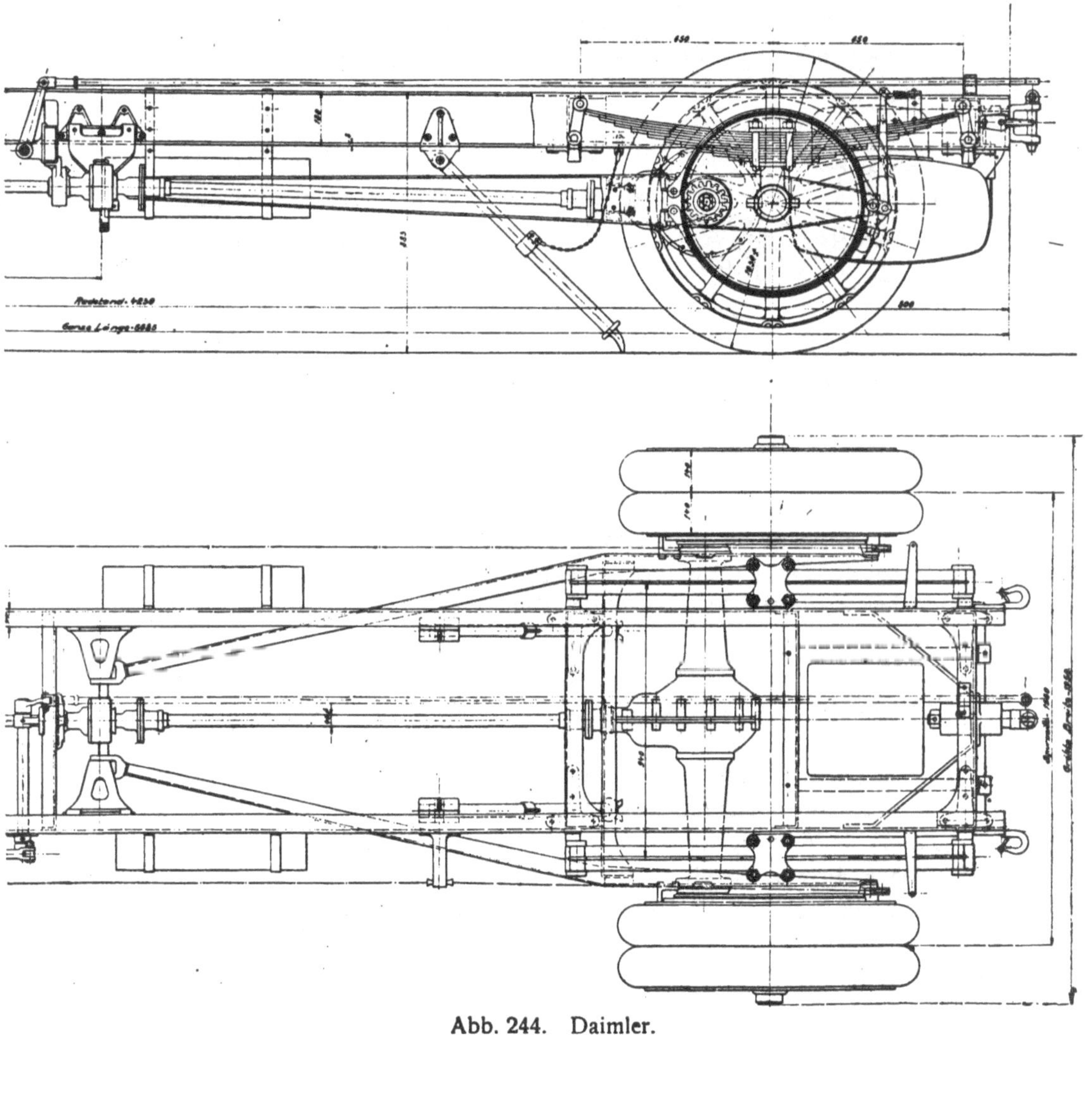

Abb. 244. Daimler.

den zerstörenden Einfluß der Bremsspäne unzulässig. Daß dieser nicht immer beachtet wird, zeigt Abb. 231. Ist genügend Raum vorhanden, so können zwei konzentrische Radtrommeln angeordnet werden, wovon die innere die Hohlverzahnung und die äußere die Innenbremse aufnehmen kann (Abb. 246 und 232). In beiden Fällen ist hier je eine Innen- und Außenbremse vorhanden.

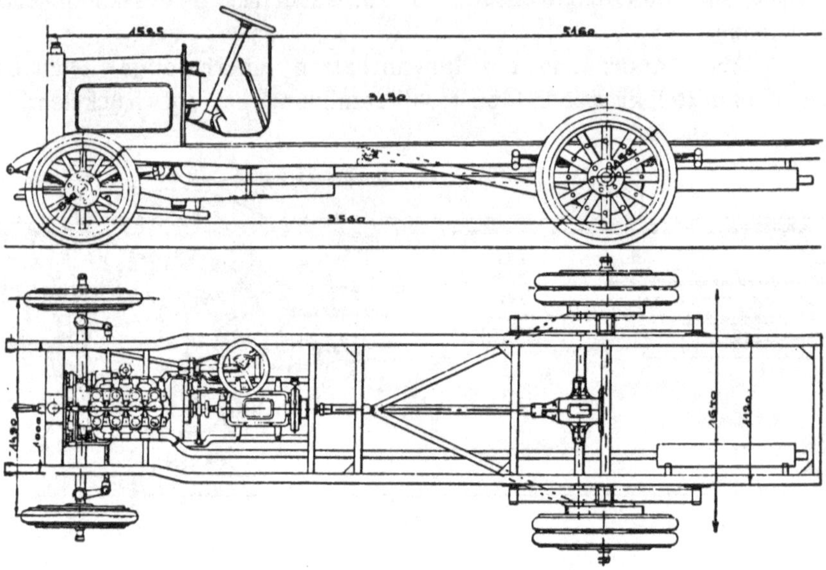

Abb. 245. Clement Bayard.

In den meisten Fällen wird die Antriebsachse vor der Tragachse angeordnet, weil dieses aus Rücksicht auf eine einfachere Ausbildung der Tragachse vorzuziehen ist. Wird aus irgend welchen Gründen die Antriebsachse hinter der Tragachse vorgesehen, so muß die Antriebswelle Letztere durchqueren, wie dieses auf Abb. 232 und 246 der Fall ist. Irgend welche Vorteile einer solchen Bauart sind nicht zu ersehen, dagegen wird die Achsmasse dadurch nicht unbeträchtlich vermehrt.

So vorteilhaft der Ritzelantrieb erscheint, so weist er gegenüber dem Kettenantrieb den bei harter Bereifung der Lastwagen besonders in das Gewicht fallenden Nachteil auf der unabgefederten Aufhängung des Kegelradantriebes und des Ausgleichgetriebes, sowie denjenigen sehr hoher Achsmassen. Abb. 247 zeigt einen Versuch, diese Nachteile durch gesonderte Abfederung der Antriebsachse gegenüber der Tragachse zu beheben, wobei zu gleicher Zeit die Schubaufnahme durch das die Gelenkwelle umhüllende Rohr statt-

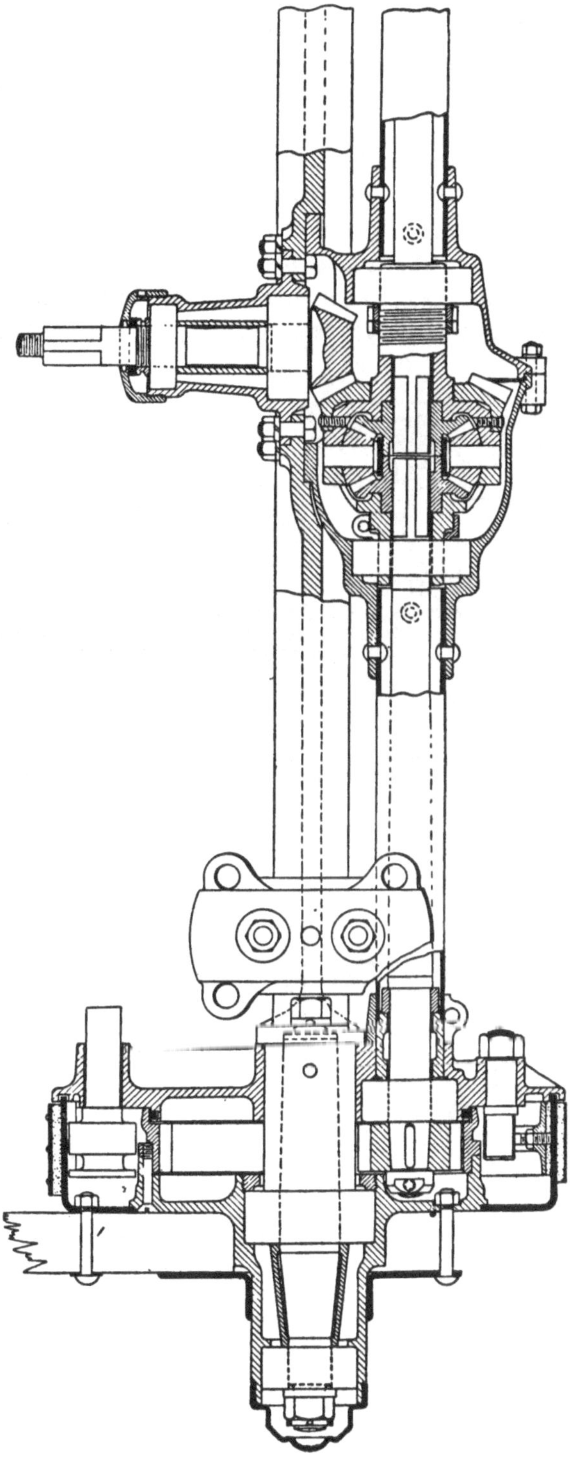

Abb. 246. Mc. Torbensen.

finden soll. Der Wert dieser Bauart erscheint in Anbetracht der ungünstigen Beanspruchung der Antriebsachse und der recht komplizierten Konstruktion sehr fraglich und in der Praxis hat sie sich nicht bewährt.

Für schnelle Personenwagen wird die Ritzelachse nur vereinzelt verwendet (Abb. 231). Gegenüber der normalen Kardan-Hinterbrücke weist sie nichtsdestoweniger einige Vorteile auf. Der Zahndruck des Kegelradantriebes und des Ausgleichsgetriebes ist bedeutend verringert; die Kegelräder können annähernd gleiche Zähnezahlen erhalten, weil die Uebersetzung in die Hohlverzahnung ver-

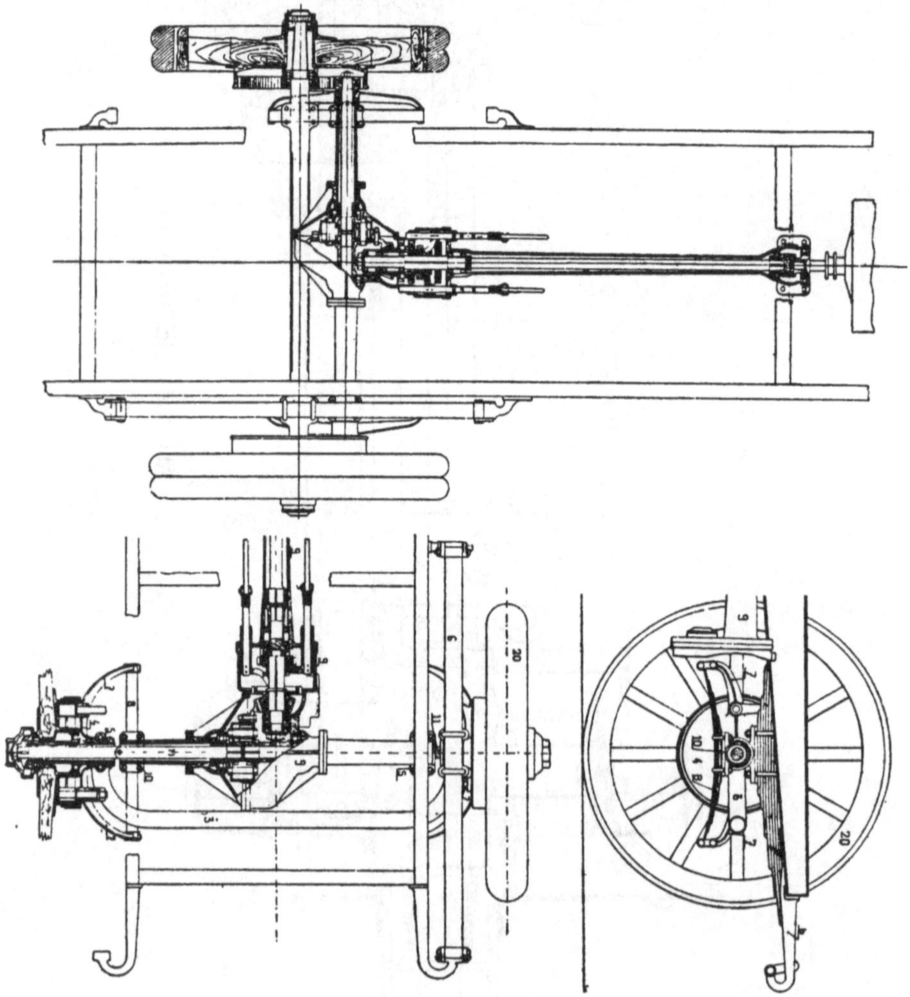

Abb. 247. Henriod.

legt ist; dadurch wird die Verwendung von korrigierten Verzahnungen erspart, und ein ruhiges Arbeiten der Kegelräder ist leichter zu erreichen. Die Achsmasse ist durch die geringen Abmessungen aller Antriebsteile trotz der Notwendigkeit einer Tragachse verringert. Demgegenüber stehen als Nachteile: vermehrte Leistungsverluste durch die Einschaltung je einer weiteren Verzahnung; vermehrte Herstellungskosten; Schwierigkeit einer einwandfreien Unterbringung von Innenbremsen; durch die Hohlverzahnungen verursachte Geräuschvermehrung.

## Quergelenkachsen.

Diese Achsen bieten im Grunde genommen nur noch historisches Interesse. In der neueren Zeit werden sie, soweit bekannt, von vier Firmen ausgeführt, wovon zwei bereits ihre neuesten Modelle schon mit normalen Kardan-Hinterbrücken ausrüsten.

Das Verschwinden dieser Bauuart, welche den chronologisch ersten brauchbaren Gelenkwellen-Antrieb (von De Dion & Bouton) ergab, ist durchaus berechtigt. Gegenüber dem Normalantrieb zeigt sie die beiden Vorteile einer geringeren Achsmasse und einer abgefederten Aufhängung des Ausgleichsgetriebes. Demgegenüber stehen aber schwerwiegende Nachteile eines recht schlechten Wirkungsgrades (was noch näher erörtert werden soll) und einer sehr kostspieligen, komplizierten Ausführung. Als ein weiterer Nachteil könnte hier der Umstand bedingt gelten, daß das heulende Geräusch des Kegelradantriebes durch die feste Verbindung mit dem Rahmen und durch die unmittelbare Nähe der Fußbodenbretter eine akustische Steigerung erfährt. Man könnte aber darauf erwidern, daß bei guter Ausführung ein solches Geräusch überhaupt nicht vorhanden sein sollte. Immerhin ist es Tatsache, daß unmittelbare Aufhängung des Kegelradantriebes am Rahmen die sowieso nicht leichte Aufgabe, den Gang des Fahrzeuges geräuschlos zu gestalten, erschwert.

Der schlechte Wirkungsgrad der Quergelenkwellenachsen ist im wesentlichen darauf zurückzuführen, daß infolge der sehr geringen Länge der Gelenkwellen und verhältnismäßig großen Höhenunterschiede, welche durch das Federn hervorgerufen werden, der Neigungswinkel dieser Wellen recht hohe und stark veränderliche Werte annimmt, wodurch die Reibungswiderstände der Gelenke nicht unbeträchtlichen Einfluß auf die Höhe des Wirkungsgrades ausüben.

Da man überdies auch die Hinterräder solcher Achsen zu

stützen pflegt, so weist infolge des Winkels zwischen der treibenden und angetriebenen Welle die Winkelgeschwindigkeit der Räder stoßweise Veränderungen auf, und da das Trägheitsmoment des Wagens ein sehr beträchtliches ist, so übersteigen die den Beschleunigungs-, bzw. Verzögerungskräften entgegentretenden Trägheitswiderstände den Bodenreibungswiderstand der Räder, wodurch ein ständiges Gleiten der letzteren hervorgerufen wird. Diese Uebelstände sind auch vielen Normalantriebsachsen eigen, treten jedoch bei den letzteren, infolge der sehr kleinen Neigungswinkel der Gelenkwelle, nicht annähernd so stark hervor, wie dieses z. B. bei der auf Abb. 248 dargestellten Achse der Fall ist. (Vergl. auch Abb. 229.)

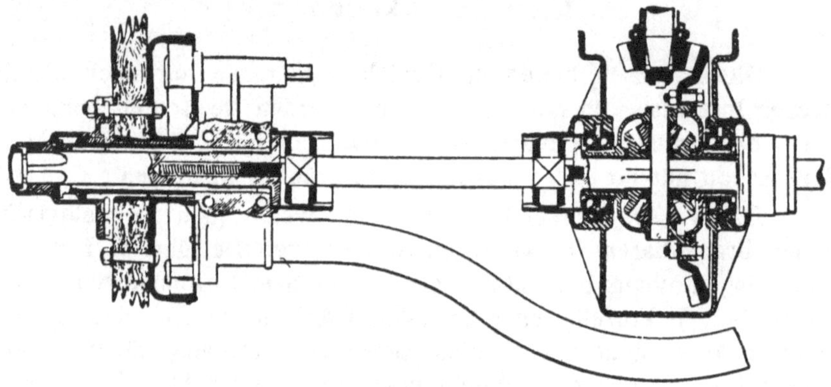

Abb. 248. De Dion & Bouton.

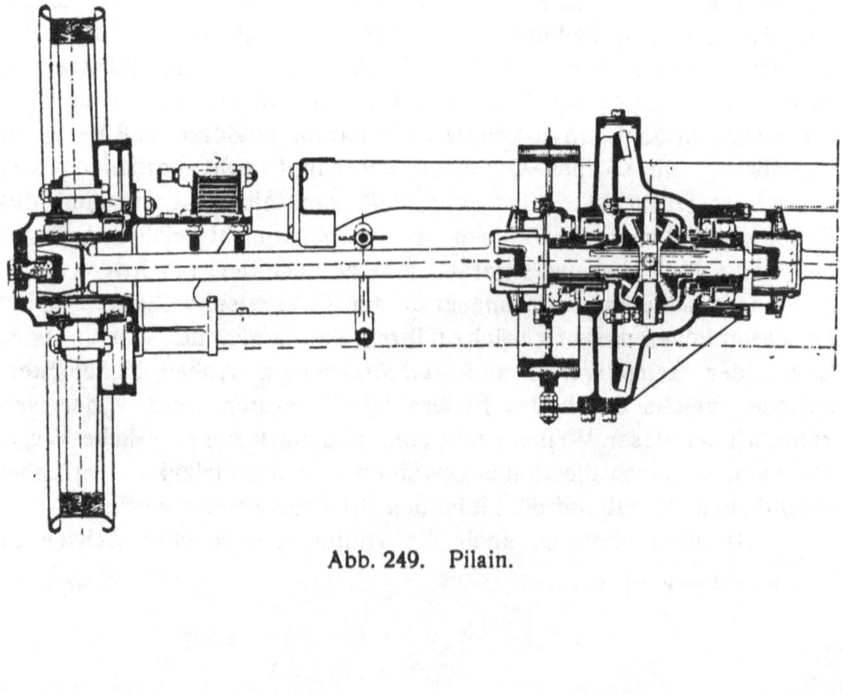

Abb. 249. Pilain.

Eine Verbesserung dieser Mißstände wurde bei der sonst mustergültig durchgebildeten Konstruktion auf Abb. 249 angestrebt. Die Gelenkwellen sind hier, der De Dion-Achse gegenüber auf eine annähernd doppelte Länge dadurch gebracht worden, daß man die Kugelgelenke in das Innere der recht groß bemessenen Radzapfen verlegt hat, wodurch auch die Reibungsarbeit der Gelenke im gleichen Maße verringert wurde. Bemerkenswert ist hier die Ausbildung der gehärteten Stahlgelenke, (Abb. 250) welche an die Loewe'schen Normalkugelgelenke. stark erinnern. (Vergl. auch Teil I, Seite 108).

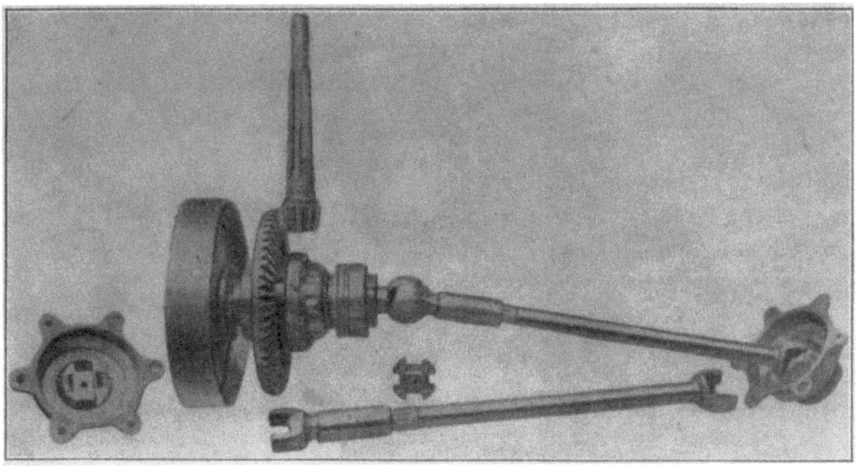

Abb. 250. Pilain.

Die Achse ist hier aus Stahlrohr gebogen (Abb. 251) und trägt an den Enden Stahlgußstücke, welche als hohle Radzapfen, Federträger und Bremsblock ausgebildet sind. Die Schubkraft ist hier, ebenso wie die Reaktionskräfte aus dem Bremsmoment, auf recht lange und sehr wenig gesprengte Hinterfedern aufgenommen. Da die Ausladung der Federn recht groß vorgesehen ist, so ist dementsprechend auch das die Tragachse belastende Biegungsmoment verringert.

Die Bauart ist gut bewährt und wird von der Firma für schnelle Personenwagen bis in die jüngste Zeit unverwandt beibehalten — ein Beweis dafür, daß man durch gute konstruktive Durchbildung und vorzügliche Ausführung auch wesentliche Nachteile zu erkaufen vermag. Der bedeutende Mehraufwand an Herstellungskosten erscheint hier nichtsdestoweniger fraglich, besonders, wenn man die Möglichkeit, den Rädern Sturz zu geben nicht mehr als Vorteil betrachtet.

Gänzlich unberechtigt erscheint die auf Abb. 99 angeführte Bauart, bei welcher, um den Radsturz zu ermöglichen, eine Reihe von Nachteilen, ohne die Vorteile der einzelnen Bauarten auszunutzen,

Abb. 251. Pilain.

zugelassen wurde. Das Ausgleichsgetriebe und der Kegelradantrieb ruht hier auf der Tragachse, ist also nicht abgefedert, die Gelenkwellen sind trotzdem geneigt und die Achsmasse ist im beträchtlichem Maße vergrößert, während die Herstellungskosten nicht unbedeutend erhöht sind. Die sehr ernst zu nehmende Firma, welche seinerzeit diese Bauart auf den Markt brachte, ist in jüngster Zeit davon abgekommen.

## 4. Hinterachsen mit Innenantrieb.

### Grundsätzliches — Einteilung.

Die ältesten Kraftfahrzeuge mit Gelenkwellenantrieb wiesen die Bauart der Hinterachse (nach Abb. 248) mit Querwellen auf. Um die sich hierbei ergebenden Mißstände zu beheben, ist man dazu übergegangen, die Tragachse als Hohlkörper auszubilden (sogen. Hinterbrücke) und den Winkelantrieb, sowie das Ausgleichsgetriebe in dessen Inneren untzubringen.

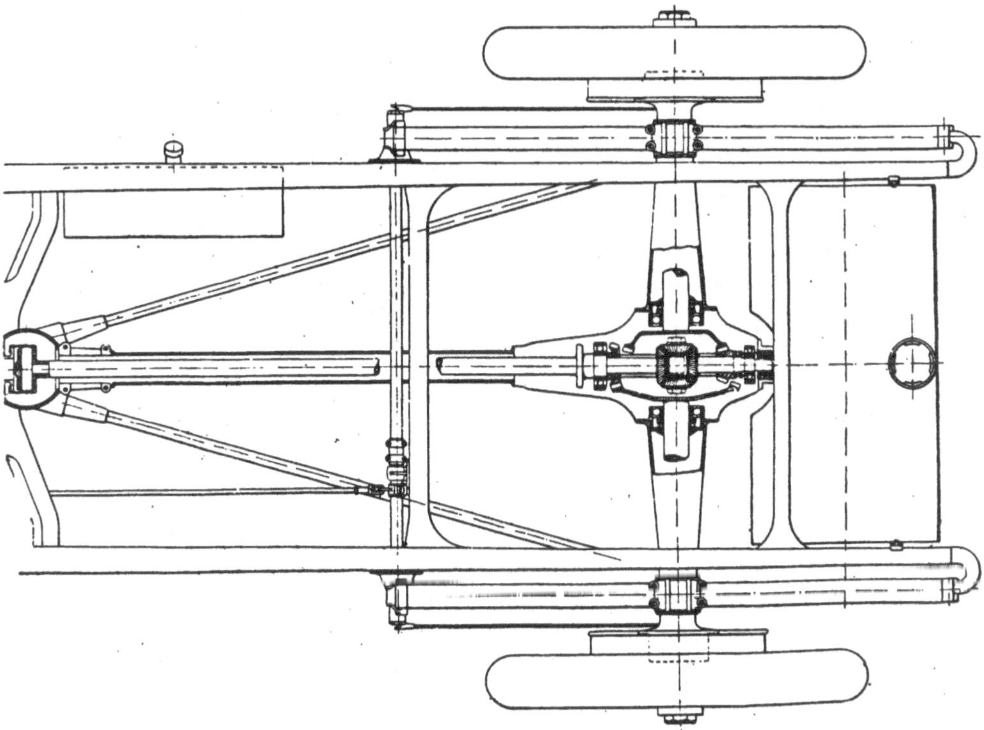

Abb. 252. Mercedes.

Die Vorteile dieser Bauart liegen in einem hohen Wirkungsgrad, geräuschlosem und gleichmäßigem Antrieb, gutem Schutz infolge der Einkapselung aller beweglichen Teile gegen äußere Einflüsse, in einer guten Raumausnutzung und einfacher Konstruktion.

Demgegenüber sind Nachteile zu nennen: Vergrößerte Achsmasse und unabgefederte Aufhängung des Ausgleichgetriebes mit dem Winkelantrieb. Die Praxis hat gezeigt, daß es von Vorteil ist, zu gunsten der oben genannten Vorzüge diese beiden Fehler in Kauf zu nehmen.

Als Haupt- und Kardinalfehler wurde der Brückenachse vielfach die Notwendigkeit nachgetragen, auf den allein selig machenden Radsturz verzichten zu müssen. Das dem nicht so ist und daß man auch solche mit Sturz ausführen kann, beweisen die Abb. 252 und 253, welche durch von einander gänzlich verschiedene Mittel die Schrägstellung der Radzapfen zulassen.

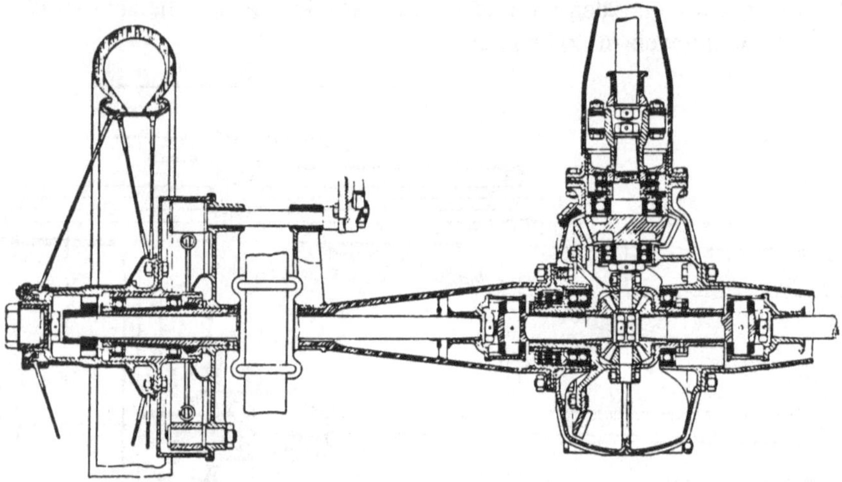

Abb. 253. Pipe.

Betrachtet man die Anordnung auf Abb. 253 nicht als Mittel den Radsturz zu erreichen, sondern als Isolierung des Ausgleichsgetriebes vor etwa vorkommenden Formveränderungen des Hohlkörpers, ev. auch als Ausgleich der unvermeidlichen Ausführungsunterschiede, so bedeutet sie unzweifelhaft einen Fortschritt, welcher die Lebensdauer der Antriebsachse-Kegelräder und der Teile des Ausgleichgetriebes zu erhöhen und den Gang geräuschloser zu gestalten vermag. Daß der Konstrukteur dieser Achse letzteres hauptsächlich angestrebt hat, erscheint uns desto wahrscheinlicher, weil hier auch am Ausgang der Antriebswelle ein Kreuzgelenk vorgesehen ist, obwohl die Abstützung der Achse durch das die Gelenkwelle umhüllende Rohr erfolgt.

Die hohle Kardanachse hat im Laufe der Zeit aus oben genannten Gründen den Kettenantrieb aus dem Schnellwagenbau gänz-

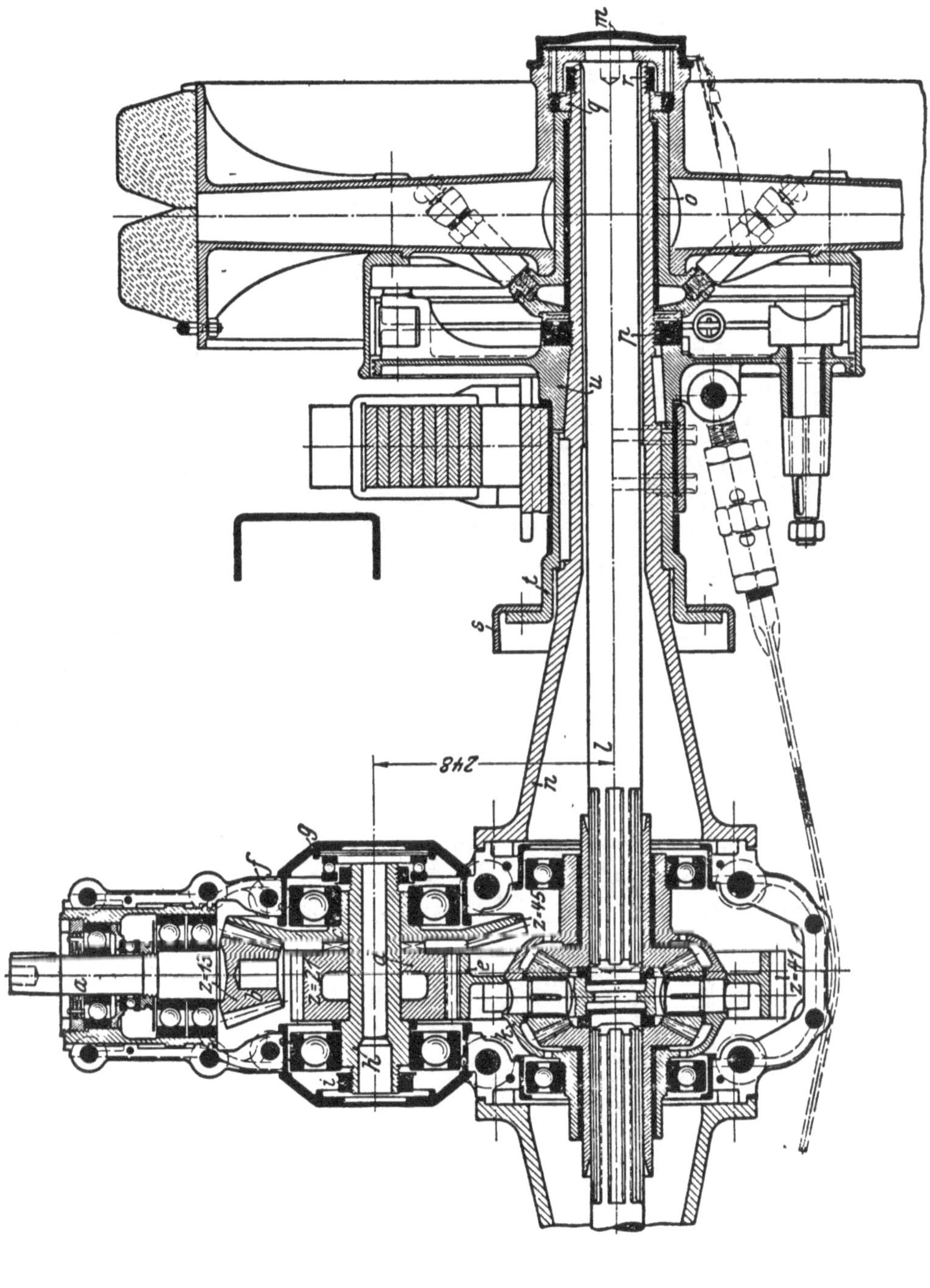

Abb. 254. N. A. G.

lich verdrängt und ist heute auf diesem Gebiete allein herrschend geworden. Aber auch bei Lastwagen und Omnibussen findet man das Prinzip der hohlen Antriebsachse nicht selten vor, obwohl deren Anwendung für Schwergefährte manche Schwierigkeit mit sich bringt, wie dieses schon früher erwähnt wurde. Um der Uebersetzung das erwünschte hohe Verhältnis zu erteilen, wird nicht selten zwischen dem Ausgleichsgetriebe und dem Winkelantrieb ein

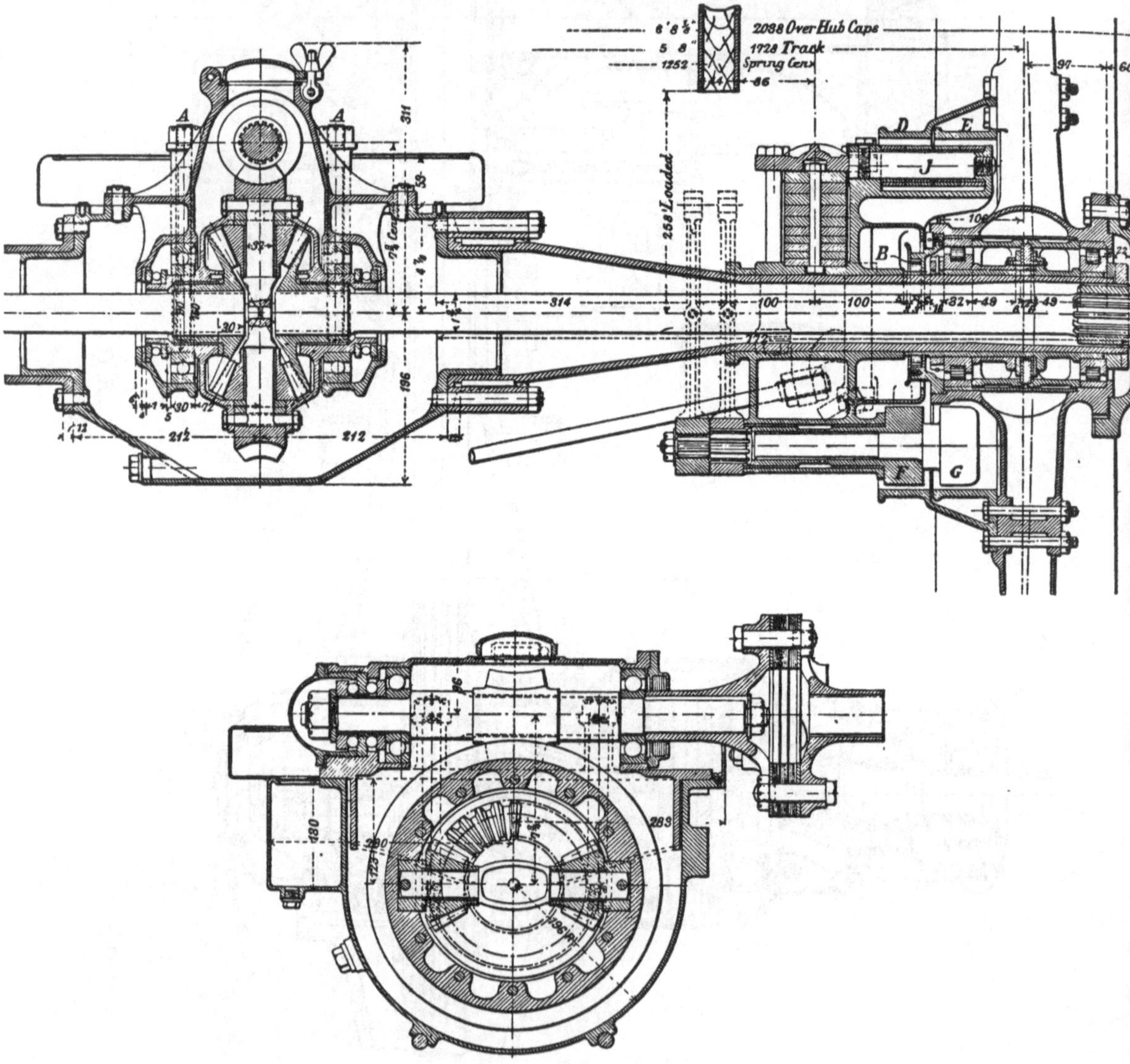

Abb. 255. Daimler-Lanchester.

Stirnradvorgelege eingeschaltet (Abb. 254). Man könnte den Gedanken fassen, die im Ausgleichsgetriebe wirkenden Kräfte dadurch zu verringern, daß man die Stirnradübersetzung zwischen diesem und den Querwellen anordnete, ähnlich wie dieses bei dem Ritzelantriebe der Fall ist. Natürlich müssen dann zwei Stirnradpaare zur Anwendung kommen. Ein Versuch, diesen Gedanken zu verwirklichen, ist, soweit bekannt, nicht gemacht worden. Ein anderes Mittel, bei langsamen Gefährten die Uebersetzungsfrage zu lösen, liegt in der Anwendung des Schneckenantriebes, welcher in neuester Zeit in zahlreichen Fällen ausgeführt wird. (Abb. 255).

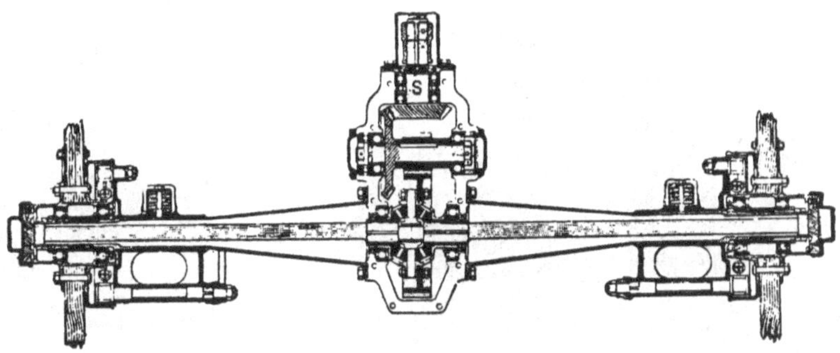


Abb. 256. Peugeot.

Die Doppelübersetzung durch Stirn- und Kegelräder ist vereinzelt auch bei Leichtgefährten mit kleinen sehr schnell laufenden Motoren anzutreffen. (Abb. 256 und 257) In solchen Fällen ergeben sich nämlich ebenfalls ungünstige Uebersetzungsverhältnisse, welche zu stark korrigierten Verzahnungen und sehr großen Raddurchmessern führen.

Die Dazwischenschaltung der Stirnradübersetzung bedingt natürlich eine Herabsetzung des Wirkungsgrades und macht den Vorteil des unmittelbaren Eingriffes im Wechselgetriebe illusorisch. Durch Anordnung der getriebenen Welle unterhalb der Antriebswelle in dem Letzteren läßt sich auf einfachere Weise ein Vorgelege schaffen. Das Kegelradpaar und die Gelenke der Kardanwelle hätten dann allerdings ein höheres Drehmoment zu übertragen.

Die gebräuchlichste Bauart ist die auf Abb. 258 dargestellte Hinterachse mit einfachem Kegelradantrieb. Sie wird daher im Folgendem zum Unterschied von allen anderen Anordnungen als **„normale Hinterbrücke“** bezeichnet.

Die für die Konstruktion der Achse wesentliche Frage der Aufnahme der Schub- und Drehkräfte ist im Teil I ausführlich behandelt worden, so daß es hier nicht mehr erforderlich erscheint, näher darauf einzugehen. Es sei hier nur darauf hingewiesen, daß eine endgültige Entscheidung zu Gunsten **einer** Bauart bis jetzt immer noch nicht gefallen ist. Zur Ausführung kommen hauptsächlich folgende drei Anordnungen:

Abb. 257. Peugeot.

1. Biegung und Drehungsreaktion wird durch die Umhüllung der Gelenkwelle auf einen Querträger in der Weise übertragen, daß das Ende des Abstützungsrohres in einer zum Kardangelenk konzentrischen Kugel an den Querträger angelenkt ist. Die Achsialkräfte werden von den Wagenfedern aufgenommen. (Vergl. I. Teil, Abb. 95 und 96.)

2. Die Drehungsaktion wird durch einen unabhängig von der Gelenkwelle angeordneten Träger, welcher pendelnd am Rahmen aufgehängt ist, auf den letzteren übertragen. Die Wagenfedern nehmen die Schub- und Achsialkräfte auf. (Vergl. I. Teil, Abb. 88 II, III, und IV.)

3. Alle Kräfte werden durch das, in einer am Rahmenquerträger angelenkten breiten Gabel drehbar gelagerte Kardanumhüllungsrohr übertragen.

Während man im Inlande in neuerer Zeit die Bauart 1 sichtbar bevorzugt, wird in Frankreich, England und Amerika die Bauart 2 am öftesten ausgeführt, und in Italien trifft man fast ausschließlich die in anderen Ländern nur wenig beliebte Bauart 3.

Eine gänzlich freibewegliche Aufhängung der Federn in Kreuz- bezw. Kugelgelenken ist des öfteren versucht worden, hat aber zu keinen zufriedenstellenden Resultaten geführt. Denkbar ist sie nur bei der Bauart 3, weil bei den beiden anderen Anordnungen die Achsial- bezw. Querkräfte nur von den Federn aufgenommen werden können. Auf die Bauart 3 angewandt hat die

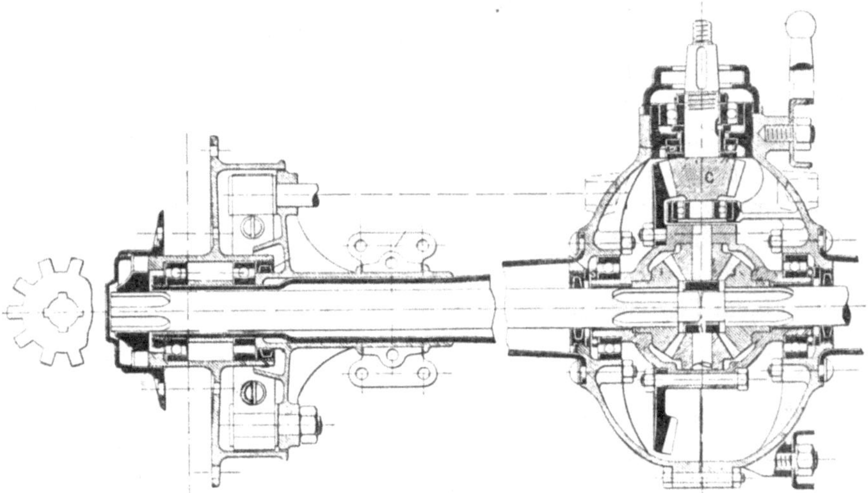

Abb. 258. Vermorel.

frei bewegliche Aufhängung der Federn zu starken Deformationen des Rahmens und der Kardanumhüllung geführt, was in Anbetracht des sehr großen Momentes begreiflich erscheint. Wendet man die früher gemachte Annahme von der Achsialkomponente auf diesen Fall an; so ergibt sich ein Moment:

$$M_b = 0{,}6\, Q \cdot \alpha$$

worin $\alpha$ die Entfernung von Mitte Kardangelenk bis Mitte Hinterachse bedeutet. Für einen Normalviersitzer ist etwa

$$Q = 700 \text{ kg}$$
$$\alpha = 1400 \text{ mm}$$

was keinesfalls zu hoch gegriffen ist. Dann erhält man:

$$M = 55800 \text{ cm/kg}$$

Bei $k_b = 2000$ wäre dann schon ein Widerstandsmoment von

$$29{,}4 \text{ cm}^3$$

erforderlich, was etwa einem Ringquerschnitt von 100 mm Durchmesser und 11 mm Wandstärke entspricht. So müßte demnach der, in der Bohrung der Gabel drehbar angeordnete Hohlzapfen bemessen werden, wenn man die Federn völlig frei beweglich machte. Da aber aus leicht begreiflichen Gründen solche Abmessungen für einen Normalviersitzer unzulässig sind, so ist die Aufnahme der Querkräfte auf die Federn nicht zu vermeiden.

Die Praxis hat erwiesen, daß bei genügend stark bemessenen Federgelenken die Verwindungen der Federn keinesfalls unzulässig sind, besonders dann nicht, wenn man letztere mit dem vorderen Ende am Rahmen anschlägt. Dadurch ist auch die Aufnahme der Querkräfte eine günstigere, weil wenigstens an vorderen Federenden kein Kanten der Gehänge stattfindet. Um das Moment der Achsialkräfte auf ein Mindestmaß herabzusetzen, werden in neuerer Zeit die Federn vielfach unterhalb der Achse angeordnet. Würden dann die Federaugen in der Achsebene liegen, dann wäre noch immer eine genügende Pfeilhöhe der Feder vorhanden. Im letzteren Falle wäre aber das durch die Achsialkraft hervorgerufene Moment $= o$, das Kanten also nur auf die Verwindung der Feder beim Durchfedern beschränkt.

Einen anderen Gesichtspunkt zur Beurteilung der Verbindung der Hinterachse mit dem Rahmen erhält man, wenn man das durch Winkelbeschleunigungen der Räder einerseits, und die Trägheitswiderstände andererseits verursachte Gleiten der Räder und die damit verbundenen Leistungsverluste berücksichtigt.

Läuft ein Fahrzeug auf einer ebenen Straße während eines Zeitabschnittes mit konstanter Geschwindigkeit, während der Motor desselben auch eine konstante Umdrehungszahl ausführt, so werden alle durch die Gelenkwellenübertragung und durch die Federung verursachten Ungleichförmigkeiten der Drehbewegung der Räder durch ein Gleiten der Letzteren ausgeglichen. Ravigneaux *) hat eine genauere Untersuchung über die Größe der Gleitwege bei derartigen Vorgängen durchgeführt und nachgewiesen, daß die daraus folgenden Leistungsverluste unter Umständen recht große Werte annehmen.

Wird eine Welle mit **einem** Gelenk verwandt, so entstehen, ohne die Einwirkung von Fahrbahnunebenheiten, bei gleichförmiger Drehbewegung der Antriebswelle, Winkelbeschleunigungen der

*) La technique automobile 1913 Nr. 87.

angetriebenen Welle, sobald der Winkel zwischen den beiden von 180 ° abweicht. Wird dagegen eine Welle mit **zwei** Gelenken angeordnet, so heben sich die Winkelbeschleunigungen auf, so daß sie nur die Drehbewegung der zwischen den beiden Gelenken enthaltenen Welle, nicht aber diejenige der Räder beeinflussen. Man könnte daraus die Schlußfolgerung machen, daß alle Uebertragungsbauarten mit nur einem Gelenk von vornherein zu Gunsten derjenigen mit zwei Gelenken zu verurteilen wären. Allein für praktische Ergebnisse ist nur die Größe der Verluste ausschlaggebend. Sind letztere verschwindend klein, so ist es für praktische Beurteilung des Antriebes gleichgültig, ob theoretisch solche Verluste bestehen oder nicht. Darum hat es Wert, die zahlenmäßige Größe des aus dem Eingelenkantrieb sich ergebenden Gleitweges festzustellen.

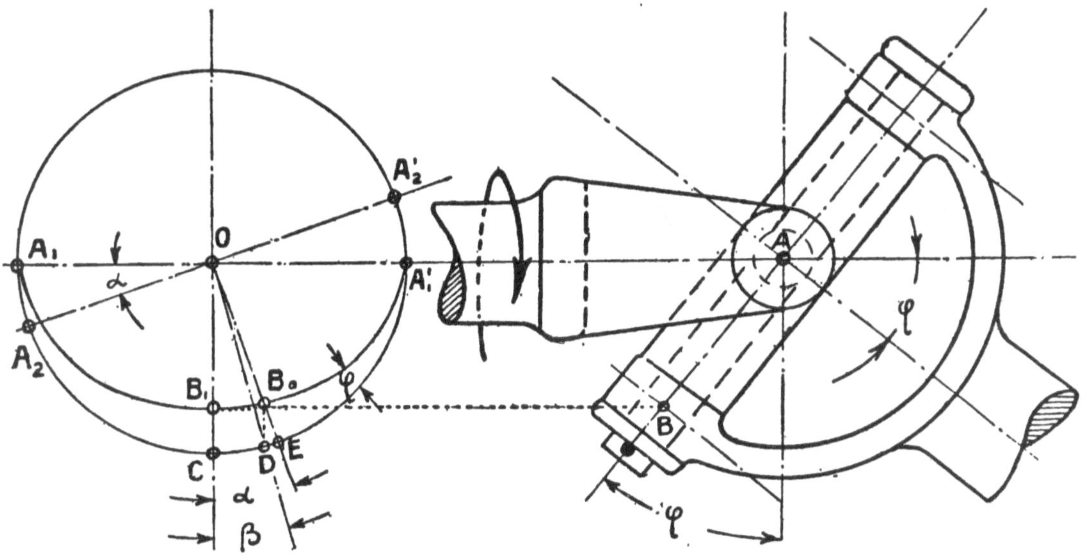


Abb. 259.

Nach Abb. 259 sei:

$\varphi$ der Winkel, welchen die treibende Welle mit der angetriebenen bildet.

$\alpha$ der Verdrehungswinkel der treibenden,

$\beta$ derjenige der getriebenen Welle,

Die Projektionen der beiden Kreuzarme *OA* und *OB* auf eine, zur Achse der treibenden Welle senkrechte Ebene, bilden miteinander in jeder Lage des Gelenkes einen Winkel von 90 °. Die Bahn des Punktes *B* (bei konstantem $\varphi$) ist durch die Ellipse $A_1 B_1 B_2 A^1_1$

in der Projektion dargestellt. Dem Weg $A_1 A_2$ des Punktes $A$ entspricht demnach der Weg $B_1 B_2$ des Punktes $B$ und ist infolgedessen der in der Ebene $BA$ liegende Winkel $B_1 O B_2$ der dem Winkel $\alpha$ entsprechende Drehungswinkel der getriebenen Welle, $\beta$, dessen wirkliche Größe durch das Klappen der Ellipse in $COD$ gefunden werden kann. Betrachtet man das Kugeldreieck $A_1 E B_2$, dessen Winkel $A_1 E B_2$ ein rechter ist, so erhält man die Beziehung:

$$\cos \varphi = \frac{\operatorname{tg} A_1^1 E}{\operatorname{tg} A_1^1 B_2} = \frac{\operatorname{tg}(90 - \alpha)}{\operatorname{tg}(90 - \beta)} = \frac{\operatorname{tg} \beta}{\operatorname{tg} \alpha}$$

$$\operatorname{tg} \beta = \cos \varphi \operatorname{tg} \alpha$$

Es soll der bei konstantem $\varphi$ vorkommende Höchstwert von $\alpha - \beta$, sowie die ihm entsprechenden Werte von $\alpha$ und $\beta$ gefunden werden.

$$\operatorname{tg}(\alpha - \beta) = \frac{\operatorname{tg} \alpha - \operatorname{tg} \beta}{1 + \operatorname{tg} \alpha \operatorname{tg} \beta} = \frac{\operatorname{tg} \alpha - \cos \varphi \operatorname{tg} \alpha}{1 + \operatorname{tg}^2 \alpha \cos \varphi}$$

$$\operatorname{tg}(\alpha - \beta) = (1 - \cos \varphi) \frac{\operatorname{tg} \alpha}{1 + \operatorname{tg}^2 \alpha \cos \varphi}$$

Bezeichnet man:

$$\operatorname{tg}(\alpha - \beta) = f(x)$$
$$\operatorname{tg} \alpha = x$$
$$\cos \varphi = C$$

so ist

$$f(x) = (1 - C) \frac{x}{1 + C x^2}$$

und

$$f^1(x) = \frac{1 + C x^2 - 2 C x^2}{(1 + C x^2)^2} dx = \frac{1 - C x^2}{(1 + C x^2)^2}$$

Ein Maximum kann eintreten wenn:

$$1 - C x^2 = 0$$

und

$$1 + C x^2 = 0$$

Daraus folgt:

$$x_{\max} = \pm \frac{1}{\sqrt{C}}$$

und nach Einsetzen der Werte:

$$\operatorname{tg} \alpha_{\max} = \pm \frac{1}{\sqrt{\cos \varphi}}$$

$$\operatorname{tg}(\alpha - \beta)_{\max} = (1 - \cos \varphi) \frac{\frac{1}{\sqrt{\cos \varphi}}}{1 + \cos \varphi \cdot \frac{1}{\cos \varphi}} = (1 - \cos \varphi) \frac{1}{2 \sqrt{\cos \varphi}}$$

$$\operatorname{tg}(\alpha - \beta)_{\max} = \sin^2 \frac{\varphi}{2} \cdot \frac{1}{\sqrt{\cos \varphi}}$$

Da bei modernen Wagen $\varphi$ kleingehalten wird, so kann man ohne merklichen Fehler zu begehen

$$(\alpha - \beta)_{\max} = \frac{\varphi^2}{4}$$

setzen.

Um einen Anhaltspunkt über die in der Praxis vorkommenden Gleitwege der Räder zu erhalten, sei die nach der Richtung der Gelenkwelle gemessene Entfernung von Mitte Gelenk bis Mitte Hinterachse mit $L$, der Höhenunterschied dieser beiden Mitten mit $h$ und der Raddurchmesser mit $R$ bezeichnet. Dann ist der größte Gleitweg:

$$s_{max} = R\,(\alpha - \beta)_{max} = R \cdot \frac{\varphi^2}{4}$$

Aus den Bezeichnungen folgt aber:

$$\sin \varphi = \frac{h}{L} \quad \text{oder} \quad \sim \varphi = \frac{h}{L}$$

und ist demnach:

$$s_{max} = \frac{1}{4} R \frac{h^2}{L^2}$$

Es sei den praktisch vorkommenden Werten entsprechend:

$$R = 400$$
$$h = 75$$
$$L = 1500$$

so ergibt sich:

$$s_{max} = \frac{400}{4} \cdot 0{,}0025 = 0{,}25 \text{ mm}$$

Die **durch ein Kreuzgelenk** verursachten praktisch vorkommenden Gleitwege sind gänzlich unbedeutend und werden zweifelsohne durch Nachgeben der Reifen völlig unschädlich gemacht. Daher kann die Eingelenkübertragung in bezug auf die, durch einen konstanten und kleinen ($\varphi \leqq 6^0$) Neigungswinkel der Wellen hervorgerufenen Gleitwege als durchaus unbedenklich erscheinen.

Es sollen weiter diejenigen Gleitwege bestimmt werden, welche sich beim Schwingen der Hinterachse um die Mitte des Kardangelenkes ergeben und durch die Unebenheiten der Fahrbahn bzw. die Federung des Wagens verursacht sind ($\varphi$ — Veränderlich).

Nach Abb. 260 ist unter Voraussetzung, daß die Wagengeschwindigkeit $v$ und die Winkelgeschwindigkeit des Rades $\omega$ konstant bleiben, der Gleitweg des Rades für einen Ausschlag der Achse $O\,B$ aus zwei von einander unabhängigen Elementen $s$ und $\sigma \cdot R$ zusammengesetzt, wobei $s$ die Verschiebung der Achse in der Fahrtrichtung darstellt, während $\sigma \cdot R$ die durch das Schwingen der Achse um den Punkt $C$ verursachte relative Winkelverschiebung des Rades bedeutet. Der zu betrachtende Ausschlag $O\,B$ ist so gewählt. daß $AO = OB$ ist. Für den Ausschlag $AQ$ wird, da $\sphericalangle ACO = \sphericalangle BCO$ die Winkelverschiebung $-\sigma R$ sein, während an Stelle von $s$ ein kleinerer negativ gerichteter Wert $-s_1$ treten wird. Man hat folgende Beziehungen:

$$s_1 = L\,(1 - \cos\sigma)$$
$$s = L\,(1 - \cos 2\,\sigma) - s_1$$
$$\sin\sigma = \frac{h}{L}$$

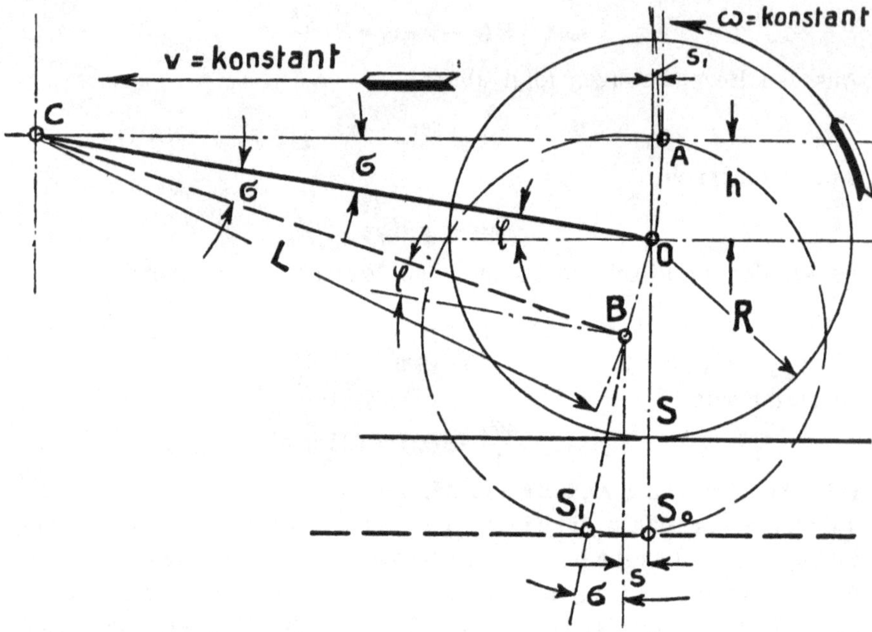


Abb. 260.

Rollt das Fahrzeug auf einer mittelmäßigen Straße, so kann als brauchbarer Wert für öfters wiederkehrende Durchschläge

$$h = 75$$

betrachtet werden. Für $R$ und $L$ seien die früher angenommenen Werte: 400 und 1500 beibehalten. Dann ergibt sich:

$$\sin\sigma = \frac{75}{1500} = 0{,}05$$
$$\sigma \sim 2^0\,50'$$
$$s_1 = 1500 \cdot (1 - 0{,}99878)$$
$$s_1 = 1{,}83\,\text{mm}$$
$$s = 1500 \cdot (1 - 0{,}99511) - 1{,}83$$
$$s = 7{,}335 - 1{,}83 = 5{,}5\ \text{mm}$$

Weiter erhält man:

$$\sigma \cdot R = 0{,}0175 \cdot 2{,}8333 \cdot 400$$
$$\sigma \cdot R = 19{,}7$$

Daraus ergeben sich dann die totalen Gleitwege:

für *OA*

$$s_1 + \sigma R = 21{,}53 \text{ mm}$$

und für *OB*

$$s + \sigma R = 25{,}2 \text{ mm}$$

Dieses sind aber Werte, welche keinesfalls als unwesentlich vernachlässigt werden dürfen, umdestoweniger, daß die angenommenen Zahlenwerte von

$$L = 1500$$

$$\text{und } h = \quad 75$$

den bei modernen Wagen vorkommenden Abmessungen durchaus entsprechen und als **günstig** bezeichnet werden können. Es mag zugegeben werden, daß ein Teil dieser Gleitwege durch das Nachgeben der Reifen, die Federung der Wellen, schließlich auch durch eine teilweise Ueberwindung der Trägheitswiderstände ausgeglichen werden können, daß weiter auch die Reibungskupplung durch Gleiten zu diesem Ausgleich beiträgt, so bleiben die Arbeitsverluste in dieser oder jener Form in gleicher Größe bestehen und der Wirkungsgrad muß zweifellos ungünstig beeinflußt werden. Bei Kettenwagen sind diese Verluste noch größer, weil bei gleichem $h$ der Wert $\sigma$ und somit auch $s$ infolge der bedeutend kleineren Werte von $L$ vergrößert ist. Setzt man beispielsweise

$$L = 750$$

so ergibt sich

$$s_1 + \sigma R = 44 \text{ mm}$$
$$s + \sigma R = 51 \text{ mm}$$

Bei diesen Wagen werden jedoch die tatsächlich vorkommenden Gleitwege auch dadurch vermindert, daß die Ketten immerhin nicht absolut starr und nicht ganz fest angespannt sind, wodurch die Winkelunterschiede zum Teil ausgeglichen werden.

Schwingt die Hinterachse, wie dieses bei der Abstützungsart 2 der Fall, um den vorderen Aufhängepunkt der Hinterfedern, so werden dadurch zwar, infolge eines geringeren Wertes von $L =$ die halbe Federlänge, die Werte $S$ bzw. $s$, vergrößert, der Winkel $\sigma$ jedoch, welcher die weitaus größeren Gleitwege ergibt, verschwindet vollkommen, weil die Hinterachse bei einer solchen Abstützung keine Drehbewegung ausführt. Liegen dazu noch die Aufhängepunkte der Federn, welch letztere bei modernen Wagen nicht selten Längen von 1400 und 1500 mm aufweisen, in der wagerechten Achsebene, so braucht nur der Wert $s_1$ nach beiden Richtungen hin berücksichtigt zu werden.

Für eine Feder von 1400 mm ist $L = 700$ und es ergibt sich unter den früher gemachten Annahmen für $h$ und $R$:

$$s_1 = 4{,}8 \text{ mm}$$

also unter sonst gleichen Verhältnissen nur etwa ein Fünftel der Gleitwege, welche für eine um den Kardanmittelpunkt schwingende Achse gefunden wurden.

Aus dem Gesagten können nachstehende Folgerungen gemacht werden:

1. Bei sonst gleicher Ausführung ist ein Kardanwagen in Bezug auf den Wirkungsgrad dem Kettenwagen vorzuziehen.

2. Unter sonst gleichen baulichen Verhältnissen ist ein Kardanwagen mit annähernd paralleler Führung der Hinterachse einem solchen mit schwingender Achse in Bezug auf Wirkungsgrad vorzuziehen.

3. Bei Kardanwagen mit schwingender Hinterachse ist aus Rücksicht auf den Wirkungsgrad (ebenso wie aus Rücksicht auf die Massenkräfte im Triebwerk, vgl. Teil I, Seite 157) die Anordnung einer federnden Kupplung im Triebwerk zwischen den Rädern und dem Schwungrade des Motors wesentlich und empfehlenswert.

Die Ergebnisse der wiederholt erwähnten im hohen Grade maßgebenden Versuche von Dr. Ing. E. Bobeth*) bestätigen in auffallender Weise obige Folgerungen. Der von Dr. Bobeth zu Versuchen benutzte Kardanwagen war mit einer sogen. **halbschwingenden** Hinterachse ausgerüstet, bei welcher ein Ausgleich der durch Drehbewegung der Achse hervorgerufenen Gleitwege der Räder durch einen federnden Stoßfänger in gewissen Grenzen ermöglicht wurde. Die Versuche haben die Ueberlegenheit des Kardanwagens vor dem Kettenwagen in bezug auf Wirkungsgrad bei unebener Bahn deutlich erwiesen, obwohl die Ergebnisse der Versuche mit dem Kettenwagen wahrscheinlich noch ungünstiger ausgefallen wären, wenn die Reibung der Räder auf den Holzscheiben nicht bedeutend geringer gewesen wäre, wie die in der Fahrpraxis allein ausschlaggebende Bodenreibung der Gummireifen.

Soweit bekannt sind Vergleichsversuche über den Wirkungsgrad von Kardanwagen mit verschiedenen Hinterachstützungen nicht ausgeführt worden, so daß ein weiterer Beweis der obigen Ausführungen durch wissenschaftliche Versuche noch beizubringen ist.

*) Dr. ing. E. Bobeth. Die Leistungsverluste u. s. w.

Die Festigkeitsverhältnisse der Hinterachsen mit Innenantrieb entsprechen im Grunde genommen den vorhin besprochenen Verhältnissen der Achsen mit Außenantrieb. Bei einer Aufnahme der Schubkräfte durch den die Gelenkwelle umhüllenden Hohlkörper ist natürlich als Hebelarm dieser Kräfte die halbe Spurweite zu setzen. Da jedoch der dadurch meist beanspruchte Querschnitt schon aus konstruktiven Gründen ein recht großer sein muß, so wird man in den meisten Fällen damit reichlich auskommen. Dagegen wird der Querschnitt in der Mittelebene der Wagenfedern, besonders wenn die Federteller drehbar angeordnet sind, meistens sehr nahe der unteren Grenze liegen und ist es daher empfehlenswert, ihn für ein Biegungsmoment:

$$M_b = d\sqrt{W^2 + \frac{F_0^2}{4}}$$

und ein durch Reaktionskräfte des Bremsmomentes hervorgerufenes Drehmoment:

$$M_d = \mu \cdot \frac{Q}{2} \cdot R$$

auf zusammengesetzte Beanspruchung zu berechnen.

Die Radantriebswellen, welche einen beträchtlichen Drehmoment zu übertragen haben, sollten grundsätzlich durch kein Biegungsmoment beansprucht werden, erscheint letzteres jedoch aus irgend welchen Gründen unumgänglich, so müssen die Zapfen für (Vgl. Abb. 207):

$$M_b = (b - b_1)\sqrt{W^2 + \frac{F_0^2}{4}}$$

und

$$M_d = \mu \frac{Q}{2} \cdot R$$

berechnet und reichlich bemessen werden. Die Besprechung der Triebwerksteile der Arbeitsübertragung gehört nicht hierher und kann daher auch deren Berechnung hier nicht erörtert werden. Da wo nähere Angaben von Wert erscheinen könnten, werden diese bei der Besprechung der einzelnen Bauarten geboten.

Im wesentlichen zerfallen die Hinterachsen mit Innenantrieb in zwei durch die Art des verwendeten Antriebes voneinander unterschiedlichen Typen, welche getrennt besprochen werden und zwar in Achsen mit Kegelrad und mit Schneckenantrieb.

## Hinterachsen mit Kegelradantrieb.

An eine gute Antriebsachse werden mit Recht Forderungen gestellt, welche sich grundsätzlich auf drei Haupteigenschaften zusammenführen lassen: hoher Wirkungsgrad — lange Lebensdauer — geräuschloser Gang. Dadurch wird in erster Linie ein sehr hoher Genauigkeitsgrad der Triebwerksteile, sowie eine hohe Widerstandsfähigkeit derselben gegen Formveränderung und eine unbedingt spielfreie und unverrückbare Lagerung aller beweglichen Teile bedingt.

Die Genauigkeit der Triebwerksteile, d. h. der Antriebszahnräder und aller Wellen, hängt nicht nur von der Präzision der Ausführung der Einzelteile, aber auch von der richtigen, durch geeignete Anordnung vorgesehenen Aufnahme der entstehenden Kräfte und von der Möglichkeit ab, die Montierung und die dabei erforderliche Paßarbeit sorgfältig und zuverlässig auszuführen.

Daraus ergeben sich die auch für die Widerstandsfähigkeit gegen Formveränderung ausschlaggebenden Bedingungen einer den wirkenden Kräften in hohem Maße Rechnung tragenden Formgebung der Einzelteile und einer übersichtlichen, leicht ausführbaren Montage. Letzteres ist um desto wichtiger, daß man bei der Paßarbeit nicht selten auf Probieren angewiesen ist und daß der Zusammenbau des öfteren mehrmals vorgenommen werden muß, bevor der erwünschte Genauigkeitsgrad erreicht wird.

Da die praktischen Erfahrungen die weitgehende Ueberlegenheit der Kugellagerung aller Triebwerksteile unzweideutig erwiesen haben und da eine derartige Lagerung bei modernen Hinterachsen, auch für Schwergefährte allgemein und ausschließlich Verwendung findet, so sind hier in erster Linie die für den Einbau der Kugellager geltenden Vorschriften ausschlaggebend. Stützdrucke sind stets, möglichst unmittelbar durch Druckkugellager, oder gehärtete Stahlscheiben aufzunehmen; Ringlager sind in der Achsialrichtung so zu begrenzen, daß eine Achsialverklemmung derselben bei der Montage nicht möglich sei, daß aber auch eine absolut zuverlässige und gut gesicherte Festlegung der Wellen erreicht wird.

Durch das Wesen des rechtwinkligen Kegelradantriebes ist die Lage der Antriebswelle in einer Ebene mit der getriebenen Welle erforderlich und muß diese Bedingung mit absoluter Genauigkeit erfüllt werden, falls man einen richtigen Eingriff der Verzahnung erreichen will. Ebenso muß der durch die beiden Wellen gebildete Winkel genau 90° betragen, da auch hier die geringste Abweichung einen geräuschvollen Gang, Abnutzung der Zähne und Herabsetzung des Wirkungsgrades herbeiführt.

Als Antriebswelle ist je nach der gewählten Anordnung entweder die Gelenkwelle selbst ausgebildet. oder ist eine besondere mit der letzteren durch ein Kreuzgelenk verbundene kurze Welle vorgesehen. Die angetriebene Welle ist durch einen unvermeidlich aus mehreren Teilen zusammengesetzten Körper gebildet. Letzterer Umstand trägt dazu bei, die Schwierigkeiten des Entwurfs und der Montage zu erhöhen. Da bei der beträchtlichen Länge des Hinterachsgehäuses und der Gelenkwelle geringe Formänderungen während des Betriebes kaum zu vermeiden sind, so wäre eine auf den mittleren Teil des Gehäuses beschränkte Lagerung und eine Isolierung der den Antrieb unmittelbar übertragenden Elemente von den Einflüssen dieser Deformationen vorteilhaft und erwünscht. Eine gründliche Erfüllung dieser Bedingungen ist bei der Hinterachse auf Abb. 253 durchgeführt worden, wodurch eine weitgehende Sicherung der Antriebsteile vor etwa eintretenden Schwingungserscheinungen der Gelenk- und der ausgeglichenen Wellen erreicht ist. Aus oben gesagten Gründen sind die Bauarten der Gelenkwelle mit **zwei** Gelenken auch aus Rücksicht auf die Genauigkeit des Antriebes der Bauart mit **einem** Gelenk vorzuziehen.

### Antriebswelle und deren Lagerung.

Die Antriebswelle wird in den meisten Fällen aus einem Stück mit dem Kegeltrieb ausgeführt, wo dieses nicht zu erreichen sein scheint, muß eine Verbindung auf Konus und Federkeil vorgesehen werden (Abb. 261). Letzteres geschieht meistenteils nur dann, wenn die Gelenkwelle unmittelbar das Antriebskegelrad tragen soll. Aber auch in solchen Fällen kann vorteilhaft die Welle selbst zweiteilig ausgeführt werden, wobei man die beiden Teile durch eine lösbare Kupplung verbindet (Abb. 262). Vereinzelt findet man auch Zahnkupplungen zu diesem Zweck in der Weise vorgesehen, daß die ausgebohrte Kegeltriebwelle eine Hohlverzahnung erhält, während die Gelenkwelle an ihrem Ende ein dazu passendes Zahnrad trägt (Abb. 263). Damit wird auch eine Isolierung des Kegelantriebes von der Gelenkwelle in bezug auf geringe Montage- und Formveränderungsfehler angestrebt, indem man bei der Hohlverzahnung ein unmerkliches Spiel von vornherein zuläßt.

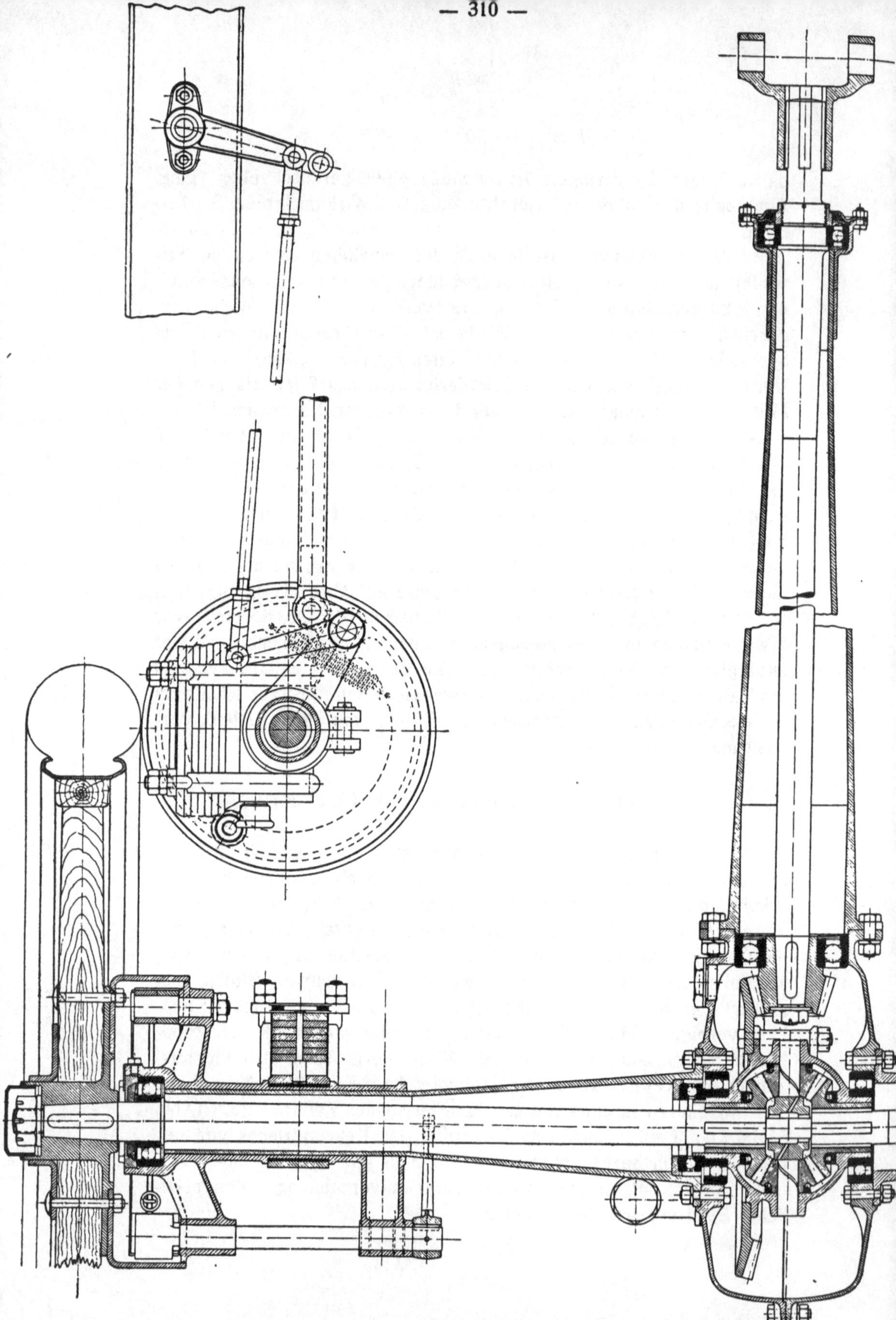

Abb. 261. Benz.

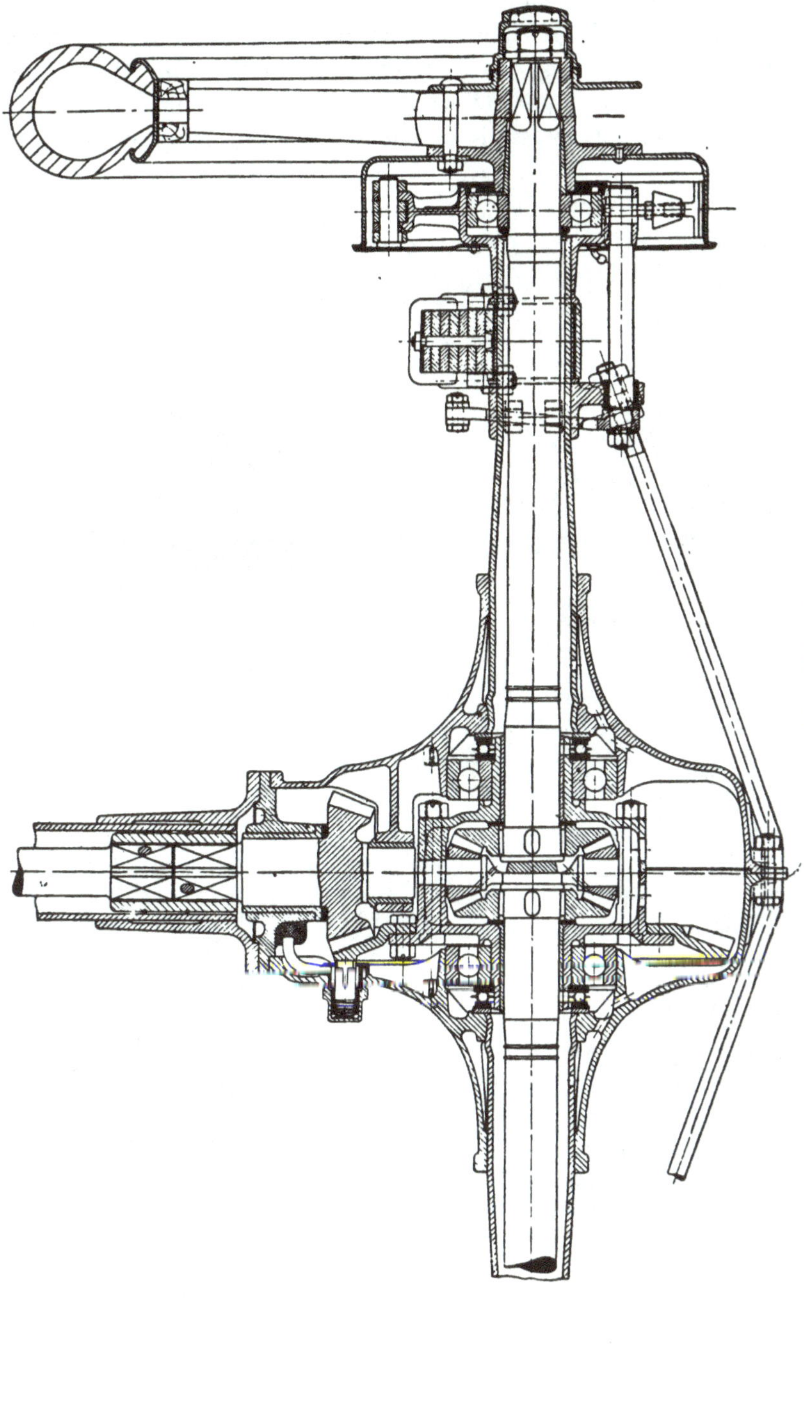

Abb. 262. Adler.

Der Lagerung der Antriebswelle ist die größte Sorgfalt zu widmen. Im allgemeinen wird eine Anordnung von Lagerringen an beiden Enden des Kegeltriebes angestrebt, weil dadurch erwiesenermaßen ein ruhiger Gang der Kegelräder erreicht wird. Nichtsdestoweniger findet man sogar bei erstklassigen Firmen und in neuester Zeit noch fliegend gelagerte Kegeltriebe vor (Abb. 261, 264, 265 u. a.).

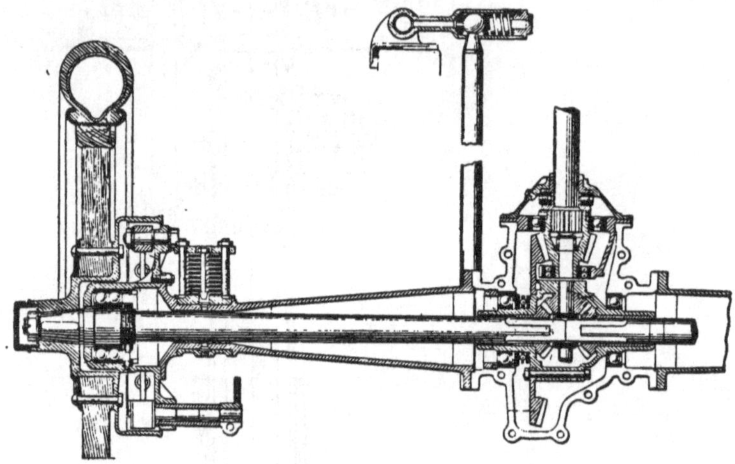

Abb. 263. Cottin & Desgouttes.

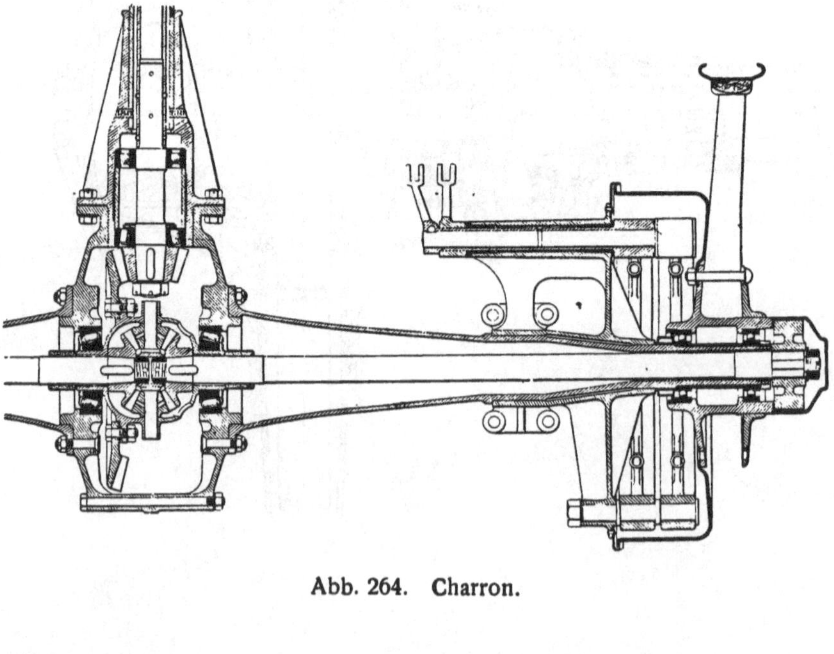

Abb. 264. Charron.

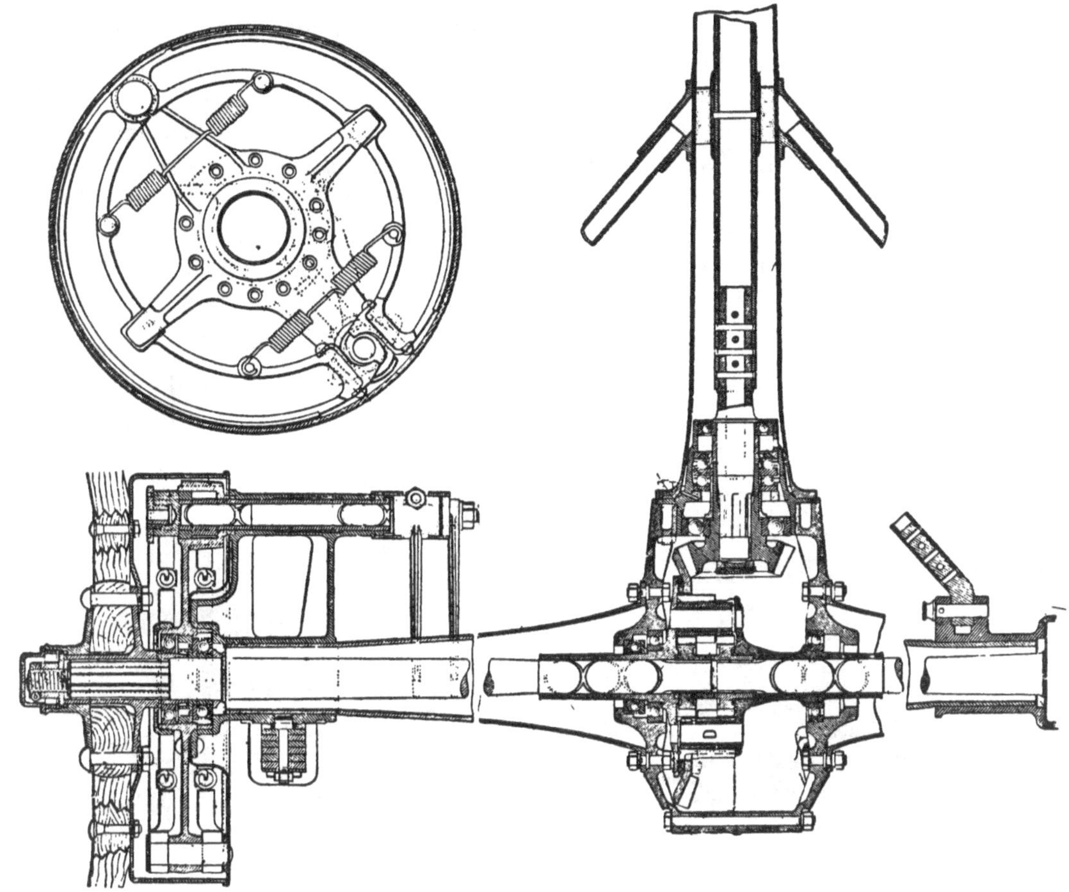

Abb. 265. Panhard & Levassor.

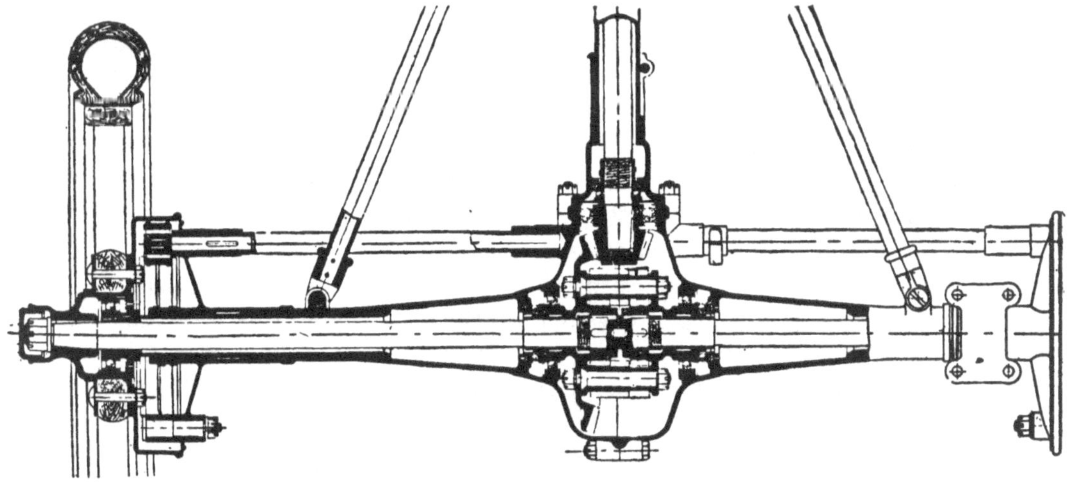

Abb. 266. Audi.

Letzteres wird nicht selten in der Absicht. einen möglichst kleinen Durchmesser des Kegelrades und somit des Gehäuses zu erreichen, zugelassen.

Im Falle der Abb. 264, wo die Antriebswelle sowieso mit der Gelenkwelle (am Stahlrohr) durch Hartlötung und Verstiftung verbunden ist, wäre richtiger gewesen, an dieser Stelle eine lösbare Kupplung vorzusehen, die Welle mit dem Kegeltrieb zu einem Stück zu vereinigen und dadurch den für eine weitere Lagerstelle nötigen Raum zu schaffen.

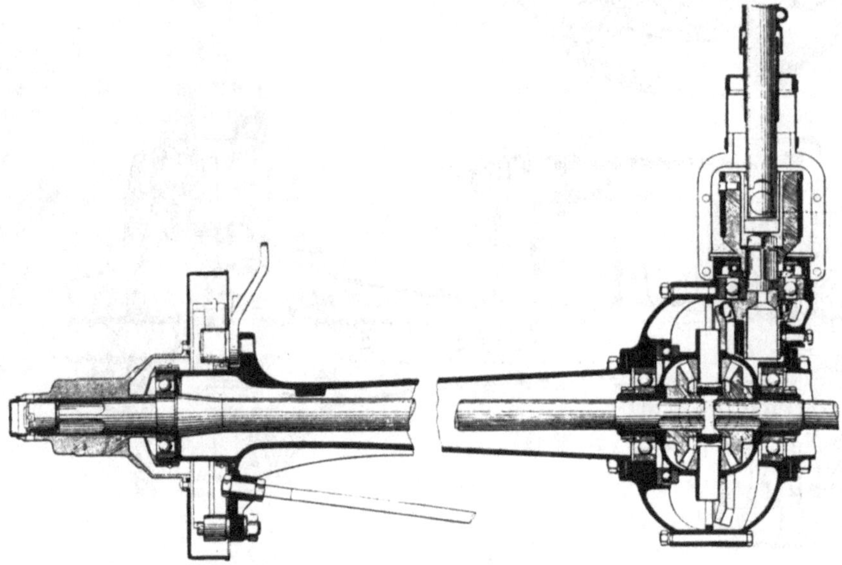

Abb. 267. Hispano-Suiza.

Schwieriger liegen die Verhältnisse auf Abb. 261 und 265, wo man auch durch die Verbindung der Welle mit dem Kegeltriebe zu einem Stück noch immer den zur Unterbringung eines Lagers nötigen Raum nicht erreichen würde, ohne den Durchmesser der Kegelräder und des Gehäuses zu vergrößern. Ein solcher Fall läßt sich bei Anwendung von Kegelradausgleichsgetriebe fast immer durch geschickte Wahl der Abmessungen und vorteilhafte Raumausnutzung vermeiden. Wendet man dagegen ein Stirnradausgleichsgetriebe an, so ergeben sich, infolge seiner unvorteilhaften und platzraubenden Gestalt, fast immer ungünstige Raumverhältnisse, welche den Einbau eines Lagers am Ende der Antriebswelle nicht zulassen, wie dieses auch auf Abb. 266 der Fall ist.

Will man unter solchen Umständen auf eine gute Lagerung der Antriebswelle nicht verzichten, so empfiehlt es sich, das Ausgleichsgetriebe seitlich anzuordnen (Abb. 267 und 268), wodurch sich dann der nötige Raum von selbst ergibt. Es sei hier zu gleicher Zeit bemerkt, daß ernst zu nehmende Nachteile einer seitlichen Anordnung nicht bekannt sind und daß es unberechtigt erscheint auf dieselbe zu verzichten, falls man dadurch einen so wichtigen Vorteil, wie günstige Lagerung der Antriebswelle erkaufen kann. Die Rücksicht auf Erleichterung der kaufmännischen Organisation des Betriebes durch gleichartige Ausbildung der beiden ausgeglichenen Wellen muß vor wichtigeren Gründen zurücktreten und eine symmetrische Ausbildung des Gehäuses läßt sich auch bei seitlich angeordnetem Ausgleichsgetriebe erreichen, wie dieses die Konstruktion auf Abb. 269 beweist.

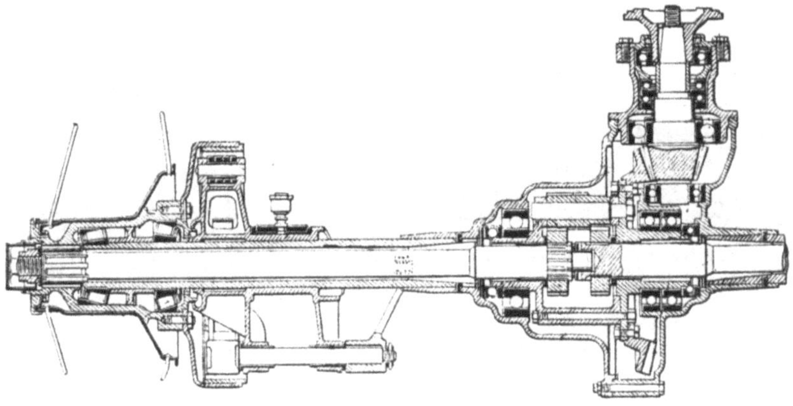

Abb. 268. Wolseley.

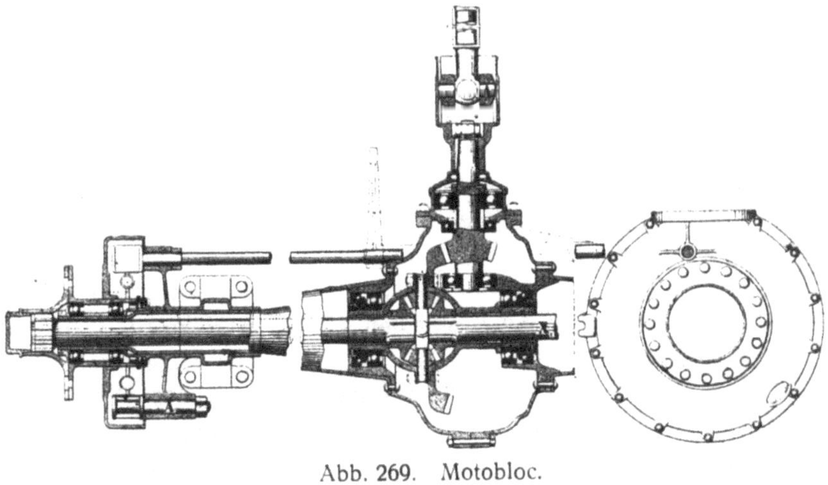

Abb. 269. Motobloc.

Erscheint aus irgend welchen Gründen ein Verzicht auf eine zweiseitige Lagerung berechtigt, so müssen die schädlichen Einflüsse der fliegenden Anordnung durch sehr reichliche Abmessungen der Welle und durch möglichst geringe Entfernung zwischen Lager und Kegeltrieb behoben werden. In dieser Beziehung stellt Abb. 265 eine günstige Anordnung dar, während in den anderen hier angeführten Beispielen einer einseitigen Lagerung die immer vorhandenen Schwingungen und Formänderungen der Gelenkwelle den genauen

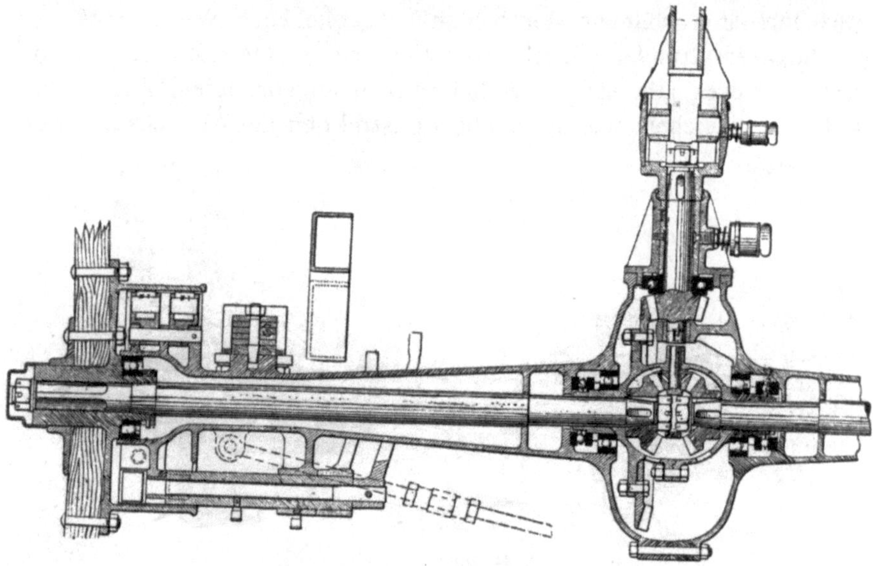

Abb. 270. Doriot, Flandrin & Parant.

Eingriff der Kegelräder stören können. Letzteres muß nämlich in allen Fällen eintreten, in welchen man nur **einen** Laufring zur Lagerung des Kegeltriebes zuläßt, während man einen zweiten für das vordere Ende der Gelenkwelle vorsieht (Abb. 261). Die Entfernung zwischen den Traglagern der Welle wird dadurch zu groß und sind Schwingungen und Durchbiegungen derselben zu befürchten, um desto mehr als daß der radial gerichtete Druck des meistens sehr spitzen Kegeltriebes ein sehr beträchtlicher ist. Vereinzelt findet man sogar Konstruktionen, bei welchen das in der Nähe des Gelenkes am vorderen Ende der Gelenkwelle vorzusehende Kugellager gänzlich fortgelassen ist und die diesseitige Lagerung der Welle dem Kreuzgelenk zugemutet wird. Eine solche Anordnung mag bei zweiseitiger Lagerung des Kegeltriebes und einer zum Gelenk genau centrischen Kugelaufhängung des Gelenkwellengehäuses nicht ohne weiteres bedenklich sein. Bei anderen Verhältnissen, insbesondere bei nur einem Traglager am Kegeltrieb, läßt sie einen dauernd genauen Eingriff der Kegelräder unmöglich erscheinen.

Vereinzelt trifft man auch bei neueren Ausführungen Gleitlagerung von Antriebswellen vor (Abb. 262 und 270). Letztere ist bei guter Schmierung unbedenklich, vorausgesetzt, daß man für die Lagerbüchsen allerbeste harte Phosphorbronze verwendet und dem Einpassen der Lager bei der Montage die nötige Sorgfalt widmet.

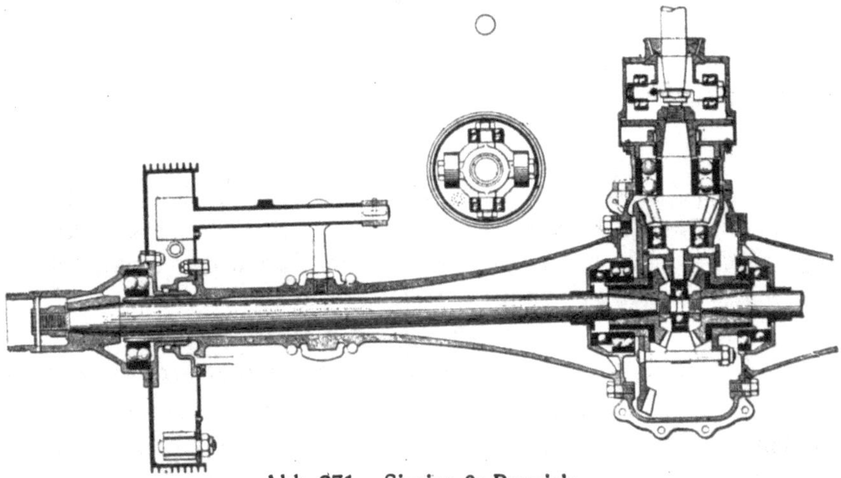

Abb. 271. Sizaire & Berwiek.

Zur Aufnahme der Stützdrücke des Kegeltriebes wird fast allgemein ein Druckkugellager vorgesehen. Unbedingt erforderlich ist letzteres jedoch nicht, weil der Achsialdruck des immer im spitzen Winkel verlaufenden Kegeltriebes kein bedeutender ist, und bei genügender Abmessung des Haupttraglagers diesem sehr wohl zugemutet werden kann. Um jedoch eine dauernde, genaue Einstellung des Kegeltriebes in Achsialrichtung zu ermöglichen und zu erhalten, ist der Einbau von ein- oder besser zweiseitigen Stützkugellagern als durchaus berechtigt zu bezeichnen, weil dadurch die Paßarbeit bei der Montage erleichtert wird. Werden jedoch sehr reichlich bemessene Traglager verwendet, (Abb. 271), so ist die Fortlassung des Stützlagers an dieser Stelle keinesfalls bedenklich. Nicht selten wird das Stützlager durch ein Schräglager, welches zugleich auch als Traglager dient, ersetzt (264 und 270).

Die Trag- und Stützlager werden nicht selten unmittelbar in Bohrungen des Gehäuses untergebracht (Abb. 261, 267). Aus Rücksicht auf bequemere Montierung ist es vom Vorteil, die ganze Lagerung der Antriebswelle in einem besonderen Lagergehäuse zu vereinigen und dieses im montierten Zustande mit dem Hauptgehäuse zu verschrauben (Abb. 263, 268, 271).

Die höchsten vorkommenden Lagerdrucke werden durch den Zahndruck der Kegelräder hervorgerufen, sobald die an den Wagenrädern erzeugte Umfangskraft dem Bodenreibungswiderstand gleich wird. Das höchste Moment in der angetriebenen Welle ist demnach, nach früheren Bezeichnungen:

$$M_d = \mu \cdot Q \cdot R$$

Bezeichnet $r$ den mittleren Halbmesser des großen Kegelrades, so ist der höchste Zahndruck

$$P_z = \mu \cdot Q \frac{R}{r}$$

Außer dem Zahndruck wirkt auf die Welle des Kegeltriebes in dessen Mittelebene eine dem Achsialdruck des großen Kegelrades gleiche Kraft $P_A$, welche zum Zahndruck senkrecht gerichtet ist. Demnach setzen sich diese beiden Kräfte zu

$$P = \sqrt{P_z^2 + P_A^2}$$

zusammen. Der Wert von $P_A$ wird weiter unten angegeben werden.

Da man aus Raummangel meistens nicht im Stande ist, das am hinteren Ende der Antriebswelle vorgesehene Lager richtig zu bemessen, so ordnet man nicht selten am vorderen Ende der Antriebswelle ein drittes Lager an und macht vorerst die Annahme, daß sich die Lagerdrücke auf die beiden vorderen Lager so verteilen, als ob die Welle fliegend gelagert wäre. Demnach wären hier zwei Fälle zu betrachten:

1. Die Welle ist in zwei Lagern fliegend gelagert. Bezeichnet man mit $e$ die Entfernung von Mitte Kegelrad zur Mitte des nächstliegenden Lagers und mit $l$ diejenige von Mitte zu Mitte der beiden Lager, so ergeben sich folgende Lagerdrücke:

Für das dem Kegeltriebe nächstliegende Lager:

$$K_1 = \frac{l + e}{l} \sqrt{P_z^2 + P_A^2}$$

und für das andere:

$$K_2 = \frac{e}{l} \sqrt{P_z^2 + P_A^2}$$

Ist ein drittes Lager vorhanden, so kann die weitere Annahme gemacht werden, daß sich $K_2$ auf die beiden äußeren Lager so verteilt, als ob das mittlere Lager nicht vorhanden wäre.

2. Die Welle ist in zwei Lagern zweiseitig gelagert. Dann bezieht sich $e$ und $l$ auf diese beiden Lager und man hat somit:

$$K_1 = \frac{l-e}{l} \sqrt{P_z^2 + P_A^2}$$

und

$$K_2 = \frac{e}{l} \sqrt{P_z^2 + P_A^2}$$

Der Stützdruck des Kegeltriebes ist:

$$P_a = \frac{P_z \cdot r_1 \cdot \operatorname{tg} \varepsilon}{\sqrt{r_1^2 + r^2}}$$

worin $\varepsilon$ den Evolventenwinkel der Verzahnung, (meistens 14° 30′) und $r_1$ den mittleren Halbmesser des Triebes bedeutet.

Eine fliegend gelagerte Welle wird auf Biegung und Drehung beansprucht und ist dementsprechend zu berechnen, indem man

$$M_b = e \sqrt{P_z^2 + P_A^2}$$
$$M_d = P_z \cdot r_1$$

setzt und das zusammengesetzte Moment bestimmt. $P_A$ ist hier der Achsialdruck des großen Kegelrades und wird aus dem Ausdruck bestimmt:

$$P_A = \frac{P_z \cdot r \cdot \operatorname{tg} \varepsilon}{\sqrt{r_1^2 + r^2}}$$

Soll eine solche Welle etwa in zwei weit voneinander entfernten Lagern geführt werden (wenn beispielsweise $l$ der Länge der Gelenkwelle annähernd gleich ist, so ist es ratsam, die Durchbiegung $f$ in der Mitte der Länge zu berechnen:

$$= \frac{P_z}{E \cdot J} \frac{l^2 \cdot e^2}{6\,(l+e)} \left(\frac{l}{2\,e} - \frac{l^2}{8\,e^2}\right)$$

wobei

$$f < 0{,}05 \text{ mm}$$

sein muß. Danach ist das Trägheitsmoment $J$ des Wellenquerschnittes zu bestimmen.

Eine zweiseitig gelagerte Antriebswelle wird nur auf Drehung durch:

$$M_d = P_z \cdot r_1$$

berechnet.

## Lagerung des Ausgleichsgetriebes.

Das Ausgleichsgetriebe und der Kegelradantrieb bilden Teile der Arbeitsübertragung und gehören daher nicht in den Rahmen des hier zu besprechenden Fahrgestells. Grundsätzliches ist, insofern dessen Verständnis zur Beurteilung der baulichen Verhältnisse der Antriebsachsen notwendig erschien, im Teil I geboten worden. An dieser Stelle ist daher das Ausgleichsgetriebe als bekannt vorausgesetzt. Die nachfolgende Besprechung bezieht sich demnach nur auf die L a g e r u n g des Ausgleichsgetriebes in dem Hinterachsgehäuse.

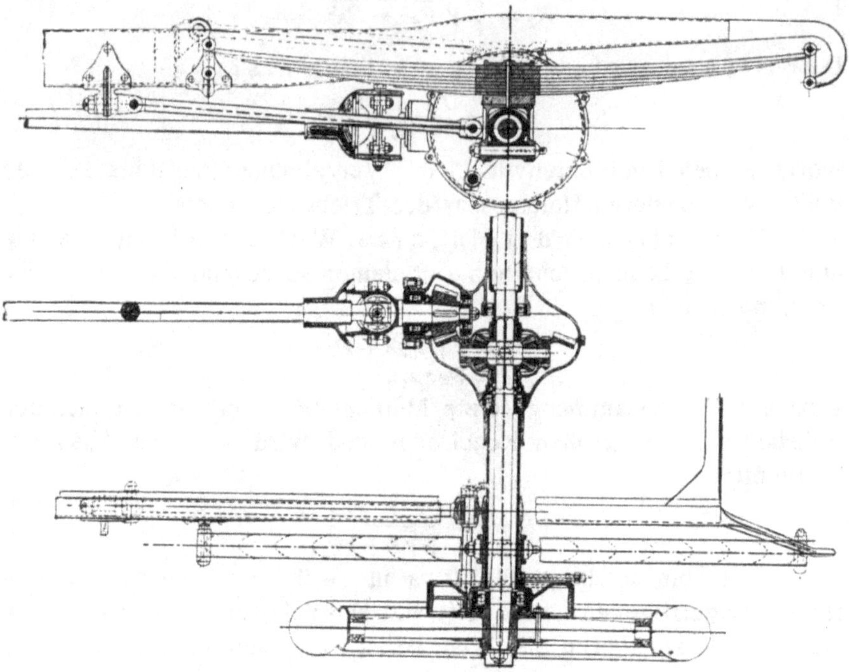

Abb. 272. Dixi.

Bei älteren Ausführungen findet man oft Ausgleichsgetriebe, welche auf den Zapfen der ausgeglichenen Wellen geführt sind und die Wellen selbst in Kugellaufringen gelagert (Abb. 272.). Dadurch werden die Wellen auf Biegung zusätzlich beansprucht und werden, was schlimmer ist, alle Schwingungen und Durchbiegungen derselben auf das Ausgleichsgetriebe und den damit verschraubten Kegelradkranz unmittelbar übertragen. Der hierbei erreichbare Genauigkeitsgrad für den Eingriff der Antriebsverzahnung wird auch durch kleine Ausführungsunterschiede der vielen dazwischen geschalteten Berührungsflächen (zueinander addiert) erheblich herabgesetzt.

Aus diesen Gründen ist man allgemein zur unmittelbaren Lagerung des Ausgleichsgetriebes in dem dazu bestimmten Teile des Gehäuses übergegangen. Auf die Ausbildung der Letzteren wird bei der Besprechung von Gehäusen näher eingegangen, hier sei nur die Lagerung selbst erörtert.

Die Aufnahme der Radialdrücke geschieht ausschließlich durch Kugel- oder vereinzelt durch Rollenlager, während die Stützdrücke durch Druckkugellager aufgenommen werden.

Die meist benutzte Anordnung ist aus der Abb. 271 deutlich zu ersehen. Das Gehäuse vom Ausgleichsgetriebe trägt auf seinen beiden Naben je ein Kugeltraglager, dessen Innenring sich auf je ein Druckkugellager stützt. Da die beiden ausgeglichenen Wellen durch die Vermittlung der darauf auf Konus und Keil befestigten Ausgleichskegelräder jeden Achsialdruck auf das Gehäuse des Ausgleichsgetriebes übertragen, so nehmen die beiden Druckkugellager auch die auf die Zentrifugalkraft und andere äußeren Einflüsse zurückführenden Achsialkräfte auf.

Bei der vorliegenden Bauart ist zwischen den Enden der beiden Wellen auch ein Druckkugellager vorgesehen, während man sich sonst meistens an dieser Stelle aus Raummangel mit gehärteten Stahlzapfen bzw. -Scheiben begnügt.

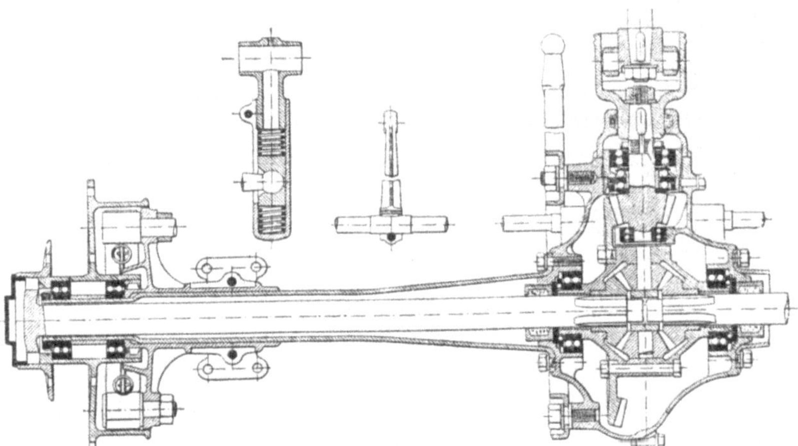

Abb. 273. Barré.

Die beiderseitige Anordnung von Stützkugellagern ist nur dann unbedingt erforderlich, wenn die Wellen einen Achsialdruck auf das Ausgleichsgehäuse übertragen können. Werden Letztere, wie dieses nicht selten geschieht, in den Ausgleichskegelrädern verschiebbar angeordnet, (z. B. auf Abb. 263, 265, 267 u. a.) so wird kein auf die Wellen etwa entfallender Stützdruck vom Ausgleichsgetriebsgehäuse aufgenommen und kann somit für dessen Stützlagerung nur der Achsialdruck des Kegelrades in Betracht kommen. Da letzterer jedoch recht bedeutend ist, so ist dessen Aufnahme durch ein Stützkugellager unumgänglich, falls man nicht Letzteres etwa durch Schräglager (Abb. 264) ersetzt. Auch in solchen Fällen ist jedoch eine beiderseitige Stützlagerung aus Rücksicht auf eine genaue Einhaltung der eingestellten Achsiallage des auf dem Ausgleichsgehäuse befestigten Kegelradkranzes vorzuziehen.

Würde man einen verstellbaren Anschlag für ein Radialkugellager vorsehen, so würde letzteres der Gefahr einer Verklemmung ausgesetzt sein, da der zweite Anschlag als Stütze für das Druckkugellager dienen muß. Vielfach werden auch beide Stützkugellager zu einem zweiseitig wirkenden Doppelstützlager vereinigt (Abb. 253), welches die Lage des Kugelrades ganz genau bestimmt.

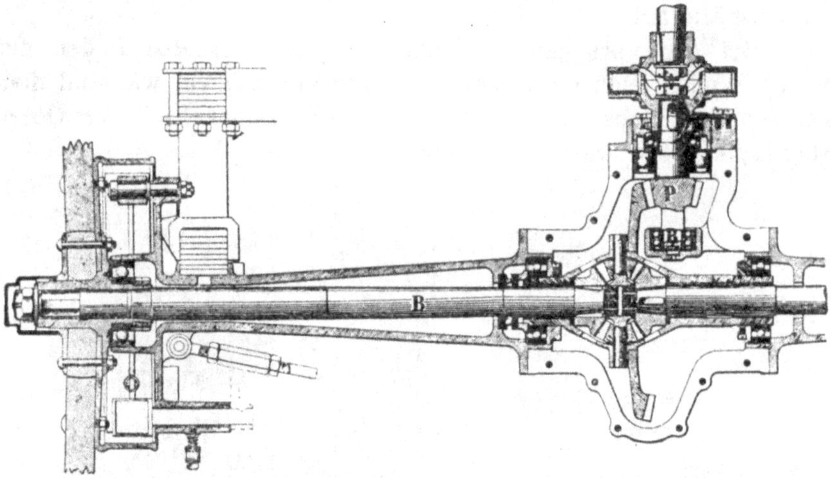


Abb. 274. Délage.

Um eine genaue Einstellung des Gehäuses vom Ausgleichsgetriebe und somit des Kegelradkranzes in achsialer Richtung zu ermöglichen, werden nicht selten mit feinem Gewinde versehene einstellbare Anschläge für die Stützkugellager vorgesehen (Abb. 273), welche nach Abnehmen der Gehäusehälse von außen zu erreichen sind. Eine solche Anordnung erleichtert die Paßarbeit bei der Montierung und erscheint daher empfehlenswert.

Bei einer symmetrischen Lage des Ausgleichsgetriebes verteilt sich der von den Antriebskegelrädern herrührende Belastungsdruck ungleichmäßig auf beide Tragkugellager und erscheint daher die auf Abb. 271 vorgesehene ungleiche Bemessung berechtigt. Letzterem Umstand wird im allgemeinen wenig Rechnung getragen und wird infolgedessen das dem Kegelrade nächstliegende Traglager des öfteren zu schwach bemessen.

Auf Abb. 274 ist ein Ausgleich der Drücke dadurch herbeigeführt werden, daß man die beiden Traglasten symmetrisch zur Mittelebene des Kegelradkranzes angeordnet hat. Der rechte lange Hals des Ausgleichsgehäuses erscheint hier insofern ungünstig, als daß er die Formveränderungen der Antriebsteile begünstigt.

Bezeichnet man mit $l$ die Entfernung von Mitte zu Mitte der beiden Traglager und mit $e$ diejenige von der Mittelebene des großen Kegelrades zur Mitte des nächstliegenden Traglagers, so ergeben sich aus dem Zahndruck $P_z$ und dem Achsialdruck des Kegeltriebes $P_a$ folgende Lagerdrücke:

Für das dem Kegelrad $e$ nächstliegende Lager:

$$K_1 = \frac{l-e}{l} \sqrt{P_z^2 + P_a^2}$$

und für das andere:

$$K_2 = \frac{e}{l} \sqrt{P_z^2 + P_a^2}$$

Der Stützlagerdruck des Kegelradkranzes $P_A$, sowie derjenige des Kegeltriebes $P_a$ sind schon früher angegeben worden.

## Die Radwellen und deren Lagerung.

Unter **Radwellen** sind hier die, mit dem terminus technicus **„Differentialwellen"** belegten, das ausgeglichene Antriebsmoment vom Ausgleichsgetriebe auf die Räder übertragenden Wellen zu verstehen. Letztere bilden im Grunde genommen ebenfalls einen Teil der Arbeitsübertragung, da jedoch die Art deren Verbindung mit den Teilen des Ausgleichsgetriebes, sowie mit den Radnaben, für die Ausbildung der Hinterachse wesentlich ist, so sollen diese Wellen hier als Teile des Fahrgestells betrachtet und eingehend besprochen werden.

So unsachgemäß und unberechtigt eine Bauart der Hinterachse erscheinen mag, bei welcher die Radwellen durch die Schwerkraft des Wagens, Stöße der Fahrbahn und den Einfluß der Zentrifugalkraft auf Biegung beansprucht werden, so ist es nicht zu leugnen, daß eine große Zahl, teilweise ganz erstklassiger Firmen bis die jüngste Zeit, auf Biegung beanspruchte Radwellen für zulässig erachtet und ihre Hinterachsen dementsprechend ausbildet.

Es muß auch ohne weiteres zugegeben werden, daß bei genügend starker Bemessung des in Frage kommenden Zapfens der Welle eine Bruch- oder Formveränderungsgefahr völlig beseitigt werden kann, sofern es sich um **bleibende** Formveränderungen handelt. Durchbiegungen und Schwingungen der Wellen sind dagegen bei solchen Anordnungen kaum zu vermeiden und wird dadurch ohne jeden Zweifel der genaue Eingriff der Antriebskegelräder ungünstig beeinflußt.

Die Größe dieses Fehlers ist in erster Linie von der Größe des zugelassenen Hebelarmes der senkrechten Kräfte abhängig. Vielfach wird dieser Hebelarm so gering (einige Millimeter) gehalten, daß auch der Einfluß deren Biegungsmomente verschwindend klein genannt werden darf.

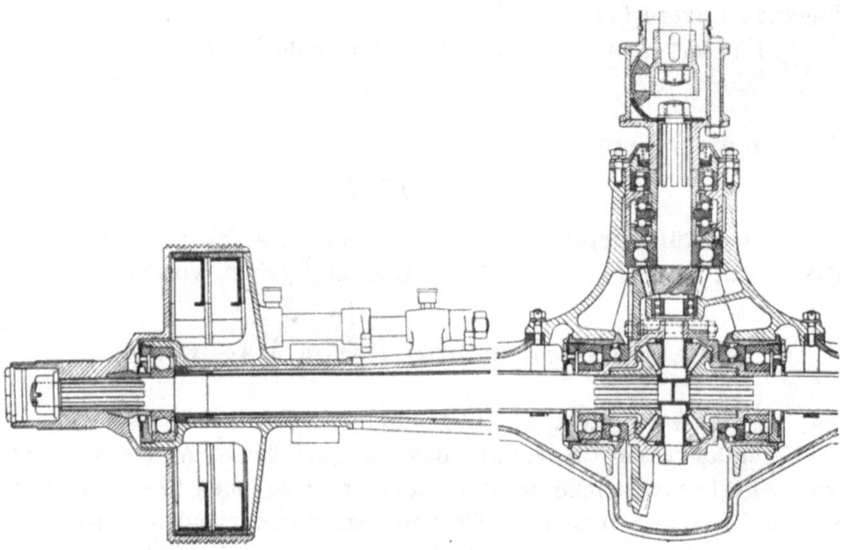

Abb. 275. L. U. C.

Auf Abb. 263, 267, 271, 275 sind Beispiele von solchen Ausführungen gegeben. Das durch die senkrechten Kräfte erzeugte Biegungsmoment kann hier nur theoretisch vorhanden sein. Praktisch ist dasselbe so gering, daß es nicht berücksichtigt zu werden braucht. Immerhin ist hier die Radwelle einem nicht unbedeutenden Biegungsmoment aus der am Umfange des Rades wirkenden Zentrifugalkraft $P_1$ ausgesetzt, welche überdies ein Kanten des Kugellagers hervorruft.

Bedenkt man jedoch, daß die Zentrifugalkraft nur verhältnismäßig selten und auf kurze Zeit auftritt, während die senkrechten Kräfte dauernd wirken, so erscheint die Gefahr einer frühzeitigen Abnutzung der Antriebsverzahnung durch die etwa unter dem Einfluß der ersteren eintretenden Ungenauigkeiten des Eingriffes nur gering und unwesentlich zu sein. Ueberdies sind bei den drei ersten der vorgeführten Ausführungen die in Frage kommenden Teile der Wellen erheblich verstärkt, so daß hier Formveränderungen kaum zu erwarten sind.

Bedenklicher sind Anordnungen, bei welchen der in Betracht kommende Hebelarm eine Größe von 50, 60 und mehr mm annimmt. In solchen Fällen erscheinen ständig wiederkehrende Druckfederungen und Schwingungen der Wellen unvermeidlich; wenn man also eine dauernde Geräuschlosigkeit des Antriebes anstrebt, so ist es ratsam, so große Ausladungen zu vermeiden, umdestomehr daß ein berechtigter Grund für deren Anwendung nicht besteht

Die kaum merkliche Gewichtsvermehrung und Erhöhung der Herstellungskosten sind als solche kaum anzuerkennen, besonders aber dann nicht, wenn man sich mit einer angenäherten Beseitigung des schädlichen Hebelarmes begnügt, also nur ein Kugellager in der Radnabe zuläßt.

Will man alle auf das Rad wirkenden Kräfte auf das Hinterachsgehäuse aufnehmen und dadurch also die Radwellen ausschließlich durch Torsionskräfte beanspruchen, so ist, aus Rücksicht auf das oben erwähnte, beim Befahren einer krummlinigen Bahn auftretende Kräftepaar $P_1 \cdot R$ (Vgl. unter „Vorderachsen"), eine Anordnung von zwei Kugellagern für jede Radnabe erforderlich (z. B. auf Abb. 273).

Je nach dem das eine oder das andere Prinzip für die Lagerung der Wellen gewählt wurde, können die allgemein üblichen Ausführungen in zwei Bauarten eingeteilt werden:

### Bauart I:

### Ein genau oder annähernd in der Radebene angeordnetes Kugellager für jedes Rad.

Das Lager wird hier meistenteils unmittelbar auf die Welle aufgesetzt, während dessen Außenring in einer am Ende des Gehäusehalses vorgesehenen Erweiterung untergebracht wird. (Abb. 274 und 267).

Wird das Lager innen und außen festgelegt (Abb. 267), so muß die Welle an ihrem anderen Ende (also die Verbindung mit dem Ausgleichskegel, bezw. Stirnrad) frei verschiebbar liegen und dürfen die beiden Wellen mit ihren Enden nicht aufeinander stoßen, weil in solchem Falle durch Wärmeausdehnung bei der beträchtlichen Länge der Wellen leicht Lagerverklemmungen eintreten können.

Der Stützpunkt der Wellen kann demnach in solchem Falle auf das Ausgleichsgehäuse bezw. Druckkugellager nicht aufgenommen werden, muß vielmehr dem festgelegten Traglager zugemutet werden. Eine gute Lösung dieser Frage findet man auf Abb. 265 veranschaulicht, wo zur Aufnahme des Stützdruckes der Welle ein besonderes Druckkugellager vorgesehen ist.

Dem zuletzt erläuterten Umstand wird im Allgemeinen zu wenig Beachtung geschenkt, wie dieses aus den hier gebotenen anderen Abbildungen klar zu ersehen ist. Die unerwünschten Folgen davon sind ein frühzeitiges Spiel in den Tragkugellagern und das nach verhältnismäßig kurzer Zeit eintretende Geräusch der Kegelräder.

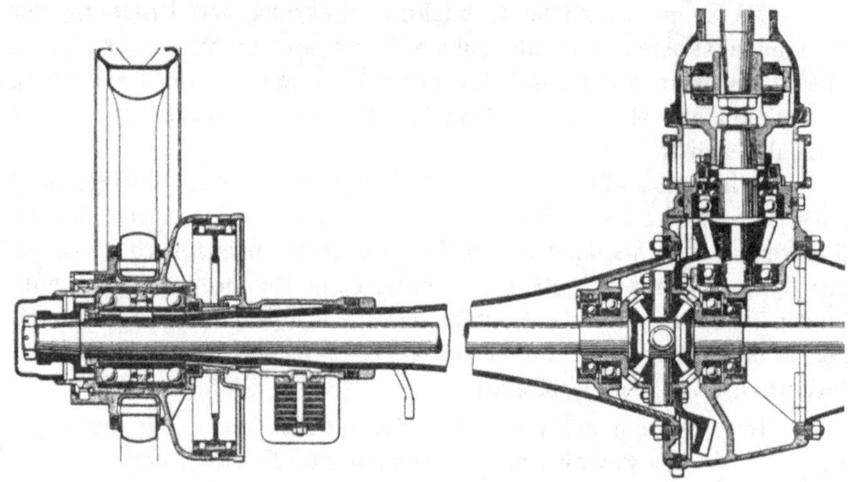

Abb. 276. Austin.

W i r d d a s R a d k u g e l l a g e r a u ß e n n i c h t f e s t g e l e g t, so müssen die Radwellen eine anderweitige Achsialbegrenzung erhalten. Letzteres geschieht in den meisten Fällen in der Weise, daß die nach innen zu liegenden Enden der Radwellen mit den Ausgleichskegelrädern unverrückbar verbunden werden, welche ihrerseits durch das Ausgleichsgehäuse festgelegt werden (Abb. 270, 274). Die Befestigung selbst wird meistens auf Konus und Keil ausgeführt. Selten findet man die Befestigungsart nach Abb. 262 vor, bei welcher die Kegelräder auf den Wellen gegen innen angeordnete Bunde aufliegen. Vereinzelt werden auch Wellen mit Kegelrädern aus je einem Stück ausgeführt (Abb. 276).

Bei solchen Ausführungen wird naturgemäß der Stützdruck der Wellen auf das Ausgleichsgetriebe übertragen und kann durch dessen Druckkugellager aufgenommen werden.

Nicht selten wird das Tragkugellager auf das als Hohlzapfen ausgebildete Ende des Gehäusehalses aufgesetzt, während die Radnabe den Außenring des Lagers aufnimmt (Abb. 271).

Die Befestigung der Radnabe bei der Bauart I erfolgt durch unmittelbare Anzugsverbindung, sei es durch Konus und Keil (Abb. 263, 271) oder durch Konus und Vierkant (Abb. 262, 270) oder durch Keilwelle mit konischer Auflage (Abb. 274, 275). Sehr selten wird hier auf die konische Auflage, also auf Anzug verzichtet und wird dann ein Paßsitz der Radnaben auf in mehrfachem Keilprofil gefrästen Zapfen der Radwellen gewählt (Abb. 265). Im Interesse eines leichten Abbaues (Radabziehen) soll der verwandte Konus nicht zu spitzwinklig gewählt werden; eine Neigung von 1 : 5 erscheint hier geeignet. Für die Befestigung der Ausgleichskegel-, bezw. Strnräder, ist diese Vorsicht überflüssig und kann man hier einen Normalkonus 1 : 10 vorsehen.

Bauart II.

Für jedes Rad zwei an beiden Seiten der Radebene angeordnete Tragkugellager.

Die Radnabe wird hier unabhängig von der Radwelle auf dem als langer Hohlzapfen ausgebildetem Ende des Gehäusehalses in der bei den Vorderachsen näher besprochenen Weise (Abb. 253, 264, 269), gelagert, indem eines von den beiden Ringlagern innen und außen festgelegt wird und die Stützdrücke des Rades aufnimmt. In letzterer Hinsicht ist die Bauart auf Abb. 268, durch die Anordnung von Schrägrollenlagern besonders günstig zu nennen.

Die Radwelle kann an einem ihrer Enden unverrückbar befestigt sein, muß dann aber am anderem Ende frei verschiebbar mit dem in Frage kommenden Stück (Nabe oder Ausgleichskegelrad) verbunden werden (Vgl. Abb. 269 und 273).

Die verschiebbare Verbindung mit der Nabe wird in den meisten Fällen durch eine Zahnkupplung hergestellt, indem die Nabe mit einer Hohlverzahnung ausgerüstet wird und das Gegenstück auf die Radwelle aufgekeilt oder aus einem Stück mit derselben hergestellt wird (Vgl. Abb. 269 und 276).

Vielfach werden die Wellen so angeordnet, daß man dieselben nach Lösen der Radkapsel nach außen herausziehen kann, was in bezug auf die Montierung gewisse Vorteile bedeutet (Abb. 256, 269, 273).

Die Bauart II ist in der Herstellung etwas kostspieliger als die Bauart I. Sie ist jedoch in jeder Beziehung einwandfrei und läßt bei sonst guter Ausbildung und Ausführung einen dauernd genauen Eingriff der Antriebsräder und infolgedessen dauernd geräuschlosen Lauf erwarten. Dadurch wird der geringfügige Preisunterschied erkauft und so kann man als wahrscheinlich annehmen, daß die Bauart mit je zwei Lagern diejenige mit einem Lager in der Zukunft verdrängen wird.

Für die Bauart I ist der Lagerdruck im Höchstfalle annähernd:

$$K = \sqrt{\frac{1}{4} F_0^2 + W^2}$$

worin $F_0$ und $W$ den früheren Bezeichnungen entsprechen. Aus Rücksicht auf das hier nicht angeschlossene Kanten des Lagers, erschien die Verwendung von kugligen Einstellagern geboten.

Für die Bauart II entsprechen die Lagerdrücke denjenigen, welche für Hinterachsen mit außenliegendem Antrieb angegeben worden sind.

## Hinterachsgehäuse.

Hinterachsgehäuse werden in den meisten Fällen aus mehreren Stücken zusammengesetzt. Als Material wird hier Stahlformguß, geschmiedeter bezw. gepreßter, gezogener, gewalzter Stahl, nahtloses Stahlrohr und Stahlblech verwandt, letzteres gepreßt und nicht selten autogen geschweißt.

Das wesentliche bei den Gehäusen ist die Art, in welcher der Einbau der Triebwerksteile erfolgen kann. Für Ausgleichsgetriebe mit herausnehmbaren Radwellen kann das Hinterachsgehäuse anders geteilt werden als für solche, welche mit den Wellen eine durchgehende Achse bilden. Darum erscheint es berechtigt, die Bauarten des Hinterachsgehäuses nach der Art zu beurteilen, in welcher der Einbau des Ausgleichsgehäuses erfolgen kann.

1. Ausgleichsgetriebe mit den Wellen zusammenhängend.

Die nächstliegende Lösung wäre das Hinterachsgehäuse wagerecht zu teilen und an den Flanschen zu verschrauben. Eine solche Ausführung ist jedoch nur selten zu finden, weil der Zusammenbau ein sehr zeitraubender, umständlicher und kostspieliger ist..

Eine weitere Möglichkeit besteht darin, das Gehäuse senkrecht in der Ebene der Gelenkwelle zu teilen und den Einbau von der Stirnseite her vorzunehmen. Diese Bauart ist, als Grundsatz betrachtet, vorherrschend und läßt unzählige Ausführungsmöglichkeiten zu. Als charakteristisch seien einige darunter hervorgehoben.

Man kann hier jede Gehäusehälfte als ein Gußstück ausbilden (Abb. 270), wobei man jedoch, trotz der billigen Herstellung, infolge von recht hohem Prozentsatz an Guß- und Bearbeitungsausschuß keine bedeutenden Vorteile in bezug auf den Herstellungspreis erzielt. Als Nachteil wäre hier ein hohes Gewicht, als Vorteil hohe Widerstandsfähigkeit gegen Formveränderung zu nennen.

Abb. 277.

In neuerer Zeit werden auch solche Gehäuse aus Stahl geschmiedet (Abb. 277). Bemerkenswert ist der aus dem Stück herausgeschmiedete Auswuchs, welcher zur Aufnahme des kleinen Kegeltrieblagers bestimmt ist. Durch sachgemäße Bearbeitung kann solches Gehäuse sehr leichtwiegend gestaltet werden, ist aber in der Rohherstellung und auch durch umfangreiche Bearbeitung sehr kostspielig.

Nicht selten wird jede Gehäusehälfte aus zwei Teilen zusammengesetzt, indem man die gegossene Glocke mit dem gegossenen Hals zusammenschraubt (Abb. 267). Auch hier muß mit einem hohen Gewichte gerechnet werden. Der Gedanke lag nahe, die gegossenen Hälse durch solche aus Stahl, bezw. aufgefordertem und umgebördeltem Stahlrohr zu ersetzen (Abb. 273).

Natürlich müssen hier ebenso wie im Falle der Abb. 277 auf die Enden der Hälse Gußstücke aufgesetzt werden, welche zur Aufnahme der Federteller und als Bremsböcke dienen und meistens aufgepreßt und vernietet, seltener hart aufgelötet werden. Bei solcher Ausführung, welche gegenwärtig vorherrschend ist, werden die gegossenen Glocken zur Aufnahme von Ausgleichsgehäuselagern benutzt, während die Enden von den Stahlhälsen als dünnwandige Hohlzapfen dienen.

Auf Abb. 253, 258, 264, 269, 271, 176 sind verschiedene Abarten von solchen Gehäusen geboten.

Vielfach werden die Stahlhälse an den äußeren Enden ebenfalls tellerförmig ausgeschmiedet, so daß die als Bremsbock bezw. Lagergehäuse dienenden Gußstücke eine vorzügliche Flanschbefestigung erhalten (Abb. 263, 271). Bei der letztgenannten Ausführung sind selbst die Bremsböcke durch Stahlteller mit angenietetem Rohrstück ersetzt.

Auch normales Stahlrohr wird vereinzelt als Gehäusehälse gebraucht, indem man dasselbe in Gußstücke einpreßt und vernietet, einschraubt oder hart einlötet (Abb. 262, 268, 278). Bei der ersterwähnten Adlerachse wird das Rohr eingewalzt, was der Verbindung große Widerstandsfähigkeit verleiht.

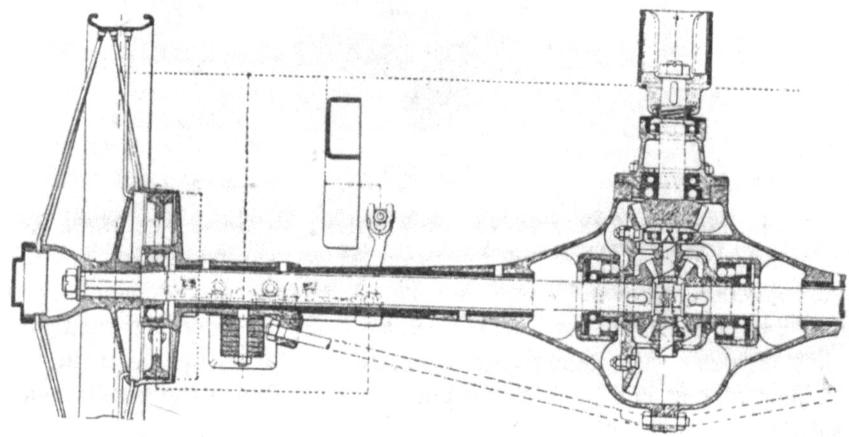

Abb. 278. Phenix.

Bei der Anwendung von getrennten Hälsen kann das mittlere Stück des Gehäuses auch wagerecht geteilt werden (Abb. 254, 256, 263, 274). Als Vorteil wären hier die geteilten Lagerstellen und die dadurch erleichterte Montierungsarbeit zu nennen. Nachteile wären in der schwierigen Bearbeitung und in den um 90 ° versetzten Fugen zu suchen. Es erscheint nicht berechtigt auf die Lagerung des Ausgleichsgetriebes innerhalb des Mittelteiles des Gehäuses zu verzichten, wie dieses auf Abb. 279 geschehen ist.

Eine ungewöhnliche Teilung des Gehäuses sei schließlich auf Abb. 280 vorgeführt. Bemerkenswert ist hier die gut ausgebildete Versteifung des Gelenkwellenrohres.

## 2. Ausgleichsgetriebe mit herausnehmbaren Wellen.

Ueber den besprochenen Möglichkeiten für die Ausbildung des Gehäuses ergeben sich für Ausgleichsgetriebe, welche ohne die Wellen eingebaut werden können, noch weitere Lösungen für die Gliederung des Gehäuses.

So ist auf Abb. 281 (links) eine amerikanische Bauart angedeutet, bei welcher durch einen am hinteren Teil des Achsgehäuses vorgesehenen Deckel das ganze Ausgleichsgetriebe ein- und ausgebaut werden kann, ohne das Gehäuse selbst aufzu-

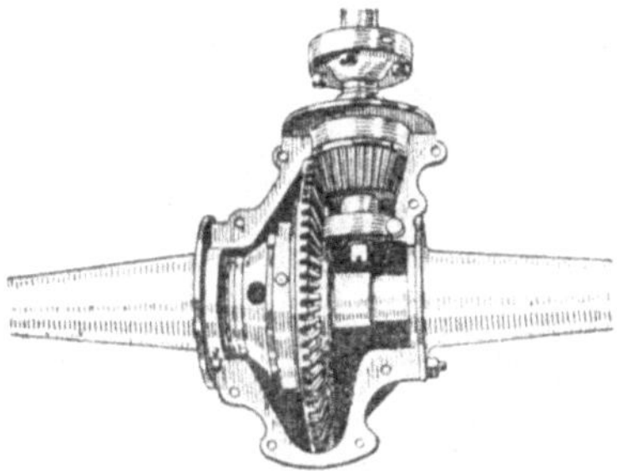

Abb. 279.

Abb. 280. Enfield.

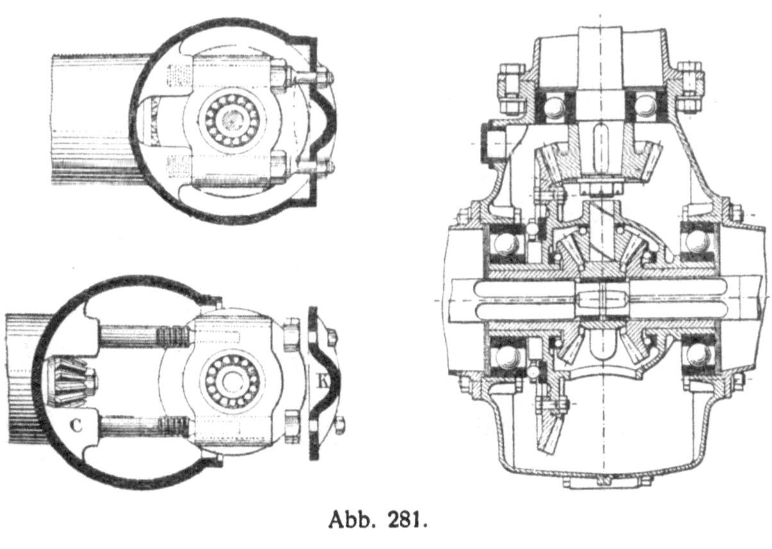


Abb. 281.

machen. Die Radwellen werden nachträglich von außen eingeschoben und durch die Radkapsel festgelegt, ähnlich wie dieses auf der rechten Figur der Abbildung gezeigt ist.

Durch solchen Einbau ist eine einteilige Ausführung des Gehäuses aus Blech ermöglicht.

Abb. 282. Fiat.

Abb. 283. Aquila Italiana.

Abb. 282 stellt ein solches Gehäuse dar, welches aus zwei ausgestanzten und gepreßten und zusammengenieteten Blechhälften besteht. Hinten ist ein Deckel vorgesehen, durch welchen das Ausgleichsgehäuse in der auf Abb. 281 gezeigten Weise eingebaut wird.

Noch weiter geht nach derselben Richtung die Bauart auf Abb. 283 und 284. Hier ist das Ausgleichsgetriebe mit der Antriebs- und Gelenkwelle und deren Lagerung zu einem Stück konstruktiv vereinigt und, so zusammen montiert, kann das ganze durch einen Deckel

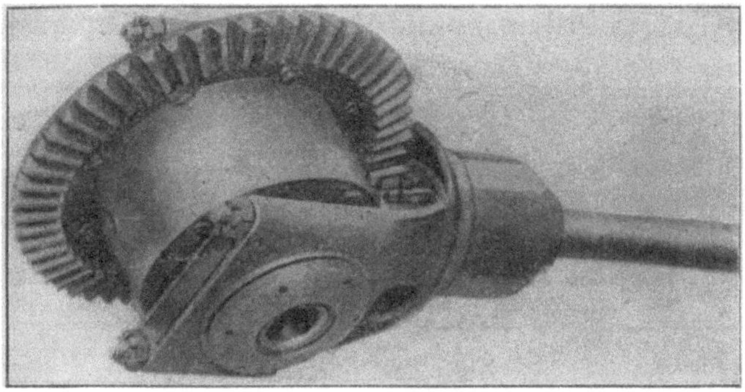

Abb. 284. Aquila Italiana.

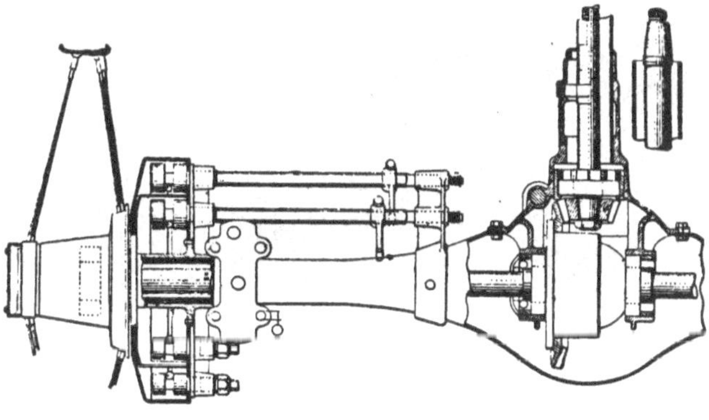

Abb. 285. Storero.

in das aus zwei Blechhälften zusammengeschweißte Gehäuse eingebaut werden. Der gegossene Deckel drückt das Gestell gegen eine konische Auflage im Innern des Gehäuses.

Nach einem ähnlichen Prinzip ist die Hinterachse auf Abb. 285 und 286 zusammengebaut. Hier wird der ganze Antrieb mit der Gelenkwelle und Ausgleichsgehäuse auf einem gegossenen Deckel aufgebaut und der Letztere dann von vorne an ein geschweißtes

Blechgehäuse angeschraubt (Vgl. auch Abb. 275). Aehnlich ist auch das Gehäuse auf Abb. 287 ausgebildet, mit dem Unterschied jedoch, daß hier das geschmiedete Stahlgehäuse im mittleren Teil einen Rahmen bildet, welcher durch je einen gegossenen Deckel vorne und hinten abgeschlossen wird.

Zur Befestigung der Federn werden an der Hinterachse Federteller vorgesehen. Je nach der Abstützungsart der Achse müssen dieselben drehbar oder fest mit derselben verbunden sein. Im ersten Falle wird ein zweiteiliges als Federteller ausgebildetes

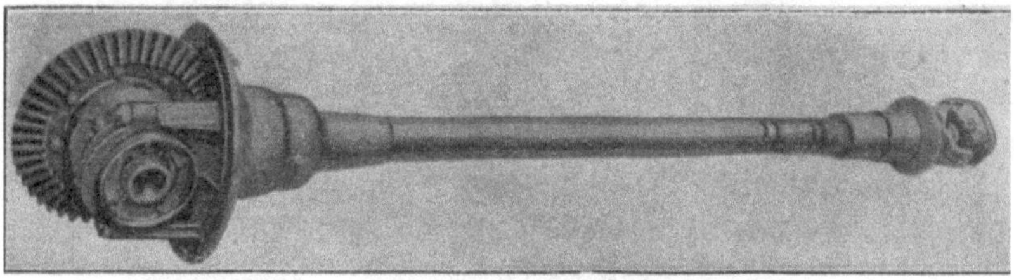

Abb. 286. Storero.

Abb. 287. Picard & Pictet.

Lager um zu diesem Zwecke vorgesehene Lagerstellen der Achse herumgelegt (Abb. 263, 258). Feste Federteller werden meistens mit dem Bremsbock und den Lagern für die Bremswelle zu einem Stück vereinigt und auf den Hals des Gehäuses aufgesetzt. (Abb. 255, 256, 265, 264, 269, 273). Bei gegossenen Gehäusen, bezw. Hälsen, sind sie mit denselben vergossen (Abb. 270, 274).

Um die Widerstandsfähigkeit des Hinterachsgehäuses gegen Formveränderungen zu erhöhen, wird nicht selten eine außen angeordnete Versteifung in Gestalt einer Spannstange (Sprengwerk) vorgesehen. Letztere wird mit ihren Enden an den auf den Hälsen befestigten Gußstücken (Bremsböcke, Federstützen, Lagergehäuse oder dergl.) befestigt und gegen die Mitte des Achsgehäuses angespannt. Um ein Verschieben der Spannstange zu vermeiden, wird der Gehäusemittelteil öfters mit gabelförmigen Angüssen (Abb. 269 rechts) versehen.

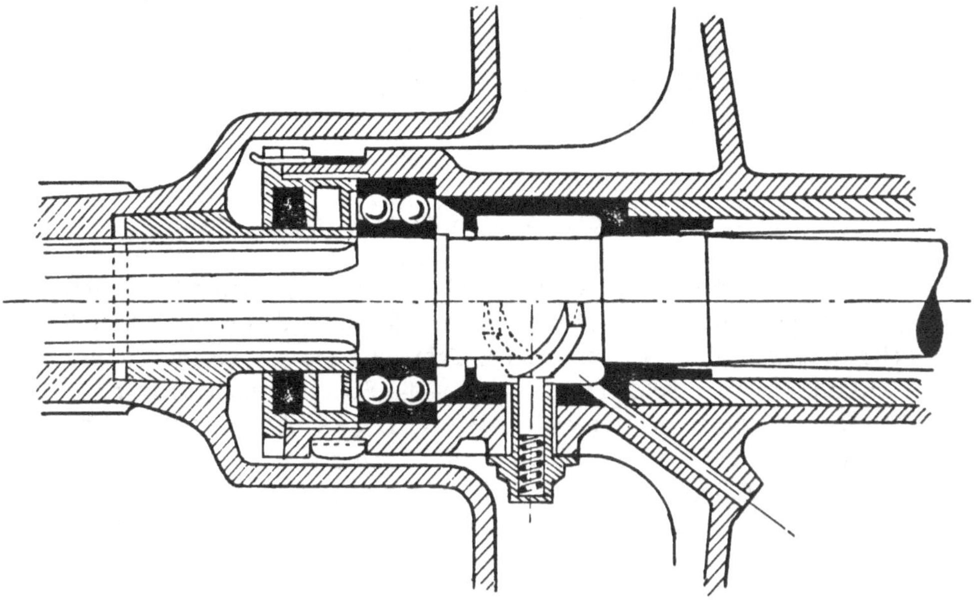

Abb. 288.

Zur Befestigung der Spannstange werden an den Endgußstücken besondere Augen vorgesehen. Die Enden der Stange werden entweder durch Letztere durch gesteckt und mit Muttern angespannt (Abb. 278, 255, 262, 267), oder was vorzuziehen ist, als Gabelgelenk ausgebildet (Abb. 254, 270, 274). In letzteren Fällen wird die Verstrebung durch Spannmutter mit Links- und Rechtsgewinde gespannt, wie dies aus den letztgenannten Abbildungen ersichtlich ist.

Die Spannstangen werden entweder aus Rundstahl (etwa 5/8″) oder aus Flacheisen mit angeschweißten Enden (Abb. 254) hergestellt. Vereinzelt findet man Anordnungen, bei welchen die Verstrebung durch eine auf das Gehäuse gestützte Druckschraube gespannt wird.

D i e S c h m i e r u n g der Triebwerksteile und deren Lagerung wird dadurch bewirkt, daß das Gehäuse mit Schmiermittel angefüllt wird. Wo Gleitlager für die Antriebswelle verwandt werden, da empfiehlt es sich, für ausgiebige Schmierung besonders Sorge zu tragen, wie dieses beispielsweise auf Abb. 262 geschehen ist. Hier wird durch einen Abstreifer das am Kegelradkranz haftende Oel gesammelt und mittels eines Röhrchens dem Lager zugeführt.

Sind überall Kugellager vorgesehen, dann wird es genügen, am Achsgehäuse eine leicht zugängliche Einfüllöffnung und eine Ablaufstelle vorzusehen, ohne um die Verteilung des Schmiermittels auf die einzelnen Lagerstellen besorgt zu sein. Für eine gute Abdichtung des Gehäuses an den Enden der Hälse ist durch Anordnen von Schleuderringen und Dichtungsdeckel Sorge zu tragen. In dieser Beziehung kann die Ausführung auf Abb. 288 als vorbildlich gelten.

## Hinterachsen mit Schneckenantrieb.

Die Besprechung der Eigenschaften und der Ausbildung des Schneckenantriebes gehört nicht in den Rahmen dieser Arbeit, weil hier nur die Teile des Fahrgestells, nicht aber die Arbeitsübertragung behandelt werden soll. Daher werden die Schneckenachsen hier nur insofern erörtert, als *durch die Art des Antriebes abweichende Verhältnisse in bezug auf die Ausbildung der Hohlachse geschaffen werden.*

Ein wesentlicher Unterschied ergibt sich hier durch die zum Ausgleichsgetriebe tangential gerichtete Lage des Antriebs, bezw. Schneckenwelle.

Weiter sind durch die Lagerung der letzteren bedeutende Stützdrücke aufzunehmen, welche zwischen einem positiven und einem negativen Höchstwert schwanken.

Auch die von der Lagerung des Ausgleichsgehäuses aufzunehmenden Stützpunkte wechseln während der Fahrt ständig ihre Richtung, so daß auch hier eine beiderseitige Stützlagerung unumgänglich ist.

Diese unterschiedlichen Merkmale beziehen sich jedoch nur auf den mittleren Teil des Gehäuses, während die Ausbildung der Hälse, der Radwellen, sowie alle außerhalb derselben liegenden Teile in ebensolcher Weise wie bei Hinterachsen mit Kegelradantrieb geschehen kann.

Die Frage, ob es vorteilhaft ist, *die Schneckenwelle* unter- oder oberhalb des auf dem Ausgleichsgehäuse angebrachten

Schneckenrades wird hier, aus oben angeführten Gründen, nicht erörtert, vielmehr werden beide Möglichkeiten den praktisch ausgeführten Lösungen entsprechend berücksichtigt.

Die Schneckenwelle wird immer zweiseitig im Kugellager gelagert, welche, in Anbetracht der Notwendigkeit ein zweiseitiges Stützlager einzubauen, außen frei verschiebbar anzuordnen sind. Je nach der Art der Gehäuseteilung kann der Einbau entweder von der Stirnseite her erfolgen (Abb. 289), oder kann, bei einer senkrechten Mittelfuge, die mit Lagern montierte Welle radial in das Gehäuse hinein gelegt werden (Abb. 290).

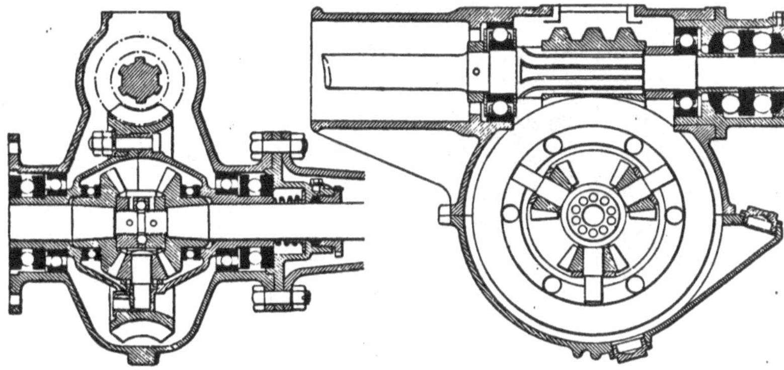

Abb. 289. Argyll.

Werden bei unten angeordneter Schnecke die Lager ohne weiteres gut geschmiert, so muß im Falle einer oben liegenden Schnecke, bei der Wahl der Lage der Stützdruckaufnahme auf die Richtung Rücksicht zu nehmen, nach welcher das Schmiermittel gefördert wird. Dieser Forderung wird bisher in der Praxis nicht immer Rechnung getragen und unter den hier abgebildeten Ausführungsbeispielen weisen nur wenige eine selbsttätig ausgiebige Schmierung der Stützlager auf.

Die L a g e r d r ü c k e f ü r d i e S c h n e c k e n w e l l e n - L a g e r u n g ergeben sich:

1. Aus dem, in einer zur Schneckenachse senkrechten Ebene liegenden Tangential-Zahndruck der Schnecke $P_T$.

2. Aus dem Achsialdruck der Schnecke $P_a$, (welcher dem in einer zur Schneckenradachse senkrechten Ebene liegenden Tangentialdruck des Schneckenrades gleich ist).

3. Aus dem Radialdruck der Schnecke $P_R$, welcher auf die Keilwirkung der Verzahnung zurückzuführen ist (Evolventenwinkel $E$).

1 und 3 werden von den Traglagern, 2 von den Stützlagern aufgenommen.

Diese Kräfte können zwei Maximalwerte aufweisen: einmal wenn das vom Motor auf die Räder übertragende Drehmoment die Gesamtgröße

$$M_d = \mu\, Q \cdot R$$

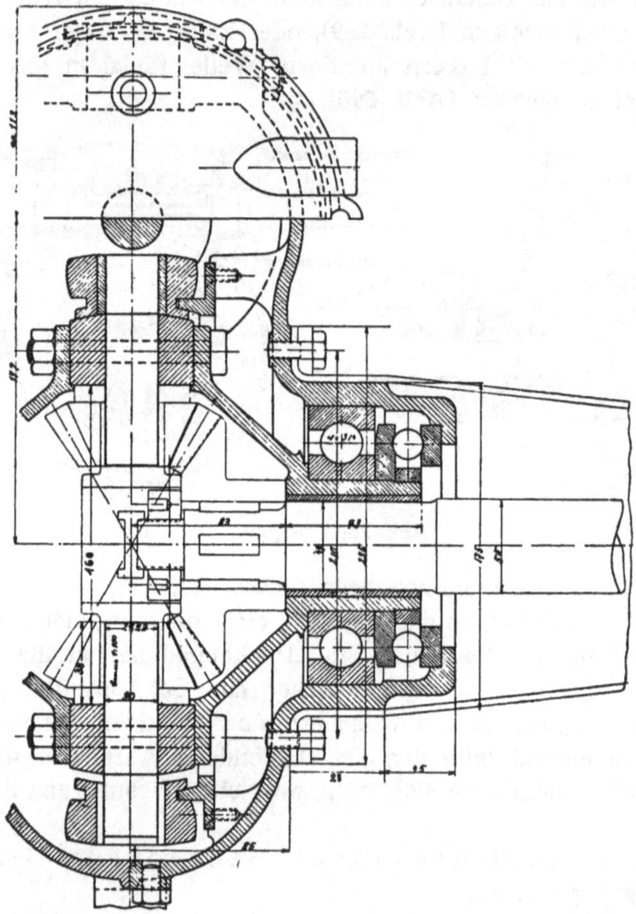

Abb. 290. Pekrun.

erreicht, ein zweites Mal aber, wenn das Schneckenrad die Schnecke treibt und das Moment des Widerstandes z. B. durch die Bremse (Abb. 290, 291) denselben Wert erreicht. Da der Winkel $\alpha$ zwischen der Windung der Schnecke und einer Erzeugenden des Schneckenzylinders (welcher im Folgenden als Steigungswinkel des Schneckengetriebes bezeichnet wird) immer größer als sein Ergänzungswinkel $90^\circ - \alpha$ ist, und demnach

$$\alpha > 45^0$$

so ist der an zweiter Stelle genannte Höchstwert als absolutes Maximum zu betrachten.

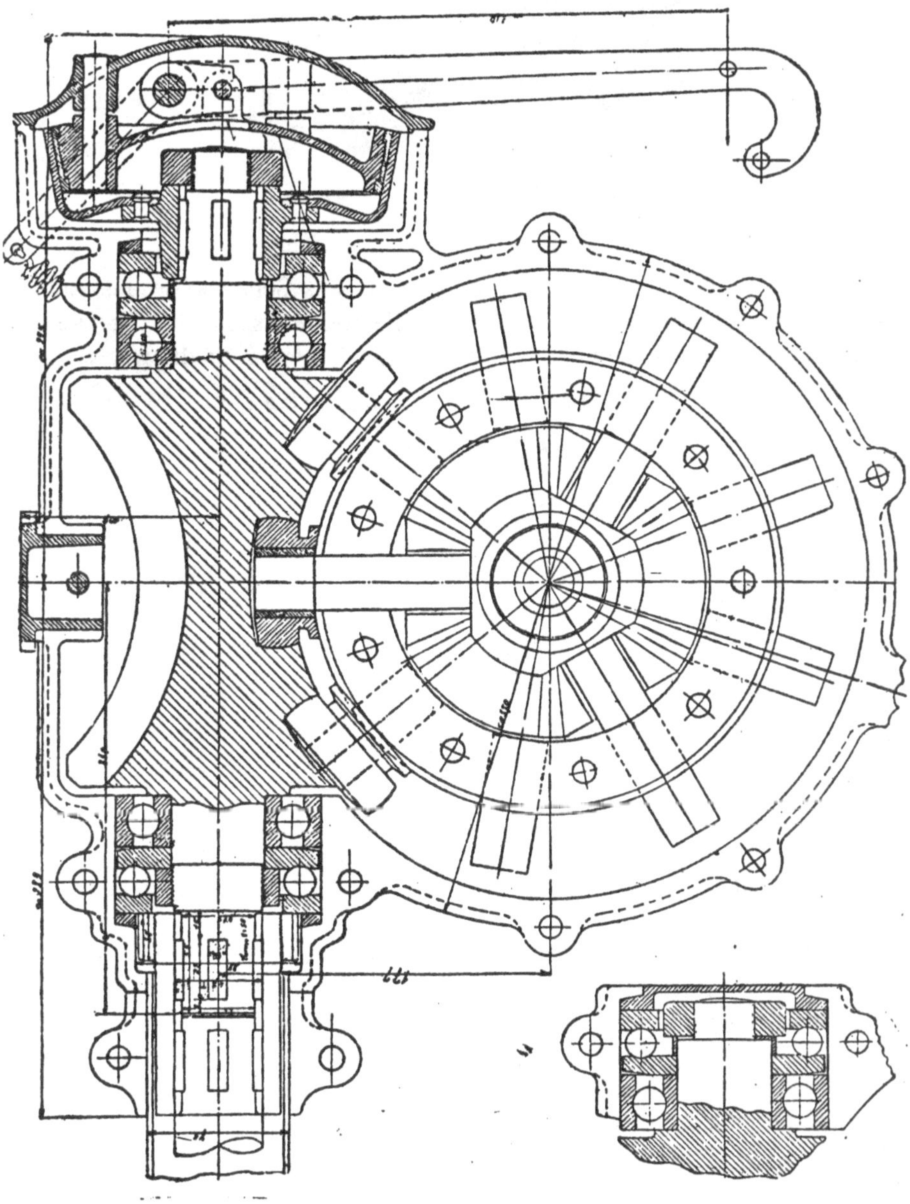

Abb. 290. Pekrun.

Abb. 291. Daimler-Coventry.

Wird mit $D$ der Teilkreisdurchmesser des Schneckenrades, mit $d$ derjenige der Schnecke und mit $\lambda$ die Reibungszahl der Verzahnungsmaterialien bezeichnet, so erhält man folgende Höchstwerte.

Stützdruck der Schnecke:

$$\pm P_a = 2 \cdot \mu \cdot Q \cdot \frac{R}{D}$$

Tangentialdruck der Schnecke

$$P_T = P_a \frac{1 - \lambda \cdot \operatorname{tg} \alpha}{\operatorname{tg} \alpha + \lambda}$$

Normal-Zahndruck:

$$P_N = \frac{P_a}{\sin \alpha + \lambda \cos \alpha}$$

Radialdruck:

$$P_R = P_N \cdot \operatorname{tg} \varepsilon = \frac{P_a \cdot \operatorname{tg} \varepsilon}{\sin \alpha + \lambda \cos \alpha}$$

Aus $P_T$ und $P_R$ ergibt sich ein resultierender Radialdruck:

$$P = \sqrt{P_T^2 + P_R^2}$$

welche sich auf die beiden Traglager verteilt.

Für obige Werte werden die Lager der Schneckenwelle berechnet.

Die Lager des Ausgleichsgetriebes werden folgenden Drücken ausgesetzt:

Stützdruck:

$$\pm P_T = P_a \frac{1 - \lambda \cdot \operatorname{tg} \alpha}{\operatorname{tg} \alpha + \lambda}$$

Radialdruck:

$$P^1 = \sqrt{P_a^2 + P_R^2}$$

Die Teilung und Ausbildung des mittleren Teiles des Gehäuses hängt auch hier im wesentlichen davon ab, ob das Ausgleichsgetriebe mit den Radwellen zusammenhängt, oder ob letztere herausnehmbar angeordnet sind.

Abb. 292. Darracq.

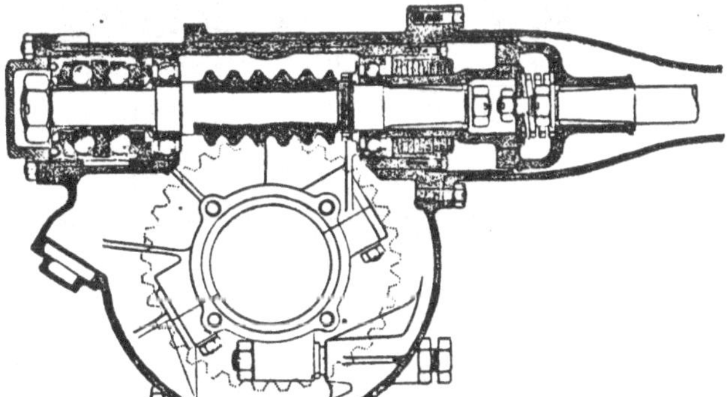

Abb. 293. Peugeot.

Im ersteren Falle muß das Gehäuse durch eine senkrechte oder oder wagerechte Fuge, letztere in der Ebene der Radwellen liegend, geteilt werden (Abb. 290, 292 und 289). Kann das Ausgleichsgetriebe ohne Wellen eingebaut werden, so ergeben sich in Bezug auf Montierung sehr günstige Anordnungen.

Abb. 294. Peugeot.

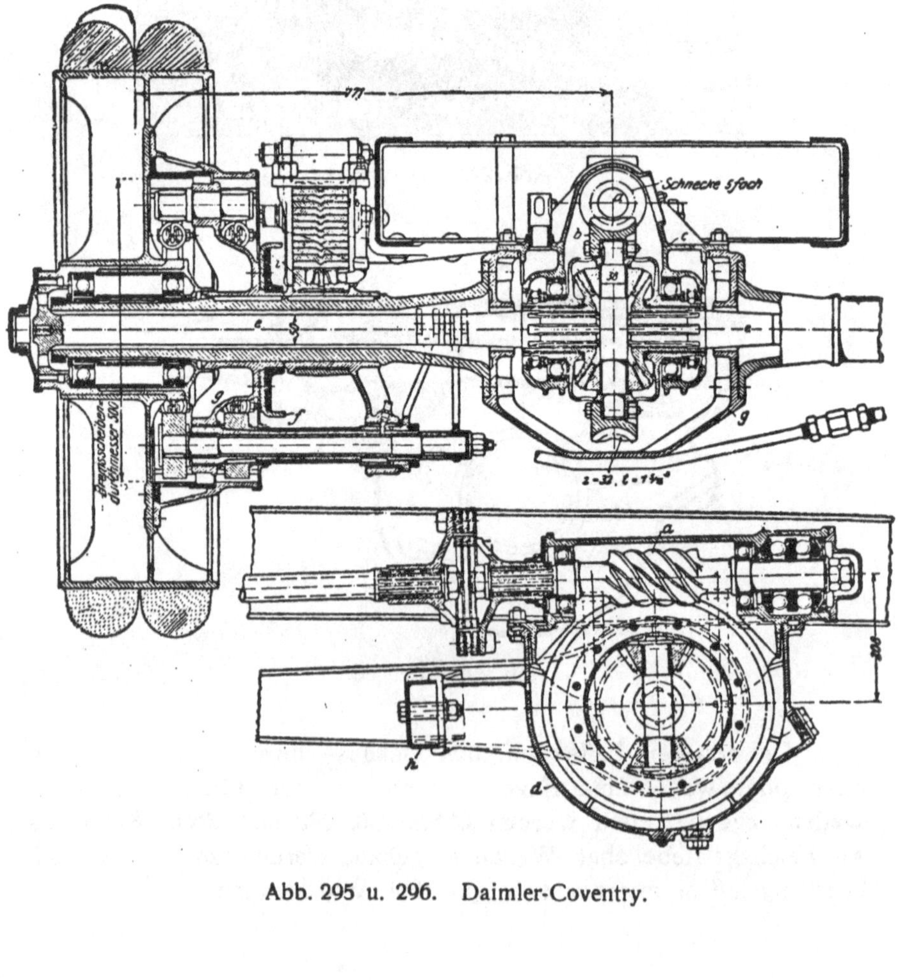


Abb. 295 u. 296. Daimler-Coventry.

Auf Abb. 293 und 294 ist das Gehäuse kugelförmig ausgebildet und durch eine senkrechte Fuge in zwei ungleiche Teile getrennt. Der eine davon bildet, in Verbindung mit den Hälsen und der Gelenkwellenumhüllung, die eigentliche Achse, während der andere als abnehmbarer Deckel ausgebildet ist. Auf dem letzteren ist der ganze Schneckenantrieb mitsamt dem Ausgleichsgetriebe und deren Lagerung aufgebaut und somit herausnehmbar angeordnet.

Auf Abb. 255 und 295 ist ein den ganzen Antrieb tragender Deckel mit wagerechter Fuge an den oberen Teil des Gehäuses angeschraubt. Abgesehen von der Anordnung der Schnecke in bezug auf das Schneckenrad ist erstere Bauart insofern günstiger, daß man den Antrieb ausbauen kann, ohne die Achse vom Wagen zu trennen, was im zweiten Falle, aus Rücksicht auf die darüber liegenden Sitze, bezw. Lastwagenpritsche, nicht so leicht zu bewerkstelligen ist.

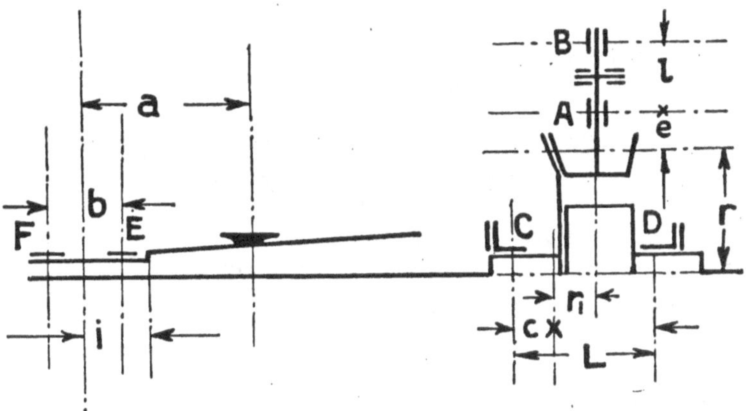


Abb. 297.

## Zahlenbeispiele.

**Beispiel I.** Es sei eine Hinterachse mit Kegelradantrieb zu berechnen Achsdruck sei 800 kg, Raddurchmesser $2R = 800$ mm. Für jedes Rad seien zwei symmetrisch zur Radebene angeordnete Kugellager vorgesehen, deren Entfernung voneinander $b = 80$ mm sei. Die Mitte der Feder soll von der Radebene um $a = 200$ mm entfernt sein. Es sei weiter: $\mu = 0{,}7$; $H = 180$ mm; $\varphi = 0{,}2$ mm. Der Gehäusehals sei aus Stahl geschmiedet. Der Ringquerschnitt in der Mittenebene der Feder ist beansprucht durch:

$$M_b = a\sqrt{W^2 + \frac{F_0^2}{4}}$$

$$W = 0{,}35 \cdot 400 = 140 \text{ kg}$$

$$F_0 = \sqrt{\frac{2 \cdot 800 \cdot 180}{0{,}2}} = 1200 \text{ kg}$$

$$M_b = 20\sqrt{19600 + 360000} = 12320 \text{ cm/kg}$$

Dazu kommt ein Drehmoment:

$$M_d = \mu \frac{Q}{2} \cdot R$$

$$M_d = 0{,}7 \cdot 400 \cdot 40 = 11200 \text{ cm/kg}$$

$$M = 0{,}35 \cdot 123{,}2 + 0{,}65 \sqrt{15200 + 12544} = 15200 \text{ cm/kg}$$

Für $k_b = 2000$ und $k_d = 1540$ (Hälse aus Stahl) ergibt sich ein erforderliches Widerstandsmoment von

$$\frac{15200}{2000} = 7{,}6 \text{ cm}^3$$

Ein Ringquerschnitt von $D = 60$ mm und $s = 4$ mm hat ein Widerstandsmoment von:

$$0{,}8 \cdot 5{,}6^2 \cdot 04 = 9{,}91 \text{ cm}^3.$$

**Beispiel II.** Für dieselbe Achse sollen die Trag- und Stützlagerdrücke berechnet werden. Die Antriebswelle sei in 2 Lagern und einem Stützlager wie auf Abb. 297 gelagert. Es sei $l = 80$ mm; $e = 40$ mm;

$L = 120$ mm; $c = 30$ mm;

$r = 100$ mm; $r_1 = 25$ mm

Der Zahndruck ist:

$$P_z = 0{,}7 \cdot 800 \cdot \frac{40}{10} = 2240 \text{ kg}$$

Der Achsialdruck des großen Kegelrades ist:

$$P_A = \frac{2240 \cdot 10 \cdot 0{,}26}{\sqrt{100 + 6{,}25}} = 565 \text{ kg}$$

Die Radialbelastung ist demnach:

$$P = \sqrt{5017600 + 319225} = 2310 \text{ kg}$$

Das Lager $A$ ist belastet mit

$$K_A = 2310 \cdot \frac{40 + 80}{80} = 3465 \text{ kg}$$

Das Lager $B$ mit

$$K_B = 2310 \frac{40}{80} = 1155 \text{ kg}$$

Der Achsialdruck des Triebes ist:

$$P_a = \frac{2240 \cdot 2{,}5 \cdot 0{,}26}{10{,}3} = 141{,}25 \text{ kg}$$

Die Lagerung des Ausgleichsgetriebes ist belastet durch:

$$P_1 = \sqrt{5017600 + 19900} = 2242 \text{ kg}$$

Davon entfällt auf das Lager $C$:

$$K_C = 2242 \cdot \frac{120 - 30}{120} = 1681{,}5 \text{ kg}$$

und auf das Lager $D$:

$$K_D = 2242 \cdot \frac{30}{120} = 560{,}5 \text{ kg}$$

Die Drücke der Radlager sind bei geradliniger Fahrt:

$$K_E = K_F = \frac{1}{2} \sqrt{19600 + 360000} = 313 \text{ kg}$$

Höchstbelastung in den Kurven ist:

$$K_{F_1} = \frac{1}{2} F - 0{,}6\, Q \cdot \frac{R}{b}$$

$$F = \sqrt{\frac{1{,}7 \cdot 800 \cdot 180}{0{,}2}} = 1110$$

$$K_{F_1} = 555 - 0{,}6 \cdot 800 \cdot \frac{40}{8} = -\ 1845 \text{ kg}$$

$$K_{E_1} = 555 + 2400 = 2955 \text{ kg}$$

**Beispiel III.** Für dieselbe Achse sollen die Hohlzapfen und die Wellen berechnet werden; $i$ sei 50 mm. Der Ringquerschnitt des Zapfens ist beansprucht bei geradliniger Fahrt durch:

$$M_b = i \sqrt{W^2 + \frac{1}{4} F_0^2}$$

$$M_b = 3080 \text{ cm/kg}$$

Höchstbeanspruchung in den Kurven ist:

$$M_{b_0} = 0{,}6\, R \cdot Q - i\, F$$

$$M_{b_0} = 0{,}6 \cdot 40 \cdot 800 - 5 \cdot 1110 = 13650 \text{ cm/kg}$$

Letzteres erfordert ein Widerstandsmoment (für $k_b = 2000$)

$$\frac{13650}{2000} = 6{,}825$$

Ein Ringquerschnitt von $D = 50$ mm und $s = 4{,}5$ mm hat ein Widerstandsmoment von:

$$0{,}8 \cdot 4{,}6^2 \cdot 0{,}45 = 7{,}6$$

Die Radwellen sind nur auf Verdrehung durch das Moment

$$M_d = 0{,}7 \cdot 400 \cdot 40 = 19200 \text{ cm/kg}$$

beansprucht.

Für ein $k_d = 1800$ kg/cm² erhält man einen Durchmesser

$$d = \sqrt[3]{\frac{19200}{360}} = 3{,}76 \sim 3{,}8 \text{ cm}$$

Die Antriebswelle wird beansprucht auf Biegung durch:

$$M_b = 4 \cdot 2310 = 9240 \text{ cm/kg}$$

und auf Drehung durch:

$$M_d = 2{,}5 \cdot 2240 = 5600 \text{ cm/kg}$$

Daraus erhält man ein zusammengesetztes Moment:

$$M = 0{,}35 \cdot 92{,}4 + 0{,}65 \sqrt{8537 \cdot 76 + 3136}$$

$$M = 10254$$

Danach ist für $k_b = 2000$ und $k_d = 1540$ der Durchmesser

$$d = \sqrt[3]{\frac{10254}{200}} = 3{,}71 \sim 4{,}0 \text{ cm}$$

**Beispiel IV.** Es sollen Lagerdrücke für einen Schneckenantrieb bestimmt werden. Es sei $\alpha = 56^0 20'$; $\operatorname{tg} \alpha = 1{,}5$; $\lambda = 0{,}1$; $D = 200$ mm, $d = 60$ mm; $Q = 800$ kg; $R = 400$ mm; $\mu = 0{,}7$; $\varepsilon = 14^0 30'$.

Der Stützdruck der Schnecke ist:

$$\pm P_a = 2 \cdot 0{,}7 \cdot 800 \cdot \frac{40}{20} = 2240 \text{ kg}$$

Der Stützdruck des Schneckenrades ist:

$$\pm P_T = 2240 \frac{1 - 0{,}15}{1{,}5 - 0{,}1} = 1244 \text{ kg}$$

Der Normal-Zahnraddruck ist:

$$P_N = \frac{2240}{0{,}83 + 0{,}1 \cdot 0{,}55} = 2531 \text{ kg}$$

Der Radialdruck der Verzahnung ist:

$$P_R = 2531 \cdot 0{,}26 = 656 \text{ kg}$$

Der resultierende Radialdruck ist:

$$P = \sqrt{6401000 + 430336} = 2614 \text{ kg}$$

Demnach ist jedes Traglager der Schneckenwelle mit

$$K = 1307 \text{ kg}$$

und jedes Traglager des Ausgleichgetriebes mit

$$K = \frac{P_1}{2} = \frac{1}{2} \sqrt{5017600 + 430336} = 1480 \text{ kg}$$

belastet.

# IV. Abfederung.

## 1. Grundsätzliches.

### Zweck und Notwendigkeit der Federung.

Tierisch betriebene, langsam fahrende Gefährte werden oft ohne Federung ausgeführt. Dabei werden alle Teile des Fahrzeuges den völlig unabgemilderten Stößen ausgesetzt und folgen bei der Vorwärtsbewegung einer durch alle Unebenheiten der Fahrbahn unmittelbar beeinflußten Bahn.

Man war schon im Mittelalter darauf bedacht, die für die Insassen und für die Zugtiere recht ungünstigen Einflüsse der Wegestöße durch eine mehr oder weniger primitive Aufhängung des Wagenkastens auf den mit den Rädern unmittelbar verbundenen Achsen abzumildern.

Ursprünglich war diese Aufhängung wörtlich zu nehmen, indem man den zu isolierenden Teil an starken Riemen oder Gurten hängend anordnete. Dadurch wurden hauptsächlich nur seitliche Stöße, sowie durch Schräglagen der Achsen hervorgerufene Neigungen des Wagenkastens vermieden.

Später kam man auf den Gedanken, die Riemen an federnden Böcken zu befestigen und ging erst am Ende des 18. Jahrhunderts zu dem auf Blattfedern ruhenden Untergestell über. Im Laufe der Zeit wurde für Zuggefährte diese Federung sehr vervollkommnet und vom Wagenbau zum Kraftfahrzeugbau übernommen.

Man ist sehr früh zur Ueberzeugung gekommen, daß durch die Abfederung des Fahrzeuges die sich der Zugkraft widersetzenden Fahrwiderstände verringert werden und sind bereits im Jahre 1832 Zugkraftversuche an Postkutschen ausgeführt worden, welche zum Beweis dieser Tatsache dienen sollten. Man hat damals mittels eines Dynamometers folgende Unterschiede festgestellt:*)

| | Zugkraft in kg | |
|---|---|---|
| | im Schritt | im Trab |
| Abgefedert . . . . . | 31,07 | 40,02 |
| Unabgefedert . . . . . | 12,00 | 15,45 |

*) Vgl. Carlès. L'anatomie de l'automobile. Paris 1913.

Bei Kraftfahrzeugen, deren Untergestell eine große Anzahl recht empfindlicher Maschinenteile trägt, ist eine vorzügliche Abfederung schon aus Rücksicht auf die sehr hohen senkrecht gerichteten durch Unebenheiten der Fahrbahn hervorgerufenen Massenbeschleunigungen unumgänglich. In Ermangelung eines diese Stöße dämpfenden Mittels wäre eine maschineller Antrieb eines Fahrzeuges sogar bei einer geringen Fahrgeschwindigkeit kaum denkbar.

Elastische, insbesondere Luftbereifung, mildert in hohem Grade die durch geringe Hindernisse und Unebenheiten hervorgerufenen Stöße, bedingt aber nichtsdestoweniger hohe senkrecht gerichtete Schwingungen der Achsen, welche durch die Abfederung ausgeglichen, bzw. in niedrigere langdauernde Schwingungen umgesetzt werden. Durch diesen Vorgang werden die Beschleunigungen der abgefederten Massen bedeutend herabgesetzt und dadurch die Betriebssicherheit und Lebensdauer der Maschinenteile beträchtlich erhöht.

Ohne Rücksicht auf bauliche Verhältnisse verfolgt demnach die Abfederung der Kraftfahrzeuge in erster Linie den Zweck, den Rahmen von den Achsen durch nachgiebige, elastische Elemente zu isolieren, um dadurch den Fahrwiderstand herabzusetzen, die Maschine zu schonen und den Insassen eine möglichst bequeme Fahrt zu gewähren.

Infolge der ungleichmäßig auf der Fahrbahn verteilten Unebenheiten und Hindernisse wäre in bezug auf den Rahmen eine gänzliche Unabhängigkeit der Räder erwünscht. Aus baulichen Gründen ist Letzteres jedoch nicht zu erreichen und muß man sich daher begnügen, die Räder in Grenzen der Möglichkeit in ihren senkrechten Bewegungen voneinander unabhängig zu machen.

Zu diesem Zweck stützt man den Rahmen des Untergestells durch die Vermittlung von federnden Elementen auf je zwei Punkten der Vorder- und der Hinterachse, wovon sich ein jeder in der Nähe eines Rades befindet. Die infolge der vier Stützpunkte geschaffene Unbestimmtheit der Stützung wird durch diese federnden Elemente ausgeglichen.

Auf diesem Grundgedanken beruhen alle Abfederungsarten der Kraftwagen.

## Zu erfüllende Forderungen.

Da die Vorder- und die Hinterräder der Kraftfahrzeuge durch je eine gemeinsame Achse verbunden sind, so ergibt sich in bezug auf gundsätzliche Anordnung die Bedingung, daß die Abfederung weder die Räder, noch die Achsen in ihren durch die Unebenheiten des Weges verursachten Bewegungen hindern oder beschränken darf.

Anderseits bilden die Federn eine Verbindung der Achsen mit dem Rahmen und bestimmen zum Teil deren gegenseitige Lage, welche nur in bezug auf die Stöße der Fahrbahn veränderlich sein soll.

Diese beiden Forderungen widersprechen einander und ist daher eine reine Lösung der Abfederungsfrage praktisch kaum möglich. — Im Interesse der guten Federung ist eine gänzliche Bewegungsfreiheit der Achsen in allen Ebenen und nach allen Richtungen erwünscht, und aus Rücksicht auf die Führung des Rahmens auf den Achsen ist dieselbe nicht zulässig.

Eine rein mechanische Lösung für eine von der Federung unabhängige Führung der Achse ist wohl denkbar und im Teil I angedeutet (Vgl. Teil I, S. 101, Abb. 68). Die recht bedeutenden in der Praxis vorkommenden Seitenkräfte lassen jedoch eine solche, von der Federung gänzlich unabhängige Führung der Achse, aus Rücksicht auf die beträchtliche Gewichtsvermehrung und bauliche Schwierigkeiten kaum ausführbar erscheinen (Vgl. unter Achsen).

Man ist daher gezwungen, den Abfederungselementen zu gleicher Zeit auch die Führung der Achse in bezug auf den Rahmen zu überlassen und die sich daraus ergebenden Mißstände durch sachgemäße Bauart auf ein Mindestmaß zu beschränken.

Die Abfederung des Kraftfahrzeuges muß so gestaltet sein, daß sie wagerechte Relativverschiebungen der Achse zum Rahmen in einer der Fahrtrichtung senkrechten Ebene verhindert. Bei Vorderachsen und bei Hinterachsen ohne besondere Schubaufnahme muß die Federung auch die Verschiebungen in der Fahrtrichtung verhindern.

Da die in Frage kommenden Kräfte recht bedeutend sind, so muß die Widerstandsfähigkeit der Federungselemente nach der Richtung dieser Kräfte eine recht hohe sein. Darauf muß bei der Wahl der federnden Elemente weitgehende Rücksicht genommen werden.

Die Stützung des abgefederten Rahmens auf vier Punkten der Achsen ist durch die Lage der Räder bedingt, die Verteilung der Rahmenbelastung auf die federnden Elemente selbst kann in verschiedener Weise geschehen.

Die vorteilhafteste wird diejenige sein, welche die kleinsten ungestützten Trägerlängen ergibt und daher eine Verringerung der die Längsträger belastenden Momente gestatten. Von diesem Gesichtspunkt aus wäre eine den Rahmen nur in vier Punkten stützende Abfederung als die ungünstigste zu bezeichnen.

Vergegenwärtigt man sich die außerordentlich hohe Beanspruchung, welcher, infolge der in ihren Größen und Richtungen veränderlichen und sehr bedeutenden dynamischen Kräfte, die Federungselemente dauernd ausgesetzt sind, weiter die sich aus der kurzen Dauer und großen Ausschlägen der Schwingungen ergebenden Beschleunigungen der mit der Achse festverbundenen Teile der Abfederung — so erscheint Einfachheit und geringes Gewicht der an den Achsschwingungen beteiligten Elemente der Federung von wesentlicher Bedeutung zu sein.

Daher muß im Interesse der Betriebssicherheit und der Lebensdauer der Abfederung eine weitgehende Vereinfachung in bezug auf die Anzahl und die Ausbildung aller beweglichen Teile gefordert werden. Zu gleicher Zeit müssen komplizierte Elemente, welche geeignet wären, Betriebsstörungen herbeizuführen, von vornherein ausgeschaltet bleiben.

Eine weitere an die Federung gerechter Weise zu stellende Forderung ist diejenige einer guten Federwirkung. Darunter muß man eine möglichst weitgehende Dämpfung der Stöße, bzw. einen ebensolchen Unterschied zwischen den Schwingungszeiten des Rahmens und der Achse verstehen.

Zugleich ist aber die größte erreichbare Höhe der relativen senkrechten Verschiebung der Achse in bezug auf den Rahmen durch bauliche Verhältnisse stark beschränkt, und daher die Verwendung sehr weicher Federungselemente ausgeschlossen. Infolgedessen wäre der Wunsch nicht unberechtigt, die Federung progressiv zu gestalten und zwar so, daß deren Durchbiegung pro Gewichtseinheit in der Nähe der Ruhelage die größten, in der Grenzlage die kleinsten Werte aufweisen sollte. Letztere Bedingung ist weder durch einfache Biegungs- noch durch einfache Drehungsfedern zu erreichen, deren Durchbiegungen pro Gewichtseinheit nahezu konstant bleiben.

Will man durch ein einfaches Federungselement eine progressive Wirkung erreichen, so muß man zum Zerdrücken eines elastischen Körpers z. B. Gummi oder Luft greifen. Aus Rücksicht auf Führung der Achse und auf vorteilhafte Gewichtsverteilung eignen sich letztgenannte Körper, wie auch die Drehungsfedern, nur in Verbindung mit anderen Elementen zur Aufhängung der Kraftfahrzeuge.

Will man also die Veränderlichkeit der spezifischen Durchfederung erreichen, so ist eine Zusammensetzung aus verschiedenen Elementen geboten. So kommt man zum Begriff der **Haupt-** und der **Zusatzfederung.**

Erstere erfüllt die Forderungen der widerstandsfähigen Führung der Achse und der vorteilhaften Rahmenstützung bei gleichzeitiger möglichst wenig behinderter Beweglichkeit der Achse, die zweite gestattet eine in gewissen Grenzen wirksame Progressivität der Federung.

## Wahl der Federungselemente.

Im Prinzip könnten hier alle Arten von Stahlfedern, Gummi und Gase in Betracht kommen.

Zahlreiche Versuche, die unbestrittenen Vorteile der pneumatischen Federung durch geeignete konstruktive Ausbildung

Abb. 298.

auszunützen, haben zu keinen positiven Erfolgen geführt. Die fast unüberwindlichen Schwierigkeiten, derartige Vorrichtungen dauernd dicht bei den recht hohen erforderlichen Gaspressungen zu erhalten, haben zu sehr komplizierten Bauarten geführt.

Der Hauptfehler der Luftabfederung besteht jedoch darin, daß die recht empfindlichen Elemente keine genügende Führung der Achse gegen den Rahmen abgeben können und den hohen Beanspruchungen nicht gewachsen sind.

Als Beispiel sei hier der Versuch von Bonnechose angeführt, welcher von vielen ähnlichen Ausführungen den Vorteil einer sorgfältigen und wohlüberlegten Durchbildung aufweist (Abb. 298).

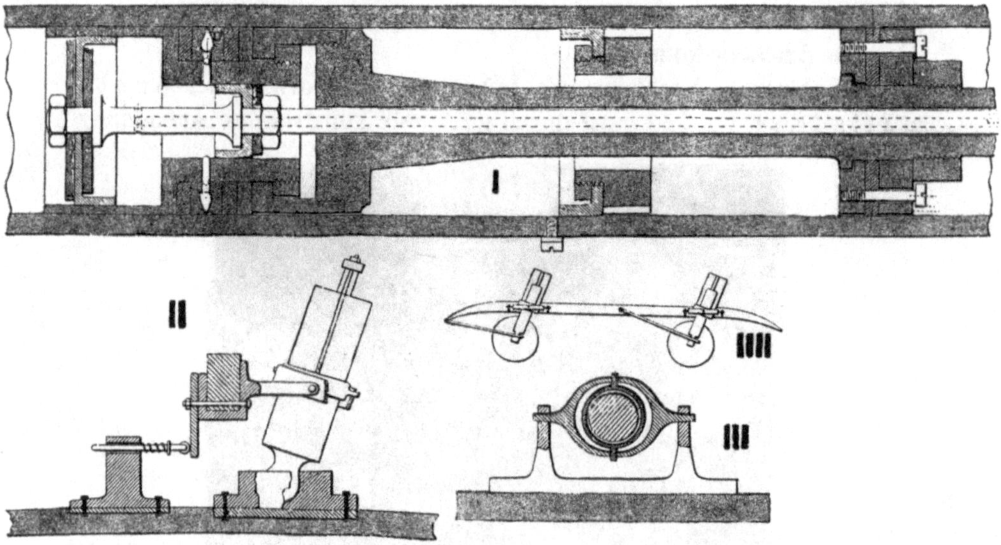


Abb. 299.

Jedes Element besteht hier aus einem kugelig mit der Achse verbundenen Luftzylinder (Abb. 299 II), dessen Kolben mittels eines Bügels mit einem am Rahmen befestigten Kreuzgelenk in Verbindung steht. Um die erwünschte Dichtigkeit zu erreichen, wird Letzterer unter Zuhilfenahme eines besonderen Ausgleichkolbens durch hydraulischen Druck abgedichtet. Die Figuren II und IV zeigen schematisch die höchst mangelhafte Führung der Achse gegen den Rahmen, während auf der Figur III die kardanische Aufhängung am Rahmen dargestellt ist.

Ohne weiter auf die Einzelheiten der recht interessanten Vorrichtung einzugehen, sei bemerkt, daß sich dieselbe aus oben besprochenen Gründen nicht bewährt hat, obwohl sie unter den zahlreichen ähnlichen Versuchen noch die meisten Aussichten auf Erfolg besaß.

Feste elastische Körper können als Druckmittel infolge zu geringer Elastizität für die Hauptfederung nicht in Betracht kommen und bleiben daher nur die eigentlichen Federn, d. h. feste elastische Körper, welche infolge ihrer Gestalt größere vorübergehende, durch Biegungs- oder Torsionskräfte verursachte Formveränderungen zulassen, übrig.

Soll ein einfaches Element zu gleicher Zeit federnd wirken und eine widerstandsfähige Führung bei genügender Beweglichkeit der Achse abgeben, so muß dasselbe so beschaffen sein, daß es nach einer Richtung hin Formveränderungen von erwünschter Größe leicht zuläßt und geringe Winkeländerungen seiner Stützpunkte (Achse und Rahmen) gestattet, während mindestens nach zwei Richtungen nur ganz unbedeutende Formänderungen auch durch bedeutende Kräfte hervorgerufen werden dürfen.

Diesen Forderungen entspricht eine beliebig gewundene Drehungs- oder Biegungsfeder nicht, weil sie Formänderungen nicht nur in dem Sinne der eigentlichen Federung, aber auch nach jeder anderen Richtung gestattet, und deshalb nur in Verbindung mit einer irgendwie gestalteten anderweitigen Führung der Achse benutzt werden könnte.

Ueberdies ist bei allen gewundenen Federn die Beziehung zwischen Spannkraft und Durchbiegung keinesfalls günstiger als bei einfachen Biegungs- oder Drehungsfedern. In beiden Fällen ist im Bereich der zulässigen Spannungen die Durchbiegung der Belastungskraft proportional und ist bei gleichem Federquerschnitt nur der Proportionalitätsfaktor der Anzahl der Windungen entsprechend vergrößert.

Da aber die größte zulässige Durchfederung des Rahmens durch bauliche Verhältnisse beschränkt ist, so ist auch für jedes Fahrzeug dieser Proportionalitätsfaktor dadurch bestimmt, so daß die zulässige Weichheit der Federung von der Gestaltung des jeweilig gewählten Federelements gänzlich unabhängig ist. Deshalb kann ein Vorteil durch die Anwendung von gewundenen Federn in bezug auf Weichheit oder Elastizität der Federung gegenüber den einfachen Federn nicht erreicht werden.

Für Zusatzfederung sind Druckelemente von Gummi oder gasförmigen Körpern, wie auch gewundene Stahlfedern geeignet — den an die Hauptfederung gestellten Forderungen entspricht am besten die nicht gewundene Blattfeder, welche in ihrer, den gewünschten Festigkeitsbedingungen am besten entsprechenden Gestalt von geschichteten Dreieckfedern allgemein und ausschließlich verwandt wird.

Letztere erfüllt in weitem Maße alle vorhin aufgestellten Forderungen. Sie läßt gewünschte Formänderungen in einer Richtung zu, während sie nach zwei anderen Richtungen beliebig steif gemacht werden kann, wobei durch geeignete Abmessungen des Hauptblattes zugleich eine Drehungsfederung im gewünschten Maße erreichbar ist.

Sie entspricht auch durch ihre langgestreckte Form der Forderung einer für den Rahmen günstigen Verteilung der Stützpunkte und trägt infolge der Reibung zwischen den einzelnen Lagen eine ziemlich konstant bleibende Dämpfung der Schwingungen in sich. Letzterer Umstand ist insofern wesentlich, als dadurch die Möglichkeit gegeben ist, die Federung auch ohne zusätzliche Dämpfungsvorrichtungen immerhin gut brauchbar zu gestalten.

Bei Anwendung von Blattfedern ist schließlich weitgehende Möglichkeit geschaffen, durch Zusatzfederungen eine in gewissen Grenzen wirksame Veränderlichkeit der Beziehung zwischen Spannkraft und Durchbiegung zu erreichen, welche eine für geringe Kräfte, bzw. Ausschläge der Achse fast unbeschränkt weich wirkende Stoßdämpfung gestattet, ohne den höchsten zulässigen Schwingungsausschlag zu beeinflussen.

Den nachfolgenden Erwägungen, die zur Festlegung von Elastizitäts- und Festigkeitsbedingungen der Federn führen sollen, ist deshalb eine normale geschichtete und entsprechend zugeschärfte Blattfeder zu Grunde gelegt, welche weiterhin als **normale Feder** bezeichnet werden soll.

## 2. Bewegungs- und Festigkeitsverhältnisse der normalen Feder.

### Vorgänge der Federung.

Außer der senkrechten Durchbiegung, erleidet eine am vorderen Ende drehbar, aber nicht pendelnd mit dem Rahmen verbundene Blattfeder während der Fahrt auf unebener Straße weitere Formveränderungen, sobald die Ausschläge der beiden durch eine Achse verbundenen Räder einander nicht gleich werden.

Letzteres kommt in der Praxis aber ständig vor, während gleichmäßige Federausschläge einen Ausnahmefall bedeuten. Um einen Anhaltspunkt über die höchsten in den Hauptblättern der Feder vorkommenden Spannungen zu erhalten, erscheint es von Wert, auf diese Vorgänge näher einzugehen.

Auf der Abb. 300 ist eine abgefederte Achse im Falle der größten denkbaren Abweichung von ihrer Normalrichtung dargestellt. Die

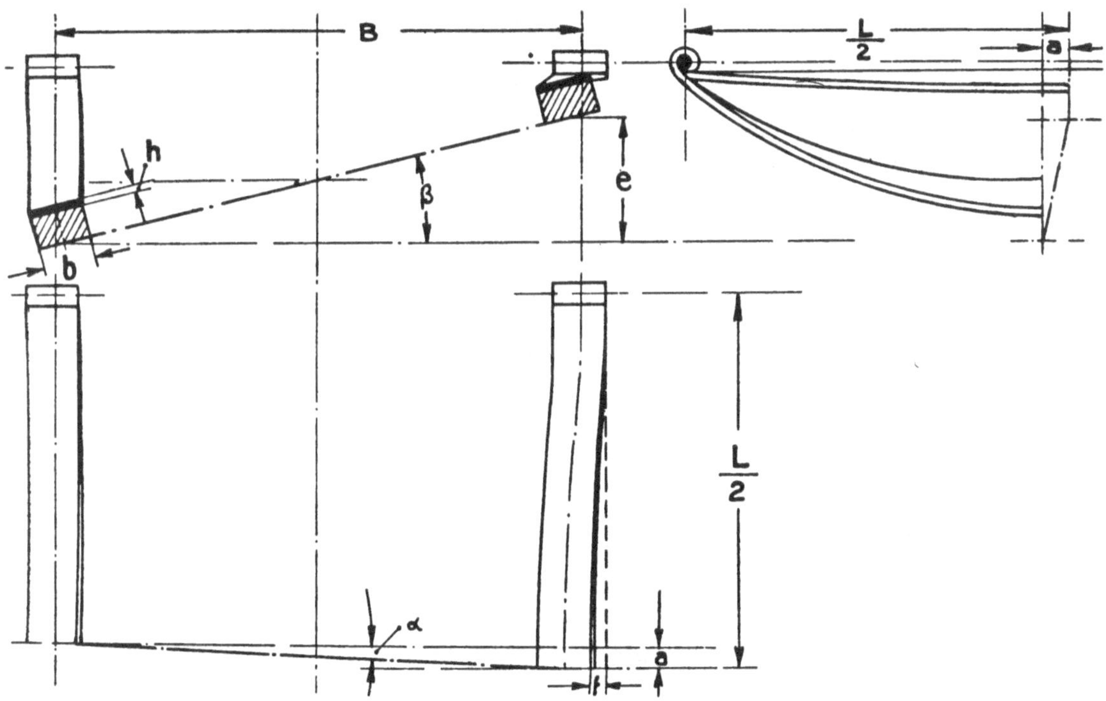


Abb. 300.

rechte Feder ist hier in ihrer oberen Grenzlage, und die linke in ihrer Ruhelage gedacht. Ist $B$ der Mittenabstand der Federn und $e$ die größte zulässige Durchfederung derselben, so ergibt sich der größte denkbare Winkel, welchen die Achse gegen die Wagerechte bilden kann, annähernd zu:

$$\sin \beta = \frac{e}{B}$$

Wird $\beta$ im Bogenmaß ausgedrückt, so ist der verhältnismäßige Verdrehungswinkel der beiden Hauptblätter der Feder, falls $L$ cm die gestreckte Länge derselben bedeutet:

$$\vartheta = \frac{2\beta}{L}$$

Bezeichnet weiter $b \times h$ den Querschnitt des Hauptblattes und $G$ den Gleitmodul, so erhält man die höchste in dem Blatte vorkommende Schubspannung:

$$\tau = \frac{\vartheta \cdot G \cdot h \cdot b^2}{0{,}8\,(b^2 + h^2)}$$

Da der Winkel $\beta$ keinesfalls groß sein kann und hier nur eine Annäherungsrechnung beabsichtigt ist, so kann:

$$\beta = \frac{e}{B} \quad \text{und} \quad \vartheta = \frac{2e}{B \cdot L}$$

angenommen werden. Somit wird

$$\tau = 2{,}5 \cdot \frac{e}{B \cdot L} \cdot \frac{h \cdot b^2}{b^2 + h^2} \cdot G$$

Setzt man hierin beispielsweise folgende, der Praxis durchaus entsprechende Werte ein: (in cm)

$$e = 10; \quad B = 100; \quad L = 100$$
$$b = 5; \quad h = 0.8; \quad G = 750000 \text{ kg/cm}^2$$

so erhält man:

$$\tau = 2{,}5 \cdot \frac{10}{100 \cdot 100} \cdot \frac{0{,}8 \cdot 25}{0{,}64 + 25} \cdot 750000$$
$$\boldsymbol{\tau \sim 1440 \text{ kg/cm.}}$$

Die hier angenommenen Zahlenwerte können keinesfalls als ungünstig betrachtet werden. Sie stellen vielmehr einen Durchschnittsfall dar.

Zu gleicher Zeit mit $\tau$ erleiden die Federn auch Biegungsspannungen. Bezeichnet man die größte wagerechte Durchbiegung der Feder mit $f$, so ergibt sich nach Abb. 300:

$$f = B - B \cos \alpha \cos \beta$$

$$\text{worin } \sin \beta = \frac{e}{B}$$

$$\text{und } \sin \alpha = \frac{a}{B \cdot \cos \beta}$$

ist. Weiter ist:

$$a = L - \sqrt{L^2 - \frac{16}{3} e^2}$$

$f$ ist danach aus $e$, $B$ und $L$ zu bestimmen.

Die Annahme, daß eine Feder gerade bleibt, während die andere die totale Durchbiegung $f$ erleidet, wäre zu ungünstig und wahrscheinlicher erscheint es, daß sich $f$ auf beide Federn gleichmäßig, mit $\frac{f}{2}$ für jede davon, verteilt. Bezeichnet man die größte Biegungsspannung mit $\sigma_x$ und den Elastizitätsmodul mit $E$, so hat man demnach

$$\frac{f}{2} = \frac{1}{4} \cdot \frac{\sigma_x}{E} \cdot \frac{L^2}{b}$$

$$\text{und } \sigma_x = \frac{2 \cdot E \cdot f \cdot b}{L^2}$$

Setzt man hierin die vorhin angenommenen Werte, so ergibt sich

$$\sin \beta = 0{,}1; \quad \beta = 5^0\, 45^1$$

$$\cos \beta = 0{,}995$$

$$B \cdot \cos \beta = 99{,}5$$

$$a = 100 - \sqrt{10000 - 533} = 2{,}7$$

$$\sin \alpha = \frac{2{,}7}{99{,}5}; \quad \alpha = 1^0\ 33'\ 17''$$

$$\cos \alpha = 0{,}9996$$

$$f = 100 - 99{,}46 = 0{,}54 \text{ cm}$$

$$\sigma_x = \frac{2 \cdot 2000000 \cdot 5 \cdot 0{,}54}{10000}$$

$$\sigma_x \sim \mathbf{1080\ kg/cm^2.}$$

Für die geradlinig gestreckte Feder (rechts) kommt noch eine weitere Spannung:

$$\sigma_\gamma = \frac{4\, e \cdot E \cdot h}{L^2}$$

hinzu. Nach Einsetzen der Werte erhält man:

$$\sigma_\gamma = \frac{4 \cdot 10 \cdot 2000000 \cdot 0{,}8}{10000}$$

$$\sigma_\gamma = \mathbf{6400\ kg/cm^2.}$$

Für die meist beanspruchte Feder erhält man demnach eine resultierende Biegungsspannung:

$$\sigma_0 = \sqrt{\sigma_x^2 + \sigma_\gamma^2}$$

$$\sigma_0 \sim 6490 \text{ kg/cm}^2$$

und eine Schubspannung:

$$\tau = 1635 \text{ kg/cm}^2$$

welche sich zu einer Hauptspannung zusammensetzen:

$$\sigma = 0{,}35\ \sigma_0 + 0{,}65 \sqrt{\sigma_0^2 + 4\,(\alpha_0\, \tau)^2}$$

worin $$\alpha_0 = \frac{k_b}{1,3\, k_s}$$
kann $\alpha_0 = 1$ gesetzt werden.

Nach Einsetzen der Werte von $\sigma_0$ und $\tau$ ergibt sich:

$$\sigma = 0,35 \cdot 6490 + 0,65 \sqrt{6490^2 + 4 \cdot 1440^2}$$

$$\sigma \sim 6880 \text{ kg/cm}^2.$$

Dieses bedeutet eine recht beträchtliche Spannung, welche in der Nähe der Elastizitätsgrenze liegt. Erzeugt wird $\sigma$, ohne Rücksicht auf die Belastung, durch diejenigen Kräfte, welche die durch bauliche Verhältnisse bestimmten größten Formänderungen der Federn herbeiführen.

Die Praxis hat erwiesen, daß während der Fahrt diese Grenzlagen (einseitiges Aufsetzen der Feder) tatsächlich kaum zu vermeiden sind. Darum sind beim Entwurf diejenigen Faktoren, welche die Größe dieser Spannungen beeinflussen können, im weitesten Maße zu berücksichtigen. Vergleicht man die Ausdrücke:

$$\tau = 2,5 \frac{e}{B \cdot L} \cdot \frac{h b^2}{b^2 + h^2} \cdot G$$

$$\sigma_X = \frac{2 E f b}{L^2}$$

$$\sigma_Y = \frac{4 E e \cdot h}{L^2}$$

miteinander, so können daraus M i t t e l abgeleitet werden, u m d i e S p a n n u n g e n m ö g l i c h s t g e r i n g z u h a l t e n.

Der Faktor $e$ muß im Interesse einer guten, weichen Abfederung so groß gewählt werden, wie es die baulichen Verhältnisse zulassen, weil er für die Wahl der spezifischen Durchbiegung der Feder, d. h. derjenigen Durchbiegung (in mm ausgedrückt), welche die Feder durch 1 kg Belastung erfährt, ausschlaggebend ist.

Die Werte von $E$ und $G$ hängen von der Qualität des zu den Federn verwandten Materials ab. Nach Bach *) besteht zwischen $E$ und $G$ die Beziehung:

$$G = 0,385\, E$$

so daß für diese beiden Werte der reziproke Wert von $E$

$$\alpha = \frac{1}{E}$$

maßgebend ist, wobei das Verhältnis

$$\alpha = \frac{\text{Dehnung}}{\text{Spannung}}$$

darstellt.

---

*) C. v. Bach, Maschinenelemente. Stuttgart

Die in den Festigkeitstabellen für Handelsware meist in Prozenten ausgedrückte Dehnung an der Bruchgrenze gibt keinen Aufschluß über die Größe von $\alpha$, weil über die Proportionsgrenze hinaus bis zur Bruchgrenze kein konstantes Verhältnis zwischen Dehnung und Spannung besteht. Maßgebend für die Bestimmung von $\alpha$ kann nur die Belastung und Dehnung bis zur Proportionsgrenze sein.

Marchesseau *) gibt folgende Qualitätszahlen der für Fahrzeugfedern benutzten Materialien:

| No. | Material | Zustand | $K$ kg/cm² | $K_e$ kg/kg² | $A$ % |
|---|---|---|---|---|---|
| 1 | Holzkohlenschweißeisen | Vergütet | 3500 | 1800 | 30 |
| 2 | Kohlenstoffarmer Einsatzstahl | Vergütet | 4500 | 2500 | 25 |
| 3 | Kohlenstoffreicher härtbarer Stahl (Gußstahl) | Vergütet | 6500 | 4000 | 18 |
| 4 | | Gehärtet | 7500 | 5000 | 16 |
| 5 | Chrom-Nickel-Stahl mit 5% Nickel | Vergütet | 8000 | 6000 | 15 |
| 6 | | Gehärtet | 11000 | 10000 | 10 |
| 7 | Mangan-Silicium-Stahl | Vergütet | 8500 | 5500 | 15 |
| 8 | | Gehärtet | 14500 | 13500 | 7 |

Mit $K\ e$ ist hier die Belastung an der Elastizitätsgrenze bezeichnet. Von diesen Materialien eignen sich für Kraftfahrzeuge nur die Nr. 3 bis 8 und zwar in gehärtetem und angelassenem Zustande, deren $E$ etwa 2 000 000 kgcm² beträgt.

Wie daraus ersichtlich, könnten für das hier berechnete Beispiel nur die Stähle Nr. 6 oder Nr. 8 in Betracht kommen, weil bei Verwendung von Nr. 4 bleibende Deformationen befürchtet werden könnten.

Um $\tau$, $\sigma_x$ und $\sigma_y$ möglichst klein zu halten, muß, wie aus den Ausdrücken ersichtlich, in erster Linie $L$, dann aber auch $B$ so groß, wie die baulichen Verhältnisse es gestatten, gewählt werden. Weiter ist es von Vorteil, den Profilabmessungen $b$ und $h$ keine allzugroßen Werte zu geben, dieselben vielmehr den in Wirklichkeit vorkommenden Kräften (insbesondere der Zentrifugalkraft) anzupassen.

Aus diesen Erwägungen läßt sich eine brauchbare Methode zur Festlegung der Federabmessungen ableiten, wie dieses später gezeigt werden soll.

---

*) La Technique Automobile Nr. 38, S. 179.

Läuft ein Rad über ein Hindernis, so wird die Achse in Schwingungen versetzt, welche in der Hauptsache auf die Elastizität der Reifen zurückzuführen sind. Der Ausschlag der ersten Schwingung ist von der Größe und der Gestalt des Hindernisses, von der Geschwindigkeit, mit welcher das Rad dagegen anprallt und von der Beschaffenheit des Reifens abhängig.

Je größer die Wölbung der das Rad treffenden Fläche des Hindernisses, je größer das Trägheitsmoment, also die Geschwindigkeit und die Masse des Rades, je weicher der Reifen ist, um desto tiefer kann das Hindernis in dem Reifen eingebettet werden, und um desto geringer wird die der Masse des Rades und der damit verbundenen Teile erteilte Beschleunigung und somit die Höhe der Achsschwingung.

Diese erste, zum Teil auch die zweite Achsschwingung beeinflussen wiederum die Höhe der ersten Schwingung des durch Federn mit der Achse verbundenen Rahmens.

Die hochgeschleuderte Achse biegt die Feder durch, deren Enden durch den Trägheitswiderstand der Rahmenmasse vorerst in ihrer wagerechten Ebene festgehalten werden. Im Augenblick, wenn die Federspannung die Größe dieses Trägheitswiderstandes erreicht, wird der Masse des Rahmens eine senkrecht gerichtete Beschleunigung erteilt.

Die dadurch erzeugte Bewegung des Rahmens ruft anfangs eine Entspannung, dann eine negative Spannung der Feder hervor, bis die der Bewegung entgegengesetzten Widerstände die kinetische Energie der Rahmenmasse aufgezehrt haben und der Rahmen eine Abwärtsbewegung beginnt.

Der Vorgang wiederholt sich nun in umgekehrter Weise und es entstehen harmonische Schwingungen, welche um so länger andauern, je geringer die dämpfenden Reibungswiderstände der Federblätter, Gelenke u. dgl. sind.

Ein Bild dieser Vorgänge gibt das Diagramm auf Abb. 301 wieder, welches bei den Versuchen von Bobeth *) durch einen geeigneten Indukator aufgenommen wurde.

Das obere Schaubild stellt die Schwingungen der Achse (Kurve *a*) und des Rahmens (Kurve *b*) dar, verursacht durch ein gewölbtes Hindernis bei einer Fahrgeschwindigkeit von 22 km/St. Die Kurve *c* ist zum Vergleich aufgetragen und veranschaulicht in gleichem Maßstab die Achsbewegung, welche statt-

*) Dr.-Ing. E. Bobeth. Die Leistungsverluste und die Abfederung der Kraftwagen.

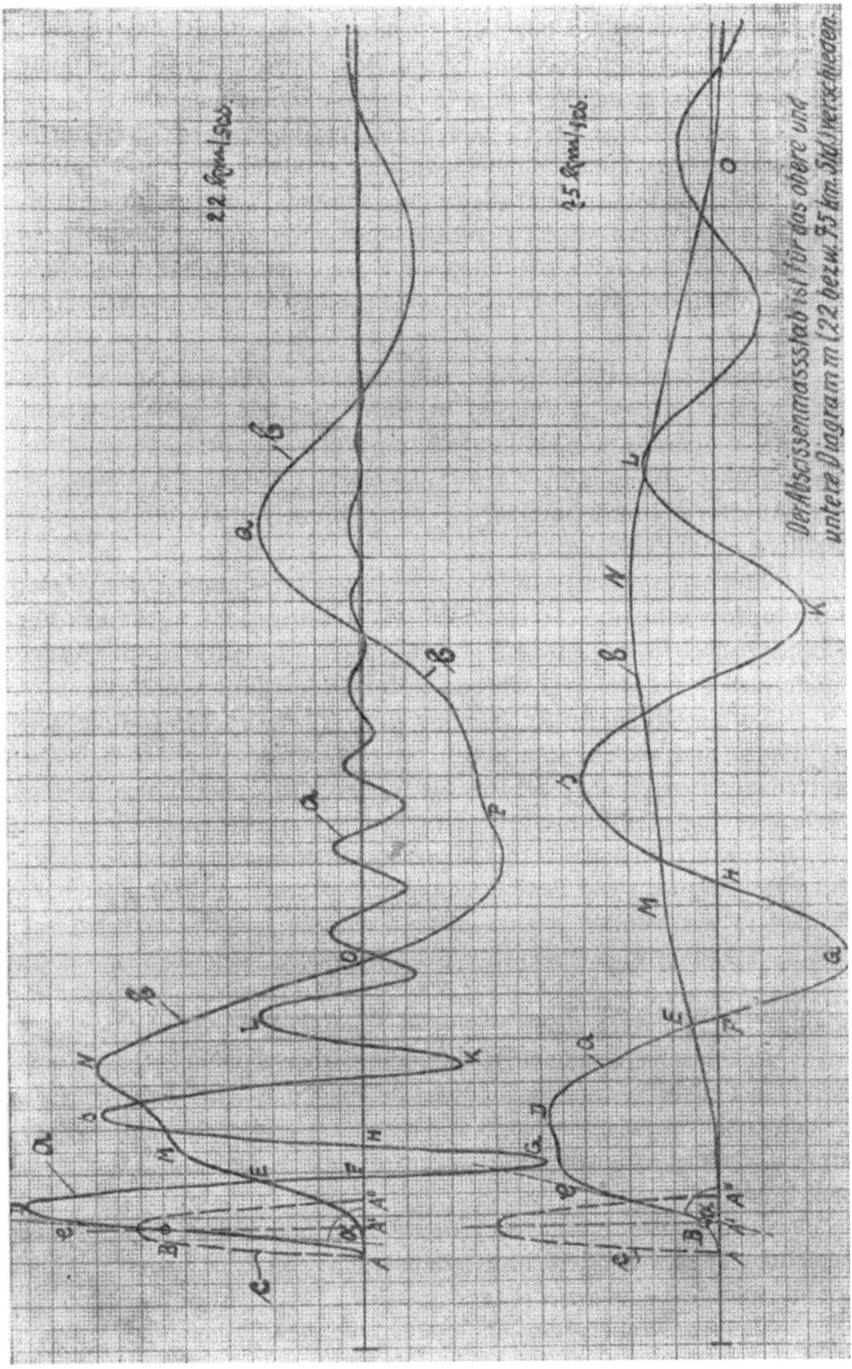
Der Abscissenmassstab ist für das obere und
untere Diagramm (22 bezw. 7,5 km. Std.) verschieden.

Abb. 301.

finden würde, wenn das Rad bei völlig starrer Bereifung über das Hindernis hinwegrollte ohne die Berührung mit dem Boden zu verlieren. Das untere Diagramm ist unter sonst gleichen Umständen bei einer Geschwindigkeit von 75 km/St. aufgenommen.

Auf schlechter Straße folgen die einzelnen, das Rad treffenden Stöße in kurzen Zeitabständen einander und daher kommt es nicht selten vor, daß ein neuer Schwingungsbereich beginnt bevor der frühere ausgeklungen ist. Dadurch können Interferenzerscheinungen eintreten, welche unter Umständen die Schwingungshöhe beträchtlich vermehren und gefährliche Massenbeschleunigungen hervorrufen können.

Aus diesem Grunde ist eine energische Dämpfung der Schwingungen erwünscht, welche jedoch die spezifische Durchbiegung der Feder in der unmittelbaren Nähe der Ruhelage nicht verringern darf. Ist Letzteres der Fall, so leidet darunter die Weichheit der Abfederung und nimmt die Abnutzung der Bereifung infolge höherer Aufpralldrücke zu.

Ein weiterer Umstand, welcher eine Dämpfung der Federschwingungen erwünscht erscheinen läßt, ist auf das konstante Verhältnis zwischen der Größe der dynamischen Einwirkung des Wegehindernisses und der Durchbiegung der Feder zurückzuführen.

Ist die Größe der Durchbiegung pro Einheit der Belastung groß, die Feder also **weich,** so werden kleine Unebenheiten der Fahrbahn gut ausgeglichen, größere Stöße aber, durch einzelne Steine, Rinnen, Bahnübergänge u. dgl. verursacht, ziehen starke und wiederholte Pendelung der Feder um ihre Gleichgewichtslage nach sich, welche (namentlich wenn die Schwingungen bald stärker, bald schwächer auftreten) unangenehmer wirken, als ein einzelner, wenn auch harter Stoß. Versucht man dagegen die Feder härter zu gestalten, um den jeweiligen ersten Ausschlag der Feder zu verringern, so werden die kleinen Unebenheiten nicht genügend gemildert.

Erwünscht ist demnach, wie schon oben erwähnt, eine Weichheit der Feder bei geringen Deformationen und eine Bremsung der Pendelungen, welche einerseits die Höhe des ersten Ausschlages verringert, andererseits aber die Anzahl der nachfolgenden Schwingungen begrenzt.

Der einfachste, oft beschrittene Weg **„die Feder eben nicht zu weich, aber auch nicht zu hart zu gestalten“,** ist ein Kompromiß, aber keine richtige Lösung der Frage.

Nichtsdestoweniger muß unumwunden zugegeben werden, daß Spezialfirmen, denen große praktische Erfahrungen zu Gebote stehen, auch auf diesem Wege Lösungen gefunden haben, welche den Anforderungen im weitem Maße entsprechen. Durch richtige Bemessung der einzelnen Lagen, sachgemäß gewählte Pfeilhöhe u. dgl. lassen sich zweifelsohne ganz ansehnliche Erfolge herbeiführen, ohne zu besonderen Federdämpfungsvorrichtungen Zuflucht nehmen zu müssen.

Mit dem zunehmenden Anspruch auf Bequemlichkeit und Geschwindigkeit der Fahrt machen sich genannte Uebelstände auch bei den vorzüglichst angelegten Abfederungen bemerkbar und daher ist die Verwendung von guten Federdämpfern für neuzeitliche schnellere Wagen fast unumgänglich.

Der physiologische Einfluß der Schwingungen auf die Insassen des Wagens stellt an sich ein Problem dar, dessen Erörterung den Rahmen dieses Werkes überschreitet. Jedenfalls ist dieser Einfluß

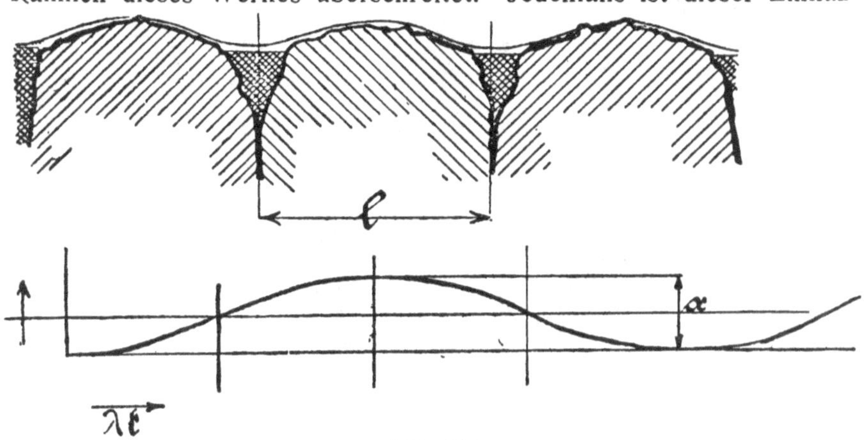

Abb. 302.

von der Zeitdauer der Schwingungen stark abhängig. Man soll daher bestrebt sein, die Schwingungsdauer nach Möglichkeit zu vergrößern, ohne dadurch die Periode der Schwingungen zu verlängern.

Dr.-Ing. Rummel *) hat die Vorgänge der Federschwingungen genau untersucht und die Bedingungen einer guten Federdämpfung aufgestellt. Nach seinen Angaben läßt sich für periodisch auftretende Hindernisse die Durchbiegung der Feder $f$ wie folgt ausdrücken:

$$f = \frac{\frac{a}{2}\left(2\frac{v}{l}\pi\right)^2}{\left(2\frac{v}{l}\pi\right)^2 - \frac{1}{M \cdot b}}\left(\cos\sqrt{\frac{1}{M \cdot b}} \cdot t - \cos 2\frac{v}{l}\pi \cdot t\right)$$

worin bedeutet: (Abb. 302)

*) Nach: K. Rummel. Versuche zur Verbesserung der Federung. Motorwagen 06. S. 213.

$a$ — die größte Ordinate der Sinuskurve
$v$ — die Geschwindigkeit des Wagens
$l$ — die Länge des Hindernisses nach (Abb. 302)
$M$ — den auf eine Feder entfallenden Teil der Maße des Wagens
$b$ — die Durchbiegung pro Einheit der Belastung (dieser Wert ist an anderen Stellen mit $\varphi$ bezeichnet)
$t$ — die Zeit.

Obwohl sich dieser Ausdruck zu praktischen Zwecken unmittelbar nicht verwenden läßt, so ergibt er doch Aufschluß über die Beziehungen der darin enthaltenen Werte zueinander und das Gesetz,

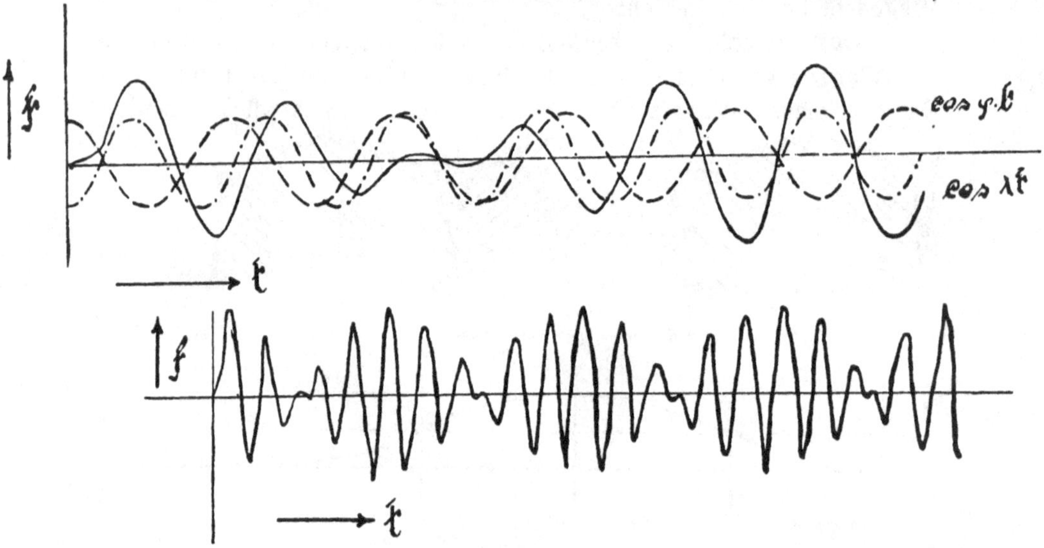


Abb. 303.

nach welchem sich bei wachsendem $v$ oder sinkendem $l$ die ‚Amplitude der Schwingung verändert. Setzt man im obigen Ausdruck:

$$2\pi \frac{v}{l} = \lambda$$

und

$$\sqrt{\frac{1}{M \cdot b}} = \varphi$$

$$\frac{\frac{a}{2}\lambda^2}{\lambda^2 - \frac{1}{M \cdot b}} = a_0$$

so bedeutet:

$\lambda$ — die Periode der Wegschwingung
$\varphi$ — die Periode der Eigenschwingung der belasteten Feder
$a_0$ — die Amplitude beider Schwingungen — und die Gleichung nimmt die Gestalt an:

$$f = a_0 (\cos \varphi t - \cos \lambda t).$$

In dieser Form zeigt sie (Abb. 303), wie durch periodisch auftretende Weghindernisse der Vorgang der Interferenz, bzw. Resonanz der Schwingungen eintreten kann.

Die Eigenschwingungen der belasteten Feder und die erzwungenen Wegschwingungen können sicht, falls sich letztere wiederholen (wie dieses z. B. nach Abb. 302 eintreten könnte), addieren oder subtrahieren, so daß im ersteren Fall der Ausschlag $f$ außerordentlich groß, also die Feder sehr weich, im zweiten sehr klein, die Feder also gänzlich unempfindlich wird.

Die Abb. 303 veranschaulicht einen solchen Vorgang, wobei die Werte von $\lambda$ und $\varphi$ nur wenig voneinander verschieden gewählt sind; die untere Figur zeigt dieselbe Kurve bei verkleinertem Abscissenmaßstab. Bei der Fahrt über holpriges Pflaster können solche Vorgänge oft beobachtet werden.

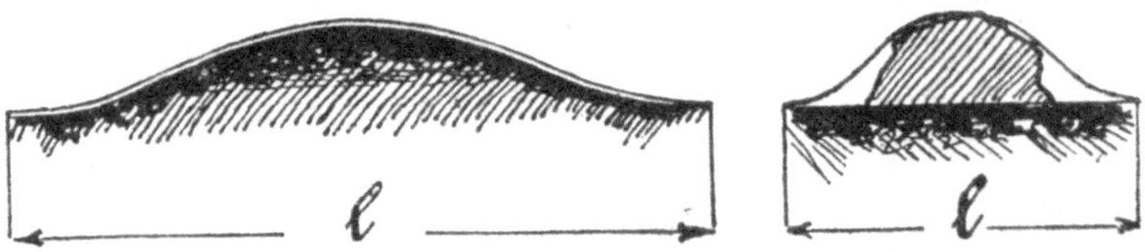


Abb. 304.

Wird im Gegensatz zu periodisch einander folgenden Wegehindernissen nur eine einzige Bodenwelle oder ein einziges Hindernis (z. B. nach Abb. 304) betrachtet und soll die Feder nach dessen Ueberwindung frei ausschwingen, so wird für diese freie Schwingung nach Ablauf des eigentlichen Stoßes die Gleichung gelten:

$$K = -M\frac{d^2 f}{d t^2} = \frac{f}{b}$$

$$\frac{d^2 f}{d t^2} + \frac{f}{M \cdot b} = 0$$

mit der Lösung:

$$f = A \cdot \sin \varphi t + B \cos \varphi t$$

in welcher $A$ und $B$ sich nun durch Grenzbedingungen für

$$t = 2 \frac{\pi}{\lambda}$$

d. h. nach Ablauf des eigentlichen Stoßes, ergeben.

Setzt man diesen Wert in die Gleichung

$$f = a_0 (\cos \varphi t - \cos \lambda t)$$

ein, so ergibt sich:

$$f = a_0 \left(\cos 2 \pi \frac{\varphi}{\lambda} - 1\right)$$

und

$$\frac{d f}{d t} = - a_0 \cdot \varphi \cdot \sin 2 \pi \frac{\varphi}{\lambda}$$

Wird nun

$$2\varphi \cdot \frac{\varphi}{\lambda} = \gamma_0$$

gesetzt, so können die Werte $A$ und $B$ wie folgt bestimmt werden:

$$A = -a_0 \sin \gamma_0$$
$$B = a_0 (1 - \cos \gamma_0)$$

und damit wird

$$f = a_0 [\cos \varphi t - \cos (\varphi t - \gamma_0)]$$

Abb. 305 zeigt die daraus entstehende Kurve.

Um die verschiedenen Wirkungen der Dämpfungen untersuchen zu können, werden der Uebersichtlichkeit halber nur die Eigenschwingungen der Feder betrachtet, weil man durch die Zusammensetzung der letzteren mit den Wegeschwingungen keine Resultate bekommt, aus welchen ohne weiteres klare Folgerungen von weitgehendem Interesse zu ziehen wären.

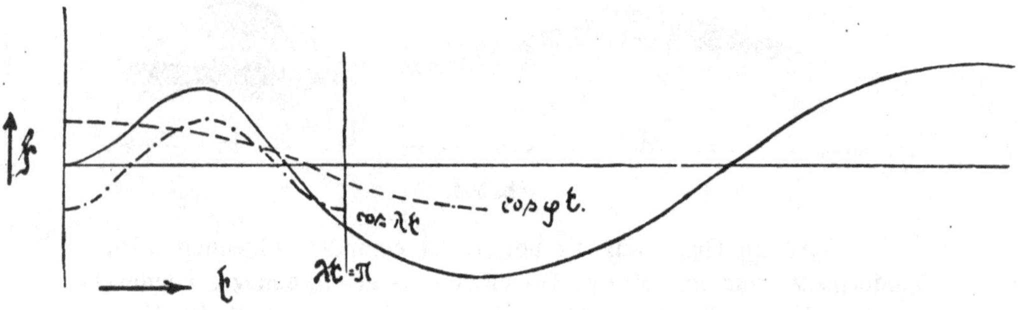


Abb. 305.

Diese Eigenschwingungen sollen weiter unter den Grenzbedingungen berücksichtigt werden, daß für

1) $t = 0$ werde $f = f_0$

und für

2) $t = 0$ werde $\frac{df}{dt} = 0$

Die Feder wurde hiernach, durch beliebige Ursache, um $f_0$ aus ihrer Gleichgewichtslage gebracht und im Augenblick, wo deren Eigengeschwindigkeit gleich $O$ ist, fängt die Beobachtung an. Der Anfang der Kurve kann demnach als Maximum der ersten Schwingung aufgefaßt werden, indem man annimmt, daß erst in diesem Punkte die Wirkung der Dämpfung einsetzt.

Für ungedämpfte freie Schwingung ist:

$$f = A \sin \varphi t + B \cos \varphi t$$

mit: $A = O$

und: $B = f_0$

Damit wird:

$$f = f_0 \cos \varphi t$$

eine reine Cosinuskurve, welche in nachfolgenden Abbildungen punktiert gezeichnet ist.

Abgesehen von Dämpfungen, welche keinem Gesetze folgen, kann die dämpfende Kraft $K$ folgende Gesetzmäßigkeiten aufweisen:

1. $K$ konstant, negativ für positives $\frac{df}{dt}$ und positiv für negatives $\frac{df}{dt}$ gerichtet ist. Also

$$K = \pm z$$

Dann ist:

$$\frac{d^2 f}{d t^2} + \frac{f}{M \cdot b} \pm \frac{z}{M} = 0$$

und nach Bestimmung der Konstanten wird:

$$f = f_0 \cos \varphi t \pm z \cdot b (1 - \cos \varphi t)$$

mit der Bedingung, daß für negatives $\frac{df}{dt}$ das negative Zeichen gilt und umgekehrt. Bei jedem Zeichenwechsel treten neue Grenzbedin-

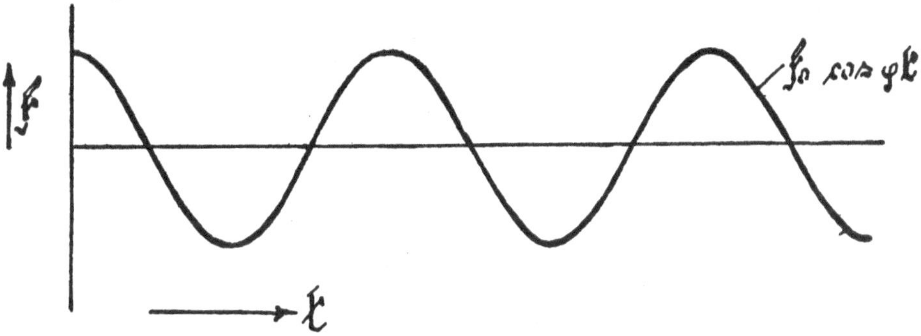


Abb. 306.

gungen ein, und damit ändern sich die Konstanten, so daß die Kurve der Schwingungen sich nur stückweise verfolgen läßt. Abb. 306 veranschaulicht diese Art der Dämpfung.

Die Dämpfung kann so eingerichtet werden, daß für positives $\frac{df}{dt}$, also für Aufwärtsschwingen der Feder:

$$K = 0$$

wird, daß mithin nur die Abwärtsbewegungen der Feder gebremst werden, während das Aufwärtsschwingen frei erfolgen kann. (Ein umgekehrtes Vorgehen hätte praktisch keinen Wert, weil die Feder dadurch in ihrer ersten Aufwärtsschwingung gebremst und somit auch härter würde.) Wird also erstere Art Dämpfung angewandt, so geht diese bedeutend langsamer vor sich (bei gleichem Werte von $K$) als auf Abb. 306.

Wird die Kraft $K$ doppelt so groß genommen, als bei Abb. 306, so ist die dämpfende Wirkung beider Vorrichtungen gleich groß. Bei der einseitig wirkenden ist jedoch die erste Hälfte der ersten Schwingung ungebremst, was theoretisch einen bedeutenden Vorteil bedeutet.

Leider kommen aber praktische Nachteile hinzu, wie die Betrachtung einiger Sonderfälle lehrt, bei denen diese Nachteile in extremer Weise auftreten. Es wird nämlich für

$$z\,b = f_0$$

die Kurve der Schwingungslinie eine Gerade nach Abb. 307. Die Feder bremst sich in ihrer höchsten Lage fest.

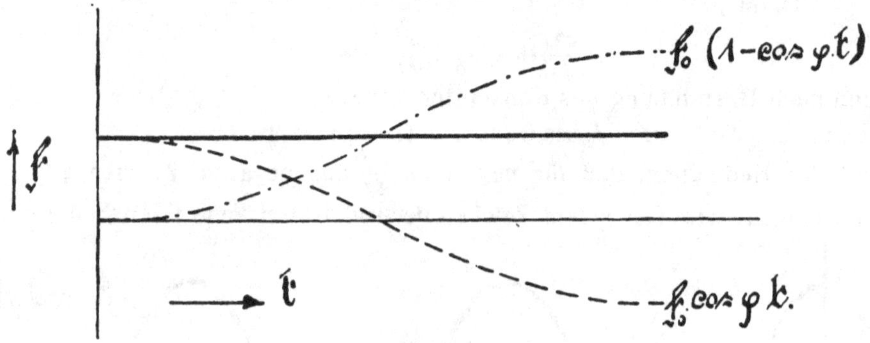


Abb. 307.

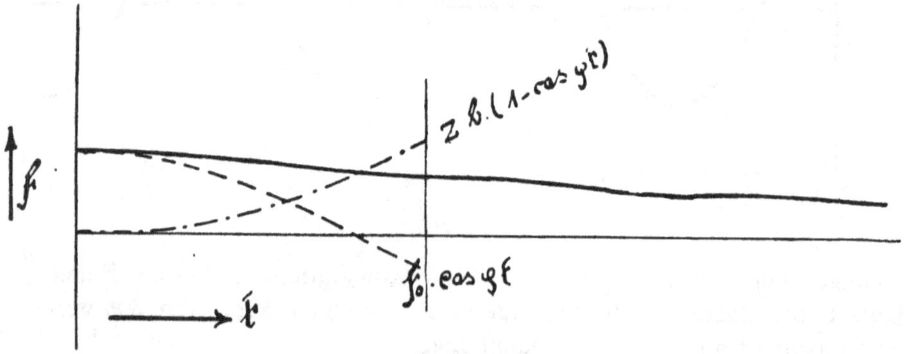


Abb. 308.

Ist $z\,b$ nur wenig kleiner als $f_0$ (also eine starke Bremsung erfolgt, wie dies ja wünschenswert ist), dann verläuft die Schwingung nach Abb. 308, die Zeitdauer des Zurückschwingens wird außerordentlich groß, das Zurückgehen der Feder erfolgt sehr langsam.

Folgt während dieses langsamen Zurückgehens ein neuer Stoß, so wird der Federausschlag wieder zunehmen, ohne daß der Stoß nennenswert gemildert wird und bei Wiederholung dieses Vorganges bremst sich die Feder gleichfalls fest.

Erfolgt nun der zweite Stoß im Augenblick, wo die langsam zurückgehende Feder eine Durchbiegung von $f_o - f_n$ aufweist und ist er derart beschaffen, daß seine dynamische Wirkung die Feder um $f_s$ aus der Gleichgewichtslage abbiegen könnte, dann kann überhaupt eine Federung nur dann stattfinden, wenn

$$f_s > f_o - f_n$$

ist. Ist dieses nicht der Fall, so wird sich der gänzlich ungemilderte Stoß auf den Rahmen übertragen. Solche Dämpfung würde demnach die Feder für kleine, kurz nach einem starken Stoß folgende Stöße gänzlich unempfindlich machen. Letzteres ist jedoch gänzlich unzulässig, weil bei periodisch auftretenden, kurz nacheinander folgenden Stößen (Abb. 302), so gut wie keine Federung stattfinden würde.

2. $K$ veränderlich, proportional und entgegengesetzt der Durchbiegung der Feder:

$$K = \pm c f$$

Demnach ist:

$$\frac{d^2 f}{d t^2} - \frac{f}{M} \pm \frac{c f}{M} = 0$$

wobei $K$ für positives $\frac{d f}{d t}$ das negative und für negatives $\frac{d f}{d t}$ das positive Zeichen hat. Es ergibt sich:

$$f = A \sin \sqrt{\frac{1}{M}\left(\frac{1}{b} \pm c\right)} \cdot t + B \cos \sqrt{\frac{1}{M}\left(\frac{1}{b} \pm c\right)} \cdot t$$

und mit $A = o$ und $B = f_0$ ist:

$$f = f_0 \cos \sqrt{\frac{1}{M \cdot \frac{b}{1 \pm b c}}} \cdot t$$

Nur die Periode wird geändert. Dabei kann jedoch eine erhebliche Dämpfung eintreten.

Soll eine einseitige Bremsung stattfinden, z. B. nur beim Abwärtsgang der Achse, so gilt:

$$f = f_0 \cos \sqrt{\frac{1}{M \cdot \frac{b}{1 - b c}}} \cdot t$$

Die Periode wird verlängert und ein Festbremsen ist möglich. Der Grenzfall tritt ein für

$$b = \frac{1}{c}$$

wobei die Periode und $t = \infty$ wird.

3. $K$ veränderlich und der Geschwindigkeit der Schwingung proportional und entgegengesetzt gerichtet

$$K = c \frac{d f}{d t}$$

Es ist:

$$\frac{d^2 f}{d t^2}+\frac{c\, d f}{M \cdot d t}+\frac{f}{M \cdot b}=O$$

mit der Lösung:

$$f=C \cdot e^{-\frac{c}{2 M} \cdot t}\left(\sin \sqrt{\frac{1}{M \cdot b}-\left(\frac{c}{2 M}\right)^2} \cdot t+\gamma\right)$$

und mit unter den gleichen Grenzbedingungen, wie bisher zu bestimmenden Konstanten:

$$C=f_0; \quad \gamma=o$$

$$f=f_0 \cdot e^{-\frac{c}{2 M} \cdot t} \sin \sqrt{\frac{1}{M \cdot b}-\left(\frac{c}{2 M}\right)^2} \cdot t$$

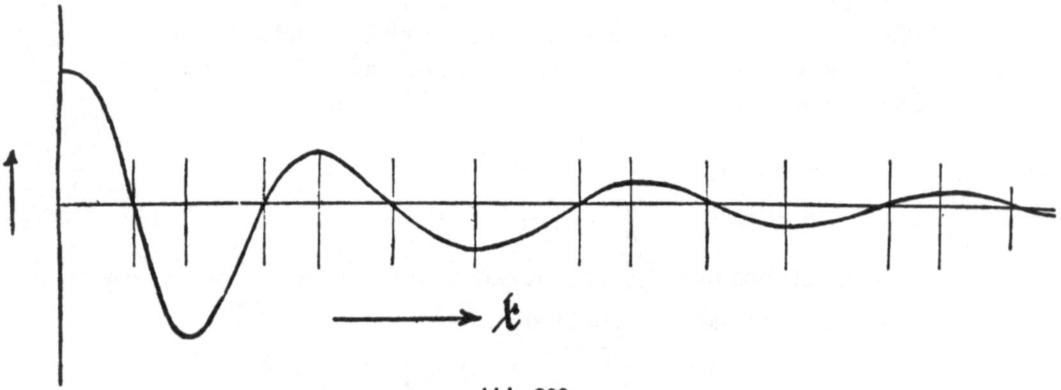


Abb. 309.

Die Kurve ist auf Abb. 309 aufgetragen. Man hat hier mit einer sehr intensiven Dämpfung zu tun, welche den Vorteil aufweist, daß die Periode trotz kräftiger Bremswirkung nicht in dem starken Maße wie bei den vorhin betrachteten Fällen verlängert wird. Da die Größe der dämpfenden Kraft hier der Geschwindigkeit proportional ist, so kann in diesem Falle auch eine nur einseitige Bremsung (nur für den Rückgang der Feder) angewandt werden ohne ein Festbremsen befürchten zu müssen.

Auf den Abbildungen 310, 311 und 312 sind die dämpfenden Kräfte und die Art der Wirkung in den drei eben besprochenen Fällen veranschaulicht. Die schraffierten Flächen stellen die von der bremsenden Kraft verrichtete Arbeit dar. Die Kraft ist an der Schwingungskurve in der Abscissenrichtung in ihrer jeweiligen Größe aufgetragen.

Die Figuren auf der linken Seite der Abbildungen stellen die Gesetze dar, denen die Kräfte folgen. Auf Abb. 312 ist die Gesetzmäßigkeit der ersten Aufwärtsschwingung eine andere als bei den folgenden Schwingungen, wie dieses aus den beiden links aufgetragenen Figuren zu ersehen ist.

Unter den in der Praxis gebräuchlichen Vorrichtungen findet man alle drei Arten der Dämpfungen vertreten. Natürlich ist die

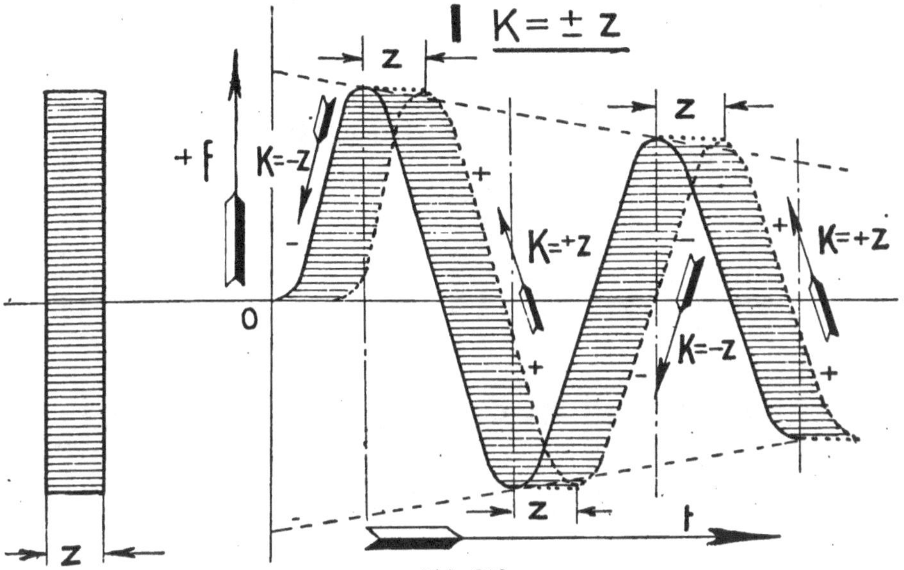


Abb. 310.

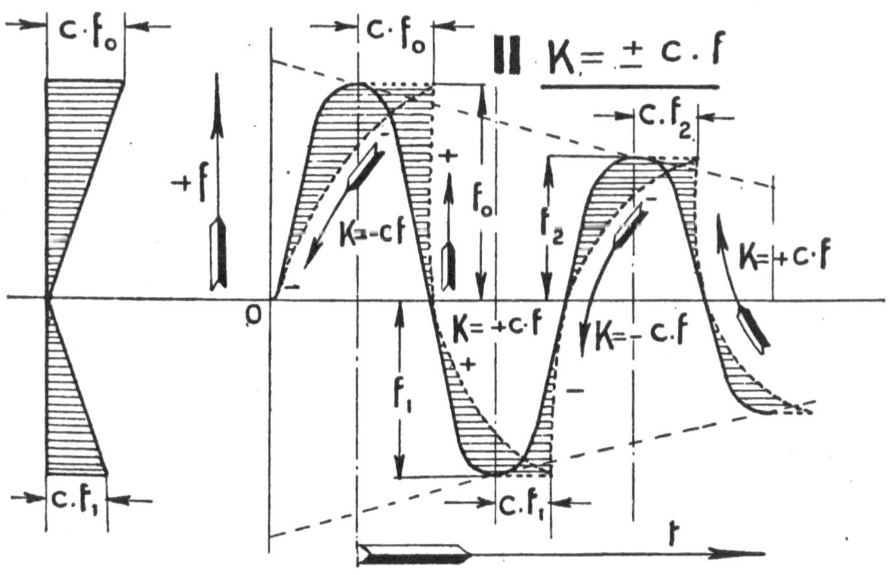


Abb. 311.

Gesetzmäßigkeit nur in vereinzelten Fällen streng eingehalten, während man sich meistenteils mit einem mehr oder weniger angenäherten Befolgen des jeweilig gewählten Gesetzes begnügt. Vereinzelt findet man auch einseitig wirkende Federdämpfer vor, auch sind Vorrichtungen, bei welchen die Kraftveränderungen stoßweise auftreten, vorhanden.

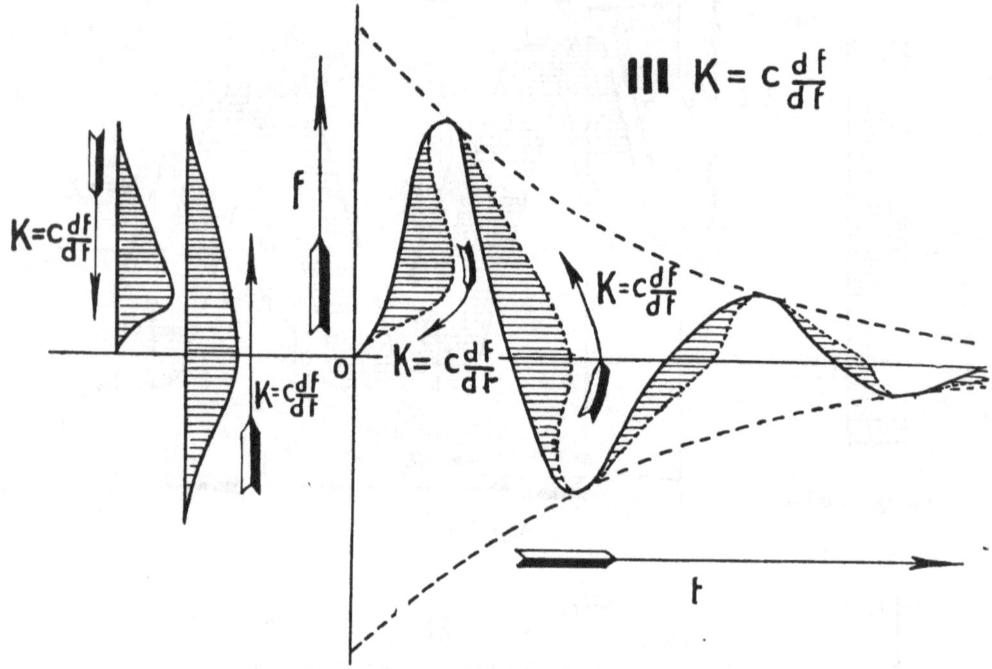


Abb. 312.

Die oft angeführten Versuche von Dr. Bobeth haben die Ueberlegenheit von Flüssigkeitsdämpfern, welche mehr oder weniger dem Gesetze:

$$K = c \frac{df}{dt}$$

folgen, unzweideutig bewiesen. Abb. 313 zeigt ein bei diesen Versuchen aufgenommenes Diagramm, aus welchem die Art und Wirkung der dampfenden Kräfte deutlich zu Tage tritt. Der herbei benutzte Apparat war ein Flüssigkeitsdämpfer mit veränderlichem Durchgangsquerschnitt, so daß hier eine Kombination zwischen Fall 2 und Fall 3 vorliegt, indem die dämpfende Kraft mit steigender Schwingungsgeschwindigkeit und zugleich mit steigendem Federausschlag wächst.

Bei der Besprechung der Mittel zur Verbesserung der Federung werden die hier abgeleiteten Gesichtspunkte berücksichtigt.

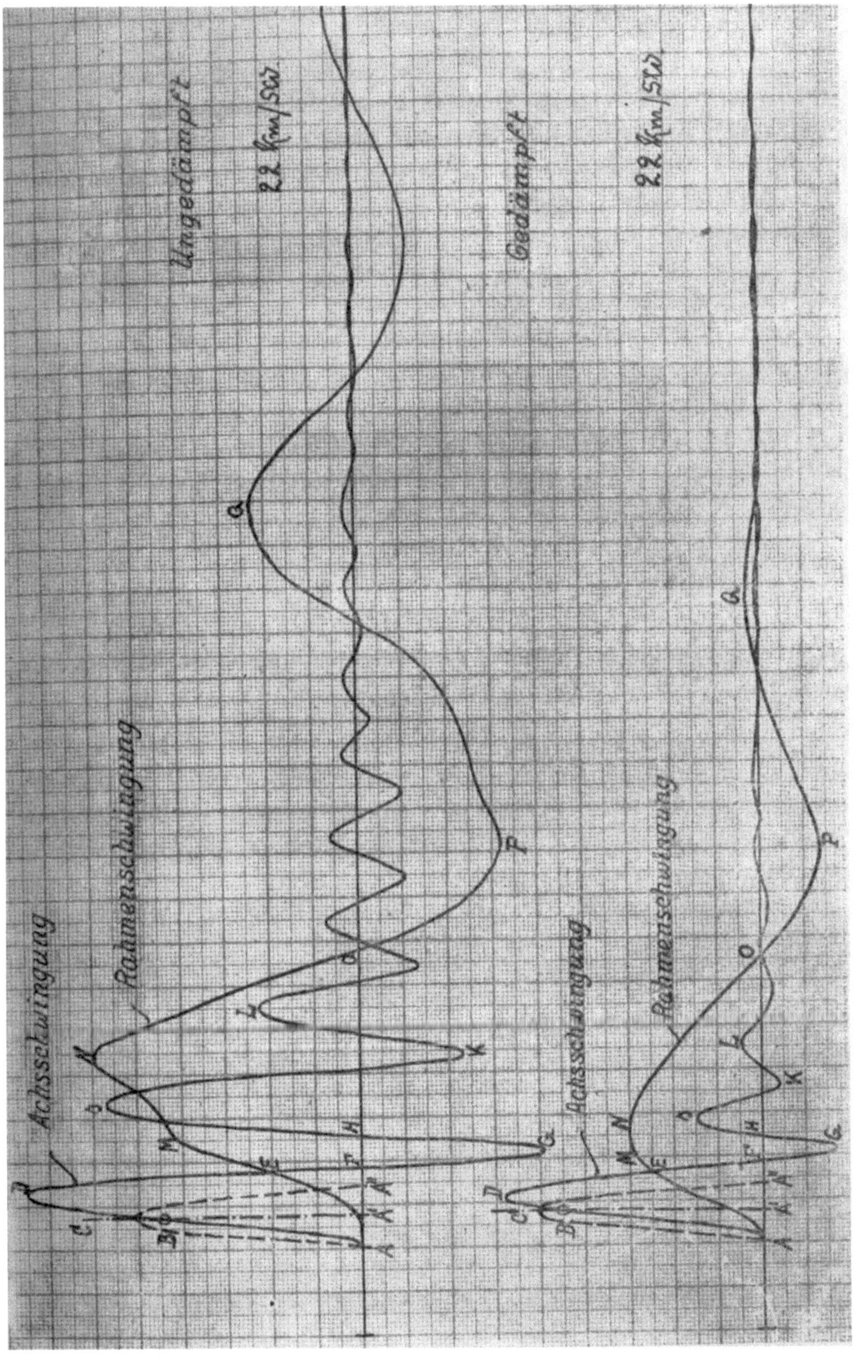

Achsschwingung
Rahmenschwingung
Ungedämpft
22 km/Std
Gedämpft
22 km/Std
Achsschwingung
Rahmenschwingung


Abb. 313.

## Abmessungen der Feder.

Zuerst sollen diejenigen Werte für die Profilabmessungen des Hauptfederblattes ermittelt werden, welche den tatsächlich vorkommenden Kräften entsprechen und zugleich die geringsten Werte der durch Formveränderungen hervorgerufenen Spannungen ergeben.

Vorerst wird versucht, ohne auf die senkrecht wirkenden Kräfte Rücksicht zu nehmen, die Schubspannung, welche sich aus der Verwindung der Feder ergibt, und die Zugspannung aus der wagrechten Durchbiegung zu verringern.

Die Abmessungen des Hauptblattes müssen so gewählt werden, daß die Federn eine genügende Führung der Achse in einer zur Fahrtrichtung senkrechten Ebene abgeben.

Ist $Q$ der Achsdruck, so ist die größte in der Richtung der Achse wirkende Kraft, wenn $\mu$ die Bodenreibungszahl der Räder bedeutet:

$$2\,P = \mu \cdot Q$$

bei $\mu = 0{,}7$ entfällt auf jede Feder:

$$P = 0{,}35\ Q$$

Da die Federn nach früheren Ausführungen durch die Neigung der Achse bei einseitiger Durchfederung eine größte Durchbiegung $\frac{f}{2}$ erleiden müssen, so erscheint es berechtigt, eine ebensolche Durchbiegung unter der Einwirkung der höchsten wagerechten Kraft $P$ zuzulassen und aus diesen zwei Faktoren in Verbindung mit der als bekannt vorausgesetzten Länge $L$ der Feder die Breite $b$ und die Stärke $h$ des Hauptblattes zu bestimmen.

Unter Anwendung des bekannten Ausdrucks für Durchbiegung einseitig eingespannter Träger hat man dann:

$$\frac{f}{2} = \frac{P}{E\frac{h\,b^3}{12}} \cdot \frac{7\,L^3}{768} = \frac{7\,P\,L^3}{64\,E\,h\,b^3}$$

und

$$f = \frac{7\,P \cdot L^3}{32 \cdot E\,h\,b^3}$$

Wählt man weiter etwa:

$$h = n\,b$$

so ergibt sich

$$b = \sqrt[4]{\frac{7\,P\,L^3}{32 \cdot E \cdot n\,f}}$$

Um das früher angedeutete Zahlenbeispiel zu verfolgen sei angenommen:

$$Q = 800\ \text{kg}; \quad n = 0{,}175$$

dann ist

$$P = 280 \text{ kg}$$

$$b = \sqrt[4]{\frac{280 \cdot 7}{64 \cdot 0{,}175 \cdot 0{,}54}}$$

$$b = 4{,}24 \text{ cm}$$

woraus sich dann

$$h = 0{,}75 \text{ cm}$$

ergibt.

Rechnet man die Spannungen $\tau$ und $\sigma_x$ für diese Werte von $b$ und $h$, erhält man:

$$\sigma_x = \frac{2 \cdot 2000000 \cdot 4{,}25 \cdot 0{,}54}{10000}$$

$$\sigma_x \sim \mathbf{920\ kg/cm^2}$$

und

$$\tau = 2{,}5 \frac{10}{10000} \cdot \frac{0{,}75 \cdot 18{,}0625}{0{,}5625 + 18{,}0625} \cdot 750000$$

$$\tau = \mathbf{1360\ kg/cm^2}$$

Auch die Spannung $\sigma_y$ welche auf die Formveränderung zurückzuführen ist, wird durch die Verringerung von $h$ herabgesetzt und zwar auf

$$\sigma_y = \frac{4 \cdot 10 \cdot 2000000 \cdot 0{,}75}{10000}$$

$$\sigma_y = \mathbf{6000\ kg/cm^2}$$

Würde man $b$ und $h$ noch weiter verringern, so könnte man eine ungenügende Führung der Achse und dadurch hervorgerufene Achsialverschiebungen der letzteren relativ zum Rahmen befürchten.

Soll die F e d e r, wie dieses nicht selten bei modernen Wagen geschieht, d e n A c h s s c h u b ü b e r t r a g e n, so muß das Hauptblatt außerdem noch auf Knickung berechnet werden, und zwar nach dem Ausdruck:

$$W = 2\,\pi^2 \frac{E \cdot b \cdot h^3}{6\,L^2},$$

worin $W$ die zu übertragende größte Schubkraft:

$$W = 0{,}35\,Q$$

bedeutet. Daraus hat man, wenn $h = b\,n$:

$$h = \sqrt[4]{\frac{n\,Q \cdot L^2}{9{,}4\,E}}$$

Letzterer Wert wird jedoch keinesfalls eine für die Ausführung brauchbare Abmessung ergeben und stellt, ohne Rücksicht auf sonstige Beanspruchungen, im Sinne der Voraussetzung des Ausdruckes:

$$W = 2\,\pi^2 \frac{E \cdot b \cdot h^3}{6\,L^2}$$

nicht etwa den zulässigen, sondern den äußersten Grenzwert dar, welcher unter keinen Umständen überschritten werden darf.

Nach den Angaben der Hütte ist, um praktisch verwendbare Werte zu erhalten, die Belastung durch einen Sicherheitsfaktor zu dividieren. Letzterer kann in Anbetracht des zur Verwendung kommenden vorzüglichen Materials etwa

$$\mathfrak{S} = 3$$

gewählt werden, so daß der Ausdruck für $h$ in bezug auf Knickung den Wert:

$$h = \sqrt[4]{\frac{n \cdot Q \cdot L^2}{3{,}133 \cdot E}}$$

annehmen wird.

Dieses gilt natürlich auch nur bedingt, weil außer der Knickungs- auch noch Biegungs- und Torsionskräfte die Federn beanspruchen. Immerhin kann letzterer Ausdruck einen gewissen Anhaltspunkt zur Kontrolle der gewählten Abmessung $h$ abgeben, und kann für Ueberschlagsrechnungen benutzt werden.

Setzt man die Werte des früheren Beispiels ein, so ergibt sich:

$$h = \sqrt[4]{\frac{0{,}175 \cdot 800 \cdot 10000}{3{,}133 \cdot 2000000}}$$

$$h = 0{,}6875 \text{ cm}$$

Will man die zusammengesetzten höchsten vorkommenden Spannungen verfolgen, welche sich im Grenzfalle der Belastung ergeben würden, so muß für $\sigma_y$ ein Wert $\sigma_y'$ eingesetzt werden, welcher aus dem Ausdruck:

$$\sigma'_y = \frac{W}{b \cdot h} + \frac{3\,F\,tg\,\frac{\omega\,L}{2}}{\omega \cdot b \cdot h^2}$$

zu bestimmen ist. Hierin bedeutet

$W$ — die höchste wagerechte Schubkraft

$F$ — die auf eine Feder entfallende höchste senkrechte Belastung, wie sie früher (Vgl. unter Vorderachsen) bestimmt wurde

$\omega$ ist nach der Hütte durch den Ausdruck:

$$\omega = \sqrt{\frac{12\,W}{E\,b\,h^3}}$$

bestimmt.

Der Wert von $\sigma'_y$ ist dann in früher angegebener Weise mit $\sigma_x$ und $\tau$ zusammenzusetzen, um die wirklich vorhandene Höchstspannung zu ermitteln.

Die vorhin gefundenen Werte von $b$ und $h$ sind noch immer insofern willkürlich, als man

$$n = \frac{h}{b}$$

gewählt hat. Für $n$ können jedoch keine irgend wie berechtigten Angaben gemacht werden. Dagegen kann $h$ in Abhängigkeit von $e$ und $L$ bestimmt werden, wenn man mit $e$, wie vorausgesetzt, die größte praktisch erreichbare Durchfederung und mit $L$ die ausgestreckte Länge der Feder bezeichnet.

Letzteres kann nach dem Ausdruck:

$$h = \frac{L^2 \cdot \sigma}{4 E \cdot e}$$

geschehen, worin, um praktische Werte zu erhalten,

$$\sigma \sim 6000 \text{ kg/cm}^2$$

angenommen werden kann.

Bei modernen Wagen mit tiefliegendem Schwerpunkt ist man mit der Wahl für den Wert von $e$ meistenteils sehr beschränkt. Es können jedoch Fälle vorkommen, wo man im Bestreben, die Abfederung möglichst weich zu gestalten, $e$ zu groß wählen könnte. Daher sollen hier die Beziehungen zwischen $e$ und der Weichheit, bzw. der spezifischen Durchbiegung der Feder erörtert werden.

Bezeichnet man die größte vorkommende senkrechte Belastung einer Feder mit $F$ und deren spezifische (d. h. durch 1 kg Belastung hervorgerufene) Durchbiegung mit $\varphi$, so ist eine größte Durchbiegung:

$$e = F \cdot \varphi$$

vorzusehen. Daraus ergibt sich

$$\varphi = \frac{e}{F}$$

Darum wäre im Interesse einer weichen Federung ein möglichst großes $e$ erwünscht. Bei konstantem $h$ und $k_b$ ist aber $e$ dem Quadrate der Federlänge proportional, woraus der bedeutende Vorteil großer Werte für $L$ klar hervorgeht.

Will man eine gewisse Spannung der höchstbeanspruchten Faser eines Federblattes nicht überschreiten, so ergibt sich aus dem Ausdruck

$$e = \frac{L^2 \sigma_p}{4 E \cdot h}$$

die höchste erreichbare Durchbiegung.

Marchesseau gibt als Höchstwerte für $\sigma_p$, welches die Proportionsgrenze, also den praktischen Grenzwert bedeutet, für gehärteten und angelassenen Stahl Nr. 6

$$k_b = 10000 \text{ kg/cm}^2$$

und für Nr. 8

$$k_b = 13000 \text{ kg/cm}^2$$

an.

Unter Zugrundelegung dieser Werte sind nachfolgende Tabellen zusammengestellt worden, aus welchen die Grenzwerte der größten Durchbiegungen für bestimmtes $L$ und $h$ hervorgehen; für $E$ ist in beiden Fällen der Wert:

$$E = 2000000 \text{ kg/cm}^2$$

angenommen.

Diese Werte dürfen nur bei Verwendung genannter Materialien erreicht werden.

$kb = 10000$ kg/cm²

| Gestreckte Länge $L$ | Blattstärken | | | | | | |
|---|---|---|---|---|---|---|---|
| | $h=7$ | 7,5 | 8 | 8,5 | 9 | 9,5 | 10 |
| 800 | 114 | 106 | 100 | 94 | 88 | — | — |
| 850 | 129 | 120,5 | 112,6 | 106 | 100 | — | — |
| 900 | 144 | 135 | 126 | 119 | 112 | 106,5 | 101 |
| 950 | 161 | 150 | 141 | 133 | 125 | 118.7 | 113 |
| 1000 | 178 | 166 | 156 | 147 | 138 | 131,6 | 125 |
| 1050 | 196 | 183 | 172 | 162 | 153 | 145 | 137 |
| 1100 | 216 | 201 | 189 | 177 | 168 | 159 | 151 |
| 1150 | 236 | 220 | 206 | 195 | 185 | 174 | 165 |
| 1200 | — | 240 | 225 | 211 | 200 | 189,4 | 180 |
| 1250 | — | 260 | 244 | 229 | 217 | 205,5 | 195 |
| 1300 | — | — | 264 | 248 | 234 | 222 | 211 |

$kb = 13000$ kg/cm²

| Gestreckte Länge $L$ | Blattstärken | | | | | | |
|---|---|---|---|---|---|---|---|
| | $h=7$ | 7,5 | 8 | 8,5 | 9 | 9,5 | 10 |
| 800 | 148 | 137,8 | 130 | 122 | 114,4 | — | — |
| 850 | 167,7 | 156,6 | 146,4 | 137,8 | 130 | — | — |
| 900 | 187 | 170,5 | 163,8 | 154,7 | 145,6 | 138,4 | 131,5 |
| 950 | 209,3 | 195,5 | 183 | 173 | 162,5 | 154,3 | 147 |
| 1000 | 231,4 | 215,8 | 203 | 191 | 179,4 | 171 | 161,5 |
| 1050 | 255 | 238 | 223,6 | 210,6 | 199 | 188,5 | 178 |
| 1100 | 280 | 261,3 | 245,7 | 230 | 218 | 207 | 196 |
| 1150 | 307 | 286 | 268 | 253,5 | 240,5 | 226 | 214,5 |
| 1200 | — | 312 | 292,5 | 274 | 260 | 246 | 234 |
| 1250 | — | 338 | 317 | 298 | 282 | 267 | 243,5 |
| 1300 | — | — | 343 | 322 | 304 | 288,5 | 274 |

Als höchste vorkommende Belastung einer Feder kann die früher abgeleitete Kraft $F$ (vgl. unter „Vorderachsen") eingesetzt werden:

$$F = \sqrt{\frac{1{,}7\,Q \cdot H}{\varphi}}$$

Dann ergibt sich:

$$\frac{e^2}{\varphi^2} = \frac{1{,}7\,Q \cdot H}{\varphi}$$

und

$$\varphi = \frac{e^2}{1{,}7 \cdot Q \cdot H}$$

Dadurch ist $\varphi$ bestimmt und kann auch $F$ berechnet werden. (Ueber die Werte von $H$ vgl. unter „Vorderachsen".)

Es sollen folgende weitere Bezeichnungen eingeführt werden:

$L$ — Länge der Feder unter Belastung durch $F$ kg in cm,

$l$ — Die Abstufung, bezw. der halbe Längenunterschied zweier aufeinander liegenden Federblätter in cm,

$\sigma$ — zulässige Spannung der höchstbeanspruchten Faser $\sigma \leqslant \sigma_p$,

$E$ — Dehnung des Materials,

$R$ — Derjenige Krümmungshalbmesser, welchen die unbelastete Feder aufweisen müßte, um unter $F$ kg Belastung geradlinig zu erscheinen in cm.

Aus der Voraussetzung für $R$ folgt:

$$L^2 = 4\,[R^2 - (R - e)^2] + \frac{16}{3}\,e^2$$

woraus sich:

$$R + \frac{1}{6}\,e = \frac{L^2}{8e} \quad \text{und} \quad R = \frac{L^2}{8e} - \frac{1}{6}\,e$$

ergibt. Andererseits ist:

$$e = \frac{L^2 \cdot \sigma}{4\,E \cdot h}$$

$\sigma$ darf recht hoch gewählt werden, weil es hier nur in den höchstbeanspruchten Fasern auftritt. Ueberdies entspricht $F$ der höchsten denkbaren Belastung, so daß hier $\sigma \sim 10\,000$ kgcm² gewählt werden kann. Man hat also:

$$\frac{h}{2} = \frac{L^2}{8e} \cdot \frac{\sigma}{E} = \frac{L^2}{8e} \cdot \varepsilon$$

$$h = \left(2\,R + \frac{1}{3}\,e\right) \cdot \varepsilon$$

Der Wert $\varepsilon$ als

$$\varepsilon = \frac{\sigma}{E}$$

ist sehr gering, z. B. für $\sigma = 10\,000$ und $E = 2\,000\,000$ ist $\varepsilon = 0{,}005$. Daher wird der zu erwartende Wert von $h$ auch in Bruchteilen von Centimetern ausgedrückt sein. Da nun $e$ unter normalen Umständen etwa 0,1 $R$ betragen kann, so ist 2 $R$ etwa 60 mal größer als $\frac{1}{3}e$ und würde durch Fortlassung des Summanden $\frac{1}{3}e$ ein Fehler von 1,66 % entstehen, welcher im Zahlenwert von $h$, in Tausendsteln von Centimetern ausgedrückt sein würde. Da solche Differenzen bei praktischen Berechnungen gänzlich belanglos sind, so kann

$$R = \frac{h}{2\varepsilon}$$

gesetzt werden und in dieser Gestalt für weitere Rechnung benutzt werden.

Die Feder, als geschichtetes Dreieckblatt, soll einen Körper gleicher Festigkeit mit Kreisbogen als elastische Linie darstellen. Darum müssen die Abstufungen einander gleich sein und die Bedingung erfüllen:

$$l = \frac{2E \cdot J}{F \cdot R}$$

oder, nach Einsetzen des Wertes für $R$ und $J$:

$$l = \frac{\sigma \cdot b \cdot h^2}{2F}$$

Daraus folgt die Anzahl der Blätter:

$$i = \frac{L}{2l}$$

und die ganze Höhe der Feder:

$$S = h \cdot i.$$

Bisher ist eine aus gleichstarken Lagen bestehende Feder betrachtet worden. In der Praxis werden jedoch meistens die Stärken der einzelnen Blätter voneinander abweichend ausgeführt und zwar so, daß die kurzen Blätter schwächer als die langen bemessen werden. Um diesem Umstande Rechnung zu tragen, kann beim Entwurf in solcher Weise vorgegangen werden, daß man die gesamte Höhe $S$ in ungleiche Lagenstärken

$$h + h_1 + h_2 + \ldots + h_n = S$$

zerteilt und die Abstufungen

$$l + l_1 + l_2 + \ldots + l_n = L$$

so wählt, daß

$$l > l_1 > l_2 \ldots\ldots$$

wird. Aus Ausführungsrücksichten darf $l_n$ nicht zu klein werden, so daß man vorteilhaft

$$l_n > l$$

setzen kann, was schon durch die Auflage der Feder auf dem Teller berechtigt ist.

Der Gang der Berechnung kann ein folgender sein. Aus konstruktiven Verhältnissen ist $L$ und $e$ zu entnehmen, worauf $h$ berechnet werden kann. (Bei der Wahl von $e$ können die Tabellen berücksichtigt werden.) Dann wird die Breite des Hauptblattes $b$ in der vorhin angedeuteten Weise als Funktion von $Q$, $L$, $e$ und $h$ bestimmt.

Danach wird $\varphi$ und $F$ berechnet, worauf man die Abstufung $l$ ermitteln kann, welche dann die Gesamthöhe der Feder und die Anzahl gleichstarker Lagen ergibt. Ist dieses ermittelt, so können unter Beibehaltung der Abmessungen des Hauptblattes beliebige Varianten in Stärke und Zahl der übrigen Blätter gesucht werden.

Spezialfabriken besitzen im Letzteren große Erfahrungen und man wird gut tun, sich nach deren Vorschlägen zu richten. Jede solche Firma besitzt empirische Tabellen über Belastung, Abmessungen und Durchbiegung verschiedener Federn. Will man sich beim Entwurf die Mühe einer immerhin recht zeitraubenden Berechnung ersparen, so kann man auch diese Tabellenwerte in geeigneter Wahl benutzen. Nachfolgend sind einige von erstklassigen Firmen veröffentlichte Tabellen angegeben:

### 1. Tabelle der Poldi-Hütte*).

Vorderfedern.

| Type | A | B | C | D | E | F |
|---|---|---|---|---|---|---|
| Sehnenlänge (belastet) mm | 900 | 900 | 900 | 1000 | 1000 | 1000 |
| Blattzahl | 3 | 4 | 5 | 3 | 4 | 5 |
| Profil . . . mm | 45×7 | 45×7 | 45×7 | 50×8 | 50×8 | 50×8 |
| Normalbelastung . . kg | 250 | 350 | 450 | 300 | 400 | 500 |
| Probebelastung . . kg | 700 | 920 | 1100 | 900 | 1200 | 1500 |
| Stückgewicht . . ca. kg | 6 | 7 | 8 | 8 | 9.5 | 11 |

Hinterfedern.

| Type | G | H | I | K | L | M | N | O |
|---|---|---|---|---|---|---|---|---|
| Sehnenlänge (belastet) mm | 1250 | 1250 | 1250 | 1250 | 1400 | 1400 | 1400 | 1400 |
| Blattzahl | 4 | 5 | 6 | 7 | 4 | 5 | 6 | 7 |
| Profil . . . mm | 50×8 | 50×8 | 50×8 | 50×8 | 55×8 | 55×8 | 55×8 | 55×8 |
| Normalbelastung . . kg | 340 | 400 | 500 | 600 | 340 | 400 | 500 | 600 |
| Probebelastung . . kg | 950 | 1200 | 1400 | 1700 | 950 | 1200 | 1400 | 1700 |
| Stückgewicht . . ca. kg | 12.5 | 15 | 17 | 19 | 15 | 17 | 20 | 22 |

*) Valentin & Huth, Entwerfen u. Berechnen von Kraftwagen, Leipzig 1907.

2. Tabelle von Lemoine*)

| $L$ | Ruhende Belastung | $i$ | $b$ | Mittlere Blattstärke | $\varphi$ |
|---|---|---|---|---|---|
| 1000 | 200 | 6 | 50 | 6,18 | 0,23 |
| 1000 | 300 | 7 | 50 | 6.57 | 0,16 |
| 1050 | 350 | 7 | 55 | 6,71 | 0,16 |
| 1050 | 400 | 8 | 55 | 6,75 | 0,135 |
| 1300 | 300 | 8 | 50 | 6,06 | 0,4 |
| 1300 | 350 | 8 | 50 | 6,38 | 0,407 |
| 1400 | 300 | 7 | 55 | 6,36 | 0,46 |
| 1400 | 400 | 9 | 55 | 6,39 | 0,35 |
| 1450 | 500 | 10 | 55 | 6,85 | 0,28 |
| 1450 | 600 | 11 | 55 | 7,00 | 0,235 |
| 1500 | 650 | 10 | 60 | 7,45 | 0,22 |
| 1500 | 700 | 11 | 60 | 7,5 | 0,2 |

Die Bedeutung der am Kopf der Kolonnen eingestellten Bezeichnungen entspricht den hier eingeführten Benennungen.

3. Tabelle von Perissé**).

| $L$ | Ruhende Belastung | $i$ | $b$ | Blattstärken | Pfeilhöhe unter ruhender Belastung | $\varphi$ |
|---|---|---|---|---|---|---|
| 800 | 150 | 5 | 40 | 6 · 5,5 · 5 · 5 · 5 | 110 | 0,173 |
| 890 | 325 | 6 | 50 | 7 · 7 · 7 · 7 · 7 · 7 | 56 | 0,105 |
| 900 | 200 | 4 | 40 | 7 · 6,5 · 3 · 3 | 80 | 0,14 |
| 900 | 380 | 7 | 50 | 7 · 6,5 · 6,5 · 6 · 6 · 5 · 5 | 63 | 0,15 |
| 910 | 175 | 5 | 45 | 7 · 6 · 6 · 6 · 6 | 48 | 0,125 |
| 1000 | 420 | 7 | 50 | 7 · 6,5 · 6,5 · 6,5 · 6,5 · 5,5 · 5 | 75 | 0,181 |
| 1000 | 475 | 7 | 45 | 7 · 7 · 6,5 · 6,5 · 6 · 6 · 6 | 106 | 0,166 |
| 1000 | 475 | 7 | 45 | 7 · 7 · 6,5 · 6,5 · 6 · 6 · 6 | 68 | 0,179 |
| 1000 | 225 | 7 | 50 | 8 · 7 · 6,5 · 6,5 · 6,5 · 6 · 6 | 100 | 0,111 |
| 1120 | 205 | 6 | 45 | 7 · 7 · 7 · 6 · 6 · 6 | 28 | 0,303 |
| 1200 | 220 | 6 | 50 | 8 · 7 · 7 · 7 · 7 · 6 | 90 | 0,242 |
| 1380 | 500 | 7 | 50 | 8,5 · 8 · 8 · 7,5 · 7 · 7 · 6,5 | 62 | 0,196 |
| 1410 | 450 | 9 | 50 | 7 · 7 · 7 · 7 · 7 · 7 · 7 · 7 · 7 | 43 | 0,216 |

**Zahlenbeispiel.** Es sei eine Hinterfeder für einen Reisewagen berechnet. Ausgestreckte Länge ist $L = 140$ cm. Vorgesehene größte Durchbiegung sei $e = 20$ cm. Achsdruck sei $Q = 1000$ kg. Abstand von Mitte zu Mitte Feder $B = 100$ cm. Weiter sei $E = 2000000$ und $\sigma = 6000$ kg/cm², $H = 16$ cm.

Dann ist:

$$h = \frac{140^2 \cdot 6000}{4 \cdot 2000000 \cdot 20} = 0{,}735 \text{ cm}$$

*) The Horseless Age 10. Nov. 1909.

**) Perissé. Automobiles à petrole, Paris 1912.

Nach Abb. 300 ist:

$$\sin\beta = \frac{20}{100};$$

$$a = 100 - \sqrt{10000 - \frac{16}{3} \cdot 400} = 9,4 \text{ cm}$$

$$\sin\alpha = \frac{9,4}{100 \cdot \cos\beta}$$

$$f = 100 - 100\cos\alpha \cdot \cos\beta = 1,67 \text{ cm}$$

$$P = 0,35 \cdot 1000 = 350 \text{ kg}$$

$$b = \sqrt[3]{\frac{7 \cdot 350 \cdot 2744000}{32 \cdot 2000000 \cdot 0,735 \cdot 1,67}} = 4,495 \text{ cm}$$

$$\varphi = \frac{400 \cdot 10}{1,7 \cdot 1000 \cdot 16} = 0,152 \text{ mm}$$

$$F = \sqrt{\frac{1,7 \cdot 1000 \cdot 160}{0,152}} = 1311,5 \text{ kg}$$

$$F \sim 1312$$

Abgerundet ist:

$$b = 4,5 \quad h = 0,75$$

dann ist weiter

$$l = \frac{10000 \cdot 4,5 \cdot 0,5625}{3 \cdot 1312} = 6,43 \text{ cm}$$

$$i = \frac{140}{12,86} \sim 11$$

$$S = 11 \cdot 0,75 = 82,5 \text{ cm.}$$

Die Feder kann in gleichmäßiger Blattstärke von 7,5 mm und Breite von 45 mm in 11 Lagen mit 60 mm Abstufungen ausgeführt werden, sodaß die kürzeste Lage 200 mm betragen wird.

Will man die Federenden verstärken, so kann die zweite Lage gleich lang der Hauptlage und die Abstufungen 65 mm lang ausgeführt werden; dann wird das letzte Blatt 230 mm lang werden. Solche Feder wird naturgemäß ein kleineres $\varphi$ aufweisen.

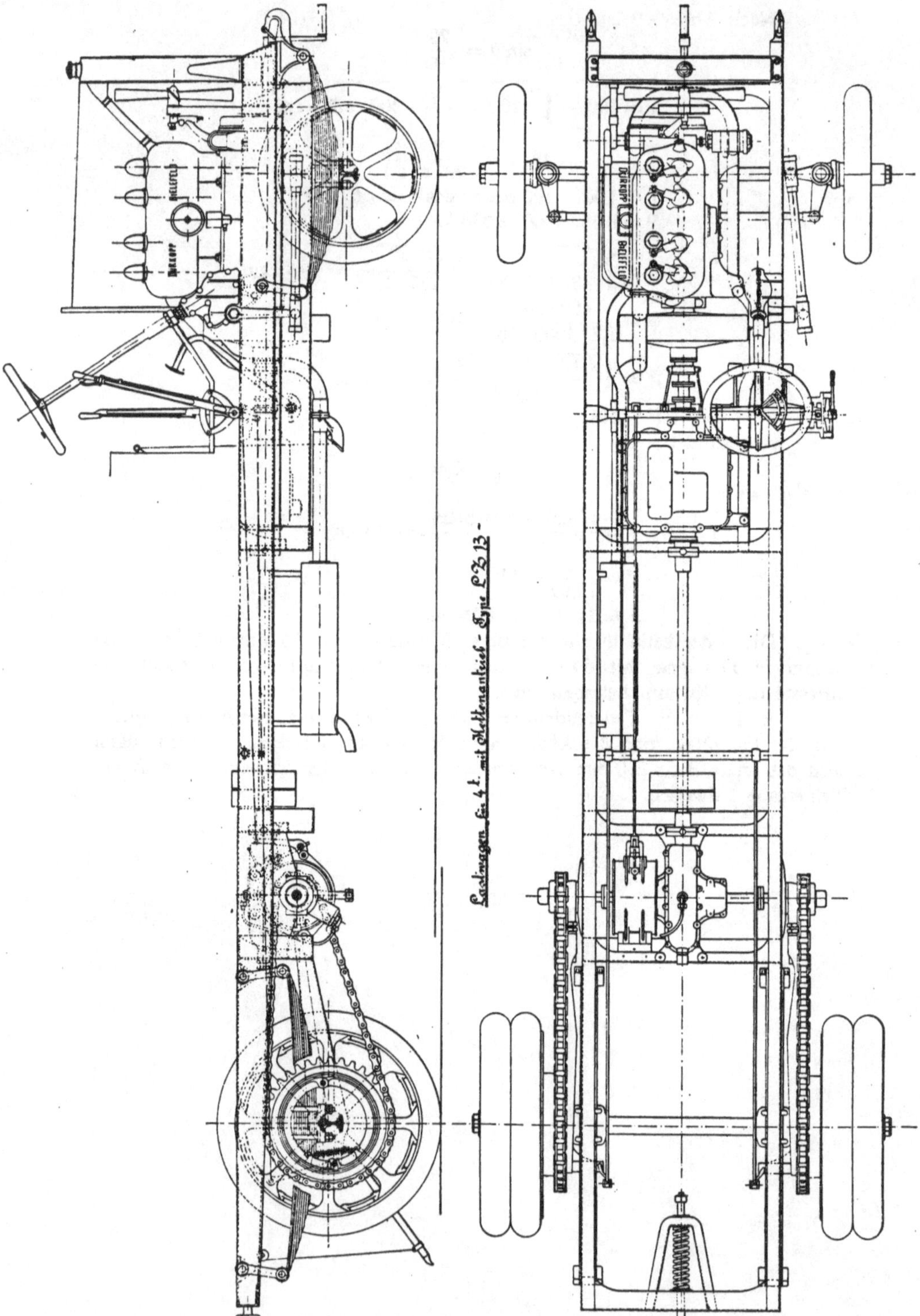


Abb. 314.

# 3. Aufbau der Federung.

## Einfache geschichtete Blattfedern.

Die einfachste Art, ein Fahrzeug gut abzufedern, besteht darin, daß man den Rahmen mit den Achsen durch geschichtete Blattfedern verbindet, indem man die Enden der letzteren am Rahmen befestigt, während die Federmitten auf den Achsen gestützt werden (Abb. 314).

Jede Blattfeder erfährt beim Durchbiegen eine Aenderung der Pfeilhöhe und der Sehnenlänge und muß daher mindestens ein Ende der Feder pendelnd aufgehängt werden. Im Prinzip sind hier für Vorder- und für Hinterfedern die drei auf Abb. 315 dargestellten Fälle möglich:

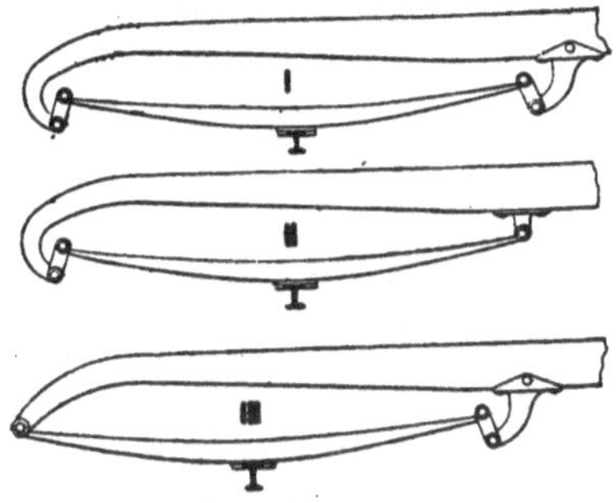


Abb. 315.

I. beide Enden pendelnd am Rahmen angelenkt;

II. bei den Vorderfedern das vordere, bei den Hinterfedern das hintere Ende pendelnd, das andere dagegen drehbar am Rahmen befestigt;

III. umgekehrt wie II.

Fall I. ist nur dann möglich, wenn die Achse eine anderweitige Führung, bzw. Abstützung in der Fahrtrichtung besitzt; diese Anordnung findet nur auf Hinterachsen Anwendung; für Vorderachsen, welche als Lenkachsen einer vorzüglichen Führung in einer zur Fahrtrichtung senkrechten Ebene bedürfen, ist solche Verbindung unerwünscht, weil sie zu viel Spiel in dieser Richtung aufweisen und eine sichere spielfreie Lenkung kaum zulassen würde.

Die Anordnung II. wird für Hinterfedern benutzt, welche entweder die Schubkräfte allein oder aber die Schub- und Drehkräfte auf den Rahmen übertragen.

Vereinzelt findet in solchen Fällen die Anordnung III. Anwendung, welche sonst allgemein für Vorderachsen gebraucht wird, wobei die Federlaschen nach oben oder nach unten gerichtet werden können (Abb. 316 I). Die Vor- und Nachteile letzterer Aufhängungsarten sollen unter „Verbindungselemente" näher erörtert werden.

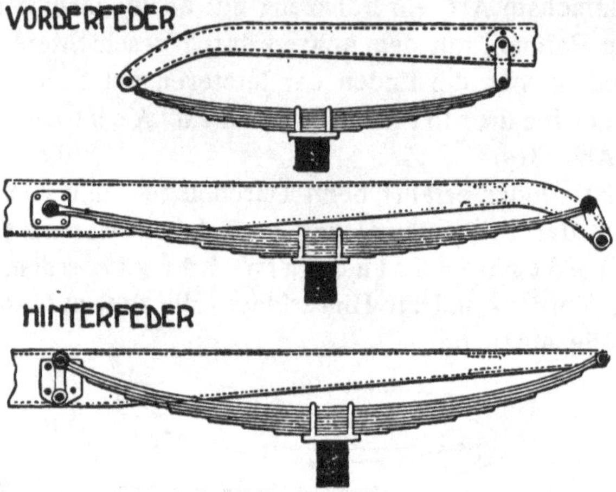


Abb. 316.

Um einen möglichst großen Anschlag der Lenkräder zuzulassen, ist man gezwungen, **die Vorderfedern unterhalb des vorne eingezogenen Rahmens unterzubringen.** Aus Rücksicht auf die vorhin besprochenen, durch ungleichmäßige Durchbiegung der Federn hervorgerufenen Formänderungen und Spannungen ist letzterer Umstand recht ungünstig (kleines $B$, großes $\beta$).

Noch ungünstiger werden aber die Verhältnisse dadurch, daß man vielfach aus baulichen Gründen eine ungenügende Sehnenlänge für zulässig erachtet (also auch kleines $L$). Daher ist man in der Wahl der größten zulässigen Durchbiegung $e$ sehr beschränkt, falls man keine übermäßigen Schub- und Zugspannungen $\tau$ und $\sigma_x$ erhalten will.

Um diese Mißstände wenigstens zum Teil auszugleichen, ist es geboten, die Feder immerhin so lang zu gestalten, wie es nur möglich ist, und weiterhin die Pfeilhöhe so zu wählen, daß die höchsten beiderseitigen Schwingungen der Feder keine beträchtlichen Unterschiede der Sehnenlänge herbeiführen (kleines $a$ und $\alpha$) Demnach soll die Vorderfeder unter ruhender Belastung nahezu geradlinig erscheinen, was auch den Bedingungen der Lenkung und der guten Abfederung entspricht.

Den eben dargelegten Umständen wird nicht immer Rechnung getragen und es hätte mancher der recht oft vorkommenden Vorderfederbrüche vermieden werden können, wenn man beim Entwurf die vorhin besprochenen Formänderungen berücksichtigt hätte.

B e i d e n H i n t e r f e d e r n sind keine Gründe vorhanden, welche einer r e c h t w e i t e n E n t f e r n u n g d e r F e d e r m i t t e n v o n e i n a n d e r im Wege wären und darum ist Letztere im weitestem Maße anzustreben.

Abb. 317. Hotschkiss.

Da man aber in den meisten Fällen kein Interesse hat, den Rahmen hinten übermäßig breit zu gestalten, so ergibt sich die allgemein übliche Ausladung der Hinterfedern von selbst. (Abb. 317.)

In vielen Fällen, besonders wenn der Rahmen aus anderen Gründen breit ausgeführt werden soll, können auch die Hinterfedern unterhalb der Längsträger angebracht werden, was in bezug auf centrische Befestigung einen gewissen Vorteil darstellt. Als Beispiele solcher Ausführung sei hier der Dürkopp-Lastwagen auf Abb. 314 und der Charron-Reisewagen (Abb. 318) genannt.

Das Bestreben, den Schwerpunkt des Wagens und somit auch den Rahmen möglichst tief zu verlegen, bringt in bezug auf den Aufbau der Hinterfederung manche Schwierigkeit mit sich. Da die Entfernung des Rahmens vom Boden gering sein soll, der Durchmesser der Räder aber durch andere Rücksichten bestimmt ist und nicht zu klein gewählt werden darf, so wäre bei einem in konstanter Höhe durchgeführtem Rahmen kaum Platz für genügende Federung der Hinterachse vorhanden.

Dieser Mißstand wird auch dadurch vergrößert, daß die normale Hinterachse mit Kegelrad- oder Schneckenantrieb in ihrem mittleren Teil einen recht beträchtlichen Durchmesser aufweist. Will man, wie dieses bei modernen Wagen gebräuchlich ist, die Rahmenoberkante etwa 580 mm vom Boden entfernt halten, hat man hierbei einen Raddurchmesser von nur 810 mm festgelegt, so bleibt zwischen Mitte-Achse und Oberkanten-Rahmen eine Entfernung von nur 175 mm übrig.

Abb. 318. Charron.

Davon müßten (ohne auf das Glockengehäuse in der Mitte der Achse Rücksicht zu nehmen), etwa 90 mm für die Höhe des Längsträgers, und mindestens 40 mm für den Halbmesser der Hohlachse, zusammen also etwa 130 mm abgerechnet werden. Es würden also 45 mm übrig bleiben, was natürlich viel zu wenig ist.

Noch ungünstiger würden die Verhältnisse liegen, wenn man die Feder unterhalb des Längsträgers bei konstanter Rahmenhöhe anordnen und zugleich die Feder oberhalb der Achse anbringen wollte.

Deshalb ist bei Wagen mit Gelenkwellen-Antrieb, bei welchem die Hinterachse nicht gekröpft werden kann, eine Kröpfung des Rahmens erforderlich. Bei einfachen geschichteten Blattfedern gibt man dem Rahmen die Form, die auf Abb. 319 gezeigt, und kann dadurch den für die Durchfederung notwendigen Raum schaffen.

Vom rein theoretischen Standpunkt erscheint die Aufnahme der durch den Radantrieb hervorgerufenen Schub- bzw. Drehkräfte, auf die Hinterfedern verwerflich, wie dieses im I. Teil mit aller Schärfe (Vgl. Teil I, S. 119) und auch in der übrigen theoretischen Literatur nicht selten ausgesprochen wurde (Vgl. Bobeth: S. 222).

Bei der Beurteilung dieser Frage tritt jedoch ein scheinbarer Widerspruch zwischen der Theorie und der Praxis auf, indem eine der bestbewährten praktischen Lösungen des Achsabstützungsproblems die Schubaufnahme auf die Federn aufweist. Gemeint ist hier diejenige Bauart, welche gegenwärtig bei ganz erstklassigen Auslandsfabrikaten vorherrschend ist und darauf beruht, die Drehkräfte durch ein federndes und pendelnd am Rahmen aufgehängtes Stützorgan und die Schubkräfte auf die Hinterfedern aufzunehmen.

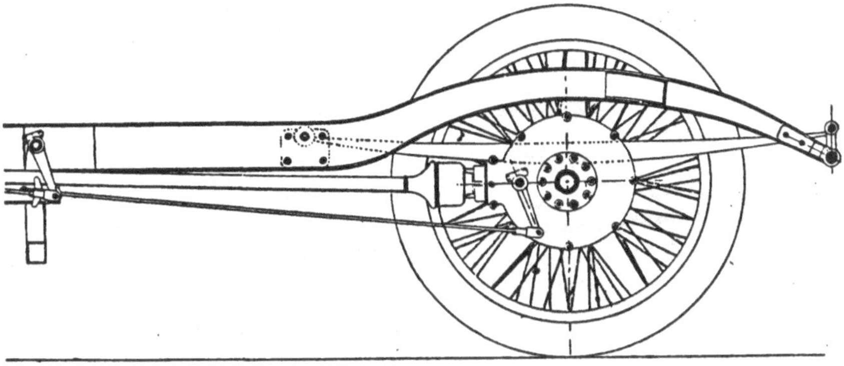

Abb. 319.

Die Ursache für diesen scheinbaren Widerspruch ist in erster Linie darin zu suchen, daß sich bei dieser Anordnung die für den Wirkungsgrad des Wagens und für die Lebensdauer der Bereifung schädlich wirkenden Gleiterscheinungen am Umfange des Rades vermeiden lassen. Letztere Frage ist bei der Besprechung der Hinterachsen näher erörtert worden, indem es gezeigt wurde, welche Größe die Gleitwege der Räder annehmen können, wenn man die Hinterachse um einen Punkt (Mitte Kardangelenk) schwingen läßt.

Die Vorteile einer Federung ohne gleichzeitige Drehung der Achse um ihre Mittellinie sind auf Abb. 320 veranschaulicht. Wird auf der Fig. II $n = h$ gemacht, so findet keine Drehung der Hinterachse statt. Letzteres ist ein Grenzfall, der aus baulichen Gründen nicht erreicht werden kann; man ist jedoch bei modernen Ausführungen bestrebt, den Weg $n$, um welchen die Achsstücke in ihrer Führung (Vgl. Teil I, S. 144, Abb. 105) schwingen kann, möglichst nahe an den Wert $h$ der Durchfederung heranzubilden.

Während auf Abb. 320 I auch bei geringen Federausschlägen ein Gleiten der Reifen auf dem Boden stattfindet, kann bei der Bauart II solches Gleiten erst dann vorkommen, wenn die Durchfederung $h > n$ wird. Man ist aber im Stande $n$ so groß zu halten, daß bei ständig während der Fahrt vorkommenden mäßigen Ausschlägen ein Gleiten verhindert wird. Nach dem früher verfolgtem Zahlenbeispiel (Vgl. S. 79 u. Achsen) betrug der Gleitweg für den Fall auf Fig. I bei $h = 75$ mm, $L = 1500$ mm, $R = 400$ mm

$$s + s_1 + 2 R \sigma = 46{,}7 \text{ mm}$$

Bei der Bauart II, wenn $n = 75$ mm gemacht wird, kann der Gleitweg bei 1400 mm Federlänge auf etwa

$$2 s_1 = 9{,}6 \text{ mm}$$

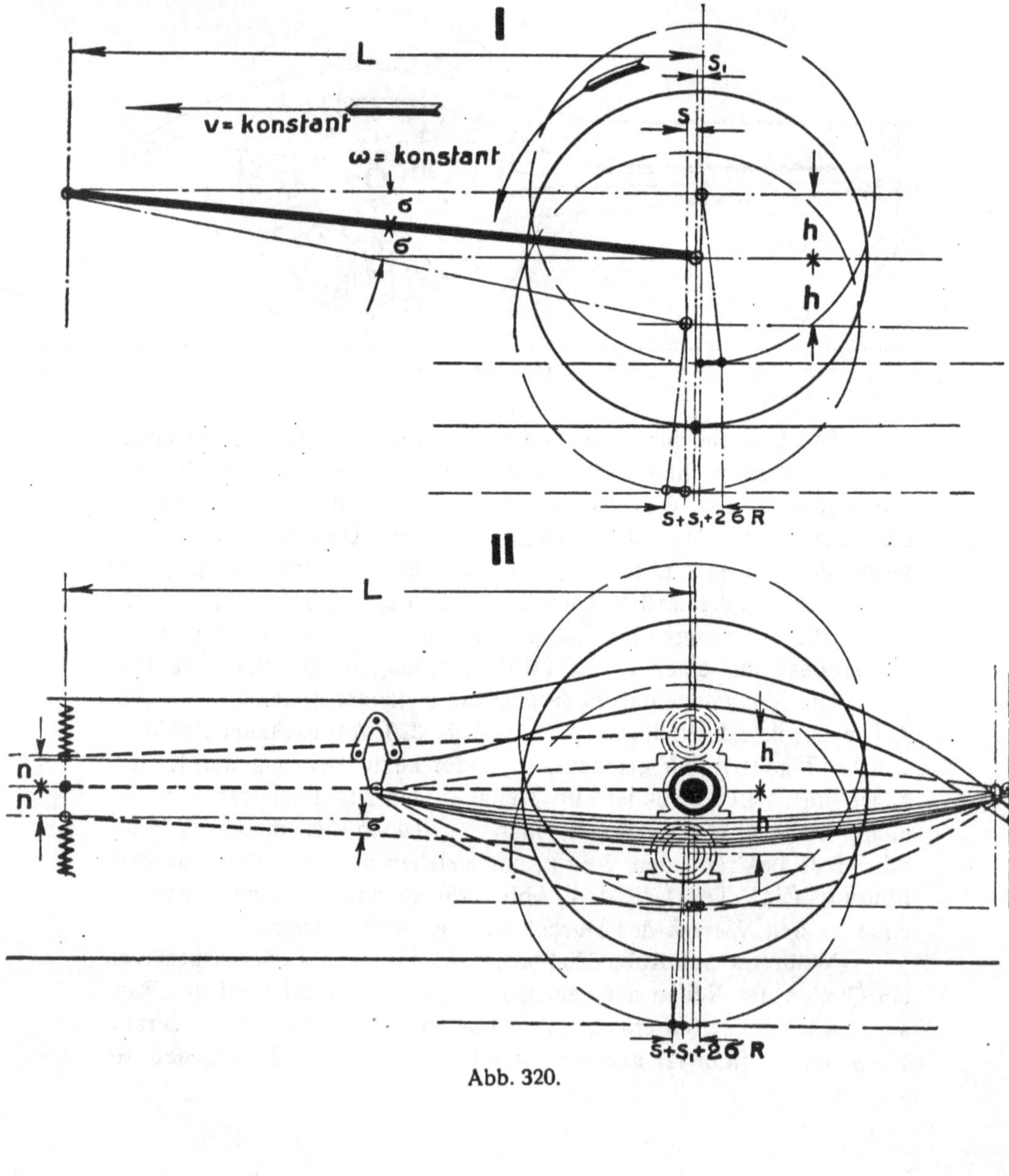


Abb. 320.

herabgesetzt werden. Bei kleineren Ausschlägen, welche am öftesten bzw. ständig vorkommen, kann auch dieser Unterschied dadurch ausgeglichen werden, daß der Ausschlag der Stütze

$$n_0 = h + \frac{s \cdot L}{R}$$

wird, was bei genügend kleinem $h$ tatsächlich eintreten muß, wenn die Federspannung $S$ der Stützenführung so gewählt wird, daß sie in der oberen und unteren Grenzlage (Durchbiegung $n$) einen Wert

$$S = \mu \cdot \frac{Q}{2} \cdot \frac{R}{L}$$

aufweist.

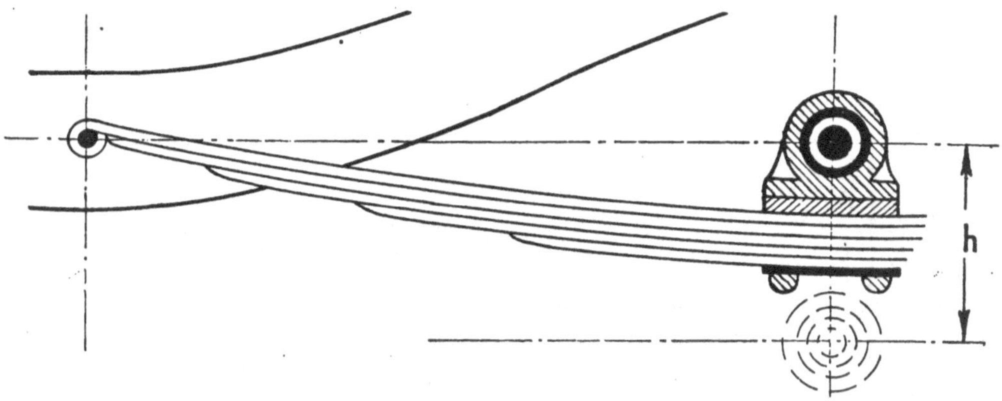


Abb. 321.

Da eine starre Führung der Achse in der Richtung ihrer Mittellinie, wie dieses vorhin begründet wurde (Siehe unter „Achsen"), kaum ausführbar ist, so ist man **gezwungen**, die seitliche Führung den Federn zu überlassen.

Die Praxis hat letzteres insofern bewiesen, daß die Versuche, die Federn kugelig aufzuhängen (während die Achsabstützung durch eine breite Gabel an einem Querträger des Rahmens angelenkt war, vgl. Abb. 282), nur Mißerfolge gezeitigt haben und die betreffenden Firmen (Fiat, Pauhard & Levassor, Windhoff, Charron u. a.), zur seitlichen Führung durch die Federn zurückkehren mußten.

Infolge ungenügender Widerstandsfähigkeit aller die Abstützung bildenden Organe, d. h. der Traverse, der Gabel, des Kardanrohres erzeugten die am Hebelarm $L$ (nach Abb. 320) wirkenden Querkräfte ständige Formveränderungen des ganzen Systems, welche einen ruhigen Lauf der Antriebskegelräder unmöglich machten.

Ist aber die Führung der Achse durch die Feder als notwendiges Uebel zulässig und unumgänglich, so ist es von Vorteil, diese Führung so gut und spielfrei wie möglich zu gestalten. Letzteres ist aber durch das Anschlagen der Feder mit einem Ende am Rahmen leichter zu erreichen, als wenn beide Enden durch pendelnde Gelenke mit dem letzterem verbunden sind.

In neuerer Zeit hat man außerdem Mittel gefunden, durch welche die nachteilige Einwirkung der Schubaufnahme durch die Federn bis zu einem gewissen Grade gemildert wird, so daß man dadurch weder zu hohe Materialspannungen, noch bleibende Deformationen oder gar Federbrüche zu befürchten braucht.

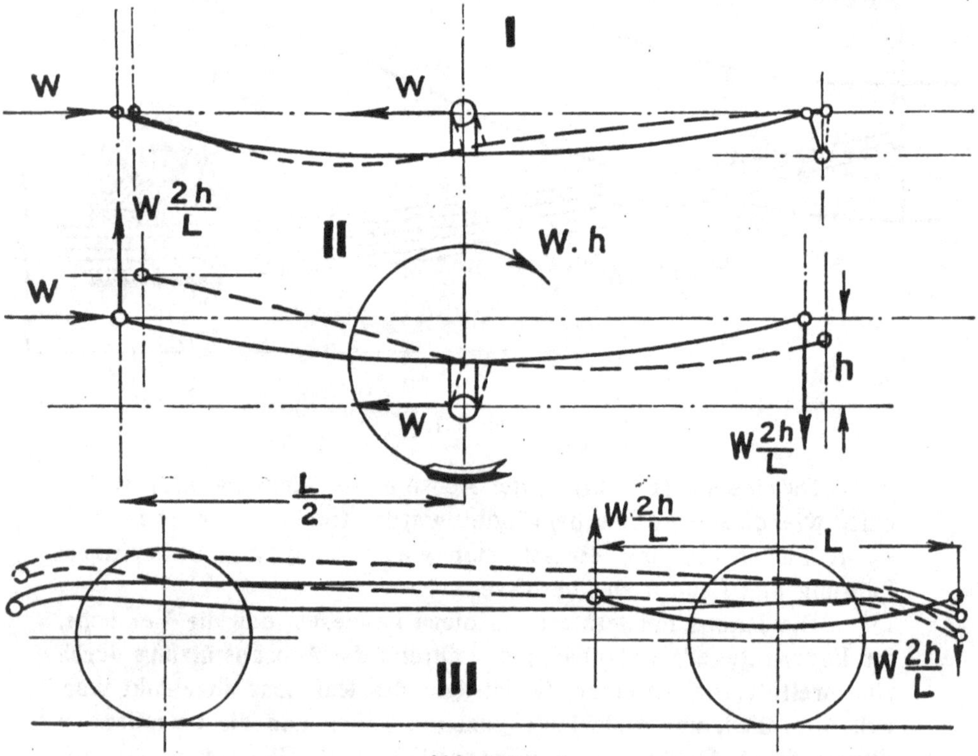


Abb. 322.

In erster Linie wäre hier die Anordnung der Feder unterhalb der Achse (Abb 321) zu nennen. Dadurch ist man im Stande die Befestigungspunkte der Feder (in der Ruhelage) in die wagerechte Achsebene zu verlegen, wodurch das gefährliche Kippmoment für die Quer- und für die Längs- bzw. Schubkräfte vermieden wird.

Daß bei einer solchen Anordnung die Beanspruchung des Hauptblattes der Feder auf Druck- bzw. Knickung einen geringeren

Einfluß auf die Federung ausüben kann, als wenn der Hebelarm $h$ vorhanden ist, geht aus der stark übertriebenen Darstellung dieses Einflusses auf Abb. 322 hervor.

Bei weitgehender Rücksichtnahme auf sonstige Bedingungen für gute Aufhängung läßt sich eine ganz vorzügliche und praktisch einwandfreie Federung auch dann schaffen, wenn der Schub durch Vermittlung der Federn auf den Rahmen übertragen wird.

Abb. 323. Renault.

So erhalten z. B. zeitgemäße Wagen Hinterfedern von 1400 bis 1700 mm Sehnenlänge, nicht selten werden dabei 10 bis 13 Lagen verwandt, in Ruhelage weisen solche Federn Pfeilhöhen von etwa 5 bis 3 Prozent der Länge, sind also annähernd geradlinig; das Hauptblatt ist so bemessen, daß die durch die Knickungsbelastung hervorgerufenen Spannungen im Vergleich zu denjenigen, welche auf die Durchbiegung zurückzuführen sind, nur gering seien, die auf reine Formänderungen zurückzuführenden Spannungen werden durch früher besprochene Mittel so gering wie möglich gehalten.

Bei der Besprechung der baulichen Ausbildung der Feder wird auf die in neuerer Zeit angewandten Mittel hingewiesen, um die schädliche Einwirkung der Schubkräfte auf die Federungen abzumildern. Auf Abb. 323 und 324 sind mustergültige Ausführungen von derartigen Hinterfedern geboten, wobei es sich gerade um zwei Fabrikate handelt, welche wegen ihrer vorzüglichen Abfederung bekannt sind.

Es seien zum Beweis, daß erstklassige Werke die Schubaufnahme auf die Federn für zulässig erachten, einige Firmen genannt, welche ihre neuesten Modelle mit Schubübertragung durch die Federn bauen:

| | |
|---|---|
| Renault | Austin |
| Lorraine-Dietrich | Wolseley |
| Hotschkiss | Sunbeam |
| Darracq | Hispano-Suiza |
| Peugeot | Picard & Pictet |
| Delage | Nagant |
| De-Dion-Bouton | Itala |
| Clément-Bayard | Mors |

Abb. 324. Sizaire-Berwick.

Bei Rennwagen wird dieses Prinzip in neuerer Zeit fast allgemein angewandt, was sich jedoch nicht nur auf Gewichtsersparnis, vielmehr aber auf Reifenschonung und höheren Wirkungsgrad bezieht. Bei dem französischem Grand-Prix-Rennen 1913 wiesen 5 unter 8 beteiligten Firmen und im Jahre 1914 9 unter 12 Firmen Schubaufnahme auf die Hinterfedern auf.

Im Inlande herrscht eine gewisse Abneigung gegen dieses Prinzip und werden von erstklassigen Firmen mit wenig Ausnahmen die Hinterfedern an beiden Enden freipendelnd aufgehängt, wobei die seitliche Führung der Achse den Federn überlassen wird.

Von der Art der Kräfteaufnahme ist auch die Verbindung der Feder mit der Achse abhängig. Auf den Vorderachsen werden die Federn allgemein unverrückbar befestigt, was aus Rücksicht auf die allseitige Führung erforderlich ist. Bei den Hinterachsen kann eine feste, unverrückbare, oder eine drehbare Verbindung der Achse mit der Federmitte angewandt werden.

Abb. 325.

Erstere ist nur dann zulässig, wenn nicht nur die Schub-, aber auch die Drehscheibe der Achse auf die Federn aufgenommen werden sollen. Solche Anordnung ist nur bei leichten Wagen mit kleinem Antriebsmoment zulässig, an welche überdies keine allzuhohen Ansprüche auf gute Abfederung gestellt werden dürfen.

Für billige kleine Wagen kann diese Bauart geeignet erscheinen, weil sie große Vorteile in bezug auf die Montage bei ganz gutem Wirkungsgrad und Reifenschonung aufweist. Auf Abb. 325 ist eine derartige Ausführung dargestellt.

Ist für die Hinterachse irgendeine andere Abstützung, sei es für Dreh- oder für Schubkräfte vorgesehen, so muß der Federteller auf der Achse drehbar angeordnet werden, wenn man die Federung des Wagens nicht beeinträchtigen will.

Eine weitere Möglichkeit durch einfache Blattfedern eine Aufhängung des Rahmens herbeizuführen, besteht darin, die Feder mit ihren Enden auf der Achse zu stützen, indem man sie in der Achsebene (Querfeder) anordnet.

Denkbar ist diese, in Amerika sehr beliebt gewesene Bauart entweder nur für Hinter- oder nur für die Vorderachse; auf beide Achsen zugleich angewandt, würde sie eine für Kraftfahrzeuge gänzlich unzulässige Stützung des Rahmens in zwei Punkten bedeuten.

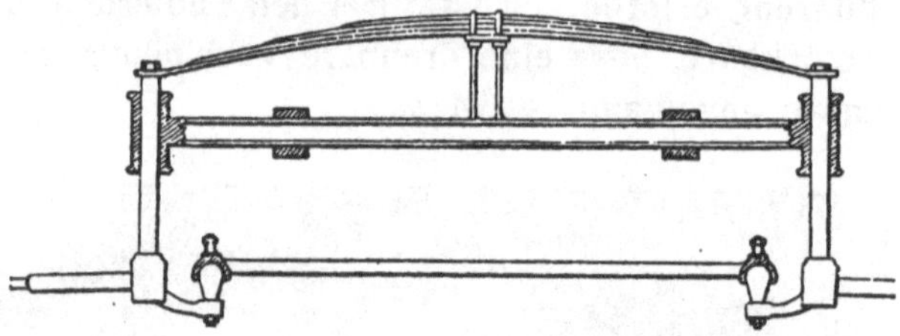

Abb. 326. Sizaire & Naudin.

Abb. 327. Sizaire & Naudin.

Aber auch nur für eine Achse vorgesehen, weist die Querfederabhängung kaum zulässige Mängel auf. Genannt seien hier: beschränkte Länge, ungenügende Führung der Achse in der Richtung deren Mittellinie, mangelhafte Verteilung der Rahmenbelastung, welche sehr unangenehme Biegungs- und Drehungsbeanspruchungen der Längsträger (Verwindungen) herbeiführt; Unmöglichkeit einer guten Aufnahme der Schubkräfte, weder durch eine Abstützung, noch durch die Feder selbst.

Für die Vorderachse ist die Querfeder nur in Verbindung mit einer irgendwie beschaffenen Führung bedingt verwendbar, weist aber neben den genannten noch den Nachteil einer mangelhaften Aufnahme des Reaktionsmomentes des Motors auf, wodurch eine ständige Verwindung des Rahmens hervorgerufen wird.

Auf Abb. 326 ist die eigenartige Vorderfederung eines Kleinautos gezeigt, mit welcher seinerzeit ganz gute Erfolge erzielt wurden. Für größere Wagen ist natürlich diese Bauart wenig empfehlenswert. Immerhin sind hier durch die besondere Gleitführung der Achsschenkel die Hauptnachteile der Querfederung behoben. Abb. 327 zeigt ein solches Wägelchen, welches seit einigen Jahren durch einen ganz normalen Vierzylinderwagen ersetzt wurde.

Abb. 328.

Weniger glücklich erscheint die amerikanische Abfederung auf Abb. 328, bei welcher eine recht mangelhafte Führung der Achse zu sehen ist.

Einen Versuch, die amerikanische Querfederung den europäischen Begriffen anzupassen, stellt die Abb. 329 dar. Hier wurde die Verbindung der Feder mit der Achse durch Kreuzgelenke hergestellt, während die Mitte der Feder an einer in sich federnden Traverse befestigt wurde. Als Längenausgleich waren an den Enden Gleitführungen vorgesehen. Die Möglichkeit einer Achsabstützung war dadurch gegeben, die Anordnung wies jedoch alle übrigen Nachteile der Querfederung auf.

Im Laufe der Jahre hat man festgestellt, daß die hinteren Sitze der Kraftwagen allgemein schlechter von den Stößen und Schwingungen isoliert sind als die vorderen. Die Ursache davon ist in der Hauptsache auf die Lage der hinteren Sitze unmittelbar über der Achse zurückzuführen.

Abb. 329. Abadal.

Abb. 330. Daimler-Coventry.

Einige namhafte Firmen (Rolls-Royce, Engl.-Daimler u. a.) sind auf den Gedanken gekommen, die Hinterachse annähernd unter dem hinterem Ende des Rahmens anzuordnen und haben zu diesem Zweck eine eigenartige Abfederung angewendet (Abb. 330).

Diese Bauart, welche dadurch gekennzeichnet ist, daß die Feder mit ihrem Ende an der Achse angelenkt, oder mit derselben sonst wie verbunden ist, während die Federmitte und deren anderes Ende am Rahmen drehbar, bzw. pendelnd angebracht sind, sei im folgenden als „H e b e l f e d e r“ bezeichnet.

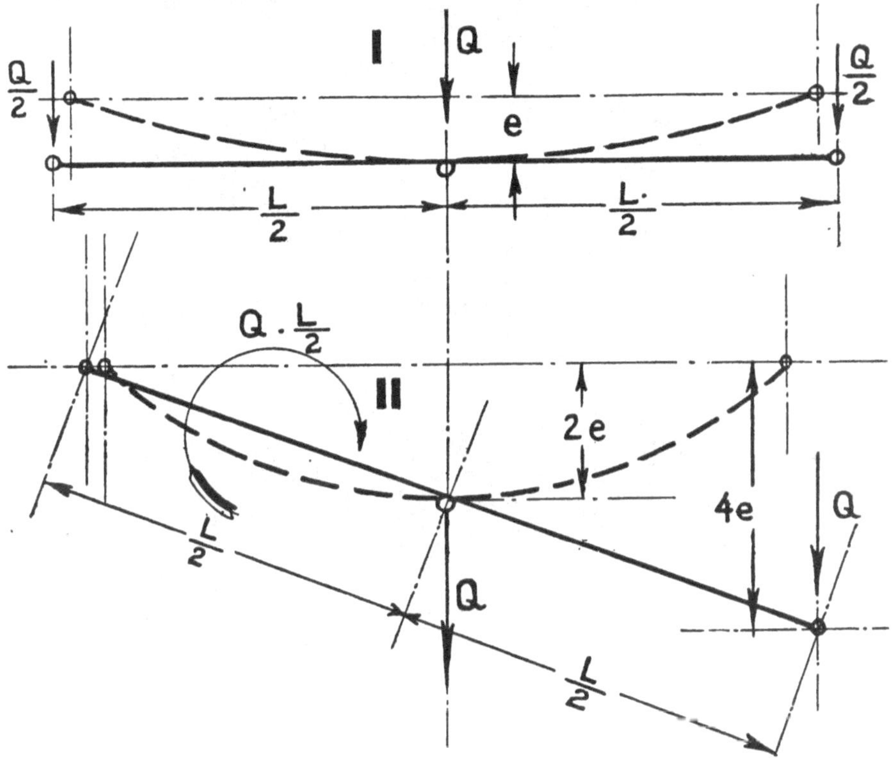


Abb. 331.

Die Hauptvorteile der Hebelfederung bestehen darin, daß sich die Hauptsitze (Hintersitze) des Wagens zwischen den beiden Achsen und nicht unmittelbar über der Hinterachse befinden können, und daß durch Verlegen der letzteren unter den niedrigsten Teil des Längsträgers ein bedeutend größerer Ausschlag der Achse erzielt werden kann.

Bei denselben Abmessungen besitzt die Hebelfeder gegenüber der Normalfeder eine vierfache spezifische Durchbiegung, bzw.

Weichheit, und umgekehrt bei derselben Weichheit kann die Länge auf ein Viertel herabgesetzt werden.

Die in der Feder auftretenden Biegungsspannungen $\sigma_y$ sind der Pfeilhöhenänderung proportional. Daher wird nach Abb. 331 die Größe der Spannung $\sigma_y$ der Hebelfeder (II) das doppelte $\sigma_y$ der Normalfeder (I) bei gleichem Achsdruck und gleichen Abmessungen der beiden Federn betragen.

Abb. 332. Siddeley.

Der dieser Spannung entsprechende Achsausschlag ist jedoch für die Hebelfeder vier Mal so groß als derjenige der Normalfeder. Daraus folgt, daß gleiche Achsausschläge bei der Hebelfeder nur halb so große Spannungen als bei einer Normalfeder hervorrufen, wenn in beiden Fällen der Achsdruck gleich ist. Bei gleichen Spannungen kann demnach bei der Hebelfeder eine doppelte Weichheit zugelassen werden.

In bezug auf die Verwindungen und wagerechten Durchbiegungen in der Achsrichtung ist die Hebelfeder nicht nur infolge des größeren Ausschlages, aber auch dadurch im Nachteil, daß diese Deformationen nur durch eine Hälfte der Feder ausgeglichen werden müssen, und daher bei gleicher Länge und gleichen Ausschlag doppelt so große Spannungen hervorrufen.

Einen weiteren Nachteil bildet hier das Entstehen recht hoher Biegungsmomente in den Längsträgern des Rahmens. Letzteres scheint jedoch von den Urhebern der Hebelfederung erwünscht gewesen zu sein und zwar in der Absicht, eine gewisse Federwirkung des hinteren Rahmenteiles herbeizuführen.

Abb. 333. La Buire.

Die Federwirkung soll dagegen eine ganz vortreffliche sein und die Bequemlichkeit der Fahrt bedeutend erhöhen.

Da noch keine genügenden Erfahrungen mit den Hebelfederungen vorliegen, so bleibt es abzuwarten, ob diese Bauart zu keinen Federbrüchen oder sonstigen Mißständen führen wird. Die Erhöhung der Bequemlichkeit der Fahrt ist bei den gegenwärtig recht hohen Ansprüchen des kaufenden Publikums ein wesentlicher Faktor, so daß man sich dieser Neuerung keinesfalls verschließen darf.

Die Nachteile, welche bei einer größeren Schrägstellung der Achse auftreten, könnte man durch kräftig progressiv wirkende Federdämpfer zu beheben suchen.

Weitere Beispiele einfacher Hebelfederung sind auf Abb. 332 und 333 gezeigt. Während die Daimler-Federn nach hinten zu divergieren, so daß sie sich auf die Achse in unmittelbarer Nähe der Räder stützen und mit den vorderen Enden unterhalb der Längsträger liegen, laden Siddeley und La Buire ihre Federn seitlich aus und lassen letztere parallel dem Rahmen verlaufen.

Die auf Abb. 333 veranschaulichte Feder läßt weitgehende Rücksichtnahme auf die durch Verwindungen und seitliche Verbiegungen hervorgerufenen Spannungen erkennen, worauf die geringe Breite und geradlinige Form der Feder schließen läßt.

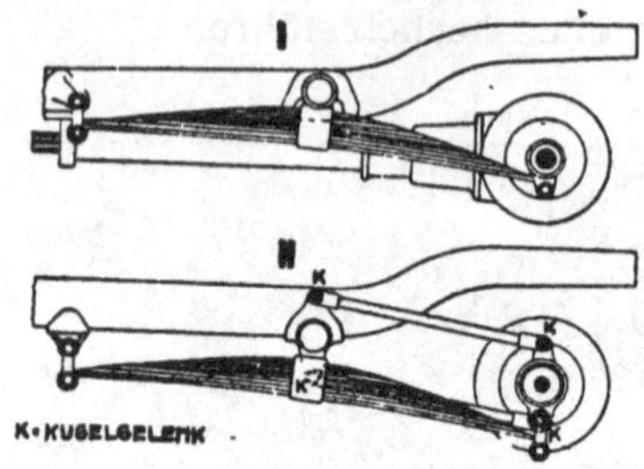


Abb. 334

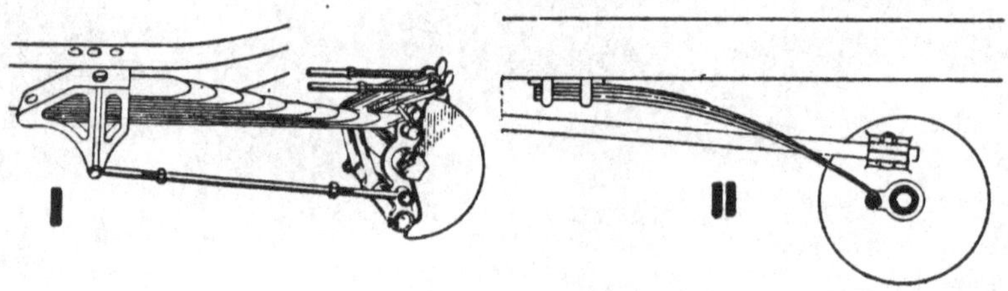


Abb. 335.

In bezug auf Achsabstützungen ist hier wie bei den Normalfedern jede Lösung möglich, da die Federenden an der Achse pendelnd angelenkt werden können. Auch können die Schubkräfte durch die Halbfedern auf den Rahmen übertragen werden, wie dieses auf Abb. 334 I angedeutet ist. Die Aufnahme der Drehkräfte auf die Feder ist hier dagegen undenkbar, was jedoch keinesfalls als Nachteil empfunden werden soll. Vorteilhaft kann die Achse eine Parallelogrammführung mit Kugelgelenken erhalten (Abb. 334 II), welche eine Drehung beim Durchfedern verhindert und die Reaktionskräfte auf den Rahmen überträgt, wobei natürlich die Führungsstangen so lang wie es die baulichen Verhältnisse gestatten, gewählt werden sollen.

Mit der „Hebelfederung“ ist die für kleine Wagen vereinzelt gebrauchte Halbfederung nicht zu verwechseln. (Abb 325.) Da es sich hier um die Hälfte einer Normalfeder handelt, so ist die spezi-

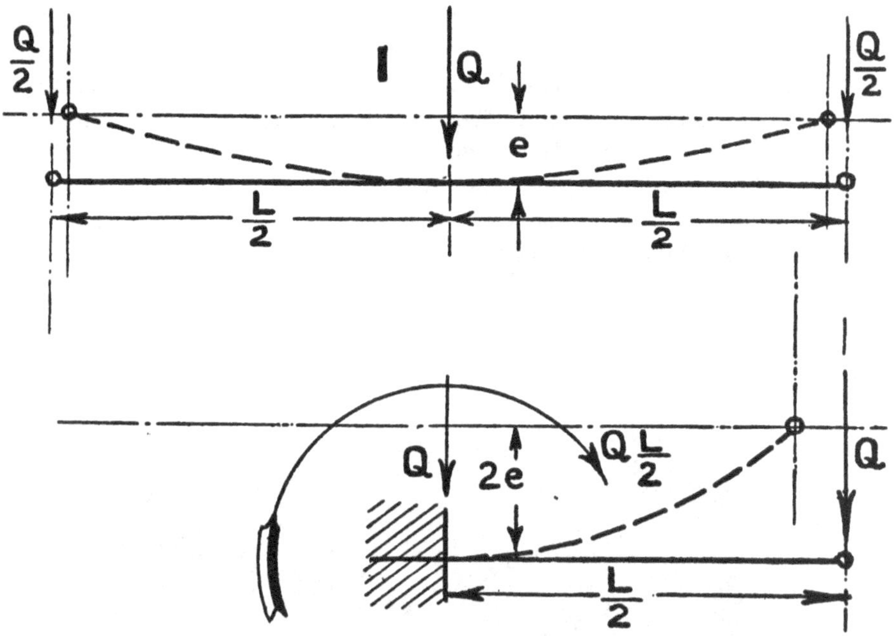


Abb. 336.

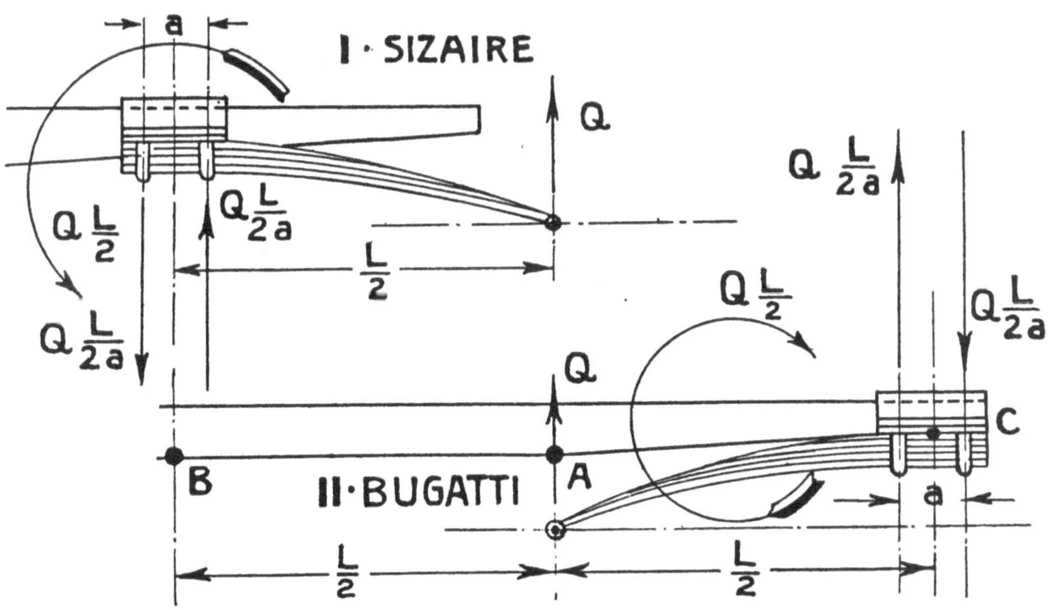


Abb. 337.

fische Durchbiegung, bzw. Weichheit der Halbfeder derjenigen der Normalfeder bei der gleichen Ausführung gleich, nur ist die Belastung und somit auch die Pfeilhöhenänderung auf das Doppelte erhöht.

Die Spannungen sind demnach hier, bei gleichen Achsausschlägen in der Halbfeder, gleich denjenigen in der Normalfeder (Abb. 336). Die Halbfeder muß demnach für denselben Achsdruck doppelt so hart sein, wenn die Spannungen denjenigen der Normalfeder entsprechen sollen, wobei die Achse dann denselben Ausschlag in beiden Fällen ausführt.

Abb. 338. Bugatti.

Da dementsprechend auch die härtere, d. h. stärker bemessene Halbfeder den doppelten körperlichen Inhalt aufweisen muß, so wiegt sie genau dasselbe wie eine dieselben Spannungen bei gleichen Achsdruck und gleicher Pfeilhöhenänderung aufweisende Normalfeder.

Man gewinnt durch die Verwendung der Halbfedern gar nichts, die Beanspruchung der Rahmenträger durch das zusätzliche Kräftepaar $Q \cdot \frac{L}{2}$ ist ebenso bemessen wie bei der Hebelfederung. Durch seine Richtung bedeutet dieses Moment eine zusätzliche Belastung des Rahmens (Abb. 337 I).

Letzterem Mißstand versuchte Bugatti dadurch abzuhelfen, daß er die Halbfeder am hinteren Rahmenende befestigte und die Hinterachse weiter nach vorne verlegte, Abb. 337 II. Dadurch werden im Rahmen ebensolche Beanspruchungen hervorgerufen, als ob die

Längsträger im Punkte *A* gestützt wären. Einen Vorteil bedeutet dieses einer Normalfederung gegenüber noch immer nicht, da bei letzteren der Rahmen in *B* und *C* gestützt wäre, wenn sonst gleiche Verhältnisse vorgesehen wären.

Abb. 338 und 339 zeigen die Ausführung nach Abb. 337 II, während auf Abb. 340 die entgegengesetzte Anordnung geboten wird.

Abb. 339.

Ebenso wie bei den Hebelfedern können auch hier alle Achsabstützungen benutzt werden, auch ist die Schubaufnahme auf die Federn ausführbar (Abb. 338). Die Drehkräfte können auch hier von den Federn nicht aufgenommen werden.

Abb. 340.

## Zusammengesetzte Federung.

Die charakteristischen Bauarten von zusammengesetzten Federungen sind auf Abb. 341 dargestellt. I ist die am öftesten anzutreffende sog. ¾-Federung, II ist die gegenwärtig wenig benutzte sog. Doppelelliptik-Aufhängung und III — die fast allgemein verlassene Dreifederaufhängung.

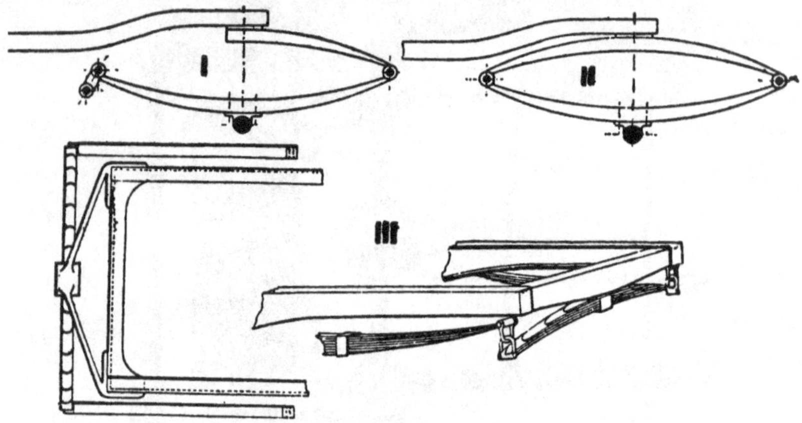


Abb. 341.

In neuerer Zeit sind noch weitere Kombinationen von einfachen Federelementen aufgetaucht, welche nachträglich erwähnt werden sollen.

Von allen zusammengesetzten Aufhängungen hat die ¾-Federung die meisten Erfolge gezeitigt und hat daher weitgehende Verbreitung gefunden. Sie besteht aus einer einfachen, normalen geschichteten Blattfeder, und einer Halbfeder, welche meistens anders als die erstere bemessen ist.

Ursprünglich wurde die Halbfeder wie auf Abb. 341 angedeutet, zur Schubübertragung benutzt, was natürlich zu keinen Erfolgen geführt hat. Später hat man zwischen den beiden Federn ein Pendelgelenk eingeschaltet und die Halbfeder kürzer als die Hälfte der Normalfeder bemessen. Letztere Maßnahme war aus Rücksicht auf gute Führung der Achse in der Richtung deren Mittellinie erforderlich (Abb. 342).

Die spezifische Durchbiegung der gesamten Feder ist der Summe der spezifischen Durchbiegungen der beiden Elemente gleich. Bei gleichen zugelassenen Spannungen kann also eine größere Weichheit erzielt werden. Dadurch ist natürlich auch ein größerer Ausschlag der Achse bedingt, so daß der Verwindungswinkel und die Querdurchbiegung damit zunehmen. Während dadurch der vordere Teil der Normalfeder benachteiligt wird, ist deren hinterer Teil insofern im Vorteil, daß sich beide Arten von Deformationen auf ihn und auf die Halbfeder verteilen. Immerhin ist die ¾-Federung in bezug auf unerwünschte Formänderungen gegen die einfache Federung im Nachteil. Ebenso ist die seitliche Führung der Achse keine sichere, besonders wenn die Hauptfeder an ihren beiden Enden pendelnd angelenkt ist.

Die ¾-Federung wird meistens ausladend angeordnet (Abb. 343), was allerdings recht unangenehme Beanspruchungen der Längsträger hervorruft. In letzterer Hinsicht ist jedoch diese Bauart nicht so ungünstig wie die Hebel- oder einfache Halbfederung, da durch den vorderen Stützpunkt ein nochmaliger Richtungswechsel hervorgerufen wird.

Abb. 343. Nagant.

In neuerer Zeit wird nicht selten der Rahmen so breit ausgeführt, daß man die Halbfedern im Inneren der Längsträger befestigen und somit die Federung unterhalb derselben anordnen kann. Natürlich müssen dann die Federn unter der Achse aufgehängt werden, um den nötigen Raum für die Durchfederung zu schaffen. (Abb. 344.)

Alle Arten von Achsabstützungen sind hier ausführbar, auch kann die Schubkraftübertragung durch die Feder stattfinden, wie

Abb. 344. Alda.

Abb. 345. Hotschkiss.

dieses auf Abb. 345 gezeigt wird. Weniger Sinn hat es, diese kombinierte Federung, deren einziger Vorteil in der größeren Weichheit liegt, dann anzuordnen, wenn man auf jegliche Achsabstützung verzichten und die Drehkräfte ebenfalls auf die Federn aufnehmen will, weil man in solchem Falle keinesfalls mit einer weichen Abfederung rechnen kann und daher der Mehraufwand für die ¾-Federung, sowie das Inkaufnehmen deren Nachteile gänzlich unberechtigt erscheint.

Abb. 346. Pai hard & Levassor.

Eine noch größere Weichheit und günstigere Verteilung der Kräfte auf den Rahmen läßt sich durch Zusammensetzung einer normalen Feder mit einer Hebelfeder erzielen. Die so beschaffene, auf Abb. 346 dargestellte Federung von Panhard und Levassor weist verhältnismäßig kurze Federn auf, was in bezug auf seitliche Führung einen Vorteil, aus Rücksicht auf unerwünschte Deformationen jedoch einen ernst zu nehmenden Nachteil (hohe Spannungen im vorderem Teil der Hauptfeder) bedeutet. Deshalb könnte man leicht auf den Gedanken kommen, die Hauptfeder unsymmetrisch zu gestalten, damit die unerwünschten Spannungen in beiden Teilen derselben ausgeglichen würden. Letztere Möglichkeit ist auf Abb. 347 veranschaulicht.

Die „Doppelelliptikaufhängung“ weist als Vorteil gegenüber der einfachen Federung bei gleichen Spannungen doppelt so große spezifische Durchbiegung auf. Demgegenüber steht als schwerwiegender Nachteil derjenige einer höchst mangelhaften seitlichen Führung der Achse. (Abb. 348.)

Aus letzterem Grunde ist diese Bauart bei modernen Wagen nur noch vereinzelt vertreten. Man hat versucht, durch eine Führung des vorderen Gelenkes am Rahmen dem Uebel abzuhelfen (Abb. 349), ohne jedoch dadurch positive Resultate erreicht zu haben.

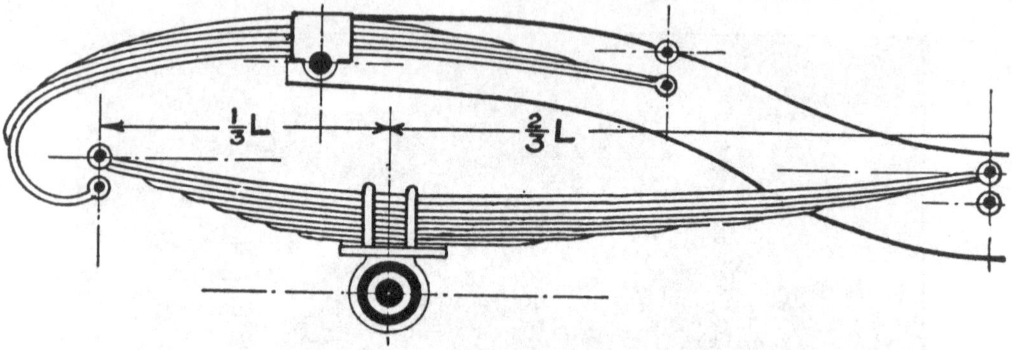


Abb. 347.

Abb. 348.

Eine ähnliche Ausführung ist auf Abb. 350 veranschaulicht. Die Schubaufnahme auf das ausladende Böckchen erscheint wenig empfehlenswert.

Eine noch ungünstigere Abfederung, als die eben besprochene ist die Dreifederaufhängung.

Die Querfeder wird hier mit ihrer Mitte am Rahmen befestigt, so daß der hintere Teil des letzteren nicht genügend gestützt ist;

außerdem ist die seitliche Führung der Achse, infolge der hier erforderlichen Kreuzgelenke äußerst schlecht; infolgedessen ist ständig ein Kanten der Fèdergelenke zu befürchten und wird dadurch deren rasche Abnutzung und frühzeitiges Spiel unvermeidlich.

In den Längsfedern treten unter dem Einfluß der in der Richtung der Achse wirkenden Kräfte viel stärkere Verwindungen, als dieses bei anderen Bauarten der Fall ist, auf. Infolge der Längenänderung der Querfeder werden hohe zusätzliche Spannungen in den Längsfedern erzeugt, welche deren Vordergelenke übermäßig beanspruchen.

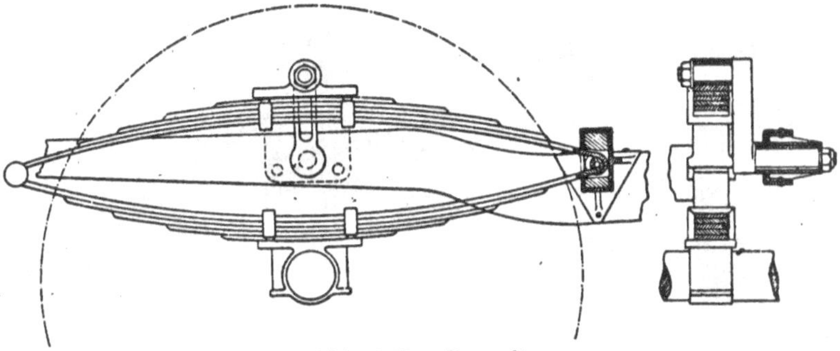

Abb. 349. Renault.

Abb. 350. Austin.

Aus diesen Gründen ist diese Bauart fast gänzlich verschwunden.

Eine letzte Anstrengung, gutes auf diesem Gebiete zu schaffen, ist auf Abb. 351 wiedergegeben. Soweit bekannt, hat auch diese Firma von der Dreifederaufhängung bereits Abstand genommen, indem sie gegenwärtig zu Hebelfedern übergegangen ist.

Abb. 351. Wolseley.

Abb 352. L. U. C.

Es sei hier weiter die auf Abb. 352 und 353 vorgeführte Doppelfederung erwähnt, welche zugleich als Parallelführung für die Hinterachse dient und die Schub- und Drehkräfte auf den Rahmen überträgt. Die verschiedene Länge der beiden Federn bezweckt anscheinend, Dämpfungserscheinungen durch die voneinander unterschiedlichen Schwingungsperioden der Federn herbeizuführen.

Auch die Stützung der oberen Blattfeder auf einer gewundenen Bufferfeder mag zum Erreichen dieses Zweckes beitragen.

Durch die Parallelogrammführung der Achse werden hier Drehbewegungen derselben beim Federn vermieden, ein Umstand, dessen Bedeutung vorhin eingehend erörtert wurde. Des weiteren ist hier

Abb. 353. L. U. C.

Abb. 354. Clement-Bayard.

eine ganz vorzügliche seitliche Führung der Achse vorhanden. Es ist zu erwarten, daß diese patentamtlich geschützte Bauart gute Erfolge zeitigen wird.

Ebenfalls als Parallelogrammführung ausgebildet und zur Aufnahme der Schubkräfte bestimmt ist die auf Abb. 354 dargestellte Doppelhebelfederung von Clement-Bayard. Bis auf die starke Dämpfwirkung sind hier auch die eben genannten Vorteile im hohem Maße vorhanden. Ob sich nach langem Betriebe keine unerwünschten Begleiterscheinungen der durch große Ausschlagunterschiede beider Räder hervorgerufenen Deformationen der Federn herausstellen, bleibt abzuwarten, weil man keine genügenden Erfahrungen mit solchen Federungen besitzt.

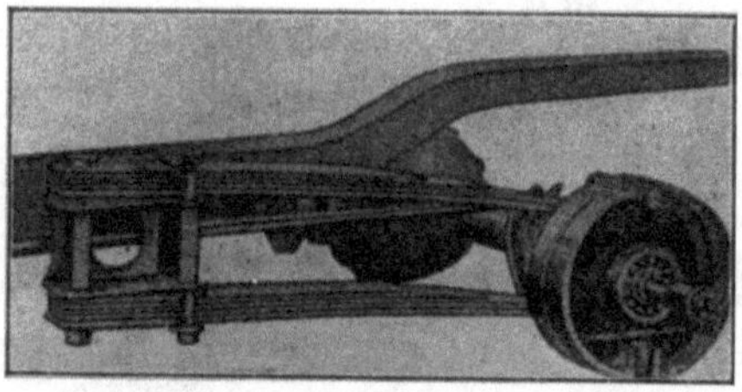

Abb. 355.

Es sei hier schließlich die bei kleinen Wagen vereinzelt benutzte Doppelhalbfederung (Abb. 355) erwähnt, welche nur als Parallelogrammführung einiges Interesse bieten könnte.

# 4. Bauliche Ausbildung der Einzelteile.

## Die Feder.

Die Lagen oder Blätter der Feder werden gewalzt, dann gebogen, gehärtet und angelassen. Bei besseren Ausführungen ist es üblich, die Reibungsflächen zu schleifen. Den einzelnen Blättern gibt man meistens ein flach rechteckiges Profil mit abgerundeten Kanten (Abb. 356 I).

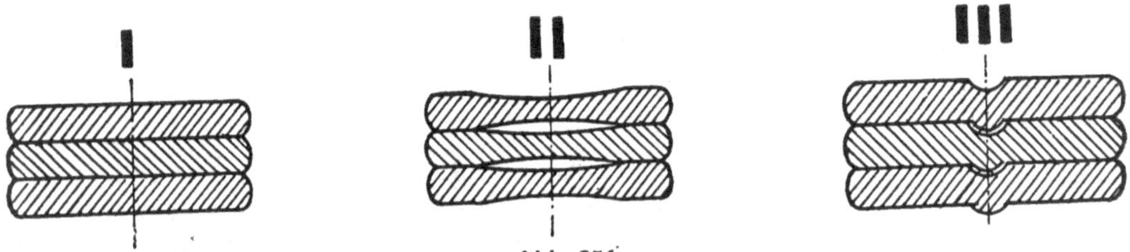


Abb. 356.

Um eine bessere Schmierung der Reibungsflächen zu ermöglichen, verwenden einige Firmen (Poldi-Hütte) das Profil II, welches eine Ansammlung des Schmiermaterials zwischen den Lagen gestattet.

Für sehr harte Federn, welche großen Belastungen ausgesetzt sind (hauptsächlich bei Lastwagen und Omnibussen) wird das Rillenprofil angewandt (Abb. 356 III), welches ein größeres Widerstandsmoment nach der langen Achse aufweist und ebenfalls zur Aufspeicherung von Schmiermaterial beiträgt.

Um das Einrosten der Reibungsflächen zu vermeiden und das recht umständliche Schmieren derselben zu ersparen, wurde versucht, zwischen je zwei Federlagen ein dünnes Blech aus einer Spezialbronze dazwischen zu legen. So beschaffene Federn wiesen große Geschmeidigkeit auch nach längerem Betriebe auf. Leider waren sie sehr kostspielig, was einer weitgehenden Verbreitung im Wege stand. In neuerer Zeit sind praktische Vorrichtungen auf dem Markt erschienen, welche die Schmierung der Reibungsflächen erleichtern (Abb. 357).

Die theoretische Form des Federblattendes ist eine prismatische Zuschärfung mit einem durch die theoretische Dreieckform bestimmten Winkel, sie wird jedoch allgemein durch eine abgerundete annähernd der kubischen Parabel folgende Zuschärfung ersetzt, wodurch eine gefälligere Form erreicht und Schmutzecken erspart werden.

Die Verbindung der einzelnen Lagen miteinander wird bei allen nicht allzu schweren Wagen durch einen Bolzen, welcher alle Blätter durchquert, hergestellt (Abb. 358 I). Durch

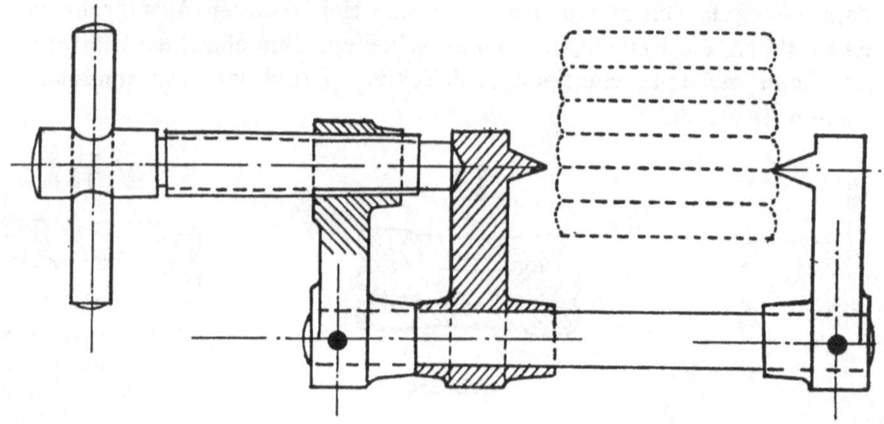

Abb. 357.

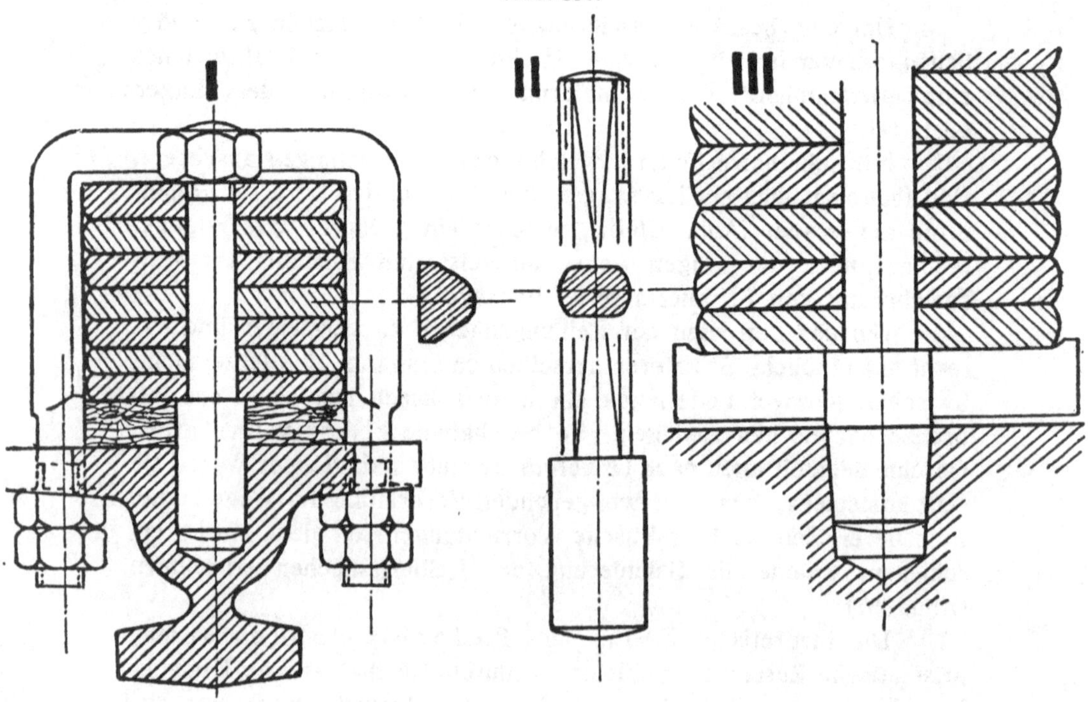


Abb. 358.

die dazu erforderlichen Löcher wird der Querschnitt der Feder nicht unbeträchtlich geschwächt, so daß Brüche an dieser Stelle verhältnismäßig oft zu verzeichnen sind.

Um diesem Uebelstand abzuhelfen, werden die Verbindungsbolzen nicht selten an den Seiten abgefräst (II), so daß man die runden Löcher in den Federblättern durch schmale Langlöcher ersetzen kann.

Richtiger wäre ohne Zweifel die bei den Eisenbahnen allgemein gebräuchlichen Federgehäuse zu verwenden, wie dieses auch bei Lastwagen und Omnibussen nicht selten der Fall ist. Allein bedeuten solche Gehäuse eine nicht unerhebliche Vermehrung der Achsmasse und so begnügt man sich bei schnellen Wagen allgemein mit der Bolzenverbindung. Da wo die Verhältnisse es gestatten, werden auch bei schnellen Wagen Federgehäuse verwandt (z. B. auf Abb. 346, 350).

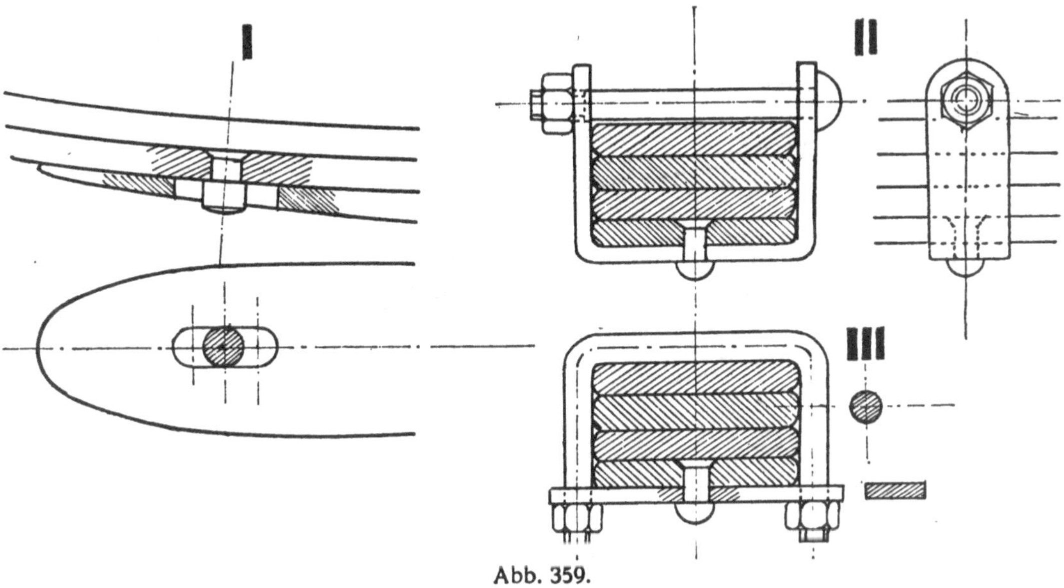


Abb. 359.

D e r  V e r b i n d u n g s b o l z e n sichert zugleich die Lage der Feder auf dem Federteller und ist zu diesem Zweck mit einem entsprechend langen zylindrischen oder konischen Kopf versehen, welcher in einer zu diesem Zweck vorgesehenen Oeffnung in der Mitte des Federtellers untergebracht wird. Aus Rücksicht auf sichere und feste Auflage der Feder auf der dazu bestimmten Holzunterlage, ist der zylindrische Schraubenkopf in diesem Falle dem konischen vorzuziehen, weil letzterer keinen Anzug gestattet (Abb. 358 III).

Um die Federlagen gegen eine fächerartige Verschiebung zu sichern, wurden früher deren Enden mit Schlitzen versehen, in welchen eingenietete Nasen des zugehörigen Blattes geführt wurden. (Abb. 359 I).

Diese Art der Sicherung hat sich nicht bewährt, weil die Schlitze durch Schmutz verstopft wurden und das Rosten der Reibungsflächen begünstigten. Deshalb ist man zu Federklammern (Abb. 359 II und III) übergegangen, welche an das untere Blatt angenietet werden. Bei der Bauart III ist darauf zu achten, daß die Federblätter nicht aufeinander gepreßt werden und frei spielen können.

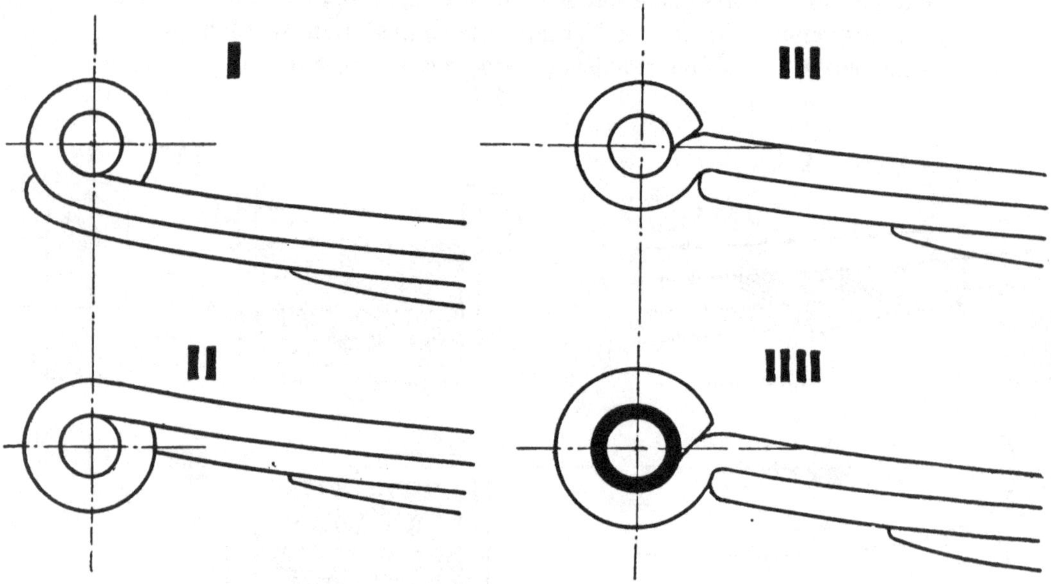


Abb. 360.

Das Hauptblatt wird an beiden Enden mit Augen oder Rollen versehen (Abb. 360). Fig. I stellt die meist gebrauchte Art dar. Fig. II ist weniger gut, weil hier die Belastung bestrebt ist, das Auge aufzubiegen. Soll die Feder die Schubkraft auf den Rahmen übertragen, so empfiehlt sich die Bauart III oder noch besser diejenige auf Fig. IV, bei welchen in die Rolle eine Büchse von harter Phosphorbronze oder gehärtetem Stahl eingepreßt ist.

## Verbindungselemente.

Eine normale Blattfeder wird mit ihrer Mitte auf den fest oder drehbar mit der Achse verbundenen Federteller mittels Feder-

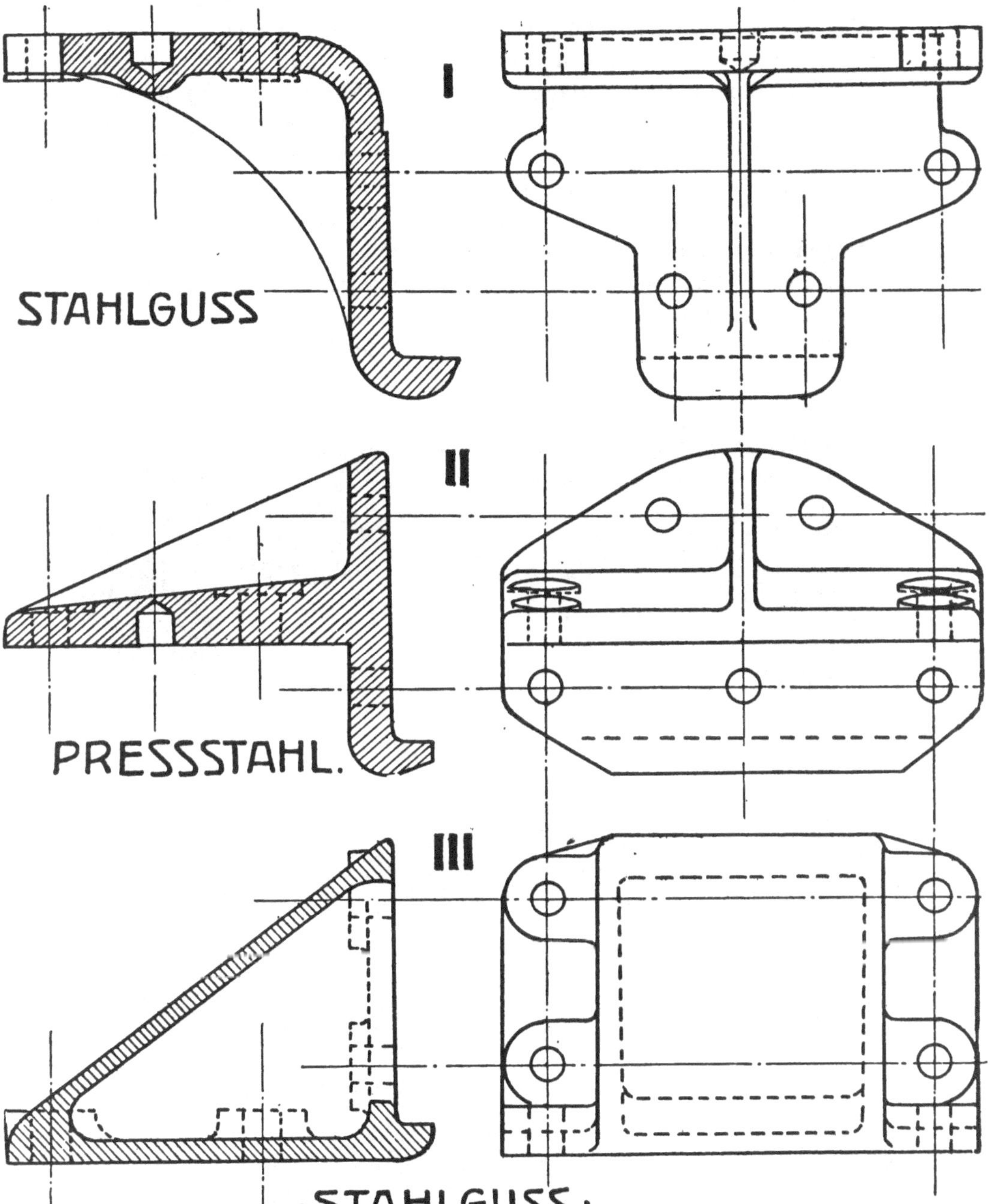


Abb. 361.

bänder (Briden) (Abb. 358 I) befestigt. Allgemein werden zwei Bänder pro Feder benutzt, welche man gewöhnlich in einer Entfernung von etwa 1,5 Federbreite anordnet. Zwischen der Feder und dem Teller wird eine Holzunterlage vorgesehen, welche beim Gegenziehen der Feder deren Wölbung annimmt, so daß ein Ausarbeiten des Tellers nach der letzteren überflüssig wird. Diese Holzunterlagen müssen aus sehr harten und festen Holzarten, am besten aus Eichen- oder Buchenholz, in einer Stärke von etwa 10 mm angefertigt werden. Bei Massenfabrikation empfiehlt es sich, die Unterlagen mit einer Höhlung nach dem Krümmungshalbmesser der belasteten Feder zu versehen.

Auf ebensolche Weise werden Halbfedern am Rahmen befestigt. Der Federteller wird hier meistens als Bock ausgebildet und

Abb. 362. Buick.

Abb. 363. Daimler-Coventry.

am Ende des Längsträgers angenietet. Auf Abb. 361 sind verschiedene Ausführungen von gegossenen und gepreßten Federböcken gezeigt.

In neuerer Zeit werden solche Böckchen auch aus Stahlblech gepreßt und zusammengenietet, wobei sie vorteilhaft als Knotenbleche für den Rahmen dienen können (Abb. 362).

Eine eigenartige in bezug auf die Verteilung der Kräfte günstig beschaffene Verbindung ist auf Abb. 363 dargestellt. Es sei auch auf die Befestigungsart innerhalb des Längsträgers auf Abbildung 344 hingewiesen. Die Federn sind hier mit langen durchgehenden Nieten befestigt.

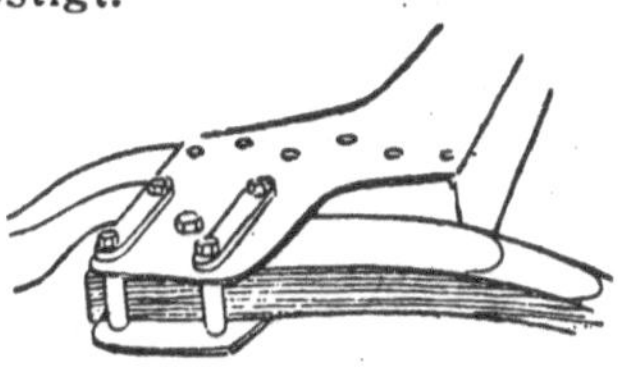

Abb. 364.

Eine oft gebrauchte Befestigung der Halbfeder ist schließlich auf Abb. 364 geboten. Der hintere Querträger des Rahmens ist an beiden Seiten zur Aufnahme der Feder verlängert.

Drehbare Verbindungen werden zwischen den Federtellern und der Achse, sowie zum Anschlagen der Feder am Rahmen benutzt.

Abb. 365. Peugeot.

Die drehbaren Federlager sind zweiteilig und werden aus Stahl gegossen oder gepreßt. Nicht selten dienen die Federbänder zur Verbindung beider Teile (Abb. 365), in anderen Fällen werden Laschen über die Federn gelegt und mit durchgehenden Bolzen mit dem Federlager verschraubt.

Bemerkenswert ist die Ausbildung der Federlagen von Renault, bei welchen die Bolzen zur Laschenbefestigung mit dem Oberteil des Lagers in Knallgashitze verschweißt sind (Abb. 323).

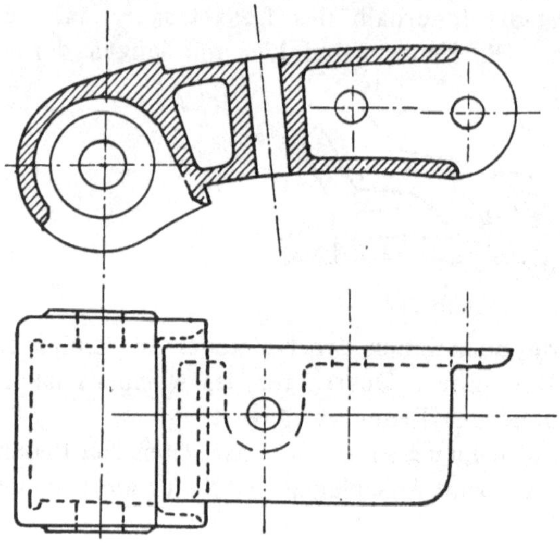

Abb. 367.

Zum Anschlagen der Vorderfeder wird allgemein eine Federhand aus Stahlguß benutzt, welche etwa nach Abb. 367 geformt sein kann.

Wird die Hinterfeder am Rahmen angeschlagen, so überträgt sie Schubkräfte und muß bei der Bemessung und Ausbildung des Federbockes darauf Rücksicht genommen werden. Die Aufnahme und Befestigung der Feder kann vorteilhaft in derselben Weise geschehen, wie dieses für die Vorderfeder auf Abb. 367 gezeigt wurde. Auf den Abb. 287, 317, 323, 345, 365 und 368 sind verschiedene Formen solcher Böcke zu sehen; diejenige auf Abb. 323 ist besonders zu empfehlen.

Die Verbindungsbolzen sollen an der Oberfläche gehärtet und geschliffen sein. Auch muß gute und leicht zugängliche Schmierung vorgesehen sein. Besonders empfehlenswert erscheinen Bolzen, deren Köpfe als Staufferbüchsen ausgebildet sind (Vgl. Abbildung 45). Einen ähnlichen Bolzen zeigt auch die Abb. 369.

Abb. 368. Peugeot.

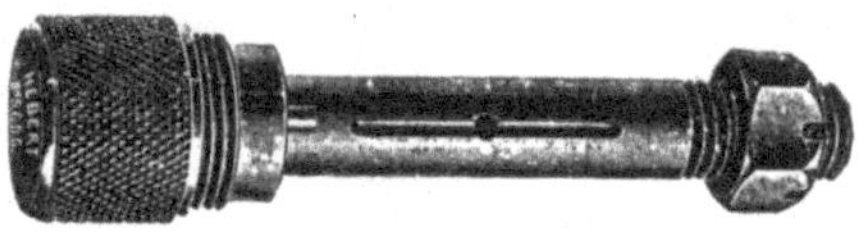

Abb. 369.

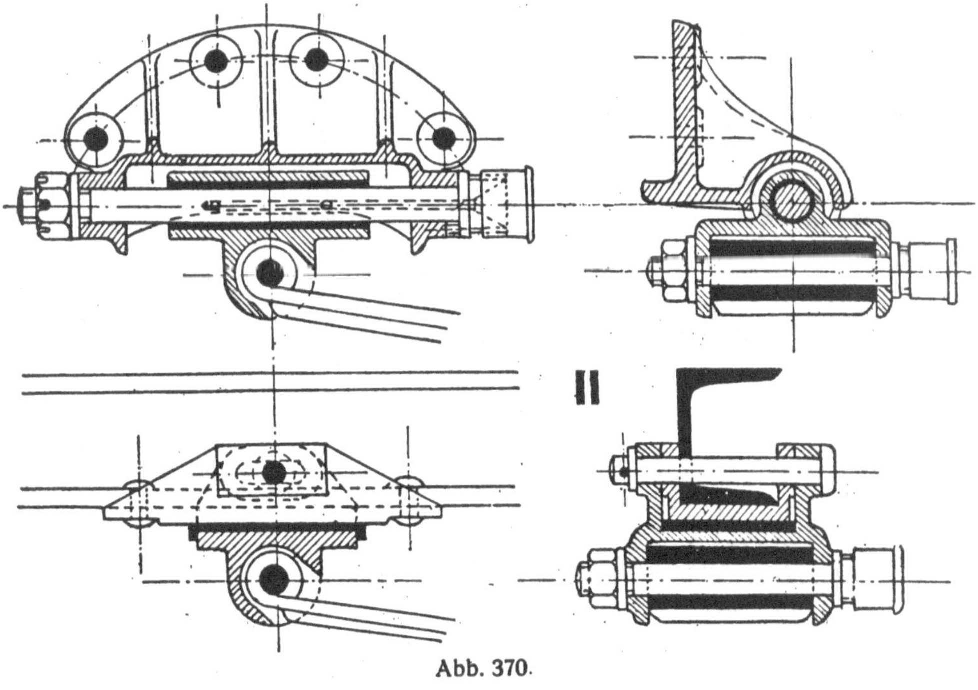


Abb. 370.

*Verschiebbare Verbindung* der Federn wird nur vereinzelt, hauptsächlich für schwere Lastwagen angewandt. Für Personenwagen ist sie infolge des großen Reibungswiderstandes, welcher eine weiche Federung nicht zuläßt, ungeeignet. Als Vorteil wäre hier eine gute Führung der Achse in der Richtung deren Mittellinie zu nennen. Dem gegenüber steht als Nachteil, daß die Gleitführungen

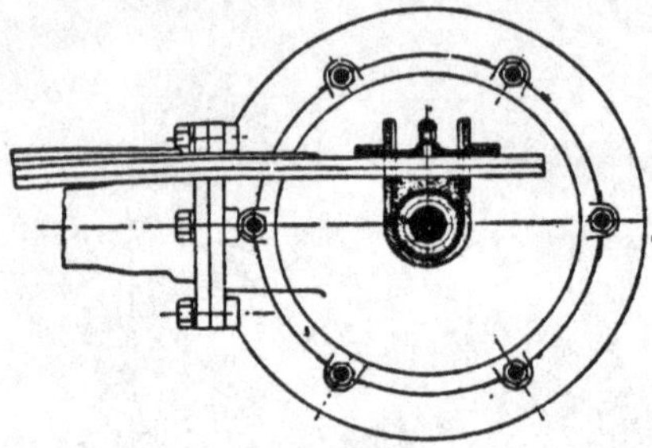

Abb. 371.

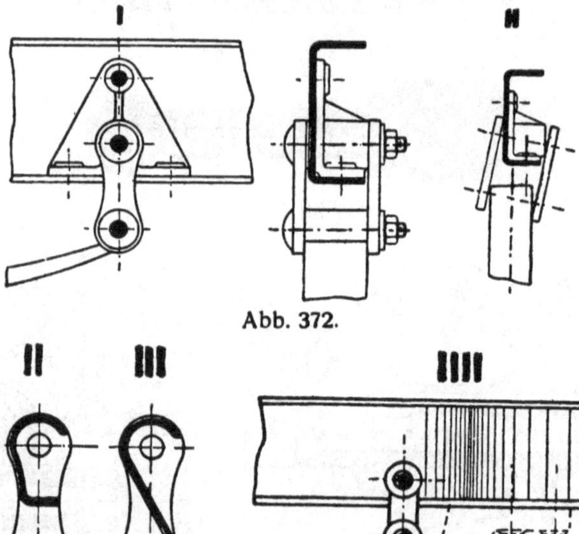


Abb. 372.

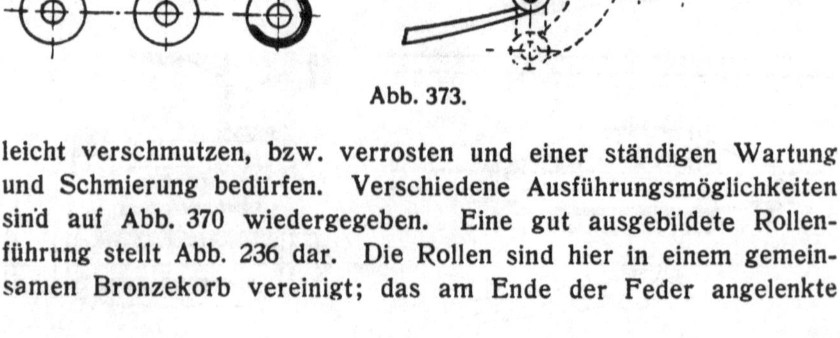


Abb. 373.

leicht verschmutzen, bzw. verrosten und einer ständigen Wartung und Schmierung bedürfen. Verschiedene Ausführungsmöglichkeiten sind auf Abb. 370 wiedergegeben. Eine gut ausgebildete Rollenführung stellt Abb. 236 dar. Die Rollen sind hier in einem gemeinsamen Bronzekorb vereinigt; das am Ende der Feder angelenkte

Gleitstück ist so ausgebildet, daß sich darin Schmiermaterial ansammeln kann; eine große und zugänglich angeordnete Staufferbüchse sorgt für reichliche Schmierung.

Eine Gleitführung der Halbfeder an der Hinterachse zeigt Abbildung 371; die obere Gleitfläche besteht aus Bronze.

Die meisten Kraftwagen weisen zum Ausgleich der Sehnenlänge pendelnde Verbindungen auf.

Die einfachste Art, eine solche Verbindung zu schaffen, zeigt die Abb. 372 I. In der Figur II sind die Nachteile dieses einfachen Gehänges veranschaulicht, welche das einfache Laschengehänge nur

Abb. 374. Pipe.

für kleine Wagen zulässig erscheinen lassen. Gebräuchliche Ausführungen aus Stahl gegossener oder gepreßter Federgehänge sind auf Abb. 373 I bis III dargestellt. Wird die auf der Fig. IV ausgezogene labile Anordnung gewährt, so muß das Gehänge an einer Seite offen sein (I und II), um als Gabel verwandt werden zu können. Für die punktiert gezeichnete stabile Aufhängung ist das Gehänge III infolge seiner großen Widerstandskraft am besten geeignet.

Bei der stabilen Anordnung ist Gefahr eines Ueberschlagens des Gehänges vorhanden, solange letzteres nicht dagegen gesichert ist. Das nur durch einen Mittelsteg verbundene Gehänge I, welches den Vorteil einer leichten Ausbildung als Preßstück aufweist, kann aus obigem Grunde nur für Anordnungen wie Abb. 372 I benutzt werden, bei welchem ein Ueberschlagen des Gehänges nicht in Betracht kommen kann. Immerhin ist auch hier die Form II wegen der größeren Widerstandsfähigkeit und besserem Schutz des Gelenkes vorzuziehen.

Gehänge II und III könnten vorteilhaft aus gestanztem und in Knallgashitze geschweißtem Stahlblech hergestellt werden.

Für ausladende Hinterfedern wird fast allgemein die stabile Anordnung des Gehänges, das heißt mit untenliegendem Stützpunkt, benutzt (Ausnahme: Abb. 324), so daß hier die Ausführung III immer benutzt werden sollte.

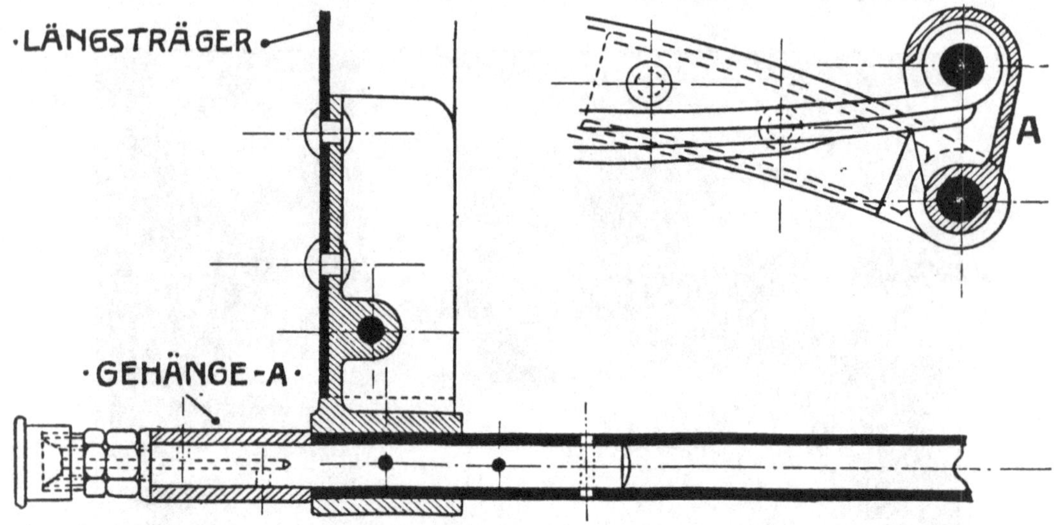


Abb. 375.

Bei solchen Federn hat man nicht selten mit recht ungünstigen Formen der Federhände zu kämpfen (Abb. 374). Eine gute Lösung dieser schwierigen Frage stellt die Anordnung auf Abb. 375 dar, welche auch für die vorderen Hinterfederenden vorteilhaft verwandt werden kann, indem man das durchgehende Rohr den baulichen Verhältnissen entsprechend in der Mitte kröpft.

## 5. Mittel zur Verbesserung der Federung.

### Zusatzfederung.

Wie schon früher erwähnt wurde, ist eine progressive Wirkung der Abfederung erwünscht, damit die ständigen geringen Stöße der Fahrbahn recht weich aufgenommen werden können, während die einzelnen starken Stöße keine zu hohen und langandauernden Schwingungen hervorrufen.

Dieser Forderung kann durch einfache Blattfedern nicht genügt werden und ist daher in Fällen, wo eine sehr weiche Federung erwünscht wird, eine Zusatzfederung nötig.

Die Aufgabe, eine gewisse Progressivität zu schaffen, kann auf zwei von einander verschiedenen Wegen gelöst werden. Es kann zwischen den eigentlichen Federn und dem Rahmen eine besonders weiche, an sich nicht progressive Zusatzfederung eingeschalte werden, welche bei jedem größerem Stoße ihre Grundlage erreicht und deshalb außer Tätigkeit tritt.

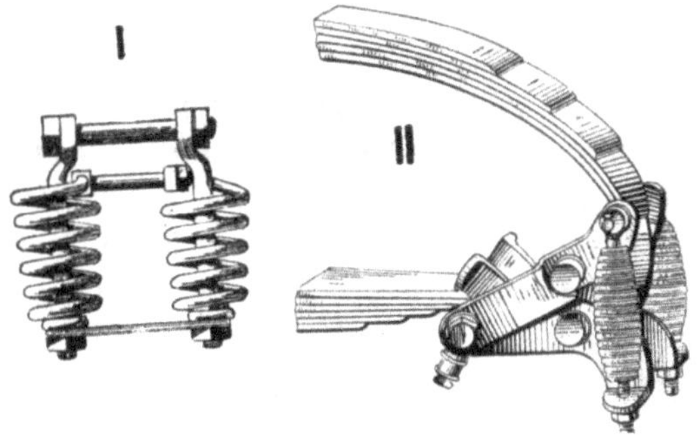


Abb. 376.

Dadurch werden zwei Stufen erreicht, die erste hat die Weichheit der Zusatzfeder und nimmt die geringen Stöße auf, die zweite hat die spezifische Durchbiegung der Hauptfeder und tritt bei größeren Stößen in Tätigkeit. Eine solche Anordnung hat den Fehler, daß lange andauernde Schwingungen der beiden Federn jedem größeren Stoß nachfolgen, wenn sie auch zum Teil durch die Verschiedenheit der Schwingungsperioden gedämpft werden können.

Die zweite Methode beruht darauf, eine progressiv wirkende Zusatzfederung dazwischen zu halten, welche die geringen Stöße recht weich aufnimmt, bei stärkeren wenig härter wird und bei noch stärkeren die spezifische Weichheit der Hauptfeder erreicht. Auch hier ist ein lang andauerndes Ausschwingen nicht zu vermeiden.

In beiden Fällen muß die vorgesehene Durchbiegung der Federung erhöht werden, um Raum für die Durchbiegung der Zusatzfederung zu schaffen. Natürlich ist diese Ausschlagerhöhung eine geringere, als wenn man der Hauptfeder die Weichheit der Zusatzfeder geben würde.

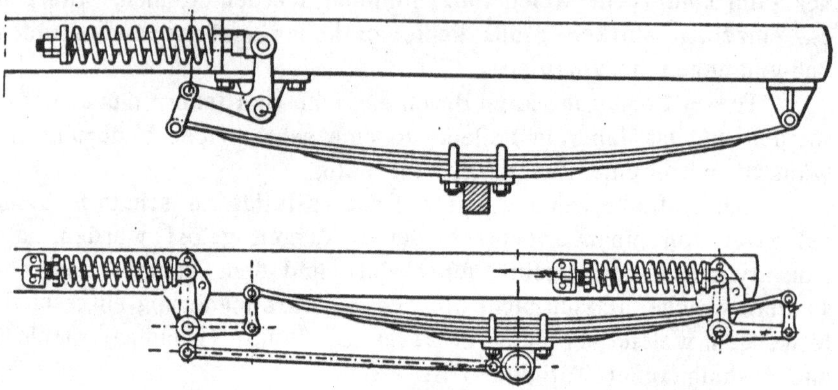

Abb. 377.

In beiden Fällen ist auch eine gut wirkende Dämpfung nötig, wenn eine wirklich vorzügliche Federung erzielt werden soll. Zweck hat überdies eine Zusatzfederung nur dann, wenn bei der Wahl der spezifischen Durchbiegung der Hauptfedern darauf Rücksicht genommen wurde, d. h. wenn die Hauptfedern recht hart gewählt worden sind. Sind sie es nicht, dann kann bestenfalls eine größere Weichheit des ganzen Systems, aber keine genügend hoch gehende Progressivität erzielt werden.

Das einfachste Mittel, eine Zusatzfederung nach dem erstgenannten Prinzip zu schaffen, besteht darin, die Gehänge federnd und mit Anschlag auszubilden. Abb. 376 stellt solche Vorrichtungen dar, wovon I als recht primitiv und mangelhaft bezeichnet werden kann, während II schon eine sachgemäßere Durchbildung zeigt.

Eine völlig zwecklose Komplikation ist auf Abb. 377 vorgeführt. Die Zusatzfedern haben hier keinen Ausschlag und die vorgesehene Durchfederung der Achse genügt nicht, um dieselben außer Tätigkeit zu setzen. Deshalb kann hier nur eine größere Weichheit des ganzen Systems eintreten, welche viel einfacher durch eine weichere Feder erreicht werden konnte.

Besser erreicht den angestrebten Zweck die eigenartige Zusatzfederung auf Abb. 378, bei welcher der Anschlag durch die gelenkig verbundenen Hauptlagen der Hauptfedern gebildet wird. Sobald die Zusatzdrehungsfeder ihre vorgesehene größte Länge erreicht hat, kommen die zweiten Lagen der oberen und der unteren Feder zur Auflage auf deren Hauptblätter, so daß die ganze Anordnung von da ab so federt, als ob keine Zusatzfederung vorhanden wäre. Dementsprechend sind natürlich die Hauptfedern härter ausgebildet und die dadurch gewonnene Durchfederung kommt der Zusatzfeder zu gute.

Die Firma Büssing hat an ihrem Armee-Lastzug 13 eine vorzüglich durchgebildete Zusatzfederung (Abb. 379) geschaffen, welche dazu befähigt erscheint, eine große Schonung der maschinellen Teile des Wagens herbeizuführen.

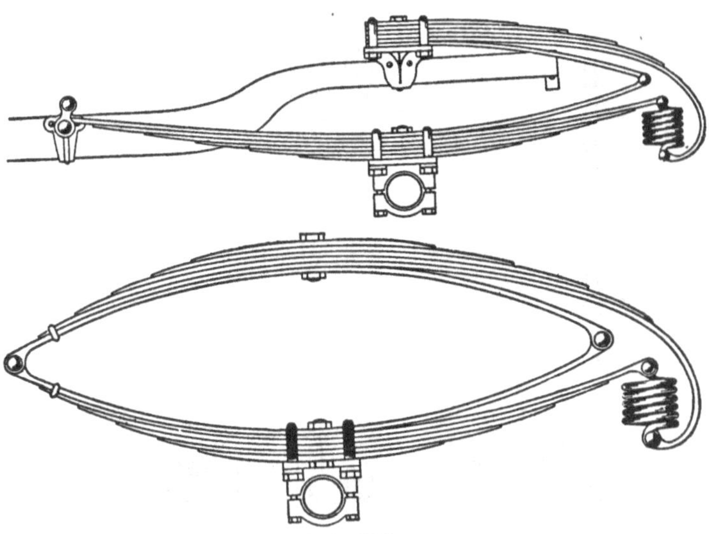

Abb. 378.

Um ein an sich progressiv wirkendes federndes Element zu schaffen, kann zum Zusammendrücken eines gasförmigen Körpers geschritten werden, welches die gewünschte Potenzierung der Proportionalität gewährt, indem hier ein annähernd konstantes Verhältnis zwischen Druck und Volumen stattfindet.

Auf diesem Prinzip beruhen die beiden auf Abb. 380 dargestellten rein pneumatisch wirkenden Vorrichtungen. Bei I wird man wohl mit der Dichtigkeit bei den in Frage kommenden hohen Pressungen zu kämpfen haben, wogegen II in dieser Beziehung einem Luftreifen nicht nachsteht. Dafür ist aber auch seine Wirkung nur eine

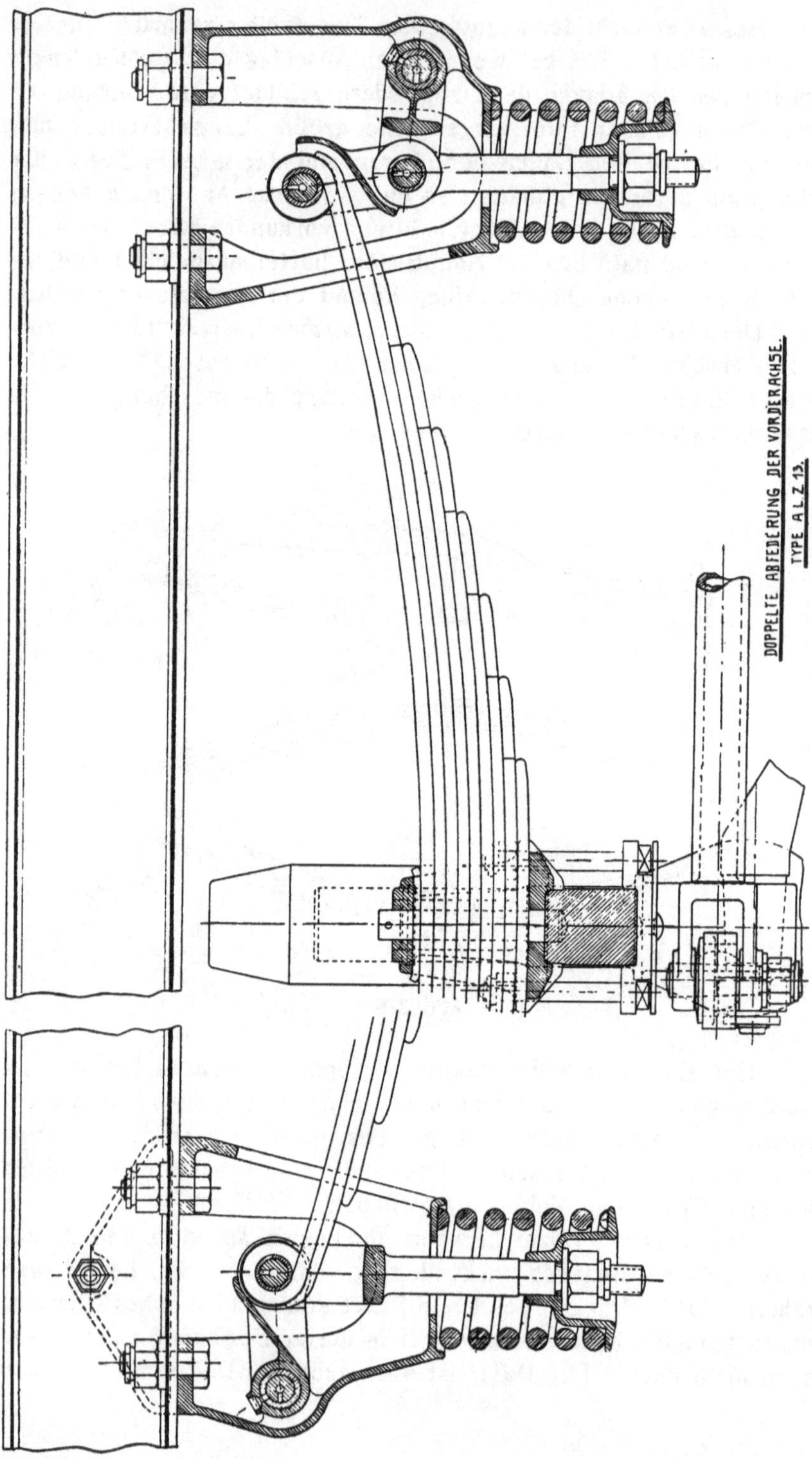


Abb. 379. Büssing.

sehr beschränkte, weil der Ausschlag nur gering sein kann; zudem ist der Apparat recht schwer und kostspielig. Eine größere Verbreitung haben beide Vorrichtungen nicht gefunden.

Der Gedanke lag nahe, eine progressiv wirkende und eigene Schwingungen dämpfende Zusatzfederung zu schaffen, welche die Verwendung spezifisch harter Hauptfederung gestatten würde und somit eine Dämpfung deren Schwingungen entbehrlich machte.

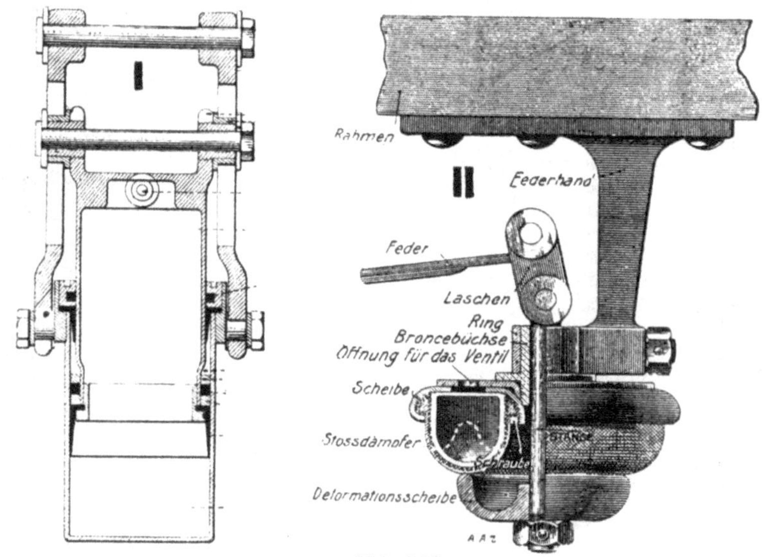


Abb. 380.

Solche Vorrichtungen müssen demnach in der Ruhelage sehr weich wirken, eine starke Progressivität aufweisen und eine gute progressivwirkende Eigendämpfung besitzen. Soll letzteres der Fall sein, so müssen, wie früher nachgewiesen, die dämpfenden Kräfte dem Gesetze:

$$K = c \frac{df}{dt}$$

folgen, d. h. der Geschwindigkeit der Schwingungen proportional sein. Solche Widerstandskräfte können dadurch entstehen, daß man eine Flüssigkeit zum Durchgang durch kleine Oeffnungen zwingt, da in solchem Fall der hydrodynamische Widerstand mit der Geschwindigkeit, mit welcher die Flüssigkeit durch die Oeffnung hindurchgeht, steigt.

Wollte man, wie auf Abb. 380, die Anfangsspannung durch eine Anfangspressung der Luft erzeugen, so würde man mit großen Abdichtungsschwierigkeiten zu kämpfen haben, deshalb ist es vorzuziehen, zur Erzeugung der Federung gute weiche Stahlfedern. d. h. gewundene Drehungsfedern zu benutzen und die progressive Wirkung durch Flüssigkeitsdämpfung zu erzeugen.

Auf Abb. 381 sind solche Vorrichtungen als Federgehänge ausgebildet dargestellt. In beiden ist Oeldämpfung vorgesehen, welche recht wirksam sein kann. Dagegen erscheint die bei II angestrebte Vermehrung der Dämpfungskräfte bei der Rückschwingung durch die

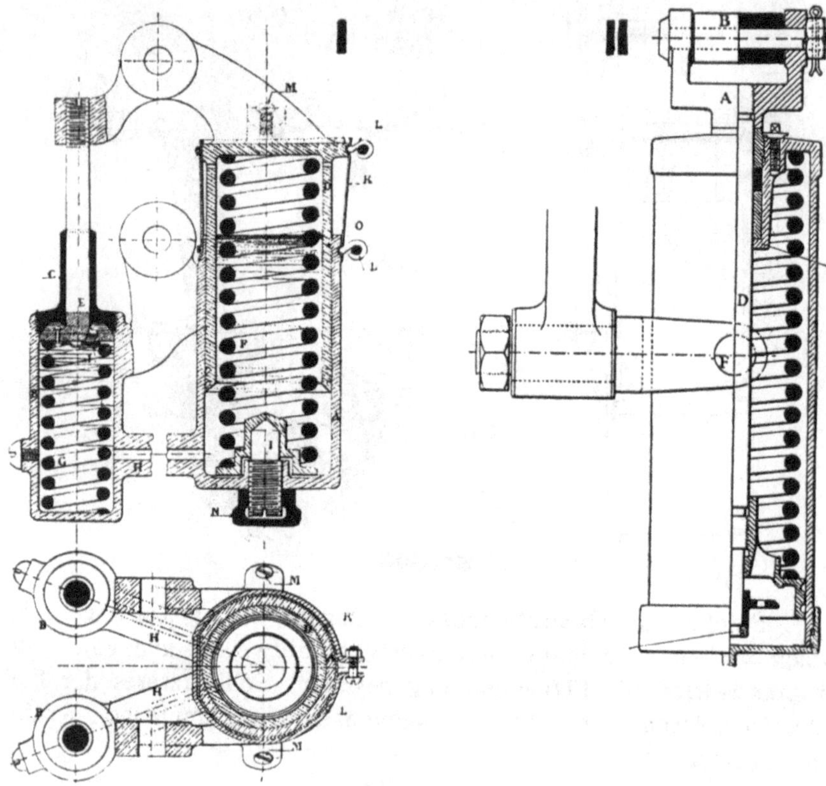


Abb. 381.

Anwendung eines Rückschlagventils recht zweifelhaft, weil letzteres den sehr schnell nacheinander erfolgenden Schwingungen nicht folgen kann.

Bei dem auf Abb. 382 dargestellten Gehänge versuchte man eine Luftdrucksteuerung für das Rückschlagventil zu schaffen, deren Wirksamkeit jedoch recht zweifelhaft erscheint. Auf Abb. 383 hat man dagegen auf das ziemlich zwecklose Rückschlagventil verzichtet, dafür aber eine Einstellbarkeit der Federspannung vorgesehen und die Progressivität der Federwirkung durch Einschalten einer weiteren kürzeren Feder zu erhöhen gesucht.

Alle diese Vorrichtungen sind als selbstdämpfende Zusatzfederungen anzusehen, obwohl sie nicht selten als Federdämpfer bezeichnet werden. Deshalb soll es hier ausdrücklich betont werden, daß sie die Schwingungen der Hauptfederung weder zu dämpfen noch irgendwie zu beeinflussen vermögen.

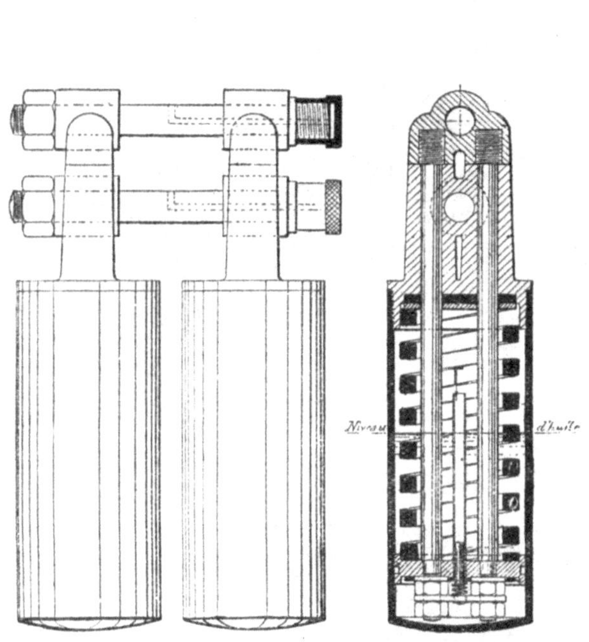

Abb. 382.

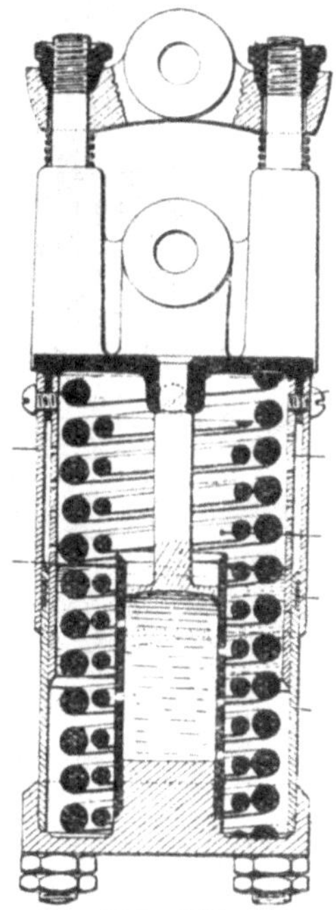

Abb. 383.

Eine gesonderte Gruppe bilden die in der Praxis nur vereinzelt anzutreffenden Sonderabfederungen einzelner Teile der Kraftwagen. Einen solchen Versuch, die Antriebsachse gegen die Tragachse abzufedern, kann man auf der Abb. 247 sehen. Es wurden auch vielfach Vorschläge gemacht, den die Antriebsorgane des Wagens tragenden Hilfsrahmen gegen den Hauptrahmen abzufedern (Abb. 384).

Großer praktischer Wert ist von solchen Sonderaufhängungen deshalb nicht zu erwarten, weil sich mit demselben, nicht selten sogar mit geringerem Aufwand eine zumindest ebenso wirksame Zusatzfederung des Hauptrahmens schaffen läßt.

Wird etwa dadurch aber eine Isolierung der Antriebswelle vor den unvermeidlichen Rahmendeformationen angestrebt, so erscheint es richtiger, durch sachgemäße Aufhängung und durch weitgehende Verwendung von Gelenken den Einfluß dieser Formänderungen unschädlich zu machen, als durch die, **nicht** unbedeutende Gewichts- und Aufwandvermehrung verursachende

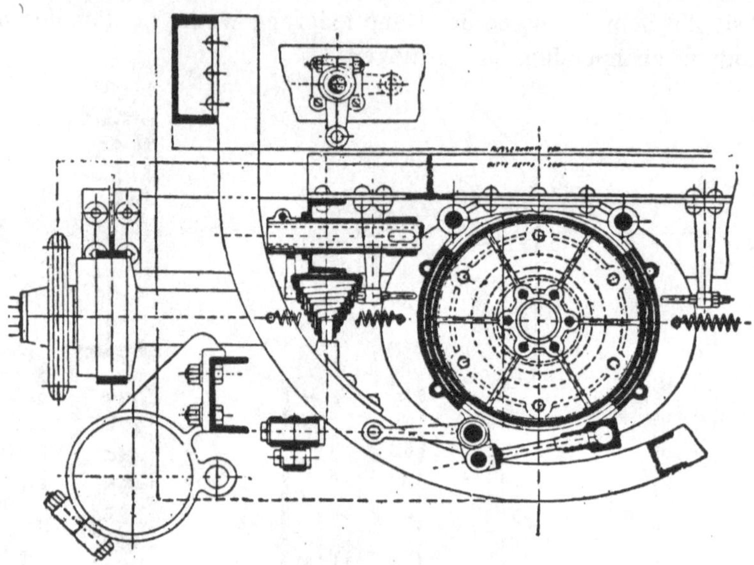

Abb. 384.

Abb. 385.

Sonderabfederung eine, immerhin noch unvollkommene Starrheit des Hilfsrahmens zu erkaufen. Solange man mit den Unebenheiten der Fahrbahn rechnen muß, ist bei den für Kraftfahrzeuge eng gezogenen Gewichtsgrenzen eine genügende Steifheit des Maschinenrahmens nicht zu erzielen.

Einen noch bedeutend geringeren Wert besitzen Versuche, den Wagenkasten bzw. dessen Teile (Abb. 385) gegen den Fahrzeugrahmen besonders abzufedern, abgesehen davon, daß eine solche Aufhängung ein für die Insassen des Wagens nicht sonderlich angenehmes Schaukeln und Schwingen erzeugen dürfte.

## Federdämpfung.

Grundlegende Gesichtspunkte für die Schaffung einer wirksamen Federdämpfung sind vorhin aus den Vorgängen der Federung entwickelt worden. — Aus denselben sind folgende Forderungen an eine gute Dämpfvorrichtung für einfache Federung abzuleiten.

Wirkt die Dämpfungskraft nach beiden Richtungen, so muß sie so beschaffen sein, daß sie in der Nullage möglichst geringe (oder $= o$) für große Ausschläge recht hohe Werte annimmt.

Soll die Dämpfung nur in einer Schwingungsrichtung auftreten, so darf dieses nur dann geschehen, wenn der Dämpfungswiderstand der Schwingungsgeschwindigkeit proportional ist, oder nur geringe Werte aufweist, weil sich anderenfalls die Feder in ihrer Höchstlage festbremsen kann.

Beim Beachten des Gesetzes:

$$K = c \frac{df}{dt}$$

und recht großem $c$ ist einseitige Dämpfung empfehlenswert, weil dadurch die Weichheit der Feder am wenigsten beeinträchtigt wird.

Einseitige Dämpfung darf nur die Abwärts-, nicht etwa die Aufwärtsschwingungen der Achse dämpfen, was als selbstverständlich nicht weiter begründet zu werden braucht.

Ist neben der Hauptfederung eine recht weiche Zusatzfederung vorgesehen, besonders wenn letztere eine Eigendämpfung besitzt, so kann auch eine Dämpfungsvorrichtung mit konstanter Bremskraft brauchbare Resultate ergeben.

In bezug auf bauliche Ausbildung darf von einer guten Federdämpfung Betriebssicherheit, Zuverlässigkeit und Unempfindlichkeit gegen äußere Einflüsse berechtigterweise gefordert werden. Die Vorrichtung muß des weiteren so beschaffen sein, daß sie die Achsmasse nur unbedeutend vergrößert und möglichst spielfreies, also einfaches Verbindungsgestänge bedingt.

Als mechanische Mittel zur Erzeugung der Widerstandskräfte stehen zur Verfügung:

1. Gleitende Flächenreibung,
2. Federspannungen,
3. Gaspressungen,
4. Flüssigkeitsreibung.

Gleitende Reibung ist von der Beschaffenheit der Reibungsflächen und von dem Normaldruck abhängig. Der dadurch erzeugte Widerstand ist:

$$K = \mu \cdot N$$

worin $\mu$, die spezifische Reibungszahl für zwei bestimmte Flächen, eine nur geringe Veränderlichkeit meistens nach unerwünschter Richtung hin aufweisen könnte. Als solche wäre zu nennen: $\mu$ im Ruhezustande größer als in Bewegung; mit der Abnutzung der Flächen (je glatter die Flächen werden) sinken die Werte von $\mu$; mit steigendem Flächendruck steigt auch $\mu$; die Abhängigkeit von der Temperatur ist unwesentlich und kann hier gar nicht in Betracht kommen.

Die zwei ersten Arten der Veränderlichkeit sind den Forderungen für Federdämpfung entgegengesetzt; die Abhängigkeit von dem Flächendruck kann dagegen als günstig bezeichnet werden, weil sie die Beziehung von $K$ zu $N$ gewissermaßen potenziert.

$N$, der Auspressungsdruck, kann beliebig veränderlich gestaltet werden, es sei jedoch von vornherein darauf hingewiesen, daß es große Ausführungsschwierigkeiten und Komplikationen kosten würde, wenn man

$$N = c\frac{df}{dt}$$

machen wollte. Dagegen läßt sich $N$ verhältnismäßig leicht der Durchbiegung annähernd proportional und entgegengesetzt gestalten:

$$N = \pm cf$$

Deshalb sind die Möglichkeiten der Reibungsdämpfer meist auf eine so geartete Progressivität beschränkt.

Auf Abb. 386 sind zwei Beispiele von Reibungsdämpfern mit konstanter Bremskraft gegeben. Der Anpressungsdruck ist bei beiden beliebig einstellbar. Der chronologisch erste brauchbare Federdämpfer I weist neben den Mängeln der konstanten Bremskraft auch noch denjenigen einer raschen Abnutzung, II weist eine selbsttätige Nachstellbarkeit auf, welche den Einfluß der Abnutzung verringern mag. Diese und ähnliche Vorrichtungen bieten eigentlich nnr noch historisches Interesse.

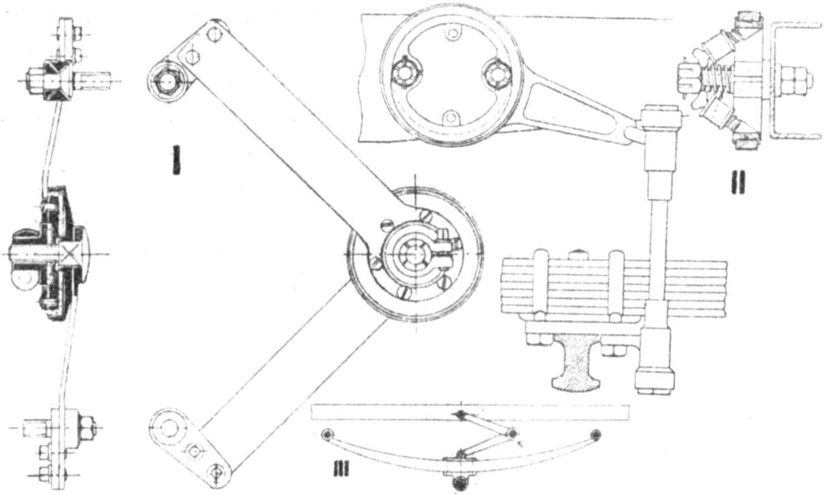

Abb. 386.

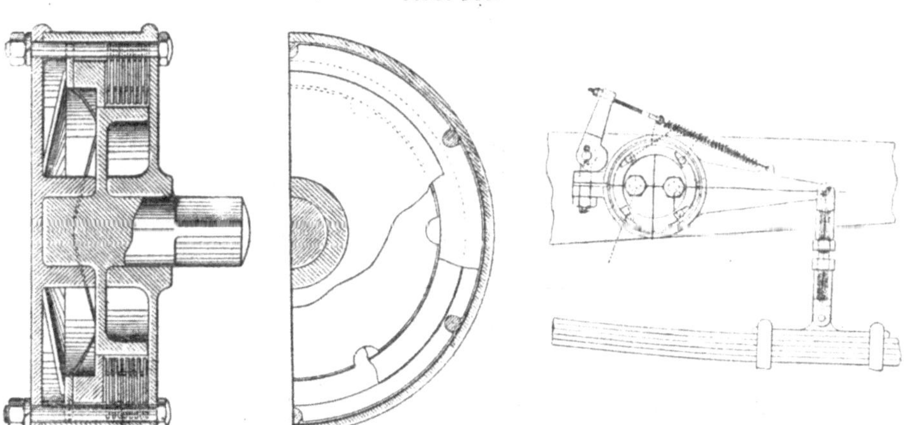
Abb. 387.

Einige Möglichkeiten, den Aufpressungsdruck veränderlich zu gestalten, zeigt Abb. 387. Immerhin kann nur eine Abhängigkeit zwischen dem Druck und dem Ausschlag erzielt werden, daher erscheint es zwecklos, auf diese Vorrichtungen näher einzugehen.

Als Beispiel einer einseitig wirkenden veränderlichen Kraft sei hier der Federdämpfer auf Abb. 388 genannt, welcher die Spannung der Wagenfeder zur Erzeugung des Anpressungsdruckes der Reibungsflächen benutzt. Somit ist hier *N* proportional der Spannung der Feder und wirkt nur bei Abwärtsschwingungen der Achse, da für den entgegengesetzt gerichteten Stützdruck der Schraubenspindel ein Kugellager vorgesehen ist. Die Steigung des Gewindes muß sehr groß sein, wenn kein Festbremsen der Feder in ihrer obersten Lage erfolgen soll; dann ist aber die Dämpfwirkung auch eine geringe. Aus baulichen Rücksichten können nur verhältnismäßig klein bemessene Reibungsflächen zur Anwendung kommen, so daß hier eine starke Abnutzung zu erwarten ist. Den ungleichmäßigen Durchschlägen der beiden Räder wurde hier nicht genügend Rechnung getragen, so daß Klemmungen unvermeidlich erscheinen. Ueberdies ist hier ein so empfindliches Maschinenelement wie eine Schraubenspindel nicht eingekapselt und daher der Einwirkung von Schmutz und Wasser unmittelbar preisgegeben.

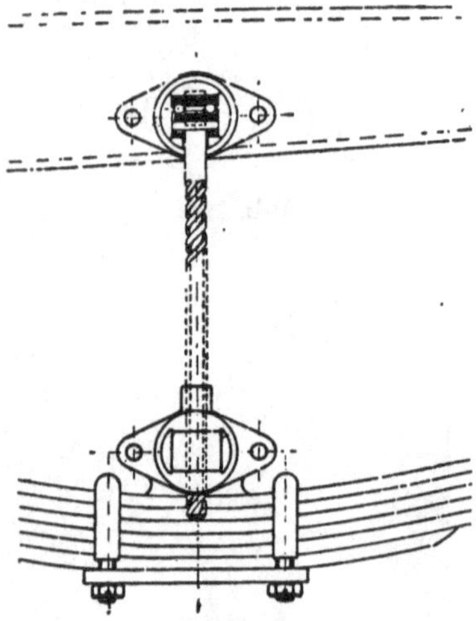

Abb. 388.

Will man zur Dämpfung der Federschwingungen e i n e F e d e r benutzen, so kann nur eine einseitig wirkende Dämpfung erreicht werden. Soll die Feder unmittelbar die Schwingungen dämpfen, so wird hier die Bremskraft umgekehrt proportional der Spannung der Wagenfeder, also auch der Durchbiegung, wenn man als Ordinaten-Anfang die größte vorkommende Pfeilhöhe der Wagenfeder annimmt.

Eine solche Dämpfung kann jedoch nur wenig wirksam sein, weil die Bremskraft bei Aufwärtsschwingungen der Achse einen negativen Wert annimmt und somit der schwingenden Masse eine zusätzliche Beschleunigung erteilt, welche die bei der Abwärtsbewegung erfolgte Bremsung (Verzögerung) genau aufwiegt. Daher kann in solchen Fällen (falls nicht etwa außerdem zusätzliche Reibungskräfte entstehen) von einer Federdämpfung im engeren Sinne des Wortes keine Rede sein; es wird nur die Weichheit der Feder erhöht.

Abb. 389.

Die einfachste Art, solche Wirkung zu erzielen, ist auf Abbildung 389 II gezeigt.

Eine ähnliche Wirkung, jedoch mit dem Zusatz einer konstanten, einseitig wirkenden Reibungskraft wird durch den allgemein bekannten Apparat Abb. 389 II beabsichtigt. Bei der kurzen Schwingungsdauer ist jedoch kaum anzunehmen, daß hier der Balatariemen ständig gespannt gehalten werden kann.

Es ist vielmehr wahrscheinlich, daß die einseitige Dämpfung stoßweise dann eintritt, wenn die Achse einen Teil des Abwärtsweges bereits frei zurückgelegt hat, was unter Umständen eine zwar recht hohe, aber nichtsdestoweniger kräftige Dämpfwirkung herbeiführen könnte.

Auch durch Hinzufügen einer zweiten umgekehrten Blattfeder (Abb. 390) läßt sich eine Reibungsdämpfung mit konstanter Bremskraft und zugleich erhöhter Weichheit der Feder erzielen.

Die Möglichkeit, durch Federspannung auch einseitig-progressive Wirkung zu erzielen, ist auf Abb. 391 gegeben. Durch entsprechende Form des Nockens läßt sich hier die Beziehung zwischen Durchfederung und Bremskraft beliebig variieren. Eine energische Dämpfwirkung kann hier jedoch nicht zugelassen werden, weil die Gefahr eines Festbremsens berücksichtigt werden muß.

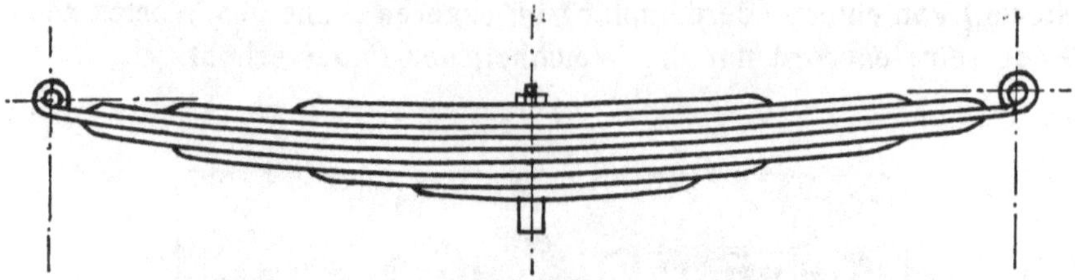

Abb. 390.

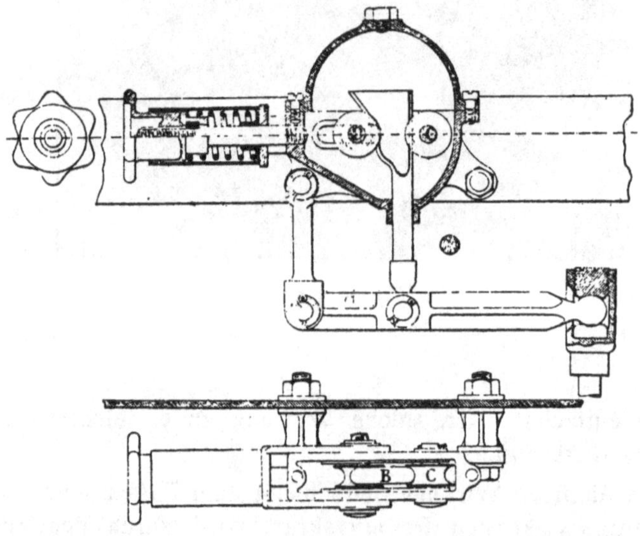


Abb. 391.

Das dritte Mittel zur Erzeugung der dämpfenden Kraft — die Gaspressungen — ist praktisch kaum zu verwenden und überdies könnten hierdurch bestenfalls Kräfte erzeugt werden, welche mit steigender Durchfederung zunehmen würden. Ein

$$K = c\,\frac{df}{dt}$$

ist nur theoretisch denkbar, praktisch jedoch wegen der sehr hohen in Frage kommenden Gaspressungen und der Abdichtungsschwierigkeiten nicht ausführbar. Es sind wiederholt Versuche gemacht worden, einen einseitig wirkenden Luftkompressor als Federdämpfer auszubilden, um auf solche Weise Preßluft aufzuspeichern und nachher zu anderweitigen Zwecken zu verwenden. Erfolge sind jedoch hiermit nicht erzielt worden, weil die Vorrichtungen naturgemäß sehr kompliziert und empfindlich waren und ihren Zweck als Federdämpfer nur mangelhaft erfüllten.

Das Prinzip der Flüssigkeitsreibung ist zur Erzeugung von Dämpfungskräften am besten geeignet, weil man hier die Bezeichnung

$$K = c \frac{df}{dt}$$

sehr annähernd und mit einfachen Mitteln erreichen kann. Dazu genügt es, eine Flüssigkeit zum Durchgang durch eine kleine Oeffnung zu zwingen und das hierzu benutzte Element in Abhängigkeit von den Relativbewegungen der Achse zum Rahmen zu setzen.

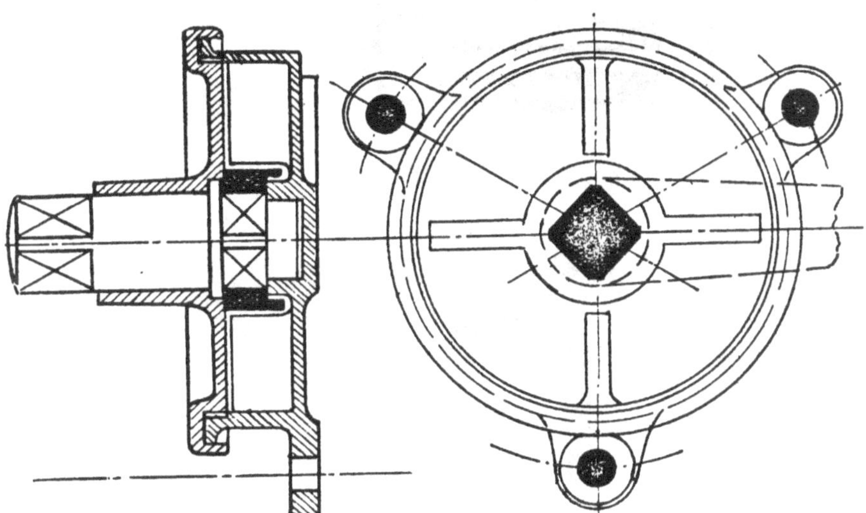

Abb. 392.

Auf einfachste Weise läßt sich dieses Prinzip durch eine Vorrichtung, wie sie auf Abb. 392 gezeigt ist, verwirklichen. Ein schwingender Kolben, welcher durch geeignetes Gestänge mit der Achse verbunden ist, bewegt sich in einem am Rahmen befestigten Gehäuse. Letzteres ist durch radiale Wände in zwei Hälften geteilt und mit einer viskosen Flüssigkeit, z. B. Motorenöl, oder Glyzerin, gefüllt. Bei seinen Schwingungen zwingt der Kolben die Flüssigkeit durch vorgesehene enge Kanäle zum Durchgang aus einer Gehäusehälfte in die andere.

Auf demselben Prinzip beruht der gut bewährte Flüssigkeitsdämpfer auf Abb. 393, bei welchem der Flügelkolben durch zwei Zylinderkolben ersetzt ist. Letztere Anordnung weist den Vorteil einer guten und leichten Abdichtung auf, weil die Druckräume der Zylinder aus je einem Stück ohne Fuge bestehen. (Vgl. auch Abb. 323.)

Ordnet man die Durchgangsquerschnitte so an, daß dieselben mit zunehmenden Durchfederungen abnehmen, so kann dadurch eine erhöhte Progressivwirkung erzielt werden, indem dann die Bremskraft dem Gesetze:

$$K = c \cdot f \cdot \frac{df}{dt}$$

folgen kann.

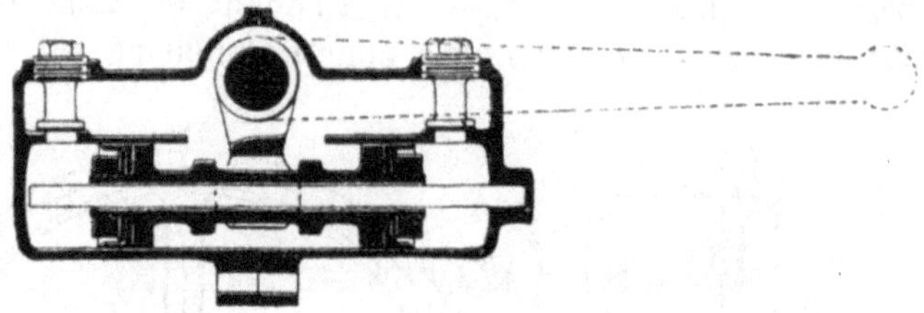

Abb. 393.

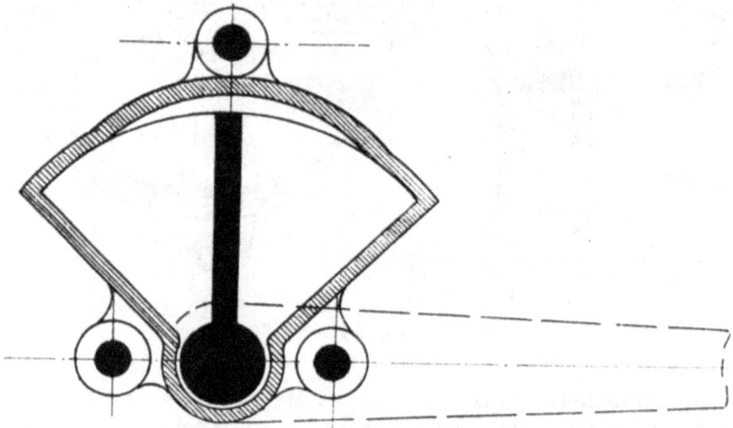

Abb. 394.

Eine der recht vielen Möglichkeiten, dieses zu erreichen, ist auf Abb. 394 angedeutet. In neuerer Zeit werden die meisten Federdämpfer nach letzterem Prinzip aufgebaut. Viele davon weisen nebenbei Rückschlagventile auf, welche eine nach einer Richtung hin verstärkte Bremsung bezwecken. Die Versuche von Dr.

Bobeth haben jedoch die Zwecklosigkeit solcher Rückschlagventile bewiesen. *)

Zum Schluß seien auch die Gummi- bezw. Luftbuffer (Abb. 395) erwähnt, deren Wirkung bis zu einem gewissen Grade als Federdämpfung mit einseitig und progressiv wirkender Bremskraft aufgefaßt werden können. Der Widerstand, welchen solche Vorrichtungen dem Aufwärtsschwingen der Achse entgegenbringen, setzt

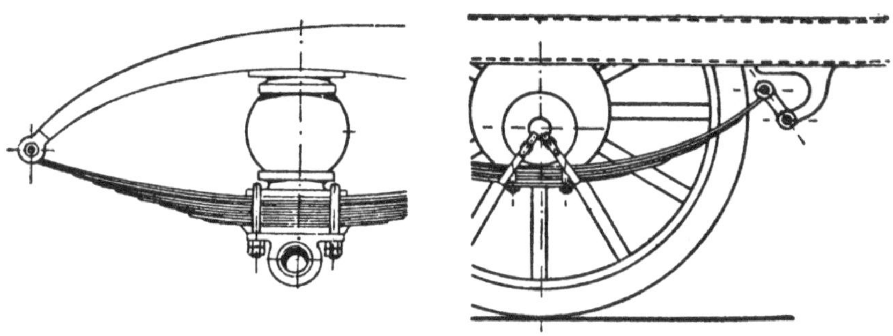

Abb. 395.

erst bei größeren Ausschlägen ein und erreicht sehr bald außerordentlich hohe Werte, so daß die Achse durch einen allerdings sehr elastischen Stoß in ihrer Bewegung aufgehalten wird. Der Buffer speichert die durch die Achse verlorene Energie auf und gibt dieselbe beim Abwärtsschwingen an die Achse ab, so daß eine Dämpfung im engeren Sinne des Wortes nicht stattfindet. Alle Buffer weisen den Nachteil auf, daß sie den für die Durchfederung vorgesehenen Raum bedeutend verringern.

*) Vgl. Dr. Bobeth, Die Abfederung usw. S. 139.

FSC
www.fsc.org
MIX
Papier | Fördert gute Waldnutzung
FSC® C083411

Zeitfracht Medien GmbH
Ferdinand-Jühlke-Straße 7
99095 Erfurt, Deutschland
produktsicherheit@kolibri360.de